普通高等教育“十一五”国家级规划教材

工科数学分析(下)

(第 3 版)

李大华　林　益　汤燕斌　王德荣

华中科技大学出版社
中国·武汉

图书在版编目(CIP)数据

工科数学分析(下)(第3版)/李大华等.—武汉:华中科技大学出版社,2007年8月(2023.2重印)

ISBN 978-7-5609-2122-8

Ⅰ.工… Ⅱ.①李… ②林… ③汤… ④王… Ⅲ.数学分析-高等学校-教材 Ⅳ.O17

中国版本图书馆CIP数据核字(2007)第105624号

工科数学分析(下)(第3版) 李大华 等

责任编辑:周芬娜 封面设计:潘 群
责任校对:周 娟 责任监印:周治超

出版发行:华中科技大学出版社(中国·武汉) 电话:(027)81321913
武汉市东湖新技术开发区华工科技园 邮编:430223

录 排:武汉市洪山区佳年华文印部
印 刷:武汉邮科印务有限公司

开本:710mm×1000mm 1/16 印张:20.75 字数:380 000
版次:2007年8月第3版 印次:2023年2月第16次印刷 定价:52.00元
ISBN 978-7-5609-2122-8/O·201

内 容 提 要

本书是普通高等教育“十一五”国家级规划教材，是针对我国各重点院校对数学教学的要求及教学实际予以修订而成的．上册内容为一元函数微积分和微分方程，下册内容为空间解析几何、多元函数微积分及无穷级数，每节末附有习题答案与提示．

本书与一般工科高等数学教材相比，适当地补充了实数基本定理、一致连续性、一致收敛和含参量积分等内容，加强了微积分的理论基础；注重无穷小分析等数学思想的讲解和应用；在数学逻辑性、严谨性及抽象性方面也有相应要求和训练；引进现代数学语言、术语和符号，为读者进一步学习现代数学理论和方法打下基础；同时注重学生的工程应用意识的训练，培养学生应用数学解决实际问题的能力．

本书结构严谨、条理清晰、通俗易懂、例题典范、习题分层、可读性强、便于使用．适用于理工科（非数学）专业中对数学要求较高的专业使用，若略去部分内容也完全适合一般工科专业使用．

第 3 版序

《工科数学分析》自出版以来，受到了广大读者的关注和欢迎，不少同行专家也热心地给予了指导和建议. 2006 年 8 月本书被教育部列入普通高等教育“十一五”国家级教材规划. 为了进一步提高教材的质量，我们进行了第 3 次修订.

本书第 3 版保留了原教材的系统和风格，及其结构严谨、条理清晰、通俗易懂、例题典范、习题分层、可读性强等特点，同时注意使新版更适应当前教学改革和课程建设的发展. 考虑到与中学数学教学的衔接，新版中增加了极坐标的内容.

对于本书的使用，教师可根据具体情况安排课堂教学的重点内容，这里我们提出以下参考建议.

(1) 理工科(非数学)专业和管理、经济类专业中对数学要求较高的专业，可以使用本书的全部内容.

(2) 一般工科及管理、经济类专业在使用本书时，可删去下列章节：

第 2 章 2.5.2 小节、2.5.3 小节、2.8.3 小节、2.8.3 小节，其中 2.8.4 小节和 2.8.4小节可只介绍定理的内容而略去其证明.

第 7 章 7.8.1 小节、7.8.2 小节、7.8.3 小节.

第 9 章 9.10.1 小节、9.10.2 小节、9.10.3 小节.

第 10 章 10.4.3 小节、10.4.4 小节、10.4.5 小节.

第 11 章.

限于编者的水平，新版中一定还存在不足和问题，欢迎专家、同行及广大读者批评指正.

编　者

2007 年 2 月

华中科技大学

第2版序

随着科学技术的飞速发展，数学的科学地位发生了巨大的变化. 高技术本质上是数学技术的观念已日益为人们所共识. 计算机和信息技术的迅速发展正在改变着人们对数学知识的需求，冲击着传统的观念和方法. 面临着培养21世纪人才的挑战性任务，许多高等院校理工科(非数学)专业和管理、经济类专业对数学基础课程提出了新的更高的要求. 数学基础课程不再仅仅是学到某些知识，为专业课程提供数学工具，更重要的是提高学生的数学素质和数学修养水平.

本书正是在这种形势下应运而生的. 本书的宗旨是，在传授知识的同时，加强和拓宽基础，加强应用；注意传授数学思想，培养学生的创造性思维；着重提高学生的数学素养和能力. 本书与传统的高等数学教材的主要区别是，本书加强了微积分的理论基础，注重无穷小分析的思想的运用；在数学的逻辑性、严谨性及抽象性方面也有相应的要求和训练. 但本书又与数学专业用的数学分析教材不同，在内容的深度和广度上没有数学分析教材要求那么高. 我们注意了对学生的工程意识的培养，即通过典型例题的介绍及相应习题的训练，培养学生运用数学知识解决实际问题的能力. 基于上述理由，我们将本书定名为《工科数学分析》.

本书有以下特点.

(1) 引进一些近代数学的术语、符号和概念. 如集合、映射、度量性等，这将有助于学生进一步阅读使用数学工具较多的现代科技文献.

(2) 拓宽和加强数学基础. 本书加强了极限理论，从确界定理出发，介绍并证明了实数理论的几个基本定理：证明了有界闭区间上连续函数的基本性质；简要介绍了欧氏空间 $\mathbf{R}^n$ 中关于点集的某些基本概念，并在此基础上引进多元函数的极限与连续性概念；增加了理科数学分析中的一些重要内容，如一致连续、一致收敛、向量值函数的导数、含参变量的积分等. 这些知识不仅有实用价值，而且对学生的逻辑思维训练是十分有益的.

(3) 突出数学建模，培养学生把实际问题转化为数学问题并加以解决的能力. 本书除介绍微积分应用的经典例子(如物理、力学、几何等方面的例子)外，还介绍了若干工程、经济、人口、生态等领域中的例子，在习题中设置了许多实际应用的问题，这些问题在提高学生对数学应用的兴趣及能力方面有较大的作用.

(4) 重视数学思想方法的训练. 本书注意突出无穷小分析的思想，将逼近的思想贯穿始终. 尽可能将演绎与归纳的方法有机地结合起来，通过"问题(包括背景)—观察与思考—归纳总结—给出解答"这种模式来组织若干教学内容(如最优化问题—极值与条件极值等),以利于培养学生的创造能力.

(5) 在习题的配置上,本书把每节的习题分成(A)、(B)两类.(A)类为基本要求题,用于巩固基础知识和基本技能;(B)类为提高题,用于扩大视野和熟练技巧,提高学生的综合能力.另外,每章还配有总习题,供学生作综合练习或复习使用.

本书适用于理工科(非数学)专业和管理、经济类专业中对数学要求较高的专业.但如果略去理论性较强的部分及"*"号部分,一般工科及经济、管理类专业也可使用本书.

在本书的编写过程中,得到华中科技大学教务处的大力支持.本书的第1版曾得到李楚霖教授,李静瑶、何瑞、杨林锡和乔维佳等4位副教授的支持和具体的帮助.华中科技大学出版社的有力支持,以及责任编辑龙纯曼老师和周芬娜老师的辛勤劳动,使得本书能顺利出版并再版.在此我们一并表示衷心的感谢!

对于书中的不足和错误,恳请专家、同行及热心的读者批评指正.

编 者

2004 年 3 月

华中科技大学

目　录

第6章 向量代数与空间解析几何

到目前为止，我们讨论的基本上都是一元函数，即 $y=f(x)$，这个函数关系中只有一个自变量和一个因变量. 但是在实际问题中，经常要考虑多种因素、多方面的关系，因此，必须考虑有多个自变量的情形. 为此，我们需要做一些相应的准备工作. 本章所要介绍的向量代数与空间解析几何的内容，就是这种准备的一部分.

向量是描述那些既有大小、又有方向的量，它是一种重要的数学工具，在工程技术中有着广泛的应用. 本章将介绍向量的概念及向量的几种基本运算.

我们知道，平面解析几何的知识是学习一元函数的基础. 类似地，学习多元函数微积分时，我们必须首先学习空间解析几何的基础知识. 本章将介绍空间的平面和直线的方程，平面与直线的关系，以及空间曲面、曲线的方程.

6.1 向量及其线性运算

6.1.1 空间直角坐标系

通过平面直角坐标系，可以用有序数对来表示平面上任意一点的位置. 为了确定空间中任一点的位置，我们需要建立空间直角坐标系. 为此，引进三条互相垂直的直线，称之为 x **轴**、y **轴**和 z **轴**，它们相交于一点 O，称之为**原点**. 通常将这三个坐标轴按右手系规则排列(见图6.1). 当右手握拳的方向是从 x 轴的正向到 y 轴的正向时，右手大拇指的指向便是 z 轴的正向.

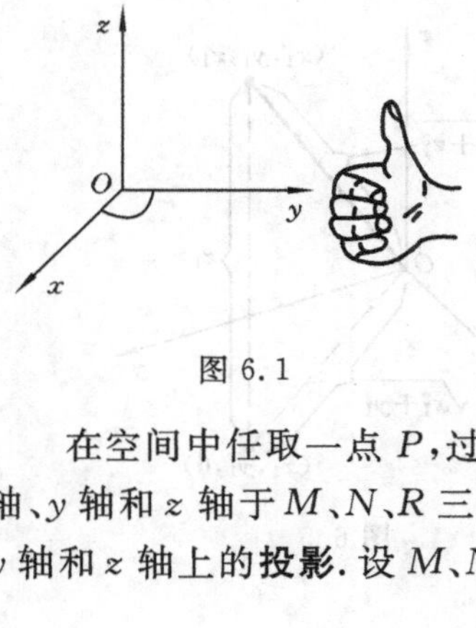

图 6.1

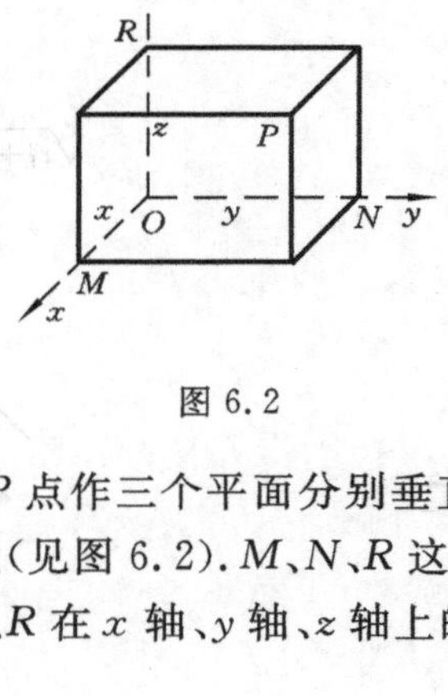

图 6.2

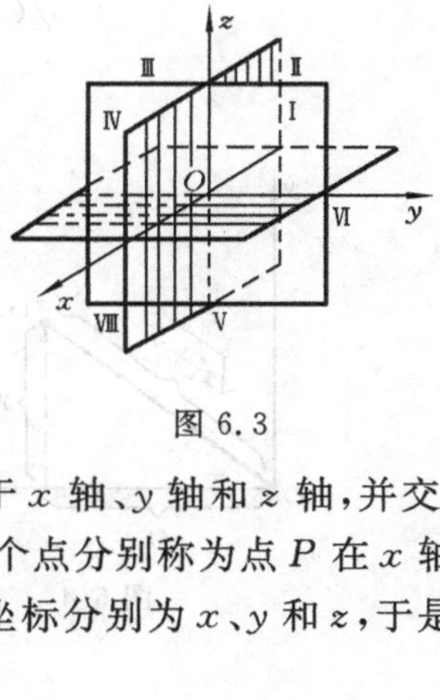

图 6.3

在空间中任取一点 P，过 P 点作三个平面分别垂直于 x 轴、y 轴和 z 轴，并交 x 轴、y 轴和 z 轴于 M、N、R 三点(见图 6.2). M、N、R 这三个点分别称为点 P 在 x 轴、y 轴和 z 轴上的**投影**. 设 M、N、R 在 x 轴、y 轴、z 轴上的坐标分别为 x、y 和 z，于是，

点 P 的坐标就可以表示成一个三元有序组(x,y,z). 易见,xy 平面上的点满足 $z=0$.

反过来,给定一个三元有序组(x,y,z),我们可以在 x 轴上取坐标为 x 的点 M,在 y 轴上取坐标为 y 的点 N,在 z 轴上取坐标为 z 的点 R,然后通过 M、N 及 R 分别作 x 轴、y 轴及 z 轴的垂直平面,这三个垂直平面的交点 P 便是以有序组(x,y,z)为坐标的点. 由此可见,空间的点与有序组(x,y,z)之间便建立了一一对应的关系.

三条坐标轴中的任意两条可以确定一个平面,称之为**坐标面**. 三个坐标面把空间分成八个部分,每一部分叫做**卦限**. 满足 $x\geqslant 0, y\geqslant 0, z\geqslant 0$ 的那个卦限称为**第一卦限**(见图 6.3). 第一到第八卦限内点的坐标的符号如下表所示.

卦限	Ⅰ	Ⅱ	Ⅲ	Ⅳ	Ⅴ	Ⅵ	Ⅶ	Ⅷ
x	+	−	−	+	+	−	−	+
y	+	+	−	−	+	+	−	−
z	+	+	+	+	−	−	−	−

我们知道,在实直线 $\mathbf{R}$ 上,两个点 a_1 与 b_1 之间的距离定义为

$$|b_1-a_1|=\sqrt{(b_1-a_1)^2},$$

其中,"$\sqrt{\quad}$"表示取非负平方根. 现在把两点间的距离公式推广到平面和空间中去.

为了表述方便,我们把由 n 个一维实空间(即实直线)$\mathbf{R}$ 构成的乘积集合称为 n 维实空间,记作

$$\mathbf{R}^n=\mathbf{R}\times\mathbf{R}\times\cdots\times\mathbf{R}.$$

于是,平面就是二维实空间 $\mathbf{R}^2$,而空间就是三维实空间 $\mathbf{R}^3$. 在 $\mathbf{R}^n$ 中,其元素称为点,它是 n 元有序组 $x=(x_1,x_2,\cdots,x_n)$,其中 $x_i(i=1,2,\cdots,n)$ 是实数. 现在考察 $\mathbf{R}^n$ 中两点间的距离.

$\mathbf{R}^2$ 中两点间的距离公式是熟知的,即若点$(x_1,y_1)\in\mathbf{R}^2$,则该点到原点的距离(见图 6.4)为

$$\sqrt{(x_1-0)^2+(y_1-0)^2}=\sqrt{x_1^2+y_1^2}$$

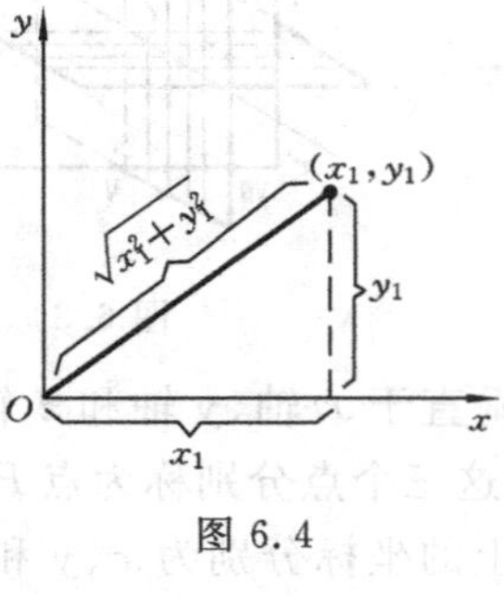

图 6.4

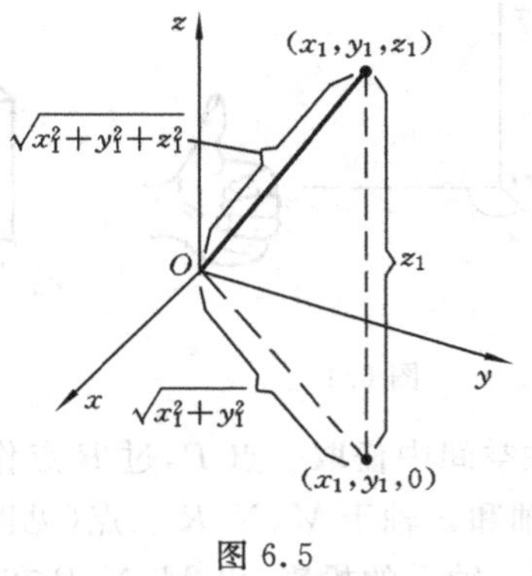

图 6.5

类似地，由几何知识得知，在空间 $\mathbf{R}^3$ 中，点 (x_1,y_1,z_1) 到原点 $(0,0,0)$ 的距离（见图 6.5）为 $\sqrt{x_1^2+y_1^2+z_1^2}$. 一般地，在空间 $\mathbf{R}^n$ 中，很自然地把点 $(x_1,x_2,\cdots,x_n)$ 到原点 $(0,0,\cdots,0)$ 的距离定义为

$$\sqrt{x_1^2+x_2^2+\cdots+x_n^2}=\sqrt{\sum_{i=1}^{n}x_i^2}.$$

由此可知，若 $(a_1,a_2,\cdots,a_n)$ 和 $(b_1,b_2,\cdots,b_n)$ 是 $\mathbf{R}^n$ 中任意两点，则可定义这两点间的距离为

$$\sqrt{(b_1-a_1)^2+(b_2-a_2)^2+\cdots+(b_n-a_n)^2}=\sqrt{\sum_{i=1}^{n}(b_i-a_i)^2}.$$

6.1.2　向量及其坐标表示

我们曾把有序组 $(a_1,a_2,\cdots,a_n)$ 叫做 $\mathbf{R}^n$ 中的一个点，现在在 $\mathbf{R}^n$ 中引进向量的概念.

先考虑 $\mathbf{R}^2$ 中的情形. 设 P、Q 是平面 $\mathbf{R}^2$ 中的两个点，它们确定一条有向线段，记作 $\overrightarrow{PQ}$. 我们称这样的有向线段为**平面向量**，P 称为向量 $\overrightarrow{PQ}$ 的起点，Q 称为这个向量的终点. $\overrightarrow{PQ}$ 的指向是这个向量的方向，而 $\overrightarrow{PQ}$ 的长短则表示这个向量的大小. 如果 $\overrightarrow{P_1Q_1}$ 和 $\overrightarrow{P_2Q_2}$ 是两个有向线段，它们有相同的长度和方向，则认为它们表示了同一个向量. 这就是说，这两个有向线段是互相平行的，且长度、方向完全相同. 有向线段具有确定的、特殊的位置，而向量则不然，图 6.6 中所有的箭头均表示同一个向量. 这正如分数 $\frac{2}{3}$ 与 $\frac{4}{6}$ 表示同一个有理数那样，两个长度相等、方向相同的有向线段 $\overrightarrow{P_1Q_1}$ 和 $\overrightarrow{P_2Q_2}$ 表示同一个向量. 因此，若一个向量能够由另一个向量经平行移动得到，则认为这两个向量**相等**.

我们可以根据不同场合的需要来选取向量的某种表示方式. 有时把向量的起点放在直角坐标系的原点 O 上（见图 6.7(a)），有时则可以把向量放在平面上的任何地方（见图 6.7(b)）.

一般地，我们把具有大小和方向的量称为**向量**. 例如，质点运动的速度、拖曳重物

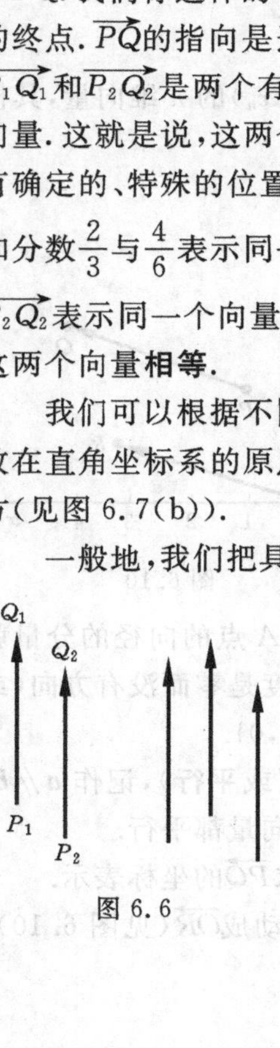

图 6.6

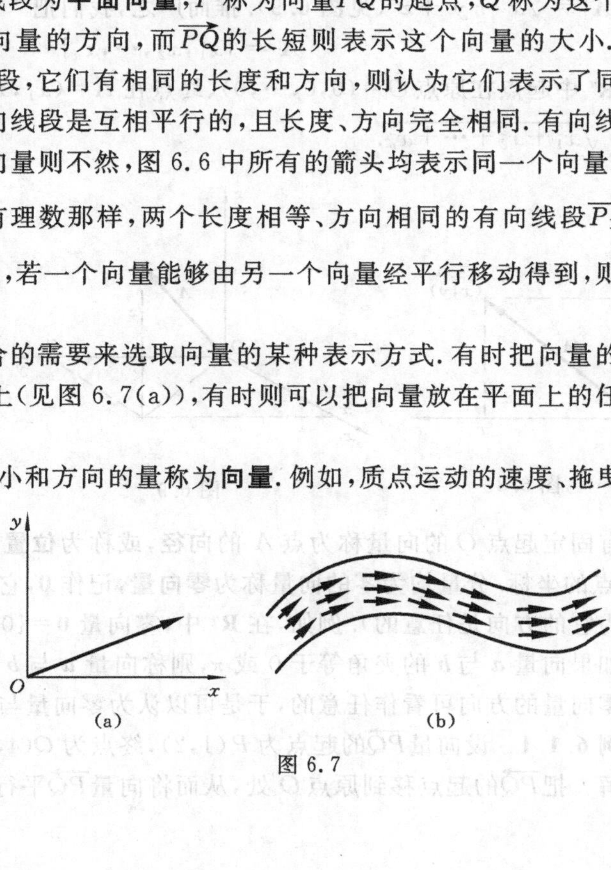

图 6.7

的作用力等. 在物理上,向量常用有向线段来作为几何表示,因此,前面所述的平面向量的概念可以推广到三维空间 $\mathbf{R}^3$ 中以及一般的 n 维空间 $\mathbf{R}^n$ 中.

我们用黑体字母 $\boldsymbol{A}$、$\boldsymbol{B}$、$\boldsymbol{F}$、$\boldsymbol{r}$、$\boldsymbol{v}$ 等表示向量,向量的长度则表示为 $|\boldsymbol{A}|=A$, $|\boldsymbol{r}|=r$ 等. 向量的长度又称为向量的**模**,向量的模是一个数量. 模为 1 的向量称为**单位向量**.

如果把向量 $\boldsymbol{A}$ 的起点放在原点 O 处,则向量 $\boldsymbol{A}=\overrightarrow{OA}$ 就与点 A 有一一对应的关系. 即给定向量 $\boldsymbol{A}$,把它的起点放在 O 点,就可以得到它的终点 A. 反之,给定一点 A,则 $\overrightarrow{OA}$ 确定一个向量. 如果平面向量 $\boldsymbol{A}$ 的起点放在坐标原点处,终点坐标是 (x,y),则称数 x 和 y 为向量 $\boldsymbol{A}$ 的**(数量)分量**. 在几何上, $|x|$ 及 $|y|$ 是向量 $\boldsymbol{A}$ 在 x 轴及 y 轴上的投影线段的长度(见图 6.8). 因此,我们亦称 x 是**向量 $\boldsymbol{A}$ 在 x 轴上的投影**, y 为 **$\boldsymbol{A}$ 在 y 轴上的投影**. 于是,又可将向量 $\boldsymbol{A}$ 表示为

$$\boldsymbol{A}=\{x,y\}$$

并称之为 $\boldsymbol{A}$ 的坐标表示,由勾股定理知,向量 $\boldsymbol{A}$ 的模 $|\boldsymbol{A}|=\sqrt{x^2+y^2}$. 类似地,在 $\mathbf{R}^3$ 中,若向量 $\boldsymbol{A}$ 的起点在坐标原点 O 处,终点坐标为 (x,y,z),则 $\boldsymbol{A}$ 的坐标表示为

$$\boldsymbol{A}=\{x,y,z\},$$

其模 $|\boldsymbol{A}|=\sqrt{x^2+y^2+z^2}$(见图 6.9). 推而广之,我们把

$$\boldsymbol{A}=\{x_1,x_2,\cdots,x_n\}$$

称为 $\mathbf{R}^n$ 中起点在原点 $O=(0,0,\cdots,0)$、终点在 $A=(x_1,x_2,\cdots,x_n)$ 的 n 维向量,其模 $|\boldsymbol{A}|=\sqrt{x_1^2+x_2^2+\cdots+x_n^2}$.

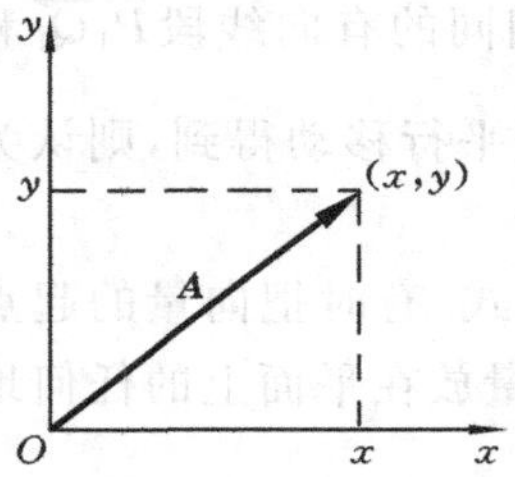

图 6.8

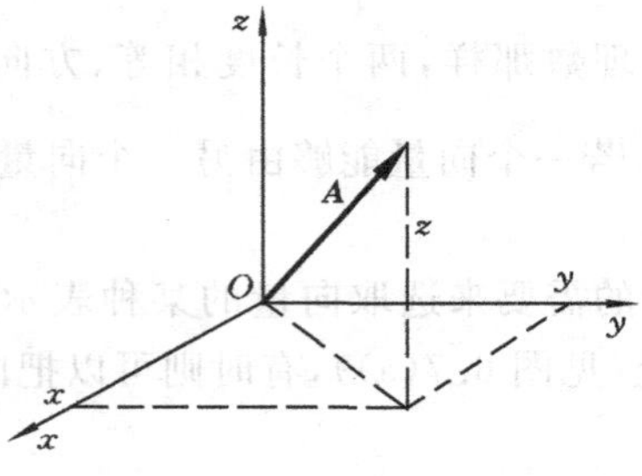

图 6.9

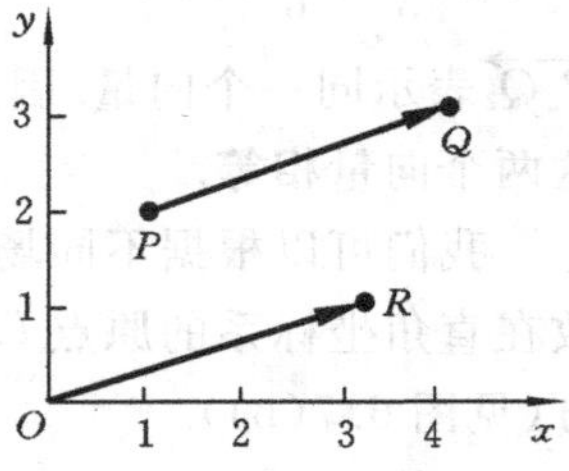

图 6.10

有固定起点 O 的向量称为点 A 的**向径**,或称为**位置向量**. A 点的向径的分量就是 A 点的坐标. 分量均为零的向量称为**零向量**,记作 $\mathbf{0}$,它的长度是零而没有方向(或者认为它的方向是任意的). 例如,在 $\mathbf{R}^n$ 中,零向量 $\mathbf{0}=\{0,0,\cdots,0\}$.

如果向量 $\boldsymbol{a}$ 与 $\boldsymbol{b}$ 的夹角等于 0 或 π,则称向量 $\boldsymbol{a}$ 与 $\boldsymbol{b}$ **共线**(**或平行**),记作 $\boldsymbol{a}/\!/\boldsymbol{b}$. 由于零向量的方向可看作任意的,于是可以认为零向量与任何向量都平行.

例 6.1.1　设向量 $\overrightarrow{PQ}$ 的起点为 $P(1,2)$,终点为 $Q(4,3)$,求 $\overrightarrow{PQ}$ 的坐标表示.

解　把 $\overrightarrow{PQ}$ 的起点移到原点 O 处,从而将向量 $\overrightarrow{PQ}$ 平行地移动成 $\overrightarrow{OR}$(见图 6.10),

并取$|\overrightarrow{OR}|=|\overrightarrow{PQ}|$. 则$\overrightarrow{OR}$和$\overrightarrow{PQ}$表示同一个向量. 易见点 R 的坐标是$(3,1)$. 因此向量$\overrightarrow{PQ}$可表示为$\overrightarrow{PQ}=\{3,1\}$. □

例 6.1.2　设 $P=(4,1,-1)$, $Q=(7,-3,1)$. 求三维向量$\overrightarrow{PQ}$的模.

解　$\overrightarrow{PQ}$的三个数量分量分别为

$$x=7-4=3,\quad y=-3-1=-4,\quad z=1-(-1)=2,$$

因此$\overrightarrow{PQ}=\{3,-4,2\}$, 它的模为

$$|\overrightarrow{PQ}|=\sqrt{3^2+(-4)^2+2^2}=\sqrt{29}.$$ □

6.1.3　向量的方向余弦

现在我们进一步找出向量的坐标与向量的模、方向之间的联系.

将向量 $\boldsymbol{a}=\{a_1,a_2,a_3\}$ 的起点放在坐标原点, 向量 $\boldsymbol{a}$ 与三个坐标轴的正向的夹角分别设为 α、β、γ, 并规定 $0\leqslant\alpha\leqslant\pi$, $0\leqslant\beta\leqslant\pi$, $0\leqslant\gamma\leqslant\pi$, 则称 α、β、γ 为向量 $\boldsymbol{a}$ 的**方向角**(见图 6.11).

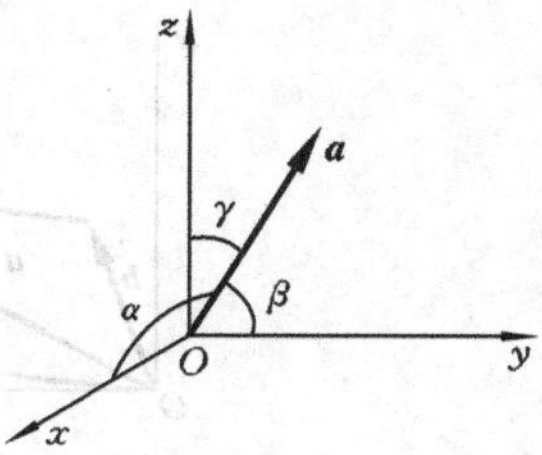

图 6.11

因为向量的坐标就是向量在坐标轴上的投影, 所以有

$$a_1=|\boldsymbol{a}|\cos\alpha,\quad a_2=|\boldsymbol{a}|\cos\beta,\quad a_3=|\boldsymbol{a}|\cos\gamma. \tag{6.1.1}$$

而

$$|\boldsymbol{a}|=\sqrt{a_1^2+a_2^2+a_3^2},$$

因此,

$$\cos\alpha=\frac{a_1}{\sqrt{a_1^2+a_2^2+a_3^2}},\quad \cos\beta=\frac{a_2}{\sqrt{a_1^2+a_2^2+a_3^2}},\quad \cos\gamma=\frac{a_3}{\sqrt{a_1^2+a_2^2+a_3^2}},$$

且

$$\cos^2\alpha+\cos^2\beta+\cos^2\gamma=1.$$

我们称 $\cos\alpha$、$\cos\beta$、$\cos\gamma$ 为向量 $\boldsymbol{a}$ 的**方向余弦**.

例 6.1.3　设有两点 $P(1,2,\sqrt{2})$ 和 $Q(2,1,0)$, 求向量$\overrightarrow{PQ}$的模、方向余弦和方向角.

解　$\overrightarrow{PQ}=\{2-1,1-2,0-\sqrt{2}\}=\{1,-1,-\sqrt{2}\}$;

则

$$|\overrightarrow{PQ}|=\sqrt{1^2+(-1)^2+(-\sqrt{2})^2}=\sqrt{1+1+2}=\sqrt{4}=2;$$

$$\cos\alpha=\frac{1}{2},\quad \cos\beta=-\frac{1}{2},\quad \cos\gamma=-\frac{\sqrt{2}}{2};$$

$$\alpha=\frac{\pi}{3},\quad \beta=\frac{2\pi}{3},\quad \gamma=\frac{3\pi}{4}.$$ □

6.1.4　向量的线性运算

现在我们引进向量的加法和数乘这两种运算, 称之为向量的**线性运算**.

1. 向量的加法

根据力学中两个力或两个速度的合成法则, 我们用**平行四边形法则**来定义两个

向量的相加.

将两向量 $\boldsymbol{a}$,$\boldsymbol{b}$ 平移至同一起点 O(原点),以此两向量为邻边作平行四边形,定义由起点 O 到平行四边形对顶点 B 所作成的向量 $\overrightarrow{OB}$ 为向量 $\boldsymbol{a}$ 与 $\boldsymbol{b}$ 之和(见图 6.12(a)),即

$$\boldsymbol{a}+\boldsymbol{b}=\overrightarrow{OB}.$$

为了解决两个平行向量相加的问题,我们进一步引进下面的**三角形法则**.

将两向量 $\boldsymbol{a}$、$\boldsymbol{b}$ 首尾相接,则由起点到终点的向量 $\overrightarrow{OB}$ 为向量 $\boldsymbol{a}$、$\boldsymbol{b}$ 之和(见图 6.12(b)),即

$$\boldsymbol{a}+\boldsymbol{b}=\overrightarrow{OB}.$$

不难看出,三角形法则蕴含了平行四边形法则.

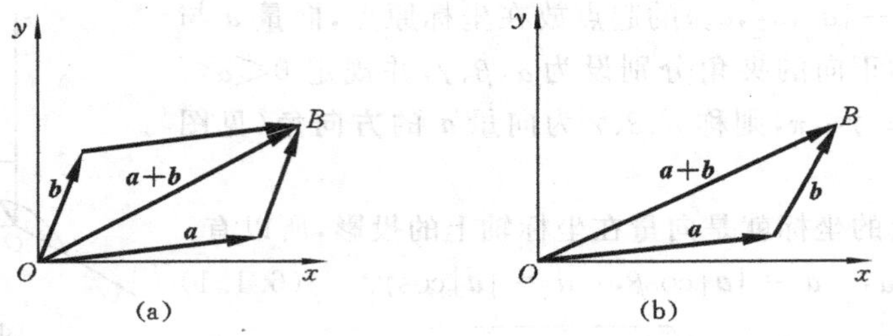

图 6.12

下面我们给出向量加法的坐标表示. 不妨先考察平面向量的情形. 设 $\boldsymbol{a}=\overrightarrow{OA}=\{a_1,a_2\}$,$\boldsymbol{b}=\overrightarrow{AB}=\{b_1,b_2\}$,并设 B 点的坐标为(x,y)(见图 6.13),则

$$\boldsymbol{a}+\boldsymbol{b}=\overrightarrow{OB}=\{x,y\}.$$

由于 A 点的坐标为(a_1,a_2),因此

$$\overrightarrow{AB}=\{x-a_1,y-a_2\}.$$

由向量 $\overrightarrow{AB}$ 的坐标的唯一性知,

$$b_1=x-a_1,\quad b_2=y-a_2,$$

亦即有
$$x=a_1+b_1,\quad y=a_2+b_2.$$

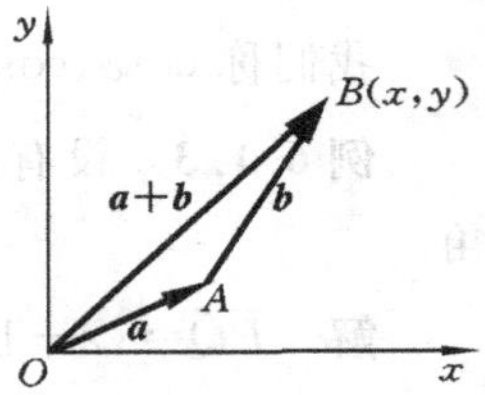

图 6.13

由此可得向量 $\boldsymbol{a}+\boldsymbol{b}$ 的坐标表示为

$$\boldsymbol{a}+\boldsymbol{b}=\{a_1+b_1,a_2+b_2\}.\tag{6.1.2}$$

类似地,对于 $\mathbf{R}^3$ 中的向量 $\boldsymbol{a}=\{a_1,a_2,a_3\}$,$\boldsymbol{b}=\{b_1,b_2,b_3\}$,$\boldsymbol{a}+\boldsymbol{b}$ 的坐标表示为

$$\boldsymbol{a}+\boldsymbol{b}=\{a_1+b_1,a_2+b_2,a_3+b_3\}.\tag{6.1.3}$$

而对于 $\mathbf{R}^n$ 中的向量 $\boldsymbol{a}=\{a_1,a_2,\cdots,a_n\}$ 及 $\boldsymbol{b}=\{b_1,b_2,\cdots,b_n\}$,$\boldsymbol{a}+\boldsymbol{b}$ 的坐标表示为

$$\boldsymbol{a}+\boldsymbol{b}=\{a_1+b_1,a_2+b_2,\cdots,a_n+b_n\}.$$

这就是说,**两向量和的坐标等于两向量对应坐标之和.**

2. 向量的数乘

数 k 与向量 $\boldsymbol{a}$ 的乘积(称为**数乘**)定义为一个向量,记作 $k\boldsymbol{a}$,其大小为 $|k\boldsymbol{a}|=$

$|k||\boldsymbol{a}|$,方向与 $\boldsymbol{a}$ 平行. 当 $k>0$ 时,$k\boldsymbol{a}$ 与 $\boldsymbol{a}$ 同向;当 $k<0$ 时,$k\boldsymbol{a}$ 与 $\boldsymbol{a}$ 反向(见图 6.14),即

$$k\boldsymbol{a}=\begin{cases}|k|\boldsymbol{a}, & k>0,\\ -|k|\boldsymbol{a}, & k\leq 0;\end{cases}$$

当 $k=0$ 时,$k\boldsymbol{a}=0\boldsymbol{a}=\boldsymbol{0}$.

由向量的数乘可以导出向量的减法,即 $\boldsymbol{a}$ 与 $\boldsymbol{b}$ 相减定义为

$$\boldsymbol{a}-\boldsymbol{b}=\boldsymbol{a}+(-1)\boldsymbol{b},$$

也就是将 $\boldsymbol{b}$ 变成 $-\boldsymbol{b}$ 再和 $\boldsymbol{a}$ 相加(见图 6.15).

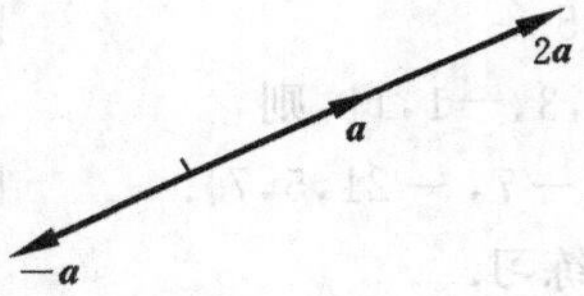

图 6.14

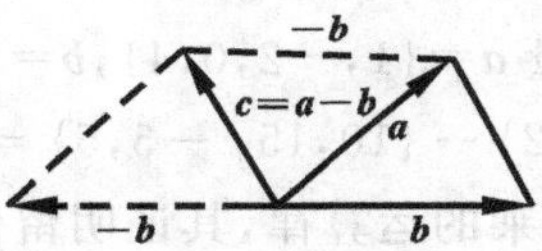

图 6.15

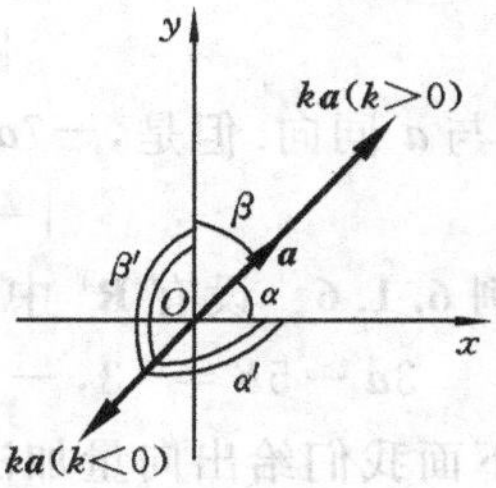

图 6.16

如果用记号 $\boldsymbol{e}_a$ 表示与向量 $\boldsymbol{a}$ 同方向的单位向量,则依向量的数乘的定义,有

$$\boldsymbol{a}=|\boldsymbol{a}|\boldsymbol{e}_a.$$

因此,一个非零向量除以它的模便可得到一个同方向的单位向量,即

$$\frac{\boldsymbol{a}}{|\boldsymbol{a}|}=\boldsymbol{e}_a. \tag{6.1.4}$$

根据式(6.1.1),单位向量 $\boldsymbol{e}_a$ 又可以用方向余弦表示为

$$\boldsymbol{e}_a=\{\cos\alpha,\cos\beta,\cos\gamma\}. \tag{6.1.5}$$

下面我们给出向量的数乘的坐标表示. 还是以平面向量为例. 令 $\boldsymbol{a}=\{a_1,a_2\}$,$k$ 为任意实数,设 $\boldsymbol{a}$ 的方向角为 α、β,$k\boldsymbol{a}$ 的方向角为 α'、β'. 当 $k>0$ 时,向量 $k\boldsymbol{a}$ 与 $\boldsymbol{a}$ 同方向,故 $\alpha=\alpha'$,$\beta=\beta'$(见图6.16). 因此,$k\boldsymbol{a}$ 的坐标为

$$x=|k||\boldsymbol{a}|\cos\alpha,\quad y=|k||\boldsymbol{a}|\cos\beta.$$

而 $a_1=|\boldsymbol{a}|\cos\alpha$,$a_2=|\boldsymbol{a}|\cos\beta$,故有

$$x=ka_1,\quad y=ka_2.$$

当 $k<0$ 时,向量 $k\boldsymbol{a}$ 与 $\boldsymbol{a}$ 反方向,故 $\alpha=\pi-\alpha'$,$\beta=\pi-\beta'$. 这时,$k\boldsymbol{a}$ 的坐标应为

$$x=|k\boldsymbol{a}|\cos\alpha'=-k|\boldsymbol{a}|(-\cos\alpha)=ka_1,$$

$$y=|k\boldsymbol{a}|\cos\beta'=-k|\boldsymbol{a}|(-\cos\beta)=ka_2.$$

因此,不论 k 是正数还是负数,均有

$$k\boldsymbol{a}=\{ka_1,ka_2\}.$$

类似地,对于 $\mathbf{R}^3$ 中的向量 $\boldsymbol{a}=\{a_1,a_2,a_3\}$,有

$$k\boldsymbol{a}=\{ka_1,ka_2,ka_3\}.$$

对于 $\mathbf{R}^n$ 中的向量 $\boldsymbol{a}=\{a_1,a_2,\cdots,a_n\}$，则有

$$k\boldsymbol{a}=\{ka_1,ka_2,\cdots,ka_n\}.$$

可以证明，**对于向量 $\boldsymbol{a},\boldsymbol{b}$，若 $\boldsymbol{a}\neq\boldsymbol{0}$，则 $\boldsymbol{a}/\!/\boldsymbol{b}$ 的充要条件是存在实数 k，使得 $\boldsymbol{b}=k\boldsymbol{a}$**.（证明留作习题.）

例 6.1.4 在 $\mathbf{R}^2$ 中，向量 $\boldsymbol{a}=\{1,-3\}$ 与向量 $\boldsymbol{b}=\{2,-6\}$ 是平行的，并且它们有相同的方向. 而向量 $\boldsymbol{a}=\{1,-3\}$ 与向量 $\boldsymbol{d}=\{2,-7\}$ 是不平行的. □

例 6.1.5 设 $|\boldsymbol{a}|=5$，则

$$|3\boldsymbol{a}|=|3||\boldsymbol{a}|=3\times5=15,$$

且 $3\boldsymbol{a}$ 与 $\boldsymbol{a}$ 同向. 但是，$-7\boldsymbol{a}$ 与 $\boldsymbol{a}$ 的方向相反，而

$$|-7\boldsymbol{a}|=|-7||\boldsymbol{a}|=7\times5=35. \quad □$$

例 6.1.6 设有 $\mathbf{R}^4$ 中的向量 $\boldsymbol{a}=\{1,-2,0,4\}$，$\boldsymbol{b}=\{2,3,-1,1\}$，则

$$3\boldsymbol{a}-5\boldsymbol{b}=\{3,-6,0,12\}-\{10,15,-5,5\}=\{-7,-21,5,7\}. \quad □$$

下面我们给出向量加法和数乘的运算律，其证明留作练习.

定理 6.1.1 对于任意向量 $\boldsymbol{a}$、$\boldsymbol{b}$、$\boldsymbol{c}$ 以及任意的数 α、β，以下的运算律成立：

(1) $\boldsymbol{a}+\boldsymbol{b}=\boldsymbol{b}+\boldsymbol{a}$（交换律）；

(2) $(\boldsymbol{a}+\boldsymbol{b})+\boldsymbol{c}=\boldsymbol{a}+(\boldsymbol{b}+\boldsymbol{c})$（结合律）；

(3) $\alpha(\beta\boldsymbol{a})=(\alpha\beta)\boldsymbol{a}$（数乘的结合律）；

(4) $(\alpha+\beta)\boldsymbol{a}=\alpha\boldsymbol{a}+\beta\boldsymbol{a}$（分配律）；

(5) $\alpha(\boldsymbol{a}+\boldsymbol{b})=\alpha\boldsymbol{a}+\alpha\boldsymbol{b}$（分配律）.

有了向量的加法和数乘运算后，我们还可以给出向量的分解表达式. 为此，以 $\mathbf{R}^3$ 为例，我们在空间直角坐标系 $Oxyz$ 中的三个坐标轴上分别取单位向量

$$\boldsymbol{i}=\{1,0,0\},\quad \boldsymbol{j}=\{0,1,0\},\quad \boldsymbol{k}=\{0,0,1\},$$

称之为 $\mathbf{R}^3$ 中的**单位坐标向量**. 于是任何向量 $\boldsymbol{a}=\{a_1,a_2,a_3\}$ 可有如下的分解表达式：

$$\begin{aligned}\boldsymbol{a}&=\{a_1,a_2,a_3\}=\{a_1,0,0\}+\{0,a_2,0\}+\{0,0,a_3\}\\&=a_1\{1,0,0\}+a_2\{0,1,0\}+a_3\{0,0,1\},\end{aligned}$$

即

$$\boldsymbol{a}=a_1\boldsymbol{i}+a_2\boldsymbol{j}+a_3\boldsymbol{k}. \tag{6.1.6}$$

式(6.1.6)称为向量 $\boldsymbol{a}$ 的**按单位坐标向量的分解表达式**，而向量 $a_1\boldsymbol{i}$、$a_2\boldsymbol{j}$、$a_3\boldsymbol{k}$ 分别称为 $\boldsymbol{a}$ 在 x 轴、y 轴、z 轴上的**分向量**.

例 6.1.7 设向量 $\boldsymbol{a}$ 的起点为 $P(5,1,2)$，终点为 $Q(7,2,4)$. 求单位向量 $\boldsymbol{e}_a$ 关于单位坐标向量的分解式.

解

$$\boldsymbol{a}=\overrightarrow{PQ}=\{7-5,2-1,4-2\}=\{2,1,2\},$$

故

$$|\boldsymbol{a}|=\sqrt{2^2+1^2+2^2}=\sqrt{9}=3,$$

因此，
$$e_a=\frac{a}{|a|}=\{\frac{2}{3},\frac{1}{3},\frac{2}{3}\},$$
即
$$e_a=\frac{2}{3}i+\frac{1}{3}j+\frac{2}{3}k.$$ □

习　题　6.1

(A)

1. 回答下列问题：

(1) $\mathbf{R}^3$ 的空间直角坐标系是怎样建立的？

(2) $\mathbf{R}^n$ 中两点的距离如何定义？

(3) 向量是怎样的量？向量与有向线段有什么不同？

(4) 什么叫单位向量？给定一个非零向量 $\boldsymbol{a}$，你能写出一个与 $\boldsymbol{a}$ 同方向的单位向量吗？

(5) 向量的模及方向余弦怎样定义？

(6) 向量的加法与数乘是怎样定义的？

2. 在空间直角坐标系中，定出下列各点的位置：

$A(1,2,3)$；　$B(-1,2,4)$；　$C(2,-3,-4)$；　$D(3,4,0)$；　$E(0,2,1)$；　$F(4,0,0)$.

3. 求下列各点间的距离：

(1) $(0,0,0),(2,3,4)$；　　(2) $(4,-1,2),(-2,1,3)$.

4. 求点 $M(2,-1,3)$ 与原点及各坐标轴间的距离.

5. 证明：以三点 $A(4,1,9)$、$B(10,-1,6)$、$C(2,4,3)$ 为顶点的三角形是等腰直角三角形.

6. 给定一点 $(a,b,c)\in\mathbf{R}^3$，试写出该点关于(1) 各坐标面；(2) 各坐标轴；(3) 坐标原点的对称点的坐标.

7. 求下列向量的模：

(1) $\{1,2,3\}$；　　(2) $\{-1,0,5\}$；　　(3) $\{2,-4,7\}$.

8. 求下列向量的和，并画出 $\boldsymbol{a}+\boldsymbol{b}$：

(1) $\boldsymbol{a}=\{2,1\},\boldsymbol{b}=\{1,4\}$；　　(2) $\boldsymbol{a}=\{2,2\},\boldsymbol{b}=\{1,-1\}$；

(3) $\boldsymbol{a}=\{1,2,0\},\boldsymbol{b}=\{2,3,5\}$；　　(4) $\boldsymbol{a}=\{3,-2,1\},\boldsymbol{b}=\{-4,3,2\}$.

9. 求下列向量的差，并画出 $\boldsymbol{a}-\boldsymbol{b}$：

(1) $\boldsymbol{a}=\{4,3\},\boldsymbol{b}=\{2,0\}$；　　(2) $\boldsymbol{a}=\{1,1\},\boldsymbol{b}=\{-2,4\}$；

(3) $\boldsymbol{a}=\{2,3,4\},\boldsymbol{b}=\{1,5,0\}$；　　(4) $\boldsymbol{a}=\{3,4,2\},\boldsymbol{b}=\{0,0,0\}$.

10. 计算并画出 $k\boldsymbol{A}$，假设 $\boldsymbol{A}=2\boldsymbol{i}+3\boldsymbol{j}+\boldsymbol{k}$，而 k 为

(1) 2；　(2) -2；　(3) $\frac{1}{2}$；　(4) $-\frac{1}{2}$.

11. 求一个单位向量，使它与向量 $\boldsymbol{i}+2\boldsymbol{j}+3\boldsymbol{k}$ 同方向.

12. 求向量 $\boldsymbol{a}=2\boldsymbol{i}+3\boldsymbol{j}+4\boldsymbol{k}$ 的方向余弦.

13. 设 $\boldsymbol{A}=\boldsymbol{a}-\boldsymbol{b}+2\boldsymbol{c},\boldsymbol{B}=-\boldsymbol{a}+3\boldsymbol{b}-\boldsymbol{c}$. 试用 $\boldsymbol{a}$、$\boldsymbol{b}$、$\boldsymbol{c}$ 表示向量 $2\boldsymbol{A}-3\boldsymbol{B}$.

(B)

1. 设风速为每小时 48 km,风向为东北. 一架飞机相对于风以每小时 160 km 的速度飞行,由飞机的尾部到飞机头部的指向是东南方向(见图6.17).

   (1) 求飞机相对于地面的速度大小;

   (2) 飞机相对于地面的飞行方向是什么?

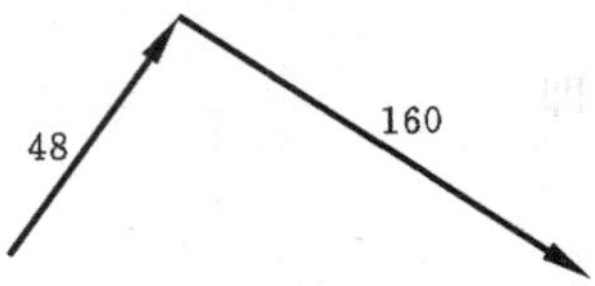

图 6.17

2. 证明本节定理 6.1.1 中的各条运算律.
3. 证明,若 $\boldsymbol{a}\neq\boldsymbol{0}$,则向量 $\boldsymbol{a}$ 与 $\boldsymbol{b}$ 平行的充要条件是存在实数 k,使得 $\boldsymbol{b}=k\boldsymbol{a}$.

答案与提示

(A)

3. (1) $\sqrt{29}$; (2) $\sqrt{41}$.
4. $\overline{MO}=\sqrt{14}, d_x=\sqrt{10}, d_y=\sqrt{13}, d_z=\sqrt{5}$.
5. $\overline{AB}=\sqrt{49}, \overline{BC}=\sqrt{98}, \overline{CA}=\sqrt{49}, \overline{AB}^2+\overline{AC}^2=\overline{BC}^2$.
6. (1) $(a,b,-c),(-a,b,c),(a,-b,c)$; (2) $(a,-b,-c),(-a,b,-c),(-a,-b,c)$;
   (3) $(-a,-b,-c)$.
7. (1) $\sqrt{14}$; (2) $\sqrt{26}$; (3) $\sqrt{69}$.
8. (1) $\{3,5\}$; (2) $\{3,1\}$; (3) $\{3,5,5\}$; (4) $\{-1,1,3\}$.
9. (1) $\{2,3\}$; (2) $\{3,-3\}$; (3) $\{1,-2,4\}$; (4) $\{3,4,2\}$.
10. (1) $4\boldsymbol{i}+6\boldsymbol{j}+2\boldsymbol{k}$; (2) $-4\boldsymbol{i}-6\boldsymbol{j}-2\boldsymbol{k}$; (3) $\boldsymbol{i}+\frac{3}{2}\boldsymbol{j}+\frac{1}{2}\boldsymbol{k}$; (4) $-\boldsymbol{i}-\frac{3}{2}\boldsymbol{j}-\frac{1}{2}\boldsymbol{k}$.
11. $\boldsymbol{e}_l=\frac{1}{\sqrt{14}}\boldsymbol{i}+\frac{2}{\sqrt{14}}\boldsymbol{j}+\frac{3}{\sqrt{14}}\boldsymbol{k}$.
12. $\frac{2}{\sqrt{29}},\frac{3}{\sqrt{29}},\frac{4}{\sqrt{29}}$.
13. $5\boldsymbol{a}-11\boldsymbol{b}+7\boldsymbol{c}$.

(B)

1. (1)速度大小为 167 (km/h); (2) 方向为东偏南 28.3°.

6.2 向量的点积与叉积

6.2.1 两个向量的点积

我们先来看一个简单的物理问题. 设一物体在常力 $\boldsymbol{F}$ 的作用下,沿直线从 P 点移动到 Q 点. 令 $\boldsymbol{r}=\overrightarrow{PQ}$. 由物理学的知识可知,力 $\boldsymbol{F}$ 所作的功为

$$W=|\boldsymbol{F}||\boldsymbol{r}|\cos\theta,$$

其中 θ 为 $\boldsymbol{F}$ 与 $\boldsymbol{r}$ 的夹角(见图 6.18).

由于功 W 是数量，这个实例表明两个向量可能产生一个数量. 这是两个向量间的一种特殊运算，它在理论和实际中是经常遇到的. 为此，我们给出下面的定义.

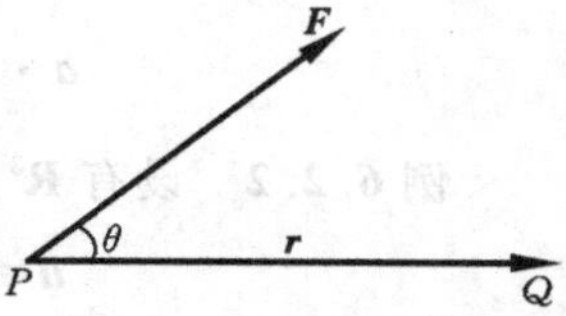

图 6.18

定义 6.2.1(点积)　向量 $\boldsymbol{a}$ 与 $\boldsymbol{b}$ 的**点积**(或称为**数量积**)定义为

$$\boldsymbol{a}\cdot\boldsymbol{b}=|\boldsymbol{a}||\boldsymbol{b}|\cos\theta,$$

其中 θ 为向量 $\boldsymbol{a}$ 与 $\boldsymbol{b}$ 之间的夹角，$0\leqslant\theta\leqslant\pi$.

由于 $|\boldsymbol{b}|\cos\theta$ 是向量 $\boldsymbol{b}$ 在向量 $\boldsymbol{a}$ 的方向上的**投影(射影)**，记作 b_a，因此，$\boldsymbol{a}$ 与 $\boldsymbol{b}$ 的点积等于其中一个向量的模和另一个向量在这个向量的方向上的投影的乘积，即 $\boldsymbol{a}\cdot\boldsymbol{b}=|\boldsymbol{a}|b_a$.

例 6.2.1　设 $\boldsymbol{b}$ 是一固定单位向量，向量 $\boldsymbol{a}$ 可以自由旋转，其长度为 6. 试问当 $\boldsymbol{a}$ 旋转到什么位置时可使点积 $\boldsymbol{a}\cdot\boldsymbol{b}$ 达到最大值和最小值？

解　因为
$$\boldsymbol{a}\cdot\boldsymbol{b}=|\boldsymbol{a}||\boldsymbol{b}|\cos\theta=6\cos\theta,$$
所以当 $\boldsymbol{a}$ 与 $\boldsymbol{b}$ 同向时，即 $\theta=0$ 时，$\boldsymbol{a}\cdot\boldsymbol{b}$ 取最大值 6；当 $\boldsymbol{a}$ 与 $\boldsymbol{b}$ 反向时，即 $\theta=\pi$ 时，$\boldsymbol{a}\cdot\boldsymbol{b}$ 取最小值 -6. □

6.2.2　点积的性质

由点积的定义可以推得：

(1) 对任一向量 $\boldsymbol{a}$，有 $\boldsymbol{a}\cdot\boldsymbol{a}=|\boldsymbol{a}|^2$，例如，在 $\mathbf{R}^3$ 中，三个单位坐标向量 $\boldsymbol{i}$、$\boldsymbol{j}$、$\boldsymbol{k}$ 满足：$\boldsymbol{i}\cdot\boldsymbol{i}=1,\boldsymbol{j}\cdot\boldsymbol{j}=1,\boldsymbol{k}\cdot\boldsymbol{k}=1$.

(2) **两个非零向量正交(即相互垂直)的充要条件是它们的点积等于零**，即

$$\boldsymbol{a}\perp\boldsymbol{b}\Leftrightarrow\boldsymbol{a}\cdot\boldsymbol{b}=0.$$

例如，$\boldsymbol{i}\cdot\boldsymbol{j}=0,\boldsymbol{j}\cdot\boldsymbol{k}=0,\boldsymbol{i}\cdot\boldsymbol{k}=0$.

对于向量 $\boldsymbol{a}$、$\boldsymbol{b}$、$\boldsymbol{c}$ 及数 λ，由定义知点积符合下列运算规律：

(1) $\boldsymbol{a}\cdot\boldsymbol{b}=\boldsymbol{b}\cdot\boldsymbol{a}$(交换律)；

(2) $\boldsymbol{a}\cdot(\lambda\boldsymbol{b})=\lambda(\boldsymbol{a}\cdot\boldsymbol{b})=(\lambda\boldsymbol{a})\cdot\boldsymbol{b}$(结合律)；

(3) $(\boldsymbol{a}+\boldsymbol{b})\cdot\boldsymbol{c}=\boldsymbol{a}\cdot\boldsymbol{c}+\boldsymbol{b}\cdot\boldsymbol{c}$(分配律).

请读者给出证明.

我们还可以利用向量的分量来计算两个向量的点积. 假设在 $\mathbf{R}^3$ 中有向量

$$\boldsymbol{a}=a_1\boldsymbol{i}+a_2\boldsymbol{j}+a_3\boldsymbol{k},\quad \boldsymbol{b}=b_1\boldsymbol{i}+b_2\boldsymbol{j}+b_3\boldsymbol{k}.$$

则
$$\begin{aligned}\boldsymbol{a}\cdot\boldsymbol{b}&=(a_1\boldsymbol{i}+a_2\boldsymbol{j}+a_3\boldsymbol{k})\cdot(b_1\boldsymbol{i}+b_2\boldsymbol{j}+b_3\boldsymbol{k})\\&=a_1b_1\boldsymbol{i}\cdot\boldsymbol{i}+a_1b_2\boldsymbol{i}\cdot\boldsymbol{j}+a_1b_3\boldsymbol{i}\cdot\boldsymbol{k}+a_2b_1\boldsymbol{j}\cdot\boldsymbol{i}+a_2b_2\boldsymbol{j}\cdot\boldsymbol{j}\\&\quad+a_2b_3\boldsymbol{j}\cdot\boldsymbol{k}+a_3b_1\boldsymbol{k}\cdot\boldsymbol{i}+a_3b_2\boldsymbol{k}\cdot\boldsymbol{j}+a_3b_3\boldsymbol{k}\cdot\boldsymbol{k}\\&=a_1b_1+a_2b_2+a_3b_3.\end{aligned}$$

一般地，在 $\mathbf{R}^n$ 中，若 $\boldsymbol{a}=\{a_1,a_2,\cdots,a_n\},\boldsymbol{b}=\{b_1,b_2,\cdots,b_n\}$，则

$$\boldsymbol{a}\cdot\boldsymbol{b}=a_1b_1+a_2b_2+\cdots+a_nb_n=\sum_{i=1}^{n}a_ib_i.$$

例 6.2.2 设有 $\mathbf{R}^3$ 中的三个向量:

$$\boldsymbol{u}=\boldsymbol{i}+\sqrt{3}\boldsymbol{k},\quad \boldsymbol{v}=\boldsymbol{i}+\sqrt{3}\boldsymbol{j},\quad \boldsymbol{w}=\sqrt{3}\boldsymbol{i}+\boldsymbol{j}-\boldsymbol{k},$$

试问:其中相互正交的是哪两个向量?

解

$$\begin{aligned}\boldsymbol{v}\cdot\boldsymbol{u}&=(\boldsymbol{i}+\sqrt{3}\boldsymbol{j}+0\boldsymbol{k})\cdot(\boldsymbol{i}+0\boldsymbol{j}+\sqrt{3}\boldsymbol{k})\\&=1\cdot1+\sqrt{3}\cdot0+0\cdot\sqrt{3}=1,\\ \boldsymbol{v}\cdot\boldsymbol{w}&=(\boldsymbol{i}+\sqrt{3}\boldsymbol{j}+0\boldsymbol{k})\cdot(\sqrt{3}\boldsymbol{i}+\boldsymbol{j}-\boldsymbol{k})\\&=1\cdot\sqrt{3}+\sqrt{3}\cdot1+0\cdot(-1)=2\sqrt{3},\\ \boldsymbol{w}\cdot\boldsymbol{u}&=(\sqrt{3}\boldsymbol{i}+\boldsymbol{j}-\boldsymbol{k})\cdot(\boldsymbol{i}+0\boldsymbol{j}+\sqrt{3}\boldsymbol{k})\\&=\sqrt{3}\cdot1+1\cdot0+(-1)\cdot\sqrt{3}=0.\end{aligned}$$

因此,只有向量 $\boldsymbol{w}$ 和 $\boldsymbol{u}$ 是互相正交的. □

在 n 维空间 $\mathbf{R}^n$ 中,一个点又可称为一个 n 维向量. 元素 $\boldsymbol{a}=(a_1,a_2,\cdots,a_n)\in\mathbf{R}^n$,一方面 $\boldsymbol{a}$ 可以看作是以 $a_1,a_2,\cdots,a_n$ 为分量的向量,另一方面 $\boldsymbol{a}$ 又可以看作是以 $a_1,a_2,\cdots,a_n$ 为坐标的点. 看作向量时,我们习惯上写作

$$\boldsymbol{a}=\{a_1,a_2,\cdots,a_n\},$$

这个向量起点在原点,终点在 $(a_1,a_2,\cdots,a_n)$ 处,由于这个缘故,我们又可以把点 $\boldsymbol{a}$ 到原点的距离表示为

$$\sqrt{\sum_{i=1}^{n}a_i^2}=\sqrt{\boldsymbol{a}\cdot\boldsymbol{a}}=|\boldsymbol{a}|,$$

6.2.3 $\mathbf{R}^3$ 中两个向量的叉积

我们仍然从一个简单的物理问题开始. 我们知道,把一个钉子直接锤击入桌面,和把一个螺丝钉拧入桌面是不同的. 当然,这两种运动都有力的作用,但是,对锤击钉子的情形,所用的力和钉子的运动方向都是铅直的;而对拧螺丝钉的情形,所用的力是水平方向的(见图 6.19),而螺丝钉的运动方向则不仅与力 $\boldsymbol{F}$ 垂直,并且还垂直于半径向量 $\boldsymbol{r}$. 下面将探讨如何计算这种垂直于两个给定向量的向量.

定义 6.2.2(叉积) 设 $\boldsymbol{a},\boldsymbol{b}\in\mathbf{R}^3$,$\boldsymbol{a}$ 与 $\boldsymbol{b}$ 的**叉积**(或称**向量积**)定义为

$$\boldsymbol{a}\times\boldsymbol{b}=(|\boldsymbol{a}||\boldsymbol{b}|\sin\theta)\boldsymbol{e}_n,$$

其中 θ 是向量 $\boldsymbol{a}$ 和 $\boldsymbol{b}$ 的夹角,$0\leqslant\theta\leqslant\pi$,$\boldsymbol{e}_n$ 是垂直于 $\boldsymbol{a}$ 和 $\boldsymbol{b}$ 的单位向量,$\boldsymbol{e}_n$ 的指向按右手系规则从 $\boldsymbol{a}$ 转向 $\boldsymbol{b}$ 来确定(见图 6.20).

注意,叉积 $\boldsymbol{a}\times\boldsymbol{b}$ 是一个向量,而点积 $\boldsymbol{a}\cdot\boldsymbol{b}$ 是一个数量. 叉积只对三维空间 $\mathbf{R}^3$ 中的向量定义,而点积则适用于一般的 $\mathbf{R}^n$ 中的向量,其中 n 是任意给定的自然数.

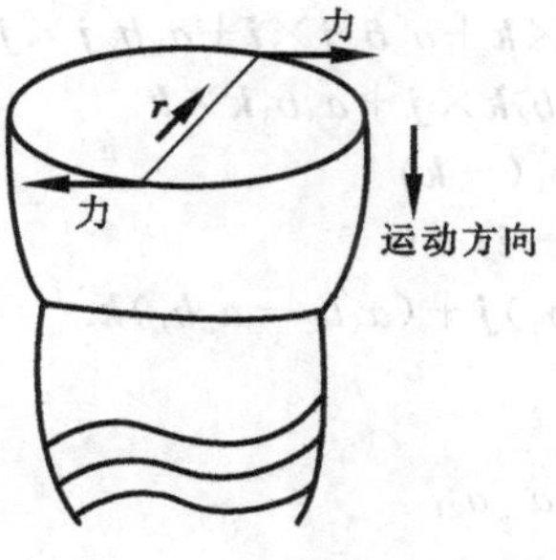

图 6.19

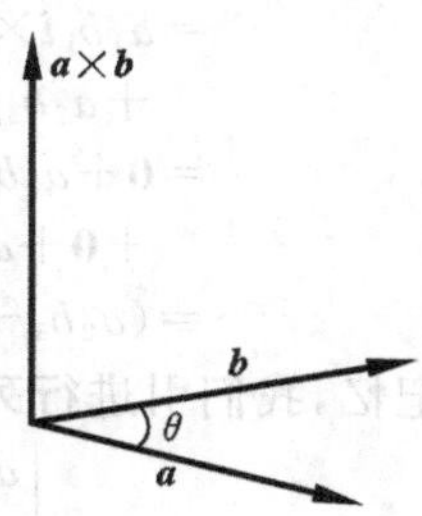

图 6.20

例 6.2.3　设 $\boldsymbol{i}$ 和 $\boldsymbol{j}$ 是 $\mathbf{R}^3$ 中的单位坐标向量，求 $\boldsymbol{i}\times\boldsymbol{j}$.

解　向量 $\boldsymbol{i}$ 与 $\boldsymbol{j}$ 的模都是 1，它们的夹角是 $\frac{\pi}{2}$，按右手系规则，$\boldsymbol{i}\times\boldsymbol{j}$ 的方向向量为 $\boldsymbol{k}$，故

$$\boldsymbol{i}\times\boldsymbol{j}=\left(|\boldsymbol{i}||\boldsymbol{j}|\sin\frac{\pi}{2}\right)\boldsymbol{k}=\boldsymbol{k}.$$ □

例 6.2.4　设 $\boldsymbol{v}$ 是任意的三维向量，求 $\boldsymbol{v}\times\boldsymbol{v}$.

解　$\boldsymbol{v}$ 与 $\boldsymbol{v}$ 的夹角为 0，所以

$$\boldsymbol{v}\times\boldsymbol{v}=\mathbf{0}.$$

即 $\boldsymbol{v}$ 与自身的叉积为零向量. □

例 6.2.5　设 $\boldsymbol{a}\in\mathbf{R}^3$ 是一个长度为 2 的固定向量，其方向指向 x 轴的正向，$\boldsymbol{b}\in\mathbf{R}^3$ 是一个长度为 3 的向量，它在 Oxy 平面上可自由旋转. 求向量 $\boldsymbol{a}\times\boldsymbol{b}$ 的模的最大值和最小值. 当 $\boldsymbol{b}$ 旋转时，$\boldsymbol{a}\times\boldsymbol{b}$ 的方向如何？

解　$$|\boldsymbol{a}\times\boldsymbol{b}|=|\boldsymbol{a}||\boldsymbol{b}|\sin\theta=2\cdot 3\sin\theta=6\sin\theta,$$

因此，当 $\theta=\frac{\pi}{2}$ 时，$|\boldsymbol{a}\times\boldsymbol{b}|$ 取最大值，即当 $\boldsymbol{a}$ 和 $\boldsymbol{b}$ 正交时，$|\boldsymbol{a}\times\boldsymbol{b}|$ 有最大值 6；而当 $\theta=0$ 或 π 时，即当 $\boldsymbol{a}$ 与 $\boldsymbol{b}$ 平行时，$|\boldsymbol{a}\times\boldsymbol{b}|$ 有最小值 0.

当 $\boldsymbol{b}$ 位于 Oxy 平面的第一或第二象限时，$\boldsymbol{a}\times\boldsymbol{b}$ 的方向指向 z 轴的正向；当 $\boldsymbol{b}$ 位于 Oxy 平面的第三或第四象限时，$\boldsymbol{a}\times\boldsymbol{b}$ 的方向指向 z 轴的负向. □

向量的叉积符合下列运算律：

(1) $\boldsymbol{a}\times\boldsymbol{b}=-\boldsymbol{b}\times\boldsymbol{a}$（反交换律）；

(2) $(\lambda\boldsymbol{a})\times(\boldsymbol{b})=\lambda(\boldsymbol{a}\times\boldsymbol{b})=\boldsymbol{a}\times(\lambda\boldsymbol{b})$，$\lambda$ 是数（结合律）；

(3) $\boldsymbol{a}\times(\boldsymbol{b}+\boldsymbol{c})=\boldsymbol{a}\times\boldsymbol{b}+\boldsymbol{a}\times\boldsymbol{c}$（分配律）.

对于 $\mathbf{R}^3$ 中的单位坐标向量 $\boldsymbol{i}$、$\boldsymbol{j}$、$\boldsymbol{k}$，不难验证有 $\boldsymbol{i}\times\boldsymbol{j}=\boldsymbol{k}$，$\boldsymbol{j}\times\boldsymbol{i}=-\boldsymbol{k}$，$\boldsymbol{k}\times\boldsymbol{i}=\boldsymbol{j}$，$\boldsymbol{j}\times\boldsymbol{k}=\boldsymbol{i}$，$\boldsymbol{i}\times\boldsymbol{i}=\boldsymbol{j}\times\boldsymbol{j}=\boldsymbol{k}\times\boldsymbol{k}=\mathbf{0}$. 所以，若

$$\boldsymbol{a}=a_1\boldsymbol{i}+a_2\boldsymbol{j}+a_3\boldsymbol{k},\quad \boldsymbol{b}=b_1\boldsymbol{i}+b_2\boldsymbol{j}+b_3\boldsymbol{k},$$

则 $$\boldsymbol{a}\times\boldsymbol{b}=(a_1\boldsymbol{i}+a_2\boldsymbol{j}+a_3\boldsymbol{k})\times(b_1\boldsymbol{i}+b_2\boldsymbol{j}+b_3\boldsymbol{k})$$

$$\begin{aligned}
&=a_1b_1\boldsymbol{i}\times\boldsymbol{i}+a_1b_2\boldsymbol{i}\times\boldsymbol{j}+a_1b_3\boldsymbol{i}\times\boldsymbol{k}+a_2b_1\boldsymbol{j}\times\boldsymbol{i}+a_2b_2\boldsymbol{j}\times\boldsymbol{j}\\
&\quad+a_2b_3\boldsymbol{j}\times\boldsymbol{k}+a_3b_1\boldsymbol{k}\times\boldsymbol{i}+a_3b_2\boldsymbol{k}\times\boldsymbol{j}+a_3b_3\boldsymbol{k}\times\boldsymbol{k}\\
&=\boldsymbol{0}+a_1b_2\boldsymbol{k}+a_1b_3(-\boldsymbol{j})+a_2b_1(-\boldsymbol{k})\\
&\quad+\boldsymbol{0}+a_2b_3\boldsymbol{i}+a_3b_1\boldsymbol{j}+a_3b_2(-\boldsymbol{i})+\boldsymbol{0}\\
&=(a_2b_3-a_3b_2)\boldsymbol{i}+(a_3b_1-a_1b_3)\boldsymbol{j}+(a_1b_2-a_2b_1)\boldsymbol{k}.
\end{aligned}$$

为方便记忆,我们引进**行列式**的记号.称记号

$$\begin{vmatrix} a_{11} & a_{12} \\ a_{21} & a_{22} \end{vmatrix} = a_{11}a_{22}-a_{12}a_{21}$$

为**二阶行列式**,它含有两行、两列.横写的称为**行**,竖写的称为**列**.行列式中的数 a_{ij} 称为行列式的**元素**,例如,a_{12} 就是在第 1 行、第 2 列上的元素.由上式可知,二阶行列式就是这样两个项的代数和:一个是在从左上角到右下角的对角线(又称为行列式的**主对角线**)上两个元素的乘积,取正号;另一个是在从右上角到左下角的对角线(又称为行列式的**次对角线**)上两个元素的乘积,取负号.例如,

$$\begin{vmatrix} 2 & 5 \\ -4 & -6 \end{vmatrix} = 2(-6)-5(-4)=8.$$

下面的记号是**三阶行列式**:

$$\begin{vmatrix} a_{11} & a_{12} & a_{13} \\ a_{21} & a_{22} & a_{23} \\ a_{31} & a_{32} & a_{33} \end{vmatrix} = a_{11}\begin{vmatrix} a_{22} & a_{23} \\ a_{32} & a_{33} \end{vmatrix} - a_{12}\begin{vmatrix} a_{21} & a_{23} \\ a_{31} & a_{33} \end{vmatrix} + a_{13}\begin{vmatrix} a_{21} & a_{22} \\ a_{31} & a_{32} \end{vmatrix},$$

它含有三行、三列,实际上等于 6 个项的代数和:

$$\begin{vmatrix} a_{11} & a_{12} & a_{13} \\ a_{21} & a_{22} & a_{23} \\ a_{31} & a_{32} & a_{33} \end{vmatrix} = a_{11}(a_{22}a_{33}-a_{23}a_{32})-a_{12}(a_{21}a_{33}-a_{23}a_{31})+a_{13}(a_{21}a_{32}-a_{22}a_{31}).$$

例如,

$$\begin{aligned}
\begin{vmatrix} 2 & 1 & -3 \\ 0 & 3 & -1 \\ 4 & 0 & 5 \end{vmatrix} &= 2\begin{vmatrix} 3 & -1 \\ 0 & 5 \end{vmatrix} - 1\begin{vmatrix} 0 & -1 \\ 4 & 5 \end{vmatrix} + (-3)\begin{vmatrix} 0 & 3 \\ 4 & 0 \end{vmatrix}\\
&= 2(15-0)-1(0-(-4))+(-3)(0-12)=62.
\end{aligned}$$

于是　　$\boldsymbol{a}\times\boldsymbol{b}=(a_2b_3-a_3b_2)\boldsymbol{i}+(a_3b_1-a_1b_3)\boldsymbol{j}+(a_1b_2-a_2b_1)\boldsymbol{k}$,

可用行列式表示为

$$\boldsymbol{a}\times\boldsymbol{b}=\begin{vmatrix} \boldsymbol{i} & \boldsymbol{j} & \boldsymbol{k} \\ a_1 & a_2 & a_3 \\ b_1 & b_2 & b_3 \end{vmatrix}.$$

将这个行列式展开即得

$$\begin{vmatrix} \boldsymbol{i} & \boldsymbol{j} & \boldsymbol{k} \\ a_1 & a_2 & a_3 \\ b_1 & b_2 & b_3 \end{vmatrix} = (a_2b_3-a_3b_2)\boldsymbol{i}-(a_1b_3-a_3b_1)\boldsymbol{j}+(a_1b_2-a_2b_1)\boldsymbol{k}=\boldsymbol{a}\times\boldsymbol{b}.$$

例 6.2.6　求向量 $\boldsymbol{v}=2\boldsymbol{i}+\boldsymbol{j}-\boldsymbol{k}$ 与 $\boldsymbol{w}=\boldsymbol{i}-\boldsymbol{j}+2\boldsymbol{k}$ 的叉积，并考察 $\boldsymbol{v}\times\boldsymbol{w}$ 是否与 $\boldsymbol{v}$ 及 $\boldsymbol{w}$ 都正交.

解

$$\boldsymbol{v}\times\boldsymbol{w}=\begin{vmatrix}\boldsymbol{i} & \boldsymbol{j} & \boldsymbol{k}\\ 2 & 1 & -1\\ 1 & -1 & 2\end{vmatrix}=\boldsymbol{i}\begin{vmatrix}1 & -1\\ -1 & 2\end{vmatrix}-\boldsymbol{j}\begin{vmatrix}2 & -1\\ 1 & 2\end{vmatrix}+\boldsymbol{k}\begin{vmatrix}2 & 1\\ 1 & -1\end{vmatrix}$$

$$=\boldsymbol{i}-5\boldsymbol{j}-3\boldsymbol{k}.$$

为检查 $\boldsymbol{v}\times\boldsymbol{w}$ 是否与 $\boldsymbol{v}$ 及 $\boldsymbol{w}$ 都正交，我们来计算点积：

$$\boldsymbol{v}\cdot(\boldsymbol{v}\times\boldsymbol{w})=(2\boldsymbol{i}+\boldsymbol{j}-\boldsymbol{k})\cdot(\boldsymbol{i}-5\boldsymbol{j}-3\boldsymbol{k})=2-5+3=0,$$

$$\boldsymbol{w}\cdot(\boldsymbol{v}\times\boldsymbol{w})=(\boldsymbol{i}-\boldsymbol{j}+2\boldsymbol{k})\cdot(\boldsymbol{i}-5\boldsymbol{j}-3\boldsymbol{k})=1+5-6=0.$$

所以，$\boldsymbol{v}\times\boldsymbol{w}$ 与 $\boldsymbol{v}$ 及 $\boldsymbol{w}$ 都正交. □

例 6.2.7　设平面上一平行四边形的顶点为(0,0)，(a_1,a_2)，(b_1,b_2)和(a_1+b_1,a_2+b_2). 求它的面积.

解　如图 6.21 所示，该平行四边形由向量

$$\boldsymbol{A}=a_1\boldsymbol{i}+a_2\boldsymbol{j}+0\boldsymbol{k},\quad \boldsymbol{B}=b_1\boldsymbol{i}+b_2\boldsymbol{j}+0\boldsymbol{k}$$

张成. 由向量叉积的定义知，$\boldsymbol{A}\times\boldsymbol{B}$ 的大小为

$$|\boldsymbol{A}\times\boldsymbol{B}|=|\boldsymbol{A}||\boldsymbol{B}|\sin\theta,$$

它恰好表示以 $\boldsymbol{A}$、$\boldsymbol{B}$ 为邻边的平行四边形的面积. 因此，由

$$\boldsymbol{A}\times\boldsymbol{B}=\begin{vmatrix}\boldsymbol{i} & \boldsymbol{j} & \boldsymbol{k}\\ a_1 & a_2 & 0\\ b_1 & b_2 & 0\end{vmatrix}=0\boldsymbol{i}+0\boldsymbol{j}+(a_1b_2-a_2b_1)\boldsymbol{k}$$

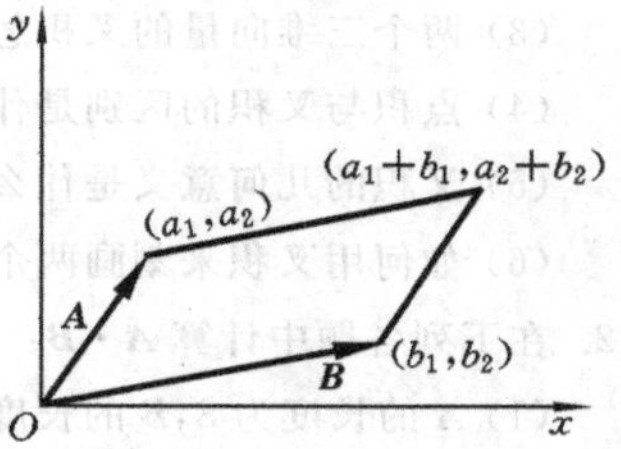

图 6.21

即得平行四边形的面积为

$$|\boldsymbol{A}\times\boldsymbol{B}|=|a_1b_2-a_2b_1|.$$ □

6.2.4　向量的混合积

定义 6.2.3(混合积)　三个向量 $\boldsymbol{a},\boldsymbol{b},\boldsymbol{c}$ 中两个向量的叉积与另一个向量作点积，如 $\boldsymbol{a}\cdot(\boldsymbol{b}\times\boldsymbol{c})$，$(\boldsymbol{a}\times\boldsymbol{b})\cdot\boldsymbol{c}$，称为这三个向量的**混合积**.

若已知

$$\boldsymbol{a}=a_1\boldsymbol{i}+a_2\boldsymbol{j}+a_3\boldsymbol{k},\quad \boldsymbol{b}=b_1\boldsymbol{i}+b_2\boldsymbol{j}+b_3\boldsymbol{k},\quad \boldsymbol{c}=c_1\boldsymbol{i}+c_2\boldsymbol{j}+c_3\boldsymbol{k},$$

则由叉积和点积的计算公式可以推出混合积的坐标表达式：

$$\boldsymbol{a}\cdot(\boldsymbol{b}\times\boldsymbol{c})=\begin{vmatrix}a_1 & a_2 & a_3\\ b_1 & b_2 & b_3\\ c_1 & c_2 & c_3\end{vmatrix}.$$

可以证明：**混合积 $\boldsymbol{a}\cdot(\boldsymbol{b}\times\boldsymbol{c})$ 的绝对值等于以 $\boldsymbol{a},\boldsymbol{b},\boldsymbol{c}$ 为邻边所作成的平行六面体**

的体积(见图 6.22).

当混合积 $\boldsymbol{a}\cdot(\boldsymbol{b}\times\boldsymbol{c})=0$ 时,平行六面体的体积为零,即该六面体的三条棱落在同一平面上,换句话说,三个向量 $\boldsymbol{a},\boldsymbol{b},\boldsymbol{c}$ 共面,反之亦然.因此我们得到下面的命题.

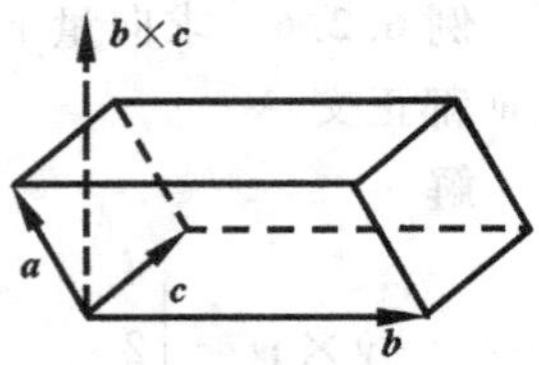

图 6.22

三向量 $\boldsymbol{a},\boldsymbol{b},\boldsymbol{c}$ 共面的充要条件是 $\boldsymbol{a}\cdot(\boldsymbol{b}\times\boldsymbol{c})=0$,即

$$\begin{vmatrix} a_1 & a_2 & a_3 \\ b_1 & b_2 & b_3 \\ c_1 & c_2 & c_3 \end{vmatrix}=0.$$

习　题　6.2

(A)

1. 回答下列问题:
   (1) 两个向量的点积是什么?
   (2) 如何用点积来刻画两个向量互相正交?
   (3) 两个三维向量的叉积怎样定义?
   (4) 点积与叉积的区别是什么?
   (5) 叉积的几何意义是什么?
   (6) 如何用叉积来刻画两个向量互相平行?
2. 在下列各题中计算 $\boldsymbol{A}\cdot\boldsymbol{B}$:
   (1) $\boldsymbol{A}$ 的长度为 3,$\boldsymbol{B}$ 的长度为 4,$\boldsymbol{A}$ 与 $\boldsymbol{B}$ 之间的夹角为 $\pi/4$.
   (2) $\boldsymbol{A}$ 是零向量,$\boldsymbol{B}$ 的长度是 5.
   (3) $\boldsymbol{A}=2\boldsymbol{i}-3\boldsymbol{j}+5\boldsymbol{k},\boldsymbol{B}=\boldsymbol{i}-\boldsymbol{j}-\boldsymbol{k}$.
   (4) $\boldsymbol{A}=\overrightarrow{PQ},\boldsymbol{B}=\overrightarrow{PR}$,其中 $P=(1,0,2),Q=(1,1,-1),R=(2,3,5)$.
3. 设 $A=(1,2,-5),B=(1,0,1),C=(0,-1,3),D=(2,1,4)$.求$\overrightarrow{AB}$与$\overrightarrow{CD}$之间夹角的余弦.
4. 求向量 $\boldsymbol{a}=\{4,-3,4\}$在向量 $\boldsymbol{b}=\{2,2,1\}$上的投影及与 $\boldsymbol{a}$ 同向的单位向量.
5. 设向量 $\boldsymbol{a}$ 与向量 $\boldsymbol{b}=2\boldsymbol{i}-\boldsymbol{j}+2\boldsymbol{k}$ 共线,且满足关系 $\boldsymbol{a}\cdot\boldsymbol{b}=-18$.求向量 $\boldsymbol{a}$.
6. 在下列各题中计算 $\boldsymbol{A}\times\boldsymbol{B}$:
   (1) $\boldsymbol{A}=\boldsymbol{k},\boldsymbol{B}=\boldsymbol{i}+\boldsymbol{j}$;　　(2) $\boldsymbol{A}=\boldsymbol{i}+\boldsymbol{j}+\boldsymbol{k},\boldsymbol{B}=\boldsymbol{i}+\boldsymbol{j}$;
   (3) $\boldsymbol{A}=2\boldsymbol{i}-3\boldsymbol{j}+\boldsymbol{k},\boldsymbol{B}=\boldsymbol{i}+\boldsymbol{j}+2\boldsymbol{k}$;　　(4) $\boldsymbol{A}=\boldsymbol{i}-\boldsymbol{j},\boldsymbol{B}=\boldsymbol{j}+4\boldsymbol{k}$.
7. 已知平行四边形的三个顶点是(0,0,0),(1,5,4)和(2,-1,3),求它的面积.
8. 求同时垂直于 $\boldsymbol{i}-3\boldsymbol{j}+2\boldsymbol{k}$ 与 $-2\boldsymbol{i}+\boldsymbol{j}-5\boldsymbol{k}$ 的向量.

(B)

1. 证明:若 $\boldsymbol{B}=\lambda\boldsymbol{A}$,$\lambda$ 是常数,则 $\boldsymbol{A}\times\boldsymbol{B}=\boldsymbol{0}$.
2. 证明:$\boldsymbol{a}\times(\boldsymbol{b}+\boldsymbol{c})=\boldsymbol{a}\times\boldsymbol{b}+\boldsymbol{a}\times\boldsymbol{c}$.
3. 证明混合积 $\boldsymbol{a}\cdot(\boldsymbol{b}\times\boldsymbol{c})$的绝对值等于以 $\boldsymbol{a},\boldsymbol{b},\boldsymbol{c}$ 为邻边所作成的平行六面体的体积.

答案与提示

(A)

2. (1) $6\sqrt{2}$；(2) 0；(3) 0；(4) -6.

3. $\dfrac{1}{3\sqrt{10}}$.

4. $a_b=2, e_a=\dfrac{1}{\sqrt{41}}\{4,-3,4\}$.

5. $a=\{-4,2,-4\}$.

6. (1) $-i+j$；(2) $-i+j$；(3) $-7i-3j+5k$；(4) $-4i-4j+k$.

7. $13\sqrt{3}$.

8. $l=\pm(13i+j-5k)$.

(B)

2. 利用行列式的性质.

3. 注意平行六面体的高 h 等于向量 a 在向量 $b\times c$ 上的投影.

6.3　直线与平面

本节讨论直线与平面的基本几何性质.

6.3.1　$\mathbf{R}^2$ 中的直线

设 $n=ai+bj$ 是一个非零的平面向量，(x_0,y_0)是 Oxy 平面上某一点. 如图 6.23 所示，显然，过点(x_0,y_0)且垂直于向量 n 的直线只有一条. 我们称 n 为这条直线的**法向量**. 下面我们来导出这条直线的方程.

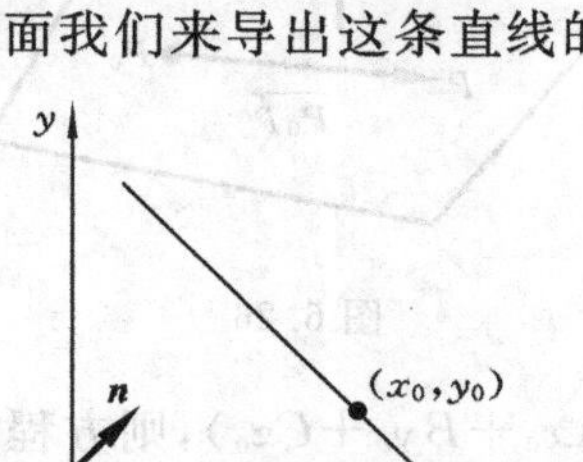

图 6.23

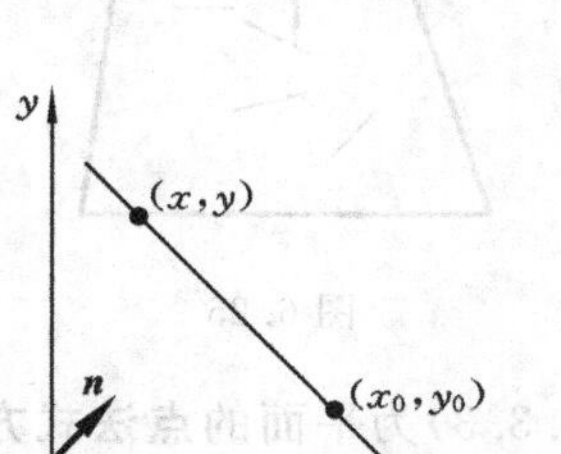

图 6.24

设(x,y)是这条直线上的任一点（见图 6.24），则向量$(x-x_0)i+(y-y_0)j$ 是垂直于 n 的. 因此有

$$0=[(x-x_0)i+(y-y_0)j]\cdot n=a(x-x_0)+b(y-y_0).$$

反之，如果 $a(x-x_0)+b(y-y_0)=0$，则点(x,y)必定在过点(x_0,y_0)且垂直于 n 的直

线上.这是因为数$a(x-x_0)+b(y-y_0)$是向量 $\boldsymbol{n}$ 与向量$(x-x_0)\boldsymbol{i}+(y-y_0)\boldsymbol{j}$ 的点积,而点积等于 0 正说明这两个向量是互相垂直的.这样我们便得到了过(x_0,y_0)点且垂直于向量 $\boldsymbol{n}$ 的($\mathbf{R}^2$ 中的)直线方程

$$a(x-x_0)+b(y-y_0)=0. \tag{6.3.1}$$

若直线 L 的方程为$ax+by+c=0$,由中学几何课程知,点 $P_1(x_1,y_1)$到 L 的距离为

$$\frac{|ax_1+by_1+c|}{\sqrt{a^2+b^2}}. \tag{6.3.2}$$

6.3.2　$\mathbf{R}^3$ 中的平面

一个非零向量垂直于一平面,是指该向量垂直于这个平面上的每一条直线(见图 6.25).如果一个非零向量 $\boldsymbol{n}$ 垂直于一平面π,则称 $\boldsymbol{n}$ 为平面 π 的**法向量**.利用法向量以及向量的点积,我们可以导出平面的方程.

设 $\boldsymbol{n}=A\boldsymbol{i}+B\boldsymbol{j}+C\boldsymbol{k}$ 是平面 π 的法向量,$P_0=(x_0,y_0,z_0)$是平面 π 上一个定点,则向量

$$\overrightarrow{P_0P}=(x-x_0)\boldsymbol{i}+(y-y_0)\boldsymbol{j}+(z-z_0)\boldsymbol{k},$$

并且 $\boldsymbol{n}$ 与$\overrightarrow{P_0P}$正交(见图 6.26).于是有

$$\boldsymbol{n}\cdot\overrightarrow{P_0P}=(A\boldsymbol{i}+B\boldsymbol{j}+C\boldsymbol{k})\cdot[(x-x_0)\boldsymbol{i}+(y-y_0)\boldsymbol{j}+(z-z_0)\boldsymbol{k}],$$

即

$$A(x-x_0)+B(y-y_0)+C(z-z_0)=0. \tag{6.3.3}$$

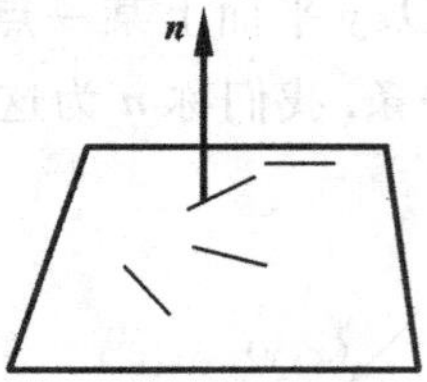

图 6.25

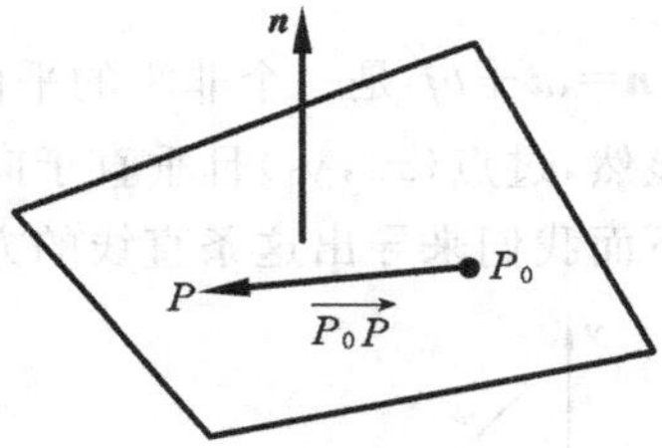

图 6.26

称方程(6.3.3)为平面的**点法式方程**.若记 $D=-(Ax_0+By_0+Cz_0)$,则方程(6.3.3)又可写成

$$Ax+By+Cz+D=0. \tag{6.3.4}$$

以上的推导表明,一个平面可以用一个三元一次方程表示.

反过来,如果任给一个三元一次方程

$$Ax+By+Cz+D=0, \tag{6.3.5}$$

我们任取满足该方程的一组数 x_0,y_0,z_0,即

$$Ax_0+By_0+Cz_0+D=0. \tag{6.3.6}$$

将(6.3.5)、(6.3.6)两式相减，得

$$A(x-x_0)+B(y-y_0)+C(z-z_0)=0, \tag{6.3.7}$$

这恰好是通过点(x_0,y_0,z_0)且以$\boldsymbol{n}=\{A,B,C\}$为法向量的平面的点法式方程. 由此可知，任何一个三元一次方程(6.3.5)的图形总是一个平面，我们称方程(6.3.5)为平面的**一般方程**.

如果一平面与x、y、z三轴分别交于点$P(a,0,0)$、$Q(0,b,0)$、$R(0,0,c)$，将这三个点的坐标分别代入平面的一般方程(6.3.5)，即得

$$A=-\frac{D}{a},\quad B=-\frac{D}{b},\quad C=-\frac{D}{c},$$

将其再代回式(6.3.5)并遍除$D(D\neq 0)$，得

$$\frac{x}{a}+\frac{y}{b}+\frac{z}{c}=1. \tag{6.3.8}$$

方程(6.3.8)称为平面的**截距式方程**，数a、b、c分别为平面在x、y、z轴上的**截距**.

例 6.3.1　求过点(1,0,4)且以$\boldsymbol{n}=\{-1,3,2\}$为法向量的平面的方程.

解　平面的点法式方程为

$$-(x-1)+3(y-0)+2(z-4)=0,$$

化简得

$$-x+3y+2z-7=0. \qquad \square$$

例 6.3.2　求下列平面的法向量：

(1) $x-y+2z=5$；　　(2) $z=0.5x+1.2y$.

解　(1)法向量的三个(数值)分量是平面方程中x、y、z的系数，故法向量为

$$\boldsymbol{n}=\{1,-1,2\}.$$

(2)先把平面方程写成下列标准形状：

$$0.5x+1.2y-z=0,$$

则法向量为

$$\boldsymbol{n}=\{0.5,1.2,-1\}. \qquad \square$$

例 6.3.3　求通过x轴及点$(4,-3,-1)$的平面的方程.

解　因平面通过x轴，故其法向量垂直于x轴，于是法向量$\boldsymbol{n}$在x轴上的投影为零. 设所求平面方程为$Ax+By+Cz+D=0$，则$A=0$. 又平面通过x轴，必通过原点，于是$D=0$. 因此平面方程形如

$$By+Cz=0.$$

又因这平面过点$(4,-3,-1)$，故有

$$-3B-C=0 \quad 或 \quad C=-3B.$$

于是平面方程变成$By-3Bz=0$. 用B除等式两端$(B\neq 0)$，便得所示平面方程

$$y-3z=0. \qquad \square$$

例 6.3.4　求过三点$P(1,3,0)$,$Q(3,4,-3)$和$R(3,6,2)$的平面的方程.

解　由于点P、Q在平面上，故下列向量也在平面上：

$$v=\overrightarrow{PQ}=(3-1)\boldsymbol{i}+(4-3)\boldsymbol{j}+(-3-0)\boldsymbol{k}=2\boldsymbol{i}+\boldsymbol{j}-3\boldsymbol{k}.$$

同理,向量 $\boldsymbol{w}=\overrightarrow{PR}=2\boldsymbol{i}+3\boldsymbol{j}+2\boldsymbol{k}$ 也在平面上.于是这个平面的法向量为

$$\boldsymbol{n}=\boldsymbol{v}\times\boldsymbol{w}=\begin{vmatrix}\boldsymbol{i} & \boldsymbol{j} & \boldsymbol{k}\\ 2 & 1 & -3\\ 2 & 3 & 2\end{vmatrix}=11\boldsymbol{i}-10\boldsymbol{j}+4\boldsymbol{k}.$$

由于点 $P(1,3,0)$ 在这个平面上,故该平面的点法式方程为

$$11(x-1)-10(y-3)+4(z-0)=0,$$

即
$$11x-10y+4z+19=0.$$
□

6.3.3 $\mathbf{R}^3$ 中的直线

我们仍然利用向量来导出空间 $\mathbf{R}^3$ 中的直线的方程.

设空间直线 L 过点 $P_0(x_0,y_0,z_0)$,且平行于向量 $\boldsymbol{a}=a_1\boldsymbol{i}+a_2\boldsymbol{j}+a_3\boldsymbol{k}$(见图6.27),则点 $P(x,y,z)$ 在直线 L 上的充要条件是向量 $\overrightarrow{P_0P}$ 平行于 $\boldsymbol{a}$.因此,我们可以这样表示向量 $\overrightarrow{P_0P}$:

$$\overrightarrow{P_0P}=t\boldsymbol{a},\quad t\in\mathbf{R}. \tag{6.3.9}$$

于是
$$(x-x_0)\boldsymbol{i}+(y-y_0)\boldsymbol{j}+(z-z_0)\boldsymbol{k}=ta_1\boldsymbol{i}+ta_2\boldsymbol{j}+ta_3\boldsymbol{k},$$

亦即
$$x-x_0=ta_1,\quad y-y_0=ta_2,\quad z-z_0=ta_3.$$

这样我们便得到了过点 (x_0,y_0,z_0) 且平行于向量 $\boldsymbol{a}$ 的空间直线 L 的**参数方程**:

$$\begin{cases}x=x_0+a_1t,\\ y=y_0+a_2t,\\ z=z_0+a_3t,\end{cases}\quad t\in\mathbf{R}. \tag{6.3.10}$$

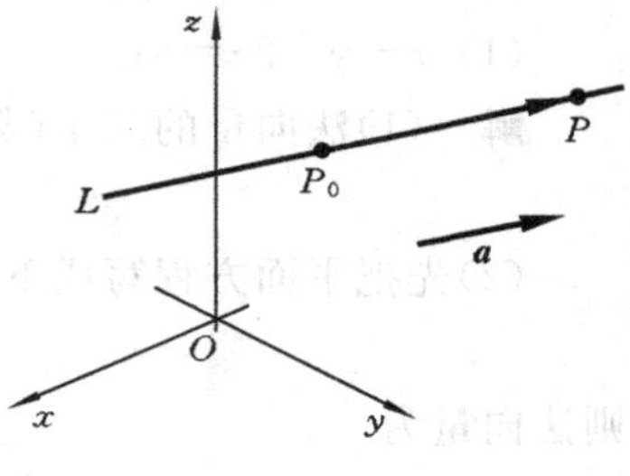

图 6.27

方程(6.3.10)可写成向量形式

$$\boldsymbol{P}=\boldsymbol{P}_0+t\boldsymbol{a}, \tag{6.3.11}$$

其中 $\boldsymbol{P}=\overrightarrow{OP}$,$\boldsymbol{P}_0=\overrightarrow{OP_0}$.

当 a_1、a_2、a_3 都不等于零时,式(6.3.10)又可写为如下的形式:

$$\frac{x-x_0}{a_1}=\frac{y-y_0}{a_2}=\frac{z-z_0}{a_3}, \tag{6.3.12}$$

上式称为直线 L 的**对称式方程**.注意:如果 a_1、a_2、a_3 中有一个为零,例如,$a_1=0$,而 $a_2\neq0$,$a_3\neq0$,则式(6.3.12)应理解为

$$\begin{cases}x-x_0=0,\\ \dfrac{y-y_0}{a_2}=\dfrac{z-z_0}{a_3};\end{cases}$$

若 a_1、a_2、a_3 中有两个为零,例如,$a_1=a_2=0$,而 $a_3\neq0$,则式(6.3.12)应理解为

$$\begin{cases} x-x_0=0, \\ y-y_0=0. \end{cases}$$

例 6.3.5　写出过点(1,2,2)且平行于向量 $3\boldsymbol{i}-\boldsymbol{j}+5\boldsymbol{k}$ 的直线的参数方程. 点(10,−1,16)是否在此直线上?

解　根据式(6.3.10)可得参数方程

$$x=1+3t,\quad y=2-t,\quad z=2+5t.$$

为判断点(10,−1,16)是否在此直线上,只需验明该点是否满足上述参数方程. 假定有

$$10=1+3t,\quad -1=2-t,\quad 16=2+5t,$$

则由 $10=1+3t$ 得 $t=3$. 但 $t=3$ 这个值却不满足上面的第三个方程. 所以点(10,−1,16)不在这条直线上. □

由于空间直线可以看成是两平面的交线,因此,如果两个平面的方程分别为

$$\pi_1: A_1x+B_1y+C_1z+D_1=0,$$
$$\pi_2: A_2x+B_2y+C_2z+D_2=0,$$

则它们的交线 L 上的点的坐标应满足方程组

$$\begin{cases} A_1x+B_1y+C_1z+D_1=0, \\ A_2x+B_2y+C_2z+D_2=0, \end{cases} \tag{6.3.13}$$

我们称方程组(6.3.13)为空间直线的**一般方程**.

下面,我们给出直线的方向数和方向余弦的概念.

若向量 $\boldsymbol{a}=a_1\boldsymbol{i}+a_2\boldsymbol{j}+a_3\boldsymbol{k}$ 平行于直线 L,则称 a_1、a_2、a_3 为**直线 L 的方向数**,而称 $\boldsymbol{a}$ 为直线 L 的**方向向量**. 若直线 L 平行于向量 $\boldsymbol{a}$,则 $\boldsymbol{a}$ 的方向余弦亦称为**直线 L 的方向余弦**.

例 6.3.6　求直线 $\begin{cases} x+2y+3z-6=0 \\ 2x-3y+4z-8=0 \end{cases}$ 的方向余弦.

解　由于两平面的交线与这两平面的法向量 $\boldsymbol{n}_1=\{1,2,3\}$, $\boldsymbol{n}_2=\{2,-3,4\}$ 都垂直,所以直线的方向向量可取为

$$\boldsymbol{s}=\boldsymbol{n}_1\times\boldsymbol{n}_2=\begin{vmatrix} \boldsymbol{i} & \boldsymbol{j} & \boldsymbol{k} \\ 1 & 2 & 3 \\ 2 & -3 & 4 \end{vmatrix}=17\boldsymbol{i}+2\boldsymbol{j}-7\boldsymbol{k}.$$

由方向余弦公式得

$$\cos\alpha=\frac{17}{\sqrt{17^2+2^2+(-7)^2}}=\frac{17}{\sqrt{342}},\quad \cos\beta=\frac{2}{\sqrt{342}},\quad \cos\gamma=\frac{-7}{\sqrt{342}}.$$ □

习　题　6.3

(A)

1. 回答下列问题:

(1) $\mathbf{R}^3$ 中平面的方程有哪些表示形式?

(2) $\mathbf{R}^3$ 中直线的方程有哪些表示形式?

(3) 怎样求平面的法向量?法向量唯一吗?

(4) 怎样求直线的方向数?方向数唯一吗?

2. 求下列平面的法向量:

(1) $2x+y-z=23$;　　(2) $1.5x+3.2y+z=0$;

(3) $2(x-z)=3(x+y)$;　　(4) $\pi(x-1)=(1-\pi)(y-z)+\pi$.

3. 求下列直线的方向数:

(1) $\dfrac{x}{1}=\dfrac{y}{2}=\dfrac{z-6}{-3}$;　　(2) $x=2+t, y=-1+2t, z=1+t$;

(3) $\begin{cases}4x+y+3z=0,\\2x+3y+2z=9;\end{cases}$　　(4) $\begin{cases}3x-2y+z+5=0,\\x-3y-2z=3.\end{cases}$

4. 求下列过点 P,法向量为 $\boldsymbol{n}$ 的平面的方程:

(1) $P=(-1,2,3), \boldsymbol{n}=\{-4,15,-\dfrac{1}{2}\}$.　　(2) $P=(\pi,0,-\pi), \boldsymbol{n}=\{2,3,-4\}$.

(3) $P=(9,17,-7), \boldsymbol{n}=\{2,0,-3\}$.　　(4) $P=(-1,-1,-1), \boldsymbol{n}=\dfrac{\sqrt{2}}{2}(\boldsymbol{i}+\boldsymbol{j}-\boldsymbol{k})$.

(5) $P=(2,3,5), \boldsymbol{n}=\boldsymbol{j}$.

5. 求下列过点 P,方向向量为 $\boldsymbol{s}$ 的直线的方程:

(1) $P=(-2,1,0), \boldsymbol{s}=\{3,-1,5\}$.　　(2) $P=(3,4,5), \boldsymbol{s}=\{\dfrac{1}{2},-\dfrac{1}{3},\dfrac{1}{6}\}$.

(3) $P=(2,0,5), \boldsymbol{s}=2\boldsymbol{j}+3\boldsymbol{k}$.　　(4) $P=(4,2,-1), \boldsymbol{s}=\boldsymbol{j}$.

6. (1) 求过三点(0,0,0),(4,1,2)和(2,5,0)的平面方程.

(2) 求过三点(1,1,−1),(0,2,3)和(4,1,5)的平面方程.

7. 求过两点(3,−2,1)和(−1,0,2)的直线方程.

8. 用对称式方程和参数方程表示直线

$$\begin{cases}x-y+z=1,\\2x+y+z=4.\end{cases}$$

9. 求过两点(1,0,3)和(2,1,−1)的直线的对称式方程.

10. 写出过两点(1,2,3)和(4,5,7)的直线的参数方程.

(B)

1. 求过原点且方向数为 1,−1,1 的直线方程.

2. 求直线$\begin{cases}x+y+3z-5=0\\2x-y+z-2=0\end{cases}$的方向余弦.

答案与提示

(A)

2. (1) $\{2,1,-1\}$;　(2) $\{1.5,3.2,1\}$;　(3) $\{1,3,2\}$;　(4) $\{\pi,\pi-1,1-\pi\}$.

3. (1) 1,2,−3;　(2) 1,2,1;　(3) −7,−2,10;　(4) 7,7,−7.

4. (1) $8x-30y+z+65=0$； (2) $2x+3y-4z-6\pi=0$；

(3) $2x-3z-39=0$； (4) $x+y-z+1=0$； (5) $y=3$.

5. (1) $\frac{x+2}{3}=\frac{y-1}{-1}=\frac{z}{5}$； (2) $\frac{x-3}{1/2}=\frac{y-4}{-1/3}=\frac{z-5}{1/6}$；

(3) $x=2,\frac{y}{2}=\frac{z-5}{3}$； (4) $x-4=0,z+1=0$.

6. (1) $5x-2y-9z=0$； (2) $2x+6y-z-9=0$.

7. $\frac{x-3}{-4}=\frac{y+2}{2}=\frac{z-1}{1}$.

8. 对称式：$\frac{x-3}{-2}=\frac{y}{1}=\frac{z+2}{3}$；参数式：$x=3-2t,y=t,z=-2+3t$.

9. $\frac{x-1}{1}=\frac{y}{1}=\frac{z-3}{-4}$.

10. $x=1+3t,y=2+3t,z=3+4t$.

(B)

1. $x=-y=z$.

2. $\frac{4}{\sqrt{50}},\frac{5}{\sqrt{50}},\frac{-3}{\sqrt{50}}$.

6.4 直线与平面的位置关系

本节讨论直线与直线、平面与平面以及直线与平面之间的位置的关系.

6.4.1 两直线的夹角

两直线的方向向量之间的夹角称为**两直线的夹角**(通常取锐角).

设直线 L_1 的方向数为 m_1,n_1,p_1，而直线 L_2 的方向数为 m_2,n_2,p_2，则它们的方向向量分别为

$$\boldsymbol{s}_1=\{m_1,n_1,p_1\},\quad \boldsymbol{s}_2=\{m_2,n_2,p_2\}.$$

由点积公式　$\boldsymbol{s}_1\cdot\boldsymbol{s}_2=|\boldsymbol{s}_1||\boldsymbol{s}_2|\cos\varphi$　(φ 是 L_1 与 L_2 的夹角)

可得

$$\cos\varphi=\frac{\boldsymbol{s}_1\cdot\boldsymbol{s}_2}{|\boldsymbol{s}_1||\boldsymbol{s}_2|}=\frac{m_1m_2+n_1n_2+p_1p_2}{\sqrt{m_1^2+n_1^2+p_1^2}\sqrt{m_2^2+n_2^2+p_2^2}},\tag{6.4.1}$$

由此即可确定角 φ.

请读者验证下列结论：

两直线 L_1 与 L_2 垂直的充要条件是　$m_1m_2+n_1n_2+p_1p_2=0$；

两直线 L_1 与 L_2 平行的充要条件是　$\frac{m_1}{m_2}=\frac{n_1}{n_2}=\frac{p_1}{p_2}$.

例 6.4.1　求两直线

$$L_1: \frac{x-1}{1}=\frac{y}{-4}=\frac{z+3}{1}, \quad L_2: \begin{cases} x=2t, \\ y=-2-2t, \\ z=-t \end{cases}$$

之间的夹角.

解　L_1 与 L_2 的方向向量分别为

$$\boldsymbol{s}_1 = \{1, -4, 1\}, \quad \boldsymbol{s}_2 = \{2, -2, -1\}.$$

由式(6.4.1),有

$$\cos\varphi = \frac{1 \cdot 2 + (-4) \cdot (-2) + 1 \cdot (-1)}{\sqrt{1^2+(-4)^2+1^2}\sqrt{2^2+(-2)^2+(-1)^2}} = \frac{\sqrt{2}}{2},$$

故

$$\varphi = \frac{\pi}{4}.$$ □

6.4.2　两平面的夹角

两平面的法向量之间的夹角称为**两平面的夹角**(通常取锐角).

设有两个平面

$$\pi_1: \quad A_1x + B_1y + C_1z + D_1 = 0,$$

$$\pi_2: \quad A_2x + B_2y + C_2z + D_2 = 0,$$

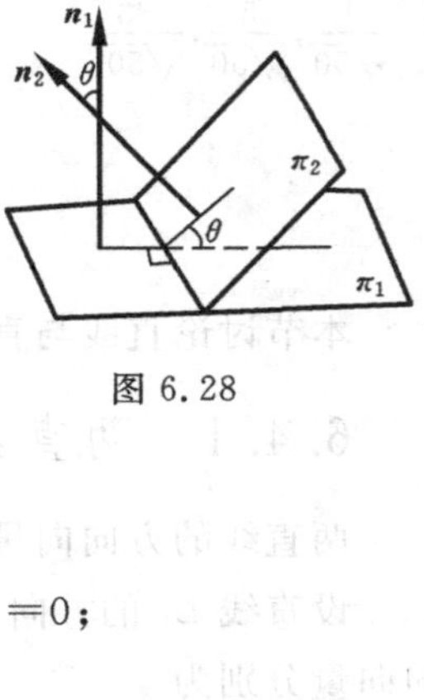

图 6.28

则它们的法向量分别为

$$\boldsymbol{n}_1 = \{A_1, B_1, C_1\}, \quad \boldsymbol{n}_2 = \{A_2, B_2, C_2\}.$$

于是 $\boldsymbol{n}_1$ 与 $\boldsymbol{n}_2$ 的夹角 θ(见图 6.28)可由下面的公式确定:

$$\cos\theta = \frac{A_1A_2 + B_1B_2 + C_1C_2}{\sqrt{A_1^2 + B_1^2 + C_1^2}\sqrt{A_2^2 + B_2^2 + C_2^2}}. \qquad (6.4.2)$$

读者容易证明:

两平面 π_1 与 π_2 垂直的充要条件是 $A_1A_2 + B_1B_2 + C_1C_2 = 0$;

两平面 π_1 与 π_2 平行的充要条件是 $\dfrac{A_1}{A_2} = \dfrac{B_1}{B_2} = \dfrac{C_1}{C_2}$.

例 6.4.2　求两平面 $x+2y-z-4=0$ 与 $2x+y+z-5=0$ 的夹角.

解　由式(6.4.2),有

$$\cos\theta = \frac{1\times 2 + 2\times 1 + (-1)\times 1}{\sqrt{1^2+2^2+(-1)^2}\sqrt{2^2+1^2+1^2}} = \frac{1}{2},$$

故

$$\theta = \frac{\pi}{3}.$$ □

6.4.3　直线与平面的夹角

直线和它在平面上的投影直线所成的两邻角中的任何一个都可以定义为**直线与平面的夹角** φ(见图 6.29).这两个角互为补角,它们的正弦值相等,一般取

$$0 \leqslant \varphi \leqslant \frac{\pi}{2}.$$

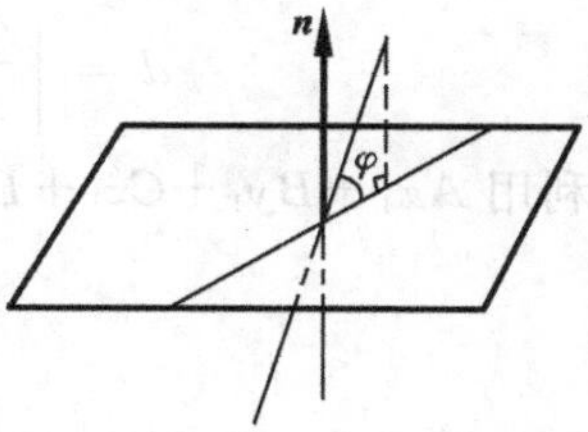

图 6.29

设直线 L 的方向向量为 $\boldsymbol{s}=\{m,n,p\}$，平面的法向量为 $\boldsymbol{n}=\{A,B,C\}$，则 $\boldsymbol{s}$ 与 $\boldsymbol{n}$ 的夹角就是 $\frac{\pi}{2}-\varphi$ 或 $\frac{\pi}{2}+\varphi$. 由两向量夹角余弦的公式，有

$$\cos\left(\frac{\pi}{2}-\varphi\right)=\left|\cos\left(\frac{\pi}{2}+\varphi\right)\right|$$

$$=\frac{|Am+Bn+Cp|}{\sqrt{A^2+B^2+C^2}\sqrt{m^2+n^2+p^2}},$$

而 $\sin\varphi=\cos\left(\frac{\pi}{2}-\varphi\right)$，所以有

$$\sin\varphi=\frac{|Am+Bn+Cp|}{\sqrt{A^2+B^2+C^2}\sqrt{m^2+n^2+p^2}}. \tag{6.4.3}$$

不难证明：

直线与平面垂直的充要条件是 $\frac{A}{m}=\frac{B}{n}=\frac{C}{p}$；

直线与平面平行的充要条件是 $Am+Bn+Cp=0$.

例 6.4.3　求过点 $(1,2,-1)$ 且与直线 $x=-t+2, y=3t-4, z=t-1$ 垂直的平面方程.

解　直线的方向向量为 $\{-1,3,1\}$，依题意，所求平面的法向量应为 $\boldsymbol{n}=\{-1,3,1\}$，于是所求平面的点法式方程为

$$(-1)(x-1)+3\cdot(y-2)+1\cdot(z+1)=0,$$

即

$$x-3y-z+4=0. \qquad \square$$

6.4.4　点到平面的距离

设 $P_0(x_0,y_0,z_0)$ 是平面 $Ax+By+Cz+D=0$ 外一点，求点 P_0 到这个平面的距离（见图 6.30).

在平面上任取一点 $P_1(x_1,y_1,z_1)$，并作法向量 $\boldsymbol{n}$，如图6.30所示. P_0 到平面的距离

$$d=|\overrightarrow{P_1P_0} 在 \boldsymbol{n} 上的投影|=|\boldsymbol{e}_n\cdot\overrightarrow{P_1P_0}|,$$

其中 $\boldsymbol{e}_n$ 是与 $\boldsymbol{n}$ 的方向一致的单位法向量，即

$$\boldsymbol{e}_n=\left\{\frac{A}{\sqrt{A^2+B^2+C^2}},\frac{B}{\sqrt{A^2+B^2+C^2}},\frac{C}{\sqrt{A^2+B^2+C^2}}\right\},$$

而 $\overrightarrow{P_1P_0}=\{x_0-x_1,y_0-y_1,z_0-z_1\}$,

故推得

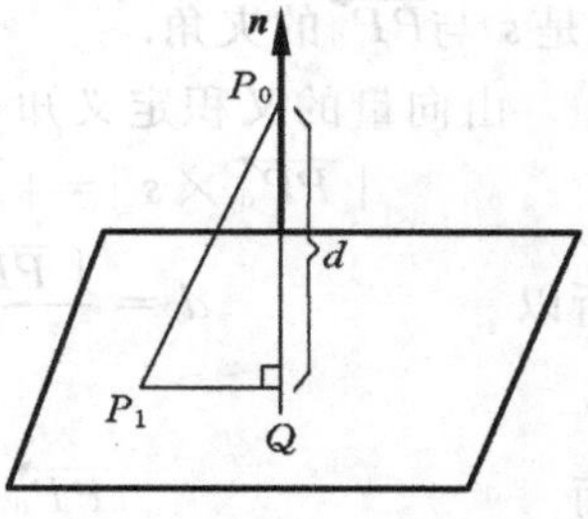

图 6.30

$$d=\left|\frac{A(x_0-x_1)+B(y_0-y_1)+C(z_0-z_1)}{\sqrt{A^2+B^2+C^2}}\right|.$$

利用 $Ax_1+By_1+Cz_1+D=0$ 将上式化简整理,得

$$d=\frac{|Ax_0+By_0+Cz_0+D|}{\sqrt{A^2+B^2+C^2}}.\tag{6.4.4}$$

例 6.4.4　求原点到平面 $x+\frac{y}{-4}+\frac{z}{3}=1$ 的距离.

解　将平面方程写成一般式

$$12x-3y+4z-12=0,$$

由式(6.4.4)得

$$d=\frac{|-12|}{\sqrt{12^2+(-3)^2+4^2}}=\frac{12}{13}.$$

□

例 6.4.5　求点 $P(1,2,-1)$ 到直线 L:$\frac{x-1}{2}=\frac{y+1}{-1}=\frac{z-2}{3}$ 的距离.

解法一　过点 P 且垂直于直线 L 的平面的方程为

$$2(x-1)-(y-2)+3(z+1)=0,\quad 即\quad 2x-y+3z+3=0.$$

该平面与直线的交点可如下求出:由直线 L 的方程,可令

$$\frac{x-1}{2}=\frac{y+1}{-1}=\frac{z-2}{3}=t,$$

则 $x=2t+1,y=-t-1,z=3t+2$,将其代入平面方程中可求得 $t=-\frac{6}{7}$,因此平面与直线 L 的交点为 $Q(-\frac{5}{7},-\frac{1}{7},-\frac{4}{7})$,从而 P 点到直线 L 的距离为

$$d=|\overrightarrow{PQ}|=\sqrt{(1+\frac{5}{7})^2+(2+\frac{1}{7})^2+(-1+\frac{4}{7})^2}=\frac{3}{7}\sqrt{42}.$$

解法二　如图 6.31 所示,点 $P_0(1,-1,2)$ 在直线 L 上,而 L 的方向向量为 $\boldsymbol{s}=\{2,-1,3\}$.所以 P 点到直线 L 的距离为

$$d=|\overrightarrow{PP_0}|\sin\theta,$$

θ 是 $\boldsymbol{s}$ 与 $\overrightarrow{PP_0}$ 的夹角.

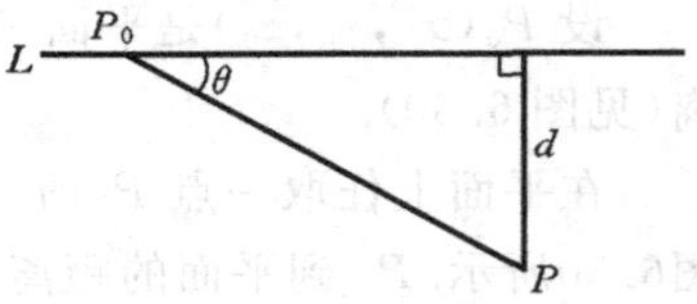

图 6.31

由向量的叉积定义知,

$$|\overrightarrow{PP_0}\times\boldsymbol{s}|=|\overrightarrow{PP_0}||\boldsymbol{s}|\sin\theta,$$

所以

$$d=\frac{|\overrightarrow{PP_0}\times\boldsymbol{s}|}{|\boldsymbol{s}|}.$$

而

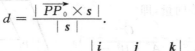

$$\overrightarrow{PP_0}\times\boldsymbol{s}=\begin{vmatrix}\boldsymbol{i}&\boldsymbol{j}&\boldsymbol{k}\\0&3&-3\\2&-1&3\end{vmatrix}=6\boldsymbol{i}-6\boldsymbol{j}-6\boldsymbol{k},$$

因此 $$d=\frac{\sqrt{6^2+(-6)^2+(-6)^2}}{\sqrt{2^2+(-1)^2+3^2}}=\sqrt{\frac{108}{14}}=\frac{3}{7}\sqrt{42}.$$ □

6.4.5 平面束

设有两个不平行的平面

$$\pi_1:\quad A_1x+B_1y+C_1z+D_1=0,$$
$$\pi_2:\quad A_2x+B_2y+C_2z+D_2=0.$$

对于不全为 0 的常数 λ,μ，作方程

$$\lambda(A_1x+B_1y+C_1z+D_1)+\mu(A_2x+B_2y+C_2z+D_2)=0,\tag{6.4.5}$$

它可以写成

$$(\lambda A_1+\mu A_2)x+(\lambda B_1+\mu B_2)y+(\lambda C_1+\mu C_2)z+(\lambda D_1+\mu D_2)=0.\tag{6.4.6}$$

由于 π_1 与 π_2 不平行，故式(6.4.6)中 x,y,z 的系数不会全为 0. 因此，对于任何两个不全为 0 的常数 λ,μ，三元一次方程(6.4.5)恒表示平面. 当 λ 和 μ 取不同值时所得到的平面的全体称为由不平行的平面 π_1 和 π_2 所决定的**平面束**.

由于 λ 和 μ 不全为 0，因此平面束方程也常写成如下含一个参数 λ 的形式：

$$(A_1x+B_1y+C_1z+D_1)+\lambda(A_2x+B_2y+C_2z+D_2)=0.\tag{6.4.7}$$

可以证明，由平面 π_1 与 π_2 所决定的平面束中的任一个平面都通过平面 π_1 与 π_2 的交线 L. 反之，通过平面 π_1 与 π_2 的交线 L 的任何平面必为由 π_1、π_2 所决定的平面束中的一个平面.

例 6.4.6 一平面过直线 $L:\begin{cases}x+2y-z=0\\3x-y+z-5=0\end{cases}$ 且过点(2,3,−4)，求此平面的方程.

解 所求平面的方程必具有如下的形式：

$$(x+2y-z)+\lambda(3x-y+z-5)=0.\tag{6.4.8}$$

由于此平面过点(2,3,−4)，故这点的坐标必满足方程(6.4.8)，即有

$$(2+6+4)+\lambda(6-3-4-5)=0,$$

由此求得 $\lambda=2$，将其代入式(6.4.8)，即得所求平面的方程

$$(x+2y-z)+2(3x-y+z-5)=0,$$

即 $$7x+z-10=0.$$ □

习 题 6.4

(A)

1. 回答下列问题：

(1) 两直线的夹角怎样定义?

(2) 两直线垂直或平行的充要条件是什么？

(3) 两平面的夹角怎样定义？

(4) 两平面垂直或平行的充要条件是什么？

(5) 直线与平面的夹角怎样定义？

(6) 直线与平面垂直或平行的充要条件是什么？

2. 求满足下列条件的平面方程：

(1) 垂直于 $\boldsymbol{n}=-\boldsymbol{i}+2\boldsymbol{j}+\boldsymbol{k}$ 且过点$(1,0,2)$；

(2) 垂直于 $\boldsymbol{n}=2\boldsymbol{i}-3\boldsymbol{j}+7\boldsymbol{k}$ 且过点$(1,-1,2)$；

(3) 平行于平面 $2x+4y-3z=1$ 且过点$(1,0,-1)$；

(4) 过直线 L_1 且平行于直线 L_2，其中

$$L_1:\frac{x-1}{1}=\frac{y+1}{0}=\frac{z-2}{-2},\qquad L_2:\frac{x+1}{3}=\frac{y-1}{1}=\frac{z}{2}.$$

3. 求过原点且与两直线

$$L_1:\begin{cases}x=1,\\ y=-1+t,\\ z=2+t,\end{cases}\qquad L_2:\frac{x+1}{1}=\frac{y+2}{2}=\frac{z-1}{1}$$

都平行的平面方程.

4. 求满足下列条件的直线方程：

(1) 过点$(4,-1,3)$且平行于直线$\dfrac{x-3}{2}=y=\dfrac{z-1}{5}$；

(2) 过点$(2,4,0)$且与直线$\begin{cases}x+2z-1=0,\\ y-3z-2=0\end{cases}$平行；

(3) 过点$(-1,2,3)$且平行于平面 $7x+8y+9z+10=0$，又垂直于直线$\dfrac{x}{4}=\dfrac{y}{5}=\dfrac{z}{6}$；

(4) 过点$(1,2,3)$和 z 轴相交，且垂直于直线 $x=y=z$.

5. 求下列两直线的夹角：

$$L_1:\frac{x-1}{1}=\frac{y-5}{-2}=\frac{z+8}{1},\qquad L_2:\begin{cases}x-y=6,\\ 2y+z=3.\end{cases}$$

6. 设平面 π 通过 z 轴，且与平面 $\pi_1:2x+y-\sqrt{5}z=0$ 的夹角为$\dfrac{\pi}{3}$，求平面 π 的方程.

7. 求直线$\begin{cases}x+y+3z=0\\ x-y-z=0\end{cases}$与平面 $x-y-z+1=0$ 间的夹角.

8. 试确定下列各组中直线和平面间的关系：

(1) $\dfrac{x+3}{-2}=\dfrac{y+4}{-7}=\dfrac{z}{3}$和 $4x-2y-2z=3$；

(2) $\dfrac{x}{3}=\dfrac{y}{-2}=\dfrac{z}{7}$和 $3x-2y+7z=8$；

(3) $\dfrac{x-2}{3}=\dfrac{y+2}{1}=\dfrac{z-3}{-4}$和 $x+y+z=3$.

9. 求点 $M(3,-1,2)$到直线$\begin{cases}x+y-z+1=0,\\ 2x-y+z-4=0\end{cases}$的距离.

(B)

1. 求过点(2,1,3)且与直线$\frac{x+1}{3}=\frac{y-1}{2}=\frac{z}{-1}$垂直相交的直线的方程.

2. 已知一平面通过平面 $\pi_1: x+y-z=0$ 和平面 $\pi_2: x-y+z-1=0$ 的交线,且过点(1,1,−1),求这个平面的方程.

3. 求直线 $L:\begin{cases}2y+3z-5=0,\\x-2y-z+7=0\end{cases}$ 在平面 $\pi: x-y+3z+8=0$ 上的投影直线方程.

答案与提示

(A)

2. (1) $x-2y-z+1=0$;　(2) $2x-3y+7z-19=0$;
(3) $2x+4y-3z-5=0$;　(4) $2x-8y+z-12=0$.

3. $x-y+z=0$.

4. (1) $\frac{x-4}{2}=\frac{y+1}{1}=\frac{z-3}{5}$;　(2) $\frac{x-2}{-2}=\frac{y-4}{3}=\frac{z}{1}$;
(3) $\frac{x+1}{1}=\frac{y-2}{-2}=\frac{z-3}{1}$;　(4) $\frac{x}{1}=\frac{y}{2}=\frac{z-6}{-3}$.

5. $\frac{\pi}{3}$.

6. $x+3y=0$ 或 $3x-y=0$.

7. 0.

8. (1) 直线与平面平行,但直线不在平面上;　(2) 直线与平面垂直;　(3) 直线在平面上.

9. $\frac{3\sqrt{2}}{2}$.

(B)

1. $\frac{x-2}{2}=\frac{y-1}{-1}=\frac{z-3}{4}$.

2. $5x-y+z-3=0$.

3. $\begin{cases}x-y+3z-8=0,\\x-2y-z+7=0.\end{cases}$

6.5　曲　面

6.5.1　曲面及其方程

取定一个空间直角坐标系 $Oxyz$. 设有一个三元的函数方程

$$F(x,y,z)=0. \tag{6.5.1}$$

如果空间曲面 S 与方程(6.5.1)之间有下列关系:若点 $P(x,y,z)\in S$,则其坐标必满足方程(6.5.1);反过来,若一组数 x、y、z 满足方程(6.5.1),则点 $P(x,y,z)\in S$,则称方程(6.5.1)为曲面 S 的方程,称曲面 S 是方程(6.5.1)的图像.通常称方程(6.5.1)

为曲面 S 的**一般方程**.

例如,三元一次方程 $Ax+By+Cz+D=0$ 是平面的方程.由于这个方程是一次的,又称平面为一次曲面.

曲面还可以用参数方程来表示.设有方程组

$$\begin{cases} x = x(u,v), \\ y = y(u,v), \quad u \in I, \quad v \in J, \\ z = z(u,v), \end{cases} \tag{6.5.2}$$

其中 $x(u,v)$、$y(u,v)$和 $z(u,v)$是 u、v 的表达式,I 和 J 是某两个区间.如果曲面 S 与方程组(6.5.2)之间有如下关系:若点 $P(x,y,z)$位于曲面 S 上,则必存在确定的数 $u\in I$,$v\in J$,使得 $x(u,v)=x$,$y(u,v)=y$,$z(u,v)=z$;反过来,若对于任意的数 $u\in I$,$v\in J$,由方程组(6.5.2)所确定的一组数 x、y、z 总使得点 $P(x,y,z)$位于曲面 S 上,则称方程组(6.5.2)为曲面 S 的**参数方程**,其中 u、v 为参数.我们将在第 9 章中介绍并运用某些曲面的参数方程.

例 6.5.1　平面 $Ax+By+Cz+D=0(C\neq 0)$ 可用参数方程表示如下:

$$x=u, \quad y=v, \quad z=-\frac{A}{C}u-\frac{B}{C}v-\frac{D}{C}.$$ □

下面介绍一些常见的曲面及其方程.

6.5.2 柱面

先看一个例子.

例 6.5.2　方程 $y=x^2$ 在空间 $\mathbf{R}^3$ 中的图像有如一堵弯曲的墙(见图 6.32),它竖立在 Oxy 平面内的抛物线 $y=x^2$ 上面.这是一个曲面.类似地,方程 $z=x^2$ 在空间中的图像有相同的模样,但是曲面是凹向上的(见图 6.33). □

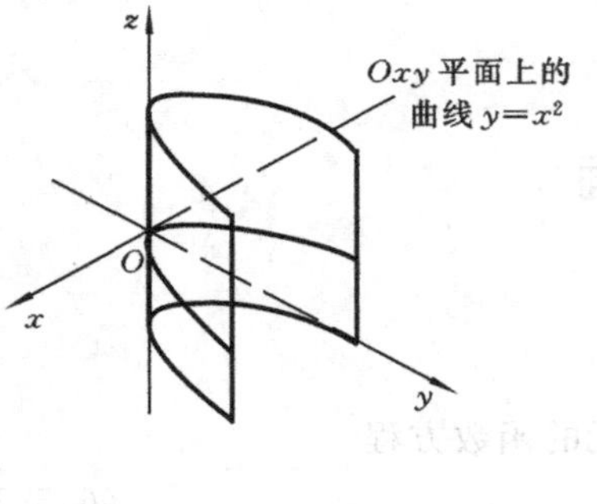

图 6.32

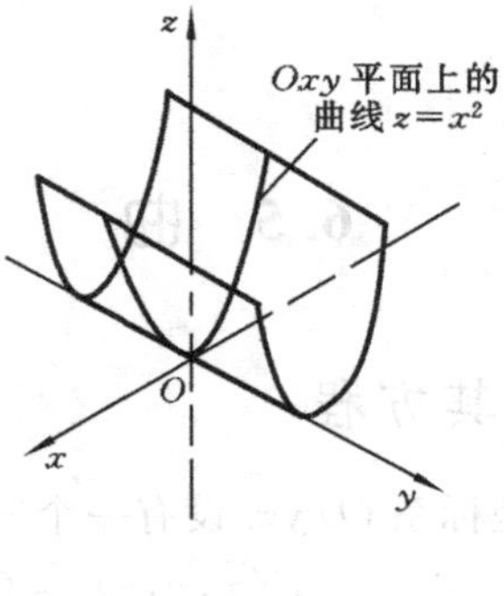

图 6.33

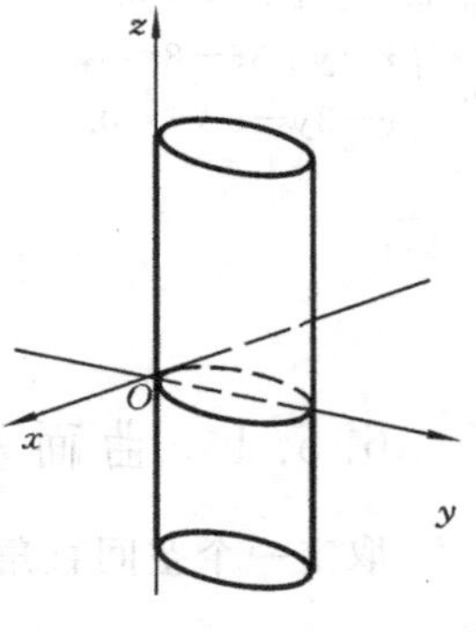

图 6.34

曲面 $y=x^2$ 和 $z=x^2$ 都是柱面的特殊情形.一般地,若 C 是平面上的一条曲线,由平行于某定直线并沿 C 移动的直线 L 形成的轨迹称为**柱面**,定曲线 C 称为柱面的

准线,动直线 L 称为柱面的**母线**. □

例 6.5.2 中的曲面 $y=x^2$ 就是一个柱面,由于它的准线是抛物线,故又叫做**抛物柱面**.

如果 C 是一个圆周,那么它所确定的柱面就是我们所熟知的**圆柱面**(见图 6.34),这个圆柱面没有上底和下底.

如果一个方程中至多出现变量 x、y、z 中的两个,那么这个方程的图像在 $\mathbf{R}^3$ 中就是一个柱面.

6.5.3　球面

由所有与定点(a,b,c)有定距离 r 的点所组成的集合称为**球面**,这个球面的中心是点(a,b,c),半径是 r(见图 6.35).若点(x,y,z)在这个球面上,则该点到球心(a,b,c)的距离等于 r,即

$$\sqrt{(x-a)^2+(y-b)^2+(z-c)^2}=r,$$

或者等价地有

$$(x-a)^2+(y-b)^2+(z-c)^2=r^2. \tag{6.5.3}$$

这就是中心在点(a,b,c)、半径为 r 的球面的方程.

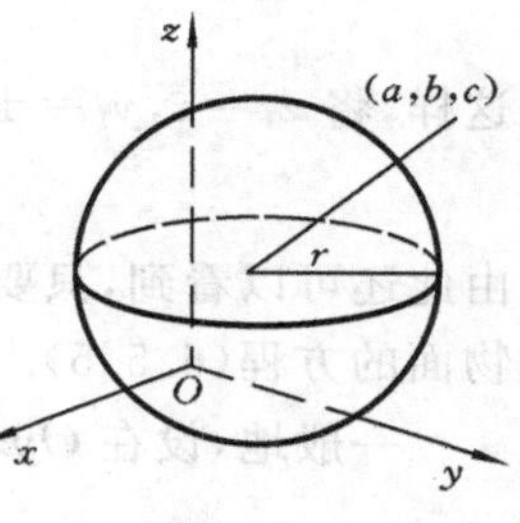

图 6.35

6.5.4　椭球面

方程

$$\frac{x^2}{a^2}+\frac{y^2}{b^2}+\frac{z^2}{c^2}=1 \tag{6.5.4}$$

的图像称为**椭球面**,其中 a、b、c 为正的常数(见图 6.36).当 $a=b=c$ 时,它就是一个中心在原点、半径为 a 的球面.由方程(6.5.4)可知,

$$|x|\leqslant a,\quad |y|\leqslant b,\quad |z|\leqslant c.$$

即椭球面(6.5.4)完全含于一个以原点(0,0,0)为中心的长方体内,这个长方体的六个面的方程为 $x=\pm a$, $y=\pm b$, $z=\pm c$,数 a、b、c 称为**椭球面的半轴**.

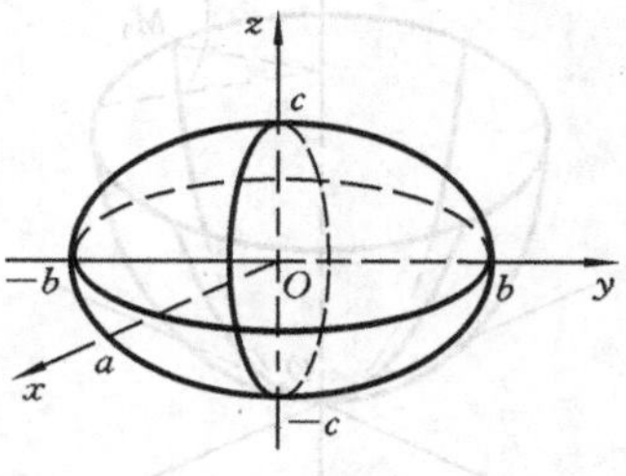

图 6.36

椭球面与坐标平面的交线是椭圆.例如,椭球面(6.5.4)与 Oxy 平面($z=0$)的交线是椭圆$\dfrac{x^2}{a^2}+\dfrac{y^2}{b^2}=1$,$z=0$.实际上,椭球面与任何平面的交线都是椭圆.

6.5.5　旋转曲面

先看一个例子.

例 6.5.3　方程

$$z=x^2+y^2 \tag{6.5.5}$$

的图形可以看成是由抛物线

$$z = y^2, \quad x = 0 \tag{6.5.6}$$

绕 z 轴旋转一周而成的曲面,称之为**旋转抛物面**(见图 6.37). 下面验证这个结论.

设 $M_1(0, y_1, z_1)$ 是曲线(6.5.6)上的一点,则有

$$z_1 = y_1^2.$$

当曲线(6.5.6)转动时,点 M_1 转到点 $M(x,y,z)$(见图 6.37). 由于动曲线在旋转的过程中点 M 的竖坐标总有 $z=z_1$,且点 M 到 z 轴的距离

$$d = \sqrt{x^2+y^2} = |y_1|.$$

这样,将 $z_1 = z, y_1 = \pm\sqrt{x^2+y^2}$ 代入等式 $z_1 = y_1^2$,即得

$$z = x^2 + y^2.$$

由此还可以看到,只要将旋转的曲线(6.5.6)中 y 改成 $\pm\sqrt{x^2+y^2}$,就可得到旋转抛物面的方程(6.5.5). □

一般地,设在 Oyz 平面上有一已知曲线 C,它的方程是

$$f(y,z) = 0, \quad x = 0.$$

把这曲线绕 z 轴旋转一周,就得到一个以 z 轴为轴的旋转曲面(见图 6.38),仿照上面的讨论可知,将曲线 C 的方程 $f(y,z)=0$ 中的 y 改成 $\pm\sqrt{x^2+y^2}$,就可得到这个旋转曲面的方程

$$f(\pm\sqrt{x^2+y^2}, z) = 0. \tag{6.5.7}$$

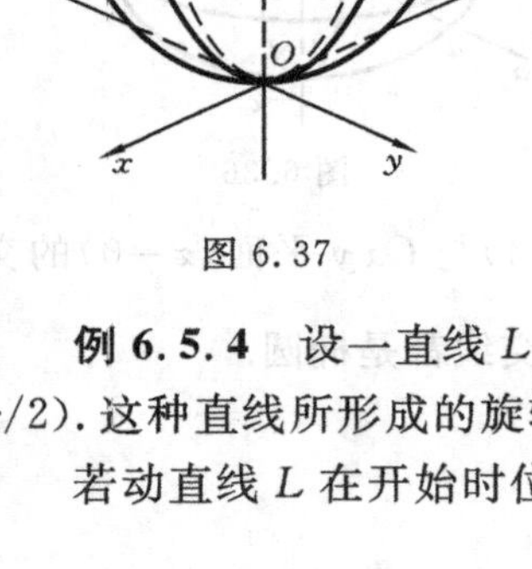

图 6.37

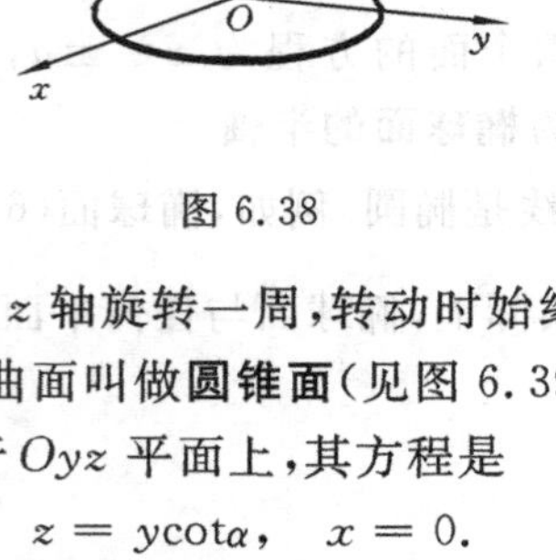

图 6.38

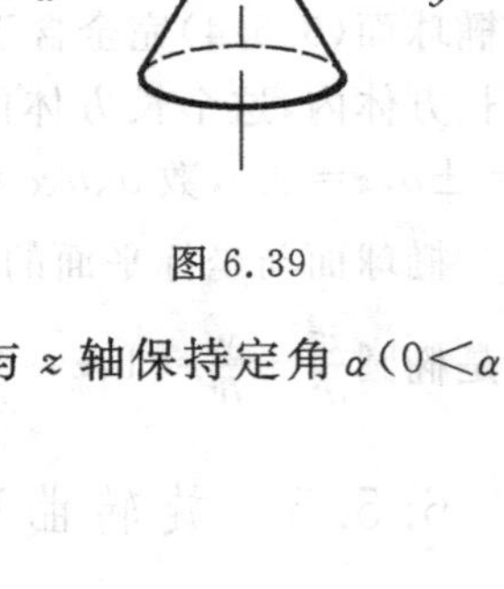

图 6.39

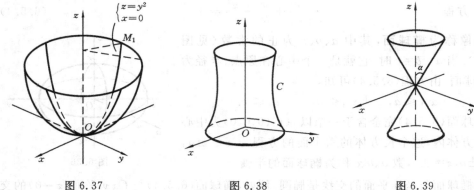

例 6.5.4 设一直线 L 绕 z 轴旋转一周,转动时始终与 z 轴保持定角 α($0<\alpha<\pi/2$). 这种直线所形成的旋转曲面叫做**圆锥面**(见图 6.39).

若动直线 L 在开始时位于 Oyz 平面上,其方程是

$$z = y\cot\alpha, \quad x = 0.$$

那么按前面所讲的方法,圆锥面的方程就是

$$z = \pm\sqrt{x^2 + y^2}\cot\alpha$$

或

$$z^2 = a^2(x^2 + y^2), \tag{6.5.8}$$

其中 $a=\cot\alpha$. □

6.5.6　其他曲面的例子

例 6.5.5　方程 $x^2+y^2-z^2=1$ 的图像.

解　为了画出这个曲面，让我们先看看坐标平面 $z=0$ 与它的交线. 在 $z=0$ 上，方程变成

$$x^2 + y^2 = 1.$$

这就是说，Oxy 平面与这个曲面的交线是一个中心在原点的单位圆周(见图 6.40). 如果用平面 $z=1$ 去截这个曲面，则得交线 $x^2+y^2=2, z=1$(称为截痕). 类似地，对于任意常数 k，曲面与平面 $z=k$ 的交线仍然是一个圆周 $x^2+y^2=1+k^2, z=k$.

现在我们来考察 $x^2+y^2-z^2=1$ 与 Oyz 平面的交线. 令 $x=0$，得方程 $y^2-z^2=1$，这是双曲线方程. 该双曲线就可帮助我们把曲面 $x^2+y^2-z^2=1$ 的图形画出来(见图 6.40). □

一般地，对于任意的正常数 a、b、c，方程 $\frac{x^2}{a^2}+\frac{y^2}{b^2}-\frac{z^2}{c^2}=1$ 的图形称为**单叶双曲面**；用平行于 Oxy 平面的平面 $z=k$ 去截这个曲面时，所得截痕为椭圆 $\frac{x^2}{a^2}+\frac{y^2}{b^2}=1+\frac{k^2}{c^2}, z=k$.

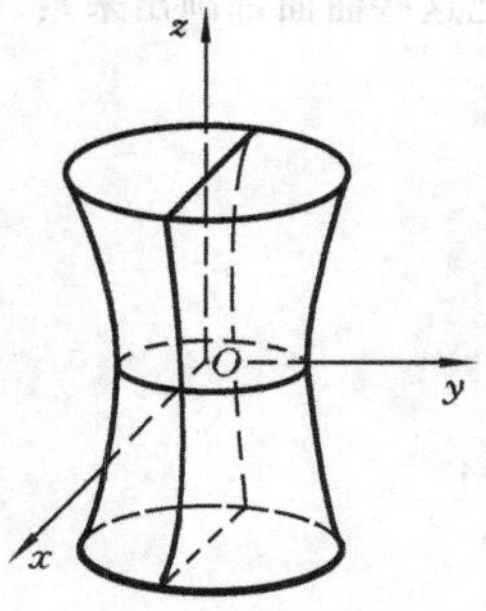

图 6.40

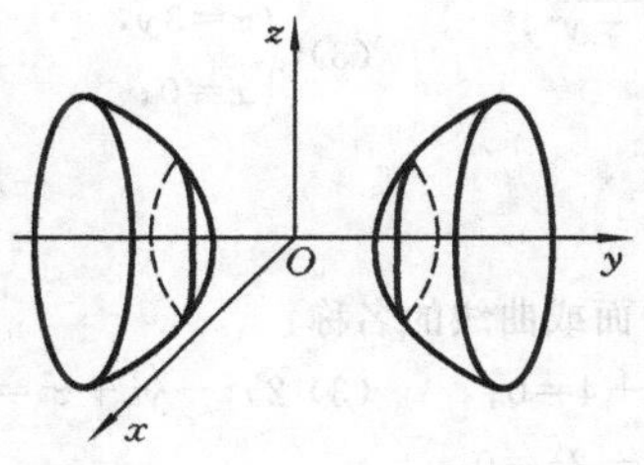

图 6.41

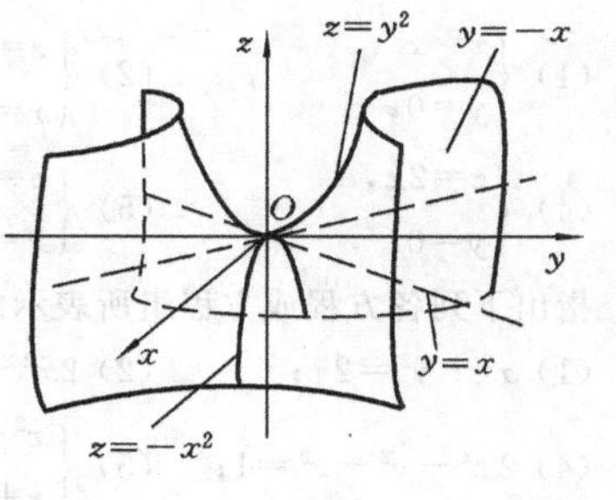

图 6.42

所谓**双叶双曲面**，是指方程 $\frac{x^2}{a^2}-\frac{y^2}{b^2}+\frac{z^2}{c^2}=-1$ 的图形(见图 6.41).

例 6.5.6　求方程 $z=y^2-x^2$ 的图形.

解　这个曲面与 Oxz 平面的交线是抛物线

$$z = -x^2, \quad y = 0;$$

曲面与 Oyz 平面的交线则是抛物线

$$z = y^2, \quad x = 0.$$

令 $z=0$，则得到曲面与 Oxy 平面的交线

$$0=y^2-x^2$$

或

$$y=x \text{ 与 } y=-x,$$

这个曲面称为**双曲抛物面**或**鞍形曲面**(见图 6.42). □

习　题 6.5

(A)

1. 回答下列问题：

(1) 曲面的一般方程是怎样的? 如何定义?

(2) 柱面如何定义? 准线和母线是指什么?

(3) 旋转曲面如何生成? 它的方程怎样得到?

2. 画出下列方程的图像：

(1) $x=y^2$；　(2) $x^2+y^2+\dfrac{z^2}{2}=1$；　(3) $z^2=x^2+y^2$；

(4) $z=xy$；　(5) $y^2+z^2=9$；　(6) $y^2-x^2=4$.

3. 对任意的正常数 p、q，方程 $z=\dfrac{x^2}{p^2}+\dfrac{y^2}{q^2}$ 的图像称为**椭圆抛物面**(当 $p=q$ 时，这就是一个旋转抛物面). 试找出三个坐标平面与它的交线，并画出草图.

4. 在同一坐标系下画出方程 $z=x^2+y^2$ 与 $z=x^2+(y-1)^2$ 的图形.

5. 求由下列曲线绕 z 轴旋转一周所形成的旋转曲面的方程(建议您最好把这些曲面都画出来)：

(1) $\begin{cases} z=x^2, \\ y=0; \end{cases}$　(2) $\begin{cases} z=\sqrt{1-y^2}, \\ x=0; \end{cases}$　(3) $\begin{cases} z=3y, \\ x=0; \end{cases}$

(4) $\begin{cases} z=2x, \\ y=0; \end{cases}$　(5) $\begin{cases} z=\mathrm{e}^{-y^2}, \\ x=0. \end{cases}$

6. 指出下列各方程或方程组所表示的曲面或曲线的名称：

(1) $x^2+y^2=2x$；　(2) $2x^2-y^2+4=0$；　(3) $2x^2-y^2+z^2=1$；

(4) $2x^2-y^2-z^2=1$；　(5) $\begin{cases} x^2+y^2-2z=0, \\ x+z=1. \end{cases}$

(B)

画出由下列各曲面所围成的空间区域：

(1) $x=0, y=0, z=0, x+y+\dfrac{z}{2}=1$；　(2) $x^2+y^2+z^2=1, z=y$(顶部部分)；

(3) $z=x^2+y^2, z=x+1$(有界部分)；　(4) $z=x^2+3y^2, z=4$(有界部分).

答案与提示

(A)

3. 与 Oxy 平面交于一点$(0,0,0)$；与 Oxz 平面的交线为抛物线 $x^2=p^2z, y=0$；与 Oyz 平面的交线

为抛物线 $y^2=q^2z, x=0$.

5. (1) $z=x^2+y^2$; (2) $z=\sqrt{1-(x^2+y^2)}$; (3) $z=\pm 3\sqrt{x^2+y^2}$;

(4) $z=\pm 2\sqrt{x^2+y^2}$; (5) $z=\mathrm{e}^{-(x^2+y^2)}$.

6. (1) 圆柱面; (2) 双曲柱面; (3) 单叶双曲面; (4) 双叶双曲面; (5) 椭圆.

6.6　曲　线

6.6.1　平面曲线

在一元函数微积分中,我们已学习过平面曲线的解析表示,在这里作一简单的回顾.

在直角坐标系下,平面曲线有以下三种表示法:

显示法　$y=f(x)$ 或 $x=g(y)$. (6.6.1)

隐示法　$F(x,y)=0$ (通常假定 $F_x\neq 0$ 或 $F_y\neq 0$). (6.6.2)

参数表示法　$x=\varphi(t), y=\psi(t)$ (通常假定 $\varphi'^2(t)+\psi'^2(t)\neq 0$). (6.6.3)

在极坐标系下,平面曲线的方程形如

$$r=r(\theta), \tag{6.6.4}$$

若取 θ 为参数,则方程(6.6.4)可转换为参数方程

$$x=r(\theta)\cos\theta,\quad y=r(\theta)\sin\theta. \tag{6.6.5}$$

参数方程(6.6.3)可以写成向量形式:

$$\boldsymbol{r}=\boldsymbol{r}(t)=x(t)\boldsymbol{i}+y(t)\boldsymbol{j}, \tag{6.6.6}$$

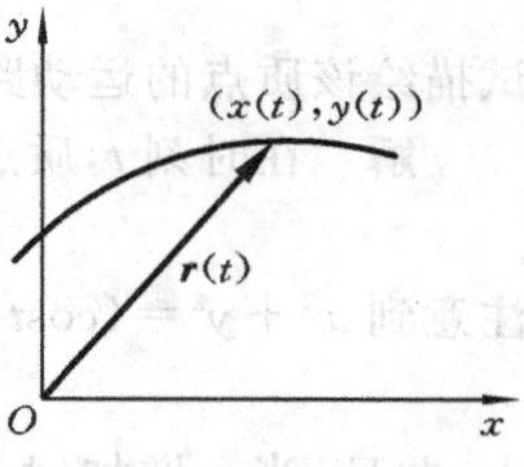

图 6.43

这里 $\boldsymbol{r}$ 是起点在原点的向量(见图6.43),即位置向量.我们称 $\boldsymbol{r}(t)$ 为**二维向量值函数**,也常记作

$$\boldsymbol{r}(t)=\{x(t), y(t)\}.$$

6.6.2　空间曲线

空间曲线在直角坐标系下的显式方程为

$$y=y(x),\quad z=z(x). \tag{6.6.7}$$

其更一般的表示法是把空间曲线看成两个曲面的交线,因而空间曲线方程可表示为下列隐函数方程:

$$\begin{cases}F(x,y,z)=0,\\ G(x,y,z)=0,\end{cases} \tag{6.6.8}$$

同时要对 F 及 G 作某些假设.

空间曲线的参数方程为

$$x=\varphi(t),\ y=\psi(t),\ z=\omega(t), \tag{6.6.9}$$

并设 $\varphi'(t),\psi'(t),\omega'(t)$ 中至少有一个不为零.

方程(6.6.9)也可写成向量的形式：

$$\boldsymbol{r}=\boldsymbol{r}(t)=\varphi(t)\boldsymbol{i}+\psi(t)\boldsymbol{j}+\omega(t)\boldsymbol{k}, \tag{6.6.10}$$

其中 $\boldsymbol{r}$ 是位置向量(见图 6.44). 这时我们称 $\boldsymbol{r}(t)$ 为**三维向量值函数**，也记作

$$\boldsymbol{r}(t)=\{\varphi(t),\psi(t),\omega(t)\}.$$

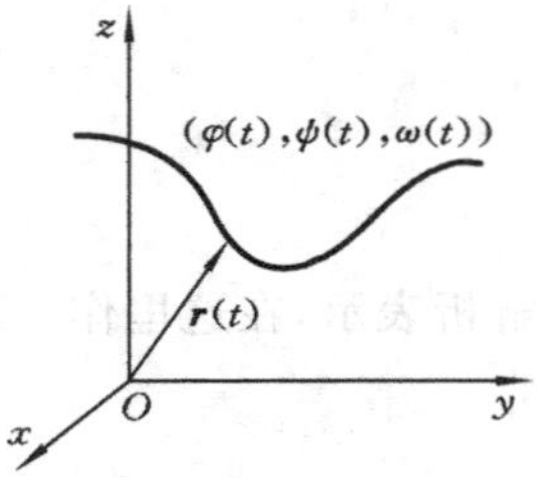

图 6.44

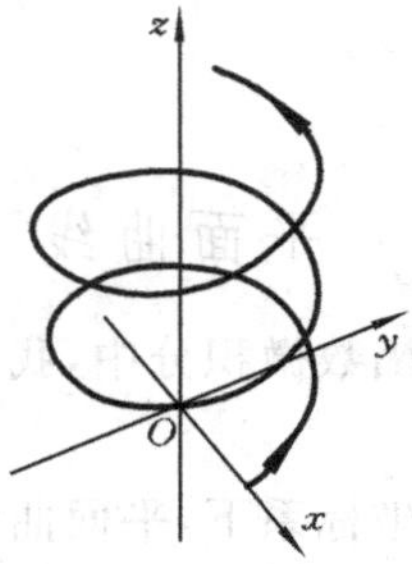

图 6.45

例 6.6.1　设在时刻 t，质点的位置向量是

$$\boldsymbol{r}=\boldsymbol{r}(t)=\cos t\boldsymbol{i}+\sin t\boldsymbol{j}+t\boldsymbol{k},$$

试描绘该质点的运动路径.

解　在时刻 t，质点所在的点的坐标为

$$x=\cos t,\quad y=\sin t,\quad z=t.$$

注意到 $x^2+y^2=(\cos t)^2+(\sin t)^2=1$，所以质点永远在柱面

$$x^2+y^2=1$$

上，并且，当 t 增加时，$z=t$ 也是增加的. 因此质点运动的轨迹是一条缠绕在柱面 $x^2+y^2=1$ 上盘旋上升的**螺旋线**(见图 6.45). □

例 6.6.2　对于由方程

$$y=f(x)$$

所表示的平面曲线，我们可以**参数化**：以 x 为参数，即令

$$\begin{cases} x=t, \\ y=f(t). \end{cases}$$

这就是曲线的参数方程. 例如，曲线

$$y=x^3-x$$

可以参数化为

$$\begin{cases} x=t, \\ y=t^3-t. \end{cases}$$

□

6.6.3　空间曲线的投影柱面和投影曲线

设给定空间曲线 C，以曲线 C 为准线，母线平行于 z 轴的柱面称为曲线 C 关于 Oxy 平面的**投影柱面**，而该柱面和 Oxy 平面的交线称为曲线 C 在 Oxy 平面上的**投**

影曲线.

例如,设有曲线 $C:\begin{cases}F(x,y,z)=0,\\G(x,y,z)=0,\end{cases}$ 消去变量 z,即可得到曲线 C 关于 Oxy 平面的投影柱面方程

$$H(x,y)=0;$$

而方程

$$\begin{cases}H(x,y)=0,\\z=0\end{cases}$$

就是曲线 C 在 Oxy 平面上的投影曲线方程.

例 6.6.3 求空间曲线 $C:\begin{cases}x^2+y^2-z^2=0,\\x-z+1=0\end{cases}$ 关于 Oxy 平面的投影柱面方程,及曲线 C 在 Oyz 平面上的投影曲线方程.

解 由曲线 C 的方程中消去变量 z,得

$$x^2+y^2-(x+1)^2=0,$$

化简得

$$2x-y^2+1=0,$$

此即曲线 C 关于 Oxy 平面的投影柱面方程.

由曲线 C 的方程中消去变量 x 后化简得

$$y^2-2z+1=0,$$

这是曲线 C 关于 Oyz 平面的投影柱面方程,而曲线 C 在 Oyz 平面上的投影曲线方程为

$$\begin{cases}y^2-2z+1=0,\\x=0.\end{cases}$$ □

习 题 6.6

(A)

1. 在平面上给出下列三组参数方程,试说明它们所描述的运动的类似与不同的地方:

(1) $\begin{cases}x=t,\\y=t^2;\end{cases}$　　(2) $\begin{cases}x=t^2,\\y=t^4;\end{cases}$　　(3) $\begin{cases}x=t^3,\\y=t^6.\end{cases}$

2. 写出中心在点$(-1,2)$、半径为 3 的圆的参数方程.

3. 写出过点$(2,-1,3)$和点$(-1,5,4)$的直线的参数方程.

4. 设在时刻 t,质点的位置向量为

$$\boldsymbol{r}(t)=t\cos 2\pi t\boldsymbol{i}+t\sin 2\pi t\boldsymbol{j}+t\boldsymbol{k}.$$

(1) 证明该质点在一个锥面上;

(2) 画出质点的运动轨迹.

(B)

1. 求曲线 $C:\begin{cases}x^2+y^2+z^2=1,\\x^2+y^2+(z-1)^2=1\end{cases}$ 在 Oxy 平面上的投影曲线方程.

2. 求曲线 $C:\begin{cases} z=x^2+2y^2, \\ z=2-x^2 \end{cases}$ 关于 Oxy 平面的投影柱面方程和 Oxy 平面的投影曲线方程.

3. 画出曲面 $z=x^2+y^2$ 与平面 $z=1+y$ 的交线,并求出这交线在 Oxy 平面上的投影曲线.投影时光线平行于 z 轴.

答案与提示

(A)

2. $x=-1+3\cos\theta, y=2+3\sin\theta, 0\leqslant\theta\leqslant 2\pi$.

3. $x=2-3t, y=-1+6t, z=3+t, -\infty<t<+\infty$.

(B)

1. $x^2+y^2=\dfrac{3}{4}$; $\begin{cases} x^2+y^2=\dfrac{3}{4}, \\ z=0. \end{cases}$

2. $x^2+y^2=1$; $\begin{cases} x^2+y^2=1, \\ z=0. \end{cases}$

总 习 题 (6)

1. 填空题:

(1) 设 $\boldsymbol{a}$、$\boldsymbol{b}$、$\boldsymbol{c}$ 为单位向量,且满足 $\boldsymbol{a}+\boldsymbol{b}+\boldsymbol{c}=\boldsymbol{0}$,则 $\boldsymbol{a}\cdot\boldsymbol{b}+\boldsymbol{b}\cdot\boldsymbol{c}+\boldsymbol{c}\cdot\boldsymbol{a}=$______.

(2) 设 $\boldsymbol{a}=\boldsymbol{i}+2\boldsymbol{j}+\boldsymbol{k}, \boldsymbol{b}=-\boldsymbol{i}-\dfrac{1}{2}\boldsymbol{j}+\dfrac{1}{2}\boldsymbol{k}$,则 $\cos(\boldsymbol{a},2\boldsymbol{b})=$______.

(3) 已知 $(\boldsymbol{a}\times\boldsymbol{b})\cdot\boldsymbol{c}=2$,则 $[(\boldsymbol{a}+\boldsymbol{b})\times(\boldsymbol{b}+\boldsymbol{c})]\cdot(\boldsymbol{c}+\boldsymbol{a})=$______.

(4) 已知平面 $x+ky-2z=9$ 与平面 $2x-3y+z=0$ 的夹角为 $\dfrac{\pi}{4}$,则 $k=$______.

(5) 过点 $M(1,2,-1)$ 且与直线 $x=-t+2, y=3t-4, z=t-1$ 垂直的平面方程是______.

(6) 已知直线 $\dfrac{x-a}{3}=\dfrac{y}{-2}=\dfrac{z-1}{a}$ 在平面 $3x+4y-az=3a-1$ 内,则 $a=$______.

(7) 曲线 $\begin{cases} 4x^2-9y^2=36, \\ z=0 \end{cases}$ 绕 y 轴旋转一周所成的旋转曲面方程为______.

(8) 母线平行 y 轴且通过曲线 $\begin{cases} 2x^2+y^2+z^2=16, \\ x^2-y^2+z^2=0 \end{cases}$ 的柱面方程是______.

(9) 两球面 $x^2+y^2+z^2=1$ 和 $x^2+(y-1)^2+(z-1)^2=1$ 的交线在 Oyz 平面上的投影曲线方程为______,在 Oxy 平面上的投影柱面方程为______.

2. 选择题(只有一个答案是正确的):

(1) 设 $\boldsymbol{a}$ 与 $\boldsymbol{b}$ 均为非零向量,则下列结论中正确的是(　　).

(A) $\boldsymbol{a}\times\boldsymbol{b}=\boldsymbol{0}$ 是 $\boldsymbol{a}$ 与 $\boldsymbol{b}$ 垂直的充要条件

(B) $\boldsymbol{a}\cdot\boldsymbol{b}=0$ 是 $\boldsymbol{a}$ 与 $\boldsymbol{b}$ 平行的充要条件

(C) $\boldsymbol{a}$ 与 $\boldsymbol{b}$ 的对应分量成比例是 $\boldsymbol{a}$ 与 $\boldsymbol{b}$ 平行的充要条件

(D) 若 $\boldsymbol{a}=\lambda\boldsymbol{b}$($\lambda$ 为实数),$\boldsymbol{a}\cdot\boldsymbol{b}=0$

(2) 非零向量 $\boldsymbol{a}$ 与 $\boldsymbol{b}$ 垂直,则(　　).

(A) $|\boldsymbol{a}+\boldsymbol{b}|=|\boldsymbol{a}|+|\boldsymbol{b}|$　　(B) $|\boldsymbol{a}+\boldsymbol{b}|\leqslant|\boldsymbol{a}-\boldsymbol{b}|$

(C) $|\boldsymbol{a}+\boldsymbol{b}|=|\boldsymbol{a}-\boldsymbol{b}|$　　(D) $|\boldsymbol{a}+\boldsymbol{b}|\geqslant|\boldsymbol{a}-\boldsymbol{b}|$

(3) 设有直线 $L_1:\dfrac{x-1}{1}=\dfrac{y-5}{-2}=\dfrac{z+6}{1}$ 与 $L_2:\begin{cases}x-y=6\\2y+z=3\end{cases}$,则 L_1 与 L_2 的夹角等于(　　).

(A) $\dfrac{\pi}{6}$　　(B) $\dfrac{\pi}{4}$　　(C) $\dfrac{\pi}{3}$　　(D) $\dfrac{\pi}{2}$

(4) 已知直线 $\dfrac{x-1}{4}=\dfrac{y+1}{m}=\dfrac{z-1}{5}$ 与直线 $\dfrac{x+1}{1}=\dfrac{y-1}{1}=\dfrac{z}{1}$ 相交,则 m 等于(　　).

(A) 0　　(B) 6　　(C) -2　　(D) 8

(5) 直线 $L:\dfrac{x-2}{2}=\dfrac{y+1}{-2}=\dfrac{z+3}{1}$ 与平面 $\pi:x+2y-2z=6$ 的关系是(　　).

(A) 平行　　(B) 垂直　　(C) 相交但不垂直　　(D) 重合

(6) 在 $\mathbf{R}^3$ 中,方程 $x^2=4y$ 的图形是(　　).

(A) 抛物线　　(B) 抛物柱面　　(C) 椭圆抛物面　　(D) 旋转抛物面

3. 已知向量 $\boldsymbol{p}$、$\boldsymbol{q}$ 和 $\boldsymbol{r}$ 两两正交,且 $|\boldsymbol{p}|=1$,$|\boldsymbol{q}|=2$,$|\boldsymbol{r}|=3$.求向量 $\boldsymbol{s}=\boldsymbol{p}+\boldsymbol{q}+\boldsymbol{r}$ 的模.

4. 已知向量 $\boldsymbol{a}=-\boldsymbol{i}+3\boldsymbol{j}$,$\boldsymbol{b}=3\boldsymbol{i}+\boldsymbol{j}$,$|\boldsymbol{c}|=r$(常数),求当 $\boldsymbol{c}$ 满足关系式 $\boldsymbol{a}=\boldsymbol{b}\times\boldsymbol{c}$ 时,r 的最小值.

5. 已知向量 $\boldsymbol{a}=\{2,2,1\}$,$\boldsymbol{b}=\{8,-4,1\}$,求:(1) $\boldsymbol{a}$ 在 $\boldsymbol{b}$ 上的投影;(2) 与 $\boldsymbol{a}$ 同方向的单位向量;(3) $\boldsymbol{b}$ 的方向余弦.

6. 设非零向量 $\boldsymbol{a}$ 与 $\boldsymbol{b}$ 互相正交,λ 为任意的非零实数,试比较 $|\boldsymbol{a}+\lambda\boldsymbol{b}|$ 与 $|\boldsymbol{a}|$ 的大小.

7. 给定四点 $M_1(1,1,1)$,$M_2(2,3,4)$,$M_3(3,6,10)$,$M_4(4,10,20)$,求四面体 $M_1M_2M_3M_4$ 的体积.

8. 若 $\boldsymbol{a}\times\boldsymbol{b}+\boldsymbol{b}\times\boldsymbol{c}+\boldsymbol{c}\times\boldsymbol{a}=\mathbf{0}$,证明 $\boldsymbol{a},\boldsymbol{b},\boldsymbol{c}$ 三向量共面.

9. 求两条平行直线 $L_1:\dfrac{x-1}{1}=\dfrac{y+1}{2}=\dfrac{z}{1}$ 与 $L_2:\dfrac{x-2}{1}=\dfrac{y+1}{2}=\dfrac{z-1}{1}$ 之间的距离.

10. 求过点 $P_1(4,1,2)$ 与 $P_2(-3,5,-1)$,且垂直于平面 $6x-2y+3z+7=0$ 的平面的方程.

11. 设有直线 $L_1:\dfrac{x+2}{1}=\dfrac{y-3}{-1}=\dfrac{z+1}{1}$ 与 $L_2:\dfrac{x+4}{2}=\dfrac{y}{1}=\dfrac{z-4}{3}$,试求与直线 L_1、L_2 都垂直且相交的直线方程.

12. 试求由平面 $\pi_1:2x-z+12=0$,$\pi_2:x+3y+17=0$ 所构成的两平面角的平分面的方程.

13. 求直线 $L:\dfrac{x+2}{3}=\dfrac{y-2}{-1}=\dfrac{z+1}{2}$ 与平面 $\pi:2x+3y+3z-8=0$ 的交点.

14. 已知直线 $L_1:\dfrac{x+1}{1}=\dfrac{y}{1}=\dfrac{z-1}{2}$ 与 $L_2:\dfrac{x}{1}=\dfrac{y+1}{3}=\dfrac{z-2}{4}$,

(1) 求 L_1 与 L_2 之间的距离;　　(2) 求 L_1,L_2 的公垂线方程.

15. 指出下列方程在空间代表什么曲面,若是旋转曲面,则指出它们是由什么曲线绕什么轴旋转而产生的.

(1) $x^2+y^2+z^2+2z=3$;　　(2) $x^2=4z$;　　(3) $x^2+\dfrac{y^2}{4}+z^2=1$;

(4) $\dfrac{x^2}{2}+\dfrac{y^2}{2}=z$;　　(5) $x^2-y^2=0$;　　(6) $x^2-y^2=4z$.

16. 求下列旋转曲面的方程：

(1) C：$\begin{cases} z^2=5x, \\ y=0, \end{cases}$ 绕 x 轴旋转而成的曲面；　(2) L：$\begin{cases} y=ax, \\ z=0, \end{cases}$ 绕 y 轴旋转而成的曲面.

17. 求顶点在原点，母线和 z 轴正向夹角保持 $\frac{\pi}{6}$ 的锥面方程.

18. 求通过曲面 $x^2+y^2+4z^2=1$ 和 $x^2=y^2+z^2$ 的交线，而母线平行于 z 轴的柱面方程.

19. 证明：两圆柱面 $x^2+z^2=R^2$ 与 $y^2+z^2=R^2$ 的交线在两个平面上.

20. 求曲线 C：$\begin{cases} x^2+y^2+z^2=a^2, \\ y=c(|c|<a) \end{cases}$ 关于平面 $\pi: x+y+z=0$ 的投影柱面及投影曲线方程.

答案与提示

1. (1) $-\frac{3}{2}$；　(2) $-\frac{1}{2}$；　(3) 4；　(4) $\pm\frac{\sqrt{70}}{2}$；　(5) $x-3y-z+4=0$；　(6) 1；

(7) $4(x^2+z^2)-9y^2=36$；　(8) $3x^2+2z^2=16$.

(9) 投影曲线：$y+z=1, x=0$；投影柱面：$x^2+2y^2-2y=0$.

2. (1) (C)；　(2) (C)；　(3) (C)；　(4) (D)；　(5) (C)；　(6) (B).

3. $\sqrt{14}$.

4. r 的最小值为 1.

5. (1) $\boldsymbol{a}_b=1$　(2) $\boldsymbol{e}_a=\{\frac{2}{3},\frac{2}{3},\frac{1}{3}\}$；　(3) $\frac{8}{9},-\frac{4}{9},\frac{1}{9}$.

7. $\frac{1}{6}$.

8. $\boldsymbol{a},\boldsymbol{b},\boldsymbol{c}$ 共面 $\Leftrightarrow \boldsymbol{a}\cdot(\boldsymbol{b}\times\boldsymbol{c})=0$.

9. $\frac{2}{3}\sqrt{3}$.

10. $6x+3y-10z-7=0$.

11. $\begin{cases} 2x+7y+5z-12=0, \\ 3x-9y+z+8=0. \end{cases}$

12. $(2\sqrt{2}\pm1)x\pm3y-\sqrt{2}z+(12\sqrt{2}\pm17)=0$.

13. $(1,1,1)$.

14. (1) $\frac{\sqrt{3}}{3}$；　(2) $\begin{cases} x-y+1=0, \\ 7x-5y+2z-9=0. \end{cases}$

15. (1) 球面. 由曲线 $\begin{cases} x^2+(z+1)^2=4, \\ y=0 \end{cases}$ 或 $\begin{cases} y^2+(z+1)^2=4, \\ x=0 \end{cases}$ 绕 z 轴旋转而成；

(2) 抛物柱面；　(3) 椭球面. 由曲线 $\begin{cases} \frac{y^2}{4}+z^2=1, \\ x=0 \end{cases}$ 或 $\begin{cases} x^2+\frac{y^2}{4}=1, \\ z=0 \end{cases}$ 绕 y 轴旋转而成；

(4) 旋转抛物面. 由曲线 $\begin{cases} z=\frac{x^2}{2}, \\ y=0 \end{cases}$ 或 $\begin{cases} z=\frac{y^2}{2}, \\ x=0 \end{cases}$ 绕 z 轴旋转而成；

(5) 母线平行于 z 轴的柱面，又是两个相交于 z 轴的平面；

(6) 双曲抛物面(鞍形曲面).

16. (1) $y^2+z^2=5x$；　(2) $y^2=a^2(x^2+z^2)$.

17. $z^2=3(x^2+y^2)$.

18. $5x^2-3y^2=1$

20. 投影柱面：$(x-y+c)^2+c^2+(z-y+c)^2=a^2$，

投影曲线：$(x-y+c)^2+c^2+(z-y+c)^2=a^2$，$x+y+z=0$.

第7章 多元函数微分学

在实际问题中，很多量都依赖于多个变量，如庄稼的生长依赖于水和肥、化学反应的速率依赖于反应过程中环境的温度与压力、圆柱体的体积依赖于底半径和高.本章将讨论含有两个或两个以上自变量的函数，即多元函数及其微分学.

7.1 n 维欧氏空间中某些基本概念

我们知道，一元函数的定义域是一维实空间(即数直线)$\mathbf{R}$ 的子集，而 n 个自变量的函数，即 n 元函数则将定义在 n 维实空间 $\mathbf{R}^n$ 的子集上，因此我们必须进一步考察 $\mathbf{R}^n$.为此，我们将首先在 $\mathbf{R}^n$ 中引进代数运算、内积和范数，使之成为 n 维欧几里德(Euclid)空间(简称为**欧氏空间**)，然后再介绍 n 维欧氏空间中的点集拓扑的基本概念.

7.1.1 n 维欧氏空间 $\mathbf{R}^n$

我们在第 6 章 6.1 节中以集合的乘积方式引进了 n 维实空间 $\mathbf{R}^n$，即

$$\mathbf{R}^n = \mathbf{R}\times\mathbf{R}\times\cdots\times\mathbf{R} \quad (\text{有 } n \text{ 个 } \mathbf{R}),$$

$\mathbf{R}^n$ 中的元素是形如

$$\boldsymbol{x} = (x_1, x_2, \cdots, x_n)$$

的 n 元有序组，其中 $x_i\in\mathbf{R}(i=1,2,\cdots,n)$，元素 $\boldsymbol{x}$ 亦称为 $\mathbf{R}^n$ 中的一个点.

下面在 $\mathbf{R}^n$ 中引进代数运算以及内积和范数.

定义 7.1.1 设 $\boldsymbol{x}=(x_1,x_2,\cdots,x_n)$，$\boldsymbol{y}=(y_1,y_2,\cdots,y_n)$是 $\mathbf{R}^n$ 中的点.定义：

(1) 相等： $\boldsymbol{x}=\boldsymbol{y}$，当且仅当 $x_1=y_1, x_2=y_2, \cdots, x_n=y_n$.

(2) 和： $\boldsymbol{x}+\boldsymbol{y}=(x_1+y_1, x_2+y_2, \cdots, x_n+y_n)$.

(3) 数乘： $\alpha\boldsymbol{x}=(\alpha x_1, \alpha x_2, \cdots, \alpha x_n)$ (α 是实数).

(4) 差： $\boldsymbol{x}-\boldsymbol{y}=\boldsymbol{x}+(-1)\boldsymbol{y}$.

(5) 零向量(或原点)： $\mathbf{0}=(0,0,\cdots,0)$.

(6) 内积(或点积)： $\boldsymbol{x}\cdot\boldsymbol{y}=\sum\limits_{i=1}^{n}x_iy_i$.

(7) 范数(或模)： $\|\boldsymbol{x}\|=\sqrt{\boldsymbol{x}\cdot\boldsymbol{x}}=\sqrt{\sum\limits_{i=1}^{n}x_i^2}$，范数 $\|\boldsymbol{x}-\boldsymbol{y}\|$ 称为 $\boldsymbol{x}$ 与 $\boldsymbol{y}$ 之间的**距离**或**度量**，而 $\boldsymbol{x}$ 与 $\boldsymbol{y}$ 的内积常记作

$$\langle \boldsymbol{x},\boldsymbol{y}\rangle=\boldsymbol{x}\cdot\boldsymbol{y}.$$

具有上述的运算和结构的空间 $\mathbf{R}^n$ 称为 n **维欧氏空间**. 在线性代数中, $\mathbf{R}^n$ 是一个重要的线性空间(或向量空间).

范数具有下列基本性质.

定理 7.1.1　设 $\boldsymbol{x},\boldsymbol{y}\in\mathbf{R}^n$, 则有

(1) $\|\boldsymbol{x}\|\geqslant 0$, 而 $\|\boldsymbol{x}\|=0$ 当且仅当 $\boldsymbol{x}=\mathbf{0}$;

(2) $\|\alpha\boldsymbol{x}\|=|\alpha|\,\|\boldsymbol{x}\|$, α 为任意实数;

(3) $\|\boldsymbol{x}-\boldsymbol{y}\|=\|\boldsymbol{y}-\boldsymbol{x}\|$;

(4) $|\langle\boldsymbol{x},\boldsymbol{y}\rangle|\leqslant\|\boldsymbol{x}\|\,\|\boldsymbol{y}\|$　(柯西-许瓦兹不等式);

(5) $\|\boldsymbol{x}+\boldsymbol{y}\|\leqslant\|\boldsymbol{x}\|+\|\boldsymbol{y}\|$　(三角不等式);

证　结论(1)、(2)及(3)可直接从范数的定义推得.

为证结论(4), 令 $\boldsymbol{x}=(x_1,x_2,\cdots,x_n)$, $\boldsymbol{y}=(y_1,y_2,\cdots,y_n)$. 显然, 对任意实数 λ, 都有

$$\sum_{k=1}^{n}(x_k\lambda+y_k)^2\geqslant 0,$$

并且等号成立的充要条件是和式中的每一项均为零. 我们把这个不等式写成如下形式:

$$A\lambda^2+2B\lambda+C\geqslant 0,$$

其中

$$A=\sum_{k=1}^{n}x_k^2,\quad B=\sum_{k=1}^{n}x_ky_k,\quad C=\sum_{k=1}^{n}y_k^2.$$

若 $A>0$, 则令 $\lambda=-\dfrac{B}{A}$, 可得 $B^2-AC\leqslant 0$, 此即所要证的不等式

$$|\langle\boldsymbol{x},\boldsymbol{y}\rangle|=\left|\sum_{k=1}^{n}x_ky_k\right|\leqslant\left(\sum_{k=1}^{n}x_k^2\right)^{1/2}\left(\sum_{k=1}^{n}y_k^2\right)^{1/2}=\|\boldsymbol{x}\|\,\|\boldsymbol{y}\|.$$

若 $A=0$, 则证明是平凡的.

结论(5)可以从结论(4)推得, 这是因为

$$\begin{aligned}\|\boldsymbol{x}+\boldsymbol{y}\|^2&=\sum_{k=1}^{n}(x_k+y_k)^2=\sum_{k=1}^{n}(x_k^2+2x_ky_k+y_k^2)\\&=\|\boldsymbol{x}\|^2+2\langle\boldsymbol{x},\boldsymbol{y}\rangle+\|\boldsymbol{y}\|^2\leqslant\|\boldsymbol{x}\|^2+2\|\boldsymbol{x}\|\,\|\boldsymbol{y}\|+\|\boldsymbol{y}\|^2\\&=(\|\boldsymbol{x}\|+\|\boldsymbol{y}\|)^2.\end{aligned}$$ □

注: 有时三角不等式可写成

$$\|\boldsymbol{x}-\boldsymbol{z}\|\leqslant\|\boldsymbol{x}-\boldsymbol{y}\|+\|\boldsymbol{y}-\boldsymbol{z}\|.$$

另外, 还有不等式

$$\big|\,\|\boldsymbol{x}\|-\|\boldsymbol{y}\|\,\big|\leqslant\|\boldsymbol{x}-\boldsymbol{y}\|.$$

这两个不等式请读者自己证明.

如果在 $\mathbf{R}^n$ 中选取一组单位向量：$\boldsymbol{e}_1=\{1,0,\cdots,0\}$，$\boldsymbol{e}_2=\{0,1,\cdots,0\}$，$\cdots$，$\boldsymbol{e}_n=\{0,0,\cdots,1\}$，即 $\boldsymbol{e}_i$ 中第 i 个坐标为 1，其余的坐标都是 0，则由向量的加法和数乘，我们可以将 $\mathbf{R}^n$ 中任一向量 $\boldsymbol{a}=\{a_1,a_2,\cdots,a_n\}$ 表示为

$$\boldsymbol{a}=a_1\boldsymbol{e}_1+a_2\boldsymbol{e}_2+\cdots+a_n\boldsymbol{e}_n.$$

称这 n 个单位向量 $\boldsymbol{e}_1,\boldsymbol{e}_2,\cdots,\boldsymbol{e}_n$ 为空间 $\mathbf{R}^n$ 中的单位坐标向量(或 $\mathbf{R}^n$ 中的一组基).

下面我们简要地介绍 $\mathbf{R}^n$ 中点集拓扑的某些基本概念.

7.1.2　邻域

与实直线上点的邻域相仿，我们可以引进 $\mathbf{R}^2$ 中的邻域.

设 $P_0=(x_0,y_0)\in\mathbf{R}^2$，$r>0$ 是某定数. 记

$$\begin{aligned}O(P_0,r)&=\{P\in\mathbf{R}^2\mid\|P-P_0\|<r\}\\&=\{(x,y)\in\mathbf{R}^2\mid(x-x_0)^2+(y-y_0)^2<r^2\},\end{aligned}$$

并称 $O(P_0,r)$ 为点 P_0 的 r **邻域**，或者称它为以 P_0 为中心、以 r 为半径的**二维开球**，实际上就是一个不包含边界圆周的**开圆盘**. 而**三维开球**就是 $\mathbf{R}^3$ 中的集合

$$\begin{aligned}O(P_0,r)&=\{P\in\mathbf{R}^3\mid\|P-P_0\|<r\}\\&=\{(x,y,z)\in\mathbf{R}^3\mid(x-x_0)^2+(y-y_0)^2+(z-z_0)^2<r^2\},\end{aligned}$$

它是点 $P_0=(x_0,y_0,z_0)$ 的邻域.

以上引进的邻域都是圆形的. 我们还可以定义方形的邻域，即

$$O'(P_0,r)=\{(x,y)\in\mathbf{R}^2\mid|x-x_0|<r,|y-y_0|<r\},$$

它是一个以 $P_0(x_0,y_0)$ 点为中心、边长为 $2r$ 的开正方形(即不包含周界)，如图 7.1 所示.

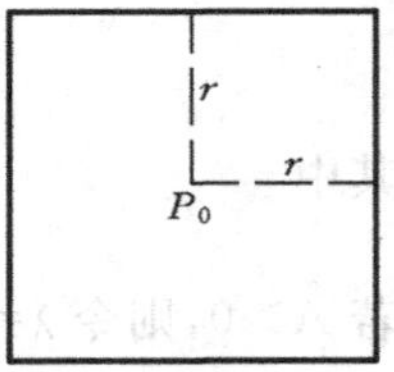

图 7.1

在实直线 $\mathbf{R}$ 上，一维开球就是一个开区间.

7.1.3　内点、外点、边界点、聚点

设 $E\subset\mathbf{R}^2$，我们来考察点对点集的位置.

(1) 内点

设 $\boldsymbol{x}=(x_1,x_2)\in E$. 若存在 x 的一个邻域 $O(x,\delta)\subset E$，则称 x 是集合 E 的一个**内点**(见图 7.2). 换句话说，E 的内点 x 是这样的点，它本身属于集合 E，并且它近旁的一切点也属于 E. E 中全体内点组成的集合称为 E 的**内部**，记作 E^0.

(2) 外点

设点 $y\in\mathbf{R}^2$，但 $y\notin E$. 如果存在 y 的一个邻域 $O(y,\delta)$，使得 $O(y,\delta)\cap E=\varnothing$ 或者写为 $O(y,\delta)\subset\complement_C E$，$\complement_C E$ 是 E 的余集，则称 y 是集合 E 的一个**外点**(见图 7.2). 换句话说，E 的外点 y 是这样的点，它本身不属于 E，并且它近旁的一切点也不属于 E.

(3) 边界点

设点 $z\in\mathbf{R}^2$，z 可能属于 E 也可能不属于 E. 如果在点 z 的任何邻域 $O(z,\varepsilon)$ 内，既有 E 中的点，又有非 E 中的点，亦即

$$O(z,\varepsilon)\cap E\neq\varnothing \quad 且 \quad O(z,\varepsilon)\cap \complement_C E\neq\varnothing,$$

则称 z 是集合 E 的一个边界点(见图 7.2). E 的全体边界点组成的集合称为 E 的**边界**，记作 ∂E.

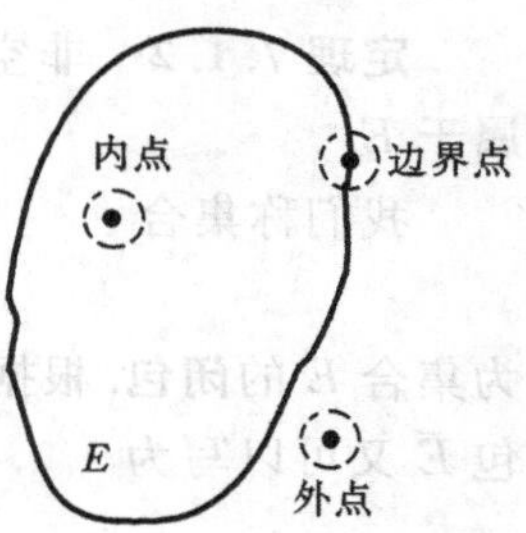

图 7.2

例 7.1.1 考察 $\mathbf{R}^2$ 中的点集

$$E=\{(x,y)\mid 1<x^2+y^2\leqslant 4\}.$$

则 E 的内部 $\quad E^0=\{(x,y)\mid 1<x^2+y^2<4\}$，

E 的边界 $\quad \partial E=\{(x,y)\mid x^2+y^2=1\}\cup\{(x,y)\mid x^2+y^2=4\}.$ □

(4) 聚点

设点 $x\in\mathbf{R}^2$，x 可能属于 E，也可能不属于 E. 如果在 x 的任何邻域 $O(x,\varepsilon)$ 内至少含有 E 中一个异于 x 的点，也就是说

$$(O(x,\varepsilon)-\{x\})\cap E\neq\varnothing,$$

则称 x 是集合 E 的一个**聚点**. 换句话说，E 的聚点 x 是这样的点，在它的任意近旁总能找到 E 中的异于 x 的点，"聚"字的含义由此而来.

如果 $x\in E$，而 x 不是 E 的聚点，则称 x 是 E 的**孤立点**. 换句话说，E 的孤立点 x 是这样的点，它本身属于 E，并且至少存在 x 的一个邻域 $O(x,\delta)$，使得在这个邻域内除 x 外，再也找不到集合 E 的点. "孤立"的含义由此而来.

例 7.1.2 设集合(见图 7.3)

$$E=\{(x,y)\mid x^2+y^2<1\}\cup\{(2,2)\},$$

则 E 的聚点是集合

$$\{(x,y)\mid x^2+y^2\leqslant 1\}$$

中的所有点，而点(2,2)是 E 的孤立点. □

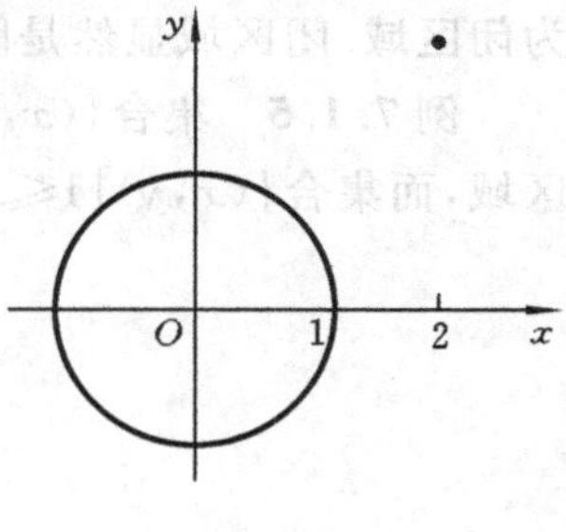

图 7.3

7.1.4 开集

设 $E\subset\mathbf{R}^2$. 如果 E 中的每一点都是 E 的内点，则称 E 是 $\mathbf{R}^2$ 中的一个**开集**. 这就是说，开集是由内点组成的，或者说 $E=E^0$.

7.1.5 闭集

设 $E\subset\mathbf{R}^2$，如果 E 的余集 $\complement_C E=\mathbf{R}^2-E$ 是 $\mathbf{R}^2$ 中的开集，则称 E 为 $\mathbf{R}^2$ 中的一个**闭集**.

下面给出判断一个集合为闭集的充要条件(证明略).

定理 7.1.2 非空点集 E 是闭集的充要条件是,E 的一切聚点(如果有的话)都属于 E.

我们称集合

$$\overline{E} = E \cup \{E \text{ 的一切聚点}\}$$

为集合 E 的**闭包**. 根据上述定理,任何一个集合 E 的闭包 $\overline{E}$ 都是闭集. 不难验证,闭包 $\overline{E}$ 又可以写为

$$\overline{E} = E \cup \partial E.$$

例 7.1.3 集合 $E=\{(x,y)\mid x^2+y^2<1\}$ 是 $\mathbf{R}^2$ 中的开集,而闭包 $\overline{E}=\{(x,y)\mid x^2+y^2\leqslant 1\}$. □

例 7.1.4 设有 $\mathbf{R}^2$ 的子集

$$A = \{(x,y) \mid 0 < x < 1, 0 < y < 1\},$$

则 A 是 $\mathbf{R}^2$ 中的开集,而 $\overline{A}=[0,1]\times[0,1]$. □

7.1.6 区域

设 D 是 $\mathbf{R}^2$ 中的一个开集. 如果 $\forall x,y\in D$,都可用 D 内的一条折线(即由有限条直线段组成的连续曲线)将 x 和 y 连接起来,则称 D 为一个**连通的开集**(见图 7.4).

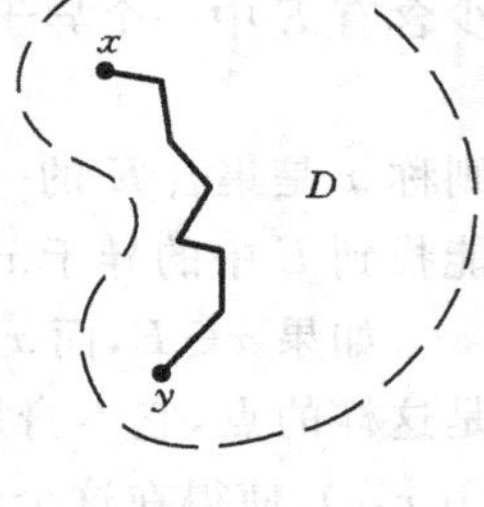

图 7.4

连通的开集称为**开区域**. 开区域 D 的闭包 $\overline{D}=D\cup\partial D$ 称为**闭区域**. 闭区域显然是闭集.

例 7.1.5 集合 $\{(x,y)\mid 1<x^2+y^2<4\}$ 是 $\mathbf{R}^2$ 中的一个开区域,而集合 $\{(x,y)\mid 1\leqslant x^2+y^2\leqslant 4\}$ 则是 $\mathbf{R}^2$ 中的闭区域. □

习题 7.1

(A)

1. 回答下列问题:
   (1) n 维欧氏空间 $\mathbf{R}^n$ 如何定义?
   (2) $\mathbf{R}^2$ 中点的邻域如何定义?
   (3) 什么叫集合 E 的内点和外点、边界点?
   (4) 集合 E 的聚点怎样定义? 聚点和边界点有何不同?
   (5) $\mathbf{R}^2$ 中的开集和闭集怎样定义?
   (6) 闭包是指什么?
   (7) 什么叫开区域和闭区域?
2. 证明不等式:
   (1) $\|\boldsymbol{x}-\boldsymbol{z}\|\leqslant\|\boldsymbol{x}-\boldsymbol{y}\|+\|\boldsymbol{y}-\boldsymbol{z}\|$; (2) $|\,\|\boldsymbol{x}\|-\|\boldsymbol{y}\|\,|\leqslant\|\boldsymbol{x}-\boldsymbol{y}\|$.
   其中,$\boldsymbol{x},\boldsymbol{y},\boldsymbol{z}\in\mathbf{R}^n$,并在 $\mathbf{R}^2$ 中给出不等式(1)的几何解释.

3. 集合 $B=\{(x,y)\mid x^2+y^2=1\}$ 是否为 $\mathbf{R}^2$ 中的闭集？为什么？

4. 求下列点集的内点、外点和边界点：

(1) $A=\{(x,y)\mid y<x^2\}$；　(2) $B=\{(x,y)\mid 1\leqslant\frac{x^2}{3}+\frac{y^2}{4}<5\}$；

(3) $E=\{(x,y)\mid 0<x^2+y^2<1\}$；　(4) $F=\{(x,y)\mid x$ 与 y 都是有理数$\}$.

(B)

1. 证明 $\mathbf{R}^2$ 中每一个开球都是开集.

2. 试仿照 $\mathbf{R}^2$ 中邻域的定义，写出 $\mathbf{R}^n$ 中点的邻域的定义.

答案与提示

(A)

3. B 是 $\mathbf{R}^2$ 中的闭集. 因为 B 中的点都是 B 的聚点，且 B 外的点都不是 B 的聚点. 实际上，任取 $P_0(x_0,y_0)\in B$，则 $x_0^2+y_0^2=1$，以 P_0 为圆心，以任意的 $\varepsilon>0$ 为半径作邻域，则此邻域内显然至少含有 B 中的一个异于 P_0 的点，所以 P_0 是 B 的聚点. 再任取 $P_1(x_1,y_1)\notin B$，则 $x_1^2+y_1^2\neq 1$，显然，以 P_1 为圆心，以充分小的 $\delta>0$ 为半径作邻域，则此邻域内不含 B 的点，所以 P_1 不是 B 的聚点.

4. (1) 内点，$y<x^2$；外点，$y>x^2$；边界点，$y=x^2$；

(2) 内点，$1<\frac{x^2}{3}+\frac{y^2}{4}<5$；外点，$\frac{x^2}{3}+\frac{y^2}{4}<1$，$\frac{x^2}{3}+\frac{y^2}{4}>5$；边界点，$\frac{x^2}{3}+\frac{y^2}{4}=1$，$\frac{x^2}{3}+\frac{y^2}{4}=5$；

(3) 内点，$0<x^2+y^2<1$；外点，$x^2+y^2>1$；边界点，$(0,0)$ 及 $x^2+y^2=1$；

(4) 内点与外点均为空集，$\mathbf{R}^2$ 中所有点均为边界点.

(B)

1. 设 $O(P_0,r)$ 是 $\mathbf{R}^2$ 中任一开球，任取 $P_1\in O(P_0,r)$，取 $\delta<r-d(P_0,P_1)$，则 $O(P_1,\delta)\subset O(P_0,r)$，故 P_1 是开球 $O(P_0,r)$ 的内点.

7.2　多元函数的基本概念

7.2.1　二元函数

我们在第 1 章 1.2.5 小节中给出了多元函数定义，为讨论方便起见，在这里重述一下.

当 A 和 B 都是实数集时，映射 $f:A\to B$ 就是一个**一元(实)函数**，以前讨论的主要都是一元函数.

如果集合 A 是 $\mathbf{R}^2$ 中的一个子集，B 是实数集，那么映射 $f:A\to B$ 就称为**二元函数**. 这时，f 的**定义域** A 由 $\mathbf{R}^2$ 中坐标如 (x,y) 的某些点所构成. 通常我们把二元函数记成

$$f:A\to B\quad 或\quad z=f(x,y),\quad (x,y)\in A.$$

称(x,y)中的x、y为**自变量**,称z为**因变量**.

类似地,如果A是$\mathbf{R}^3$中的子集,它由$\mathbf{R}^3$中坐标如(x,y,z)的某些点所构成,而B是实数集,则映射$f:A\to B$就称为**三元函数**,常记作

$$u=f(x,y,z),\quad (x,y,z)\in A.$$

很自然地,如果$A\subset\mathbf{R}^n$,B是实数集,则映射$f:A\to B$称为n**元函数**,常记作

$$u=f(x_1,x_2,\cdots,x_n),\quad (x_1,x_2,\cdots,x_n)\in A.$$

下面给出二元函数的一些例子.

例 7.2.1 圆柱体的底半径为r、高为h,则它体积V和表面积A可以表示为r与h的函数:

$$V=f(r,h)=\pi r^2h,$$
$$A=g(r,h)=2\pi r^2+2\pi rh.$$

这里,表面积是指圆柱体的上下底面积与侧面积之和. □

例 7.2.2 图 7.5 是一张我国一月份平均气温部分等温线图,图中的曲线为等温线,在这条等温线上的任何地方,其平均温度是相同的.等温线将全国划分成若干个区域,从一个区域穿过等温线进入另一个区域时,平均温度会有相应的变化.由此可见,气温是位置的函数,地图上点的位置通常用地理坐标即经度x和纬度y来表示.因此,我们可以把温度T与点的位置的关系写成一个二元函数

$$T=f(x,y).$$ □

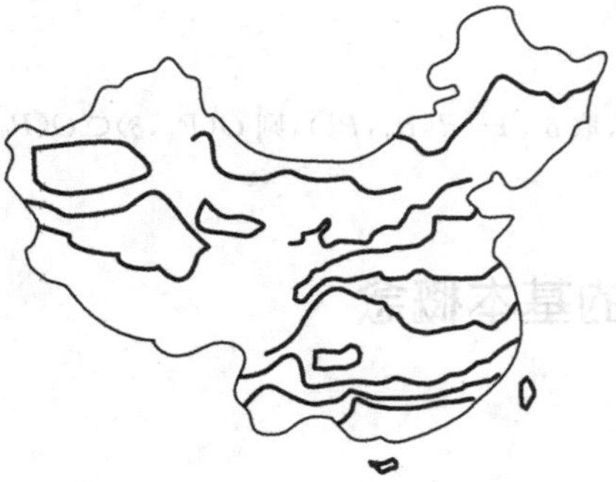

图 7.5

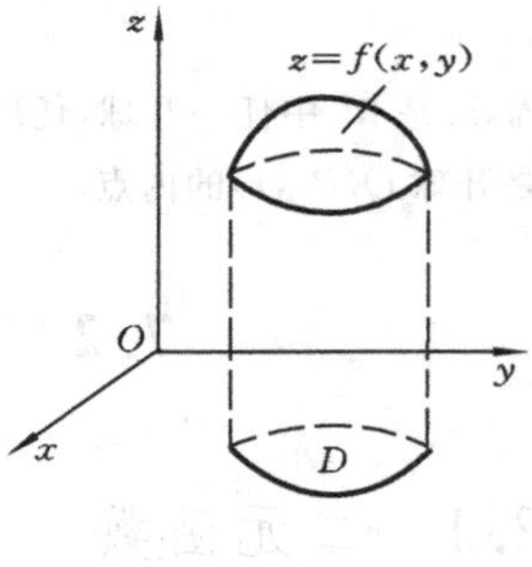

图 7.6

例 7.2.3 某农民向信用社贷款L万元用来购买化肥.按规定,他应在 3 年内以每月分期付款的方式还清本息.假设年利率为$r\%$,那么该农民每月应付款数m是L和r的函数:

$$m=f(L,r).$$

由L及r的意义可知,$0<L\leqslant L_0$,$0<r<100$,其中L_0是信用社所规定的最高贷款额. □

我们知道,一元函数$y=f(x)(a\leqslant x\leqslant b)$的图像是二维空间$\mathbf{R}^2$中的点集

$$\{(x,y) \mid a \leqslant x \leqslant b, y = f(x)\},$$

即平面上的一条曲线. 而二元函数 $z=f(x,y)((x,y)\in D)$ 的图像则是三维空间 $\mathbf{R}^3$ 中的点集

$$\{(x,y,z) \mid (x,y) \in D, z = f(x,y)\}.$$

通常我们说二元函数的图像是空间中的一个曲面(见图7.6).

例 7.2.4　线性函数

$$z = ax + by + c$$

的图像是一个平面(参看第 6 章6.3.2 小节). □

关于二元函数的图像,我们将在下节作进一步讨论.

7.2.2　等高线和等位面

1. 等高线

我们在上节研究方程的图像时,常常采用如下的方法去认识曲面的形状,即用与坐标平面平行的平面去截空间曲面,由此得到许多平面交线,从这些平面曲线的形状便可大致了解曲面的形状.

在 $z=f(x,y)$ 中,令 $z=c$,得方程式

$$f(x,y) = c, \tag{7.2.1}$$

它确定一个点集,即水平平面 $z=c$ 与函数 $z=f(x,y)$ 的图形相交而构成的点集. 若方程(7.2.1)在 Oxy 平面代表一条曲线,它就是垂直于 z 轴的平面 $z=c$ 与曲面 $z=f(x,y)$ 的交线在 Oxy 平面上的投影曲线,称之为曲面的**等高线**.

如果对每一 c 值(属于函数的值域),方程(7.2.1)都确定一曲线,我们就得到一**族等高线**(注:有的书上叫做**水平曲线**).

例 7.2.5　图 7.7(a)画的是一座山峰的等高线. 若旅游者沿着一条等高线走的

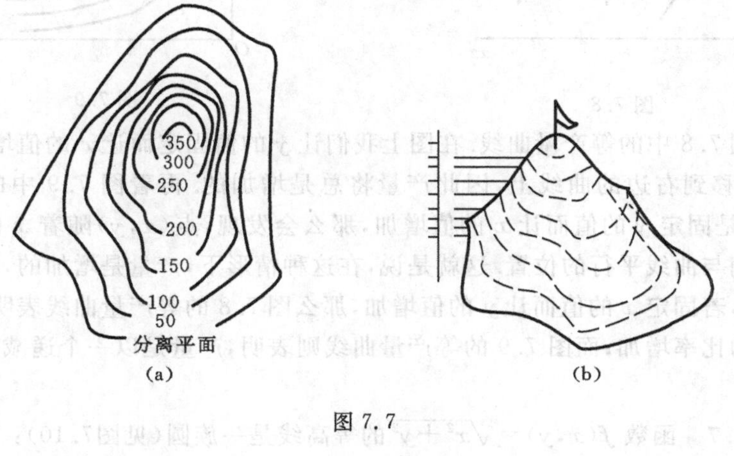

(a)　　　　(b)

图 7.7

话,那么他既不上升也不下降.在图上以 50 m 的间隔画了 8 条等高线.而图 7.7(b)则画出了这座山峰及其等高线,我们注意到等高线密集处正是山峰比较陡峭的地方.

设 $f(x,y)$表示地图上点(x,y)处山的高度,则 300 m 的等高线就由满足等式

$$f(x,y)=300$$

的那些点组成.也就是说,在 300 m 等高线上,f 是一个常数,其值为 300.

等高线图显然有其经济价值和军事价值. □

例 7.2.6 大多数商品的生产至少需要依赖于诸如土地、劳动力、资本、材料或机器中的两种生产要素.假设某商品的产量是 z,生产它所用的两种生产要素的数量分别是 x 和 y.则 z 是投入 x 和 y 之后最大可能的产量,即

$$z=f(x,y),$$

称之为**生产函数**.曲线族

$$f(x,y)=c, \tag{7.2.2}$$

称为**等产量曲线**,通过这些曲线可以研究生产函数.

方程(7.2.2)的每条曲线表示生产某特定产出的要素 x 和 y 的组合.如果这两种生产要素是可相互替换的,则减少一种要素的投入时,就必须增加另一种要素的投入来补偿,这样才能维护产量不变.

等产量曲线与生产函数的性质有关,它的形状是各种各样的.让我们来考察一下图 7.8 与图 7.9 中的两条等产量曲线.

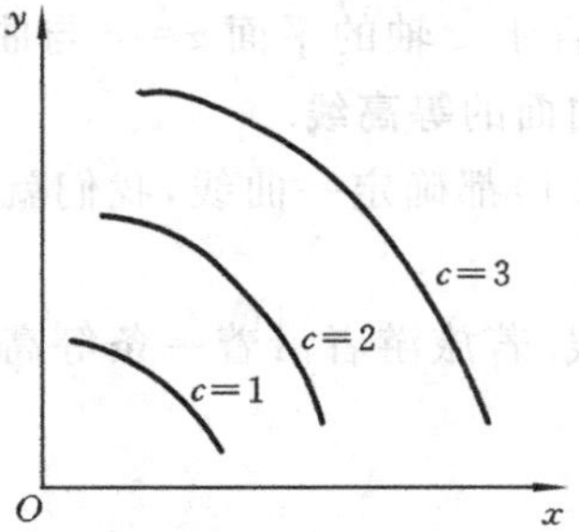

图 7.8

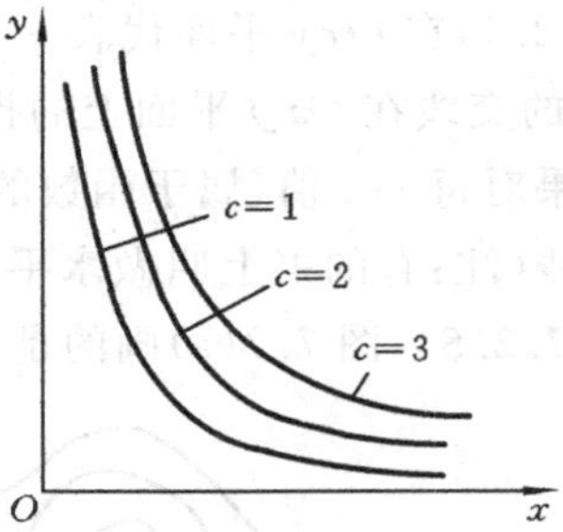

图 7.9

先看图 7.8 中的等产量曲线.在图上我们让 y 的值固定而让 x 的值增加,那么点(x,y)就会移到右边的曲线上,因此产量将总是增加的.再看图 7.9 中的等产量曲线.我们还是固定 y 的值而让 x 的值增加,那么会发现,点(x,y)随着 x 的增加会越来越移动到与曲线平行的位置.这就是说,在这种情形下,产量是增加的,但增加得很慢.类似地,若固定 x 的值而让 y 的值增加,那么图 7.8 的等产量曲线表明,产量将以一个定常的比率增加;而图 7.9 的等产量曲线则表明,产量是以一个递减的比率增加的. □

例 7.2.7 函数 $f(x,y)=\sqrt{x^2+y^2}$ 的等高线是一族圆(见图7.10):

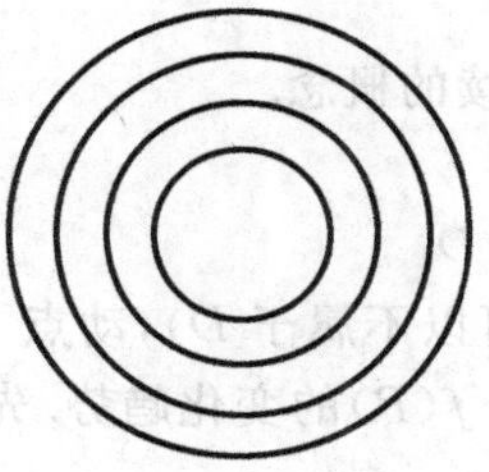

图 7.10

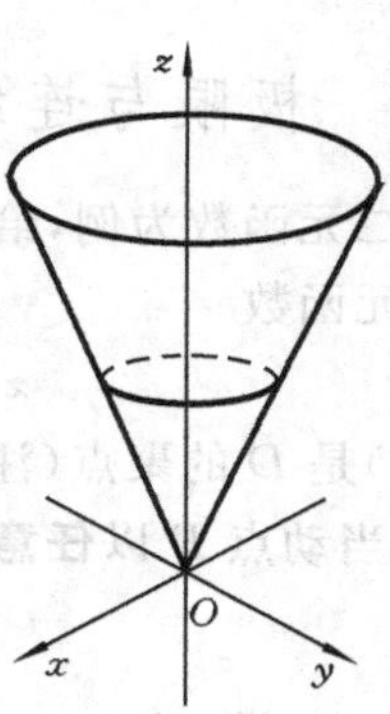

图 7.11

$$\sqrt{x^2+y^2}=c,$$

而函数 $z=\sqrt{x^2+y^2}$ 的图像则是一个锥面(见图 7.11). □

2. 等位面

对于三元函数 $u=f(x,y,z)$，令 $u=c$，得方程式

$$f(x,y,z)=c, \tag{7.2.3}$$

它表示三维空间 $\mathbf{R}^3$ 中的曲面，称为函数 f 的**等位面**(或**水平曲面**).

例 7.2.8　函数 $u=x^2+y^2+z^2$ 的等位面方程是

$$x^2+y^2+z^2=c,$$

它表示一个以原点(0,0,0)为中心、$\sqrt{c}$为半径的球面. 当 c 变动时，可得到一族球面.

□

例 7.2.9　函数 $u=x^2+y^2-z^2$ 的等位面方程是

$$x^2+y^2-z^2=c. \tag{7.2.4}$$

若 $c>0$，则方程(7.2.4)为单叶双曲面，如图 7.12(a)所示；若$c<0$，则方程(7.2.4)为双叶双曲面，如图 7.12(b)所示；若 $c=0$，则我们得到锥面 $x^2+y^2=z^2$，如图 7.12(c)所示. □

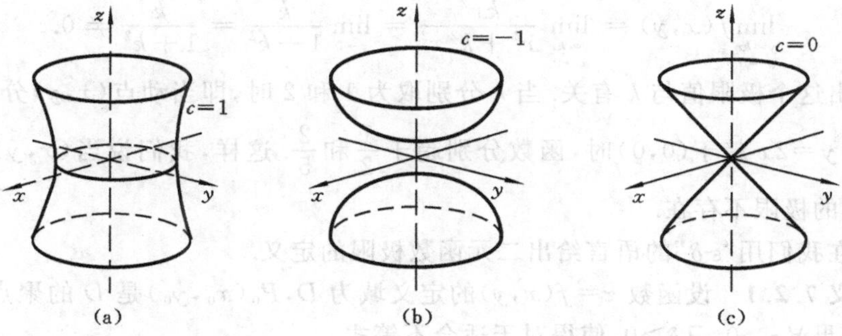

图 7.12

7.2.3　极限与连续

下面以二元函数为例，给出多元函数的极限与连续的概念.

设有二元函数

$$z=f(x,y),\quad \text{定义域为 } D.$$

设 $P_0(x_0,y_0)$是 D 的聚点（注意，P_0 可以属于 D，也可以不属于 D），动点 $P(x,y)\in D$. 我们考察当动点 P 以**任意的方式**趋于 P_0 时，函数 $f(P)$的变化趋势. 先看两个例子.

例 7.2.10　设 $f(x,y)=\dfrac{xy}{\sqrt{x^2+y^2}}$，当$(x,y)\to(0,0)$时，$f(x,y)$的变化趋势如何？

解　函数在除去原点的全平面有定义. 讨论函数在原点的极限时，函数在原点是否有定义是无关紧要的.

当$(x,y)\to(0,0)$时，显然有 $y\to 0$，即因子 y 是无穷小量.

当$(x,y)\neq(0,0)$时，有

$$\sqrt{x^2+y^2}\geqslant\sqrt{x^2}=|x|,\quad \text{即}\quad \left|\frac{x}{\sqrt{x^2+y^2}}\right|\leqslant 1,$$

这表明当$(x,y)\to(0,0)$时，因子$\dfrac{x}{\sqrt{x^2+y^2}}$是有界变量. 根据无穷小量的性质即得

$$\lim_{(x,y)\to(0,0)}\frac{xy}{\sqrt{x^2+y^2}}=0.$$

□

例 7.2.11　设 $f(x,y)=\dfrac{xy}{x^2+y^2}$，问当$(x,y)\to(0,0)$时 $f(x,y)$是否有极限？

解　我们初步观察到当$(x,y)\to(0,0)$时，分子与分母趋于零的速度差不多，因此我们猜测，如果有极限的话，极限不会是零.

令动点(x,y)沿直线 $y=kx(k\neq 0)$趋于点$(0,0)$，于是有

$$\lim_{\substack{y=kx\\x\to 0}}f(x,y)=\lim_{\substack{y=kx\\x\to 0}}\frac{kx^2}{x^2+k^2x^2}=\lim_{x\to 0}\frac{k}{1+k^2}=\frac{k}{1+k^2}\neq 0.$$

由此看出这个极限值与 k 有关. 当 k 分别取为 1 和 2 时，即当动点(x,y)分别沿直线 $y=x$ 和 $y=2x$ 趋于$(0,0)$时，函数分别趋于$\dfrac{1}{2}$和$\dfrac{2}{5}$. 这样，我们说当$(x,y)\to(0,0)$时，函数的极限不存在.

□

现在我们用"ε-δ"的语言给出二元函数极限的定义.

定义 7.2.1　设函数 $z=f(x,y)$的定义域为 D，$P_0(x_0,y_0)$是 D 的聚点，A 为某定数. 如果 $\forall\varepsilon>0$，$\exists\delta>0$，使得对于适合不等式

$$0<\|P-P_0\|=\sqrt{(x-x_0)^2+(y-y_0)^2}<\delta$$

的一切 $P(x,y)\in D$，都有

$$|f(x,y)-A|<\varepsilon$$

成立，则称数 A 是函数 $f(x,y)$ 当 $(x,y)\to(x_0,y_0)$ 时的极限，记作

$$\lim_{(x,y)\to(x_0,y_0)} f(x,y)=A \quad (\text{或} \lim_{\substack{x\to x_0\\ y\to y_0}} f(x,y)=A)$$

或

$$f(x,y)\to A \quad (\|P-P_0\|\to 0).$$

接着再给出二元函数的连续性定义.

定义 7.2.2　设 $z=f(x,y)$ 的定义域为 D，P_0 是 D 的聚点且 $P_0\in D$. 如果

$$\lim_{P\to P_0} f(P)=f(P_0),$$

则称 $f(x,y)$ 在 $P_0(x_0,y_0)$ 点**连续**，(x_0,y_0) 为 $f(x,y)$ 的**连续点**.

用"ε-δ"的语言叙述，就是：$\forall\varepsilon>0$，$\exists\delta>0$，当 $\|P-P_0\|<\delta$ 时，有

$$|f(P)-f(P_0)|<\varepsilon.$$

由上述定义可见，P_0 是 D 的孤立点时，上述条件也满足. 因此我们约定：定义域 D 中的孤立点都是函数的连续点. 若 $f(x,y)$ 在 D 的每一点都是连续的，则称 $f(x,y)$ 在 D 连续，记作 $f\in C(D)$.

$f(x,y)$ 的不连续点称为**间断点**.

例 7.2.12　讨论二元函数

$$f(x,y)=\begin{cases}(x+y)\sin\dfrac{1}{x}, & x\neq 0, y\text{ 任意},\\ 0, & x=0, y\text{ 任意}\end{cases}$$

在点 $(0,0)$ 处的连续性.

解　当 $x\neq 0$ 时，　$|f(x,y)|=|(x+y)\sin\dfrac{1}{x}|\leqslant|x+y|$，

当 $x=0$ 时，　$|f(x,y)|=0.$

因此，不论 x、y 为何值，都有

$$|f(x,y)|\leqslant|x+y|.$$

于是由 $\lim\limits_{(x,y)\to(0,0)}(x+y)=0$ 可得

$$\lim_{(x,y)\to(0,0)} f(x,y)=0=f(0,0).$$

故 $f(x,y)$ 在 $(0,0)$ 点连续.　□

我们注意到，多元函数的极限与连续的定义与一元函数的情形十分相似，因此，有关一元函数的极限运算法则、连续函数的运算法则以及初等函数的连续性等，均可平行地推广到多元函数的情形.

一元连续函数的许多基本性质对多元连续函数来说也仍然成立，例如连续函数的保号性等. 下面我们给出有界闭区域上二元连续函数的几个基本性质.

定理 7.2.1　设 $z=f(x,y)$ 在有界闭区域 D 上连续，则 $f(x,y)$ 在 D 上取得它

的最大值和最小值.

定理 7.2.1 的几何意义是:一个有界闭区域上的连续曲面,必定有最高点和最低点,最高点和最低点可以在 D 的内部达到,也可以在 D 的边界上达到.

定理 7.2.2　设 $z=f(x,y)$ 在有界闭区域 D 上连续,常数 η 介于 f 在 D 上某两点的函数值之间,则在 D 上总可找到一点 (x_0,y_0),使得

$$f(x_0,y_0)=\eta.$$

定理 7.2.3　设 $z=f(x,y)$ 在有界闭区域 D 上连续,则必在 D 上一致连续.即 $\forall\varepsilon>0,\exists\delta=\delta(\varepsilon)>0$,使得 $\forall P_1,P_2\in D$,只要 $\|P_1-P_2\|<\delta$,就有

$$|f(P_1)-f(P_2)|<\varepsilon.$$

习　题　7.2

(A)

1. 回答下列问题:

(1) 二元函数的定义是什么?它的图像是怎样的一个点集?

(2) 什么是函数 $f(x,y)$ 的等高线?

(3) 什么是函数 $f(x,y,z)$ 的等位面?

(4) 二元函数 $f(x,y)$ 在点 (x_0,y_0) 处的极限怎样定义?

(5) 二元函数 $f(x,y)$ 在点 (x_0,y_0) 处连续怎样定义?

2. 确定并画出下列二元函数的定义域:

(1) $z=x+\sqrt{y}$;　(2) $z=\sqrt{1-x^2}+\sqrt{y^2-1}$;　(3) $z=\sqrt{1-x^2-y^2}$;

(4) $z=\dfrac{1}{\sqrt{x^2+y^2-1}}$;　(5) $z=\ln(-x-y)$;　(6) $z=\arcsin\dfrac{y}{x}$.

3. 设函数 $f(x,y)=x^2+y^2-xy\arctan\dfrac{x}{y}$,求 $f(tx,ty)$.

4. 问下列表达式是否是 a、b 的二元函数:

(1) $I=\int_0^1(a+bx)^2\mathrm{d}x$;　(2) $I=\int_a^b(1+x)^2\mathrm{d}x$;　(3) $I=\begin{cases}1, & a>b,\\ 0, & a=b,\\ -1, & a<b.\end{cases}$

5. 根据下列对应关系,写出函数表达式:

(1) $\forall(x,y)\in\mathbf{R}^2$,用该点到原点的距离与之对应;

(2) $\forall(x,y)\in\mathbf{R}^2$,用该点的坐标之和与之对应.

6. 求下列函数极限:

(1) $\lim\limits_{\substack{x\to0\\y\to1}}\dfrac{1-xy}{x^2+y^2}$;　(2) $\lim\limits_{\substack{x\to2\\y\to0}}\dfrac{1}{x^2+y^2}$;　(3) $\lim\limits_{(x,y)\to(0,0)}\dfrac{\sin(xy)}{x}$;　(4) $\lim\limits_{\substack{x\to+\infty\\y\to+\infty}}(x^2+y^2)\mathrm{e}^{-(x+y)}$.

7. 证明函数 $f(x,y)=\begin{cases}\dfrac{x^2y}{x^4+y^2}, & x^2+y^2\neq0,\\ 0, & x^2+y^2=0\end{cases}$ 在原点 $(0,0)$ 处不连续.

8. 求下列函数的间断点集. 设 $f(0,0)=0$.

(1) $f(x,y)=\dfrac{1}{\sqrt{x^2+y^2}}$；　(2) $f(x,y)=\dfrac{xy}{x^2+y^2}$；　(3) $f(x,y)=\dfrac{x+y}{x^3+y^3}$.

9. 当 x 摩尔硫酸和 y 摩尔水混合时，产生的热量为 $Q(x,y)=\dfrac{17.86xy}{1.798x+y}(x>0,y>0)$. 试问 Q 在 $(0,0)$ 点的极限是否存在？若存在，试求出极限值.

(B)

1. 画出下列函数的等高线，并写出等高线方程：

(1) $z=x+y$；　(2) $z=|x|+y$；　(3) $z=x^2+y^2$；　(4) $z=\dfrac{1}{x^2+2y^2}$.

2. 求下列函数的等位面并写出其方程：

(1) $u=x+y+z$；　(2) $f(x,y,z)=x^2+y^2+z^2$；

(3) $g(x,y,z)=y-z$；　(4) $u=\operatorname{sgn}\sin(x^2+y^2+z^2)$.

3. 仿照定义 7.2.1，试给出三元函数 $u=f(x,y,z)$ 在点 (x_0,y_0,z_0) 的极限定义及连续性定义.

4. 证明下列极限不存在：

(1) $\lim\limits_{\substack{x\to0\\y\to0}}\dfrac{y}{x}$；　(2) $\lim\limits_{\substack{x\to0\\y\to0}}\dfrac{x^2-y^2}{x^2+y^2}$.

答案与提示

(A)

2. (1) $-\infty<x<+\infty, y\geqslant0$；　(2) $|x|\leqslant1, |y|\geqslant1$；　(3) $x^2+y^2\leqslant1$；

(4) $x^2+y^2>1$；　(5) $x+y<0$；　(6) $|y|\leqslant|x|, x\neq0$.

3. $f(tx,ty)=t^2f(x,y)$.

4. (1) 是；(2) 是；(3) 是.

5. (1) $f(x,y)=\sqrt{x^2+y^2}$；　(2) $f(x,y)=x+y$.

6. (1) 1；　(2) $\dfrac{1}{4}$；　(3) 0；　(4) 0.

7. 由于 $\lim\limits_{\substack{x\to0\\y=x^2}}f(x,y)=\lim\limits_{x\to0}\dfrac{x^4}{x^4+x^4}=\dfrac{1}{2}\neq f(0,0)$，故 f 在 $(0,0)$ 点不连续.

8. (1) $(0,0)$；　(2) $(0,0)$；　(3) $(0,0)$，以及满足 $x+y=0$ 的点.

9. 极限存在，极限值为 0.

(B)

1. (1) $x+y=c$；　(2) $|x|+y=c$；　(3) $x^2+y^2=c$；　(4) $x^2+2y^2=a^2, a>0$.

2. (1) $x+y+z=c$；　(2) $x^2+y^2+z^2=a^2(a>0)$；　(3) $y-z=c$；

(4) $\operatorname{sgn}\sin(x^2+y^2+z^2)=c$，当 $c=0$ 时，为同心球族 $x^2+y^2+z^2=n\pi(n=0,1,2,\cdots)$；当 $c=(-1)^n$ 时，为球层族 $n\pi<x^2+y^2+z^2<(n+1)\pi\ (n=0,1,2,\cdots)$.

4. 令 $y=kx$，则可知(1)与(2)的极限值均与 k 有关.

7.3　偏导数与全微分

多元函数虽然是一元函数的推广，它保留了一元函数中的许多性质，但由于自变量从一个增加到多个，从而在本质上产生了某些新的内容. 本节将在一元函数微分学的基础上，讨论多元函数的偏导数及全微分的计算及有关问题.

7.3.1　偏导数

设二元函数 $z=f(x,y)$ 定义在开区域 D 上，点 $(a,b)\in D$. 由于 D 是开区域，故存在一个小邻域 $O((a,b),\delta)\subset D$. 固定 $y=b$，得到 x 的一元函数

$$z=f(x,b),$$

并假设这个一元函数在点 $x=a$ 导数存在；又固定 $x=a$，得到 y 的一元函数

$$z=f(a,y),$$

并假设这个一元函数在点 $y=b$ 导数存在. 现在给出下面的定义.

定义 7.3.1(偏导数)　设二元函数 $z=f(x,y)$ 定义于开区域 D，且点 $(a,b)\in D$，称一元函数 $z=f(x,b)$ 在点 a 的导数为二元函数 $f(x,y)$ 在点 (a,b) 关于 x 的**偏导数**，记作

$$f_x(a,b) \quad 或 \quad \frac{\partial f(a,b)}{\partial x} \quad 或 \quad \left.\frac{\partial f}{\partial x}\right|_{\substack{x=a\\y=b}};$$

也可记作

$$z_x(a,b) \quad 或 \quad \frac{\partial z(a,b)}{\partial x} \quad 或 \quad \left.\frac{\partial z}{\partial x}\right|_{\substack{x=a\\y=b}}.$$

如果函数 $z=f(x,y)$ 在开区域 D 的每一点，都可以求两个偏导数，则这两个偏导数可记为

$$f_x(x,y) \quad 或 \quad \frac{\partial f(x,y)}{\partial x}, \qquad f_y(x,y) \quad 或 \quad \frac{\partial f(x,y)}{\partial y}.$$

有时就简记为　　$f_x,\ f_y,$　或　$\dfrac{\partial f}{\partial x},\ \dfrac{\partial f}{\partial y}.$

对于 D 中每一点 (x,y)，都有两个偏导数与之对应，由函数概念知，偏导数是开区域 D 上的二元函数. 于是由一个二元函数 $f(x,y)$，可以导出两个二元函数 $f_x(x,y)$ 与 $f_y(x,y)$.

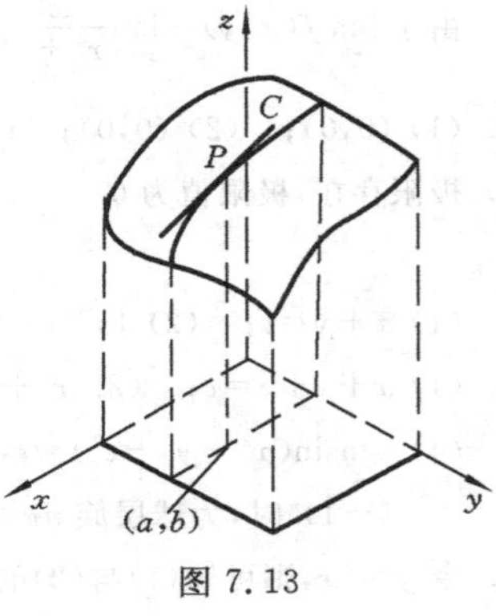

图 7.13

让我们来看一下偏导数的几何意义. 设二元函数 $z=f(x,y)$ 在点 (a,b) 附近的图形如图 7.13 所示. 设 P 是曲面上位于点 (a,b) 正上方的一点. 过点 (a,b) 且垂直于 y 轴的平面 π 与曲面的交线为曲线 C. 曲线 C 在平面

π 上的方程为 $z=f(x,b)$. 由于

$$\frac{\mathrm{d}}{\mathrm{d}x}f(x,b)\bigg|_{x=a}=f_x(a,b),$$

所以偏导数 $f_x(a,b)$ 就表示曲线 C 在 P 点的切线对 x 轴的斜率(见图 7.13). 类似可讨论偏导数 $f_y(a,b)$ 的几何意义.

把前面的讨论综述如下：

$$f_x(a,b)=\begin{array}{c}f\text{ 在点}(a,b)\\\text{关于 }x\text{ 的变化率}\end{array}=\lim_{\Delta x\to 0}\frac{f(a+\Delta x,b)-f(a,b)}{\Delta x}$$

$$f_y(a,b)=\begin{array}{c}f\text{ 在点}(a,b)\\\text{关于 }y\text{ 的变化率}\end{array}=\lim_{\Delta y\to 0}\frac{f(a,b+\Delta y)-f(a,b)}{\Delta y}$$

偏导数的计算总是归结为求某个一元函数的导数,并没有什么新的技巧. 下面给出一些例子.

例 7.3.1　设 $f(x,y)=\dfrac{y^2}{x+1}$,求 $f_x(3,2)$ 和 $f_y(3,2)$.

解　由定义知,$f_x(3,2)$ 等于 $m(x)=f(x,2)$ 在点 $x=3$ 的导数. 由于

$$m(x)=f(x,2)=\frac{4}{x+1},$$

而

$$m'(x)=-\frac{4}{(x+1)^2},$$

所以

$$f_x(3,2)=m'(3)=-\frac{1}{4}.$$

类似地,$f_y(3,2)$ 等于 $n(y)=f(3,y)$ 在点 $y=2$ 的导数,由于

$$n(y)=f(3,y)=\frac{y^2}{4},$$

而

$$n'(y)=\frac{y}{2},$$

所以

$$f_y(3,2)=n'(2)=1.$$

□

例 7.3.2　求 $z=\arctan\dfrac{y}{x}$ 的偏导数.

解　对 x 求偏导数时,把 y 看作常数,得

$$\frac{\partial z}{\partial x}=\frac{1}{1+\left(\frac{y}{x}\right)^2}\left(\frac{y}{x}\right)'_x=\frac{1}{1+\left(\frac{y}{x}\right)^2}\left(-\frac{y}{x^2}\right)=-\frac{y}{x^2+y^2};$$

对 y 求偏导数时,把 x 看作常数,得

$$\frac{\partial z}{\partial y}=\frac{1}{1+\left(\frac{y}{x}\right)^2}\left(\frac{y}{x}\right)'_y=\frac{1}{1+\left(\frac{y}{x}\right)^2}\cdot\frac{1}{x}=\frac{x}{x^2+y^2}.$$

□

例 7.3.3 计算下列函数的偏导数：

(1) $f(x,y)=x^2\sin3y$； (2) $z=(3xy+2x)^5$.

解 (1) $f_x(x,y)=\sin3y\dfrac{\partial}{\partial x}(x^2)=2x\sin3y$,

$$f_y(x,y)=x^2\frac{\partial}{\partial y}(\sin3y)=3x^2\cos3y.$$

(2) $$\frac{\partial z}{\partial x}=5(3xy+2x)^4\frac{\partial}{\partial x}(3xy+2x)=5(3xy+2x)^4(3y+2),$$

$$\frac{\partial z}{\partial y}=5(3xy+2x)^4\frac{\partial}{\partial y}(3xy+2x)=5(3xy+2x)^4 3x.$$ □

例 7.3.4 求 $f(x,y,z)=\dfrac{x^2y^3}{z}$的所有偏导数.

解 三元函数或多于三个自变量的函数的偏导数,可像二元函数的偏导数那样类似地定义.具体计算函数对某个自变量的偏导数时,只需将其他变量看作常数即可.

在本例中,求 f 对 x 的偏导数时,把 y、z 看作常数,得

$$f_x(x,y,z)=\frac{2xy^3}{z}.$$

类似地,得 $$f_y(x,y,z)=\frac{3x^2y^2}{z},\quad f_z(x,y,z)=-\frac{x^2y^3}{z^2}.$$ □

7.3.2 全微分

首先我们来回顾一下一元函数的局部线性化.设 $y=f(x)$,在 $x=a$ 点的附近,我们用切线来逼近曲线,即当 x 在 a 点附近时,有

$$f(x)\approx f(a)+f'(a)(x-a),$$

如图 7.14 所示.这时我们说 f 在 $x=a$ 附近被局部地线性化了.

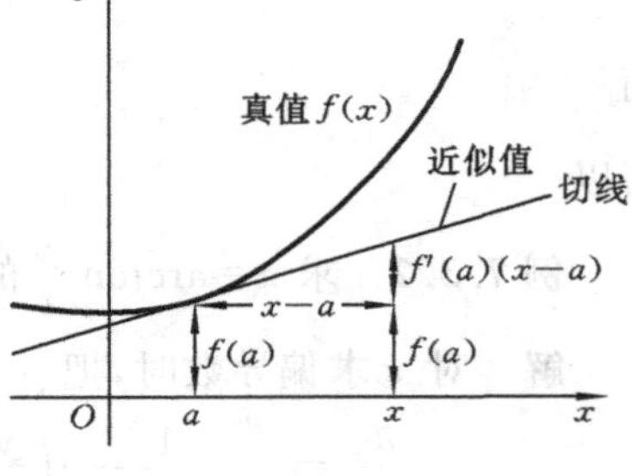

图 7.14

对于二元函数 $z=f(x,y)$,如果沿着一条平行于一个坐标轴的直线对它进行局部线性化,那么上面办法是可用的.例如,设

$$f(x,y)=x^2y+y^2,$$

沿着直线 $y=1$,有 $f(x,1)=x^2+1$.那么在 $x=2$ 处的切线逼近$f(x,1)$的表达式为

$$f(x,1)\approx f(2,1)+f_x(2,1)(x-2)=5+4(x-2).$$

另一方面,若固定 $x=2$,则得$f(2,y)=4y+y^2$,于是在 $y=1$ 附近的局部线性化为

$$f(2,y)\approx f(2,1)+f_y(2,1)(y-1)=5+6(y-1).$$

现在,如果我们想知道对于点(2,1)附近的点(x,y),$f(x,y)$用什么来逼近,那就

需要研究对二元函数的线性逼近问题了.解决这个问题的主要途径是引进二元函数的全微分概念.

定义 7.3.2(全微分)　设二元函数 $z=f(x,y)$ 在点 (a,b) 的某邻域内定义,若函数在点 (a,b) 的全增量

$$\Delta z = f(a+\Delta x, b+\Delta y) - f(a,b)$$

可以表示为

$$\Delta z = A\Delta x + B\Delta y + o(\rho), \tag{7.3.1}$$

其中 A、B 仅与 a、b 有关,而与 Δx、Δy 无关,$\rho=\sqrt{\Delta x^2+\Delta y^2}$,则称函数在点 (a,b) **可微**,并称全增量的线性部分 $A\Delta x+B\Delta y$ 为函数 f 在点 (a,b) 的**全微分**,记作

$$\mathrm{d}z = A\Delta x + B\Delta y \quad 或 \quad \mathrm{d}f(a,b) = A\Delta x + B\Delta y.$$

如果函数在开区域 D 内每一点都可微,则称这函数在 D 内可微.

例 7.3.5　证明函数

$$f(x,y)=\begin{cases} x+y+(x^2+y^2)\sin\dfrac{1}{x^2+y^2}, & x^2+y^2\neq 0, \\ 0, & x^2+y^2=0 \end{cases}$$

在原点可微.

证　易证函数在全平面有定义且连续,现考察函数在原点的全增量:

$$\Delta z = f(0+\Delta x, 0+\Delta y) - f(0,0) = \Delta x+\Delta y+(\Delta x^2+\Delta y^2)\sin\frac{1}{\Delta x^2+\Delta y^2}$$

$$=\Delta x+\Delta y+\sqrt{\Delta x^2+\Delta y^2}\sin\frac{1}{\Delta x^2+\Delta y^2}\cdot\sqrt{\Delta x^2+\Delta y^2}=\Delta x+\Delta y+\alpha(x,y)\rho,$$

其中 $\alpha(x,y)=\sqrt{\Delta x^2+\Delta y^2}\sin\dfrac{1}{\Delta x^2+\Delta y^2}$,$\rho=\sqrt{\Delta x^2+\Delta y^2}$.显然,当 $\rho\to 0$ 时,$\alpha\to 0$.这样,全增量 Δz 就表示为线性部分 $\Delta x+\Delta y$ 与高阶无穷小部分 $o(\rho)=\alpha(x,y)\rho$ 之和,由全微分的定义可知,该函数在原点可微,其全微分为

$$\mathrm{d}z = \mathrm{d}f(0,0) = \Delta x + \Delta y.$$

□

设函数 $z=f(x,y)$ 在点 (a,b) 可微,记 $x=a+\Delta x$,$y=b+\Delta y$,则由式(7.3.1)可得

$$f(x,y) - f(a,b) = A\Delta x + B\Delta y + o(\rho).$$

由于当 $\rho\to 0$ 时,高阶无穷小量 $o(\rho)\to 0$,因此,当点 (x,y) 位于点 (a,b) 的近旁时,有近似式

$$f(x,y) \approx f(a,b) + A(x-a) + B(y-b). \tag{7.3.2}$$

方程

$$z = f(a,b) + A(x-a) + B(y-b) \tag{7.3.3}$$

的图形是一个平面.于是,式(7.3.2)告诉我们,曲面 $z=f(x,y)$ 上的点可以用平面(7.3.3)上的点(局部地)逼近.换句话说,式(7.3.2)表明了在点 (a,b) 附近函数 $f(x,y)$ 的**局部线性化**.

我们自然会问:方程(7.3.3)所表示的是怎样的一个平面? A 与 B 如何求得?

在回答这些问题之前,我们先来探讨一下可微、连续与偏导数这几个概念之间的关系.

7.3.3 连续性与可微性,偏导数与可微性

首先,由可微的定义立即推知,若函数 $z=f(x,y)$ 在点 (a,b) 可微,则 $f(x,y)$ 必在点 (a,b) 连续. 事实上,当 $\Delta x\to 0,\Delta y\to 0$ 时,由式(7.3.1)即得

$$\Delta z=f(a+\Delta x,b+\Delta y)-f(a,b)\to 0,$$

也就是
$$\lim_{\substack{\Delta x\to 0\\ \Delta y\to 0}}f(a+\Delta x,b+\Delta y)=f(a,b).$$

因此 $f(x,y)$ 在点 (a,b) 连续. 但反过来由连续性不能推得可微性(见习题 7.3(A)第 8 题).

其次,我们探讨可微与偏导数存在的关系.

定理 7.3.1(可微的必要条件) 设函数 $z=f(x,y)$ 在点 (a,b) 可微,则函数在该点的两个偏导数存在,且式(7.3.1)中的

$$A=f_x(a,b),\quad B=f_y(a,b),$$

因而有
$$\mathrm{d}z=f_x(a,b)\Delta x+f_y(a,b)\Delta y. \tag{7.3.4}$$

证 我们给量 a 一个增量 Δx,而量 b 保持不变(即 $\Delta y=0$). 换句话说,让点 $P(a,b)$ 在 x 轴的方向上移动. 于是有 $\mathrm{d}z=A\Delta x$,从而

$$\Delta z=f(a+\Delta x,b)-f(a,b)=\mathrm{d}z+o(\rho)=A\Delta x+o(|\Delta x|).$$

由此可见
$$\frac{\Delta z}{\Delta x}=\frac{f(a+\Delta x,b)-f(a,b)}{\Delta x}=A+\frac{o(|\Delta x|)}{\Delta x}=A+o(1),$$

当 $\Delta x\to 0$ 时,上式右端的极限是 A,所以上式左端的极限存在并且也等于 A. 换句话说,$f_x(a,b)$ 存在且 $f_x(a,b)=A$.

类似地,可以证明 $f_y(a,b)$ 存在,并且 $f_y(a,b)=B$. 证毕. □

由定理 7.3.1 显然可以推出微分的唯一性. 此外,定理 7.3.1 也回答了前面所提出的问题. 至于平面

$$z=f(a,b)+f_x(a,b)(x-a)+f_y(a,b)(y-b)$$

与曲面 $z=f(x,y)$ 的关系,我们将在本章 7.9 节中详细讨论.

应当指出,**偏导数存在并不是可微的充分条件**,这一点是和一元函数的情形不同的(在一元函数情形,可微与可导等价). 请看下面的例子.

例 7.3.6 设 $z=f(x,y)=\sqrt{|xy|}$. 由于 $f(x,0)\equiv 0,f(0,y)\equiv 0$,故 $f_x(0,0)=f_y(0,0)=0$,即两个偏导数都存在且等于零. 至于函数在点 $(0,0)$ 可微,则应考察下式的极限

$$\frac{f(\Delta x,\Delta y)-f(0,0)-f_x(0,0)\Delta x-f_y(0,0)\Delta y}{\sqrt{\Delta x^2+\Delta y^2}}=\frac{\sqrt{|\Delta x\Delta y|}}{\sqrt{\Delta x^2+\Delta y^2}},$$

在 $\sqrt{\Delta x^2+\Delta y^2}\to 0$ 时是否收敛于 0. 由于

$$\lim_{\substack{\Delta x=\Delta y\\ \Delta x\to 0}}\frac{\sqrt{|\Delta x\Delta y|}}{\sqrt{\Delta x^2+\Delta y^2}}=\frac{1}{\sqrt{2}}\neq 0,$$

故上式极限不为 0,从而 $f(x,y)$ 在点 $(0,0)$ 不可微. □

不过,我们只要在偏导数存在的基础上再加一点条件,就可以保证函数的可微性了. 这就是下面的定理.

定理 7.3.2(可微的充分条件)　设函数 $z=f(x,y)$ 在点 (a,b) 的邻域存在偏导数,且这些偏导数在点 (a,b) 连续,则函数在该点可微.

证　注意,偏导数 $\frac{\partial z}{\partial x}$ 与 $\frac{\partial z}{\partial y}$ 在点 (a,b) 的连续性是以它们在该点的某个邻域内存在为前提的. 今后凡遇到此种情形都作这样的理解.

令 $\rho=\sqrt{\Delta x^2+\Delta y^2}$, $\mathrm{d}z=\frac{\partial z}{\partial x}\Delta x+\frac{\partial z}{\partial y}\Delta y$, 要证明

$$\Delta z-\mathrm{d}z=o(\rho)\quad(\rho\to 0).$$

函数的全增量可写成

$$\begin{aligned}\Delta z&=f(a+\Delta x,b+\Delta y)-f(a,b)\\&=[f(a+\Delta x,b+\Delta y)-f(a,b+\Delta y)]+[f(a,b+\Delta y)-f(a,b)],\end{aligned}\qquad(7.3.5)$$

式(7.3.5)的第一个差中,函数的第二个变量都是 $b+\Delta y$,因此我们可以把这个差看作是 x 的一元函数的增量. 应用拉格朗日中值定理,得

$$f(a+\Delta x,b+\Delta y)-f(a,b+\Delta y)=f_x(a+\theta_1\Delta x,b+\Delta y)\cdot\Delta x,\quad 0<\theta_1<1.$$

类似地,对于式(7.3.5)中的第二个差,有

$$f(a,b+\Delta y)-f(a,b)=f_y(a,b+\theta_2\Delta y)\cdot\Delta y,\quad 0<\theta_2<1.$$

于是,等式(7.3.5)就成为

$$\Delta z=f_x(a+\theta_1\Delta x,b+\Delta y)\cdot\Delta x+f_y(a,b+\theta_2\Delta y)\cdot\Delta y.$$

从而

$$\Delta z-\mathrm{d}z=[f_x(a+\theta_1\Delta x,b+\Delta y)-f_x(a,b)]\Delta x+[f_y(a,b+\theta_2\Delta y)-f_y(a,b)]\Delta y.$$

又因为

$$|\Delta x|\leqslant\rho,\quad|\Delta y|\leqslant\rho,$$

所以

$$\frac{|\Delta z-\mathrm{d}z|}{\rho}\leqslant|f_x(a+\theta_1\Delta x,b+\Delta y)-f_x(a,b)|+|f_y(a,b+\theta_2\Delta y)-f_y(a,b)|.$$

因为 $f_x(x,y)$ 与 $f_y(x,y)$ 在点 (a,b) 连续,故当 $\rho\to 0$ 时,上式右端的两项都趋于零,因而有

$$\lim_{\rho\to 0}\frac{\Delta z-\mathrm{d}z}{\rho}=0,$$

或写成

$$\Delta z=\mathrm{d}z+o(\rho)\quad(\rho\to 0).$$

这样我们就证明了 $\mathrm{d}z=\frac{\partial z}{\partial x}\Delta x+\frac{\partial z}{\partial y}\Delta y$ 的确是函数 $z=f(x,y)$ 在点 (a,b) 的微

分. □

注意,函数 $f(x,y)$在点(a,b)的邻域存在偏导数,且这些偏导数在点(a,b)连续,只是$f(x,y)$在点(a,b)可微的充分条件,而非必要条件.请看下面的例子.

例 7.3.7 设 $f(x,y)=\begin{cases}(x^2+y^2)\sin\dfrac{1}{x^2+y^2}, & x^2+y^2\neq 0,\\ 0, & x^2+y^2=0,\end{cases}$

则 $f(x,y)$在原点$(0,0)$存在偏导数,$f_x(x,y)$、$f_y(x,y)$在点$(0,0)$不连续,但 $f(x,y)$在点$(0,0)$可微.

证 首先证 $f(x,y)$在点$(0,0)$存在偏导数,但偏导数在点$(0,0)$不连续.因

$$f_x(0,0)=\lim_{\Delta x\to 0}\frac{(\Delta x)^2\sin\dfrac{1}{(\Delta x)^2}}{\Delta x}=0,$$

$$f_y(0,0)=\lim_{\Delta y\to 0}\frac{(\Delta y)^2\sin\dfrac{1}{(\Delta y)^2}}{\Delta y}=0.$$

当$(x,y)\neq(0,0)$时,有

$$f_x(x,y)=2x\sin\frac{1}{x^2+y^2}-\frac{2x}{x^2+y^2}\cos\frac{1}{x^2+y^2},$$

$$f_y(x,y)=2y\sin\frac{1}{x^2+y^2}-\frac{2y}{x^2+y^2}\cos\frac{1}{x^2+y^2}.$$

容易看出,令 $y=x$,则

$$f_x(x,x)=2x\sin\frac{1}{2x^2}-\frac{1}{x}\cos\frac{1}{2x^2}\not\to 0\quad(x\to 0),$$

因此 $f_x(x,y)$在点$(0,0)$不连续.同理可知 $f_y(x,y)$在点$(0,0)$不连续.

其次证明 $f(x,y)$在点$(0,0)$可微,因为

$$\frac{\left[(\Delta x^2+\Delta y^2)\sin\dfrac{1}{\Delta x^2+\Delta y^2}-0-0\cdot\Delta x-0\cdot\Delta y\right]}{\sqrt{\Delta x^2+\Delta y^2}}\to 0\quad(\sqrt{\Delta x^2+\Delta y^2}\to 0),$$

由定义 7.3.2 知 $f(x,y)$在点$(0,0)$可微. □

附注 特殊的情形,如果函数

$$z=f(x,y)=x,$$

则
$$\frac{\partial z}{\partial x}=1,\quad \frac{\partial z}{\partial y}=0,$$

因而
$$\mathrm{d}z=\mathrm{d}x=\Delta x.$$

同样,若 $z=f(x,y)=y$,则有

$$\mathrm{d}z=\mathrm{d}y=\Delta y.$$

因此,在这里,同一元函数的情形一样,对于自变量来说,增量与微分完全是一回事.

因此，如果函数的微分存在，我们就可以把它写成

$$\mathrm{d}z = \frac{\partial z}{\partial x}\mathrm{d}x + \frac{\partial z}{\partial y}\mathrm{d}y. \qquad \square$$

一元函数全微分的概念以及它的一切性质，可以不经过任何本质的改变而类推到三个或三个以上变量的情形. 例如，在函数 $u=f(x,y,z)$ 的情形，我们定义它在点 (x,y,z) 的微分 $\mathrm{d}u$ 是如下形状的表达式：

$$\mathrm{d}u = A\Delta x + B\Delta y + C\Delta z,$$

其中 A、B、C 不依赖于 Δx、Δy、Δz，且满足条件 $\Delta u - \mathrm{d}u = o(\rho)$ $(\rho = \sqrt{\Delta x^2 + \Delta y^2 + \Delta z^2} \to 0)$. 可以证明，当全微分存在时，必有

$$A = \frac{\partial u}{\partial x}, \quad B = \frac{\partial u}{\partial y}, \quad C = \frac{\partial u}{\partial z}.$$

特别是有 $\mathrm{d}x=\Delta x$, $\mathrm{d}y=\Delta y$, $\mathrm{d}z=\Delta z$，因而有

$$\mathrm{d}u = \frac{\partial u}{\partial x}\mathrm{d}x + \frac{\partial u}{\partial y}\mathrm{d}y + \frac{\partial u}{\partial z}\mathrm{d}z.$$

例 7.3.8　求函数 $z=x^2+4xy^2+y^4$ 的全微分.

解　因偏导数

$$\frac{\partial z}{\partial x} = 2x + 4y^2, \quad \frac{\partial z}{\partial y} = 8xy + 4y^3$$

在全平面连续，由定理 7.3.2 知函数在全平面可微，且

$$\mathrm{d}z = (2x + 4y^2)\mathrm{d}x + (8xy + 4y^3)\mathrm{d}y. \qquad \square$$

例 7.3.9　求函数 $u=2x+\cos y+\mathrm{e}^{yz}$ 的全微分.

解　因为

$$\frac{\partial u}{\partial x} = 2, \quad \frac{\partial u}{\partial y} = -\sin y + z\mathrm{e}^{yz}, \quad \frac{\partial u}{\partial z} = y\mathrm{e}^{yz},$$

所以

$$\mathrm{d}u = 2\mathrm{d}x + (-\sin y + z\mathrm{e}^{yz})\mathrm{d}y + y\mathrm{e}^{yz}\mathrm{d}z. \qquad \square$$

最后我们给出一个利用局部线性化表达式(7.3.1)来作近似计算的例子.

例 7.3.10　计算 $(1.03)^{1.98}$ 的近似值.

解　根据问题的特点，我们设函数为

$$f(x,y) = x^y;$$

由 $1.03=1+0.03$，$1.98=2-0.02$，设 $\Delta x=0.03$，$\Delta y=-0.02$. 然后将它们代入近似式

$$f(x+\Delta x, y+\Delta y) \approx f(x,y) + f_x(x,y)\Delta x + f_y(x,y)\Delta y,$$

即

$$(x+\Delta x)^{y+\Delta y} \approx x^y + yx^{y-1}\Delta x + x^y \ln x \Delta y,$$

于是

$$(1.03)^{1.98} \approx 1^2 + 2\times 0.03 + 0\times(-0.02) = 1.06. \qquad \square$$

习　题　7.3

(A)

1. 回答下列问题：

(1) 二元函数 $f(x,y)$的偏导数怎样定义？

(2) 三元函数 $f(x,y,z)$的偏导数怎样定义？

(3) $f(x,y)$的偏导数的几何意义是什么？

(4) 函数 $z=f(x,y)$在点(a,b)可微怎样定义？全微分是指什么？

(5) 函数 $f(x,y)$在某点附近局部线性化是什么意思？

(6) 函数 $f(x,y)$在一点的可微性与连续性有什么关系？

(7) 函数 $f(x,y)$可微的必要条件是什么？充分条件是什么？

2. 求下列函数的偏导数：

(1) $z=x^2y-y^2x$；　(2) $y=\sin(2t-5x)$；　(3) $f(x,y)=xy+\dfrac{x}{y}$；

(4) $z=\dfrac{x}{y^2}$；　(5) $z=\dfrac{\cos x^2}{y}$；　(6) $z=\tan\dfrac{x^2}{y}$；

(7) $z=x^y$；　(8) $g(x,y)=\ln\sqrt{x^2+y^2}$；　(9) $u=\dfrac{1}{x^2+y^2+z^2}$；

(10) $u=z^{xy}$；　(11) $u=(xy)^z$；　(12) $u=x^{\frac{y}{z}}$.

3. 求下列函数在指定点的各个偏导数：

(1) $z=\dfrac{x}{\sqrt{x^2+y^2}}$,在$(1,0)$,$(0,1)$处；

(2) $z=\mathrm{e}^{-x}\sin(x+2y)$,在$(0,\dfrac{\pi}{4})$处；

(3) $f(x,y,z)=\sqrt[z]{\dfrac{x}{y}}$,在$(1,1,1)$处；

(4) $z=\sin x\ln(y+1)+\cos y\ln(1-x)$,在$(0,0)$处.

4. 求函数 $f(x,y)=\begin{cases}\dfrac{xy}{\sqrt{x^2+y^2}}, & x^2+y^2\neq 0,\\ 0, & x^2+y^2=0\end{cases}$ 的偏导数.

5. 求下列函数的偏导数：

(1) $u=\ln(x_1+x_2+\cdots+x_n)$；　(2) $u=\arcsin(x_1^2+x_2^2+\cdots+x_n^2)$.

6. 求下列函数的全微分：

(1) $z=\mathrm{e}^{-x}\cos y$；　(2) $f(x,y)=\sin(xy)$；　(3) $g(u,v)=u^2+uv$；

(4) $u=x^{yz}$；　(5) $z=\dfrac{y}{\sqrt{x^2+y^2}}$；　(6) $z=x^2y+\dfrac{x}{y}$.

7. 求下列函数在给定点的全微分：

(1) $f(x,y)=x\mathrm{e}^{-y}$,在$(1,0)$点；

(2) $g(x,t)=x^2\sin 2t$,在$(2,\dfrac{\pi}{4})$点；

(3) $F(m,r)=\dfrac{Gm}{r^2}$,在$(100,10)$点；

(4) $f(x,y)=\ln(1+x^2+y^2)$,在$(1,2)$点.

8. 证明：函数

$$f(x,y)=\begin{cases}\dfrac{xy}{\sqrt{x^2+y^2}}, & x^2+y^2\neq 0,\\ 0, & x^2+y^2=0\end{cases}$$

在点(0,0)的邻域内连续，且有有界的偏导数 $f_x(x,y)$ 与 $f_y(x,y)$，但此函数在点(0,0)不可微.

(B)

1. 计算下列各题：

(1) $\dfrac{\partial}{\partial m}(\dfrac{1}{2}mv^2)$；　(2) $\dfrac{\partial}{\partial T}\left(\dfrac{2\pi r}{T}\right)$；　(3) $\dfrac{\partial}{\partial x}(a\sqrt{x})$，$x>0$；

(4) $\dfrac{\partial}{\partial T}\left(\ln\dfrac{T+3}{V}\right)$；　(5) $\dfrac{\partial}{\partial y}\left(\dfrac{3x^2y^7-y^2}{15xy-8}\right)$；　(6) $\dfrac{\partial}{\partial\lambda}\left(\dfrac{x^2y\lambda-3\lambda^5}{\sqrt{\lambda^2-2\lambda+5}}\right)$；

(7) $\dfrac{\partial}{\partial\theta}[3t\cos(5\theta-1)-\tan(7t\theta^2)]$；　(8) $\dfrac{\partial}{\partial w}(\sqrt{2\pi xyw-13x^7y^3v})$，$2\pi xyw-13x^7y^3v>0$.

2. 求下列函数在指定点的偏导数：

(1) $f(x,y)=\begin{cases}\dfrac{x^3+y^3}{x^2+y^2}, & x^2+y^2\neq 0,\\ 0, & x^2+y^2=0,\end{cases}$ 在(0,0)点；

(2) $f(x,y)=\begin{cases}\dfrac{x^2y^3}{x^2+4y^3}, & x^2+y^2\neq 0,\\ 0, & x^2+y^2=0,\end{cases}$ 在(0,0)点.

3. 求下列各式的近似值：

(1) $(0.97)^{1.05}$；　(2) $\sin29°\tan46°$.

4. 设函数 $f(x,y)=\begin{cases}xy\sin\dfrac{1}{\sqrt{x^2+y^2}}, & x^2+y^2\neq 0,\\ 0, & x^2+y^2=0.\end{cases}$ 证明：

(1) $f_x(0,0)$ 与 $f_y(0,0)$ 存在；　(2) $f_x(x,y)$ 与 $f_y(x,y)$ 在点(0,0)不连续；

(3) $f(x,y)$ 在点(0,0)可微.

5. 函数 $f(x,y)=|x|+\sin(xy)$ 在点(0,0)是否可微？为什么？

答案与提示

(A)

2. (1) $z_x=2xy-y^2, z_y=x^2-2yx$；　(2) $y_t=2\cos(2t-5x), y_x=-5\cos(2t-5x)$；

(3) $f_x=y+\dfrac{1}{y}, f_y=x-\dfrac{x}{y^2}$；　(4) $z_x=\dfrac{1}{y^2}, z_y=-\dfrac{2x}{y^3}$；

(5) $z_x=-\dfrac{2x\sin x^2}{y}, z_y=-\dfrac{\cos x^2}{y^2}$；　(6) $z_x=\dfrac{2x}{y}\sec^2\dfrac{x^2}{y}, z_y=-\dfrac{x^2}{y^2}\sec^2\dfrac{x^2}{y}$；

(7) $z_x=yx^{y-1}, z_y=x^y\ln x$；　(8) $g_x=\dfrac{x}{x^2+y^2}, g_y=\dfrac{y}{x^2+y^2}$；

(9) $u_x=\dfrac{-2x}{(x^2+y^2+z^2)^2}, u_y=\dfrac{-2y}{(x^2+y^2+z^2)^2}, u_z=\dfrac{-2z}{(x^2+y^2+z^2)^2}$；

(10) $u_x=yz^{xy}\ln z, u_y=xz^{xy}\ln z, u_z=xyz^{xy-1}$；

(11) $u_x=yz(xy)^{z-1}, u_y=xz(xy)^{z-1}, u_z=(xy)^z\ln(xy)$；

(12) $u_x=\frac{y}{z}x^{\frac{y}{z}-1},u_y=\frac{1}{z}x^{\frac{y}{z}}\ln x,u_z=-\frac{y}{z^2}x^{\frac{y}{z}}\ln x.$

3. (1) $z_x(1,0)=z_y(1,0)=z_y(0,1)=0,z_x(0,1)=1$;

(2) $z_x(0,\frac{\pi}{4})=-1,z_y(0,\frac{\pi}{4})=0$;

(3) $f_x(1,1,1)=1,f_y(1,1,1)=-1,f_z(1,1,1)=0$;

(4) $z_x(0,0)=-1,z_y(0,0)=0.$

4. $f_x(0,0)=f_y(0,0)=0$；当 $x^2+y^2\neq 0$ 时，$f_x=\frac{y^3}{(x^2+y^2)^{3/2}},f_y=\frac{x^3}{(x^2+y^2)^{3/2}}.$

5. (1) $\frac{\partial u}{\partial x_i}=\frac{1}{x_1+x_2+\cdots+x_n},i=1,2,\cdots,n$;

(2) $\frac{\partial u}{\partial x_i}=\frac{2x_i}{\sqrt{1-(x_1^2+x_2^2+\cdots+x_n^2)^2}},i=1,2,\cdots,n.$

6. (1) $\mathrm{d}z=-\mathrm{e}^{-x}(\cos y\mathrm{d}x+\sin y\mathrm{d}y)$；　(2) $\mathrm{d}f=\cos(xy)(y\mathrm{d}x+x\mathrm{d}y)$；

(3) $\mathrm{d}g=(2u+v)\mathrm{d}u+u\mathrm{d}v$；　(4) $\mathrm{d}u=yzx^{yz-1}\mathrm{d}x+zx^{yz}\ln x\mathrm{d}y+yx^{yz}\ln x\mathrm{d}z$；

(5) $\mathrm{d}z=-\frac{xy}{(x^2+y^2)^{3/2}}\mathrm{d}x+\frac{x^2}{(x^2+y^2)^{3/2}}\mathrm{d}y$；　(6) $\mathrm{d}z=(2xy+\frac{1}{y})\mathrm{d}x+(x^2-\frac{x}{y^2})\mathrm{d}y.$

7. (1) $\mathrm{d}f(1,0)=\mathrm{d}x-\mathrm{d}y$；　(2) $\mathrm{d}g(2,\frac{\pi}{4})=4\mathrm{d}x$；

(3) $\mathrm{d}F(100,10)=\frac{G}{5}(\frac{1}{20}\mathrm{d}m-\mathrm{d}r)$；　(4) $\mathrm{d}f(1,2)=\frac{1}{3}\mathrm{d}x+\frac{2}{3}\mathrm{d}y.$

(B)

1. (1) $\frac{1}{2}v^2$；　(2) $-\frac{2\pi r}{T^2}$；　(3) $\frac{a}{2\sqrt{x}}$；　(4) $\frac{1}{T+3}$；

(5) $\frac{(15xy-8)(21x^2y^6-2y)-(3x^2y^7-y^2)\cdot 15x}{(15xy-8)^2}$；

(6) $\frac{x^2y-15\lambda^4}{\sqrt{\lambda^2-2\lambda+5}}-\frac{(\lambda-1)(x^2y\lambda-3\lambda^5)}{(\lambda^2-2\lambda+5)^{3/2}}$；

(7) $-15t\sin(5\theta-1)-14t\theta\sec^2(7t\theta^2)$；　(8) $\frac{\pi xy}{\sqrt{2\pi xyw-13x^7y^3v}}.$

2. (1) $f_x(0,0)=f_y(0,0)=1$；　(2) $f_x(0,0)=f_y(0,0)=0.$

3. (1) 0.97；　(2) 0.502.

5. f 在点(0,0)不可微.

7.4　复合函数的求导法则

本节讨论多元复合函数的微分法，它是一元复合函数求导法的推广. 多元复合函数的求导法在多元函数微分学的研究中起着重要的作用.

7.4.1　$z=f(x,y),x=g(t),y=h(t)$ 的情形

假设函数 f、g 和 h 都是可微函数，则有以下公式成立：

$$\boxed{\frac{\mathrm{d}z}{\mathrm{d}t}=\frac{\partial z}{\partial x}\frac{\mathrm{d}x}{\mathrm{d}t}+\frac{\partial z}{\partial y}\frac{\mathrm{d}y}{\mathrm{d}t}} \tag{7.4.1}$$

先利用图解(见图 7.15)来弄清楚复合函数的关系,然后来推导式(7.4.1). 由可微的定义知,当$|\Delta t|$充分小时,有

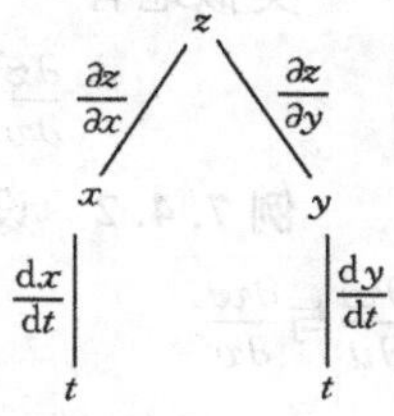

图 7.15

$$\Delta x=\frac{\mathrm{d}x}{\mathrm{d}t}\Delta t+o(\Delta t),$$

$$\Delta y=\frac{\mathrm{d}y}{\mathrm{d}t}\Delta t+o(\Delta t),$$

$$\Delta z=\frac{\partial z}{\partial x}\Delta x+\frac{\partial z}{\partial y}\Delta y+o(\sqrt{\Delta x^2+\Delta y^2}),$$

即 $\Delta z=\frac{\partial z}{\partial x}\frac{\mathrm{d}x}{\mathrm{d}t}\Delta t+\frac{\partial z}{\partial y}\frac{\mathrm{d}y}{\mathrm{d}t}\Delta t+o(\Delta t)=\left(\frac{\partial z}{\partial x}\frac{\mathrm{d}x}{\mathrm{d}t}+\frac{\partial z}{\partial y}\frac{\mathrm{d}y}{\mathrm{d}t}\right)\Delta t+o(\Delta t),$

因此有

$$\frac{\Delta z}{\Delta t}=\frac{\partial z}{\partial x}\frac{\mathrm{d}x}{\mathrm{d}t}+\frac{\partial z}{\partial y}\frac{\mathrm{d}y}{\mathrm{d}t}+o(1).$$

令 $\Delta t\to 0$ 取极限,即得链式法则的公式(7.4.1).

例 7.4.1　设 $z=f(x,y)=y\sin x$, $x=t^3$, $y=5t+2$,令 $z=g(t)$,则可以用两种方法计算$g'(t)$.

一种方法是化为一元函数来求. 由于

$$z=g(t)=f(t^3,5t+2)=(5t+2)\sin t^3,$$

因此可直接计算 $g'(t)$:

$$g'(t)=(5t+2)\frac{\mathrm{d}}{\mathrm{d}t}(\sin t^3)+\frac{\mathrm{d}}{\mathrm{d}t}(5t+2)\cdot\sin t^3=3t^2(5t+2)\cos t^3+5\sin t^3.$$

另一种方法是利用链式法则.

$$\frac{\mathrm{d}z}{\mathrm{d}t}=\frac{\partial z}{\partial x}\frac{\mathrm{d}x}{\mathrm{d}t}+\frac{\partial z}{\partial y}\frac{\mathrm{d}y}{\mathrm{d}t}=(y\cos x)(3t^2)+\sin x\cdot 5=3t^2(5t+2)\cos t^3+5\sin t^3.\ \square$$

式(7.4.1)可以推广到三元函数的情形. 例如,若 $u=f(x,y,z)$, $x=g(t)$, $y=h(t)$, $z=k(t)$,则有公式

$$\frac{\mathrm{d}u}{\mathrm{d}t}=\frac{\partial u}{\partial x}\frac{\mathrm{d}x}{\mathrm{d}t}+\frac{\partial u}{\partial y}\frac{\mathrm{d}y}{\mathrm{d}t}+\frac{\partial u}{\partial z}\frac{\mathrm{d}z}{\mathrm{d}t}. \tag{7.4.2}$$

7.4.2　$z=f(x,y)$, $x=g(u,v)$, $y=h(u,v)$的情形

这里同样假设 f、g 和 h 都是可微函数,我们求$\frac{\partial z}{\partial u}$与$\frac{\partial z}{\partial v}$的一般表达式. 在这种情形有树状图解,如图 7.16 所示. 图中 z 是因变量,x 和 y 是中间变量,u 和 v 是自变量,在求偏导数$\frac{\partial z}{\partial u}$时,$v$ 看作常量,因此中间变量 x 和 y 仍可看作一元函数而应用式(7.4.1). 于是,由图 7.16 中 z 到 u 的两条路径可以得

$$\frac{\partial z}{\partial u}=\frac{\partial z}{\partial x}\frac{\partial x}{\partial u}+\frac{\partial z}{\partial y}\frac{\partial y}{\partial u}. \qquad (7.4.3)$$

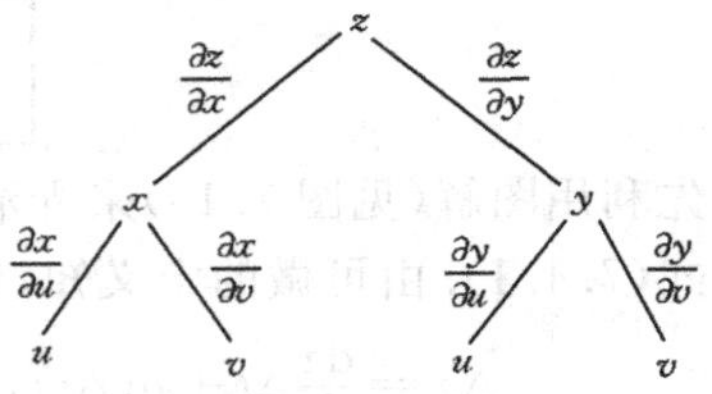

图 7.16

类似地有

$$\frac{\partial z}{\partial v}=\frac{\partial z}{\partial x}\frac{\partial x}{\partial v}+\frac{\partial z}{\partial y}\frac{\partial y}{\partial v}. \qquad (7.4.4)$$

例 7.4.2　设 $w=x^2e^y, x=4u, y=3u^2-2v$,求 $\frac{\partial w}{\partial u}$与$\frac{\partial w}{\partial v}$.

解

$$\frac{\partial w}{\partial u}=\frac{\partial w}{\partial x}\frac{\partial x}{\partial u}+\frac{\partial w}{\partial y}\frac{\partial y}{\partial u}=2xe^y\cdot 4+x^2e^y\cdot 6u$$

$$=(8x+6x^2u)e^y=(32u+96u^3)e^{3u^2-2v},$$

$$\frac{\partial w}{\partial v}=\frac{\partial w}{\partial x}\frac{\partial x}{\partial v}+\frac{\partial w}{\partial y}\frac{\partial y}{\partial v}=2xe^y\cdot 0+x^2e^y\cdot(-2)$$

$$=-2x^2e^y=-32u^2e^{3u^2-2v}.$$ □

例 7.4.3　设 $z=f(xy,\frac{x}{y})$,求$\frac{\partial z}{\partial x},\frac{\partial z}{\partial y}$.

解　令 $u=xy, v=\frac{x}{y}$,则由链式法则有

$$\frac{\partial z}{\partial x}=\frac{\partial f}{\partial u}\frac{\partial u}{\partial x}+\frac{\partial f}{\partial v}\frac{\partial v}{\partial x}=\frac{\partial f}{\partial u}\cdot y+\frac{\partial f}{\partial v}\cdot\frac{1}{y}=yf_1'+\frac{1}{y}f_2',$$

这里记号 f_1' 表示函数对第一个中间变量求偏导数,f_2' 表示函数对第二个中间变量求偏导数.注意表达式中的 u、v 要分别用 xy 和$\frac{x}{y}$代入,即

$$\frac{\partial z}{\partial x}=yf_1'(xy,\frac{x}{y})+\frac{1}{y}f_2'(xy,\frac{x}{y}).$$

类似,有

$$\frac{\partial z}{\partial y}=\frac{\partial f}{\partial u}\frac{\partial u}{\partial y}+\frac{\partial f}{\partial v}\frac{\partial v}{\partial y}=\frac{\partial f}{\partial u}\cdot x+\frac{\partial f}{\partial v}\cdot\left(-\frac{x}{y^2}\right)=xf_1'(xy,\frac{x}{y})-\frac{x}{y^2}f_2'(xy,\frac{x}{y}).$$ □

7.4.3　一阶全微分形式的不变性

设有二元函数 $z=f(x,y)$.当 x、y 为自变量时,函数的全微分式为

$$dz=\frac{\partial f}{\partial x}dx+\frac{\partial f}{\partial y}dy. \qquad (7.4.5)$$

若 x、y 是 u、v 的函数

$$x=x(u,v),\quad y=y(u,v),$$

复合后得关于 u、v 的二元函数

$$z=f(x(u,v),y(u,v)).$$

它的全微分式应当为

$$dz=\frac{\partial z}{\partial u}du+\frac{\partial z}{\partial v}dv. \tag{7.4.6}$$

由链式法则公式(7.4.3)、(7.4.4)知

$$\begin{cases}\dfrac{\partial z}{\partial u}=\dfrac{\partial f}{\partial x}\dfrac{\partial x}{\partial u}+\dfrac{\partial f}{\partial y}\dfrac{\partial y}{\partial u},\\ \dfrac{\partial z}{\partial v}=\dfrac{\partial f}{\partial x}\dfrac{\partial x}{\partial v}+\dfrac{\partial f}{\partial y}\dfrac{\partial y}{\partial v},\end{cases}$$

把它代入式(7.4.6)并整理得

$$dz=\frac{\partial f}{\partial x}\left(\frac{\partial x}{\partial u}du+\frac{\partial x}{\partial v}dv\right)+\frac{\partial f}{\partial y}\left(\frac{\partial y}{\partial u}du+\frac{\partial y}{\partial v}dv\right).$$

上式中的圆括号内的量正是函数 $x=x(u,v)$，$y=y(u,v)$ 的全微分，所以得

$$dz=\frac{\partial f}{\partial x}dx+\frac{\partial f}{\partial y}dy. \tag{7.4.7}$$

比较式(7.4.5)与式(7.4.7)即知，不管 x、y 是自变量还是中间变量，函数 z 的全微分形式是一样的.

这个性质叫做**一阶全微分形式的不变性**. 利用这个性质，我们可以得到多元函数微分的四则运算法则. 当 x、y 是自变量时，有

$$d(x\pm y)=dx\pm dy,\quad d(xy)=ydx+xdy,\quad d\left(\frac{x}{y}\right)=\frac{ydx-xdy}{y^2}.$$

当 x、y 是 u、v 的函数时，由一阶全微分形式的不变性，上式仍成立. 此外，当 f 仅是 x 的函数时，由式(7.4.7)可得

$$d(f(x(u,v)))=f_x(x(u,v))dx.$$

这样，连同微分的四则运算法则，我们可通过全微分来求偏导数.

例 7.4.4　设 $z=\sin(2x+y)$，求 $\dfrac{\partial z}{\partial x},\dfrac{\partial z}{\partial y}$.

解　因 $dz=\cos(2x+y)d(2x+y)=\cos(2x+y)(2dx+dy)$

$=2\cos(2x+y)dx+\cos(2x+y)dy$，

所以

$$\frac{\partial z}{\partial x}=2\cos(2x+y),$$

$$\frac{\partial z}{\partial y}=\cos(2x+y).$$ □

例 7.4.5　设 $u=\ln\sqrt{x^2+y^2+z^2}$，求 u_x、u_y、u_z.

解　因 $du=\dfrac{1}{\sqrt{x^2+y^2+z^2}}d(\sqrt{x^2+y^2+z^2})=\dfrac{d(x^2+y^2+z^2)}{2(x^2+y^2+z^2)}$

$=\dfrac{xdx+ydy+zdz}{x^2+y^2+z^2}$，

所以　$u_x=\dfrac{x}{x^2+y^2+z^2}$，　$u_y=\dfrac{y}{x^2+y^2+z^2}$，　$u_z=\dfrac{z}{x^2+y^2+z^2}$. □

7.4.4 高阶偏导数和高阶全微分

设二元函数 $z=f(x,y)$ 在开区域 D 上定义且存在偏导数 $f_x(x,y)$ 和 $f_y(x,y)$，则这两个偏导数也是 D 上的二元函数. 假设 $f_x(x,y)$ 与 $f_y(x,y)$ 在 D 上也具有偏导数，则称一阶偏导数 $f_x(x,y)$ 和 $f_y(x,y)$ 的偏导数为 $z=f(x,y)$ 的**二阶偏导数**. 按照对变量的求导次序不同，共有下列四个二阶偏导数：

$$\frac{\partial^2 f}{\partial x^2}=\frac{\partial}{\partial x}\left(\frac{\partial f}{\partial x}\right)=f_{xx}=(f_x)_x$$
$$\frac{\partial^2 f}{\partial x\partial y}=\frac{\partial}{\partial x}\left(\frac{\partial f}{\partial y}\right)=f_{yx}=(f_y)_x$$
$$\frac{\partial^2 f}{\partial y\partial x}=\frac{\partial}{\partial y}\left(\frac{\partial f}{\partial x}\right)=f_{xy}=(f_x)_y$$
$$\frac{\partial^2 f}{\partial y^2}=\frac{\partial}{\partial y}\left(\frac{\partial f}{\partial y}\right)=f_{yy}=(f_y)_y$$

其中 f_{yx} 和 f_{xy} 称为**混合偏导数**. 类似可得三阶、四阶、…、n 阶偏导数. 二阶及二阶以上的偏导数统称为高阶偏导数.

例 7.4.6 求 $f(x,y)=y\cos x+3x^2\mathrm{e}^y$ 的所有二阶偏导数.

解 由 $f_x(x,y)=-y\sin x+6x\mathrm{e}^y$，得

$$f_{xx}(x,y)=\frac{\partial}{\partial x}(-y\sin x+6x\mathrm{e}^y)=-y\cos x+6\mathrm{e}^y,$$

$$f_{xy}(x,y)=\frac{\partial}{\partial y}(-y\sin x+6x\mathrm{e}^y)=-\sin x+6x\mathrm{e}^y.$$

由 $f_y(x,y)=\cos x+3x^2\mathrm{e}^y$，得

$$f_{yx}(x,y)=\frac{\partial}{\partial x}(\cos x+3x^2\mathrm{e}^y)=-\sin x+6x\mathrm{e}^y,$$

$$f_{yy}(x,y)=\frac{\partial}{\partial y}(\cos x+3x^2\mathrm{e}^y)=3x^2\mathrm{e}^y.$$

在这个例子中，我们看到有 $f_{xy}=f_{yx}$. □

例 7.4.7 求 $f(x,y)=\arctan\dfrac{y}{x}$ 的二阶偏导数.

解 因为 $f_x=\dfrac{-y}{x^2+y^2}$，$f_y=\dfrac{x}{x^2+y^2}$，所以

$$f_{xx}=\frac{\partial}{\partial x}\left(\frac{-y}{x^2+y^2}\right)=\frac{2xy}{(x^2+y^2)^2},$$

$$f_{xy}=\frac{\partial}{\partial y}\left(\frac{-y}{x^2+y^2}\right)=-\frac{(x^2+y^2)-y\cdot 2y}{(x^2+y^2)^2}=\frac{y^2-x^2}{(x^2+y^2)^2},$$

$$f_{yx}=\frac{\partial}{\partial x}\left(\frac{x}{x^2+y^2}\right)=\frac{(x^2+y^2)-x\cdot 2x}{(x^2+y^2)^2}=\frac{y^2-x^2}{(x^2+y^2)^2},$$

$$f_{yy}=\frac{\partial}{\partial y}\left(\frac{x}{x^2+y^2}\right)=-\frac{2xy}{(x^2+y^2)^2}.$$ □

由上面两例可见，函数的两个混合偏导数是相等的，即

$$f_{xy}=f_{yx}\quad 或 \quad \frac{\partial^2 f}{\partial y\partial x}=\frac{\partial^2 f}{\partial x\partial y}.$$

实际上可以证明：**若两个混合偏导数在开区域 D 内连续，则它们必相等**（证明略去）. 通常我们遇到的函数都是初等函数，各阶偏导数总是连续的，因此混合偏导数总是相等的.

对于三元或三元以上的函数，也可以类似地定义高阶偏导数，并且高阶混合偏导数在偏导数连续的条件下也与求导的次序无关.

在求复合函数的高阶偏导数时，要注意运用链式法则.

例 7.4.8　设 $z=f\left(xy,\frac{x}{y}\right)$，求 $\frac{\partial^2 z}{\partial x^2},\frac{\partial^2 z}{\partial y^2},\frac{\partial^2 z}{\partial x\partial y}$.

解　因 $\frac{\partial z}{\partial x}=yf_1'+\frac{1}{y}f_2'$，$\frac{\partial z}{\partial y}=xf_1'-\frac{x}{y^2}f_2'$，所以

$$\frac{\partial^2 z}{\partial x^2}=y\left[f_{11}''\cdot y+f_{12}''\cdot\frac{1}{y}\right]+\frac{1}{y}\left[f_{21}''\cdot y+f_{22}''\cdot\frac{1}{y}\right]=y^2f_{11}''+2f_{12}''+\frac{1}{y^2}f_{22}''.$$

这里假定 $f_{12}''=f_{21}''$，f_{12}'' 表示函数 $f_1'\left(xy,\frac{x}{y}\right)$ 对其第二个变量求偏导，其他记号类似.

$$\begin{aligned}\frac{\partial^2 z}{\partial x\partial y}&=\frac{\partial}{\partial x}\left(xf_1'-\frac{x}{y^2}f_2'\right)\\&=f_1'+x\left(f_{11}''\cdot y+f_{12}''\cdot\frac{1}{y}\right)-\frac{1}{y^2}f_2'-\frac{x}{y^2}\left[f_{21}''\cdot y+f_{22}''\cdot\frac{1}{y}\right]\\&=xyf_{11}''-\frac{x}{y^3}f_{22}''+f_1'-\frac{1}{y^2}f_2',\end{aligned}$$

$$\begin{aligned}\frac{\partial^2 z}{\partial y^2}&=x\left[f_{11}''\cdot x+f_{12}''\cdot\left(-\frac{x}{y^2}\right)\right]-\frac{x}{y^2}\left[f_{21}''\cdot x+f_{22}''\cdot\left(-\frac{x}{y^2}\right)\right]+\frac{2x}{y^3}f_2'\\&=x^2f_{11}''-2\frac{x^2}{y^2}f_{12}''+\frac{x^2}{y^4}f_{22}''+\frac{2x}{y^3}f_2'.\end{aligned}$$ □

例 7.4.9　设 $z=f(2x-y,y\sin x)$，其中 $f(u,v)$ 具有连续的二阶偏导数，求 $\frac{\partial^2 z}{\partial y\partial x}$.

解

$$\frac{\partial z}{\partial x}=f_1'\cdot 2+f_2'\cdot y\cos x,$$

$$\frac{\partial^2 z}{\partial y\partial x}=\frac{\partial}{\partial y}(2f_1'+y\cos x\cdot f_2')$$

$$= -2f''_{11} + 2\sin x f''_{12} + \cos x f'_2 + y\cos x(-f''_{21} + \sin x f''_{22})$$
$$= -2f''_{11} + (2\sin x - y\cos x)f''_{12} + y\cos x\sin x f''_{22} + \cos x f'_2. \qquad \square$$

下面,我们简单地介绍高阶全微分的概念.

假设函数 $z=f(x,y)$ 在开区域 D 内每一点都有全微分,则当自变量的改变量 Δx 与 Δy 任意固定时,全微分 $\mathrm{d}z$ 就是 x 与 y 的函数. 因此,对于 $\mathrm{d}z$ 又可求关于自变量的同一改变量的全微分. 即若

$$\mathrm{d}z = f_x\mathrm{d}x + f_y\mathrm{d}y,$$

则函数 $f(x,y)$ 的**二阶全微分**是

$$\mathrm{d}(\mathrm{d}z) = \mathrm{d}^2 z \quad 或 \quad \mathrm{d}^2 f.$$

同样,称二阶全微分的全微分为**三阶全微分**. 一般称 $f(x,y)$ 的 $(n-1)$ 阶全微分的全微分为 ***n* 阶全微分**,记作

$$\mathrm{d}^n z = \mathrm{d}(\mathrm{d}^{n-1}z) \quad 或 \quad \mathrm{d}^n f.$$

二阶全微分的表达式是

$$\begin{aligned}\mathrm{d}^2 z &= \mathrm{d}(\mathrm{d}z) = \mathrm{d}(f_x\mathrm{d}x + f_y\mathrm{d}y)\\ &= \frac{\partial}{\partial x}(f_x\mathrm{d}x + f_y\mathrm{d}y)\mathrm{d}x + \frac{\partial}{\partial y}(f_x\mathrm{d}x + f_y\mathrm{d}y)\mathrm{d}y\\ &= f_{xx}\mathrm{d}x^2 + 2f_{xy}\mathrm{d}x\mathrm{d}y + f_{yy}\mathrm{d}y^2\end{aligned}$$

其中 $\mathrm{d}x^2=(\mathrm{d}x)^2$, $\mathrm{d}y^2=(\mathrm{d}y)^2$.

例 7.4.10 求 $z=x\sin y$ 的二阶全微分.

解

$$\frac{\partial z}{\partial x} = \sin y, \quad \frac{\partial z}{\partial y} = x\cos y,$$

$$\frac{\partial^2 z}{\partial x^2} = 0, \quad \frac{\partial^2 z}{\partial x\partial y} = \cos y, \quad \frac{\partial^2 z}{\partial y^2} = -x\sin y.$$

$$\mathrm{d}^2 z = 2\cos y\mathrm{d}x\mathrm{d}y - x\sin y\mathrm{d}y^2. \qquad \square$$

注意,高阶全微分没有形式不变性.

习 题 7.4

(A)

1. 回答下列问题:
   (1) 你知道哪些情形下的求复合函数偏导数的链式法则?
   (2) 一阶全微分形式的不变性指的是什么?
   (3) 高阶偏导数怎样定义?
   (4) 在什么条件下混合偏导数相等?
   (5) 高阶全微分怎样定义?

2. 求下列函数的导数$\dfrac{\mathrm{d}z}{\mathrm{d}t}$:

(1) $z=xy^2, x=\mathrm{e}^{-t}, y=\sin t$；　(2) $z=x\sin y+y\sin x, x=t^2, y=\ln t$；

(3) $z=\ln(x^2+y^2), x=\dfrac{1}{t}, y=\sqrt{t}$；　(4) $z=\sin\dfrac{x}{y}, x=2t, y=1-t^2$；

(5) $z=(x+y)\mathrm{e}^y, x=2t, y=1-t^2$；　(6) $z=\arctan\dfrac{x}{y}, x=2t, y=1-t^2$.

3. 在以下各题中求$\dfrac{\partial z}{\partial u}$和$\dfrac{\partial z}{\partial v}$：

(1) $z=x\mathrm{e}^{-y}+y\mathrm{e}^{-x}, x=u\sin v, y=v\cos u$；　(2) $z=x\mathrm{e}^y, x=\ln u, y=v$；

(3) $z=\dfrac{\cos x}{y}, x=\dfrac{v}{u}, y=u^2-v^2$；　(4) $z=\arctan(x+y), x=2u-v^2, y=u^2v$；

(5) $z=\mathrm{e}^{x\sin y}, x=uv, y=\ln(u+v)$；　(6) $z=\arctan\dfrac{x}{y}, x=u^2+v^2, y=u^2-v^2$.

4. 设 $u=f(x,y,z), x=x(s,t), y=y(s,t), z=z(s,t)$. 写出求复合函数 $u=f(x(s,t),y(s,t),z(s,t))$的偏导数$\dfrac{\partial u}{\partial s}$和$\dfrac{\partial u}{\partial t}$的链式法则.

5. 设 $u=f(x,y,z)=3xy+yz, x=\ln s+\cos t, y=1+s\sin t, z=st$.

(1) 求$\dfrac{\partial u}{\partial s}$和$\dfrac{\partial u}{\partial t}$在$(s,t)=(1,\pi)$点的值；

(2) 假定 s、t 还是 w 的函数，即 $s=1+\sin(\pi w), t=\pi w^2$，试求$\left.\dfrac{\mathrm{d}u}{\mathrm{d}w}\right|_{w=1}$.

6. 求下列复合函数的偏导数：

(1) $z=f(\sqrt{x^2+y^2})$；　(2) $u=f(x^2+y^2+z^2)$；

(3) $z=f\left(x,\dfrac{x}{y}\right)$；　(4) $u=f(x,xy,xyz)$.

7. 求下列函数的二阶偏导数：

(1) $z=\sin\left(\dfrac{x}{y}\right)$；　(2) $z=x\mathrm{e}^y$；　(3) $z=\sin(x^2+y^2)$；　(4) $z=\sqrt{x^2+y^2}$；

(5) $z=\dfrac{x\mathrm{e}^y}{x+y}$；　(6) $z=\arctan(x+y)$；　(7) $f(x,y)=\ln(xy)$；　(8) $f(x,y)=x^y$.

8. 设 $f(x,y)=a+bx+cy+dx^2+exy+ky^2$，其中 a、b、c、d、e、k 均为常数. 验证 $a=f(0,0)$，$b=\dfrac{\partial f}{\partial x}(0,0)$，$c=\dfrac{\partial f}{\partial y}(0,0)$，$d=\dfrac{1}{2}\dfrac{\partial^2 f}{\partial x^2}(0,0)$，$e=\dfrac{\partial^2 f}{\partial x\partial y}(0,0)$，$k=\dfrac{1}{2}\dfrac{\partial^2 f}{\partial y^2}(0,0)$.

9. 设 $z=x^k\mathrm{e}^{-\frac{y}{x}}$满足关系式$\dfrac{\partial z}{\partial x}=y\dfrac{\partial^2 z}{\partial y^2}+\dfrac{\partial z}{\partial y}$，试求常数 k.

10. 验证函数 $u=x\varphi\left(\dfrac{y}{x}\right)+\psi\left(\dfrac{y}{x}\right)$满足方程 $x^2u_{xx}+2xyu_{xy}+y^2u_{yy}=0$.

(B)

1. 求下列函数的二阶偏导数：

(1) $z=f(ax,by)$；　(2) $u=f(x^2+y^2)$；　(3) $z=f(x+y,xy)$；

(4) $z=f(x+y,x-y)$；　(5) $z=f(xy^2,x^2y)$；　(6) $z=f(\sin x,\cos y,\mathrm{e}^{x+y})$.

2. 设 $f(x,y)=\begin{cases}\dfrac{x^3y-xy^3}{x^2+y^2}, & (x,y)\neq(0,0),\\ 0, & (x,y)=(0,0).\end{cases}$ 试证：$f_{xy}(0,0)\neq f_{yx}(0,0)$.

3. 若函数 $f(x,y)$对任意正实数 t 满足关系 $f(tx,ty)=t^n f(x,y)$，则称 $f(x,y)$为 n **次齐次函数**. 设 $f(x,y)$可微，试证明 $f(x,y)$为 n 次齐次函数的充要条件是

$$x\frac{\partial f}{\partial x}+y\frac{\partial f}{\partial y}=nf(x,y).$$

4. 验证函数 $u(x,y)=x^n f\left(\frac{y}{x^2}\right)$满足方程 $x\frac{\partial u}{\partial x}+2y\frac{\partial u}{\partial y}=nu.$

答案与提示

(A)

2. (1) $e^{-t}(\sin 2t-\sin^2 t)$； (2) $2t(\sin y+y\cos x)+\frac{1}{t}(x\cos y+\sin x)$； (3) $\frac{1-2x^3}{x^2+y^2}$；

(4) $\frac{2}{y}(1+\frac{x^2}{2y})\cos\frac{x}{y}$； (5) $e^y(2-x-x^2-xy)$； (6) $\frac{x^2+2y}{x^2+y^2}$.

3. (1) $\frac{\partial z}{\partial u}=e^{-y}(\sin v+xv\sin u)-e^{-x}(y\sin v+v\sin u)$,

$\frac{\partial z}{\partial v}=e^{-y}(u\cos v-x\cos u)+e^{-x}(\cos u-yu\cos v)$；

(2) $\frac{\partial z}{\partial u}=\frac{1}{u}e^y,\frac{\partial z}{\partial v}=xe^y$；

(3) $\frac{\partial z}{\partial u}=\frac{1}{y^2u^2}(yv\sin x-2u^3\cos x),\frac{\partial z}{\partial v}=\frac{1}{y^2u}(2uv\cos x-y\sin x)$；

(4) $\frac{\partial z}{\partial u}=\frac{2+2uv}{1+(x+y)^2},\frac{\partial z}{\partial v}=\frac{u^2-2v}{1+(x+y)^2}$；

(5) $\frac{\partial z}{\partial u}=e^{x\sin y}(v\sin y+\frac{x\cos y}{u+v}),\frac{\partial z}{\partial v}=e^{x\sin y}(u\sin y+\frac{x\cos y}{u+v})$；

(6) $\frac{\partial z}{\partial u}=\frac{2u(y-x)}{x^2+y^2},\frac{\partial z}{\partial v}=\frac{2v(x+y)}{x^2+y^2}$.

4. $\frac{\partial u}{\partial s}=\frac{\partial f}{\partial x}\frac{\partial x}{\partial s}+\frac{\partial f}{\partial y}\frac{\partial y}{\partial s}+\frac{\partial f}{\partial z}\frac{\partial z}{\partial s},\frac{\partial u}{\partial t}=\frac{\partial f}{\partial x}\frac{\partial x}{\partial t}+\frac{\partial f}{\partial y}\frac{\partial y}{\partial t}+\frac{\partial f}{\partial z}\frac{\partial z}{\partial t}$.

5. (1) $\frac{\partial u}{\partial s}(1,\pi)=3+\pi,\frac{\partial u}{\partial t}(1,\pi)=4-\pi$； (2) $\left.\frac{du}{dw}\right|_{w=1}=5\pi-3\pi^2$.

6. (1) $\frac{\partial z}{\partial x}=\frac{x}{\sqrt{x^2+y^2}}f'(\sqrt{x^2+y^2}),\frac{\partial z}{\partial y}=\frac{y}{\sqrt{x^2+y^2}}f'(\sqrt{x^2+y^2})$；

(2) $\frac{\partial u}{\partial x}=2xf'(x^2+y^2+z^2),\frac{\partial u}{\partial y}=2yf'(x^2+y^2+z^2),\frac{\partial u}{\partial z}=2zf'(x^2+y^2+z^2)$；

(3) $\frac{\partial z}{\partial x}=f_1'+\frac{1}{y}f_2',\frac{\partial z}{\partial y}=-\frac{x}{y^2}f_2'$； (4) $u_x=f_1'+yf_2'+yzf_3',u_y=xf_2'+xzf_3',u_z=xyf_3'$.

7. (1) $\frac{\partial^2 z}{\partial x^2}=-\frac{1}{y^2}\sin(\frac{x}{y}),\frac{\partial^2 z}{\partial y^2}=-\frac{x^2}{y^4}\sin(\frac{x}{y})+\frac{2x}{y^3}\cos(\frac{x}{y}),\frac{\partial^2 z}{\partial x\partial y}=\frac{x}{y^3}\sin(\frac{x}{y})-\frac{1}{y^2}\cos(\frac{x}{y})$；

(2) $\frac{\partial^2 z}{\partial x^2}=0,\frac{\partial^2 z}{\partial y^2}=xe^y,\frac{\partial^2 z}{\partial x\partial y}=e^y$；

(3) $\frac{\partial^2 z}{\partial x^2}=2\cos(x^2+y^2)-4x^2\sin(x^2+y^2)$,

$\frac{\partial^2 z}{\partial y^2}=2\cos(x^2+y^2)-4y^2\sin(x^2+y^2),\frac{\partial^2 z}{\partial x\partial y}=-4xy\sin(x^2+y^2)$；

(4) $\frac{\partial^2 z}{\partial x^2}=\frac{y^2}{(x^2+y^2)^{3/2}},\frac{\partial^2 z}{\partial y^2}=\frac{x^2}{(x^2+y^2)^{3/2}},\frac{\partial^2 z}{\partial x\partial y}=\frac{-xy}{(x^2+y^2)^{3/2}}$；

(5) $\frac{\partial^2 z}{\partial x^2}=\frac{-2ye^y}{(x+y)^3},\frac{\partial^2 z}{\partial y^2}=\frac{xe^y}{x+y}\left[1-\frac{2}{x+y}+\frac{2}{(x+y)^2}\right],\frac{\partial^2 z}{\partial x\partial y}=\frac{1+y}{(x+y)^2}e^y-\frac{2ye^y}{(x+y)^3}$；

(6) $\frac{\partial^2 z}{\partial x^2}=\frac{\partial^2 z}{\partial y^2}=\frac{\partial^2 z}{\partial x\partial y}=\frac{-2(x+y)}{[1+(x+y)^2]^2}$；

(7) $f_{xx}=-\frac{1}{x^2},f_{yy}=-\frac{1}{y^2},f_{xy}=0$；

(8) $f_{xx}=y(y-1)x^{y-2},f_{yy}=x^y(\ln x)^2,f_{xy}=x^{y-1}(1+y\ln x)$.

9. $k=-1$.

(B)

1. (1) $z_{xx}=a^2f''_{11},z_{yy}=b^2f''_{22},z_{xy}=abf''_{12}$；

(2) $u_{xx}=2f'+4x^2f'',u_{yy}=2f'+4y^2f'',u_{xy}=4xyf''$；

(3) $z_{xx}=f''_{11}+2yf''_{12}+y^2f''_{22},z_{yy}=f''_{11}+2xf''_{12}+x^2f''_{22},z_{xy}=f''_{11}+xf''_{12}+f'_2+yf''_{21}+xyf''_{22}$；

(4) $z_{xx}=f''_{11}+2f''_{12}+f''_{22},z_{yy}=f''_{11}-2f''_{12}+f''_{22},z_{xy}=f''_{11}-f''_{22}$；

(5) $z_{xx}=2yf'_2+y^4f''_{11}+4xy^3f''_{12}+4x^2y^2f''_{22},z_{yy}=2xf'_1+4x^2y^2f''_{11}+4x^3yf''_{12}+x^4f''_{22},z_{xy}$ $=2yf'_1+2xf'_2+2xy^3f''_{11}+5x^2y^2f''_{12}+2x^3yf''_{22}$；

(6) $z_{xx}=-f'_1\sin x+f'_3e^{x+y}+f''_{11}\cos^2x+2f''_{13}e^{x+y}\cos x+f''_{33}e^{2(x+y)}$,

$z_{yy}=-f'_2\cos y+f'_3e^{x+y}+f''_{22}\sin^2y-2f''_{23}e^{x+y}\sin y+f''_{33}e^{2(x+y)}$,

$z_{xy}=f'_3e^{x+y}-f''_{12}\sin y\cos x+f''_{13}e^{x+y}\cos x-f''_{32}e^{x+y}\sin y+f''_{33}e^{2(x+y)}$.

2. $f_{xy}(0,0)=-1\neq f_{yx}(0,0)=1$.

3. 应用链式法则.

4. 注意 $u(tx,t^2y)=t^nu(x,y)$.

7.5 方向导数与梯度

多元函数的偏导数刻画了函数沿坐标轴正向的变化率. 本节将讨论函数沿任意方向的变化率,并且还将引进一个叫做**梯度**的向量,它将刻画函数在一点的附近是怎样变化的.

7.5.1 方向导数

我们要考察二元函数 $z=f(x,y)$ 在点 $P_0(x_0,y_0)$ 处沿着单位向量

$$\boldsymbol{l}=\{\cos\alpha,\cos\beta\}$$

的方向的变化率,其中 α 和 β 分别表示 $\boldsymbol{l}$ 与 x 轴正向和 y 轴正向的夹角(见图 7.17).

为讨论方便,我们假设函数 $z=f(x,y)$ 定义在开区域 D 内,$P_0\in D$. 过点 P_0 且以 $\boldsymbol{l}$ 为方向向量的直线 L 的方程是

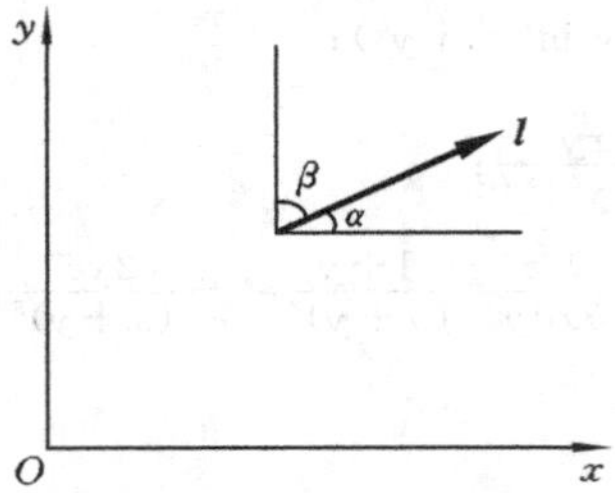

图 7.17

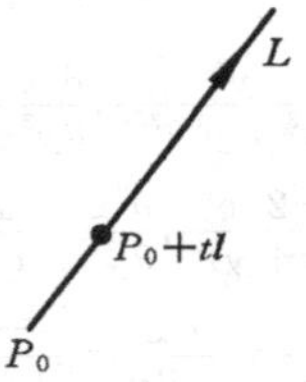

图 7.18

$$\begin{cases} x = x_0 + t\cos\alpha, \\ y = y_0 + t\cos\beta \end{cases} \quad (t \in \mathbf{R}).$$

当点沿着直线 L(见图 7.18)从 $P_0(x_0, y_0)$变到点(x,y)时,在直线 L 上的函数改变量是 $f(P_0 + t\boldsymbol{l}) - f(P_0)$,称 t 是自变量 P 在直线 L 上的改变量,而称 $\frac{f(P_0+t\boldsymbol{l})-f(P_0)}{t}$为函数 f 当 P 沿直线 L 从 P_0 变到 $P_0+t\boldsymbol{l}$ 时的平均变化率. 当 $t\to0$时,由这平均变化率就得到 f 在点 P_0 沿方向 $\boldsymbol{l}$ 的瞬时变化率.

定义 7.5.1(方向导数) 设函数 $z=f(x,y)$在点 $P_0(x_0, y_0)$点的邻域内有定义,若极限

$$\lim_{t\to0}\frac{f(P_0+t\boldsymbol{l})-f(P_0)}{t}$$

存在,则称它为 $f(x,y)$在点 P_0 沿方向 $\boldsymbol{l}$ 的**方向导数**. 记作

$$\frac{\partial f(P_0)}{\partial l} \quad 或 \quad \left.\frac{\partial f}{\partial l}\right|_{P_0}.$$

$f(x,y)$在任意点 P 沿方向 $\boldsymbol{l}$ 的方向导数记作

$$\frac{\partial f(P)}{\partial l} \quad 或 \quad \frac{\partial f}{\partial l}.$$

由于 $f(P_0+t\boldsymbol{l})=f(x_0+t\cos\alpha, y_0+t\cos\beta)$,若令

$$\varphi(t) = f(x_0+t\cos\alpha, y_0+t\cos\beta),$$

则由定义知

$$\frac{\partial f(P_0)}{\partial l} = \lim_{t\to0}\frac{f(x_0+t\cos\alpha, y_0+t\cos\beta)-f(x_0,y_0)}{t}$$

$$= \lim_{t\to0}\frac{\varphi(t)-\varphi(0)}{t} = \varphi'(0).$$

因此,一元函数 $\varphi(t)$在 $t=0$ 点的导数,就是二元函数 $z=f(x,y)$在点 P_0 沿方向 $\boldsymbol{l}$ 的方向导数.

如果函数 $f(x,y)$在点 $P_0(x_0, y_0)$可微,则根据链式法则,有

$$\frac{\partial f(P_0)}{\partial l} = \varphi'(0) = \frac{\partial f(P_0)}{\partial x}\cos\alpha + \frac{\partial f(P_0)}{\partial y}\cos\beta. \tag{7.5.1}$$

在 $\mathbf{R}^2$ 中,单位向量 $\boldsymbol{l}$ 可表示为

$$\boldsymbol{l}=\{\cos\alpha,\sin\alpha\},$$

其中 α 是从 x 轴正向沿逆时针方向到 $\boldsymbol{l}$ 的旋转角度,$0\leqslant\alpha\leqslant2\pi$. 因此又有公式

$$\frac{\partial f(P_0)}{\partial l}=\frac{\partial f(P_0)}{\partial x}\cos\alpha+\frac{\partial f(P_0)}{\partial y}\sin\alpha. \tag{7.5.2}$$

于是,在 $f(x,y)$ 可微的条件下,只要求出两个偏导数,即可求出沿任一方向的方向导数.

对于三元函数 $u=f(x,y,z)$,类似可定义它在点 $P_0(x_0,y_0,z_0)$ 沿方向 $\boldsymbol{l}$ 的方向导数. 设

$$\boldsymbol{l}=\{\cos\alpha,\cos\beta,\cos\gamma\},$$

其中 α、β、γ 分别为 $\boldsymbol{l}$ 与 x、y、z 轴正向的夹角. 则 f 在点 P_0 沿方向 $\boldsymbol{l}$ 的方向导数为

$$\frac{\partial f(P_0)}{\partial l}=\frac{\mathrm{d}}{\mathrm{d}t}f(x_0+t\cos\alpha,y_0+t\cos\beta,z_0+t\cos\gamma)\Big|_{t=0}.$$

当函数 f 在点 P_0 可微时,有以下的计算公式

$$\frac{\partial f}{\partial l}=\frac{\partial f}{\partial x}\cos\alpha+\frac{\partial f}{\partial y}\cos\beta+\frac{\partial f}{\partial z}\cos\gamma. \tag{7.5.3}$$

例 7.5.1　设 $z=x\mathrm{e}^{xy}$, P_0 为 $(1,1)$, $\boldsymbol{l}$ 为与向量 $\{1,1\}$ 同向的单位向量. 求 $\left.\dfrac{\partial z}{\partial l}\right|_{(1,1)}$.

解　先求出单位向量 $\boldsymbol{l}$:

$$\boldsymbol{l}=\left\{\frac{1}{\sqrt{2}},\frac{1}{\sqrt{2}}\right\}=\left\{\cos\frac{\pi}{4},\sin\frac{\pi}{4}\right\}.$$

由于所给函数可微,我们可利用式(7.5.2)计算.

$$\frac{\partial f}{\partial x}=\mathrm{e}^{xy}+xy\mathrm{e}^{xy},\quad \left.\frac{\partial f}{\partial x}\right|_{(1,1)}=2\mathrm{e};$$

$$\frac{\partial f}{\partial y}=x^2\mathrm{e}^{xy},\quad \left.\frac{\partial f}{\partial y}\right|_{(1,1)}=\mathrm{e}.$$

所以
$$\left.\frac{\partial z}{\partial l}\right|_{(1,1)}=2\mathrm{e}\cdot\frac{1}{\sqrt{2}}+\mathrm{e}\cdot\frac{1}{\sqrt{2}}=\frac{3\sqrt{2}}{2}\mathrm{e}.$$
□

例 7.5.2　设 $u=\ln(x^2+y^2)$, P_0 为 $(1,1)$, $\boldsymbol{l}$ 与 x 轴正向的夹角为 $60°$,求 $\left.\dfrac{\partial u}{\partial l}\right|_{P_0}$.

解　$\boldsymbol{l}=\{\cos60°,\sin60°\}=\left\{\dfrac{1}{2},\dfrac{\sqrt{3}}{2}\right\}$. 令

$$\varphi(t)=\ln\left[\left(1+\frac{t}{2}\right)^2+\left(1+\frac{\sqrt{3}}{2}t\right)^2\right],$$

化简得
$$\varphi(t)=\ln[t^2+(1+\sqrt{3})t+2].$$

$$\varphi'(t)=\frac{2t+1+\sqrt{3}}{t^2+(1+\sqrt{3})t+2},\quad \varphi'(0)=\frac{1+\sqrt{3}}{2}.$$

所以
$$\left.\frac{\partial u}{\partial l}\right|_{(1,1)}=\frac{1+\sqrt{3}}{2}.$$
□

7.5.2 梯度

方向导数刻画了函数在点 P_0 沿方向 $\boldsymbol{l}$ 的变化状态. 若 $\frac{\partial f(P_0)}{\partial l}>0$,则函数在点 P_0 沿着 $\boldsymbol{l}$ 方向是递增的;若 $\frac{\partial f(P_0)}{\partial l}<0$,则函数在点 P_0 沿着 $\boldsymbol{l}$ 方向是递减的;若 $\frac{\partial f(P_0)}{\partial l}=0$(此时其反方向的方向导数亦为零),则函数在点 P_0 沿 $\boldsymbol{l}$ 方向及其反方向的变化是稳定的. 我们想进一步了解函数在点 P_0 究竟沿什么方向增加得最快? 为此,我们来考察方向导数 $\frac{\partial f(P_0)}{\partial l}$ 与 $\boldsymbol{l}$ 的关系.

以三元函数 $u=f(x,y,z)$ 的情况为例来考察. 把计算公式(7.5.3)改写成向量形式. 记

$$\boldsymbol{g}=\mathrm{grad}f(P_0)=\left\{\frac{\partial f}{\partial x},\frac{\partial f}{\partial y},\frac{\partial f}{\partial z}\right\}_{P_0}$$

(grad 是英文名词 gradient 的前 4 个字母,即梯度).

$$\boldsymbol{l}=\{\cos\alpha,\cos\beta,\cos\gamma\},$$

由向量的点积定义知,f 沿 $\boldsymbol{l}$ 的方向导数式(7.5.3)可写成

$$\frac{\partial f}{\partial l}=\mathrm{grad}f(P_0)\cdot\boldsymbol{l}=\boldsymbol{g}\cdot\boldsymbol{l}=|\boldsymbol{g}||\boldsymbol{l}|\cos(\boldsymbol{g},\boldsymbol{l}),$$

即

$$\frac{\partial f}{\partial l}=|\boldsymbol{g}|\cos(\boldsymbol{g},\boldsymbol{l}).\tag{7.5.4}$$

由式(7.5.4)可得下面的结论.

定理 7.5.1　设函数 $u=f(x,y,z)$ 在点 P_0 可微,则 $\boldsymbol{g}=\mathrm{grad}f(P_0)$ 存在,且

(1) 若 $\mathrm{grad}f=\boldsymbol{0}$,则沿任何方向 $\boldsymbol{l}$,$\frac{\partial f}{\partial l}=0$;

(2) 若 $\mathrm{grad}f\neq\boldsymbol{0}$,则当 $\boldsymbol{l}=\frac{\mathrm{grad}f}{|\mathrm{grad}f|}$ 时,$\frac{\partial f}{\partial l}$ 最大,且 $\frac{\partial f}{\partial l}=|\mathrm{grad}f|$.

由此可见,grad$f$ 是这样一个向量:它的方向指向函数值变化最快的方向,它的长度就等于函数在这个方向上的变化率. 我们把这个向量的定义重新正式地写在下面.

定义 7.5.2(梯度)　设函数 $u=f(x,y,z)$ 在点 P_0 可求偏导数,则称向量

$$\frac{\partial f(P_0)}{\partial x}\boldsymbol{i}+\frac{\partial f(P_0)}{\partial y}\boldsymbol{j}+\frac{\partial f(P_0)}{\partial z}\boldsymbol{k}$$

为函数 $f(x,y,z)$ 在点 $P_0(x_0,y_0,z_0)$ 的**梯度向量**(**简称梯度**)，记作

$$\mathrm{grad}f \quad 或 \quad \nabla f,$$

即

$$\mathrm{grad}f=\nabla f=\left\{\frac{\partial f}{\partial x},\frac{\partial f}{\partial y},\frac{\partial f}{\partial z}\right\},$$

而把偏导数算子(符)向量 $\left\{\frac{\partial}{\partial x},\frac{\partial}{\partial y},\frac{\partial}{\partial z}\right\}$ 叫做**梯度算子(符)**，记作

$$\mathrm{grad}=\nabla=\left\{\frac{\partial}{\partial x},\frac{\partial}{\partial y},\frac{\partial}{\partial z}\right\}.$$

于是，方向导数就可以表示为

$$\frac{\partial f}{\partial l}=\mathrm{grad}f\cdot \boldsymbol{l}=|\mathrm{grad}f|\cos(\mathrm{grad}f,\boldsymbol{l}), \tag{7.5.5}$$

即 $\frac{\partial f}{\partial l}$ 等于 $\mathrm{grad}f$ 在 $\boldsymbol{l}$ 方向上的投影.

例 7.5.3　求函数 $f(x,y)=x\mathrm{e}^y$ 在点(1,1)处的梯度，并利用这个梯度求函数 f 在向量 $\boldsymbol{i}-\boldsymbol{j}$ 的方向上的变化率.

解　二元函数 $f(x,y)$ 的梯度是　$\mathrm{grad}f=\frac{\partial f}{\partial x}\boldsymbol{i}+\frac{\partial f}{\partial y}\boldsymbol{j}$，

因此有　$$\mathrm{grad}f=\mathrm{e}^y\boldsymbol{i}+x\mathrm{e}^y\boldsymbol{j},$$

在点(1,1)处有　$$\mathrm{grad}f(1,1)=\mathrm{e}\boldsymbol{i}+\mathrm{e}\boldsymbol{j}.$$

与向量 $\boldsymbol{i}-\boldsymbol{j}$ 同向的单位向量是 $\boldsymbol{l}=\frac{1}{\sqrt{2}}\boldsymbol{i}-\frac{1}{\sqrt{2}}\boldsymbol{j}$，所以方向导数

$$\left.\frac{\partial f}{\partial l}\right|_{(1,1)}=\mathrm{grad}f(1,1)\cdot\boldsymbol{l}=\mathrm{e}(\boldsymbol{i}+\boldsymbol{j})\cdot\left(\frac{\boldsymbol{i}}{\sqrt{2}}-\frac{\boldsymbol{j}}{\sqrt{2}}\right)=0.$$ □

例 7.5.4　设函数 $\rho=f(x,y,z)$ 表示一大桶汽油中杂质的密度 $\rho(\mathrm{mg/m^3})$. 设 x、y、z 以米计，而汽油桶的尺寸是 $-3\leqslant x\leqslant 3$，$-3\leqslant y\leqslant 3$，$0\leqslant z\leqslant 2$，函数表达式为

$$\rho=f(x,y,z)=-2x^2-3y^2+\frac{1}{z+1}.$$

(1) 等位面 $\rho=f(x,y,z)=1$ 的物理意义是什么？

(2) 杂质的密度在点(2,1,1)增加最快的方向是什么？最大变化率是多少？

(3) 杂质的密度在点(2,1,1)沿什么方向变化率达到最小？最小变化率是多少？

(4) 求一个向量，使得杂质密度在点(2,1,1)处沿该向量的方向的变化率为零.

解　(1) 等位面 $\rho=f(x,y,z)=1$ 包含了所有杂质密度为 1 的点.

(2) 函数 f 在(2,1,1)点沿单位向量 $\boldsymbol{l}$ 的方向导数为

$$\frac{\partial f(2,1,1)}{\partial l}=\mathrm{grad}f(2,1,1)\cdot\boldsymbol{l}.$$

因此，若 $\boldsymbol{l}$ 与 $\mathrm{grad}\rho$ 同向，则可得到 ρ 的最大变化率，而

$$\mathrm{grad}\rho=f_x\boldsymbol{i}+f_y\boldsymbol{j}+f_z\boldsymbol{k}=-4x\boldsymbol{i}-6y\boldsymbol{j}-\frac{\boldsymbol{k}}{(z+1)^2},$$

故所要求的方向由向量

$$\mathrm{grad}\rho|_{(2,1,1)}=-8\boldsymbol{i}-6\boldsymbol{j}-\frac{1}{4}\boldsymbol{k}$$

给出.

密度沿 $\mathrm{grad}\rho$ 方向的最大变化率为

$$|\mathrm{grad}\rho|=\sqrt{(-8)^2+(-6)^2+(-\frac{1}{4})^2}\approx 10\ \left(\frac{\mathrm{mg/m^3}}{\mathrm{m}}\right).$$

(3) 方向导数 $\frac{\partial f}{\partial l}$ 取最小值的方向应当与梯度 $\mathrm{grad}\rho$ 的方向正好相反，即

$$-\mathrm{grad}\rho=8\boldsymbol{i}+6\boldsymbol{j}+\frac{1}{4}\boldsymbol{k},$$

而密度在这个方向的变化率为

$$-|\mathrm{grad}\rho|\approx -10\ \left(\frac{\mathrm{mg/m^3}}{\mathrm{m}}\right).$$

(4) 当 $\boldsymbol{l}$ 与 $\mathrm{grad}\rho$ 互相垂直时，ρ 的变化率为零. 同时，对于任何满足条件

$$\mathrm{grad}\rho\cdot\boldsymbol{l}=(-8\boldsymbol{i}-6\boldsymbol{j}-\frac{1}{4}\boldsymbol{k})\cdot(l_1\boldsymbol{i}+l_2\boldsymbol{j}+l_3\boldsymbol{k})=-8l_1-6l_2-\frac{l_3}{4}=0$$

的方向 $\boldsymbol{l}=\{l_1,l_2,l_3\}$，$\rho$ 在点(2,1,1)沿 $\boldsymbol{l}$ 方向的变化率都为零. 由于这里只有一个方程来确定三个量 l_1,l_2,l_3，故我们可以任意选取其中的两个，比如取 $l_2=8,l_3=0$，则可确定 $l_1=-6$. 于是，密度 ρ 在点(2,1,1)沿向量

$$\boldsymbol{l}=-6\boldsymbol{i}+8\boldsymbol{j}$$

的方向的变化率为零. 当然，还可以选取 l_2、l_3 的其他值，从而得到许多符合要求的向量. □

习 题 7.5

(A)

1. 回答下列问题：

(1) 函数 $z=f(x,y)$ 在点 P_0 沿方向 $\boldsymbol{l}=\{\cos\alpha,\sin\alpha\}$ 的方向导数如何定义？

(2) 什么叫梯度？叙述它的准确定义.

(3) 函数 $f(x,y,z)$ 在一点沿什么方向的变化率最大？最小？为零？

2. 在下列各题中，α 表示 $\boldsymbol{l}$ 与 x 轴正向的夹角. 试求函数 $z=x^4y^5$ 在点(1,1)沿方向 $\boldsymbol{l}=\{\cos\alpha,\sin\alpha\}$ 的方向导数：

(1) $\alpha=0$；　(2) $\alpha=\pi$；　(3) $\alpha=\frac{\pi}{4}$；　(4) $\alpha=\frac{\pi}{2}$；　(5) $\alpha=\frac{3\pi}{2}$；　(6) $\alpha=\frac{5\pi}{4}$.

3. 计算并画出下列函数在指定点的 ∇f：

(1) $f(x,y)=x^2y$，在(2,5)，(3,1)；　(2) $f(x,y)=\frac{1}{\sqrt{x^2+y^2}}$，在(1,2)，(3,0).

4. 求函数 $z=e^{x+2y}$ 在点(0,0)沿方向 $\boldsymbol{A}=2\boldsymbol{i}+3\boldsymbol{j}$ 的方向导数.

5. 设 $f(x,y,z)=x^2+y^2+z^2$.

(1) 计算在点(2,0,0),(0,2,0)和(0,0,2)处的梯度 $\mathrm{grad}f$;

(2) 对(1)中的三个点画出向量 $\mathrm{grad}f$.

6. 求函数 $f(x,y,z)=x^3y^2z$ 在点(1,1,1)沿下列方向的方向导数:

(1) $\boldsymbol{i}$;　(2) $\boldsymbol{j}$;　(3) $\boldsymbol{k}$;　(4) $-\boldsymbol{i}$;　(5) $\boldsymbol{i}+\boldsymbol{j}+\boldsymbol{k}$.

7. (1) 设 $f_x(a,b,c)=2,f_y(a,b,c)=3,f_z(a,b,c)=1$. 求三个不同的单位向量 $\boldsymbol{l}$,使得 $\dfrac{\partial f(a,b,c)}{\partial l}$ 为零.

(2) 有多少个单位向量 $\boldsymbol{l}$ 使 $\dfrac{\partial f}{\partial l}$ 在点(a,b,c)的值为零?

8. 在平面上任一点(x,y)处的温度由下列函数表示:

$$T(x,y)=\frac{100}{x^2+y^2+1}.$$

(1) 平面上何处最热? 在那里温度是多少?

(2) 求温度在点(3,2)处增加最大的方向,这增加最大的变化率是多少?

(3) 求温度在点(3,2)处减少最快的方向.

(4) 在(2)中所求得的向量指向原点吗?

(5) 在点(3,2)求一个方向,使得在这个方向上,温度不增不减.

(6) T 的等温线是什么样子的?

9. 求下列函数在指定点处函数值增加最快的方向:

(1) $f(x,y)=e^x(\cos y+\sin y)$,(0,0);　(2) $f(x,y,z)=\ln(x^2+y^2+z^2)$,(2,0,1);

(3) $f(x,y,z)=\cos(xyz)$,$\left(\dfrac{1}{3},\dfrac{1}{2},\pi\right)$;　(4) $f(x,y)=3x^2+4y^2$,(−1,1).

10. 求下列函数在指定点处函数值减小最快的方向:

(1) $f(x,y)=\sin(\pi xy)$,$\left(\dfrac{1}{2},\dfrac{2}{3}\right)$;　(2) $f(x,y,z)=\dfrac{x-z}{y+z}$,(−1,1,3).

(B)

1. 设 $f(x,y)=x^2+y^2$. 证明:如果(a,b)是等高线 $x^2+y^2=9$ 上任一点,则在点(a,b)的梯度∇f 必垂直于等高线在此点的切线.

2. 设 $f(x,y,z)=1/\sqrt{x^2+y^2+z^2}$. 令 $\boldsymbol{r}=x\boldsymbol{i}+y\boldsymbol{j}+z\boldsymbol{k}$,试用 $\boldsymbol{r}$ 来表示∇f.

3. 顶点位于(1,1),(5,1),(1,3)和(5,3)的金属盘被来自于原点的火焰加热;盘上各点的温度反比于此点到原点的距离. 试问点(3,2)处的蚂蚁应朝哪个方向爬行,才能最快到达凉爽处?

4. 设某山峰可由曲面 $z=5-x^2-2y^2$ 表示. 位于点$\left(\dfrac{1}{2},-\dfrac{1}{2},\dfrac{17}{4}\right)$处的登山者发现其供氧面具漏气,他应沿哪个方向才能最快到达山底?

答案与提示

(A)

2. (1) 4;　(2) −4;　(3) $\dfrac{9\sqrt{2}}{2}$;　(4) 5;　(5) −5;　(6) $-\dfrac{9\sqrt{2}}{2}$.

3. (1) $\nabla f(2,5)=\{20,4\}$, $\nabla f(3,1)=\{6,9\}$;

(2) $\nabla f(1,2)=\left\{\dfrac{-1}{5\sqrt{5}},\dfrac{-2}{5\sqrt{5}}\right\}$, $\nabla f(3,0)=\{-\dfrac{1}{9},0\}$.

4. $\dfrac{8}{\sqrt{13}}$.

5. (1) $\{4,0,0\},\{0,4,0\},\{0,0,4\}$.

6. (1) 3;　(2) 2;　(3) 1;　(4) -3;　(5) $2\sqrt{3}$.

7. (1) $\{0,\dfrac{1}{\sqrt{10}},\dfrac{-3}{\sqrt{10}}\},\{\dfrac{1}{\sqrt{5}},0,\dfrac{-2}{\sqrt{5}}\},\{\dfrac{1}{\sqrt{27}},\dfrac{1}{\sqrt{27}},\dfrac{-5}{\sqrt{27}}\}$;　(2) 有无穷多个.

8. (1) 在$(x,y)=(0,0)$处最热,最高温度为100℃;

(2) $\mathrm{grad}\,T(3,2)=\{-\dfrac{150}{49},-\dfrac{100}{49}\}$是温度增加最快的方向,最大变化率为$\dfrac{50\sqrt{13}}{49}$;

(3) 减少得最快的方向是$\{\dfrac{150}{49},\dfrac{100}{49}\}$;

(4) 指向原点;　(5) $\{-49,\dfrac{147}{2}\}$;

(6) 等温线为$x^2+y^2=\dfrac{100}{c}-1(c<100)$.

9. (1) $\dfrac{\sqrt{2}}{2}(\boldsymbol{i}+\boldsymbol{j})$;　(2) $\dfrac{4}{5}\boldsymbol{i}+\dfrac{2}{5}\boldsymbol{k}$;　(3) $-\dfrac{\pi}{4}\boldsymbol{i}-\dfrac{\pi}{6}\boldsymbol{j}-\dfrac{1}{12}\boldsymbol{k}$;　(4) $-\dfrac{3}{5}\boldsymbol{i}+\dfrac{4}{5}\boldsymbol{j}$.

10. (1) $-\dfrac{4}{5}\boldsymbol{i}-\dfrac{3}{5}\boldsymbol{j}$;　(2) $\dfrac{-\sqrt{2}}{2}(\boldsymbol{i}+\boldsymbol{j})$.

(B)

2. $\nabla f=-\dfrac{1}{r^3}\boldsymbol{r}$.

3. $\dfrac{3}{\sqrt{13}}\boldsymbol{i}+\dfrac{2}{\sqrt{13}}\boldsymbol{j}$.

4. $\dfrac{1}{\sqrt{5}}(\boldsymbol{i}-2\boldsymbol{j})$.

7.6 隐函数微分法

7.6.1 一个方程的情形

在第3章中我们就遇到过隐函数,在那里先假定有一个函数$y=f(x)$满足方程

$$F(x,y)=0, \tag{7.6.1}$$

即

$$F[x,f(x)]\equiv 0. \tag{7.6.2}$$

然后在$f(x)$可微的前提下,我们给出了求这个隐函数的导数的一些例子.现在我们利用复合函数求偏导数的链式法则来推导隐函数的导数的一般公式.

假设 $y=f(x)$ 是由方程(7.6.1)所确定的一个隐函数，那么对于某个区间内的每个 x 都有式(7.6.2)成立，也就有

$$\frac{\mathrm{d}F[x,f(x)]}{\mathrm{d}x}\equiv 0.$$

现在设函数 $F(x,y)$ 与 $f(x)$ 都是可微的，则由链式法则，有

$$\frac{\mathrm{d}F[x,f(x)]}{\mathrm{d}x}=\frac{\partial F}{\partial x}+\frac{\partial F}{\partial y}\frac{\mathrm{d}y}{\mathrm{d}x}=0,$$

由此得

$$\frac{\mathrm{d}y}{\mathrm{d}x}=-\frac{\partial F}{\partial x}\Big/\frac{\partial F}{\partial y}. \tag{7.6.3}$$

当然，要假定 $\frac{\partial F}{\partial y}\neq 0$.

注意，在上面的推导过程中，$y=f(x)$ 并没有“明显地”表示出来，但是，我们却通过函数 $F(x,y)$ 的偏导数“明显地”给出了 $\frac{\mathrm{d}y}{\mathrm{d}x}$ 的表达式.

例 7.6.1　设 y 由下列方程确定为 x 隐函数：

$$F(x,y)=xy^5-x^5y-2=0,$$

则有

$$\frac{\partial F}{\partial x}=y^5-5x^4y,\quad \frac{\partial F}{\partial y}=5xy^4-x^5.$$

于是由式(7.6.3)得

$$\frac{\mathrm{d}y}{\mathrm{d}x}=-\frac{y(y^4-5x^4)}{x(5y^4-x^4)}.$$ □

接着我们来考察三个变量的方程

$$F(x,y,z)=0. \tag{7.6.4}$$

假设方程(7.6.4)确定隐函数 $z=z(x,y)$，求 $\frac{\partial z}{\partial x},\frac{\partial z}{\partial y}$.

因 $z=z(x,y)$ 是由方程(7.6.4)确定的隐函数，把它代回方程应得恒等式

$$F(x,y,z(x,y))\equiv 0.$$

利用一阶全微分形式的不变性，有

$$\frac{\partial F}{\partial x}\mathrm{d}x+\frac{\partial F}{\partial y}\mathrm{d}y+\frac{\partial F}{\partial z}\mathrm{d}z\equiv 0.$$

设 $\frac{\partial F}{\partial z}\neq 0$，解出 $\mathrm{d}z$ 得

$$\mathrm{d}z=-\left(\frac{\partial F}{\partial x}\Big/\frac{\partial F}{\partial z}\right)\mathrm{d}x-\left(\frac{\partial F}{\partial y}\Big/\frac{\partial F}{\partial z}\right)\mathrm{d}y,$$

所以有

$$\frac{\partial z}{\partial x}=-\frac{\partial F}{\partial x}\Big/\frac{\partial F}{\partial z},\quad \frac{\partial z}{\partial y}=-\frac{\partial F}{\partial y}\Big/\frac{\partial F}{\partial z}. \tag{7.6.5}$$

例 7.6.2　设 $z=z(x,y)$ 是由方程

$$z-y-x+x\mathrm{e}^{z-y-x}=0 \tag{7.6.6}$$

所确定的隐函数，求 $\mathrm{d}z$.

解法一　将方程(7.6.6)两边同时关于 x 求偏导数，得

$$\frac{\partial z}{\partial x}-1+\mathrm{e}^{z-y-x}+x\mathrm{e}^{z-y-x}\left(\frac{\partial z}{\partial x}-1\right)=0,$$

故
$$\frac{\partial z}{\partial x}=\frac{1+(x-1)\mathrm{e}^{z-y-x}}{1+x\mathrm{e}^{z-y-x}}.$$

再将方程(7.6.6)两边同时关于 y 求偏导数,得

$$\frac{\partial z}{\partial y}-1+x\mathrm{e}^{z-y-x}\left(\frac{\partial z}{\partial y}-1\right)=0,$$

故
$$\frac{\partial z}{\partial y}=1.$$

于是
$$\mathrm{d}z=\frac{1+(x-1)\mathrm{e}^{z-y-x}}{1+x\mathrm{e}^{z-y-x}}\mathrm{d}x+\mathrm{d}y.$$

解法二 利用一阶全微分形式的不变性,对方程(7.6.6)两边求全微分,得

$$\mathrm{d}z-\mathrm{d}y-\mathrm{d}x+\mathrm{d}(x\mathrm{e}^{z-y-x})=0,$$

即
$$\mathrm{d}z-\mathrm{d}y-\mathrm{d}x+\mathrm{e}^{z-y-x}\mathrm{d}x+x\mathrm{e}^{z-y-x}(\mathrm{d}z-\mathrm{d}y-\mathrm{d}x)=0.$$

整理后得
$$\mathrm{d}z=\frac{1+(x-1)\mathrm{e}^{z-y-x}}{1+x\mathrm{e}^{z-y-x}}\mathrm{d}x+\mathrm{d}y.$$
□

上面我们都是在假定所给方程能确定隐函数的前提下来计算隐函数的偏导数的.那么,给定一个方程,在什么条件下它能确定一个隐函数呢?这是一个理论性的问题,也是多元微分学中颇为复杂的问题.在本节的末尾,我们将给出并证明关于隐函数的存在性及可微性的有关定理.

7.6.2 方程组的情形

现在我们讨论由方程组确定的隐函数的微分法.同样,我们都假定在所讨论的问题中,隐函数存在且可微.

一般来说,n 个方程可以确定 n 个函数,例如,方程组

$$\begin{cases}F_1(x,y,z)=0,\\F_2(x,y,z)=0\end{cases}\tag{7.6.7}$$

确定两个隐函数 $y=y(x),z=z(x)$,而方程组

$$\begin{cases}F(x,y,u,v)=0,\\G(x,y,u,v)=0\end{cases}\tag{7.6.8}$$

则确定两个二元的隐函数 $u=u(x,y),v=v(x,y)$.

现在我们来求由方程(7.6.7)所确定的隐函数 $y=y(x),z=z(x)$ 的导数 $\frac{\mathrm{d}y}{\mathrm{d}x},\frac{\mathrm{d}z}{\mathrm{d}x}$.

由一阶全微分形式的不变性,得

$$\begin{cases}\dfrac{\partial F_1}{\partial x}\mathrm{d}x+\dfrac{\partial F_1}{\partial y}\mathrm{d}y+\dfrac{\partial F_1}{\partial z}\mathrm{d}z=0,\\[2mm]\dfrac{\partial F_2}{\partial x}\mathrm{d}x+\dfrac{\partial F_2}{\partial y}\mathrm{d}y+\dfrac{\partial F_2}{\partial z}\mathrm{d}z=0,\end{cases}$$

或

$$\begin{cases}\dfrac{\partial F_1}{\partial y}\mathrm{d}y+\dfrac{\partial F_1}{\partial z}\mathrm{d}z=-\dfrac{\partial F_1}{\partial x}\mathrm{d}x,\\ \dfrac{\partial F_2}{\partial y}\mathrm{d}y+\dfrac{\partial F_2}{\partial z}\mathrm{d}z=-\dfrac{\partial F_2}{\partial x}\mathrm{d}x.\end{cases}$$

将 $\mathrm{d}y$、$\mathrm{d}z$ 视作未知数，解上述方程组，假设 $\mathrm{d}y$、$\mathrm{d}z$ 的系数所组成的行列式不为零，即可解出

$$\mathrm{d}y=\begin{vmatrix}-\dfrac{\partial F_1}{\partial x}\mathrm{d}x & \dfrac{\partial F_1}{\partial z}\\ -\dfrac{\partial F_2}{\partial x}\mathrm{d}x & \dfrac{\partial F_2}{\partial z}\end{vmatrix}\Bigg/\begin{vmatrix}\dfrac{\partial F_1}{\partial y} & \dfrac{\partial F_1}{\partial z}\\ \dfrac{\partial F_2}{\partial y} & \dfrac{\partial F_2}{\partial z}\end{vmatrix}=-\frac{\dfrac{\partial(F_1,F_2)}{\partial(x,z)}}{\dfrac{\partial(F_1,F_2)}{\partial(y,z)}}\mathrm{d}x,$$

因此得

$$\frac{\mathrm{d}y}{\mathrm{d}x}=-\frac{\partial(F_1,F_2)}{\partial(x,z)}\Bigg/\frac{\partial(F_1,F_2)}{\partial(y,z)}. \tag{7.6.9}$$

同理得

$$\frac{\mathrm{d}z}{\mathrm{d}x}=-\frac{\partial(F_1,F_2)}{\partial(y,x)}\Bigg/\frac{\partial(F_1,F_2)}{\partial(y,z)}. \tag{7.6.10}$$

这里我们引用了一个记号，即 n 个函数对 n 个变量求偏导数组成的行列式，称为**雅可比(Jacobi)行列式**. 如式(7.6.9)中分母的行列式是 F_1、F_2 对 y、z 的雅可比行列式：

$$\frac{\partial(F_1,F_2)}{\partial(y,z)}=\begin{vmatrix}\dfrac{\partial F_1}{\partial y} & \dfrac{\partial F_1}{\partial z}\\ \dfrac{\partial F_2}{\partial y} & \dfrac{\partial F_2}{\partial z}\end{vmatrix}\left(\text{也记作}\frac{\mathrm{D}(F_1,F_2)}{\mathrm{D}(y,z)}\right).$$

例 7.6.3　设有方程组 $\begin{cases}xu-yv=0,\\ yu+xv=1,\end{cases}$ 求 $\dfrac{\partial u}{\partial x},\dfrac{\partial u}{\partial y},\dfrac{\partial v}{\partial x},\dfrac{\partial v}{\partial y}$.

解　由题意可知，这个方程组确定两个隐函数 $u=u(x,y)$ 和 $v=v(x,y)$. 我们利用推导式(7.6.9)、(7.6.10)的思想和方法来计算.

对所给方程两边求全微分，得

$$\begin{cases}x\mathrm{d}u+u\mathrm{d}x-y\mathrm{d}v-v\mathrm{d}y=0,\\ y\mathrm{d}u+u\mathrm{d}y+x\mathrm{d}v+v\mathrm{d}x=0,\end{cases}$$

或

$$\begin{cases}x\mathrm{d}u-y\mathrm{d}v=-u\mathrm{d}x+v\mathrm{d}y,\\ y\mathrm{d}u+x\mathrm{d}v=-v\mathrm{d}x-u\mathrm{d}y.\end{cases}$$

将 $\mathrm{d}u$、$\mathrm{d}v$ 看作未知数解上述方程组，得

$$\begin{cases}\mathrm{d}u=\dfrac{1}{x^2+y^2}[(-xu-yv)\mathrm{d}x+(xv-yu)\mathrm{d}y],\\ \mathrm{d}v=\dfrac{1}{x^2+y^2}[(yu-xv)\mathrm{d}x+(-xu-yu)\mathrm{d}y]\end{cases}\quad(\text{设 } x^2+y^2\neq 0),$$

于是得 $\frac{\partial u}{\partial x}=-\frac{xu+yv}{x^2+y^2}$, $\frac{\partial u}{\partial y}=\frac{xv-yu}{x^2+y^2}$, $\frac{\partial v}{\partial x}=\frac{yu-xv}{x^2+y^2}$, $\frac{\partial v}{\partial y}=-\frac{xu+yv}{x^2+y^2}$.

读者可试用下法求解：分别对所给方程两边关于 x、y 求偏导数后，再解出$\frac{\partial u}{\partial x}$、$\frac{\partial u}{\partial y}$、$\frac{\partial v}{\partial x}$和$\frac{\partial v}{\partial y}$. □

7.6.3 隐函数存在定理

现在我们讨论隐函数的存在性与可微性问题. 首先考虑一个方程的情形.

定理 7.6.1(隐函数存在定理) 设二元函数 $F(x,y)$满足下列条件：

(1) 在矩形区域 $D=\{(x,y)\,|\,|x-x_0|<a,|y-y_0|<b\}$内有关于 x 和 y 的连续偏导数；

(2) $F(x_0,y_0)=0$;

(3) $F_y(x_0,y_0)\neq 0$.

则：

1° 在点(x_0,y_0)的某邻域内，由方程 $F(x,y)=0$ 可以确定唯一的函数 $y=f(x)$，即存在 $\eta>0$，当 $x\in O(x_0,\eta)$时，有$F(x,f(x))=0$，并且 $y_0=f(x_0)$;

2° f 在 $O(x_0,\eta)$内连续；

3° f 在 $O(x_0,\eta)$内有连续的导数.

证 我们分几步来证明结论 1°. 不妨设 $F_y(x_0,y_0)>0$.

(Ⅰ) 由于 F_y 在点(x_0,y_0)连续以及 $F_y(x_0,y_0)>0$，利用二元连续函数的保号性质可知，存在点(x_0,y_0)的一个矩形邻域

$$D_1=\{(x,y)\,|\,|x-x_0|<a_1,|y-y_0|<b_1\},$$

使得在 D_1 内有 $F_y(x,y)>0$.

(Ⅱ) 固定 $x=x_0$，由于 $F_y(x_0,y)>0$，故 $F(x_0,y)$是关于变量 y 严格增加的函数. 再由 $F(x_0,y_0)=0$，得

$$F(x_0,y_0-b_1)<0,\quad F(x_0,y_0+b_1)>0. \tag{7.6.11}$$

(Ⅲ) 由 F 的连续性及式(7.6.11)可知，分别存在点(x_0,y_0-b_1)的一个矩形邻域 R_1 和点(x_0,y_0+b_1)的一个矩形邻域 R_2，使得

$$F(x,y)<0,(x,y)\in R_1;\quad F(x,y)>0,(x,y)\in R_2.$$

因此，存在 $\eta>0$，使当 $x\in O(x_0,\eta)$时，有

$$F(x,y_0-b_1)<0,\quad F(x,y_0+b_1)>0.$$

(Ⅳ) 对于 $O(x_0,\eta)$内的每一点 x，由于 $F(x,y_0-b_1)<0$，$F(x,y_0+b_1)>0$，以及 $F(x,y)$是关于变量 y 严格增加的，所以存在唯一的一点 $y\in(y_0-b_1,y_0+b_1)$，使得 $F(x,y)=0$(为什么?). 这就是说，对每一个 $x\in O(x_0,\eta)$，存在唯一的 y 与之对应. 记这个对应关系为 f，则有 $y=f(x)$，并且 $F(x,f(x))=0$，$x\in O(x_0,\eta)$. 于是定理的结论 1°得证.

现在来证明结论 2°. $\forall x_1\in O(x_0,\eta)$以及$\forall \varepsilon>0$,重复 1°的证明过程,可得到 $\delta>0$,使当 $x\in O(x_0,\delta)$时,有 $f(x)\in(f(x_1)-\varepsilon,f(x_1)+\varepsilon)$. 这便证明了 f 在 $O(x_0,\eta)$内是连续的.

最后证明结论 3°. $\forall x,x+\Delta x\in O(x_0,\eta)$,记

$$y=f(x),\quad y+\Delta y=f(x+\Delta x),$$

则有

$$F(x,y)=0,\quad F(x+\Delta x,y+\Delta y)=0.$$

并且又有

$$\begin{aligned}0&=F(x+\Delta x,y+\Delta y)-F(x,y)\\&=F(x+\Delta x,y+\Delta y)-F(x,y+\Delta y)+F(x,y+\Delta y)-F(x,y)\\&=F_x(x+\theta_1\Delta x,y+\Delta y)\Delta x+F_y(x,y+\theta_2\Delta y)\Delta y.\end{aligned}$$

注意到 $F_y(x,y+\theta_2\Delta y)>0$,故得

$$\frac{\Delta y}{\Delta x}=-\frac{F_x(x+\theta_1\Delta x,y+\Delta y)}{F_y(x,y+\theta_2\Delta y)}.$$

由于函数 $y=f(x)$在 $O(x_0,\eta)$内连续,故当 $\Delta x\to 0$ 时有 $\Delta y\to 0$. 又已知 F_x 和 F_y 都连续,因此

$$\frac{\mathrm{d}y}{\mathrm{d}x}=\lim_{\Delta x\to 0}\frac{\Delta y}{\Delta x}=-\frac{F_x(x,y)}{F_y(x,y)}.\tag{7.6.12}$$

上式右端是连续的,故 $y=f(x)$在 $O(x_0,\eta)$内有连续的导数. 定理证毕. □

下面给出三元情形下的隐函数存在定理,证明从略.

定理 7.6.2　设三元函数 $F(x,y,z)$满足下列条件:

(1) 在长方体 $D=\{(x,y,z)\mid |x-x_0|<a,|y-y_0|<b,|z-z_0|<c\}$内有关于 x,y 和 z 的连续偏导数;

(2) $F(x_0,y_0,z_0)=0$;

(3) $F_z(x_0,y_0,z_0)\neq 0$.

则:

1° 在点(x_0,y_0,z_0)的某邻域内,由方程 $F(x,y,z)=0$ 可以确定唯一的函数 $z=f(x,y)$,即存在 $\eta_1>0,\eta_2>0$,当$(x,y)\in D'=\{(x,y)\mid |x-x_0|<\eta_1,|y-y_0|<\eta_2\}$时,有$F(x,y,f(x,y))=0$,并且 $z_0=f(x_0,y_0)$;

2° f 在 D'内连续;

3° f 在 D'内有关于 x 及 y 的连续偏导数.

读者可仿此给出 n 元情形的隐函数存在定理. 最后我们叙述一个方程组情形的隐函数存在定理,证明也从略.

定理 7.6.3　设:(1)函数 $F(x,y,u,v)$和 $G(x,y,u,v)$在点 $P_0(x_0,y_0,u_0,v_0)$的某邻域内对各个变量有连续的偏导数;

(2) $F(x_0,y_0,u_0,v_0)=0,G(x_0,y_0,u_0,v_0)=0$;

(3) F,G 关于 x,y,u,v 在点 P_0 的雅可比行列式

$$J(P_0)=\frac{\partial(F,G)}{\partial(u,v)}\bigg|_{P_0}=\begin{vmatrix}F_u(P_0) & F_v(P_0)\\ G_u(P_0) & G_v(P_0)\end{vmatrix}\neq 0.$$

则存在点 P_0 的一个邻域,在此邻域内由方程组

$$\begin{cases}F(x,y,u,v)=0,\\ G(x,y,u,v)=0\end{cases}$$

可以确定唯一的一组函数

$$u=u(x,y),\quad v=v(x,y)$$

满足
$$\begin{cases}F(x,y,u(x,y),v(x,y))=0,\\ G(x,y,u(x,y),v(x,y))=0,\end{cases}$$

并且 u,v 都具有关于 x,y 的连续偏导数.

习 题 7.6

(A)

1. 回答下列问题:

(1) 由方程确定的隐函数,这个"隐"字是什么含义?

(2) n 个方程的方程组可确定多少个隐函数?自变量的个数如何确定?

2. 求下列方程确定的隐函数的导数 $\frac{\mathrm{d}y}{\mathrm{d}x}$ 和 $\frac{\mathrm{d}^2y}{\mathrm{d}x^2}$:

(1) $x^2+2xy-y^2=a^2$; (2) $\ln\sqrt{x^2+y^2}=\arctan\frac{y}{x}$;

(3) $y=2x\arctan\frac{y}{x}$; (4) $x^y=y^x(x\neq y)$.

3. 设 $x+y+z=\mathrm{e}^z$,求 $\frac{\partial^2z}{\partial x^2}$,$\frac{\partial^2z}{\partial x\partial y}$ 和 $\frac{\partial^2z}{\partial y^2}$.

4. 设 $x+y+z=0,x^2+y^2+z^2=1$,求 $\frac{\mathrm{d}x}{\mathrm{d}z}$ 和 $\frac{\mathrm{d}y}{\mathrm{d}z}$.

5. 设 $x^2+y^2+z^2=yf\left(\frac{z}{y}\right)$,求 z_x 和 z_y.

(B)

1. 设 $F(x-y,y-z,z-x)=0$,求 $\frac{\partial z}{\partial x}$ 和 $\frac{\partial z}{\partial y}$.

2. 设 $x=x(y,z),y=y(x,z),z=z(x,y)$ 都是由方程 $F(x,y,z)=0$ 所确定的具有连续偏导数的函数,证明 $\frac{\partial x}{\partial y}\cdot\frac{\partial y}{\partial z}\cdot\frac{\partial z}{\partial x}=-1$.

3. 设 $x^2+y^2=\frac{1}{2}z^2,x+y+z=2$,求 $\frac{\mathrm{d}x}{\mathrm{d}z}$ 和 $\frac{\mathrm{d}^2x}{\mathrm{d}z^2}$.

4. 设 $\begin{cases}u=f(xu,v+y),\\ v=g(u-x,v^2y),\end{cases}$ 其中 f,g 具有一阶连续偏导数.求 $\frac{\partial u}{\partial x}$ 和 $\frac{\partial v}{\partial x}$.

答案与提示

(A)

2. (1) $\frac{dy}{dx}=\frac{x+y}{y-x},\frac{d^2y}{dx^2}=\frac{2a^2}{(x-y)^3}$； (2) $\frac{dy}{dx}=\frac{x+y}{x-y},\frac{d^2y}{dx^2}=\frac{2(x^2+y^2)}{(x-y)^3}$； (3) $\frac{dy}{dx}=\frac{y}{x},\frac{d^2y}{dx^2}=0$；

(4) $\frac{dy}{dx}=\frac{y^2(1-\ln x)}{x^2(1-\ln y)},\frac{d^2y}{dx^2}=\left[\frac{y^3(1-\ln x)^2}{x^4(1-\ln y)^2}-\frac{2y^2(x-y)(1-\ln x)}{x^4(1-\ln y)}-\frac{y^2}{x^3}\right]\frac{1}{1-\ln y}$.

3. $\frac{\partial^2 z}{\partial x^2}=\frac{\partial^2 z}{\partial y^2}=\frac{\partial^2 z}{\partial x\partial y}=-\frac{e^z}{(e^z-1)^3}$.

4. $\frac{dx}{dz}=\frac{y-z}{x-y},\frac{dy}{dz}=\frac{z-x}{x-y}$.

5. $z_x=\frac{2x}{f'-2z},z_y=\frac{x^2-y^2+z^2-zf'}{2yz-yf'}$.

(B)

1. $\frac{\partial z}{\partial x}=\frac{F_1'-F_3'}{F_2'-F_3'},\frac{\partial z}{\partial y}=\frac{F_2'-F_1'}{F_2'-F_3'}$.

3. $\frac{dx}{dz}=\frac{z+2y}{2(x-y)},\frac{d^2x}{dz^2}=\frac{1}{x-y}\left[\frac{1}{2}-\frac{(z+2y)^2+(z+2x)^2}{4(x-y)^2}\right]$.

4. $\frac{\partial u}{\partial x}=\frac{uf_1'(1-2yvg_2')-f_2'g_1'}{(xf_1'-1)(2yvg_2'-1)-f_2'g_1'},\frac{\partial v}{\partial x}=\frac{g_1'(xf_1'+uf_1'-1)}{(xf_1'-1)(2yvg_2'-1)-f_2'g_1'}$.

7.7　泰勒多项式

我们在讨论一元函数的泰勒公式时，就知道用二次函数作逼近比用一次函数作逼近的效果更好. 在本章 7.3.2 小节中，我们看到了如何用一个二元线性函数来逼近 $f(x,y)$（局部线性化）. 本节将进一步讨论如何用二次及二次以上函数来逼近 $f(x,y)$.

先回顾一下一元函数的情形. 局部线性化为

$$f(x)\approx f(a)+f'(a)(x-a)\quad (x\text{ 在 }a\text{ 附近}).$$

用二阶泰勒多项式逼近：

$$f(x)\approx f(a)+f'(a)(x-a)+\frac{1}{2}f''(a)(x-a)^2\quad (x\text{ 在 }a\text{ 附近}).$$

二元函数 $f(x,y)$ 在点 (a,b) 附近的局部线性化为

$$f(x,y)\approx f(a,b)+f_x(a,b)(x-a)+f_y(a,b)(y-b),$$

或者，若 $(a,b)=(0,0)$，则

$$f(x,y)\approx f(0,0)+f_x(0,0)x+f_y(0,0)y.$$

现在，我们想利用二次多项式作逼近：

$$f(x,y)\approx P(x,y)=A+Bx+Cy+Dx^2+Exy+Fy^2.$$

怎样选取这个多项式呢？如果我们希望在点(0,0)的逼近是精确的，那就意味着

$$f(0,0)=P(0,0)=A.$$

如果我们对 f 和 P 在点(0,0)处的一阶偏导数也要求

$$f_x(0,0)=P_x(0,0)=B,\quad f_y(0,0)=P_y(0,0)=C,$$

那么由于 f 和 P 在点(0,0)处有相同的局部线性化,所以它们在点(0,0)附近是很接近的.下一步自然希望 f 和 P 在点(0,0)处的二阶偏导数相等.换句话说,要求

$$f_{xx}(0,0)=P_{xx}(0,0),\quad f_{xy}(0,0)=P_{xy}(0,0),\quad f_{yy}(0,0)=P_{yy}(0,0).$$

于是有

$$f_{xx}(0,0)=P_{xx}(0,0)=2D,$$
$$f_{xy}(0,0)=P_{xy}(0,0)=E,$$
$$f_{yy}(0,0)=P_{yy}(0,0)=2F.$$

这样我们就求出了系数 $A,B,\cdots,F$ 等,从而对于 $f(x,y)$ 在点(0,0)附近的最好的二次逼近是下列的多项式——**二阶泰勒多项式**:

$$\begin{aligned}f(x,y)&\approx P(x,y)\\&=f(0,0)+f_x(0,0)x+f_y(0,0)y+\frac{f_{xx}(0,0)}{2}x^2\\&\quad+f_{xy}(0,0)xy+\frac{f_{yy}(0,0)}{2}y^2.\end{aligned}$$

同样,对于 $f(x,y)$ 在点 (a,b) 附近的最好的二次逼近是下列的泰勒多项式:

$$\begin{aligned}f(x,y)&\approx P(x,y)\\&=f(a,b)+f_x(a,b)(x-a)+f_y(a,b)(y-b)\\&\quad+\frac{f_{xx}(a,b)}{2}(x-a)^2+f_{xy}(a,b)(x-a)(y-b)\\&\quad+\frac{f_{yy}(a,b)}{2}(y-b)^2.\end{aligned}$$

一般地,对二元函数有下面的结论(证明略).

定理 7.7.1 设 $z=f(x,y)$ 在点 (a,b) 的某一邻域内连续,且有直到 $n+1$ 阶的连续偏导数,$(a+h,b+k)$ 为此邻域内一点,则有**泰勒公式**成立:

$$\begin{aligned}f(a+h,b+k)&=f(a,b)+\left(h\frac{\partial}{\partial x}+k\frac{\partial}{\partial y}\right)f(a,b)\\&\quad+\frac{1}{2!}\left(h\frac{\partial}{\partial x}+k\frac{\partial}{\partial y}\right)^2f(a,b)+\cdots+\frac{1}{n!}\left(h\frac{\partial}{\partial x}+k\frac{\partial}{\partial y}\right)^nf(a,b)\\&\quad+\frac{1}{(n+1)!}\left(h\frac{\partial}{\partial x}+k\frac{\partial}{\partial y}\right)^{n+1}f(a+\theta h,b+\theta k)\qquad(0<\theta<1).\end{aligned}$$

其中记号

$\left(h\frac{\partial}{\partial x}+k\frac{\partial}{\partial y}\right)f(a,b)$ 表示 $hf_x(a,b)+kf_y(a,b)$;

$\left(h\frac{\partial}{\partial x}+k\frac{\partial}{\partial y}\right)^2f(a,b)$ 表示 $h^2f_{xx}(a,b)+2hkf_{xy}(a,b)+k^2f_{yy}(a,b)$;

$$\left(h\frac{\partial}{\partial x}+k\frac{\partial}{\partial y}\right)^m f(a,b)\text{表示}\sum_{p=0}^{m}C_m^p h^p k^{m-p}\frac{\partial^m f(a,b)}{\partial x^p \partial y^{m-p}}.$$

例 7.7.1　求函数 $f(x,y)=\sqrt{x+2y+1}$ 在点(0,0)处的二阶泰勒多项式.

解　先算出有关的数值：

导　数	公　式	在(0,0)处的值
$f(x,y)$	$(x+2y+1)^{1/2}$	1
$f_x(x,y)$	$1/2(x+2y+1)^{-1/2}$	$\frac{1}{2}$
$f_y(x,y)$	$(x+2y+1)^{-1/2}$	1
$f_{xx}(x,y)$	$-\frac{1}{4}(x+2y+1)^{-3/2}$	$-\frac{1}{4}$
$f_{xy}(x,y)$	$-\frac{1}{2}(x+2y+1)^{-3/2}$	$-\frac{1}{2}$
$f_{yy}(x,y)$	$-(x+2y+1)^{-3/2}$	-1

然后写出二阶泰勒多项式：

$$f(x,y)\approx 1+\frac{1}{2}x+y-\frac{1}{8}x^2-\frac{1}{2}xy-\frac{1}{2}y^2.$$ □

习　题　7.7

(A)

1. 求 $z=\sin 2x+\cos y$ 在点(0,0)处的二阶泰勒多项式.

2. 求 $z=\frac{1}{xy}$ 在点(1,2)处的二阶泰勒多项式.

(B)

1. 试利用一阶泰勒多项式求 $\sqrt{(3.012)^2+(3.997)^2}$ 的近似值.

2. 电阻 R_1 和 R_2 并联后的电阻为 $R=\frac{R_1R_2}{R_1+R_2}$，利用一阶泰勒多项式计算当 $R_1=2.013\ \Omega$，$R_2=5.972\ \Omega$ 时，R 的近似值.

3. 试写出函数 $u=f(x,y,z)$ 在点 (a,b,c) 的一阶泰勒多项式.

4. 一长方体纸箱外侧尺寸分别为 14 cm，14 cm，28 cm，厚度为 0.125 cm，试利用习题 3 的结果计算纸箱容积的近似值.

答案与提示

(A)

1. $\sin 2x+\cos y\approx 1+2x-\frac{1}{2}y^2$.

2. $\frac{1}{xy} \approx \frac{1}{2}-\frac{1}{2}(x-1)-\frac{1}{4}(y-2)+\frac{1}{2}(x-1)^2+\frac{1}{4}(x-1)(y-2)+\frac{1}{8}(y-2)^2$.

(B)

1. 5.0048.

2. 1.50556 Ω.

3. $f(x,y,z) \approx P(x,y,z)=f(x_0,y_0,z_0)+f_x(x_0,y_0,z_0)(x-x_0)+f_y(x_0,y_0,z_0)(y-y_0)$
$+f_z(x_0,y_0,z_0)(z-z_0)$

4. 5243 cm^3.

7.8 向量值函数的导数

7.8.1 向量值函数的概念

我们回忆一下从一元函数到多元函数的讨论,所涉及的是一个自变量与一个因变量的关系,以及多个自变量与一个因变量的关系.现在我们要把函数概念从一个因变量推广到多个因变量的情形.也就是说,不仅自变量可以是多个的,而且因变量也可以是多个的情形.

为了更好地表述将要引进的新概念,我们首先引进矩阵的概念和记号.

定义 7.8.1(矩阵) 给出 $m\times n$ 个数,排成 m 行 n 列的数表

$$\begin{bmatrix} a_{11} & a_{12} & \cdots & a_{1n} \\ a_{21} & a_{22} & \cdots & a_{2n} \\ \vdots & \vdots & & \vdots \\ a_{m1} & a_{m2} & \cdots & a_{mn} \end{bmatrix}, \tag{7.8.1}$$

称此数表为 $m\times n$ **矩阵**.有时也用记号 $(a_{ij})_{m\times n}$ 表示.

当 $m=n$ 时,这样的表叫做 n **阶矩阵(方阵)**.

我们把欧氏空间 $\mathbf{R}^n$ 中的 n 维向量记作 $\boldsymbol{x}=(x_1,x_2,\cdots,x_n)$,有时也写作

$$\boldsymbol{x}=\begin{bmatrix} x_1 \\ x_2 \\ \vdots \\ x_n \end{bmatrix}.$$

为区别起见,我们将前者称为**行向量**,后者称为**列向量**.本节常将向量写成列向量的形式,为了排版方便,我们采用转置符号“T”将列向量写成如下形式:

$$\boldsymbol{x}=\begin{bmatrix} x_1 \\ x_2 \\ \vdots \\ x_n \end{bmatrix}=(x_1,x_2,\cdots,x_n)^{\mathrm{T}}.$$

现在让我们回顾第6章6.6节所介绍的空间螺旋线的参数方程：

$$\boldsymbol{r}=\boldsymbol{r}(t)=\cos t\boldsymbol{i}+\sin t\boldsymbol{j}+t\boldsymbol{k}. \tag{7.8.2}$$

在这里，t 是自变量，而因变量则有三个，即 $\cos t,\sin t,t$. 我们可以把式(7.8.2)改写成如下形式：

$$\boldsymbol{r}=\begin{bmatrix}r_1\\r_2\\r_3\end{bmatrix}=\begin{bmatrix}\cos t\\\sin t\\t\end{bmatrix}. \tag{7.8.3}$$

由于作为函数值的是向量，因此称其为向量值函数.

一般地有如下的定义.

定义 7.8.2(向量值函数)　设 $D\subset\mathbf{R}^n$ 是一个点集，称映射

$$\boldsymbol{f}:D\to\mathbf{R}^m\quad(m\geqslant 2)$$

为定义于 D 上、在 $\mathbf{R}^m$ 中取值的**向量值函数**.

我们常将向量值函数 $\boldsymbol{f}:D\to\mathbf{R}^m$ 写作

$$\boldsymbol{y}=\boldsymbol{f}(\boldsymbol{x}),$$

其中 $\boldsymbol{x}=(x_1,x_2,\cdots,x_n)^{\mathrm{T}}\in\mathbf{R}^n,\boldsymbol{y}=(y_1,y_2,\cdots,y_m)^{\mathrm{T}}\in\mathbf{R}^m$. 若将它们的坐标分量一个一个地写出来，就是一个多元函数组

$$\begin{cases}y_1=f_1(x_1,x_2,\cdots,x_n),\\y_2=f_2(x_1,x_2,\cdots,x_n),\\\vdots\\y_m=f_m(x_1,x_2,\cdots,x_n).\end{cases}$$

在上面给出的例子中，式(7.8.2)(或式(7.8.3))表示的是一个定义于 $\mathbf{R}$ 且在 $\mathbf{R}^3$ 中取值的一元向量值函数.

7.8.2　向量值函数的极限与连续性

1. 极限

我们先讨论一个自变量、三个因变量的情形，然后推广到一般.

设 $\boldsymbol{f}(x)=f_1(x)\boldsymbol{i}+f_2(x)\boldsymbol{j}+f_3(x)\boldsymbol{k},x\in I\subset\mathbf{R}$. 又设 $a\in I$ 是一给定的点，$\boldsymbol{A}=A_1\boldsymbol{i}+A_2\boldsymbol{j}+A_3\boldsymbol{k}$ 为一给定的向量. 如果

$$\lim_{x\to a}|\boldsymbol{f}(x)-\boldsymbol{A}|=0, \tag{7.8.4}$$

即当 $x\to a$ 时，$\boldsymbol{f}(x)-\boldsymbol{A}$ 的模趋于0，则称

$$\lim_{x\to a}\boldsymbol{f}(x)=\boldsymbol{A}.$$

由向量的模的定义可以推知，若 $\boldsymbol{A}=A_1\boldsymbol{i}+A_2\boldsymbol{j}+A_3\boldsymbol{k}$，则

$$\lim_{x\to a}\boldsymbol{f}(x)=\boldsymbol{A}\quad\Leftrightarrow\quad\begin{cases}\lim\limits_{x\to a}f_1(x)=A_1,\\ \lim\limits_{x\to a}f_2(x)=A_2,\\ \lim\limits_{x\to a}f_3(x)=A_3.\end{cases}$$

根据范数的定义,式(7.8.4)实际上等价于

$$\lim_{x\to a}\|\boldsymbol{f}(x)-\boldsymbol{A}\|=0,\tag{7.8.5}$$

用精确语言来描述,$\lim\limits_{x\to a}\boldsymbol{f}(x)=\boldsymbol{A}$ 是指,$\forall\varepsilon>0,\exists\delta>0,\forall x\in I:0<|x-a|<\delta$,有

$$\|\boldsymbol{f}(x)-\boldsymbol{A}\|<\varepsilon.$$

现在考虑一般情形.设 $D\subset\mathbf{R}^n$ 是一个区域,$\boldsymbol{f}=(f_1,f_2,\cdots,f_m):D\to\mathbf{R}^m$ 是一个 n 元向量值函数,$\boldsymbol{a}=(a_1,a_2,\cdots,a_n)\in D$ 是一给定的点,$\boldsymbol{A}=(A_1,A_2,\cdots,A_m)$ 为一给定的向量.

定义 7.8.3 如果 $\forall\varepsilon>0,\exists\delta>0,\forall\boldsymbol{x}\in D:0<\|\boldsymbol{x}-\boldsymbol{a}\|<\delta$,有

$$\|\boldsymbol{f}(\boldsymbol{x})-\boldsymbol{A}\|<\varepsilon,$$

则称当 $\boldsymbol{x}\to\boldsymbol{a}$ 时,$\boldsymbol{f}(\boldsymbol{x})$ 以 $\boldsymbol{A}$ 为极限,记作

$$\lim_{\boldsymbol{x}\to\boldsymbol{a}}\|\boldsymbol{f}(\boldsymbol{x})-\boldsymbol{A}\|=0.$$

这里,

$$\|\boldsymbol{x}-\boldsymbol{a}\|=\sqrt{\sum_{i=1}^{n}(x_i-a_i)^2},$$

$$\|\boldsymbol{f}(\boldsymbol{x})-\boldsymbol{A}\|=\sqrt{\sum_{i=1}^{n}(f_i(\boldsymbol{x})-A_i)^2}.$$

容易看出 $\lim\limits_{\boldsymbol{x}\to\boldsymbol{a}}\boldsymbol{f}(\boldsymbol{x})=\boldsymbol{A}\quad\Leftrightarrow\quad\lim\limits_{\boldsymbol{x}\to\boldsymbol{a}}f_i(\boldsymbol{x})=A_i\quad(i=1,2,\cdots,m).$

2. 连续性

设 $D\subset\mathbf{R}^n$ 是一个区域,$\boldsymbol{f}:D\to\mathbf{R}^m$ 是一个 n 元向量值函数.

定义 7.8.4 $\boldsymbol{f}:D\to\mathbf{R}^m$ 在点 $\boldsymbol{a}\in D$ 连续是指,$\forall\varepsilon>0,\exists\delta>0,\forall\boldsymbol{x}\in D:\|\boldsymbol{x}-\boldsymbol{a}\|<\delta$,有

$$\|\boldsymbol{f}(\boldsymbol{x})-\boldsymbol{f}(\boldsymbol{a})\|<\varepsilon,$$

即

$$\lim_{\boldsymbol{x}\to\boldsymbol{a}}\boldsymbol{f}(\boldsymbol{x})=\boldsymbol{f}(\boldsymbol{a}).$$

如果 $\boldsymbol{f}$ 在 D 的每一点连续,则称 $\boldsymbol{f}$ 在 D 上连续,或称 $\boldsymbol{f}$ 是 D 上的一个连续向量值函数.

显然

$$\boldsymbol{f}:D\to\mathbf{R}^m\text{ 在点 }\boldsymbol{a}\in D\text{ 连续}\Leftrightarrow\lim_{\boldsymbol{x}\to\boldsymbol{a}}f_i(\boldsymbol{x})=f_i(\boldsymbol{a})\quad(i=1,2,\cdots,m).$$

这就是说,向量值函数的连续性可以归结为多元函数的连续性.

7.8.3 向量值函数的导数

我们还是从一个自变量、三个因变量的情形说起.设

$$\boldsymbol{y}=\boldsymbol{f}(x),$$

其中 $x\in\mathbf{R}$，而 $\boldsymbol{y}=(y_1,y_2,y_3)^{\mathrm{T}}$，$\boldsymbol{f}(x)=(f_1(x),f_2(x),f_3(x))^{\mathrm{T}}$. 若 $f_1(x)$、$f_2(x)$、$f_3(x)$ 在点 $x_0\in\mathbf{R}$ 可导，则定义 $\boldsymbol{f}(x)$ 在点 x_0 点的导数为

$$\frac{\mathrm{d}\boldsymbol{y}}{\mathrm{d}x}=\lim_{\Delta x\to 0}\frac{\boldsymbol{f}(x_0+\Delta x)-\boldsymbol{f}(x_0)}{\Delta x}$$

$$=\lim_{\Delta x\to 0}\begin{bmatrix}\dfrac{f_1(x_0+\Delta x)-f_1(x_0)}{\Delta x}\\ \dfrac{f_2(x_0+\Delta x)-f_2(x_0)}{\Delta x}\\ \dfrac{f_3(x_0+\Delta x)-f_3(x_0)}{\Delta x}\end{bmatrix}=\begin{bmatrix}f_1{}'(x_0)\\ f_2{}'(x_0)\\ f_3{}'(x_0)\end{bmatrix}=\boldsymbol{f}'(x_0).\qquad(7.8.6)$$

这就是说，一元向量值函数的导数为各个分量的导数所组成的一个向量.

向量值函数 $\boldsymbol{y}=\boldsymbol{f}(x)$ 在点 x_0 可微，是指对于自变量 x 的任意的改变量 Δx，因变向量 $\boldsymbol{y}$ 相应的改变量 $\Delta\boldsymbol{y}$ 总可以分解为线性部分和高阶部分：

$$\Delta\boldsymbol{y}=\boldsymbol{A}\Delta x+\boldsymbol{o}(\Delta x)\ (\Delta x\to 0),$$

其中 $\boldsymbol{A}=(A_1,A_2,A_3)^{\mathrm{T}}$ 为常向量，$\boldsymbol{o}(\Delta x)$ 也是一个向量，它的范数是 $\|\Delta x\|$ 的高阶无穷小. 于是有微分表达式

$$\mathrm{d}\boldsymbol{y}=\boldsymbol{A}\mathrm{d}x,$$

这里 $\mathrm{d}\boldsymbol{y}=(\mathrm{d}y_1,\mathrm{d}y_2,\mathrm{d}y_3)^{\mathrm{T}}$. 同一元实值函数一样，可以证明：对于一元向量值函数来说，可导等价于可微，且 $\boldsymbol{A}=\boldsymbol{f}'(x_0)$.

下面考察两个自变量、一个因变量的情形. 设

$$y=f(\boldsymbol{x}),\quad \boldsymbol{x}=(x_1,x_2)^{\mathrm{T}}\in\mathbf{R}^2,$$

它等价于二元函数

$$y=f(x_1,x_2).$$

我们知道，如果在点 $\boldsymbol{x}^\circ=(x_1{}^\circ,x_2{}^\circ)$ 处，偏导数 $\dfrac{\partial f}{\partial x_1}$ 和 $\dfrac{\partial f}{\partial x_2}$ 连续，则此二元函数可微，其微分表达式可以写成如下形式：

$$\mathrm{d}y=\frac{\partial f}{\partial x_1}\mathrm{d}x_1+\frac{\partial f}{\partial x_2}\mathrm{d}x_2=\begin{bmatrix}\dfrac{\partial f}{\partial x_1} & \dfrac{\partial f}{\partial x_2}\end{bmatrix}\begin{bmatrix}\mathrm{d}x_1\\ \mathrm{d}x_2\end{bmatrix}$$

其中的偏导数都在 $\boldsymbol{x}^\circ$ 处取值. 上式中的 1×2 矩阵称为二元函数 $f(\boldsymbol{x})$ 在点 $\boldsymbol{x}^\circ$ 的雅可比矩阵，又称它是该函数在点 $\boldsymbol{x}^\circ$ 的导数，记作

$$f'(\boldsymbol{x}^\circ)=\begin{bmatrix}\dfrac{\partial f}{\partial x_1} & \dfrac{\partial f}{\partial x_2}\end{bmatrix}_{\boldsymbol{x}^\circ}.\qquad(7.8.7)$$

记自变向量 $\boldsymbol{x}$ 的微分 $\mathrm{d}\boldsymbol{x}=(\mathrm{d}x_1,\mathrm{d}x_2)^{\mathrm{T}}$，则有微分表达式

$$\mathrm{d}y=f'(\boldsymbol{x}^\circ)\mathrm{d}\boldsymbol{x}.$$

现在考虑一般情形. 设 $D\subset\mathbf{R}^n$ 是一个区域，$\boldsymbol{f}$ 是定义于 D 内的 n 元向量值函数，即

$$\boldsymbol{f}: D \to \mathbf{R}^m$$
$$(x_1, x_2, \cdots, x_n) \mapsto (y_1, y_2, \cdots, y_m).$$

$\boldsymbol{f}$ 又可写成

$$\boldsymbol{f}(x_1, x_2, \cdots, x_n) = (f_1(x_1, x_2, \cdots, x_n), f_2(x_1, x_2, \cdots, x_n), \cdots, f_m(x_1, x_2, \cdots, x_n))^{\mathrm{T}}.$$

我们看到,对于从 $\mathbf{R}$ 到 $\mathbf{R}^3$ 的向量值函数来说,其导数是形如(7.8.6)的 3×1 矩阵;对于从 $\mathbf{R}^2$ 到 $\mathbf{R}$ 的函数来说,其导数是形如(7.8.7)的 1×2 矩阵. 对于向量值函数 $\boldsymbol{f}: D \to \mathbf{R}^m$,我们有下面的定义.

定义 7.8.5　设 $\boldsymbol{x}^\circ \in D$,并设每一个 f_i 都在点 $\boldsymbol{x}^\circ$ 可微,则称向量值函数 $\boldsymbol{f}$ 在点 $\boldsymbol{x}^\circ$ 可微,并称下列雅可比矩阵

$$\begin{bmatrix} \dfrac{\partial f_1}{\partial x_1} & \dfrac{\partial f_1}{\partial x_2} & \cdots & \dfrac{\partial f_1}{\partial x_n} \\ \dfrac{\partial f_2}{\partial x_1} & \dfrac{\partial f_2}{\partial x_2} & \cdots & \dfrac{\partial f_2}{\partial x_n} \\ \vdots & \vdots & & \vdots \\ \dfrac{\partial f_m}{\partial x_1} & \dfrac{\partial f_m}{\partial x_2} & \cdots & \dfrac{\partial f_m}{\partial x_n} \end{bmatrix}_{\boldsymbol{x}^\circ}$$

是 $\boldsymbol{f}$ 在点 $\boldsymbol{x}^\circ$ 的**导数**(又称**全导数**),记作 $\boldsymbol{f}'(\boldsymbol{x}^\circ)$(或 $\mathrm{D}\boldsymbol{f}(\boldsymbol{x}^\circ)$),即

$$\mathrm{D}\boldsymbol{f}(\boldsymbol{x}^\circ) = \boldsymbol{f}'(\boldsymbol{x}^\circ) = \left(\frac{\partial f_i}{\partial x_j}\right)_{i=1,\cdots,m;j=1,\cdots,n}, \tag{7.8.8}$$

它是一个 $m\times n$ 矩阵,我们把它看作是从 $\mathbf{R}^n$ 到 $\mathbf{R}^m$ 的一个线性映射①(或**线性算子**). 因此,导数 $\boldsymbol{f}'(\boldsymbol{x}^\circ)$ 不是一个数,而是一个线性算子.

如果向量值函数 $\boldsymbol{f}$ 在 D 的每一点都可微,则称 $\boldsymbol{f}$ 在 D 可微.

可以证明,若 $\boldsymbol{f}$ 在点 $\boldsymbol{x}^\circ$ 可微,则有

$$\boldsymbol{f}(\boldsymbol{x}^\circ + \Delta\boldsymbol{x}) = \boldsymbol{f}(\boldsymbol{x}^\circ) + \boldsymbol{f}'(\boldsymbol{x}^\circ)\Delta\boldsymbol{x} + o(\Delta\boldsymbol{x}), \tag{7.8.9}$$

并称

$$\mathrm{d}\boldsymbol{f}(\boldsymbol{x}^\circ) = \boldsymbol{f}'(\boldsymbol{x}^\circ)\Delta\boldsymbol{x}$$

为 $\boldsymbol{f}$ 在 $\boldsymbol{x}^\circ$ 的微分.

我们看到,式(7.8.9)与一元实值函数中相应的公式在形式上是一样的. 但是要注意,式(7.8.9)两端都是 m 维向量. 右端第二项是一个线性算子 $\boldsymbol{f}'(\boldsymbol{x}^\circ)$ 作用于 n 维向量 $\Delta\boldsymbol{x}$ 上,把它变换为一个 m 维向量 $\boldsymbol{f}'(\boldsymbol{x}^\circ)\Delta\boldsymbol{x}$,右端的最后一项也是一个 m 维向量,它的含意是

$$\lim_{\|\Delta\boldsymbol{x}\|\to 0} \frac{\|o(\Delta\boldsymbol{x})\|}{\|\Delta\boldsymbol{x}\|} = 0,$$

即 $o(\Delta\boldsymbol{x})$ 的范数是 $\|\Delta\boldsymbol{x}\|$ 的高阶无穷小.

---

①　映射 $\boldsymbol{A}: \mathbf{R}^n \to \mathbf{R}^m$ 称为线性映射,是指(i) $\boldsymbol{A}(x+y) = \boldsymbol{A}(x) + \boldsymbol{A}(y)$, $\forall x, y \in \mathbf{R}^n$;(ii) $\boldsymbol{A}(kx) = k\boldsymbol{A}(x)$, $\forall x \in \mathbf{R}^n$, $\forall k \in \mathbf{R}$.

式(7.8.9)表明，当 $\|\Delta \boldsymbol{x}\|$ 充分小，即 $\boldsymbol{x}^\circ+\Delta \boldsymbol{x}$ 充分接近 $\boldsymbol{x}^\circ$ 时，有

$$\boldsymbol{f}(\boldsymbol{x}^\circ+\Delta \boldsymbol{x}) \approx \boldsymbol{f}(\boldsymbol{x}^\circ)+\boldsymbol{f}'(\boldsymbol{x}^\circ)\Delta \boldsymbol{x},$$

这就是说，在局部范围内 $\boldsymbol{f}$ 可以线性化.

例 7.8.1　对于向量值函数

$$\boldsymbol{r}=\boldsymbol{r}(t)=\cos t\boldsymbol{i}+\sin t\boldsymbol{j}+t\boldsymbol{k},$$

有

$$\boldsymbol{r}'(t)=-\sin t\boldsymbol{i}+\cos t\boldsymbol{j}+\boldsymbol{k}.$$

□

例 7.8.2　求向量值函数 $f(x,y,z)=\begin{bmatrix}3x+\mathrm{e}^y z\\ x^3+y^2\sin z\end{bmatrix}$ 在点 (x_0,y_0,z_0) 的导数.

解　f 的两个坐标分量函数为

$$f_1(x,y,z)=3x+\mathrm{e}^y z,$$
$$f_2(x,y,z)=x^3+y^2\sin z.$$

它们的偏导数为

$$\frac{\partial f_1}{\partial x}=3,\quad \frac{\partial f_1}{\partial y}=\mathrm{e}^y z,\quad \frac{\partial f_1}{\partial z}=\mathrm{e}^y;$$

$$\frac{\partial f_2}{\partial x}=3x^2,\quad \frac{\partial f_2}{\partial y}=2y\sin z,\quad \frac{\partial f_2}{\partial z}=y^2\cos z.$$

f 在点 (x_0,y_0,z_0) 的导数是雅可比矩阵

$$f'(x_0,y_0,z_0)=\begin{bmatrix}\dfrac{\partial f_1}{\partial x} & \dfrac{\partial f_1}{\partial y} & \dfrac{\partial f_1}{\partial z}\\ \dfrac{\partial f_2}{\partial x} & \dfrac{\partial f_2}{\partial y} & \dfrac{\partial f_2}{\partial z}\end{bmatrix}_{(x_0,y_0,z_0)}=\begin{bmatrix}3 & \mathrm{e}^{y_0}z_0 & \mathrm{e}^{y_0}\\ 3x_0^2 & 2y_0\sin z_0 & y_0^2\cos z_0\end{bmatrix}.$$

特别地，当 $x_0=\dfrac{1}{2}, y_0=1, z_0=\pi$ 时，有

$$f'\left(\frac{1}{2},1,\pi\right)=\begin{bmatrix}3 & \mathrm{e}\pi & \mathrm{e}\\ \dfrac{3}{4} & 0 & -1\end{bmatrix}.$$

□

习　题　7.8

1. 回答下列问题：

(1) 什么叫做向量值函数？

(2) 向量值函数的极限与连续如何定义？

(3) 雅可比矩阵是什么？向量值函数 $\boldsymbol{f}:D\subset\mathbf{R}^n\to\mathbf{R}^m$ 在点 $\boldsymbol{x}^\circ$ 的导数怎样定义？

2. 求向量值函数 $f(x,y)=\begin{bmatrix}x^2+y^2\\ 3xy\end{bmatrix}$ 的导数 $f'(x,y)$.

3. 设 $\boldsymbol{f}:\mathbf{R}^3\to\mathbf{R}^2$ 定义为 $\boldsymbol{f}(x,y,z)=\begin{bmatrix}\mathrm{e}^x\cos y+\mathrm{e}^y z^2\\ 2x\sin y-3yz^3\end{bmatrix}$，求 $f'\left(0,\dfrac{\pi}{2},1\right)$.

4. 设 $f:\mathbf{R}^3\to\mathbf{R}^3$ 定义为 $f(x,y,z)=\begin{bmatrix}\sin(x^2-y^2)\\ \ln(x^2+z^2)\\ \dfrac{1}{\sqrt{y^2+z^2}}\end{bmatrix}$,求 $f'(1,1,1)$.

答案与提示

2. $f'(x,y)=\begin{bmatrix}2x & 2y\\ 3y & 3x\end{bmatrix}$.

3. $f'(0,\frac{\pi}{2},1)=\begin{bmatrix}0 & e^{\frac{\pi}{2}}-1 & 2e^{\frac{\pi}{2}}\\ 2 & -3 & -\dfrac{9\pi}{2}\end{bmatrix}$.

4. $f'(1,1,1)=\begin{bmatrix}2 & -2 & 0\\ 1 & 0 & 1\\ 0 & -\dfrac{1}{2\sqrt{2}} & -\dfrac{1}{2\sqrt{2}}\end{bmatrix}$.

7.9 偏导数在几何上的应用

7.9.1 空间曲线的切线与法平面

由于空间曲线有三种表示方法,因此分三种情况讨论.

1. 空间曲线 L 的参数方程表示

$$\boldsymbol{r}=\boldsymbol{r}(t)=\varphi(t)\boldsymbol{i}+\psi(t)\boldsymbol{j}+\omega(t)\boldsymbol{k},\ \alpha\leqslant t\leqslant\beta. \tag{7.9.1}$$

首先考察 $\boldsymbol{r}'(t)$的力学意义与几何意义.

设质点在时刻 t 处于位置 $\boldsymbol{r}(t)=\{\varphi(t),\psi(t),\omega(t)\}$,则 $\boldsymbol{r}=\boldsymbol{r}(t)$刻画了质点的运动规律.当 t 变到 $t+\Delta t$ 时,质点 P 产生位移(见图 7.19):

$$\Delta\boldsymbol{r}=\boldsymbol{r}(t+\Delta t)-\boldsymbol{r}(t).$$

因此,在$[t,t+\Delta t]$上平均速度为

$$\bar{\boldsymbol{v}}=\frac{\Delta\boldsymbol{r}}{\Delta t}.$$

而

$$\boldsymbol{v}(t)=\lim_{\Delta t\to0}\frac{\Delta\boldsymbol{r}}{\Delta t}=\boldsymbol{r}'(t)$$

就是质点 P 在时刻 t 的瞬时速度.

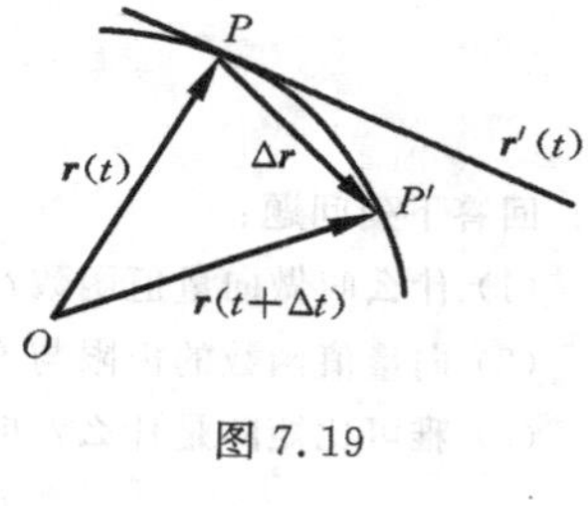

图 7.19

类似可知 $\boldsymbol{r}''(t)$是质点 P 在时刻 t 的加速度.

另外,由图 7.19 还可以看到,Δr 等于弦 PP'.当 $\Delta t>0$ 时$\dfrac{\Delta\boldsymbol{r}}{\Delta t}$与 $\Delta\boldsymbol{r}$ 同向;当 $\Delta t<0$ 时$\dfrac{\Delta\boldsymbol{r}}{\Delta t}$与 $\Delta\boldsymbol{r}$ 反向.因此,当 $\Delta t\to0$ 时,若$\dfrac{\Delta\boldsymbol{r}}{\Delta t}$的极限 $\boldsymbol{r}'(t)$为非零向量,则它是曲线 C 在

t 处的切向量，其正方向指向 t 增加的方向.

现在我们来求曲线 L 过某点的切线和法平面的方程.

由 $\boldsymbol{r}'(t)$ 的几何意义知，当 $t=t_0\in[\alpha,\beta]$ 时，曲线 L 在点 $(x_0,y_0,z_0)=(\varphi(t_0),\psi(t_0),\omega(t_0))$ 处的切向量为

$$\boldsymbol{T}=\boldsymbol{r}'(t_0)=\{\varphi'(t_0),\psi'(t_0),\omega'(t_0)\}.$$

由直线方程的对称式可知，曲线 L 过点 (x_0,y_0,z_0) 的切线方程为

$$\frac{x-x_0}{\varphi'(t_0)}=\frac{y-y_0}{\psi'(t_0)}=\frac{z-z_0}{\omega'(t_0)},\tag{7.9.2}$$

其中假设 $\varphi'(t_0)$、$\psi'(t_0)$ 和 $\omega'(t_0)$ 中至少有一个不为零.

过点 (x_0,y_0,z_0) 且与切线垂直的平面称为曲线 L 在点 (x_0,y_0,z_0) 处的**法平面**，这法平面以 $\boldsymbol{T}$ 为法向量. 由平面方程点法式可知，这法平面的方程为

$$\varphi'(t_0)(x-x_0)+\psi'(t_0)(y-y_0)+\omega'(t_0)(z-z_0)=0.\tag{7.9.3}$$

例 7.9.1　求曲线 $x=t^2+t,y=t^2-t,z=t^2$ 在点 $(6,2,4)$ 处的切线及法平面方程.

解　因为 $x_t'=2t+1,y_t'=2t-1,z_t'=2t$，而点 $(6,2,4)$ 所对应的参数值为 $t=2$，所以

$$\boldsymbol{T}=\{5,3,4\}.$$

于是，切线方程为

$$\frac{x-6}{5}=\frac{y-2}{3}=\frac{z-4}{4},$$

法平面方程为

$$5(x-6)+3(y-2)+4(z-4)=0,$$

即

$$5x+3y+4z=52.$$

□

2. 空间曲线 L 的显式表示

$$\begin{cases} y=y(x),\\ z=z(x).\end{cases}\tag{7.9.4}$$

此时可将其参数化，即取 x 为参数，就可化为上一种情形：

$$\begin{cases} x=x,\\ y=y(x),\\ z=z(x),\end{cases}$$

或

$$\boldsymbol{r}=x\boldsymbol{i}+y(x)\boldsymbol{j}+z(x)\boldsymbol{k}.$$

例 7.9.2　求曲线 $y=x,z=x^2$ 在点 $M(1,1,1)$ 的切线与法平面方程.

解　取 x 为参数，则曲线的参数表示为

$$x=x,\quad y=x,\quad z=x^2.$$

它在点 M 的切向量为

$$\boldsymbol{T}=\{1,1,2x\}\big|_M=\{1,1,2\}.$$

于是，过点 M 的切线方程为

$$\frac{x-1}{1}=\frac{y-1}{1}=\frac{z-1}{2},$$

法平面方程为
$$(x-1)+(y-1)+2(z-1)=0,$$
即
$$x+y+2z=4.$$ □

3. 空间曲线 L 是两曲面的交线

$$\begin{cases}F_1(x,y,z)=0,\\F_2(x,y,z)=0.\end{cases}\tag{7.9.5}$$

设 $M(x_0,y_0,z_0)$ 是曲线 L 上的一点，要想求 L 过点 M 的切线及法平面方程，只要求出曲线 L 过点 M 的切向量. 为此，我们作如下的假设：F_1 和 F_2 有对各个变量的偏导数，且

$$\left.\frac{\partial(F_1,F_2)}{\partial(y,z)}\right|_M\neq 0.$$

这时，方程组(7.9.5)在点 M 的某一邻域内确定了一组隐函数 $y=y(x)$，$z=z(x)$. 因此，曲线 L 过点 M 的切向量为

$$\boldsymbol{T}=\{1,y'(x_0),z'(x_0)\}.$$

根据本章 7.6 节中的式(7.6.9)和(7.6.10)，有

$$y'(x_0)=-\frac{\partial(F_1,F_2)}{\partial(x,z)}\Big/\frac{\partial(F_1,F_2)}{\partial(y,z)},\quad z'(x_0)=-\frac{\partial(F_1,F_2)}{\partial(y,x)}\Big/\frac{\partial(F_1,F_2)}{\partial(y,z)},$$

其中的偏导数均在点 M 取值. 将 $y'(x_0)$ 和 $z'(x_0)$ 的表达式代到 $\boldsymbol{T}$ 的表达式中，并将 $\boldsymbol{T}$ 乘以因子 $\dfrac{\partial(F_1,F_2)}{\partial(y,z)}$，得

$$\boldsymbol{T}_1=\left.\left\{\frac{\partial(F_1,F_2)}{\partial(y,z)},-\frac{\partial(F_1,F_2)}{\partial(x,z)},-\frac{\partial(F_1,F_2)}{\partial(y,x)}\right\}\right|_{M_0},$$

这也是曲线 L 在点 M 的一个切向量. 为记忆方便，令

$$A=\left.\frac{\partial(F_1,F_2)}{\partial(y,z)}\right|_M,\ B=\left.\frac{\partial(F_1,F_2)}{\partial(z,x)}\right|_M,\ C=\left.\frac{\partial(F_1,F_2)}{\partial(x,y)}\right|_M,$$

则
$$\boldsymbol{T}_1=\{A,B,C\}.$$

于是曲线 L 在点 M 的切线和法平面方程分别为

$$\frac{x-x_0}{A}=\frac{y-y_0}{B}=\frac{z-z_0}{C},$$

$$A(x-x_0)+B(y-y_0)+C(z-z_0)=0.$$

例 7.9.3　求两柱面 $x^2+y^2=a^2$ 和 $x^2+z^2=a^2$ 的交线在点 $\left(\dfrac{a}{\sqrt{2}},\dfrac{a}{\sqrt{2}},\dfrac{a}{\sqrt{2}}\right)$ 的切线与法平面方程.

解　令 $F_1(x,y,z)=x^2+y^2-a^2, F_2(x,y,z)=x^2+z^2-a^2$,则

$$\frac{\partial(F_1,F_2)}{\partial(y,z)}=\begin{vmatrix}2y & 0\\ 0 & 2z\end{vmatrix}=4yz,$$

$$\frac{\partial(F_1,F_2)}{\partial(z,x)}=\begin{vmatrix}0 & 2x\\ 2z & 2x\end{vmatrix}=-4xz,$$

$$\frac{\partial(F_1,F_2)}{\partial(x,y)}=\begin{vmatrix}2x & 2y\\ 2x & 0\end{vmatrix}=-4xy,$$

因此 $A=2a^2, B=-2a^2, C=-2a^2$,所求切线方程为

$$\frac{x-\frac{a}{\sqrt{2}}}{2a^2}=\frac{y-\frac{a}{\sqrt{2}}}{-2a^2}=\frac{z-\frac{a}{\sqrt{2}}}{-2a^2},$$

法平面方程为

$$2a^2\left(x-\frac{a}{\sqrt{2}}\right)-2a^2\left(y-\frac{a}{\sqrt{2}}\right)-2a^2\left(z-\frac{a}{\sqrt{2}}\right)=0,$$

即

$$x-y-z+\frac{\sqrt{2}}{2}a=0.$$ □

7.9.2　曲面的切平面与法线

在本章 7.3.2 小节中曾经指出,若函数 $z=f(x,y)$ 在点 (a,b) 可微,那么这个函数在点 (a,b) 附近可以局部线性化,即

$$f(x,y)\approx f(a,b)+f_x(a,b)(x-a)+f_y(a,b)(y-b).$$

而方程

$$z=f(a,b)+f_x(a,b)(x-a)+f_y(a,b)(y-b) \tag{7.9.6}$$

所表示的是一个法向量为 $\{f_x(a,b), f_y(a,b), -1\}$ 的平面. 现在我们就来解答本章 7.3 节中所提出的问题:曲面 $z=f(x,y)$ 与平面(7.9.6)有什么关系?

1. 曲面的切平面

先回忆一下曲线的切线的定义. 如图 7.20 所示,曲线 L 在 P_0 点的切线 P_0T 是割线 P_0P 当 $d(P,P_0)\to 0$ 时的极限位置,这里 $d(P,P_0)$ 表示 P 点与 P_0 点的距离.

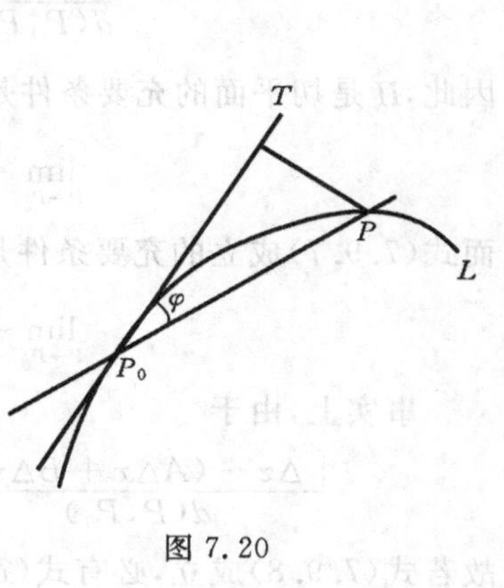

图 7.20

切线还有一个等价的定义:若 L 上的动点 P 到直线 P_0T 的距离为 $d=d(P,P_0T)$,当 $d(P,P_0)\to 0$ 时,有

$$\frac{d(P,P_0T)}{d(P,P_0)}=\sin\varphi\to 0,$$

则称 P_0T 是曲线 L 在 P_0 点的切线. φ 为割线 PP_0

与直线 P_0T 的夹角,$\varphi\to 0$ 意味着 PP_0 的极限位置是 P_0T.

类似地可给出曲面的切平面的定义.

设 Π 是过曲面 S 上一定点 P_0 的平面,P 是曲面 S 上的动点,点 P 到平面 Π 的距离为 $d(P,\Pi)$. 若当 $d(P,P_0)\to 0$ 时,有

$$\frac{d(P,\Pi)}{d(P,P_0)}\to 0,$$

则称平面 Π 是曲面 S 在 P_0 处的**切平面**. 切平面 Π 的法向量 $\boldsymbol{n}$ 称为曲面 S 在 P_0 处的**法向量**,过点 P_0 且与切平面 Π 垂直的直线称为曲面 S 在 P_0 处的**法线**.

2. 切平面与法线的方程

① 若曲面 S 的方程为

$$z=f(x,y),$$

$P_0(x_0,y_0,z_0)$ 为 S 上一定点,其中 $z_0=f(x_0,y_0)$. 过 P_0 的平面 Π 的方程为

$$Z-z_0=A(X-x_0)+B(Y-y_0)\quad(\text{不平行于 } z \text{ 轴}),$$

X、Y、Z 是平面 Π 上动点的坐标. 当 A 和 B 是什么数时,Π 成为切平面呢? 从切平面的定义出发进行分析. 过点 P 作平面 Π 的垂线交 Π 于点 M,同时作 z 轴的平行线交 Π 于点 K,再过 P_0 作 PK 的垂线交 PK 于点 N(见图7.21). 由点到平面的距离公式(参看第 6 章 6.4 节中式(6.4.4))知,点 P 到 Π 的距离为

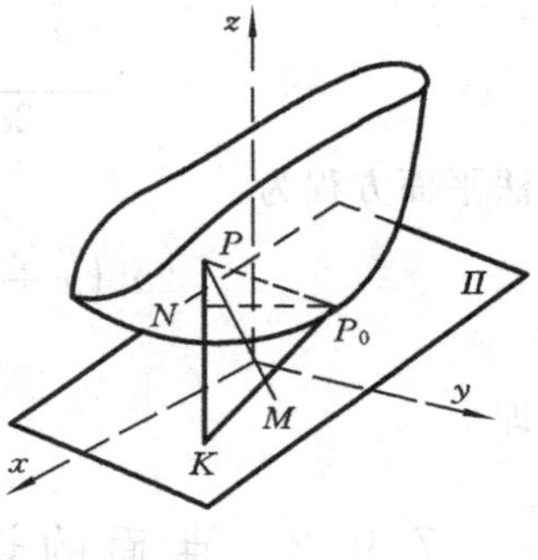

图 7.21

$$d(P,\Pi)=\frac{|z-z_0-[A(x-x_0)+B(y-y_0)]|}{\sqrt{1+A^2+B^2}},$$

令 $\Delta z=z-z_0,\Delta x=x-x_0,\Delta y=y-y_0$,则

$$\frac{d(P,\Pi)}{d(P,P_0)}=\frac{|\Delta z-(A\Delta x+B\Delta y)|}{\sqrt{1+A^2+B^2}\,d(P,P_0)}.$$

因此,Π 是切平面的充要条件是

$$\lim_{P\to P_0}\frac{|\Delta z-(A\Delta x+B\Delta y)|}{d(P,P_0)}=0,\tag{7.9.7}$$

而式(7.9.7)成立的充要条件是

$$\lim_{P\to P_0}\frac{|\Delta z-(A\Delta x+B\Delta y)|}{d(P_0,N)}=0.\tag{7.9.8}$$

事实上,由于

$$\frac{|\Delta z-(A\Delta x+B\Delta y)|}{d(P,P_0)}=\frac{|\Delta z-(A\Delta x+B\Delta y)|}{d(P_0,N)}\cdot\frac{d(P_0,N)}{d(P,P_0)},$$

故若式(7.9.8)成立,必有式(7.9.7)成立. 反过来,由于

$$\frac{|\Delta z-(A\Delta x+B\Delta y)|}{d(P_0,N)}=\frac{|\Delta z-(A\Delta x+B\Delta y)|}{d(P,P_0)}\cdot\frac{d(P,P_0)}{d(P_0,N)},$$

并且可以证明当点 P 充分靠近点 P_0 时，$d(P,P_0)/d(P_0,N)$ 是有界的(证明略)，故若式(7.9.7)成立，则式(7.9.8)必成立. 因此，式(7.9.7)与式(7.9.8)等价.

注意，$d(P_0,N)=\sqrt{\Delta x^2+\Delta y^2}$，所以式(7.9.8)成立即意味着函数 $z=f(x,y)$ 在点 P_0 可微，因此，式(7.9.7)与式(7.9.8)等价就证明了函数的可微性与切平面的存在性是等价的. 这时

$$A=f_x(x_0,y_0),\quad B=f_y(x_0,y_0).$$

于是，切平面 Π 的方程为

$$Z-z_0=f_x(x_0,y_0)(X-x_0)+f_y(x_0,y_0)(Y-y_0).$$

这也就回答了本节开头所提出的问题.

我们把上面讨论的结果写成如下定理.

定理 7.9.1 曲面 $z=f(x,y)$ 在点 $P_0(x_0,y_0,z_0)(z_0=f(x_0,y_0))$ 存在不平行于 z 轴的切平面的充要条件是：函数 $f(x,y)$ 在点 (x_0,y_0) 可微，这时切平面方程为

$$z-z_0=f_x(x_0,y_0)(x-x_0)+f_y(x_0,y_0)(y-y_0). \tag{7.9.9}$$

我们看到，式(7.9.9)右端正好是函数 $f(x,y)$ 在点 (x_0,y_0) 的全微分 dz，而左边则是对应于自变量的改变量 $\Delta x=x-x_0$，$\Delta y=y-y_0$ 的切平面的竖坐标(沿 z 轴的坐标)的改变量. 这就是全微分的几何意义.

由切平面方程(7.9.9)可知，这切平面的法向量为

$$\boldsymbol{n}=\left\{-\frac{\partial f}{\partial x},-\frac{\partial f}{\partial y},1\right\},$$

因此，曲面 S 过点 $P_0(x_0,y_0,z_0)$ 的法线方程是

$$\frac{x-x_0}{-p}=\frac{y-y_0}{-q}=\frac{z-z_0}{1}, \tag{7.9.10}$$

其中 $p=\dfrac{\partial f(x_0,y_0)}{\partial x}$，$q=\dfrac{\partial f(x_0,y_0)}{\partial y}$. 若分母有一为零时，约定相应的分子也为零.

设法向量 $\boldsymbol{n}$ 与 x、y、z 轴正向的夹角分别为 α、β、γ，则 $\boldsymbol{n}$ 的方向余弦为

$$\cos\alpha=\frac{-p}{\pm\sqrt{1+p^2+q^2}},\quad \cos\beta=\frac{-q}{\pm\sqrt{1+p^2+q^2}},\quad \cos\gamma=\frac{1}{\pm\sqrt{1+p^2+q^2}}.$$

上面三个式子中根式前的正负号，要么同时取“+”号，要么同时取“−”号. 如果要求曲面在点 P_0 的法向量向上，那么由于它与 z 轴正向的夹角为锐角，故法向量的第三个方向余弦必须大于零，即 $\cos\gamma>0$，所以三个根式都取“+”号. 类似可知，若法向量朝下，则三个根式都取“−”号.

② 若曲面 S 方程为 $F(x,y,z)=0$，

并设方程所确定的隐函数为 $z=z(x,y)$，

则可以化到情形①，这里

$$\frac{\partial z}{\partial x}=-\frac{F_x}{F_z},\quad \frac{\partial z}{\partial y}=-\frac{F_y}{F_z}.$$

根据上段的结果，曲面 S 过点 $P_0(x_0,y_0,z_0)$ 的切平面方程为

$$z-z_0=\frac{\partial z}{\partial x}(x-x_0)+\frac{\partial z}{\partial y}(y-y_0),$$

即 $$z-z_0=-\frac{F_x}{F_z}(x-x_0)-\frac{F_y}{F_z}(y-y_0),$$

化简得 $$F_x\cdot(x-x_0)+F_y\cdot(y-y_0)+F_z\cdot(z-z_0)=0,\tag{7.9.11}$$

其中偏导数在点 $P_0(x_0,y_0,z_0)$ 取值. 由切平面方程(7.9.11)得到曲面 S 在点 P_0 的法向量为

$$\boldsymbol{n}=\{F_x,F_y,F_z\}\big|_{P_0},$$

因此法线方程为 $$\frac{x-x_0}{F_x}=\frac{y-y_0}{F_y}=\frac{z-z_0}{F_z},\tag{7.9.12}$$

其中偏导数在点 $P_0(x_0,y_0,z_0)$ 取值.

例 7.9.4　求曲面 $z=\arctan\dfrac{y}{x}$ 在点 $P_0\left(1,1,\dfrac{\pi}{4}\right)$ 的切平面和法线方程.

解　$f(x,y)=\arctan\dfrac{y}{x}$，$f_x(x,y)=\dfrac{-y}{x^2+y^2}$，$f_y(x,y)=\dfrac{x}{x^2+y^2}$，

$$\boldsymbol{n}=\{-f_x,-f_y,1\}\big|_{P_0}=\left\{\frac{1}{2},-\frac{1}{2},1\right\}.$$

切平面方程为 $$\frac{1}{2}(x-1)-\frac{1}{2}(y-1)+\left(z-\frac{\pi}{4}\right)=0$$

或 $$z=\frac{\pi}{4}-\frac{1}{2}(x-y);$$

法线方程为 $$\frac{x-1}{1/2}=\frac{y-1}{-1/2}=\frac{z-\pi/4}{1},$$

或 $$\frac{x-1}{1}=\frac{y-1}{-1}=\frac{z-\pi/4}{2}.$$ □

例 7.9.5　求椭球面 $\dfrac{x^2}{a^2}+\dfrac{y^2}{b^2}+\dfrac{z^2}{c^2}=1$ 在点 $P_0(x_0,y_0,z_0)$ 的切平面方程.

解　令 $F(x,y,z)=\dfrac{x^2}{a^2}+\dfrac{y^2}{b^2}+\dfrac{z^2}{c^2}-1$，先求曲面在点 P_0 的法向量.

$$F_x(P_0)=\frac{2x_0}{a^2},\quad F_y(P_0)=\frac{2y_0}{b^2},\quad F_z(P_0)=\frac{2z_0}{c^2},$$

$$\boldsymbol{n}=\left\{\frac{2x_0}{a^2},\frac{2y_0}{b^2},\frac{2z_0}{c^2}\right\}.$$

于是切平面方程为

$$\frac{2x_0}{a^2}(x-x_0)+\frac{2y_0}{b^2}(y-y_0)+\frac{2z_0}{c^2}(z-z_0)=0.$$

由于点 P_0 在椭球面上，故有

$$\frac{x_0^2}{a^2}+\frac{y_0^2}{b^2}+\frac{z_0^2}{c^2}=1,$$

所以椭球面在点 P_0 的切平面方程为

$$\frac{xx_0}{a^2}+\frac{yy_0}{b^2}+\frac{zz_0}{c^2}=1.$$ □

习　题　7.9

(A)

1. 对下列曲线写出已知点处的切向量：
   (1) $y=x,z=x^2,M_0(1,1,1)$；
   (2) $x=a\cos\alpha\cos t,y=a\sin\alpha\cos t,z=a\sin t,t=t_0$；
   (3) $x^2+z^2=10,y^2+z^2=10,M_0(1,1,3)$；
   (4) $z=f(x,y),\frac{x-x_0}{\cos\alpha}=\frac{y-y_0}{\sin\alpha}$，$f$ 可微，在曲线上的点 $M_0(x_0,y_0,z_0)$ 处.
2. 求下列曲线在指定点的切线和法平面方程：
   (1) $x=t,y=t^2,z=t^3,M(1,1,1)$；
   (2) $x=t-\sin t,y=1-\cos t,z=4\sin\frac{t}{2},M\left(\frac{\pi}{2}-1,1,2\sqrt{2}\right)$；
   (3) $x=a\sin^2 t,y=b\sin t\cos t,z=c\cos^2 t,t=\frac{\pi}{4}$；
   (4) $x=a\cos t,y=a\sin t,z=ct,M(a,0,0)$.
3. 在曲线 $y=x^2,z=x^3$ 上求一点，使该点处的切线平行于平面 $x+2y+z=4$.
4. 求曲线 $\begin{cases}x^2+y^2+z^2-3x=0,\\2x-3y+5z-4=0\end{cases}$ 在点(1,1,1)处的切线和法平面方程.
5. 求曲线 $\begin{cases}x^2+y^2+z^2=6,\\x+y+z=0\end{cases}$ 在点(1,−2,1)处的切线和法平面方程.
6. 对下列曲面写出在已知点的法向量：
   (1) $z=x^2+y^2,M_0(1,2,5)$；　(2) $z=\arctan\frac{y}{x},M_0\left(1,1,\frac{\pi}{4}\right)$；
   (3) $2^{\frac{x}{z}}+2^{\frac{y}{z}}=8,M_0(2,2,1)$；　(4) $F\left(\frac{x-a}{z-c},\frac{y-b}{z-c}\right)=0,M_0(x_0,y_0,z_0)$.
7. 求下列曲面在指定点的切平面和法线方程：
   (1) $z=x^2+y^2-1$ 于 $P_0(2,1,4)$ 处；　(2) $z=e^y+x+x^2+6$ 于 $P_0(1,0,9)$ 处；
   (3) $z=ye^{x/y}$ 于 $P_0(1,1,e)$ 处；　(4) $z=\frac{1}{2}(x^2+4y^2)$ 于 $P_0(2,1,4)$ 处；
   (5) $x^2+y^2+z^2=169$ 于 $P_0(3,4,12)$ 处；　(6) $3x^2+2y^2=2z+1$ 于 $P_0(1,1,2)$ 处；
   (7) $z=y+\ln\frac{x}{z}$ 于 $P_0(1,1,1)$ 处；　(8) $e^z-z+xy=3$ 于 $P_0(2,1,0)$ 处.

8. 求曲面 $2x^2+3y^2+z^2=9$ 的切平面,使之平行于平面 $2x-3y+2z=1$.

(B)

1. 证明曲线 $x=ae^t\cos t, y=ae^t\sin t, z=ae^t$(其中 a 为常数)与锥面 $z^2=x^2+y^2$ 的母线相交的角的大小是相同的.
2. 求曲面 $3x^2+y^2+z^2=16$ 与 $x^2+y^2+z^2=14$ 在点$(-1,2,3)$的交角 θ.
3. 求曲面 $x^2+y^2+z^2=x$ 的切平面,使它垂直于平面 $x-y-z=2$ 和 $x-y-\frac{1}{2}z=2$.
4. 设 $F(u,v)$是可微函数,求证:曲面 $F(ax-bz,ay-cz)=0(abc\neq 0)$的切平面平行于某定直线.

答案与提示

(A)

1. (1) $\boldsymbol{T}=\{1,1,2\}$;　(2) $\boldsymbol{T}=\{-a\cos\alpha\sin t_0,-a\sin\alpha\sin t_0,a\cos t_0\}$;
   (3) $\boldsymbol{T}=\{-3,-3,1\}$;　(4) $\boldsymbol{T}=\{1,\tan\alpha,f_x(x_0,y_0)+f_y(x_0,y_0)\tan\alpha\}$.
2. (1) 切线:$\frac{x-1}{1}=\frac{y-1}{2}=\frac{z-1}{3}$, 法平面:$x+2y+3z-6=0$;

   (2) 切线:$\frac{x-(\pi/2-1)}{1}=\frac{y-1}{1}=\frac{z-2\sqrt{2}}{\sqrt{2}}$, 法平面:$x+y+\sqrt{2}z-\frac{\pi}{2}-4=0$;

   (3) 切线:$\frac{x-a/2}{a}=\frac{y-b/2}{0}=\frac{z-c/2}{-c}$, 法平面:$ax-cz-\frac{a^2}{2}-\frac{c^2}{2}=0$;

   (4) 切线:$\begin{cases}x-a=0,\\ cy-az=0,\end{cases}$ 法平面:$ay+cz=0$.
3. $\left(-\frac{1}{3},\frac{1}{9},-\frac{1}{27}\right)$及$(-1,1,-1)$.
4. 切线:$\frac{x-1}{16}=\frac{y-1}{9}=\frac{z-1}{-1}$, 法平面:$16x+9y-z-24=0$.
5. 切线:$\begin{cases}x+z-2=0,\\ y+2=0,\end{cases}$ 法平面:$x-z=0$.
6. (1) $\{2,4,-1\}$;　(2) $\{-\frac{1}{2},\frac{1}{2},-1\}$;　(3) $4\ln 2\{1,1,-4\}$;
   (4) $\{(z-c)F_1',(z-c)F_2',(a-x)F_1'+(b-y)F_2'\}$.
7. (1) 切平面:$4x+2y-z-6=0$, 法线:$\frac{x-2}{-4}=\frac{y-1}{-2}=\frac{z-4}{1}$;

   (2) 切平面:$3x+y-z+6=0$, 法线:$\frac{x-1}{-3}=\frac{y}{-1}=\frac{z-9}{1}$;

   (3) 切平面:$ex-z=0$, 法线:$\frac{x-1}{-e}=\frac{z-e}{1}, y-1=0$;

   (4) 切平面:$2x+4y-z-4=0$, 法线:$\frac{x-2}{-2}=\frac{y-1}{-4}=\frac{z-4}{1}$;

   (5) 切平面:$3x+4y+12z-169=0$, 法线:$\frac{x-3}{3}=\frac{y-4}{4}=\frac{z-12}{12}$;

   (6) 切平面:$3x+2y-z-3=0$, 法线:$\frac{x-1}{-3}=\frac{y-1}{-2}=\frac{z-2}{1}$;

(7) 切平面：$x+y-2z=0$，法线：$\frac{x-1}{-1}=\frac{y-1}{-1}=\frac{z-1}{2}$；

(8) 切平面：$x+2y-4=0$，法线：$\frac{x-1}{1}=\frac{y-1}{2}$，$z=0$.

8. $2x-3y+2z=\pm 9$.

(B)

2. $\theta=\arccos\frac{8}{\sqrt{77}}$.

3. $x+y=\frac{1+\sqrt{2}}{2}$，$x+y=\frac{1-\sqrt{2}}{2}$.

4. 曲面的法向量 $\boldsymbol{n}=\{-aF_1',-aF_2',bF_1'+cF_2'\}$，曲面的切平面平行于以 b,c,a 为方向数的某定直线.

7.10　无约束最优化问题

我们在第 3 章中曾讨论过一元函数的最大值和最小值问题. 在实际生活中，我们会经常遇到多元函数的最大值、最小值问题. 例如，你现在有十万元资金，打算在你所经营的公司里投资到购买设备和做广告这两个方面. 应当如何制定投资方案才能取得最好的效益呢？又比如要做一个容积一定的铁皮长方形的有盖水箱，怎样设计长、宽、高的尺寸，才能使用料最省？本节和下一节将讨论两类最优化问题，一类是自变量可自由变化的最值问题——无约束最优化问题，另一类则是有约束条件的最值问题——约束最优化问题.

在一元函数的情形，我们说函数 $y=f(x)$ 在点 $x=a$ 有**极大值**，是指：点 a 不是 f 的定义域端点，且 x 在点 a 附近时，有 $f(x)\leqslant f(a)$. 如果说 $f(x)$ 在点 $x=a$ 有**最大值**，是指对于 f 的定义域中的一切点 x，都有 $f(x)\leqslant f(a)$. 求一元函数的最大值或最小值时，我们是先求出区间内部的所有极值，然后与区间端点的函数值比较，这些值中最大的就是最大值，最小的就是最小值. 求多元函数在闭区域上最大(小)值，我们也是先设法求出区域内部的所有极值. 为此，我们先要给出多元函数的极值的概念.

7.10.1　多元函数的极值概念

定义 7.10.1(极值)　设函数 $z=f(x,y)$ 在点 (a,b) 附近有定义，并存在点 (a,b) 的一个 δ 邻域 $O((a,b),\delta)$，使得这邻域内的每个异于点 (a,b) 的点 (x,y) 都满足不等式

$$f(x,y)<f(a,b)\quad(\text{或 } f(x,y)>f(a,b)),$$

则称函数 $f(x,y)$ 在点 (a,b) 有**严格的极大(小)值**，点 (a,b) 称为**严格的极大(小)点**. 若上式中的 $<(>)$ 号改为 $\leqslant(\geqslant)$ 号，则称 $f(x,y)$ 在点 (a,b) 有**极大(小)值**，点 (a,b)

称为**极大(小)点**.

由定义可见,极值与最值不同,最值是一个**整体性**概念,它是函数在整个闭区域上的最大(小)值,而极值是一个**局部性**的概念.讨论极值时只要存在一个以点(a,b)为中心的邻域就可以了,至于邻域的大小对讨论的问题没有影响.

7.10.2　极值的必要条件

在上面的极值定义中,函数在点(a,b)可以不存在偏导数,甚至不连续.但一般来说,实际问题中很少有这种情况.今后我们讨论的函数一般都假定有偏导数.

我们先来观察一下图 7.22.图中的曲面是某个二元函数的图像,极大点与极小点如图 7.22 所示.我们知道在函数的梯度方向上,函数是递增的,而在函数的极大值处,就不存在使函数递增的方向,因此这时梯度必然为零向量(否则沿着梯度方向,函数继续递增).类似地,与梯度方向相反的方向(即梯度的负向)是函数递减的方向,所以梯度在函数的极小值处必定为零向量.因此,如果点 P 是函数 f 的极大点或极小点,则

$$\mathrm{grad}f(P)=\mathbf{0}.$$

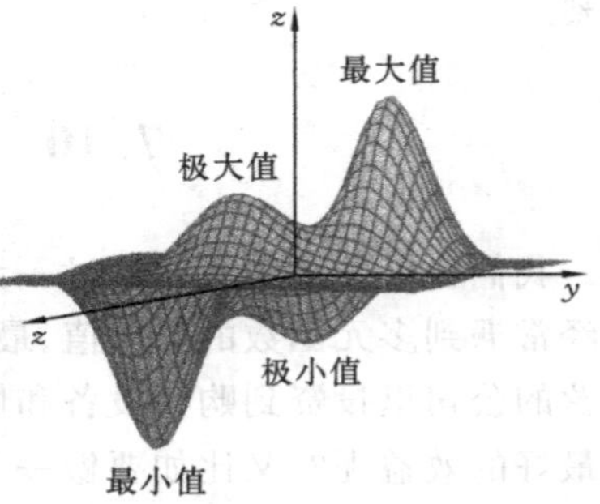

图 7.22

由此可以引进如下一个概念.

定义 7.10.2(临界点)　使得多元函数 f 的梯度 $\mathrm{grad}f(P)$ 为零向量以及 $\mathrm{grad}f(P)$ 不存在的点 P 统称为函数 f 的**临界点**,其中使 $\mathrm{grad}f(P)=\mathbf{0}$ 的点 P 称为**驻点**.

由梯度的定义立即知道,对于可微的二元函数 $f(x,y)$ 来说,驻点就是方程组

$$\begin{cases} f_x(x,y)=0, \\ f_y(x,y)=0 \end{cases}$$

的解.而对于可微的三元函数 $f(x,y,z)$ 来说,驻点需从下列方程组解出:

$$\begin{cases} f_x(x,y,z)=0, \\ f_y(x,y,z)=0, \\ f_z(x,y,z)=0. \end{cases}$$

简言之,可微的多元函数取极值的**必要条件是:各个一阶偏导数都等于零**.

这个必要条件大大地缩小了寻找极值点的范围.如果由实际问题的意义可以判定函数在闭区域 D 内部达到最大(小)值,则内部的最大(小)值也就是极大(小)值,如果上述的方程组在 D 的内部只有一组解,则方程组的解一定是最大(小)值点.

例 7.10.1　求函数 $f(x,y)=x^2-2x+y^2-4y+5$ 的所有临界点.

解　显然 $f(x,y)$ 处处存在偏导数.因 $\mathrm{grad}f=(2x-2)\boldsymbol{i}+(2y-4)\boldsymbol{j}$,故当

$$2x-2=0,\quad 2y-4=0$$

时，梯度 grad$f$ 是零向量，即是说，点(1,2)是函数 $f(x,y)$ 唯一的临界点. 实际上，由于 $f(x,y)$ 可以改写为

$$f(x,y)=(x-1)^2+(y-2)^2.$$

所以临界点(1,2)是 $f(x,y)$ 的极小点，同时也是最小点. □

例 7.10.2 函数 $f(x,y)=y^2-x^2$ 的图形是一个鞍形曲面(见图 6.42). 由

$$f_x=-2x=0,\quad f_y=2y=0$$

解出唯一的临界点(0,0). 由函数的图形可以看到，在(0,0)点的附近既存在点(x_1,y_1)使得 $f(0,0)<f(x_1,y_1)$，又存在点(x_2,y_2)，使得 $f(0,0)>f(x_2,y_2)$，因此(0,0)点不是 $f(x,y)$ 的极值点. 这样的点称为**鞍点**. □

7.10.3 极值的充分条件

以上两例表明，函数的临界点可能是极值点，也可能是鞍点. 那么，怎样判定临界点是否为极值点呢？下面我们讨论驻点是极值点的充分条件.

我们先作一点代数上的准备. 考虑二元二次函数

$$f(x,y)=ax^2+bxy+cy^2.$$

当 $a\neq 0$ 时，$f(x,y)$ 可改写成下面的形式：

$$ax^2+bxy+cy^2=a\left[\left(x+\frac{b}{2a}y\right)^2+\frac{4ac-b^2}{4a^2}y^2\right].$$

记 $\Delta=4ac-b^2$，称 Δ 为**判别式**，由上述表达式我们可以得出以下的结论.

① 若 $\Delta>0$，则上式方括号内的两项均为正，因而函数有极大值或极小值. 当 $a>0$ 时有极小值，当 $a<0$ 时有极大值(读者可画出这两种情形中，曲面 $z=f(x,y)$ 的草图).

② 若 $\Delta<0$，则方括号内的两项有不同的符号，因而(0,0)是鞍点，即没有极值.

③ 若 $\Delta=0$，则二次函数形如 $a\left(x+\frac{b}{2a}y\right)^2$，它的基本形状是抛物柱面，在某些点上函数值为零.

现在我们再回到一般的二元函数的情形. 设有二元函数 $z=f(x,y)$，且有驻点(0,0). 根据本章 7.7 节中的讨论，在(0,0)点附近可用 $f(x,y)$ 的二阶泰勒多项式来作逼近(当然，假设 f 有二阶连续的偏导数)：

$$\begin{aligned}f(x,y)\approx &f(0,0)+f_x(0,0)x+f_y(0,0)y\\&+\frac{1}{2}f_{xx}(0,0)x^2+f_{xy}(0,0)xy+\frac{1}{2}f_{yy}(0,0)y^2.\end{aligned}$$

在临界点处，$f_x(0,0)=f_y(0,0)=0$，上式简化为

$$f(x,y)\approx f(0,0)+\frac{1}{2}f_{xx}(0,0)x^2+f_{xy}(0,0)xy+\frac{1}{2}f_{yy}(0,0)y^2.$$

或者 $f(x,y)-f(0,0)\approx\frac{1}{2}f_{xx}(0,0)x^2+f_{xy}(0,0)xy+\frac{1}{2}f_{yy}(0,0)y^2.$

这表明当(x,y)位于点$(0,0)$的附近时，$f(x,y)-f(0,0)$的符号与右端的二次函数的符号相同. 这时，判别式为

$$\Delta=4\left(\frac{1}{2}f_{xx}(0,0)\right)\left(\frac{1}{2}f_{yy}(0,0)\right)-(f_{xy}(0,0))^2,$$

把它简化为

$$\Delta=(f_{xx}f_{yy}-f_{xy}^2)\big|_{(0,0)}.$$

类似地，若$f(x,y)$有驻点(x_0,y_0)，那么在这点附近，$f(x,y)$的性态与形如$A(x-x_0)^2+B(x-x_0)(y-y_0)+C(y-y_0)^2+D$的二次函数的性态相同，其中

$$A=f_{xx}(x_0,y_0),\quad B=f_{xy}(x_0,y_0),\quad C=f_{yy}(x_0,y_0).$$

令

$$\Delta=AC-B^2,$$

那么根据前面对二次函数所作的结论，我们有下面**判别准则**：

设(x_0,y_0)是$f(x,y)$的驻点，令

$$\Delta=f_{xx}(x_0,y_0)f_{yy}(x_0,y_0)-[f_{xy}(x_0,y_0)]^2.$$

(1) $\Delta>0$且$A>0$(或$C>0$)时，(x_0,y_0)是极小点.

(2) $\Delta>0$且$A<0$(或$C<0$)时，(x_0,y_0)是极大点.

(3) $\Delta<0$时，(x_0,y_0)是鞍点.

(4) $\Delta=0$时，需进一步讨论.

例 7.10.3 求函数$f(x,y)=\frac{1}{2}x^2+3y^3+9y^2-3xy+9y-9x$的极大点、极小点和鞍点.

解 由$f_x=x-3y-9=0$，$f_y=9y^2+18y-3x+9=0$解得驻点$(3,-2)$和$(12,1)$，判别式是

$$\Delta(x,y)=f_{xx}f_{yy}-f_{xy}^2=18y+9.$$

因为$\Delta(3,-2)=-36+9<0$，故$(3,-2)$是鞍点. 因为$\Delta(12,1)=18+9>0$，$f_{xx}(12,1)=1>0$，所以$(12,1)$是极小点. □

7.10.4 最大(小)值的求法

设二元函数$z=f(x,y)$在有界闭区域D上连续，则$f(x,y)$在D上必能取得最大值和最小值. 再假设$f(x,y)$在D内可微，且只有有限个驻点. 这时若函数在D的内部取得最大(小)值，则这个最大(小)值也是函数的极值.

在上述假设之下，函数$f(x,y)$在D上的最大(小)值的求法可归纳为如下步骤.

① 求出$f(x,y)$在D内的所有驻点；

② 计算$f(x,y)$在各个驻点的函数值；

③ 求出$f(x,y)$在边界∂D上的最大(小)值；

④ 将上面算得的函数值加以比较，其中最大者就是最大值，最小者就是最小值.

上述的第③步做起来往往很复杂. 在许多实际问题中，可以根据问题的实际意义作出判断，确定函数 $f(x,y)$ 的最大(小)值一定在区域 D 的内部取得，而函数在 D 内只有一个驻点，则可以断定这个驻点必为最大(小)值点.

求最大(小)值的例子将在下面给出.

例 7.10.4　求函数 $u=x+y$ 在区域 $D=\{(x,y)\mid x\geqslant 0,y\geqslant 0,2x+y\geqslant 3,x+3y\geqslant 4\}$ 上的最小值.

解　因为 $u_x=u_y=1\neq 0$，所以函数 u 在区域 D 内没有驻点，u 的最小值只能在 D 的边界上达到.

D 的边界可分成 4 段：

(1) 在半直线 $x=0,y\geqslant 3$ 上，$u=y$ 有最小值 3；

(2) 在线段 $2x+y=3,0\leqslant x\leqslant 1$ 上，$u=3-x$ 有最小值 2；

(3) 在线段 $x+3y=4,0\leqslant y\leqslant 1$ 上，$u=4-2y$ 有最小值 2；

(4) 在半直线 $y=0,x\geqslant 4$ 上，$u=x$ 有最小值 4.

比较上述各函数值即知，u 在 D 上有最小值 2.　□

例 7.10.5(最小二乘法)　在实际问题中，常常要从一组观测数据 $(x_i,y_i)(i=1,2,\cdots,n)$ 出发，预测函数 $y=f(x)$ 的表达式. 从几何上看，就是由给定的一组数据 (x_i,y_i) 去描绘曲线 $y=f(x)$ 的近似图形，这条近似的曲线称之为拟合曲线，要求这条拟合曲线能够反映出所给数据的总趋势(见图 7.23). 作曲线拟合有多种方法，其中最小二乘法是常用的一种，它是根据实际数据采用一种“直线拟合”的方法，也就是用线性函数来作逼近.

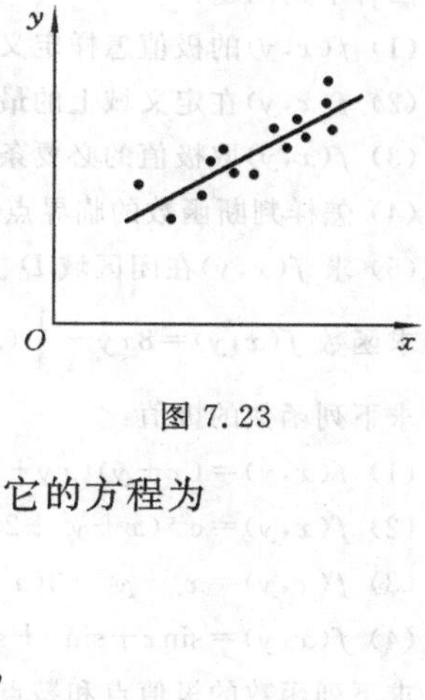

图 7.23

假定所给的数据点 (x_i,y_i) 的分布大致成一条直线，设它的方程为

$$y=ax+b,$$

其中系数 a、b 待定. 将 x_i 代入直线方程，得

$$\tilde{y}_i=ax_i+b\quad(i=1,2,\cdots,n),$$

这与实测到的值 y_i 有偏差

$$\varepsilon_i=y_i-\tilde{y}_i=y_i-(ax_i+b)\quad(i=1,2,\cdots,n).$$

作偏差的平方和

$$\varepsilon^2=\varepsilon_1^2+\varepsilon_2^2+\cdots+\varepsilon_n^2=\sum_{i=1}^{n}(y_i-ax_i-b)^2,$$

称 $\varepsilon=\varepsilon(a,b)$ 为**平方总偏差**.

现在求 a,b，使得平方总偏差 ε 达到最小，则所得直线 $y=ax+b$ 就是所给数据的最佳拟合直线.

由极值的必要条件，有

$$\frac{\partial(\varepsilon^2)}{\partial a}=-2\sum_{i=1}^{n}(y_i-ax_i-b)x_i=2\left(a\sum_{i=1}^{n}x_i^2+b\sum_{i=1}^{n}x_i-\sum_{i=1}^{n}x_iy_i\right)=0,$$

$$\frac{\partial(\varepsilon^2)}{\partial b}=-2\sum_{i=1}^{n}(y_i-ax_i-b)=2\left(a\sum_{i=1}^{n}x_i+nb-\sum_{i=1}^{n}y_i\right)=0.$$

于是得到 a、b 所满足的方程

$$\begin{cases}\left(\sum_{i=1}^{n}x_i^2\right)a+\left(\sum_{i=1}^{n}x_i\right)b=\sum_{i=1}^{n}x_iy_i,\\ \left(\sum_{i=1}^{n}x_i\right)a+nb=\sum_{i=1}^{n}y_i.\end{cases}$$

由此方程组解出 a、b,则 $y=ax+b$ 就是所要求的直线方程. □

习　题　7.10

(A)

1. 回答下列问题:

(1) $f(x,y)$的极值怎样定义?

(2) $f(x,y)$在定义域上的最大(小)值怎样定义?

(3) $f(x,y)$取极值的必要条件是什么?

(4) 怎样判断函数的临界点是否为极值点?

(5) 求 $f(x,y)$在闭区域 D 上的最大(小)值的一般步骤是什么?

2. 求函数 $f(x,y)=8xy-\frac{1}{4}(x+y)^4$ 的所有临界点,并判定它们是极大点、极小点还是鞍点.

3. 求下列函数的极值:

(1) $f(x,y)=(x+y)(xy+1)$;

(2) $f(x,y)=e^{2x}(x+y^2+2y)$;

(3) $f(x,y)=x^3+y^3-3(x^2+y^2)$;

(4) $f(x,y)=\sin x+\sin y+\sin(x+y),0<x<\pi,0<y<\pi$.

4. 求下列函数的极值点和鞍点.

(1) $f(x,y)=x^2+y^3-3xy$;　　　(2) $f(x,y)=xy+\ln x+y^2-10\ (x>0)$.

5. 证明函数 $z=(1+e^y)\cos x-ye^y$ 有无穷多个极大值,但没有极小值.

6. 求函数 $f(x,y)=x^3-4x^2+2xy-y^2$ 在闭区域 D:$-5\leqslant x\leqslant 5,-1\leqslant y\leqslant 1$ 上的最大值与最小值.

7. 设水深与流速间的测量数据如下:

水深 x/m	0	0.1	0.2	0.3	0.4
流速 y/(m/s)	3.195	3.229 9	3.253 2	3.261 1	3.251 6
水深 x/m	0.5	0.6	0.7	0.8	0.9
流速 y/(m/s)	3.228 2	3.180 7	3.126 6	3.059 4	2.975 7

试用最小二乘法求最佳拟合直线 $y=ax+b$.

8. 有一块宽 24 cm 的矩形薄铁皮,把两边折起来,做成一个梯形水槽(见图 7.24),问 x 与 θ 各为何值时,水槽的流量最大?

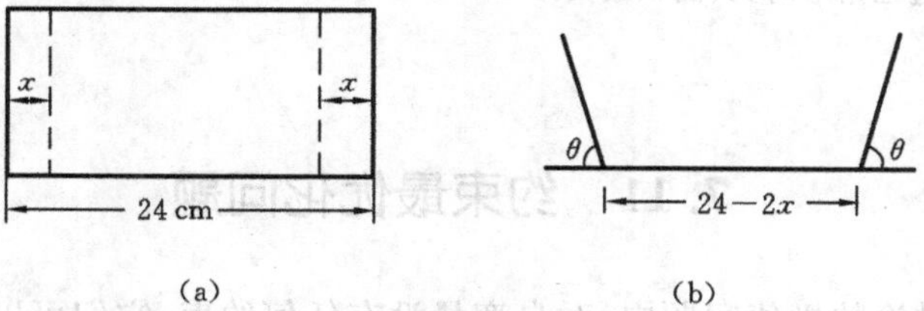

图 7.24

9. 试设计一个宽 w,长 l,高 h 的长方形纸板盒,使其具有 512 cm^3 的容积.这个盒子的侧边的成本是 0.1 元/cm^2,而上下底的成本是 0.2 元/cm^2.试求这个盒子的尺寸,使得所用材料的成本最低.

(B)

1. 求函数 $f(x,y)=e^x(1-\cos y)$ 的临界点,并判定它们是极大(小)值点还是鞍点.
2. 求由方程 $2x^2+2y^2+z^2+8xz-z+8=0$ 所确定的隐函数 $z=z(x,y)$ 的极值.
3. 求由方程 $x^2+y^2+z^2-2x-2y-4z-10=0$ 所确定的隐函数 $z=z(x,y)$ 的极值.
4. 试利用费马定理(见第 3 章 3.5 节)证明:若函数 $z=f(x,y)$ 在点 (x_0,y_0) 具有偏导数,且在点 (x_0,y_0) 处有极值,则必有 $f_x(x_0,y_0)=0, f_y(x_0,y_0)=0$.
5. 在半径为 R 的圆内求一内接三角形,使其面积最大.
6. 求 a,b,使积分 $I=\int_0^1 (a+bx-x^2)^2\,dx$ 的值最小.

答案与提示

(A)

2. $(1,1)$ 是极大点,$(-1,-1)$ 是极大点,$(0,0)$ 是鞍点.
3. (1) 无极值; (2) 极小值 $-\frac{e}{2}$; (3) 极小值 -8,极大值 0; (4) 极大值 $\frac{3\sqrt{3}}{2}$.
4. (1) $(0,0)$ 是鞍点,$\left(\frac{9}{4},\frac{3}{2}\right)$ 是极小点,也是最小点; (2) $\left(\sqrt{2},-\frac{\sqrt{2}}{2}\right)$ 是鞍点.
5. $x=k\pi, y=\cos k\pi-1(k=0,\pm 2,\pm 4,\cdots)$ 时,有无穷多个极大值;$x=k\pi, y=\cos k\pi-1(k=\pm 1,\pm 3,\cdots)$ 时,无极值.
6. 最大值为 $f(5,1)=34$,最小值为 $f(-5,1)=-236$.
7. $y=-0.246\ 351x+3.286\ 998$.
8. $x=8$ cm,$\theta=\frac{\pi}{3}$.
9. $w=4\sqrt[3]{4}$ cm,$l=4\sqrt[3]{4}$ cm,$h=8\sqrt[3]{4}$ cm.

(B)

1. $(x,2k\pi)(k=0,\pm 1,\pm 2,\cdots)$ 是极小点,$(x,(2k+1)\pi)(k=0,\pm 1,\pm 2,\cdots)$ 是鞍点.

2. 极小值为 $z(-2,0)=1$,极大值为 $z(\frac{16}{7},0)=-\frac{8}{7}$.

3. 极小值为 -2,极大值为 6.

5. 当三角形为等边三角形时,其面积最大.

6. $a=1,b=-\frac{1}{6}$.

7.11　约束最优化问题

在上节所讨论的极值问题中,对自变量没有任何约束,它们可以在定义域上自由地变化.因此称这种极值问题为**无约束最优化**问题,或**简单极值**问题.然而在大多数实际问题中,自变量要受到一些约束条件的限制,使自变量不能在定义域上自由地变化,而只能在定义域的某一部分内变化.这种极值问题称为**约束最优化**问题,或**条件极值**问题.一般地,约束条件有**不等式约束**与**等式约束**两种.这里只讨论自变量在等式约束条件下求极值的方法.

7.11.1　拉格朗日乘数

考虑一种较简单的情形.求函数 $z=f(x,y)$ 在条件

$$g(x,y)=0 \tag{7.11.1}$$

下的最大(小)值.我们称 $f(x,y)$ 为**目标函数**,条件(7.11.1)为**约束条件**.这里假设 f 与 g 均为可微函数.

动点要满足条件(7.11.1),从几何上看,就是限制动点在曲线 $g(x,y)=0$ 上变动,问题就变为当动点在曲线 $g(x,y)=0$ 上变动时,求函数 $z=f(x,y)$ 的最大(小)值.

函数 $f(x,y)$ 在点 $P_0(x_0,y_0)$ 处有满足条件 $g(x,y)=0$ 的极大(小)值,是指对于曲线 $g(x,y)=0$ 上位于 P_0 附近的点 $P(x,y)$,有

$$f(P)\leqslant f(P_0)\quad (f(P)\geqslant f(P_0)).$$

现在来寻找 $f(x,y)$ 有条件极值的必要条件.如果从方程 $g(x,y)=0$ 中能解出 y 来,比方说,解得 $y=h(x)$,那么问题就变成 $z=f(x,y(x))$ 这样一个一元函数的极值问题了.然而,一般情况下,从 $g(x,y)=0$ 中解出 y 来是十分困难甚至是不可能的事情.

在无约束最优化问题中,函数 f 取极值的必要条件是 $\mathrm{grad}f=\mathbf{0}$.因此,函数的极值只可能在某个临界点处取得.那么,在约束最优化问题中,"临界点"是什么样的点呢?为了探讨这个问题,我们用 Γ 表示方程 $g(x,y)=0$ 所确定的曲线.假设函数 $f(x,y)$ 在曲线 Γ 上点 $P_0(x_0,y_0)$ 处有极大值(对极小值可同样讨论).在点 P_0 处取曲线 Γ 的单位切向量 $\boldsymbol{l}$(见图 7.25).若方向导数 $\frac{\partial f}{\partial l}$ 为正,则函数 f 在曲线 Γ 上沿方

向 $\boldsymbol{l}$ 是递增的. 因此,如果函数 f 在 Γ 上的点 P_0 处有极大值,则必有

$$\frac{\partial f}{\partial l}(x_0,y_0)=0. \tag{7.11.2}$$

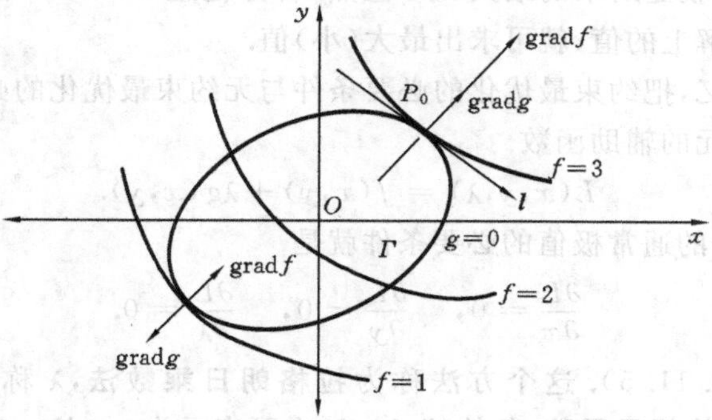

图 7.25

由方向导数概念知

$$\frac{\partial f}{\partial l}(x_0,y_0)=\mathrm{grad}f(x_0,y_0)\cdot\boldsymbol{l},$$

因此,由式(7.11.2)有

$$\mathrm{grad}f(x_0,y_0)\cdot\boldsymbol{l}=0.$$

另一方面,梯度 $\mathrm{grad}g(x_0,y_0)$ 与切向量 $\boldsymbol{l}$ 是互相垂直的,故有

$$\mathrm{grad}g(x_0,y_0)\cdot\boldsymbol{l}=0.$$

这样一来,向量 $\mathrm{grad}f(x_0,y_0)$ 必与向量 $\mathrm{grad}g(x_0,y_0)$ 互相平行. 这就是说,如果 $P_0(x_0,y_0)$ 是函数 f 满足条件 $g(x,y)=0$ 的极值点,且梯度 $\mathrm{grad}g(x_0,y_0)$ 是非零向量,则必存在一个数 λ,使得

$$\mathrm{grad}f(x_0,y_0)=\lambda\,\mathrm{grad}g(x_0,y_0). \tag{7.11.3}$$

式(7.11.3)等价于

$$\begin{cases}f_x(x_0,y_0)=\lambda g_x(x_0,y_0),\\ f_y(x_0,y_0)=\lambda g_y(x_0,y_0).\end{cases} \tag{7.11.4}$$

综上所述,有下面的结论:

函数 $z=f(x,y)$ 在条件 $g(x,y)=0$ 下取极值的必要条件是

$$\begin{cases}f_x(x,y)=\lambda g_x(x,y),\\ f_y(x,y)=\lambda g_y(x,y),\\ g(x,y)=0,\end{cases} \tag{7.11.5}$$

其中 x、y、λ 都是未知数. 引进的参数 λ 称为**拉格朗日**(Lagrange)**乘数**.

7.11.2　拉格朗日乘数法

由上面的讨论可知,要想求函数 $f(x,y)$ 在条件 $g(x,y)=0$ 下的极值,只需从方

程组(7.11.5)中求出可能极值点.至于这些可能极值点是不是极值点，一般可根据实际问题的意义来判定.若实际问题肯定存在最大(小)值，而方程组(7.11.5)又只有一组解，那么这组解就是所求的最大(小)值点.若方程组(7.11.5)有好几组解，则通过比较函数在各组解上的值，就可求出最大(小)值.

为了便于记忆，把约束最优化的必要条件与无约束最优化的必要条件统一起来.为此构造一个三元的辅助函数

$$L(x,y,\lambda)=f(x,y)+\lambda g(x,y).$$

则函数 $L(x,y,\lambda)$ 的通常极值的必要条件就是

$$\frac{\partial L}{\partial x}=0,\quad \frac{\partial L}{\partial y}=0,\quad \frac{\partial L}{\partial \lambda}=0. \tag{7.11.6}$$

这正是方程组(7.11.5).这个方法称为**拉格朗日乘数法**，λ 称为**拉格朗日乘数**，$L(x,y,\lambda)$ 称为**拉格朗日函数**.条件(7.11.6)也可表示为 $\mathrm{grad}L=0$.

例 7.11.1　求 $f(x,y)=xy$ 在圆周 $x^2+y^2=4$ 上的最大值和最小值.

解　目标函数是

$$f(x,y)=xy,$$

约束条件是

$$g(x,y)=x^2+y^2-4=0.$$

由于 $\mathrm{grad}f=y\boldsymbol{i}+x\boldsymbol{j}$，$\mathrm{grad}g=2x\boldsymbol{i}+2y\boldsymbol{j}$，所以由 $\mathrm{grad}f=\lambda\mathrm{grad}g$ 得

$$y=2\lambda x,\quad x=2\lambda y,$$

再加上

$$x^2+y^2-4=0,$$

可以解出可能极值点为 $(\sqrt{2},\sqrt{2})$，$(\sqrt{2},-\sqrt{2})$，$(-\sqrt{2},\sqrt{2})$ 及 $(-\sqrt{2},-\sqrt{2})$.直接计算得

$$f_{\max}=f(\pm\sqrt{2},\pm\sqrt{2})=2,$$

$$f_{\min}=f(\pm\sqrt{2},\mp\sqrt{2})=-2.$$

如图 7.26 所示.　□

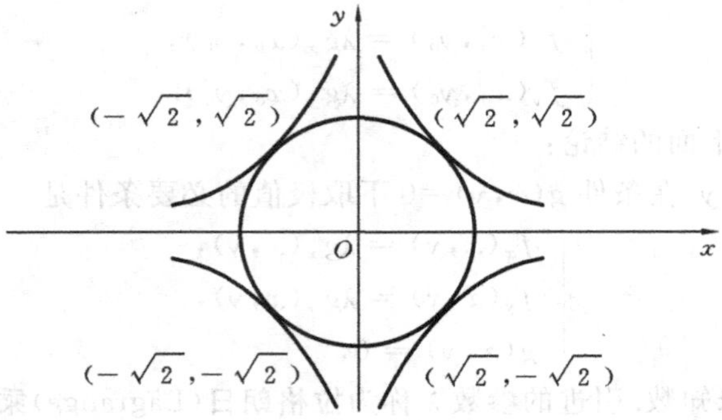

图 7.26

拉格朗日乘数法可推广到更复杂的情形.

(1) 求 $f(x,y,z)$ 在条件 $g(x,y,z)=0$ 下的极值.

解法:作拉格朗日函数

$$L(x,y,z,\lambda)=f(x,y,z)+\lambda g(x,y,z)$$

由方程组

$$\begin{cases}\dfrac{\partial L}{\partial x}=f_x(x,y,z)+\lambda g_x(x,y,z)=0,\\ \dfrac{\partial L}{\partial y}=f_y(x,y,z)+\lambda g_y(x,y,z)=0,\\ \dfrac{\partial L}{\partial z}=f_z(x,y,z)+\lambda g_z(x,y,z)=0,\\ \dfrac{\partial L}{\partial \lambda}=g(x,y,z)=0.\end{cases}\tag{7.11.7}$$

求出可能极值点. □

(2) 求函数 $f(x,y,z)$在条件$\begin{cases}g_1(x,y,z)=0,\\ g_2(x,y,z)=0\end{cases}$下的极值.

解法:这里有两个约束条件,因此引进两个拉格朗日乘数 λ_1 与 λ_2,作拉格朗日函数

$$L(x,y,z,\lambda_1,\lambda_2)=f(x,y,z)+\lambda_1 g_1(x,y,z)+\lambda_2 g_2(x,y,z).$$

再由方程组

$$\frac{\partial L}{\partial x}=0,\quad \frac{\partial L}{\partial y}=0,\quad \frac{\partial L}{\partial z}=0,\quad g_1(x,y,z)=0,\quad g_2(x,y,z)=0$$

求出可能极值点. □

一般来说,上述方法对多个变量、多个约束条件(约束条件数目应少于自变量数目)的情形都适用.

例 7.11.2　造一容积为 V 的长方形无盖铝盆,怎样设计尺寸,使它的表面积最小?

解　设铝盆的长、宽、高分别为 x、y、z,则问题归结为求目标函数

$$f(x,y,z)=2(x+y)z+xy$$

在约束条件 $xyz=V(x>0,y>0,z>0)$下的最小值.

作拉格朗日函数

$$L(x,y,z,\lambda)=2(x+y)z+xy+\lambda(xyz-V).$$

解方程组

$$\begin{cases}\dfrac{\partial L}{\partial x}=y+2z+\lambda yz=0, & (7.11.8)\\ \dfrac{\partial L}{\partial y}=x+2z+\lambda xz=0, & (7.11.9)\\ \dfrac{\partial L}{\partial z}=2(x+y)+\lambda xy=0, & (7.11.10)\\ xyz=V, & (7.11.11)\end{cases}$$

方程(7.11.8)、(7.11.9)、(7.11.10)可改写为

$$\frac{1}{z}+\frac{2}{y}=-\lambda=\frac{1}{z}+\frac{2}{x}=\frac{2}{x}+\frac{2}{y},$$

故有

$$x_0=y_0=2z_0=\sqrt[3]{2V},\quad z_0=\sqrt[3]{\frac{V}{4}}.$$

由实际问题的意义知,表面积一定在某点达到最小.因此,当长、宽均为$\sqrt[3]{2V}$,高为$\sqrt[3]{V/4}$时,铝盆的表面积最小,且最小表面积为$3\sqrt[3]{4V^2}$. □

习 题 7.11

(A)

1. 回答下列问题:
   (1) 目标函数 $z=f(x,y)$ 在条件 $g(x,y)=0$ 下取得极值的必要条件是什么?
   (2) 什么是拉格朗日乘数法?
2. 求下列函数在给定的约束条件下的最大值、最小值:
   (1) $f(x,y)=x^2+y, x^2-y^2=1$; (2) $f(x,y)=xy, x+y=1$;
   (3) $f(x,y,z)=x+3y+5z, x^2+y^2+z^2=1$; (4) $f(x,y,z)=2x+y+4z, x^2+y^2+z^2=16$.
3. 从斜边之长为 l 的一切直角三角形中,求有最大周界的直角三角形.
4. 求内接于半径为 a 的球且有最大体积的长方体.
5. 在椭圆 $x^2+4y^2=4$ 上求一点,使其到直线 $2x+3y-6=0$ 的距离最短.
6. 欲造一无盖的长方体容器,已知底部造价为 3 元/m^2,侧面造价均为 1 元/m^2。现想用 36 元造一个容积最大的容器,求它的尺寸.

(B)

1. 为了使渠道不致漏水,在渠道表面砌一道水泥.根据流量的大小,就确定了其截面积.设要修的渠道是直的,其横断面是一等腰梯形(见图 7.27).问腰和底各为多少时水泥用量为最少.

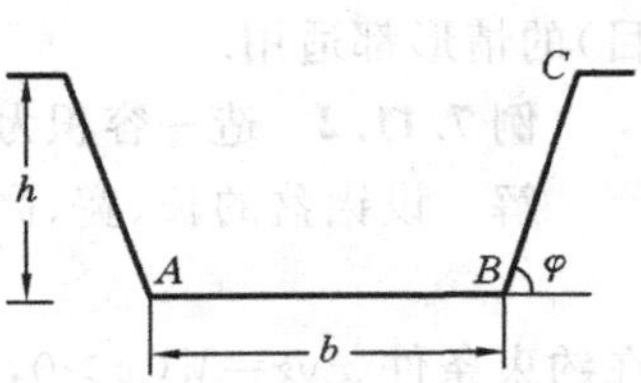

图 7.27

2. 求二元函数 $u=f(x,y)=x^2y(4-x-y)$ 在由直线 $x+y=6$、x 轴和 y 轴所围成的闭区域 D 上的极值、最大值和最小值.
3. 证明:周长一定的三角形中以等边三角形的面积最大.
4. 在第一卦限内作椭球面$\frac{x^2}{a^2}+\frac{y^2}{b^2}+\frac{z^2}{c^2}=1$ 的切平面,使切平面与三个坐标面所围成的四面体的体积最小,求切点的坐标.

答案与提示

(A)

2. (1) 最小值$\frac{3}{4}$,无最大值; (2) 最大值$\frac{1}{4}$,无最小值; (3) 最大值$\sqrt{35}$,最小值$-\sqrt{35}$;
   (4) 最大值 28,最小值 28.

3. 直角边长为$\frac{l}{\sqrt{2}}$的等腰直角三角形.

4. 长、宽、高均为$\frac{a}{\sqrt{3}}$.

5. $\left(\frac{8}{5},\frac{3}{5}\right)$.

6. 长 2 m，宽 2 m，高 3 m.

(B)

1. 若截面积为 S，则当 $AB=BC=\frac{2\sqrt{S}}{3^{3/4}}$，$\varphi=\frac{\pi}{3}$时，水泥用量最少.

2. 极大值 4，最大值 4，最小值 −64.

3. 利用海伦公式写出三角形的面积.

4. 切点为$\left(\frac{a}{\sqrt{3}},\frac{b}{\sqrt{3}},\frac{c}{\sqrt{3}}\right)$.

7.12　偏导数计算在偏微分方程中的应用

在第 5 章我们讨论了微分方程的问题. 在那里我们曾说过，含有未知函数及未知函数的导数的方程叫做微分方程. 注意，那时所说的函数是一元函数，所出现的导数是一元函数的导数. 现在我们考虑未知函数是多元函数的情形，所出现的导数是多元函数的偏导数. 因此，称含有多元未知函数及其偏导数的方程为**偏微分方程**，而第 5 章中所讨论的那类方程就叫做**常微分方程**.

关于偏微分方程的许多基本问题，读者将有机会在后续课程数学物理方程中学习到. 我们在这里只是作为偏导数的计算和应用，介绍几个典型的偏微分方程，以及方程中未知量的变换问题.

7.12.1　验证给定函数满足某偏微分方程

例 7.12.1　证明：函数 $u=\frac{1}{\sqrt{x^2+y^2+z^2}}$在定义域上满足**拉普拉斯**(Laplace)**方程**

$$\Delta u\equiv\frac{\partial^2 u}{\partial x^2}+\frac{\partial^2 u}{\partial y^2}+\frac{\partial^2 u}{\partial z^2}=0.\tag{7.12.1}$$

证　为方便起见，我们引进中间变量

$$r=\sqrt{x^2+y^2+z^2},$$

则 $u=\frac{1}{r}$. 因$\frac{\partial r}{\partial x}=\frac{x}{r}$，故

$$\frac{\partial u}{\partial x}=\frac{\mathrm{d}u}{\mathrm{d}r}\frac{\partial r}{\partial x}=-\frac{1}{r^2}\cdot\frac{x}{r}=-\frac{x}{r^3},$$

$$\frac{\partial^2 u}{\partial x^2}=-\frac{1}{r^3}+3\frac{x}{r^4}\cdot\frac{\partial r}{\partial x}=-\frac{1}{r^3}+\frac{3x^2}{r^5}.$$

由于函数 u 关于自变量 x、y、z 是对称的，故只要分别用 y、z 去替换 x，就能得到其他两个二阶偏导数. 于是有

$$\frac{\partial^2 u}{\partial y^2}=-\frac{1}{r^3}+\frac{3y^2}{r^5},\quad \frac{\partial^2 u}{\partial z^2}=-\frac{1}{r^3}+\frac{3z^2}{r^5}.$$

最后得

$$\frac{\partial^2 u}{\partial x^2}+\frac{\partial^2 u}{\partial y^2}+\frac{\partial^2 u}{\partial z^2}=-\frac{3}{r^3}+\frac{3(x^2+y^2+z^2)}{r^5}=-\frac{3}{r^3}+\frac{3}{r^3}=0.$$ □

例 7.12.2　证明函数 $u=\varphi(x-at)+\psi(x+at)$（$\varphi$、$\psi$ 为任意可微函数）满足弦振动方程

$$a^2\frac{\partial^2 u}{\partial x^2}=\frac{\partial^2 u}{\partial t^2}. \tag{7.12.2}$$

证　$\dfrac{\partial u}{\partial x}=\varphi'(x-at)+\psi'(x+at)$,

$$\frac{\partial^2 u}{\partial x^2}=\varphi''(x-at)+\psi''(x+at),$$

$$\frac{\partial u}{\partial t}=-a\varphi'(x-at)+a\psi'(x+at),$$

$$\frac{\partial^2 u}{\partial t^2}=(-a)(-a)\varphi''(x-at)+a^2\psi''(x+at)$$

$$=a^2[\varphi''(x-at)+\psi''(x+at)],$$

所以得

$$a^2\frac{\partial^2 u}{\partial x^2}=\frac{\partial^2 u}{\partial t^2}.$$ □

例 7.12.3　设函数 $z=z(x,y)$ 由方程 $F\left(x+\dfrac{z}{y},y+\dfrac{z}{x}\right)=0$ 确定. 证明

$$x\frac{\partial z}{\partial x}+y\frac{\partial z}{\partial y}=z-xy.$$

证　对方程 $F\left(x+\dfrac{z}{y},y+\dfrac{z}{x}\right)=0$ 两边分别关于 x、y 求偏导数，得

$$F_1'\left(1+\frac{1}{y}z_x\right)+F_2'\left(\frac{xz_x-z}{x^2}\right)=0,$$

$$F_1'\left(\frac{yz_y-z}{y^2}\right)+F_2'\left(1+\frac{z_y}{x}\right)=0.$$

由此解得

$$\frac{\partial z}{\partial x}=\frac{y}{x}\cdot\frac{zF_2'-x^2F_1'}{xF_1'+yF_2'},\quad \frac{\partial z}{\partial y}=\frac{x}{y}\cdot\frac{zF_1'-y^2F_2'}{xF_1'+yF_2'}.$$

于是可得

$$x\frac{\partial z}{\partial x}+y\frac{\partial z}{\partial y}=z-xy.$$ □

7.12.2 变量代换

前面出现的方程(7.12.1)、(7.12.2)都是从实际问题中提炼出来的偏微分方程. 还有其他许多实际问题都可以归结为一类含有二阶偏导数的偏微分方程. 求解这些方程时，往往需要作自变量的变量代换，使方程的形式变得比较简单，或者使方程由直角坐标系变到其他坐标系中表示，使其便于讨论.

例 7.12.4　平面拉普拉斯方程形如

$$\frac{\partial^2 u}{\partial x^2}+\frac{\partial^2 u}{\partial y^2}=0. \tag{7.12.3}$$

方程的连续解 $u=u(x,y)$ 称为**调和函数**. 当在圆形区域上求解这个方程时，常常将方程(7.12.3)化到极坐标系下讨论.

直角坐标系与极坐标系的变换公式为

$$x=r\cos\theta,\quad y=r\sin\theta,$$

于是函数 $u=u(x,y)$ 变成 r、θ 的函数：

$$u=u(r\cos\theta,r\sin\theta)=u(r,\theta).$$

注意 $u=u(x,y)$ 是方程中的未知函数，为方便起见，我们把变换后的函数也写成 $u=u(r,\theta)$. 这并不是说它们有相同的函数关系，而只是表明 $u(r,\theta)$ 是由原来的 $u(x,y)$ 变来的. 下面我们来推导$u(r,\theta)$应当满足的方程.

采用**直接法**. 这种方法是以 r、θ 作为自变量，而把 x、y 看作中间变量，来求原来函数的偏导数与变换后函数的偏导数之间的关系.

一阶偏导数为

$$\frac{\partial u}{\partial r}=\frac{\partial u}{\partial x}\frac{\partial x}{\partial r}+\frac{\partial u}{\partial y}\frac{\partial y}{\partial r}=\frac{\partial u}{\partial x}\cos\theta+\frac{\partial u}{\partial y}\sin\theta,$$

$$\frac{\partial u}{\partial \theta}=\frac{\partial u}{\partial x}\frac{\partial x}{\partial \theta}+\frac{\partial u}{\partial y}\frac{\partial y}{\partial \theta}=\frac{\partial u}{\partial x}(-r\sin\theta)+\frac{\partial u}{\partial y}(r\cos\theta).$$

二阶偏导数为

$$\begin{aligned}\frac{\partial^2 u}{\partial r^2}&=\frac{\partial}{\partial r}\left(\frac{\partial u}{\partial x}\right)\cos\theta+\frac{\partial}{\partial r}\left(\frac{\partial u}{\partial y}\right)\sin\theta\\&=\left(\frac{\partial^2 u}{\partial x^2}\cos\theta+\frac{\partial^2 u}{\partial x\partial y}\sin\theta\right)\cos\theta+\left(\frac{\partial^2 u}{\partial x\partial y}\cos\theta+\frac{\partial^2 u}{\partial y^2}\sin\theta\right)\sin\theta\\&=\frac{\partial^2 u}{\partial x^2}\cos^2\theta+2\frac{\partial^2 u}{\partial x\partial y}\sin\theta\cos\theta+\frac{\partial^2 u}{\partial y^2}\sin^2\theta,\end{aligned}$$

$$\begin{aligned}\frac{\partial^2 u}{\partial \theta^2}&=-\frac{\partial}{\partial \theta}\left(\frac{\partial u}{\partial x}\right)r\sin\theta-r\frac{\partial u}{\partial x}\cos\theta+\frac{\partial}{\partial \theta}\left(\frac{\partial u}{\partial y}\right)r\cos\theta-r\frac{\partial u}{\partial y}\sin\theta\\&=-r\sin\theta\left[\frac{\partial^2 u}{\partial x^2}(-r\sin\theta)+\frac{\partial^2 u}{\partial y^2}(r\cos\theta)\right]-r\left(\frac{\partial u}{\partial x}\cos\theta+\frac{\partial u}{\partial y}\sin\theta\right)\end{aligned}$$

$$=r^2\sin^2\theta\frac{\partial^2 u}{\partial x^2}-2r^2\sin\theta\cos\theta\frac{\partial^2 u}{\partial x\partial y}+r^2\cos^2\theta\frac{\partial^2 u}{\partial y^2}-r\frac{\partial u}{\partial r}.$$

所以
$$\frac{\partial^2 u}{\partial r^2}+\frac{1}{r}\frac{\partial u}{\partial r}+\frac{1}{r^2}\frac{\partial^2 u}{\partial\theta^2}=\frac{\partial^2 u}{\partial x^2}+\frac{\partial^2 u}{\partial y^2}.$$

因此极坐标系下的平面拉普拉斯方程形如
$$\frac{\partial^2 u}{\partial r^2}+\frac{1}{r}\frac{\partial u}{\partial r}+\frac{1}{r^2}\frac{\partial^2 u}{\partial\theta^2}=0$$

或
$$\frac{1}{r}\frac{\partial}{\partial r}\left(r\frac{\partial u}{\partial r}\right)+\frac{1}{r^2}\frac{\partial^2 u}{\partial\theta^2}=0.$$
□

例 7.12.5 以 $u=\frac{y}{x}$，$v=y$ 作自变量，$w=yz-x$ 作函数，变换方程
$$xz_{xx}+2z_x=\frac{2}{y}.$$

解 我们采用所谓**反逆法**来做，即以 x、y 为自变量，而把 u、v 看作中间变量.

由题设知，$z=\frac{x}{y}+\frac{w}{y}$. 则
$$z_x=\frac{1}{y}+\frac{1}{y}(w_u u_x+w_v v_x)=\frac{1}{y}-\frac{1}{x^2}w_u,$$
$$z_{xx}=\frac{2}{x^3}w_u-\frac{1}{x^2}\left(-\frac{y}{x^2}\right)w_{uu}=\frac{2}{x^3}w_u+\frac{y}{x^4}w_{uu}.$$

于是
$$xz_{xx}+2z_x=\frac{2}{x^2}w_u+\frac{y}{x^3}w_{uu}+\frac{2}{y}-\frac{2}{x^2}w_u=\frac{y}{x^3}w_{uu}+\frac{2}{y},$$

原方程变为 $\frac{y}{x^3}w_{uu}=0$，由于 $x\neq0$，$y\neq0$，故得 $w_{uu}=0$. □

习 题 7.12

1. 直角坐标系与柱坐标系之间的变换式为 $x=r\cos\theta$，$y=r\sin\theta$，$z=z$. 试将拉普拉斯方程 $\frac{\partial^2 u}{\partial x^2}+\frac{\partial^2 u}{\partial y^2}+\frac{\partial^2 u}{\partial z^2}=0$ 变换到柱坐标系下表示.

2. 作自变量变换 $\xi=x+t$，$\eta=x-t$，变换弦振动方程 $\frac{\partial^2 u}{\partial x^2}=\frac{\partial^2 u}{\partial t^2}$.

答案与提示

1. $\frac{\partial^2 u}{\partial r^2}+\frac{1}{r^2}\frac{\partial^2 u}{\partial\theta^2}+\frac{1}{r}\frac{\partial u}{\partial r}+\frac{\partial^2 u}{\partial z^2}=0.$

2. $\frac{\partial^2 u}{\partial\xi\partial\eta}=0.$

总 习 题 (7)

1. 填空题：

(1) 已知 $f(x+y,x-y)=xy+y^2$，则 $f(x,y)=$______.

(2) 极限 $\lim\limits_{\substack{x\to 0\\ y\to 0}} x\sin y=$______.

(3) 函数 $f(x,y)=\dfrac{1}{x^3y-xy^2+xy}$ 的间断点集为______.

(4) 函数 $z=2x^2+y^2$ 在点(1,1)沿该点的梯度方向的方向导数为______.

(5) 设 $f(x,y,z)=xy^2z^3$，其中 $z=z(x,y)$ 是由方程 $x^2+y^2+z^2=3xyz$ 所确定的函数，则 $f_x(1,1,1)=$______.

(6) 设 $y=y(x)$ 为由方程 $f(x^2+y^2,xy)=0$ 确定的隐函数，其中 $f(u,v)$ 为二元可微函数，则 $\dfrac{dy}{dx}=$______.

(7) 函数 $z=\arctan\dfrac{y}{x}+\ln\sqrt{x^2+y^2}$ 在点(1,0)处的梯度 $\operatorname{grad}z|_{(1,0)}=$______.

(8) 由方程 $xyz+\sqrt{x^2+y^2+z^2}=\sqrt{2}$ 所确定的函数 $z=z(x,y)$ 在点(1,0,-1)处的全微分 $dz=$______.

(9) 设 $\boldsymbol{a}_0$ 是常向量，$\lambda(t)$ 是数值函数，$\boldsymbol{r}(t)$ 是向量值函数，则 $\dfrac{d}{dt}(\lambda(t)\boldsymbol{a}_0)=$______，$\dfrac{d}{dt}(\boldsymbol{a}_0\cdot\boldsymbol{r}(t))=$______.

2. 填空题：

(1) 函数 $z=x^3+y^3-3xy$ 的极小值为______.

(2) 点(0,0)是函数 $z=x^2-4xy+5y^2-1$ 的极______点.

(3) 函数 $z=xy$ 在条件 $x+y=1$ 下的极大值为______.

(4) 在椭圆抛物面 $\dfrac{z}{c}=\dfrac{x^2}{a^2}+\dfrac{y^2}{b^2}$，$z\leqslant c$ 的一段中，嵌入有最大体积的直角平行六面体，则该六面体的尺寸为长=______，宽=______，高=______.

(5) 函数 $z=3x^2+3y^2-x^3$ 在闭区域 $D:x^2+y^2\leqslant 16$ 上的最小值是______.

(6) 当 $a>0$ 时，曲线 $\begin{cases}x^2+y^2+z^2=4a^2,\\ x^2+y^2=2ax\end{cases}$ 在点 $M(a,a,\sqrt{2}a)$ 处的切线方程为______，法平面方程为______.

(7) 设 F 为可微函数，a,b,c 为非零常数，则由方程 $F(cx-az,cy-bz)=0$ 给出的曲面 S 上任一点处的法向量为 $\boldsymbol{n}=$______.

(8) 椭球面 $2x^2+3y^2+z^2=6$ 在点 $P(1,1,1)$ 处的切平面方程为______，法线方程为______.

3. 选择题(只有一个答案是正确的)：

(1) 设函数 $z_1=x+y$，$z_2=(\sqrt{x+y})^2$，$z_3=\sqrt{(x+y)^2}$，则(　　).

(A) z_1 与 z_2 是相同的函数　　(B) z_1 与 z_3 是相同的函数

(C) z_2 与 z_3 是相同的函数　　(D) 其中任何两个都不是相同的函数

(2) 极限 $\lim\limits_{\substack{x\to x_0\\ y\to y_0}} f(x,y)$ 存在是 $f(x,y)$ 在点 (x_0,y_0) 连续的(　　).

(A) 必要条件　　(B) 充分条件

(C) 充分必要条件　　(D) 既非必要条件又非充分条件

(3) 函数 $z=\arcsin\dfrac{1}{x^2+y^2}+\ln(1-x^2-y^2)$ 的定义域为(　　).

(A) 空集　　(B) $\{(x,y)\mid x^2+y^2\leqslant 1\}$

(C) $\{(0,0)\}$　　(D) $\{(x,y)\mid x^2+y^2=1\}$

(4) 二元函数 $f(x,y)=\begin{cases}\dfrac{xy}{x^2+y^2}, & (x,y)\neq(0,0),\\ 0, & (x,y)=(0,0)\end{cases}$ 在点 $(0,0)$ 处(　　).

(A) 连续,偏导数存在　　(B) 连续,偏导数不存在

(C) 不连续,偏导数存在　　(D) 不连续,偏导数不存在

(5) 设 $f(x,y)$ 在点 (x_0,y_0) 处的两个偏导数 $f_x(x_0,y_0)$ 及 $f_y(x_0,y_0)$ 存在,则(　　).

(A) $f(x,y)$ 在点 (x_0,y_0) 必连续　　(B) $f(x,y)$ 在点 (x_0,y_0) 必可微

(C) $\lim\limits_{x\to x_0} f(x,y)$ 与 $\lim\limits_{y\to y_0} f(x,y)$ 都存在　　(D) $\lim\limits_{\substack{x\to x_0\\ y\to y_0}} f(x,y)$ 存在

(6) 二元函数 $f(x,y)$ 在点 (x_0,y_0) 处两个偏导数 $f_x(x_0,y_0)$ 及 $f_y(x_0,y_0)$ 存在是 $f(x,y)$ 在该点连续的(　　).

(A) 充分而非必要条件　　(B) 必要而非充分条件

(C) 充分必要条件　　(D) 既非充分又非必要条件

(7) 设 $z=f(x,y)$ 可微,且 $f(x,x^2)=\dfrac{1}{2}$, $f_x(x,y)\big|_{y=x^2}=\dfrac{1}{x}$,则 $f_y(x,y)\big|_{y=x^2}=$(　　).

(A) $-\dfrac{1}{x^2}$　　(B) $\dfrac{1}{x^2}$　　(C) $\dfrac{1}{2x^2}$　　(D) $-\dfrac{1}{2x^2}$

(8) 设 $f(x,y)$ 是可微函数,且 $f(0,0)=0$, $f_x(0,0)=a$, $f_y(0,0)=b$. 令 $\varphi(t)=f(t,f(t,t))$,则 $\varphi'(0)=$(　　).

(A) a　　(B) $a+b(a+b)$　　(C) $a+1$　　(D) $\dfrac{a}{1-b}$

(9) 设 $E=\{(x,y)\mid xy>0\}$,则 E 是 $\mathbf{R}^2$ 中的(　　).

(A) 开集　　(B) 闭集　　(C) 区域　　(D) 有界集

4. 选择题(正确的答案只有一个):

(1) 设 $z=f(x,y)$ 在点 (x_0,y_0) 的某邻域内具有直到二阶的连续偏导数,则 $f(x_0,y_0)$ 为函数的极大值的充分条件是(　　).

(A) $f_x(x_0,y_0)=0$, $f_y(x_0,y_0)=0$

(B) $[f_{xy}(x_0,y_0)]^2-f_{xx}(x_0,y_0)f_{yy}(x_0,y_0)<0$

(C) $f_x(x_0,y_0)=f_y(x_0,y_0)=0$, $[f_{xy}(x_0,y_0)]^2-f_{xx}(x_0,y_0)f_{yy}(x_0,y_0)<0$, $f_{xx}(x_0,y_0)>0$

(D) $f_x(x_0,y_0)=f_y(x_0,y_0)=0$, $[f_{xy}(x_0,y_0)]^2-f_{xx}(x_0,y_0)f_{yy}(x_0,y_0)<0$, $f_{xx}(x_0,y_0)<0$

(2) 已知矩形的周长是 $2p$，将它绕其一边旋转而形成一个旋转体，当此旋转体的体积为最大时，矩形两边的长分别为(　　).

(A) $\frac{p}{3},\frac{2p}{3}$　(B) $\frac{p}{2},\frac{p}{2}$　(C) $\frac{p}{4},\frac{3p}{4}$　(D) $\frac{2p}{5},\frac{3p}{5}$

(3) 设 $z=f(x,y)=x^4+y^4-x^2-2xy-y^2$，由 $f_x(x,y)=0$ 及 $f_y(x,y)=0$ 求得临界点 $M_0(0,0)$，$M_1(1,1)$ 及 $M_2(-1,-1)$，则(　　).

(A) $f(M_0)$是极大值　(B) $f(M_1)$与 $f(M_2)$都是极大值

(C) $f(M_0)$是极小值　(D) $f(M_1)$与 $f(M_2)$都是极小值

(4) 平面 $\frac{x}{3}+\frac{y}{4}+\frac{z}{5}=1$ 和柱面 $x^2+y^2=1$ 的交线上与 Oxy 平面距离最短的点的坐标为(　　).

(A) $(\frac{3}{5},\frac{4}{5},\frac{35}{12})$　(B) $(\frac{4}{5},\frac{3}{5},\frac{35}{12})$

(C) $(-\frac{3}{5},-\frac{4}{5},\frac{85}{12})$　(D) $(-\frac{4}{5},-\frac{3}{5},\frac{85}{12})$

(5) 抛物线 $y^2=4x$ 上与直线 $x-y+4=0$ 相距最近的点是(　　).

(A) $(0,0)$　(B) $(1,1)$　(C) $(1,2)$　(D) $(2,2\sqrt{2})$

(6) 曲线 $C:\begin{cases}x^2+y^2+z^2=6,\\ x+y+z=0\end{cases}$ 在点$(1,-2,1)$的切线一定平行于(　　).

(A) Oxy 平面　(B) Oyz 平面　(C) Ozx 平面　(D) 平面 $x+y+z=0$

(7) 在曲线 $x=t,y=-t^2,z=t^3$ 的所有切线中，与平面 $x+2y+z=4$ 平行的切线(　　).

(A) 只有 1 条　(B) 只有 2 条　(C) 至少有 3 条　(D) 不存在

(8) 已知曲面 $z=4-x^2-y^2$ 上点 P 处的切平面平行于平面 $2x+2y+z-1=0$，则点 P 的坐标是(　　).

(A) $(1,-1,2)$　(B) $(-1,1,2)$　(C) $(1,1,2)$　(D) $(-1,-1,2)$

(9) 曲面 $3x^2+y^2+z^2=12$ 上点 $M(-1,0,3)$处的切平面与平面 $z=0$ 的夹角是(　　).

(A) $\frac{\pi}{6}$　(B) $\frac{\pi}{4}$　(C) $\frac{\pi}{3}$　(D) $\frac{\pi}{2}$

(10) 曲线 $C:x=ae^t\sin t,y=ae^t\cos t,z=ae^t$ 上任意一点处的切线与(　　).

(A) z 轴形成定角　(B) x 轴形成定角

(C) y 轴形成定角　(D) 锥面 $x^2+y^2=z^2$ 的各母线夹角相同

5. 求下列函数极限：

(1) $\lim\limits_{\substack{x\to 0\\ y\to 0}}\frac{3-\sqrt{9+xy}}{xy}$；　(2) $\lim\limits_{\substack{x\to 0\\ y\to 0}}\frac{x^3+y^3}{x^2+y^2}$；　(3) $\lim\limits_{\substack{x\to\infty\\ y\to\infty}}\frac{x+y}{x^2-xy+y^2}$.

6. 研究下列函数的连续性：

(1) $f(x,y)=\begin{cases}\frac{2xy}{x^2+y^2}, & x^2+y^2\neq 0,\\ 0, & x^2+y^2=0.\end{cases}$　(2) $f(x,y)=\begin{cases}\frac{xy}{\sqrt{x^2+y^2}}, & x^2+y^2\neq 0,\\ 0, & x^2+y^2=0.\end{cases}$

(3) $f(x,y)=\begin{cases}x\sin\frac{1}{y}, & y\neq 0,\\ 0, & y=0.\end{cases}$

7. 设 $z=f(x,y)$ 定义于点 $P_0(a,b)$ 的某邻域内，试总结下列诸性质之间的蕴涵关系，并对其中不可逆蕴涵者举反例说明.

(1) f 在 P_0 连续； (2) f 在 P_0 偏导数存在；

(3) f 在 P_0 可微； (4) f 的偏导数在 P_0 连续.

8. 由下列每一条件能否断定 $f(x,y)$ 在点 (a,b) 有偏导数 $f_x(a,b)$？

(1) $f(x,y)$ 在点 (a,b) 沿 x 轴正向和负向的方向导数存在且相等.

(2) $f(x,y)$ 在点 (a,b) 沿任何方向的方向导数存在.

9. 设 $z=f(x,y)$ 满足方程 $x-az=\varphi(y-bz)$，其中 φ 可微，a、b 为常数. 求证：$a\dfrac{\partial z}{\partial x}+b\dfrac{\partial z}{\partial y}=1$.

10. 证明函数 $u=x^kF\left(\dfrac{z}{x},\dfrac{y}{x}\right)$ 满足方程 $x\dfrac{\partial u}{\partial x}+y\dfrac{\partial u}{\partial y}+z\dfrac{\partial u}{\partial z}=ku$，$k$ 为常数.

11. 设 $u=yf\left(\dfrac{x}{y}\right)+xg\left(\dfrac{y}{x}\right)$，其中 f,g 具有二阶连续偏导数，求 $x\dfrac{\partial^2 u}{\partial x^2}+y\dfrac{\partial^2 u}{\partial x\partial y}$.

12. 设 $w=F(x,y,z)$，$z=f(x,y)$，$y=\varphi(x)$，求 $\dfrac{\mathrm{d}w}{\mathrm{d}x}$.

13. 设函数 $f(u)$ 具有二阶连续导数，而 $z=f(\mathrm{e}^x\sin y)$ 满足方程 $\dfrac{\partial^2 z}{\partial x^2}+\dfrac{\partial^2 z}{\partial y^2}=\mathrm{e}^{2x}z$，求 $f(u)$.

14. 设函数 $u=f(x,y,z)$ 有连续偏导数，$y=y(x)$ 和 $z=z(x)$ 分别由方程 $\mathrm{e}^{xy}=y$ 和 $\mathrm{e}^z=xz$ 确定，求 $\dfrac{\mathrm{d}u}{\mathrm{d}x}$.

15. 求由方程组 $\begin{cases}x=u\cos v,\\ y=u\sin v,\\ z=v\end{cases}$ 所确定的函数 $z=z(x,y)$ 的所有二阶偏导数.

16. 设 $u=\left(\dfrac{x}{y}\right)^z$，$\boldsymbol{l}$ 与向量 $\{2,1,-1\}$ 同向，求 $\left.\dfrac{\partial u}{\partial l}\right|_{(1,1,1)}$.

17. 求 $u=xy+yz^3$ 在点 $M(2,-1,1)$ 处的梯度和在向量 $\boldsymbol{l}=\{2,2,-1\}$ 方向的方向导数.

18. 设 $f(\xi,\eta)$ 具有连续的二阶偏导数，且满足拉普拉斯方程 $\dfrac{\partial^2 f}{\partial \xi^2}+\dfrac{\partial^2 f}{\partial \eta^2}=0$. 证明：函数 $z=f(x^2-y^2,2xy)$ 也满足拉普拉斯方程 $\dfrac{\partial^2 z}{\partial x^2}+\dfrac{\partial^2 z}{\partial y^2}=0$.

19. 求下列函数的极值：

(1) $z=3axy-x^3-y^3\ (a>0)$； (2) $z=\sin x+\cos y+\cos(x-y)\ \left(0\leqslant x,y\leqslant\dfrac{\pi}{2}\right)$.

20. 求由下列方程所确定的隐函数 $z=z(x,y)$ 的极值：

(1) $z^2+xyz-x^2-xy^2-9=0$； (2) $x^2+y^2+z^2-2x+4y-6z-11=0$.

21. 生物学家发现，某种植物的生长率是温室内的温度和湿度的函数. 根据大量的实验数据，生物学家认为，若温室内的温度为 x，湿度为 y，则植物的生长率 $g(x,y)$ 由以下式子给出：

$$g(x,y)=-2x^2+196x-3y^2+242y+2xy-16360,$$

其中 $75\leqslant x\leqslant 85$，$50\leqslant y\leqslant 75$. 试求使得植物保持最大生长率的温度和湿度，并求此最大生长率.

22. 求曲线 $\begin{cases}z=x^2+y^2,\\ y=\dfrac{1}{x}\end{cases}$ 上到 Oxy 平面距离最近的点.

23. 求 a,b 的值，使得包含圆 $(x-1)^2+y^2=1$ 在其内部的椭圆 $\frac{x^2}{a^2}+\frac{y^2}{b^2}=1(a>0,b>0,a\neq b)$ 有最小的面积.

24. 求函数 $z=\frac{1}{2}(x^n+y^n)$ 在条件 $x+y=l(l>0,n\geqslant 1)$ 之下的极值，并证明：当 $a\geqslant 0,b\geqslant 0,n\geqslant 1$ 时，

$$\left(\frac{a+b}{2}\right)^n\leqslant\frac{a^n+b^n}{2}.$$

25. 设 x,y,z 为实数，且 $e^x+y^2+|z|=3$. 求证：$e^xy^2|z|\leqslant 1$.

26. 当 $x>0,y>0,z>0$ 时，求 $u(x,y,z)=\ln x+\ln y+3\ln z$ 在球面 $x^2+y^2+z^2=5R^2$ 上的最大值，并证明当 $a>0,b>0,c>0$ 时，有 $abc^3\leqslant 27\left(\frac{a+b+c}{5}\right)^2$.

27. 证明：圆柱螺旋线 $x=a\cos t,y=a\sin t,z=bt$ 的切线与 z 轴的夹角为常数.

28. 在球面 $x^2+y^2+z^2=R^2$ 上求一条曲线，使其上每一点的法线与平面 $2x+3y+6z-1=0$ 的夹角为 30°.

29. 证明：函数 $F(x,y,z)$ 在点 $P_0(x_0,y_0,z_0)$ 的梯度向量是函数 $F(x,y,z)$ 在点 P_0 的等位面的法向量.

30. 求曲面 $x^2+2y^2+3z^2=21$ 的平行于平面 $x+4y+6z=0$ 的各切平面.

31. 求椭球面 $x^2+2y^2+3z^2=21$ 上某处的切平面 π，使平面 π 过已知直线 $L:\frac{x-6}{2}=\frac{y-3}{1}=\frac{2z-1}{-2}$.

32. 设 $\boldsymbol{n}$ 是曲面 $2x^2+3y^2+z^2=6$ 在点 $P(1,1,1)$ 处的指向外侧的法向量，求函数 $u=\frac{\sqrt{6x^2+8y^2}}{z}$ 在 P 处沿方向 $\boldsymbol{n}$ 的方向导数.

33. 给定曲面 $F\left(\frac{x-a}{z-c},\frac{y-b}{z-c}\right)=0(a,b,c$ 为常数)，或由它确定的曲面 $z=z(x,y)$，证明曲面的切平面通过一个定点.

答案与提示

1. (1) $\frac{1}{2}(x^2-xy)$；(2) 0；(3) $\{(x,y)\mid x=0$ 或 $y=0$ 或 $y=x^2+1\}$；(4) $2\sqrt{5}$；

(5) -2；(6) $\frac{-2xf_1'-yf_2'}{2yf_1'+xf_2'}$；(7) $\boldsymbol{i}+\boldsymbol{j}$；(8) $\mathrm{d}x-\sqrt{2}\mathrm{d}y$；(9) $\lambda'(t)\boldsymbol{a}_0,\boldsymbol{a}_0\cdot\boldsymbol{r}'(t)$.

2. (1) -1；(2) 小；(3) $\frac{1}{4}$；(4) $a,b,\frac{c}{2}$；(5) -16；

(6) 切线：$\frac{x-a}{-\sqrt{2}}=\frac{z-\sqrt{2}a}{1},y=a$，法平面：$z-\sqrt{2}x=0$；

(7) $\{cF_1',cF_2',-(aF_1'+bF_2')\}$；(8) 切平面：$2x+3y+z-6=0$，法线：$\frac{x-1}{2}=\frac{y-1}{3}=z-1$.

3. (1) (D)；(2) (A)；(3) (A)；(4) (C)；(5) (C)；(6) (D)；(7) (D)；(8) (B)；

(9) (A).

4. (1) (D)；　(2) (A)；　(3) (D)；　(4) (B)；　(5) (C)；　(6) (C)；　(7) (B)；　(8) (C)；
(9) (B)；　(10) (A).

5. (1) $-\frac{1}{6}$；　(2) 0；　(3) 0.

6. (1) f 在(0,0)点间断，在其他点连续；　(2) f 处处连续；
(3) x 轴上除原点外的任一点$(x_0,0)$均为 f 的间断点，在其他点处 f 连续.

7. (3)⇒(1)，(3)⇒(2)，(4)⇒(3).

8. (1) 能断定.
(2) 能断定.

11. 0.

12. $F_x+F_y\varphi'(x)+F_z(f_x+f_y\varphi'(x))$.

13. $f(u)=C_1\mathrm{e}^u+C_2\mathrm{e}^{-u}$，$C_1$ 与 C_2 为任意常数.

14. $\frac{\mathrm{d}u}{\mathrm{d}x}=f_x+\frac{y^2}{1-xy}f_y+\frac{z}{xz-x}f_z$.

15. $z_{xx}=\frac{\sin 2v}{u^2}, z_{yy}=-\frac{\sin 2v}{u^2}, z_{xy}=z_{yx}=-\frac{\cos 2v}{u^2}$.

16. $\frac{1}{\sqrt{6}}$.

17. $\frac{7}{3}$.

19. (1) 极大值 a^3；　(2) 极大值$\frac{3\sqrt{3}}{2}$.

20. (1) 极小值 $2\sqrt{2}$，极大值 $-2\sqrt{2}$；　(2) 极小值 -2，极大值 8.

21. $x=83, y=68$ 时，$g_{\max}=2$.

22. $P_1(1,1,2), P_2(-1,-1,2)$.

23. $a=\frac{3}{\sqrt{2}}, b=\sqrt{\frac{3}{2}}$.

24. 考虑 $z=\frac{1}{2}(x^n+y^n)$在条件 $x+y=l(n>1)$下的最小值问题.

25. 求 $f(x,y)=\mathrm{e}^x y^2(3-\mathrm{e}^x-y^2)$在 $\mathrm{e}^x+y^2\leqslant 3$ 上的最大值.

26. 利用拉格朗日乘数法.

27. $\cos\varphi=\frac{b}{\sqrt{a^2+b^2}}$.

28. $x^2+y^2+z^2=R^2, 2x+3y+6z=\frac{7}{2}R$.

30. $x+4y+6z=\pm 21$.

31. $x+2z=7$ 及 $x+4y+6z=21$.

32. $\frac{11}{7}$.

第 8 章 重 积 分

在前面，我们将一元函数微分学推广到多元函数的情形. 现在，我们将一元函数的积分学也推广到多元函数的情形. 本章将讨论二元函数 $f(x,y)$ 在某个平面区域 D 上的积分，以及三元函数 $f(x,y,z)$ 在某个空间区域 Ω 上的积分，即二重积分与三重积分的概念和计算方法.

8.1 二重积分的概念

在讨论一元函数的定积分概念时，我们是从求曲边梯形的面积这个问题开始的. 现在，对于二元函数 $z=f(x,y)$，$(x,y)\in D$，D 是 $\mathbf{R}^2$ 中的闭区域，下面考虑如何求曲顶柱体的体积的问题.

8.1.1 曲顶柱体的体积

所谓曲顶柱体，是指以 Oxy 平面上的闭区域 D 为底，其侧面是以 D 的边界曲线为准线、以平行于 z 轴的直线为母线的柱面，而它的顶则是曲面 $z=f(x,y)$（见图 8.1）. 这里假设函数 $f(x,y)$ 在 D 上连续，且 $f(x,y)\geqslant 0$. 这样一个曲顶柱体的体积怎样求呢？

我们知道，平顶柱体的高是不变的，它的体积可由下列公式给出：

$$\text{体积} = \text{高} \times \text{底面积}$$

但是曲顶柱体的高 $z=f(x,y)$ 是变化的，所以它的体积不能用上述公式来计算. 回忆一下在曲边梯形的面积问题中，我们采用了这样的途径解决困难：先在局部上"以直代曲"，得到曲边梯形面积的近似值；然后通过取极限，由近似值得到精确值. 现在我们也采用这种思想方法来求曲顶柱体的体积.

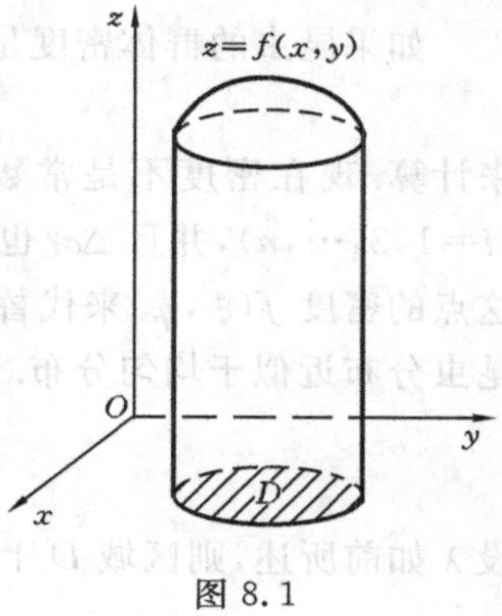

图 8.1

首先将闭区域 D 分割成 n 个小区域，记为

$$\Delta\sigma_1, \Delta\sigma_2, \cdots, \Delta\sigma_n.$$

同时用这些记号表示小区域的面积. 以小区域 $\Delta\sigma_i$ $(i=1,2,\cdots,n)$ 的边界曲线为准线、以平行于 z 轴的直线为母线作柱面，就可把给定的曲顶柱体分割成 n 个细长的小曲顶柱体. 由于曲顶的高度 $z=f(x,y)$ 是连续变化的，故当小区域 $\Delta\sigma_i$ 充分小时，小区域内各点

处高度的变化也很小. 这样可以在 $\Delta\sigma_i$ 中任意取一点(ξ_i, η_i),以这点处的高度$f(\xi_i,\eta_i)$作一个以 $\Delta\sigma_i$ 为底的小平顶柱体,这个小平顶柱体的体积就是该小曲顶柱体的体积的近似值(见图 8.2),于是,就可用 n 个细长的平顶柱体体积的总和,近似地代替曲顶柱体的体积 V,即

$$V \approx \sum_{i=1}^{n} f(\xi_i,\eta_i)\Delta\sigma_i.$$

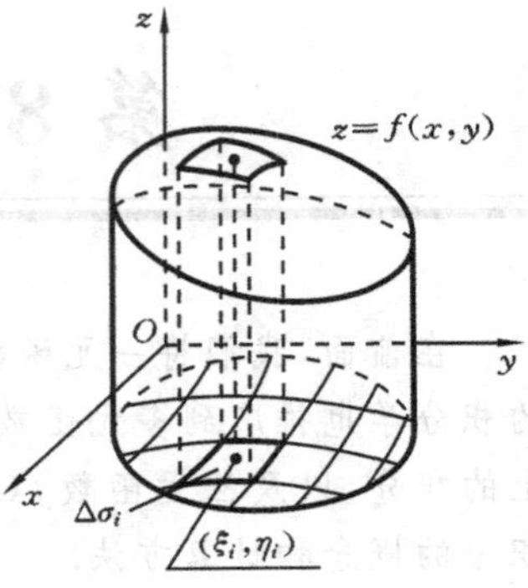

图 8.2

很显然,当小区域 $\Delta\sigma_i$ 的图形越来越小时,上式的近似程度越高,为了刻划 $\Delta\sigma_i$ 的图形越来越小这件事,引进闭区域的直径的概念. 一个闭区域的直径是指该区域上任意两点间距离的最大者,如小区域 $\Delta\sigma_i$ 的直径就是

$$d_i = \max_{P,Q\in\Delta\sigma_i} \|P-Q\|.$$

当 $d_i\to 0$ 时,不仅 $\Delta\sigma_i$ 的面积趋于零,而且小区域 $\Delta\sigma_i$ 收缩成一点,令

$$\lambda = \max_{1\leqslant i\leqslant n}\{d_i\},$$

则通过对 $\lambda\to 0$ 取极限,就可得到曲顶柱体体积 V 的精确值:

$$V = \lim_{\lambda\to 0}\sum_{i=1}^{n} f(\xi_i,\eta_i)\Delta\sigma_i.$$

8.1.2　平面区域内昆虫群体的总量

假设平面闭区域 D 内分布有某种昆虫,昆虫群体的密度为$f(x,y)$. 求 D 内昆虫的总量. 假定密度函数在 D 上连续,取正值.

如果昆虫的群体密度是常数(即均匀分布),那么昆虫的总量可以用公式

$$\text{总量} = \text{密度}\times\text{面积}$$

来计算. 现在密度不是常数,而是变化的. 我们把区域 D 任意分成 n 个小区域$\Delta\sigma_i$ $(i=1,2,\cdots,n)$,并且 $\Delta\sigma_i$ 也表示小区域的面积. 在每个 $\Delta\sigma_i$ 上任取一点(ξ_i,η_i),并用这点的密度 $f(\xi_i,\eta_i)$来代替小区域 $\Delta\sigma_i$ 上各点的密度,换句话说,可以认为 $\Delta\sigma_i$ 上的昆虫分布近似于均匀分布. 这样就得到了昆虫总量 M 的近似值:

$$M \approx \sum_{i=1}^{n} f(\xi_i,\eta_i)\Delta\sigma_i.$$

设 λ 如前所述,则区域 D 上昆虫总量的精确值为

$$M = \lim_{\lambda\to 0}\sum_{i=1}^{n} f(\xi_i,\eta_i)\Delta\sigma_i.$$

我们看到,上面两个问题的实际意义是完全不同的,但解决问题的思路是相同的,并且最后表达曲顶柱体的体积、昆虫总量的数学表达式也极其相似,即都是求某个和式的极限. 因此,可以从这类问题抽象出它们共同的数学本质,得到二重积分的概念.

8.1.3 二重积分的定义

设 D 是 $\mathbf{R}^2$ 中的有界闭区域，函数 $f(x,y)$ 在 D 上定义. 把 D 任意分割成 n 个小区域 $\Delta\sigma_i(i=1,2,\cdots,n)$，且 $\Delta\sigma_i$ 也表示小区域的面积. 在每个小区域 $\Delta\sigma_i$ 上任取一点 $(\xi_i,\eta_i)(i=1,2,\cdots,n)$，若极限

$$\lim_{\lambda\to 0}\sum_{i=1}^{n}f(\xi_i,\eta_i)\Delta\sigma_i$$

存在，则称极限值为函数 $f(x,y)$ 在闭区域 D 上的**二重积分**（其中 λ 表示 $\Delta\sigma_i$ 的直径 d_i 中的最大者），记作

$$\iint_D f(x,y)\mathrm{d}\sigma.$$

称 $f(x,y)$ 为**被积函数**，称 D 为**积分区域**，x、y 称为**积分变量**，$\mathrm{d}\sigma$ 称为**面积元素**，$f(x,y)\mathrm{d}\sigma$ 称为**被积表达式**，$\sum\limits_{i=1}^{n}f(\xi_i,\eta_i)\Delta\sigma_i$ 称为**积分和**（或**黎曼和**）. 这时我们说 $f(x,y)$ 在 D 上是**可积的**.

在上面的定义中，对闭区域 D 的分割是任意的. 在直角坐标系下，如果用平行于坐标轴的直线网来划分 D，那么除了包含边界点的一些小闭区域外，其余的小闭区域都是矩形闭区域（见图 8.3）. 设矩形闭区域 $\Delta\sigma_i$ 的边长为 Δx_i 和 Δy_i，则

$$\Delta\sigma_i = \Delta x_i\Delta y_i.$$

因此，在直角坐标系中，有时也把面积元素 $\mathrm{d}\sigma$ 记作 $\mathrm{d}x\mathrm{d}y$，而二重积分记为

$$\iint_D f(x,y)\mathrm{d}x\mathrm{d}y,$$

其中 $\mathrm{d}x\mathrm{d}y$ 称为直角坐标系中的面积元素.

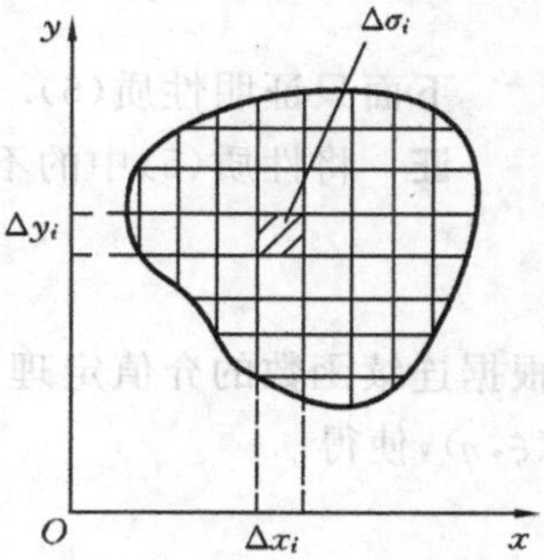

图 8.3

在这里不加证明地指出以下两点.

(1) 若函数 $f(x,y)$ 在闭区域 D 上连续，则 $f(x,y)$ 在 D 上是可积的.

(2) 若 $f(x,y)$ 在闭区域 D 上除去有限条线及有限个点外连续，并在 D 上有界，则 $f(x,y)$ 在 D 上也是可积的.

8.1.4 二重积分的性质

设 $f(x,y)$ 和 $g(x,y)$ 是闭区域 D 上的可积函数，则有以下性质成立.

(1) $\iint\limits_D kf(x,y)\mathrm{d}\sigma = k\iint\limits_D f(x,y)\mathrm{d}\sigma$ （k 为常数）.

(2) $\iint\limits_D [f(x,y) \pm g(x,y)]\mathrm{d}\sigma = \iint\limits_D f(x,y)\mathrm{d}\sigma \pm \iint\limits_D g(x,y)\mathrm{d}\sigma.$

(3) 设 $D=D_1 \cup D_2$，且 D_1 与 D_2 除边界外无公共点(见图8.4)，则二重积分具有**可加性**：

$$\iint\limits_D f(x,y)\mathrm{d}\sigma = \iint\limits_{D_1} f(x,y)\mathrm{d}\sigma + \iint\limits_{D_2} f(x,y)\mathrm{d}\sigma.$$

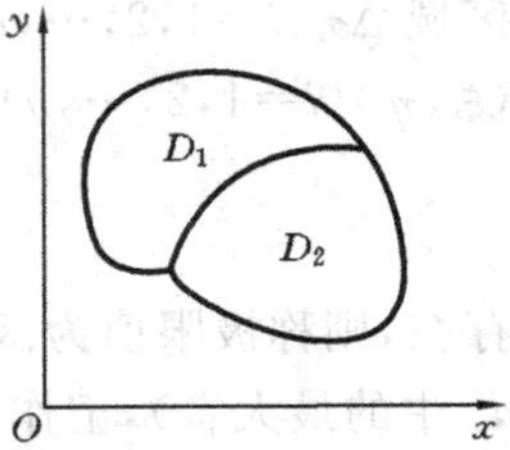

图 8.4

(4) 若在 D 上有 $f(x,y) \leqslant g(x,y)$，则

$$\iint\limits_D f(x,y)\mathrm{d}\sigma \leqslant \iint\limits_D g(x,y)\mathrm{d}\sigma.$$

(5) 设 M、m 分别是连续函数在闭区域 D 上的最大值和最小值，σ 是 D 的面积，则有

$$m\sigma \leqslant \iint\limits_D f(x,y)\mathrm{d}\sigma \leqslant M\sigma. \tag{8.1.1}$$

这个性质可由性质(4)推得.

(6) **(二重积分的中值定理)**　设 $f(x,y)$ 在闭区域 D 上连续，σ 是 D 的面积，则在 D 上至少存在一点 (ξ,η)，使得

$$\iint\limits_D f(x,y)\mathrm{d}\sigma = f(\xi,\eta)\cdot\sigma. \tag{8.1.2}$$

下面只证明性质(6).

证　将性质(5)中的不等式(8.1.1)各除以 σ，得

$$m \leqslant \frac{1}{\sigma}\iint\limits_D f(x,y)\mathrm{d}\sigma \leqslant M.$$

根据连续函数的介值定理(参见第 7 章 7.2.3 的定理 7.2.2)，在 D 上必存在一点 (ξ,η)，使得

$$\frac{1}{\sigma}\iint\limits_D f(x,y)\mathrm{d}\sigma = f(\xi,\eta),$$

即公式(8.1.2)成立.　□

这个性质表明，当曲顶柱体竖坐标连续变化时，曲顶柱体的体积等于以某一竖坐标为高的同底平顶柱体的体积. $f(\xi,\eta)$ 称为 $f(x,y)$ 在 D 上的平均高度.

习　题　8.1

(A)

1. 回答下列问题：

(1) 什么叫曲顶柱体？它的体积怎样求？

(2) 二重积分的概念是怎样的？

(3) 二重积分有哪些重要性质？

2. 设有一平面薄片，它占有 Oxy 平面上的闭区域 D，在 D 上的每点 (x,y) 处的面密度为 $\rho(x,y)$，其中 $\rho(x,y)$ 是 D 上的连续正值函数，试利用本节所介绍的求曲顶柱体体积的思想及方法，求这块平面薄片的质量.

3. 试对下列二重积分给出几何上或物理上的一种解释：设 D 是平面闭区域，

(1) $\iint\limits_D 1\mathrm{d}\sigma$； (2) $\iint\limits_D \rho(x,y)\mathrm{d}\sigma$，$\rho(x,y)$ 为密度；

(3) $\iint\limits_D f(x,y)\mathrm{d}\sigma$，$f(x,y)$ 为曲面上点的竖坐标.

4. 根据二重积分的几何意义，说明下列积分值是大于零，还是小于零，还是等于零：

(1) $\iint\limits_{\substack{|x|\leqslant 1\\|y|\leqslant 1}}(1+x)\mathrm{d}\sigma$； (2) $\iint\limits_{\substack{|x|\leqslant 1\\|y|\leqslant 1}}(x-1)\mathrm{d}\sigma$； (3) $\iint\limits_{x^2+y^2\leqslant 1}x\mathrm{d}\sigma$；

(4) $\iint\limits_{x^2+y^2\leqslant 1}x^2\mathrm{d}\sigma$； (5) $\iint\limits_{x^2+y^2\leqslant 1}xy\mathrm{d}\sigma$； (6) $\iint\limits_{\substack{|x|\leqslant 1\\0\leqslant y\leqslant 1}}y\mathrm{d}\sigma$.

(B)

1. 设 $f(x,y)$ 在闭区域 D 上连续，证明：$\left|\iint\limits_D f(x,y)\mathrm{d}\sigma\right|\leqslant\iint\limits_D |f(x,y)|\mathrm{d}\sigma$.

2. 根据二重积分的性质，比较下列积分的大小：

(1) $\iint\limits_D (x+y)^2\mathrm{d}\sigma$ 与 $\iint\limits_D (x+y)^3\mathrm{d}\sigma$，其中 D 是由圆周 $(x-2)^2+(y-1)^2=2$ 所围成的闭区域；

(2) $\iint\limits_D \ln(x+y)\mathrm{d}\sigma$ 与 $\iint\limits_D [\ln(x+y)]^2\mathrm{d}\sigma$，其中 D 是矩形闭区域：$3\leqslant x\leqslant 5, 0\leqslant y\leqslant 1$.

答案与提示

(A)

3. (1) 平面区域 D 的面积； (2) 平面薄片 D 的质量；

(3) 曲顶柱体的体积，曲顶是曲面 $z=f(x,y)$，底是平面区域 D.

4. (1) 大于零； (2) 小于零； (3) 等于零； (4) 大于零； (5) 等于零； (6) 大于零.

(B)

2. (1) $\iint\limits_D (x+y)^2\mathrm{d}\sigma\leqslant\iint\limits_D (x+y)^3\mathrm{d}\sigma$； (2) $\iint\limits_D \ln(x+y)\mathrm{d}\sigma<\iint\limits_D [\ln(x+y)]^2\mathrm{d}\sigma$.

8.2 二重积分的计算

要想从定义出发来计算二重积分是非常困难的. 本节将给出一种计算方法，它将把二重积分化为依次运算的两个定积分.

8.2.1 矩形区域上的二重积分

首先考虑一种较简单的情形，即积分区域 D 是矩形区域：

$$D=\{(x,y)\mid a\leqslant x\leqslant b,c\leqslant y\leqslant d\}\equiv[a,b;c,d].$$

设函数 $z=f(x,y)$ 在 D 上连续、非负. 由二重积分的几何意义知,以曲面 $z=f(x,y)$ 为顶、以矩形 D 为底的曲顶柱体的体积为

$$V=\iint_D f(x,y)\mathrm{d}\sigma. \tag{8.2.1}$$

另一方面,令 $A(x)$ 表示用垂直于 x 轴的平面去截曲顶柱体所得的截面面积(见图 8.5). 根据第 4 章 4.8 节中的由已知平面截面面积求体积的公式, V 又可通过公式

$$V=\int_a^b A(x)\mathrm{d}x \tag{8.2.2}$$

来计算. 而面积 $A(x)$ 又可表示为下列定积分:

$$A(x)=\int_c^d f(x,y)\mathrm{d}y. \tag{8.2.3}$$

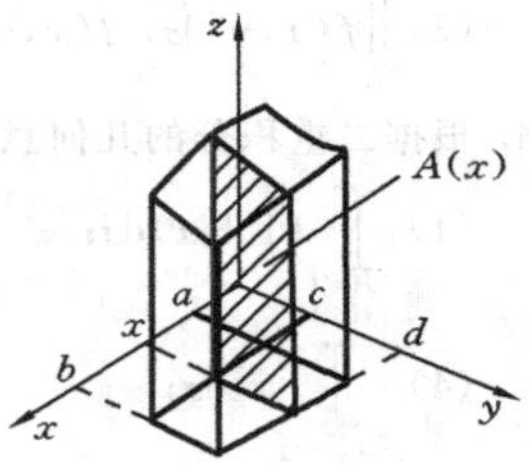

图 8.5

注意,在式(8.2.3)的积分中, x 始终是固定的. 这样一来,由式(8.2.1)、(8.2.2)、(8.2.3)即可得

$$\iint_D f(x,y)\mathrm{d}\sigma=V=\int_a^b A(x)\mathrm{d}x=\int_a^b\left[\int_c^d f(x,y)\mathrm{d}y\right]\mathrm{d}x. \tag{8.2.4}$$

当然,也可以用垂直于 y 轴的平面去截这个曲顶柱体,同样可得到以下的公式:

$$\iint_D f(x,y)\mathrm{d}\sigma=\int_c^d\left[\int_a^b f(x,y)\mathrm{d}x\right]\mathrm{d}y. \tag{8.2.5}$$

称 $\int_a^b\left[\int_c^d f(x,y)\mathrm{d}y\right]\mathrm{d}x$ 和 $\int_c^d\left[\int_a^b f(x,y)\mathrm{d}x\right]\mathrm{d}y$ 为**二次积分(或累次积分)**. 通常把方括号去掉而把二次积分写成

$$\iint_D f(x,y)\mathrm{d}\sigma=\int_a^b\mathrm{d}x\int_c^d f(x,y)\mathrm{d}y=\int_c^d\mathrm{d}y\int_a^b f(x,y)\mathrm{d}x. \tag{8.2.6}$$

请注意,公式(8.2.6)对可积函数 $f(x,y)$ 也成立.

例 8.2.1 求 $\iint_D(x+y^2)\mathrm{d}\sigma$,其中 $D=[0,1;0,3]$.

解 利用公式(8.2.4),有

$$\iint_D(x+y^2)\mathrm{d}\sigma=\int_0^1\left[\int_0^3(x+y^2)\mathrm{d}y\right]\mathrm{d}x=\int_0^1\left(xy+\frac{y^3}{3}\right)\Big|_0^3\mathrm{d}x$$

$$=\int_0^1(3x+9)\mathrm{d}x=\left(\frac{3}{2}x^2+9x\right)\Big|_0^1=\frac{21}{2}.$$ □

8.2.2 一般区域上的二重积分

下面考察两类简单的非矩形区域的情形.

1. x-型区域

若闭区域 D 可用不等式

$$\varphi_1(x) \leqslant y \leqslant \varphi_2(x), \quad a \leqslant x \leqslant b$$

表示，则称 D 为 x-**型区域**(见图 8.6).

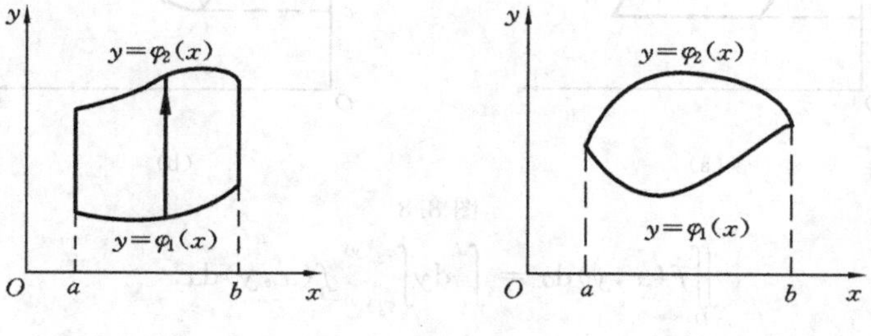

图 8.6

设函数 $f(x,y)$在 D 上连续，则有以下的公式成立：

$$\iint_D f(x,y)\mathrm{d}\sigma = \int_a^b \mathrm{d}x \int_{\varphi_1(x)}^{\varphi_2(x)} f(x,y)\mathrm{d}y. \tag{8.2.7}$$

公式(8.2.7)推导如下：取闭矩形 $R=[a,b;c,d]$，使得 $D\subset R$(见图8.7)，作辅助函数

$$F(x,y) = \begin{cases} f(x,y), & (x,y)\in D, \\ 0, & (x,y)\in R-D. \end{cases}$$

则 $F(x,y)$ 是矩形区域 R 上的可积函数，故由公式(8.2.6)，有

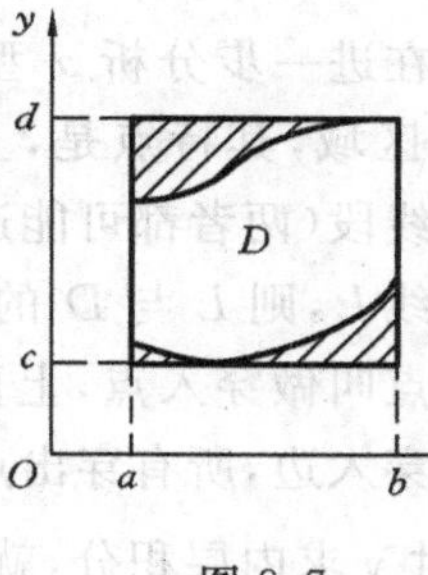

图 8.7

$$\iint_R F(x,y)\mathrm{d}\sigma = \int_a^b \mathrm{d}x \int_c^d F(x,y)\mathrm{d}y.$$

而
$$\int_c^d F(x,y)\mathrm{d}y = \int_c^{\varphi_1(x)} F(x,y)\mathrm{d}y + \int_{\varphi_1(x)}^{\varphi_2(x)} F(x,y)\mathrm{d}y + \int_{\varphi_2(x)}^d F(x,y)\mathrm{d}y$$
$$= \int_{\varphi_1(x)}^{\varphi_2(x)} f(x,y)\mathrm{d}y,$$

又
$$\iint_R F(x,y)\mathrm{d}\sigma = \iint_D f(x,y)\mathrm{d}\sigma,$$

故得
$$\iint_D f(x,y)\mathrm{d}\sigma = \int_a^b \mathrm{d}x \int_{\varphi_1(x)}^{\varphi_2(x)} f(x,y)\mathrm{d}y.$$

2. y-型区域

当闭区域 D 可用不等式

$$\psi_1(y) \leqslant x \leqslant \psi_2(y), \quad c \leqslant y \leqslant d$$

表示时，称 D 为 y-**型区域**(见图 8.8). 与公式(8.2.7)类似，这时有公式

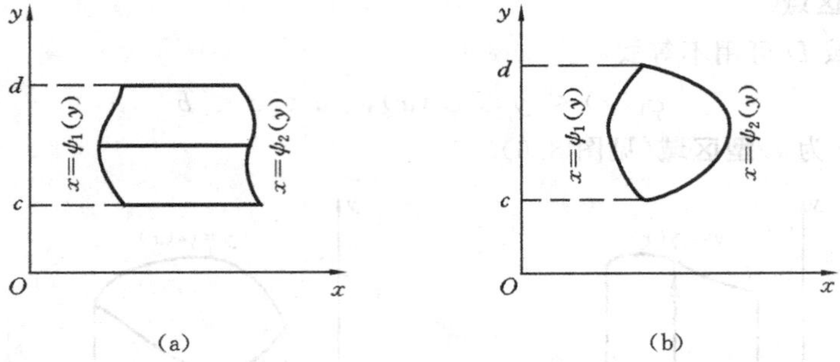

图 8.8

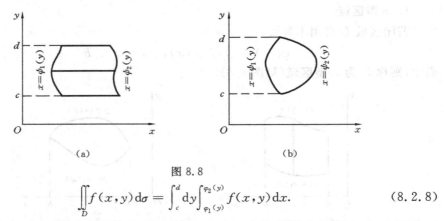

$$\iint_D f(x,y)\mathrm{d}\sigma = \int_c^d \mathrm{d}y \int_{\psi_1(y)}^{\psi_2(y)} f(x,y)\mathrm{d}x. \tag{8.2.8}$$

当函数 $f(x,y)$ 是可积函数,且在区域 D 内有一些间断线和间断点时,上面化二次积分的公式仍然成立,不再作详细的讨论.

若 D 不是上述两类简单区域,可以用平行于坐标轴的直线将 D 划分为几个 x-型区域或 y-型区域(见图 8.9).

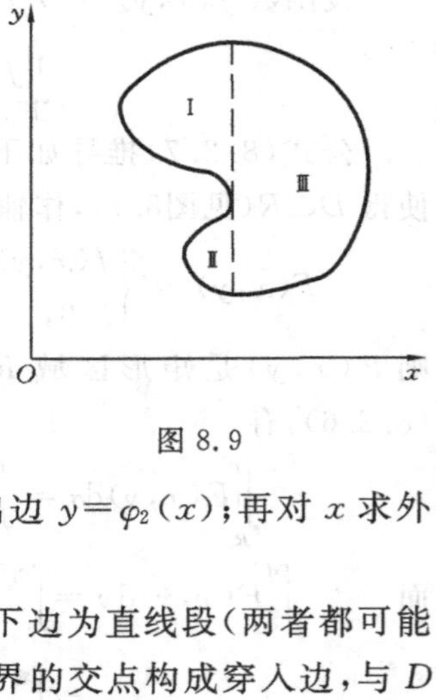

图 8.9

现在进一步分析 x-型区域和 y-型区域的特点.先看 x-型区域,其特点是,上、下边为两条曲线,左、右边为两直线段(两者都可能退化成一点).作一条平行于 y 轴的直线 L,则 L 与 D 的上、下边界各有一个交点,下面的交点叫做穿入点,上面的交点叫穿出点.所有穿入点构成穿入边,所有穿出点构成穿出边.在公式(8.2.7)中,先对 y 求内层积分,就是从穿入边 $y=\varphi_1(x)$ 积到穿出边 $y=\varphi_2(x)$;再对 x 求外层积分,就是从最左点 $x=a$ 积到最右点 $x=b$(见图8.6).

对于 y-型区域,其特点是,左、右边为两条曲线,上、下边为直线段(两者都可能退化成一点).作平行于 x 轴的直线 L,则 L 与 D 的左边界的交点构成穿入边,与 D 的右边界的交点构成穿出边.因而在公式(8.2.8)中,先对 x 的内层积分,是从穿入边 $x=\psi_1(y)$ 积到穿出边 $x=\psi_2(y)$,而对 y 的外层积分则是从最下点 $y=c$ 积到最上点 $y=d$(见图 8.8).

认清上述几何特征有助于迅速地把一个二重积分化为二次积分来计算.

例 8.2.2 求 $I=\iint_D \frac{1}{2}(2-x-y)\mathrm{d}\sigma$,其中 D 由直线 $y=x$ 与抛物线 $y=x^2$ 围成.

解 首先画出积分区域 D 的草图(见图 8.10).经过观察发现,D 既可看作 x-型区域,又可看作 y-型区域.如果看作 x-型区域,就画一条平行于 y 轴的直线 L 穿过区域 D,找出穿入边为 $y=x^2$,穿出边为 $y=x$.而 D 的最左点对应于 $x=0$,最右点对应

于 $x=1$. 因此,I 可化为下列二次积分计算:

$$I=\int_0^1 \mathrm{d}x\int_{x^2}^{x}\frac{1}{2}(2-x-y)\mathrm{d}y=\int_0^1\left(y-\frac{xy}{2}-\frac{y^2}{4}\right)\Big|_{y=x^2}^{y=x}\mathrm{d}x$$

$$=\int_0^1\left(x-\frac{7}{4}x^2+\frac{1}{2}x^3+\frac{1}{4}x^4\right)\mathrm{d}x=\frac{11}{120}.$$

若把 D 看作 y-型区域,则积分化为

$$I=\int_0^1\mathrm{d}y\int_y^{\sqrt{y}}\frac{1}{2}(2-x-y)\mathrm{d}x=\frac{11}{120}.$$ □

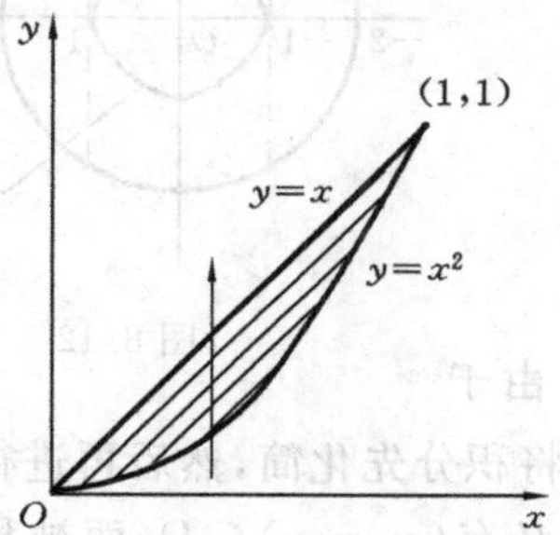

图 8.10

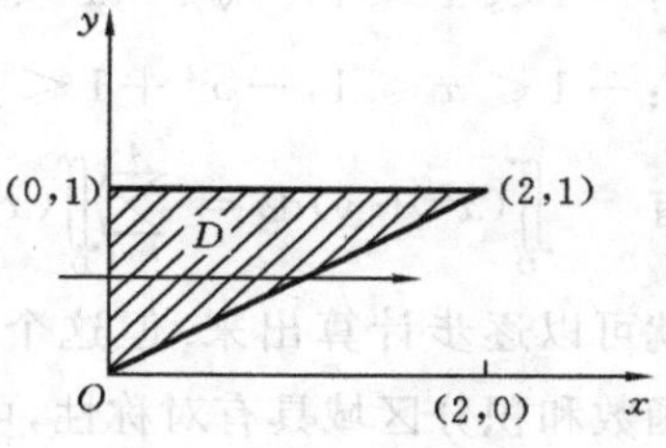

图 8.11

例 8.2.3　设有一块三角形的平面薄片(见图 8.11),其面密度为 $\rho(x,y)=\mathrm{e}^{y^2}$,求它的质量

$$M=\iint_D \rho(x,y)\mathrm{d}\sigma.$$

解　D 可以表示为

$$0\leqslant x\leqslant 2,\quad \frac{x}{2}\leqslant y\leqslant 1.$$

即为 x-型区域,因此

$$M=\int_0^2\mathrm{d}x\int_{x/2}^1\mathrm{e}^{y^2}\mathrm{d}y.$$

遗憾的是微积分基本定理在这里不能用,因为 e^{y^2} 是积不出来的. 所以必须换一个次序来积分. 把 D 看作 y-型区域:

$$D:0\leqslant y\leqslant 1,\quad 0\leqslant x\leqslant 2y.$$

则 $$M=\int_0^1\mathrm{d}y\int_0^{2y}\mathrm{e}^{y^2}\mathrm{d}x=\int_0^1(x\mathrm{e}^{y^2})\Big|_{x=0}^{x=2y}\mathrm{d}y=\int_0^1\mathrm{e}^{y^2}2y\mathrm{d}y=\mathrm{e}^{y^2}\Big|_0^1=\mathrm{e}-1.$$ □

由此可见,合理地安排二次积分的积分次序是十分重要的. 安排得不好,不仅会使计算更加麻烦,而且有时根本就算不出来.

例 8.2.4　设 D 是由 $x^2+y^2=4$ 与 $y=-x^2+1$,$y=x^2-1$($|x|\leqslant 1$)所围成的区域,计算二重积分

$$I = \iint_D (x^2 + y)\mathrm{d}\sigma.$$

解　首先画出区域 D 的草图(见图 8.12). 然后作平行于 y 轴的直线 L, L 与 D 的边界的交点,有的地方是四个,有的地方是两个,因此 D 不是简单区域,为此,用直线 $x=-1$, $x=1$ 将 D 分成四个简单区域(见图 8.12):

D_1: $1 \leqslant x \leqslant 2, -\sqrt{4-x^2} \leqslant y \leqslant \sqrt{4-x^2}$;

D_2: $-2 \leqslant x \leqslant -1, -\sqrt{4-x^2} \leqslant y \leqslant \sqrt{4-x^2}$;

D_3: $-1 \leqslant x \leqslant 1, -\sqrt{4-x^2} \leqslant y \leqslant x^2 - 1$;

D_4: $-1 \leqslant x \leqslant 1, -x^2 + 1 \leqslant y \leqslant \sqrt{4-x^2}$.

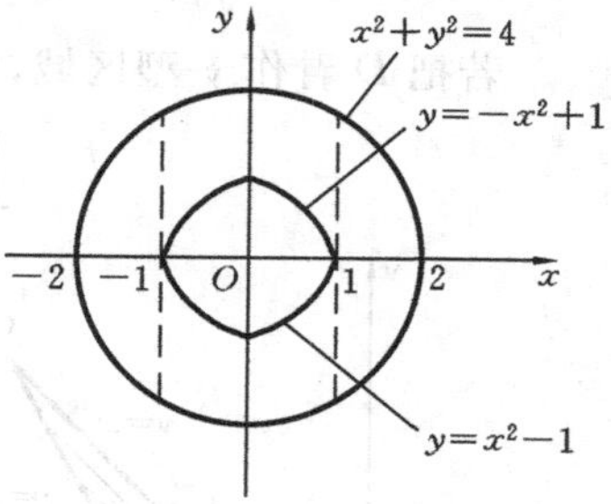

图 8.12

于是有　$$\iint_D (x^2+y)\mathrm{d}\sigma = \sum_{i=1}^{4} \iint_{D_i} (x^2+y)\mathrm{d}\sigma.$$

这样就可以逐步计算出来. 但这个做法不是太好. 由于被积函数和积分区域具有对称性,可以利用对称性将积分先化简,然后再进行计算.

因 D 关于 x 轴对称,即当 $(x,y)\in D$ 时, 同时必有 $(x,-y)\in D$,而被积函数当将 y 换成 $-y$ 时,相差一个符号,故积分

$$\iint_D y\,\mathrm{d}\sigma = 0.$$

又 D 关于 x 轴、y 轴对称,被积函数 x^2 当将 x 换成 $-x$, y 换成 $-y$ 时,被积函数形式保持不变,故积分可化为 D 在第一象限部分区域上的积分. 令

$$D^* = \{(x,y) \mid (x,y) \in D, x \geqslant 0, y \geqslant 0\},$$

则

$$I = \iint_D (x^2+y)\mathrm{d}\sigma = 4\iint_{D^*} x^2 \mathrm{d}\sigma = 4\int_0^1 \mathrm{d}x \int_{1-x^2}^{\sqrt{4-x^2}} x^2 \mathrm{d}y + 4\int_1^2 \mathrm{d}x \int_0^{\sqrt{4-x^2}} x^2 \mathrm{d}y$$

$$= 4\int_0^2 \mathrm{d}x \int_0^{\sqrt{4-x^2}} x^2 \mathrm{d}y - 4\int_0^1 \mathrm{d}x \int_0^{1-x^2} x^2 \mathrm{d}y$$

$$= 4\int_0^2 x^2\sqrt{4-x^2}\,\mathrm{d}x - 4\int_0^1 x^2(1-x^2)\mathrm{d}x$$

$$= 64\int_0^{\pi/2} \sin^2 t \cos^2 t \,\mathrm{d}t - 4\int_0^1 x^2(1-x^2)\mathrm{d}x = 4\pi - \frac{8}{15}.$$ □

8.2.3　利用极坐标计算二重积分

回忆一下,在定积分的计算中,主要的困难来自被积函数,而我们克服困难的一个重要方法就是变量代换——换元法,这种方法可以化简被积函数,从而较方便地求出定积分. 在计算二重积分时,困难就来自两个方面. 一方面是被积函数,另一方面就是积分区域是多种形状的. 克服这些困难的思路仍然是作适当的变换. 当积分区域的

边界由圆弧段及射线组成时，用极坐标变换往往可将区域化简.

考察二重积分

$$I = \iint_D f(x,y)\mathrm{d}\sigma,$$

其中 D 由射线 $\theta=\alpha,\theta=\beta$ 及方程 $r=r_1(\theta)$、$r=r_2(\theta)$ 所表示的曲线围成(见图 8.13(a)). 采用微元法进行分析.

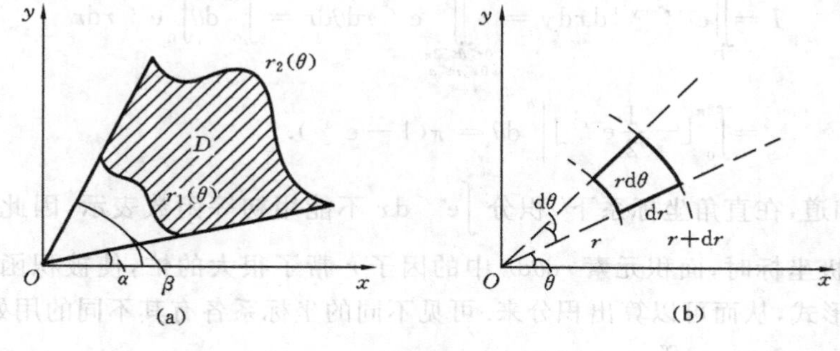

图 8.13

首先，用以极点为中心的一族同心圆($r=$常数)和自极点出发的一族射线($\theta=$常数)把区域 D 分割成若干个小区域. 然后取出其中一个小区域 $\Delta\sigma$ 作代表. $\Delta\sigma$ 由半径为 r 和 $r+\mathrm{d}r$ 的圆弧段、极角为 θ 和 $\theta+\mathrm{d}\theta$ 的射线段所围成(见图 8.13(b)). 在这里，把曲的圆弧段近似地看作直线段，把相交的射线段近似地看作平行的射线段，所以小区域 $\Delta\sigma$ 的面积的主要部分，等于以 $r\mathrm{d}\theta$ 为长、以 $\mathrm{d}r$ 为宽的小矩形面积，即

$$\Delta\sigma \approx \mathrm{d}\sigma = r\mathrm{d}\theta\mathrm{d}r(\textbf{面积微元}).$$

因而在极坐标变换 $x=r\cos\theta,\quad y=r\sin\theta$

之下，有

$$f(x,y)\mathrm{d}\sigma = f(r\cos\theta, r\sin\theta)r\mathrm{d}\theta\mathrm{d}r,$$

从而有

$$I = \iint_D f(x,y)\mathrm{d}\sigma = \iint_D f(r\cos\theta, r\sin\theta)r\mathrm{d}\theta\mathrm{d}r.$$

由于在直角坐标系中，$\iint_D f(x,y)\mathrm{d}\sigma$ 常写作 $\iint_D f(x,y)\mathrm{d}x\mathrm{d}y$，因此上式又写作

$$\iint_D f(x,y)\mathrm{d}x\mathrm{d}y = \iint_D f(r\cos\theta, r\sin\theta)r\mathrm{d}\theta\mathrm{d}r = \int_\alpha^\beta \mathrm{d}\theta\int_{r_1(\theta)}^{r_2(\theta)} f(r\cos\theta, r\sin\theta)r\mathrm{d}r. \quad (8.2.9)$$

简单地归纳一下上述的步骤. 把二重积分 $\iint_D f(x,y)\mathrm{d}x\mathrm{d}y$ 化为极坐标系下的二重积分时，

① 把 $f(x,y)$ 中的 x 和 y 分别换成 $r\cos\theta$ 和 $r\sin\theta$，把 $\mathrm{d}x\mathrm{d}y$ 换成 $r\mathrm{d}\theta\mathrm{d}r$；

② 用极坐标刻划积分区域 D：

或者 $\alpha\leqslant\theta\leqslant\beta,\quad r_1(\theta)\leqslant r\leqslant r_2(\theta),$

或者 $a\leqslant r\leqslant b,\quad \theta_1(r)\leqslant\theta\leqslant\theta_2(r)$；

③ 计算

$$\int_\alpha^\beta d\theta\int_{r_1(\theta)}^{r_2(\theta)} f(r\cos\theta, r\sin\theta)r dr \quad 或 \quad \int_a^b dr\int_{\theta_1(r)}^{\theta_2(r)} f(r\cos\theta, r\sin\theta)r d\theta.$$

例 8.2.5 设 D 为圆域：$x^2+y^2\leqslant a^2$，计算积分 $I=\iint_D e^{-(x^2+y^2)}dxdy$.

解 由极坐标变换得

$$I=\iint_D e^{-(x^2+y^2)}dxdy=\iint_{\substack{0\leqslant\theta\leqslant 2\pi\\0\leqslant r\leqslant a}} e^{-r^2}rd\theta dr=\int_0^{2\pi}d\theta\int_0^a e^{-r^2}rdr$$

$$=\int_0^{2\pi}\left[-\frac{1}{2}e^{-r^2}\right]\Bigg|_0^a d\theta=\pi(1-e^{-a^2}).$$

□

我们知道，在直角坐标系下，积分 $\int e^{-x^2}dx$ 不能用初等函数表示，因此是积不出来的. 而用极坐标时，面积元素 $rd\theta dr$ 中的因子 r 帮了很大的忙，使被积函数变成了 $e^{-r^2}\cdot r$ 的形式，从而可以算出积分来. 可见不同的坐标系各有其不同的用处.

例 8.2.6 求 $I=\iint_D\sqrt{x^2+y^2}dxdy$，其中 D 是由曲线 $(x-a)^2+y^2=a^2\,(y>0)$，$(x-2a)^2+y^2=4a^2\,(y>0)$ 和直线 $y=x$ 围成的区域.

解 画出 D 的图形(见图 8.14). 在极坐标系下，D 的边界曲线的方程为

$$r=2a\cos\theta,\quad r=4a\cos\theta,\quad \theta=\frac{\pi}{4}.$$

于是有

$$I=\iint_D\sqrt{x^2+y^2}dxdy=\iint_{D'}r\cdot rd\theta dr=\int_{\frac{\pi}{4}}^{\frac{\pi}{2}}d\theta\int_{2a\cos\theta}^{4a\cos\theta}r^2dr$$

$$=\frac{1}{3}\int_{\frac{\pi}{4}}^{\frac{\pi}{2}}\left(r^3\Big|_{2a\cos\theta}^{4a\cos\theta}\right)d\theta=\frac{56}{3}a^3\int_{\frac{\pi}{4}}^{\frac{\pi}{2}}\cos^3\theta d\theta=\frac{112-70\sqrt{2}}{9}a^3.$$

□

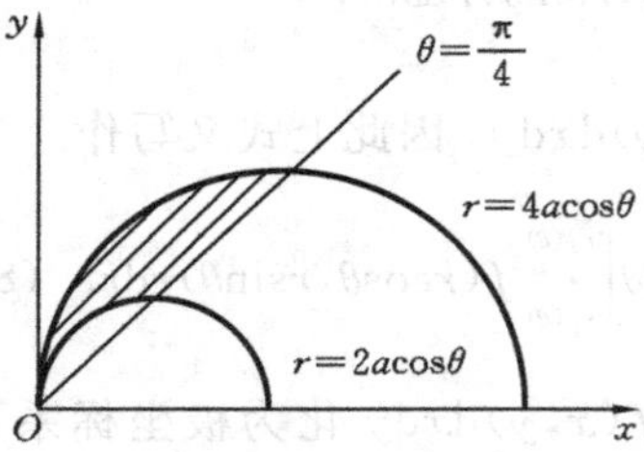

图 8.14

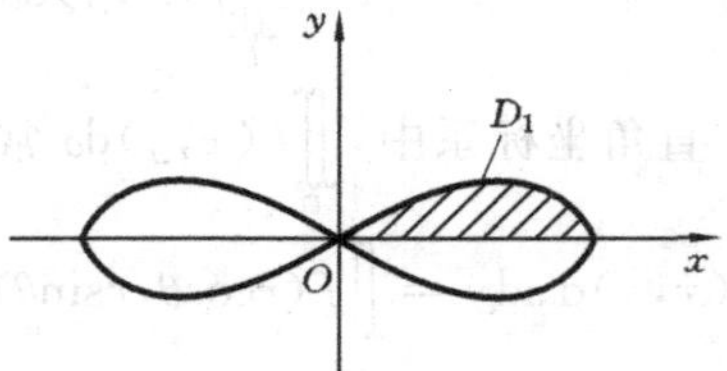

图 8.15

例 8.2.7 求双纽线 $(x^2+y^2)^2=2a^2(x^2-y^2)$ 所围区域 D 的面积.

解 在极坐标系下，双纽线的方程为

$$r^2=2a^2\cos 2\theta.$$

画出 D 的图形(见图 8.15)，利用对称性，只须考虑区域

$$D_1: 0 \leqslant \theta \leqslant \frac{\pi}{4}, \quad 0 \leqslant r \leqslant a\sqrt{2\cos 2\theta}.$$

$$D \text{ 的面积} = 4\iint_{D_1} \mathrm{d}x\mathrm{d}y = 4\int_0^{\pi/4} \mathrm{d}\theta \int_0^{a\sqrt{2\cos 2\theta}} r\mathrm{d}r = 4\int_0^{\pi/4} \frac{1}{2}r^2 \Big|_0^{a\sqrt{2\cos 2\theta}} \mathrm{d}r$$

$$= 2\int_0^{\pi/4} 2a^2 \cos 2\theta \mathrm{d}\theta = 2a^2.$$ □

8.2.4 二重积分的一般换元法

现在我们考虑一般的换元法，设函数

$$x = x(u,v), \quad y = y(u,v) \tag{8.2.10}$$

在 Ouv 平面的某区域 D' 内具有对 u,v 的连续偏导数，当 (u,v) 在 D' 上变动时，对应于 Oxy 平面上的点 (x,y) 在区域 D 上变动. 又设式(8.2.10)给出了区域 D 和 D' 之间的一一对应，并且在 D' 上雅可比行列式

$$J = \frac{\partial(x,y)}{\partial(u,v)} \neq 0.$$

把区域 D' 划分成若干个小矩形，其中的一个代表记作 D_i'，它的两边长分别为 Δu 和 Δv，左下角顶点的坐标为 (u,v)（见图8.16）. Oxy 平面内对应的有一个曲边四边形 D_i，如果选取 $\Delta u, \Delta v$ 充分地小，那么通过局部线性化，D_i 将近似于一个平行四边形. 当然，一般地，D_i 的边长不再是 Δu 和 Δv，D_i 的面积也不是 $\Delta u \Delta v$.

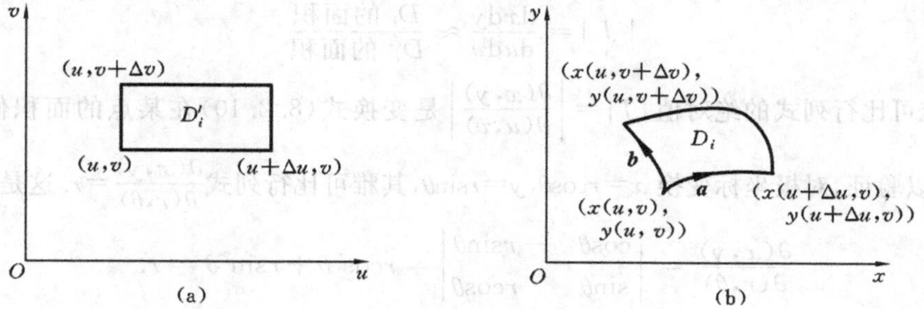

图 8.16

由第 6 章 6.2.3 知，以向量 $\boldsymbol{a}$、$\boldsymbol{b}$ 为邻边的平行四边形的面积等于 $|\boldsymbol{a}\times\boldsymbol{b}|$. 若我们能设法将 D_i 的边以向量的形式写出来，就可以求出 D_i 的面积，由对应的关系，曲边四边形 D_i 的三个顶点坐标分别为 $(x(u,v), y(u,v))$，$(x(u+\Delta u,v), y(u+\Delta u,v))$，$(x(u,v+\Delta v), y(u,v+\Delta v))$（见图 8.16），因此由 D_i 所形成的向量为

$$\boldsymbol{a} = [x(u+\Delta u,v) - x(u,v)]\boldsymbol{i} + [y(u+\Delta u,v) - y(u,v)]\boldsymbol{j} + 0\boldsymbol{k}$$

$$\approx \left(\frac{\partial x}{\partial u}\Delta u\right)\boldsymbol{i} + \left(\frac{\partial y}{\partial u}\Delta u\right)\boldsymbol{j} + 0\boldsymbol{k}.$$

类似地有

$$\boldsymbol{b} \approx \left(\frac{\partial x}{\partial v}\Delta v\right)\boldsymbol{i} + \left(\frac{\partial y}{\partial v}\Delta v\right)\boldsymbol{j} + 0\boldsymbol{k}.$$

计算向量的叉积可得

$$D_i\text{ 的面积}\approx|\boldsymbol{a}\times\boldsymbol{b}|\approx\left|\left(\frac{\partial x}{\partial u}\Delta u\right)\left(\frac{\partial y}{\partial v}\Delta v\right)-\left(\frac{\partial x}{\partial v}\Delta v\right)\left(\frac{\partial y}{\partial u}\Delta u\right)\right|$$

$$=\left|\frac{\partial x}{\partial u}\frac{\partial y}{\partial v}-\frac{\partial x}{\partial v}\frac{\partial y}{\partial u}\right|\Delta u\Delta v=\left|\frac{\partial(x,y)}{\partial(u,v)}\right|\Delta u\Delta v=|J|\Delta u\Delta v,$$

于是有

$$D_i\text{ 的面积}\approx|J|\Delta u\Delta v.$$

现在利用变量代换来计算二重积分 $\iint\limits_D f(x,y)\mathrm{d}x\mathrm{d}y$. 为此,考虑把 D 划分为 D_i 的黎曼和:

$$\iint\limits_D f(x,y)\mathrm{d}x\mathrm{d}y\approx\sum_i f(x_i,y_i)\cdot(D_i\text{ 的面积})\approx\sum_i f(x_i,y_i)\cdot|J|\Delta u\Delta v.$$

由于 Oxy 平面上的每个点 (x_i,y_i) 都对应于 Ouv 平面上的某个点 (u_i,v_i),所以这个和又可写为

$$\sum_i f(x(u_i,v_i),y(u_i,v_i))\cdot|J|\Delta u\Delta v,$$

这是关于变量 u、v 的黎曼和,当 Δu、Δv 趋于零时,即得

$$\iint\limits_D f(x,y)\mathrm{d}x\mathrm{d}y=\iint\limits_{D'} f(x(u,v),y(u,v))\left|\frac{\partial(x,y)}{\partial(u,v)}\right|\mathrm{d}u\mathrm{d}v.\tag{8.2.11}$$

这就是二重积分的一般换元公式.

由前面的推导可以看到

$$|J|=\frac{\mathrm{d}x\mathrm{d}y}{\mathrm{d}u\mathrm{d}v}\approx\frac{D_i\text{ 的面积}}{D_i'\text{ 的面积}}$$

因此雅可比行列式的绝对值 $|J|=\left|\frac{\partial(x,y)}{\partial(u,v)}\right|$ 是变换式(8.2.10)在某点的面积伸缩系数. 可以验证,对极坐标变换 $x=r\cos\theta,y=r\sin\theta$,其雅可比行列式 $\frac{\partial(x,y)}{\partial(r,\theta)}=r$. 这是因为

$$\frac{\partial(x,y)}{\partial(r,\theta)}=\begin{vmatrix}\cos\theta & -r\sin\theta\\ \sin\theta & r\cos\theta\end{vmatrix}=r\cos^2\theta+r\sin^2\theta=r.$$

例 8.2.8　求椭圆 $\frac{x^2}{a^2}+\frac{y^2}{b^2}=1$ 的面积.

解　令 $x=au,y=bv$,则 Oxy 平面上的椭圆 $\frac{x^2}{a^2}+\frac{y^2}{b^2}=1$ 对应于 Ouv 平面上的圆 $u^2+v^2=1$. 变换的雅可比行列式为

$$J=\begin{vmatrix}a & 0\\ 0 & b\end{vmatrix}=ab.$$

于是有

$$xy\text{- 椭圆的面积}=\iint\limits_D 1\mathrm{d}x\mathrm{d}y=\iint\limits_{D'} ab\,\mathrm{d}u\mathrm{d}v=ab\iint\limits_{D'}\mathrm{d}u\mathrm{d}v$$

$$=ab\cdot(uv\text{- 圆的面积})=\pi ab.$$

□

习 题 8.2

(A)

1. 将 $\iint\limits_D f(x,y)\mathrm{d}\sigma$ 化为二次积分，其中 D 为：(1)如图 8.17 所示，(2)如图 8.18 所示.

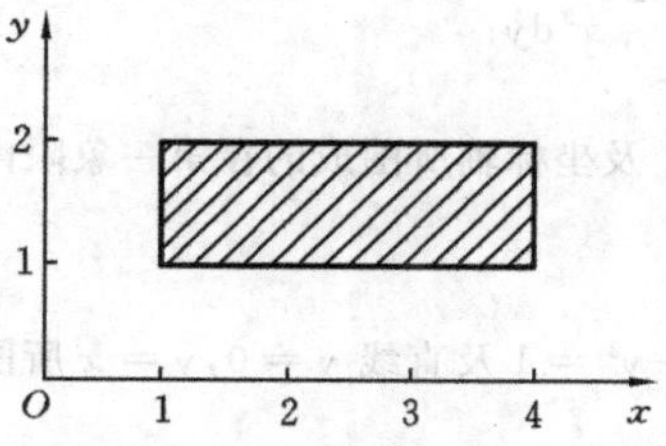

图 8.17

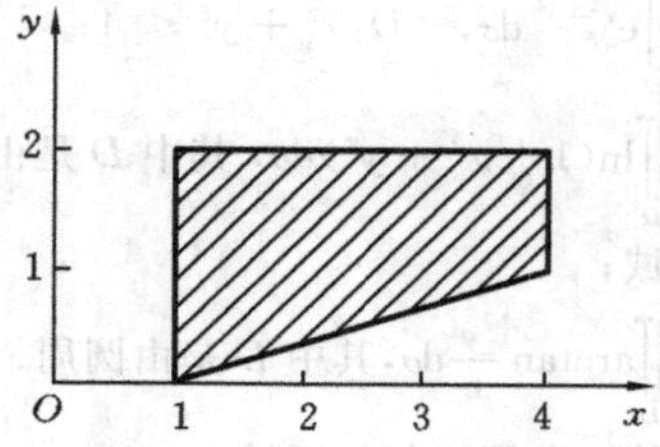

图 8.18

2. 在下列各题中，对二重积分 $I=\iint\limits_D f(x,y)\mathrm{d}x\mathrm{d}y$ 按所给的区域 D 依两个不同的顺序安置积分的上、下限.

(1) D：以 $O(0,0)$，$A(1,0)$，$B(1,1)$ 为顶点的三角形；

(2) D：圆 $x^2+y^2\leqslant a^2$；

(3) D：以 $O(0,0)$，$A(2,1)$，$B(-2,1)$ 为顶点的三角形；

(4) D：圆 $x^2+y^2\leqslant y$；

(5) D：由曲线 $y=x^2$ 与 $y=1$ 围成.

3. 计算下列二重积分：

(1) $\iint\limits_D \sqrt{x+y}\mathrm{d}\sigma$，其中 D 是矩形区域：$0\leqslant x\leqslant 1,0\leqslant y\leqslant 2$；

(2) $\iint\limits_D (5x^2+1)\sin 3y\mathrm{d}\sigma$，其中 D：$-1\leqslant x\leqslant 1,0\leqslant y\leqslant \dfrac{\pi}{3}$；

(3) $\iint\limits_D (2x+3y)^2\mathrm{d}\sigma$，其中 D 是以 $(-1,0)$，$(0,1)$ 和 $(1,0)$ 为顶点的三角形区域.

4. 计算下列重积分：

(1) $\int_0^2\mathrm{d}x\int_0^x \mathrm{e}^{x^2}\mathrm{d}y$； (2) $\int_1^4\mathrm{d}y\int_{\sqrt{y}}^y x^2y^3\mathrm{d}x$； (3) $\int_1^2\mathrm{d}y\int_0^y \mathrm{e}^{x+y}\mathrm{d}x$； (4) $\int_0^1\mathrm{d}x\int_0^x y\sin\pi x\mathrm{d}y$.

5. 在下列积分中先交换积分的次序，然后算出积分值：

(1) $\int_0^1\mathrm{d}y\int_y^1 \mathrm{e}^{x^2}\mathrm{d}x$； (2) $\int_0^3\mathrm{d}y\int_{y^2}^9 y\sin(x^2)\mathrm{d}x$； (3) $\int_0^1\mathrm{d}y\int_{\sqrt{y}}^1 \sqrt{2+x^3}\mathrm{d}x$；

(4) $\int_{-4}^0\mathrm{d}x\int_0^{2x+8}(8-y)^{\frac{1}{3}}\mathrm{d}y+\int_0^4\mathrm{d}x\int_0^{-2x+8}(8-y)^{\frac{1}{3}}\mathrm{d}y$.

(提示：先画出积分区域的图形)

6. 求 $I=\iint\limits_D |y-x^2|\mathrm{d}\sigma$，其中 D：$-1\leqslant x\leqslant 1,0\leqslant y\leqslant 1$.

7. 求 $I=\iint\limits_D |xy|\,d\sigma$,其中 $D:x^2+y^2\leqslant a^2$.

8. 求 $I=\iint\limits_D \frac{\sin y}{y}dxdy$,$D$ 由 $y^2=x$ 及 $y=x$ 围成.

9. 在怎样的情况下,当变换为极坐标之后,积分的限是常数?

10. 利用极坐标计算下列二重积分:

(1) $\iint\limits_D e^{x^2+y^2}d\sigma$, $D:x^2+y^2\leqslant 4$; (2) $\int_0^1 dx\int_0^{\sqrt{1-x^2}} x^3 dy$;

(3) $\iint\limits_D \ln(1+x^2+y^2)d\sigma$,其中 D 是由圆周 $x^2+y^2=1$ 及坐标轴所围成的在第一象限内的闭区域;

(4) $\iint\limits_D \arctan\frac{y}{x}d\sigma$,其中 D 是由圆周 $x^2+y^2=4$,$x^2+y^2=1$ 及直线 $y=0$,$y=x$ 所围成的在第一象限内的闭区域.

11. 下列等式是否成立,请说明理由,其中 $D:x^2+y^2\leqslant 1$;$D_1:x^2+y^2\leqslant 1,x\geqslant 0,y\geqslant 0$.

(1) $\iint\limits_D x\ln(x^2+y^2)d\sigma=0$; (2) $\iint\limits_D \sqrt{1-x^2-y^2}d\sigma=4\iint\limits_{D_1}\sqrt{1-x^2-y^2}d\sigma$;

(3) $\iint\limits_D xyd\sigma=4\iint\limits_{D_1}xydxdy$; (4) $\iint\limits_D |xy|\,d\sigma=4\iint\limits_{D_1}xyd\sigma$.

(B)

1. 求 $\iint\limits_D (x^2-y^2)d\sigma$,其中 $D:0\leqslant y\leqslant \sin x,0\leqslant x\leqslant \pi$.

2. 画出积分区域,把积分 $\iint\limits_D f(x,y)dxdy$ 表示为极坐标形式的二次积分,其中积分区域 D 是:

(1) $x^2+y^2\leqslant a^2(a>0)$; (2) $x^2+y^2\leqslant 2x$;

(3) $a^2\leqslant x^2+y^2\leqslant b^2(0<a<b)$; (4) $0\leqslant y\leqslant 1-x,0\leqslant x\leqslant 1$.

3. 将下列积分变换为极坐标下的二次积分:

(1) $\int_0^1 dx\int_0^1 f(x,y)dy$; (2) $\int_0^1 dx\int_{1-x}^{\sqrt{1-x^2}} f(x,y)dy$.

4. 利用极坐标计算二次积分:$\int_0^1 dx\int_0^x \sqrt{x^2+y^2}dy$.

5. 设 $f(x)\in C[a,b]$,证明等式 $\int_a^b dx\int_a^x f(y)dy=\int_a^b f(y)(b-y)dy$.

6. 求由抛物线 $y^2=px$,$y^2=qx(0<p<q)$ 以及双曲线 $xy=a$,$xy=b(0<a<b)$ 所围区域的面积(提示:令 $u=\frac{y^2}{x}$,$v=xy$).

答案与提示

(A)

1. (1) $\int_1^4 dx\int_1^2 f(x,y)dy$; (2) $\int_1^4 dx\int_{\frac{1}{3}(x-1)}^2 f(x,y)dy$.

2. (1) $I=\int_0^1 \mathrm{d}x\int_0^x f(x,y)\mathrm{d}y=\int_0^1 \mathrm{d}y\int_y^1 f(x,y)\mathrm{d}x$;

(2) $I=\int_{-a}^{a}\mathrm{d}x\int_{-\sqrt{a^2-x^2}}^{\sqrt{a^2-x^2}} f(x,y)\mathrm{d}y=\int_{-a}^{a}\mathrm{d}y\int_{-\sqrt{a^2-y^2}}^{\sqrt{a^2-y^2}} f(x,y)\mathrm{d}x$;

(3) $I=\int_0^1 \mathrm{d}y\int_{-2y}^{2y} f(x,y)\mathrm{d}y=\int_{-2}^{2}\mathrm{d}x\int_{\frac{|x|}{2}}^{1} f(x,y)\mathrm{d}y$;

(4) $I=\int_{-\frac{1}{2}}^{\frac{1}{2}}\mathrm{d}x\int_{\frac{1}{2}-\sqrt{\frac{1}{4}-x^2}}^{\frac{1}{2}+\sqrt{\frac{1}{4}-x^2}} f(x,y)\mathrm{d}y=\int_0^1 \mathrm{d}y\int_{-\sqrt{y-y^2}}^{\sqrt{y-y^2}} f(x,y)\mathrm{d}x$;

(5) $I=\int_{-1}^{1}\mathrm{d}x\int_{x^2}^{1} f(x,y)\mathrm{d}y=\int_0^1 \mathrm{d}y\int_{-\sqrt{y}}^{\sqrt{y}} f(x,y)\mathrm{d}x$.

3. (1) $\frac{4}{15}(9\sqrt{3}-1-4\sqrt{2})$; (2) $\frac{32}{9}$; (3) $\frac{13}{6}$.

4. (1) $\frac{1}{2}(\mathrm{e}^4-1)$; (2) $\frac{1}{21}(4^7-1)-\frac{2}{33}(4^{11/2}-1)$; (3) $\frac{1}{2}\mathrm{e}^4-\frac{3}{2}\mathrm{e}^2+\mathrm{e}$; (4) $\frac{1}{2\pi}-\frac{2}{\pi^3}$.

5. (1) $\frac{1}{2}(\mathrm{e}-1)$; (2) $\frac{1-\cos 81}{4}$; (3) $\frac{2}{3}\sqrt{3}-\frac{4}{9}\sqrt{2}$; (4) $\frac{384}{7}$.

6. $\frac{11}{15}$.

7. $\frac{a^4}{2}$.

8. $1-\sin 1$.

10. (1) $\pi(\mathrm{e}^4-1)$; (2) $\frac{2}{15}$; (3) $\frac{\pi}{4}(2\ln 2-1)$; (4) $\frac{3}{64}\pi^2$.

11. (1)、(2)、(4)成立,(3)不成立.

(B)

1. $\pi^2-\frac{40}{9}$.

2. (1) $\int_0^{2\pi}\mathrm{d}\theta\int_0^a f(r\cos\theta,r\sin\theta)\cdot r\mathrm{d}r$; (2) $\int_{-\frac{\pi}{2}}^{\frac{\pi}{2}}\mathrm{d}\theta\int_0^{2\csc\theta} f(r\cos\theta,r\sin\theta)\cdot r\mathrm{d}r$;

(3) $\int_0^{2\pi}\mathrm{d}\theta\int_a^b f(r\cos\theta,r\sin\theta)\cdot r\mathrm{d}r$; (4) $\int_0^{\frac{\pi}{2}}\mathrm{d}\theta\int_0^{\frac{1}{\sqrt{2}}\csc(\theta+\frac{\pi}{4})} f(r\cos\theta,r\sin\theta)\cdot r\mathrm{d}r$.

3. (1) $\int_0^{\pi/4}\mathrm{d}\theta\int_0^{\sec\theta} f(r\cos\theta,r\sin\theta)\cdot r\mathrm{d}r+\int_{\pi/4}^{\pi/2}\mathrm{d}\theta\int_0^{\csc\theta} f(r\cos\theta,r\sin\theta)\cdot r\mathrm{d}r$

$$=\int_0^1 r\mathrm{d}r\int_0^{\pi/2} f(r\cos\theta,r\sin\theta)\mathrm{d}\theta+\int_1^{\sqrt{2}} r\mathrm{d}r\int_{\arccos\frac{1}{r}}^{\arcsin\frac{1}{r}} f(r\cos\theta,r\sin\theta)\mathrm{d}\theta;$$

(2) $\int_0^{\pi/2}\mathrm{d}\theta\int_{\frac{1}{\sqrt{2}\sin(\theta+\frac{\pi}{4})}}^{1} f(r\cos\theta,r\sin\theta)\cdot r\mathrm{d}r=\int_{\frac{1}{\sqrt{2}}}^{1} r\mathrm{d}r\int_{\frac{\pi}{4}-\arccos\frac{1}{\sqrt{2}r}}^{\frac{\pi}{4}+\arccos\frac{1}{\sqrt{2}r}} f(r\cos\theta,r\sin\theta)\mathrm{d}\theta$.

4. $\frac{1}{6}[\sqrt{2}+\ln(1+\sqrt{2})]$.

6. $\frac{1}{3}(b-a)\ln\frac{q}{p}$.

8.3 广义二重积分

我们仅考虑无界区域上简单的二重积分.

设 D 是 $\mathbf{R}^2$ 中一个无界区域,函数 $f(x,y)$在 D 上各点有定义,用任意的光滑曲线 Γ 在 D 中划出有限区域 σ(见图 8.19).假设二重积分 $\iint\limits_{\sigma} f(x,y)\mathrm{d}x\mathrm{d}y$ 存在,当曲线 Γ 连续变动,使所划出的区域 σ 无限扩展而趋于区域 D 时,如果不论 Γ 的形状如何,也不论扩展的过程怎样,

$$\lim_{\sigma\to D}\iint\limits_{\sigma} f(x,y)\mathrm{d}x\mathrm{d}y$$

恒有同一极限值 I,则称 I 是函数$f(x,y)$在无界区域 D 上的**广义二重积分**,记作

$$I=\iint\limits_{D} f(x,y)\mathrm{d}x\mathrm{d}y.$$

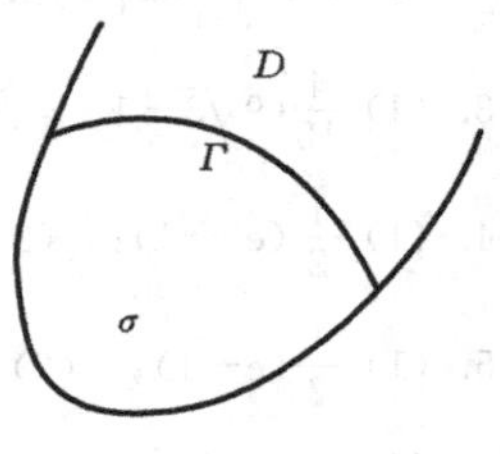

图 8.19

这时也称 $f(x,y)$在 D 上的积分收敛.否则,称积分是发散的.

下面给出一些有关的结论(略去证明),使得我们能计算某些简单然而有用的广义二重积分.

假设函数 $f(x,y)$定义于无穷矩形$[a,b;c,+\infty)$上,且$f(x,y)$非负,则有公式

$$\iint\limits_{[a,b;c,+\infty)} f(x,y)\mathrm{d}x\mathrm{d}y=\int_a^b \mathrm{d}x\int_c^{+\infty} f(x,y)\mathrm{d}y, \tag{8.3.1}$$

并且由右端的二次积分存在就推得二重积分存在.

如果非负函数 $f(x,y)$定义于无穷矩形$[a,+\infty;c,+\infty)$上,并且对任何 $b>a$ 及任何 $d>c$,$f(x,y)$在每一有限矩形$[a,b;c,d]$上的二重积分及对 y 的单积分在正常的意义下皆存在,则有公式

$$\iint\limits_{[a,+\infty;c,+\infty)} f(x,y)\mathrm{d}x\mathrm{d}y=\int_a^{+\infty} \mathrm{d}x\int_c^{+\infty} f(x,y)\mathrm{d}y, \tag{8.3.2}$$

其中假定右端的二次积分存在.

在上述情形中,还可利用极坐标变换计算广义二重积分.

例 8.3.1　求 $\iint\limits_{0\leqslant x\leqslant y} \mathrm{e}^{-(x+y)}\mathrm{d}x\mathrm{d}y$.

解　由于被积函数非负,故

$$\iint\limits_{0\leqslant x\leqslant y} \mathrm{e}^{-(x+y)}\mathrm{d}x\mathrm{d}y=\int_0^{+\infty}\mathrm{d}x\int_x^{+\infty}\mathrm{e}^{-(x+y)}\mathrm{d}y$$

$$=\int_0^{+\infty}\mathrm{e}^{-x}\mathrm{d}x\int_x^{+\infty}\mathrm{e}^{-y}\mathrm{d}y=\int_0^{+\infty}\mathrm{e}^{-2x}\mathrm{d}x=\frac{1}{2}.$$

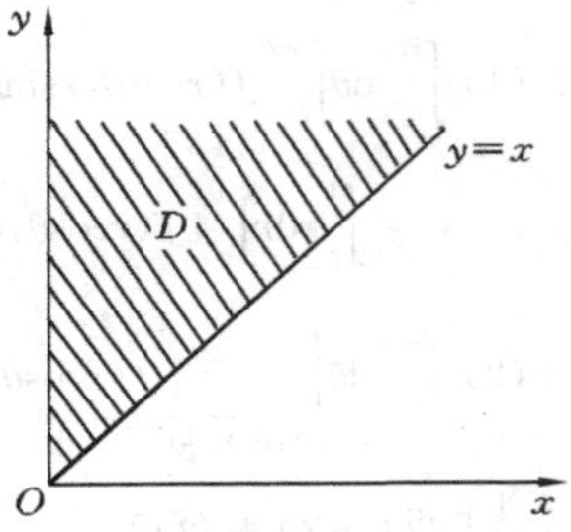

图 8.20

此题中的积分区域 D 如图 8.20 所示.　□

例 8.3.2 计算 $I=\int_{-\infty}^{+\infty}\int_{-\infty}^{+\infty}e^{-(x^2+y^2)}dxdy$，并由此证明概率积分

$$\frac{1}{\sqrt{\pi}}\int_{-\infty}^{+\infty}e^{-x^2}dx=1. \tag{8.3.3}$$

解 利用极坐标，有

$$I=\int_0^{2\pi}d\theta\int_0^{+\infty}e^{-r^2}\cdot rdr=2\pi\left(-\frac{1}{2}e^{-r^2}\right)\Big|_0^{+\infty}=\pi.$$

另一方面，通过化为二次积分，有

$$I=\int_{-\infty}^{+\infty}e^{-x^2}dx\int_{-\infty}^{+\infty}e^{-y^2}dy=\left(\int_{-\infty}^{+\infty}e^{-x^2}dx\right)^2.$$

合起来便推得

$$\left(\int_{-\infty}^{+\infty}e^{-x^2}dx\right)^2=\pi,$$

即式(8.3.3)成立. □

习 题 8.3

1. 求 $\iint\limits_{x^2+y^2\geqslant 1}e^{-(x^2+y^2)}dxdy$.

2. 求 $I=\iint\limits_D xe^{-y^2}dxdy$，其中 D 是由曲线 $y=4x^2$ 和 $y=9x^2$ 在第一象限所围成的区域.

3. 求 $I=\int_{-\infty}^{+\infty}\int_{-\infty}^{+\infty}\min\{x,y\}e^{-(x^2+y^2)}dxdy$.

答案与提示

1. $\frac{\pi}{e}$.

2. $\frac{5}{144}$.

3. $-\sqrt{\frac{\pi}{2}}$.

8.4 三重积分的概念和计算

8.4.1 三重积分的概念

二重积分在几何上表示立体的体积，三重积分在几何上已没有几何意义，但它在物理和力学中有重要的应用.

设函数 $f(x,y,z)$ 定义于 $\mathbf{R}^3$ 中的有界闭区域 Ω 上，我们还是从积分和出发，首

先将 Ω 分割成 n 个小区域，然后将小区域的体积与函数在该区域上某点处的值相乘，再加起来．例如，积分和可以表示为

$$\sum_{i=1}^{n} f(\xi_i, \eta_i, \zeta_i)\Delta V_i,$$

其中 ΔV_i 表示小区域的体积，(ξ_i, η_i, ζ_i) 是 ΔV_i 上某点．设 λ 表示所有小区域的直径中的最大者．仿照二重积分的定义，我们称极限

$$\lim_{\lambda \to 0}\sum_{i=1}^{n} f(\xi_i, \eta_i, \zeta_i)\Delta V_i$$

为函数 $f(x,y,z)$ 在区域 Ω 上的三重积分，记作

$$\iiint_{\Omega} f(x,y,z)\mathrm{d}V,$$

其中 $\mathrm{d}V$ 称为**体积元素**．与二重积分类似，在直角坐标系中，有时把体积元素 $\mathrm{d}V$ 记作 $\mathrm{d}x\mathrm{d}y\mathrm{d}z$，而把三重积分记作

$$\iiint_{\Omega} f(x,y,z)\mathrm{d}x\mathrm{d}y\mathrm{d}z,$$

其中 $\mathrm{d}x\mathrm{d}y\mathrm{d}z$ 称为**直角坐标系中的体积元素**，$f(x,y,z)$ 称为被积函数，Ω 称为积分区域．当 $f(x,y,z)\equiv 1$ 时，三重积分 $\iiint\limits_{\Omega}\mathrm{d}V$ 在数值上就等于区域 Ω 的体积．

可以证明，闭区域 Ω 上的连续函数 $f(x,y,z)$ 在 Ω 上的三重积分一定存在．今后我们总假定函数 $f(x,y,z)$ 在闭区域上连续．

8.4.2　利用直角坐标系计算三重积分

三重积分的计算可以化为算一个定积分，和算一个二重积分，也就可以化为三次积分的问题，我们考察两种基本情形．

(1) 设 Ω 可以表示为

$$\Omega = \{(x,y,z) \mid (x,y) \in D, z_1(x,y) \leqslant z \leqslant z_2(x,y)\},$$

其中 D 是 Oxy 平面中的闭区域(见图 8.21)．

对这种区域计算三重积分 $\iiint\limits_{\Omega} f(x,y,z)\mathrm{d}V$，可以化为先对 z 求一个定积分，再对 x、y 算一个二重积分，即

$$\begin{aligned}&\iiint_{\Omega} f(x,y,z)\mathrm{d}V \\ &= \iint_{D}\left[\int_{z_1(x,y)}^{z_2(x,y)} f(x,y,z)\mathrm{d}z\right]\mathrm{d}x\mathrm{d}y \\ &= \iint_{D}\mathrm{d}x\mathrm{d}y\int_{z_1(x,y)}^{z_2(x,y)} f(x,y,z)\mathrm{d}z. \qquad (8.4.1)\end{aligned}$$

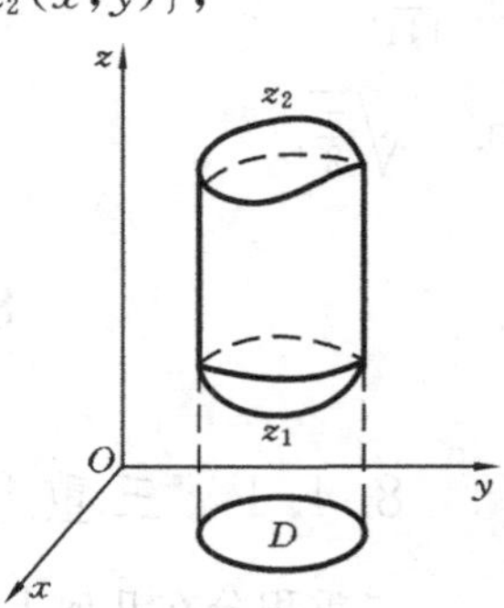

图 8.21

注意到上面的积分区域 Ω 有这样的特点：它是由 D 的边界上下移动所得的柱

面，与两张曲面 $z=z_1(x,y)$、$z=z_2(x,y)$ 所围成的. 此外，平行于 z 轴且穿过闭区域 Ω 内部的直线与 Ω 的上、下边界曲面相交不多于两点，而平面区域 D 恰为 Ω 在 Oxy 平面上的投影区域.

我们计算三重积分，就要让积分变量跑遍整个区域 Ω，公式(8.4.1)表明可以分为两步做到这一点，首先过 D 内任一点 (x,y) 作平行于 z 轴的直线，这条直线在 Ω 内的部分其竖坐标由 $z=z_1(x,y)$ 到 $z=z_2(x,y)$. 先让积分变量沿着这条线段变动. 随之便完成了函数 $f(x,y,z)$ 对 z 的定积分；然后让点 (x,y) 跑遍整个区域 D，相应的直线段也就跑遍整个区域 Ω. 这样，再求二重积分时，积分变量既不重复也不遗漏地跑遍整个区域 Ω，也就对函数 $f(x,y,z)$ 完成了区域上的三重积分.

简言之，先对 z 求内层积分，是从穿入面 $z=z_1(x,y)$ 积到穿出面 $z=z_2(x,y)$，再对 Ω 在 Oxy 平面上的投影区域 D 求外层积分.

(2) 设 Ω 可以表示为

$$\Omega=\{(x,y,z)\mid a_3\leqslant z\leqslant b_3,(x,y)\in D(z)\},$$

其中 $D(z)$ 是竖坐标为 z 的平面截 Ω 所得到的一个平面闭区域（见图 8.22），则三重积分可以化为先对闭区域 $D(z)$ 求二重积分，再对 z 在区间 $[a_3,b_3]$ 上求定积分，即

$$\iiint\limits_{\Omega} f(x,y,z)\mathrm{d}V=\int_{a_3}^{b_3}\left[\iint\limits_{D(z)} f(x,y,z)\mathrm{d}x\mathrm{d}y\right]\mathrm{d}z=\int_{a_3}^{b_3}\mathrm{d}z\iint\limits_{D(z)} f(x,y,z)\mathrm{d}x\mathrm{d}y. \tag{8.4.2}$$

简言之，内层积分是在平面 $z=z$ 与 Ω 的交集 $D(z)$ 上求积分，外层积分是在 Ω 在 z 轴上的投影区间 $[a_3,b_3]$ 上求积分.

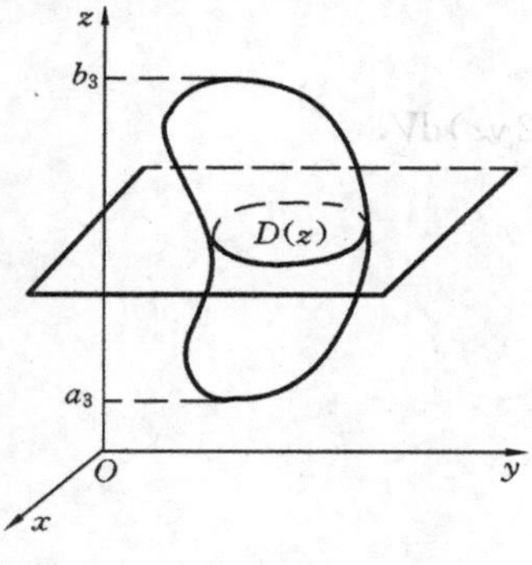

图 8.22

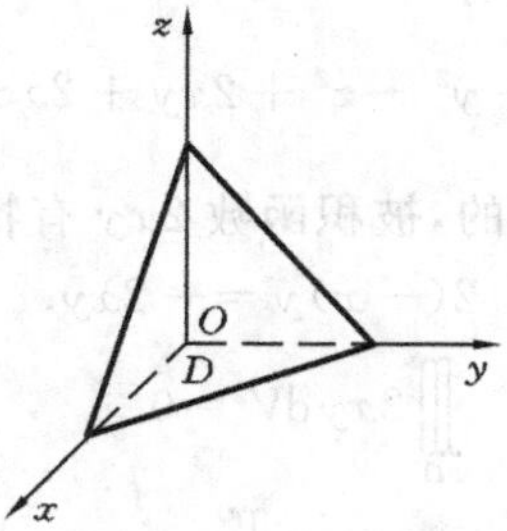

图 8.23

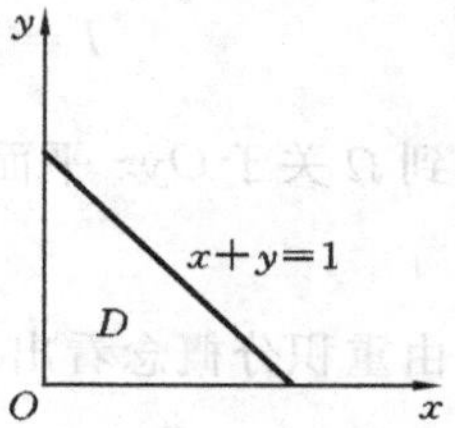

图 8.24

例 8.4.1 设 Ω 是由平面 $x=0,y=0,z=0$ 及 $x+y+z=1$ 围成的立体，求

$$I=\iiint\limits_{\Omega} z^2\mathrm{d}x\mathrm{d}y\mathrm{d}z,\quad J=\iiint\limits_{\Omega} x^2\mathrm{d}x\mathrm{d}y\mathrm{d}z.$$

解 先画出积分区域的草图，如图 8.23 所示，再试用公式(8.4.1)计算. 为此，作平行于 z 轴的直线，则穿入面为 $z=0$，穿出面为 $z=1-x-y$. 再找出 Ω 在 Oxy 平面

上的投影区域

$$D=\{(x,y)\mid 0\leqslant x\leqslant 1,0\leqslant y\leqslant 1-x\}\text{(见图 8.24)},$$

于是有

$$I=\iint_D \mathrm{d}x\mathrm{d}y\int_0^{1-x-y}z^2\mathrm{d}z=\iint_D \frac{1}{3}z^3\Big|_0^{1-x-y}\mathrm{d}x\mathrm{d}y=\frac{1}{3}\iint_D(1-x-y)^3\mathrm{d}x\mathrm{d}y$$

$$=\frac{1}{3}\int_0^1\mathrm{d}x\int_0^{1-x}(1-x-y)^3\mathrm{d}y=\frac{1}{12}\int_0^1(1-x)^4\mathrm{d}x=\frac{1}{60}.$$

计算积分 J 时,可利用区域 Ω 及被积函数关于变量 x、y、z 的轮换对称性,即把变量 x 换成 z,z 换成 y,y 换成 x 后,积分 J 变成 I,它们之间的差别仅仅在于记号的不同,而积分并不依赖于积分变量采用什么记号.因此有

$$J=I=\frac{1}{60}.$$

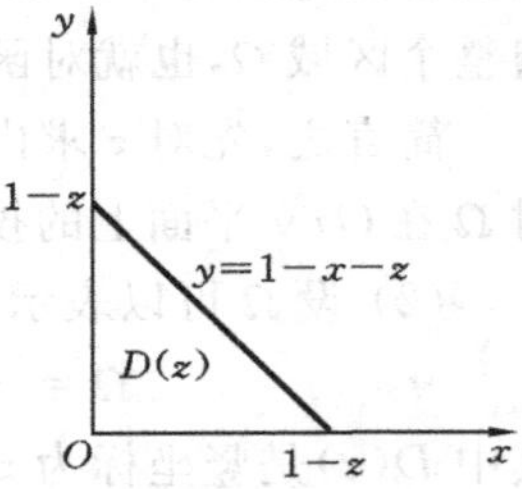

图 8.25

也可以利用公式(8.4.2)来计算 I.为此,用 $z=z$ 平面去截 Ω,得一三角形区域 $D(z)=\{(x,y)\mid 0\leqslant x\leqslant 1-z,0\leqslant y\leqslant 1-x-z\}$(见图 8.25),$D(z)$的面积为 $\frac{1}{2}(1-z)^2$,所以

$$I=\int_0^1\mathrm{d}z\iint_{D(z)}z^2\mathrm{d}x\mathrm{d}y=\int_0^1 z^2\mathrm{d}z\iint_{D(z)}\mathrm{d}x\mathrm{d}y=\int_0^1 z^2\cdot\frac{1}{2}(1-z)^2\mathrm{d}z=\frac{1}{60}.\qquad\square$$

例 8.4.2 计算三重积分 $I=\iiint_\Omega(x+y+z)^2\mathrm{d}V$,其中 $\Omega:\frac{x^2}{a^2}+\frac{y^2}{b^2}+\frac{z^2}{c^2}\leqslant 1.$

解 首先将被积函数展开,有

$$I=\iiint_\Omega(x^2+y^2+z^2+2xy+2xz+2yz)\mathrm{d}V.$$

注意到 Ω 关于 Oyz 平面是对称的,被积函数 $2xy$ 有特性

$$2(-x)y=-2xy.$$

直接由重积分概念看出

$$\iiint_\Omega 2xy\,\mathrm{d}V=0.$$

同理

$$\iiint_\Omega 2xz\,\mathrm{d}V=\iiint_\Omega 2yz\,\mathrm{d}V=0.$$

所以

$$I=\iiint_\Omega(x^2+y^2+z^2)\mathrm{d}V=\iiint_\Omega x^2\mathrm{d}V+\iiint_\Omega y^2\mathrm{d}V+\iiint_\Omega z^2\mathrm{d}V=I_1+I_2+I_3.$$

利用轮换对称性,只需计算 I_3. 积分区域 Ω 是一个椭球,用 $z=z$ 平面去截它,得一椭圆区域 $D(z)$(见图 8.26):

$$\frac{x^2}{a^2\left(1-\frac{z^2}{c^2}\right)}+\frac{y^2}{b^2\left(1-\frac{z^2}{c^2}\right)}\leqslant 1,$$

$D(z)$的面积为 $\pi ab\left(1-\dfrac{z^2}{c^2}\right)$，$\Omega$ 在 z 轴上的投影区间为$[-c,c]$，故

$$I_3=\iiint_{\Omega} z^2\mathrm{d}x\mathrm{d}y\mathrm{d}z=\int_{-c}^{c}\mathrm{d}z\iint_{D(z)} z^2\mathrm{d}x\mathrm{d}y$$

$$=\int_{-c}^{c} z^2\mathrm{d}z\iint_{D(z)}\mathrm{d}x\mathrm{d}y=\int_{-c}^{c} z^2\pi ab\left(1-\frac{z^2}{c^2}\right)\mathrm{d}z$$

$$=\frac{4}{15}\pi abc^3.$$

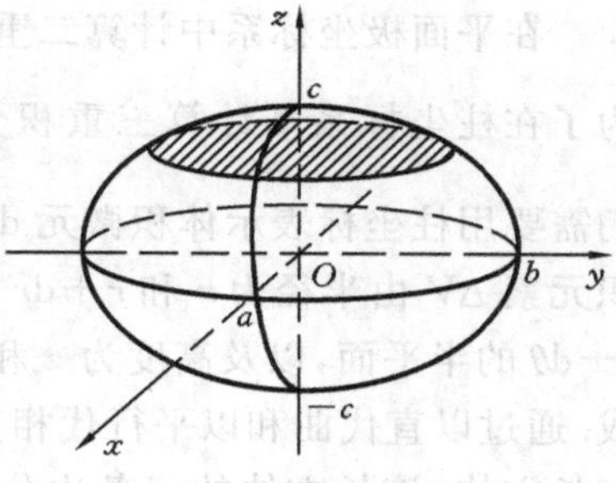

图 8.26

同理可得 $$I_1=\frac{4}{15}\pi bca^3,\quad I_2=\frac{4}{15}\pi cab^3,$$

最后得 $$I=\frac{4}{15}\pi abc(a^2+b^2+c^2).$$ □

8.4.3 利用柱坐标系计算三重积分

三维空间的柱坐标系就是平面极坐标加上 z 轴(见图 8.27)，因此直角坐标与柱坐标之间的关系是

$$x=r\cos\theta,\quad y=r\sin\theta,\quad z=z$$
$$(0\leqslant r<+\infty,0\leqslant\theta\leqslant 2\pi,-\infty<z<+\infty)$$

且 $$x^2+y^2=r^2.$$

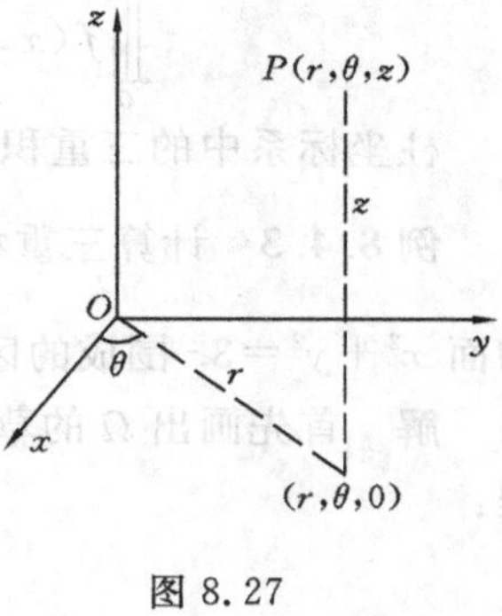

图 8.27

三组坐标面分别为

① $r=r_0$，是一个以 z 轴为中心轴、半径为 r_0 的圆柱面；

② $\theta=\theta_0$，是一个过 z 轴、极角为 θ_0 的半平面；

③ $z=z_0$，是一个与 Oxy 平面平行，高度为 z_0 的水平面.

图 8.28 是利用柱坐标刻划的曲面或平面.

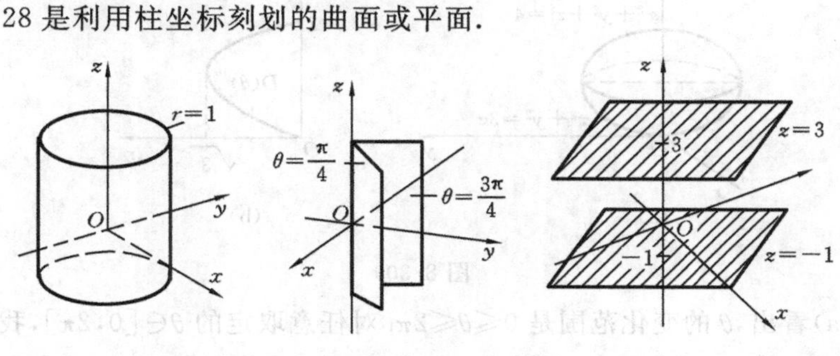

图 8.28

在平面极坐标系中计算二重积分时，必须用极坐标表示面积微元，即 $d\sigma = rd\theta dr$. 为了在柱坐标系下计算三重积分 $\iiint\limits_{\Omega} f(x,y,z)dV$，我们需要用柱坐标表示体积微元 dV. 如图 8.29 所示，体积元素 ΔV 由半径为 r 和 $r+dr$ 的圆柱面，极角为 θ 和 $\theta+d\theta$ 的半平面，以及高度为 z 和 $z+dz$ 的水平面所围成. 通过以直代曲和以平行代相交，把 ΔV 近似地看作一长方体，该长方体的三条边分别为 dz、dr 和 $rd\theta$，则有

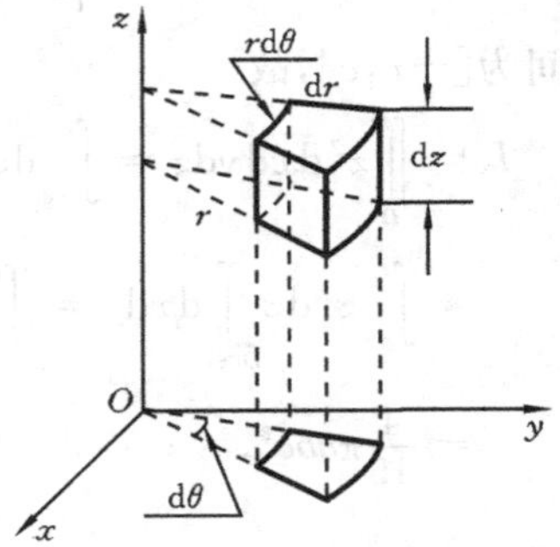

图 8.29

$$\Delta V \approx rd\theta drdz.$$

因此在略去了高阶无穷小量之后，得体积微元

$$dV = rd\theta drdz.$$

于是，把直角坐标系中的三重积分变换到柱坐标时，只要把被积函数 $f(x,y,z)$ 中 x、y、z 分别换成 $r\cos\theta$、$r\sin\theta$、z；把体积微元 dV 换成柱坐标系中的体积微元 $rd\theta drdz$；最后把积分区域 Ω 换成 r、θ、z 的相应变化范围 Ω'，即

$$\iiint\limits_{\Omega} f(x,y,z)dV = \iiint\limits_{\Omega'} f(r\cos\theta, r\sin\theta, z)rd\theta drdz. \tag{8.4.3}$$

柱坐标系中的三重积分也可以化为三次积分来计算，下面通过例子说明.

例 8.4.3 计算三重积分 $I = \iiint\limits_{\Omega} z\,dxdydz$，其中 Ω 是由球面 $x^2+y^2+z^2=4$ 和抛物面 $x^2+y^2=3z$ 围成的区域.

解 首先画出 Ω 的草图(见图 8.30(a))，并将 Ω 的边界曲面方程化为柱坐标方程：

$$r^2+z^2=4, \quad r^2=3z.$$

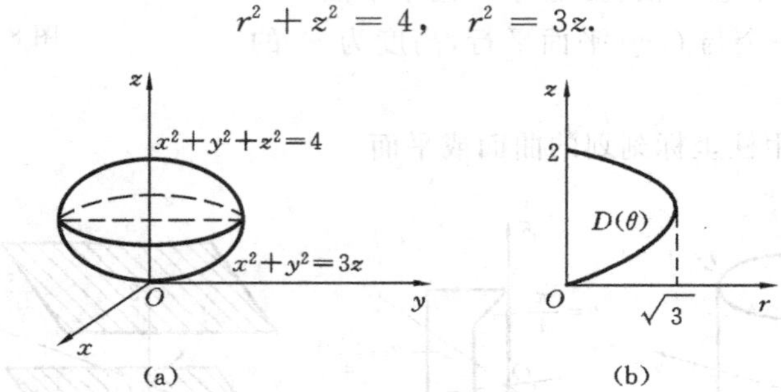

图 8.30

由图 8.30(a)看出，θ 的变化范围是 $0 \leqslant \theta \leqslant 2\pi$. 对任意取定的 $\theta \in [0,2\pi]$，我们来看极角为 θ 的半平面与 Ω 的交 $D(\theta)$ 是什么. 由图 8.30(a)可见，截面 $D(\theta)$ 由圆周 $r^2+z^2=4$、抛物线及 z 轴所围成(见图 8.30(b))，两曲线的交点为 $z=1, r=\sqrt{3}$，因此

$$I=\iiint_{\Omega} z\,\mathrm{d}x\mathrm{d}y\mathrm{d}z=\iiint_{\Omega} zr\,\mathrm{d}\theta\mathrm{d}r\mathrm{d}z=\int_0^{2\pi}\mathrm{d}\theta\iint_{D(\theta)} zr\,\mathrm{d}r\mathrm{d}z$$

$$=\int_0^{2\pi}\mathrm{d}\theta\int_0^{\sqrt{3}}\mathrm{d}r\int_{r^2/3}^{\sqrt{4-r^2}} zr\,\mathrm{d}z$$

$$=2\pi\int_0^{\sqrt{3}}\frac{r}{2}\left(4-r^2-\frac{r^4}{9}\right)\mathrm{d}r=\frac{13}{4}\pi.$$

本题有另一种解法：先对 z 求积分，再算一个对 r、θ 的二重积分．为此，我们找出区域 Ω 在 (r,θ) 平面上的投影区域 D：$r\leqslant\sqrt{3}$，作平行于 z 轴的直线穿过 Ω，则穿入面为 $z=\dfrac{r^2}{3}$，穿出面为 $z=\sqrt{4-r^2}$，因此

$$I=\iiint_{\Omega} z\,\mathrm{d}x\mathrm{d}y\mathrm{d}z=\iiint_{\Omega} zr\,\mathrm{d}r\mathrm{d}\theta\mathrm{d}z=\iint_D \mathrm{d}\theta\mathrm{d}r\int_{r^2/3}^{\sqrt{4-r^2}} zr\,\mathrm{d}z$$

$$=\int_0^{2\pi}\mathrm{d}\theta\int_0^{\sqrt{3}}\mathrm{d}r\int_{r^2/3}^{\sqrt{4-r^2}} zr\,\mathrm{d}z=\frac{13}{4}\pi.$$ □

例 8.4.4　计算三重积分 $I=\iiint_{\Omega}(x^2+y^2)\mathrm{d}x\mathrm{d}y\mathrm{d}z$，其中 Ω 是由圆锥面 $x^2+y^2=z^2$ 与平面 $z=1$ 所围成的区域．

解　画出 Ω 的图形（见图 8.31(a)）．Ω 的边界方程化为柱坐标方程

$$r=z,\quad z=1.$$

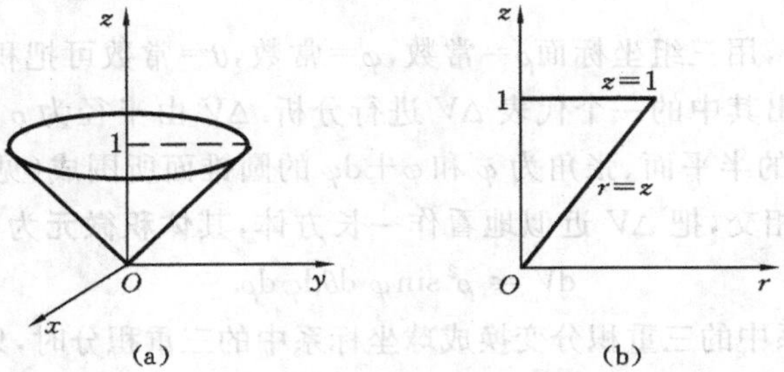

图 8.31

用极角为 θ 的半平面去截 Ω，得到 Orz 平面上一区域 $D(\theta)$，它由 $r=0$，$r=z$ 和 $z=1$ 围成（见图 8.31(b)），当 θ 由 0 变至 2π 时，$D(\theta)$ 旋转后得 Ω，因此

$$I=\iiint_{\Omega}(x^2+y^2)\mathrm{d}x\mathrm{d}y\mathrm{d}z=\iiint_{\Omega} r^2\cdot r\,\mathrm{d}\theta\mathrm{d}r\mathrm{d}z=\int_0^{2\pi}\mathrm{d}\theta\iint_{D(\theta)} r^3\,\mathrm{d}r\mathrm{d}z$$

$$=\int_0^{2\pi}\mathrm{d}\theta\int_0^1\mathrm{d}r\int_r^1 r^3\,\mathrm{d}z=2\pi\int_0^1 r^3(1-r)\,\mathrm{d}r=\frac{\pi}{10}.$$

读者可尝试用另外的次序算此积分．　　□

8.4.4　利用球坐标系计算三重积分

空间 $\mathbf{R}^3$ 中的一点 $P(x,y,z)$用球坐标系表示时,有如下的关系(见图 8.32):

$$x = \rho\sin\varphi\cos\theta,\quad y = \rho\sin\varphi\sin\theta,\quad z = \rho\cos\varphi$$
$$(0 \leqslant \rho < +\infty, 0 \leqslant \theta \leqslant 2\pi, 0 \leqslant \varphi \leqslant \pi)$$

且

$$\rho^2 = x^2 + y^2 + z^2.$$

三组坐标面分别为

① $\rho=\rho_0$,是一个以原点为心、半径为 ρ_0 的球面;

② $\theta=\theta_0$,是一个过 z 轴且极角为 θ_0 的半平面;

③ $\varphi=\varphi_0$,是一个以原点为顶点,z 轴为轴,张角为 φ_0 的锥面.

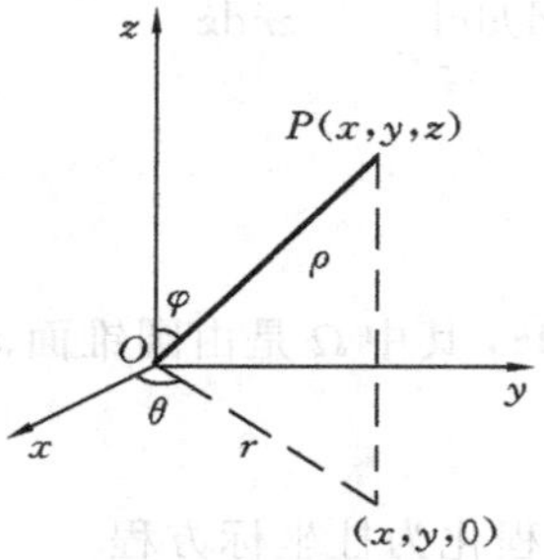

图 8.32

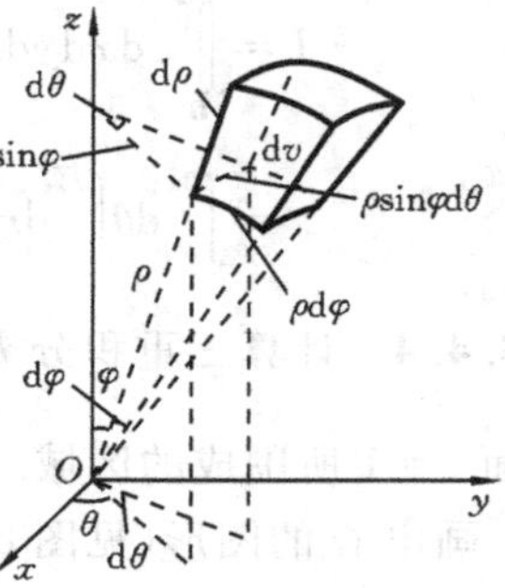

图 8.33

在球坐标系中,用三组坐标面$\rho=$常数,$\varphi=$常数,$\theta=$常数可把积分区域 Ω 分成许多小区域,我们取出其中的一个代表 ΔV 进行分析. ΔV 由半径为 ρ 和 $\rho+\mathrm{d}\rho$ 的球面、极角为 θ 和 $\theta+\mathrm{d}\theta$ 的半平面、张角为 φ 和 $\varphi+\mathrm{d}\varphi$ 的圆锥面所围成(见图 8.33). 通过以直代曲、以平行代相交,把 ΔV 近似地看作一长方体,其**体积微元**为

$$\mathrm{d}V = \rho^2\sin\varphi\,\mathrm{d}\theta\mathrm{d}\varphi\mathrm{d}\rho.$$

于是,把直角坐标系中的三重积分变换成球坐标系中的三重积分时,只要把被积函数中的 x、y、z 分别换成$\rho\sin\varphi\cos\theta$、$\rho\sin\varphi\sin\theta$、$\rho\cos\varphi$,把体积微元 $\mathrm{d}V$ 换成球坐标系中的体积微元$\rho^2\sin\varphi\mathrm{d}\theta\mathrm{d}\varphi\mathrm{d}\rho$,把积分区域 Ω 换成 θ、φ、ρ 相应的变化范围 Ω'就可以了,也就是

$$\iiint_{\Omega} f(x,y,z)\,\mathrm{d}V = \iiint_{\Omega'} f(\rho\sin\varphi\cos\theta,\rho\sin\varphi\sin\theta,\rho\cos\varphi)\cdot\rho^2\sin\varphi\,\mathrm{d}\theta\mathrm{d}\varphi\mathrm{d}\rho\,. \quad (8.4.4)$$

球坐标系中的三重积分,同样可以化为算一个二重积分和算一个定积分. 下面通过例子说明.

例 8.4.5　计算三重积分 $I = \iiint_{\Omega}(x+z)\mathrm{d}V$,其中 Ω 是由曲面 $z=\sqrt{x^2+y^2}$ 与 $z=\sqrt{1-x^2-y^2}$ 所围成的区域.

解 画出 Ω 的图形(见图 8.34). 注意 $z\geqslant 0$,因此 Ω 的下底是锥面 $z=\sqrt{x^2+y^2}$,上底是球面 $z=\sqrt{1-x^2-y^2}$. 在球坐标系下,这两个边界曲面的方程分别为

$$\varphi=\frac{\pi}{4},\quad \rho=1.$$

故 Ω 可表示为 Ω': $0\leqslant\theta\leqslant 2\pi, 0\leqslant\varphi\leqslant\frac{\pi}{4}, 0\leqslant\rho\leqslant 1$,于是

$$\begin{aligned}I&=\iiint_{\Omega}(x+z)\mathrm{d}V=\iiint_{\Omega'}(\rho\sin\varphi\cos\theta+\rho\cos\varphi)\,\rho^2\sin\varphi\,\mathrm{d}\theta\mathrm{d}\varphi\,\mathrm{d}\rho\\&=\int_0^{2\pi}\mathrm{d}\theta\int_0^{\pi/4}\mathrm{d}\varphi\int_0^1(\rho\sin\varphi\cos\theta+\rho\cos\varphi)\,\rho^2\sin\varphi\,\mathrm{d}\rho\\&=\sin\theta\Big|_0^{2\pi}\cdot\left(\frac{\varphi}{2}-\frac{1}{4}\sin\varphi\right)\Big|_0^{\pi/4}\cdot\frac{1}{4}+2\pi\cdot\frac{1}{2}\sin^2\varphi\Big|_0^{\pi/4}\cdot\frac{1}{4}\\&=0+\frac{\pi}{8}=\frac{\pi}{8}.\end{aligned}$$

□

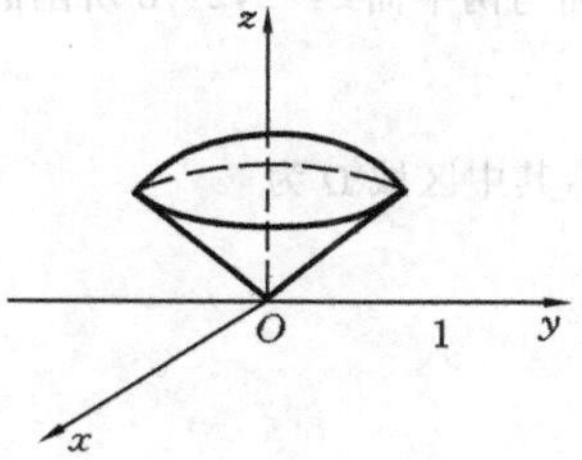

图 8.34

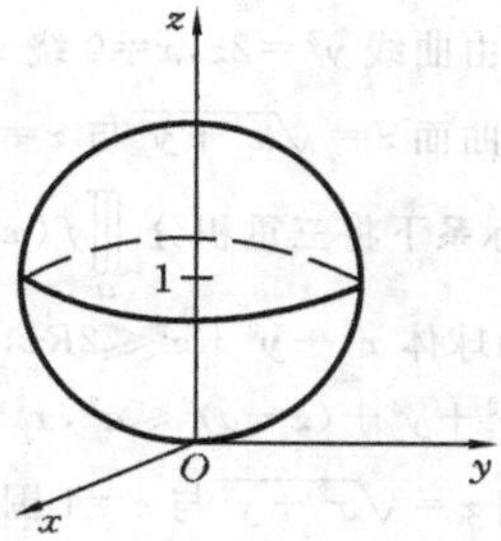

图 8.35

例 8.4.6 计算三重积分

$$I=\iiint_{\Omega}(x^2+y^2+z^2)\mathrm{d}V,\quad \Omega: x^2+y^2+z^2\leqslant 2z.$$

解 画出 Ω 的图形(见图 8.35). 将 Ω 的边界面方程化为球坐标下的方程:

$$\rho=2\cos\varphi.$$

用 θ 为定值的半平面去截 Ω,得一平面区域 $D(\theta)$,它是一个半圆域:

$$D(\theta): 0\leqslant\varphi\leqslant\frac{\pi}{2},\quad 0\leqslant\rho\leqslant 2\cos\varphi.$$

当 θ 从 0 变到 2π 时,由 $D(\theta)$ 旋转即得区域 Ω. 对 $D(\theta)$ 利用平面极坐标来确定积分限,得

$$\begin{aligned}I&=\iiint_{\Omega}(x^2+y^2+z^2)\mathrm{d}V=\iiint_{\Omega'}\rho^2\cdot\rho^2\sin\varphi\mathrm{d}\theta\mathrm{d}\varphi\mathrm{d}\rho=\int_0^{2\pi}\mathrm{d}\theta\iint_{D(\theta)}\rho^4\sin\varphi\mathrm{d}\varphi\mathrm{d}\rho\\&=\int_0^{2\pi}\mathrm{d}\theta\int_0^{\pi/2}\mathrm{d}\varphi\int_0^{2\cos\varphi}\rho^4\sin\varphi\,\mathrm{d}\rho=2\pi\int_0^{\pi/2}\frac{32}{5}\sin\varphi\cos^5\varphi\,\mathrm{d}\varphi=\frac{32}{15}\pi.\end{aligned}$$

□

习　题　8.4

(A)

1. 在直角坐标系下将三重积分 $\iiint\limits_{\Omega} f(x,y,z)\mathrm{d}V$ 化为三次积分，其中区域 Ω 为

(1) Ω 由三个坐标面及平面 $x+y+z=1$ 所围成的四面体；

(2) Ω 由平面 $z=R(R>0)$ 与锥面 $z=\sqrt{x^2+y^2}$ 围成；

(3) Ω 由平面 $z=2, z=4$ 及曲面 $z=x^2+y^2$ 围成；

(4) Ω 是两个球 $x^2+y^2+z^2\leqslant R^2$ 与 $x^2+y^2+z^2\leqslant 2Rz$ 的公共部分，其中 $R>0$.

2. 在柱坐标系下将三重积分 $\iiint\limits_{\Omega} f(x,y,z)\mathrm{d}V$ 化为三次积分，其中区域 Ω 为

(1) Ω 由曲面 $x^2+y^2=2z$ 与平面 $z=4$ 围成；

(2) Ω 由曲面 $z=\sqrt{2-x^2-y^2}$ 与 $z=x^2+y^2$ 围成；

(3) Ω 是由曲线 $y^2=2z, x=0$ 绕 z 轴旋转一周而成的曲面与两平面 $z=2, z=8$ 所围的立体；

(4) Ω 由曲面 $z=\sqrt{x^2+y^2}$ 与 $z=\sqrt{1-x^2-y^2}$ 围成.

3. 在球坐标系下将三重积分 $\iiint\limits_{\Omega} f(x,y,z)\mathrm{d}V$ 化为三次积分，其中区域 Ω 为

(1) Ω 为球体 $x^2+y^2+z^2\leqslant 2Rz, R>0$；

(2) Ω: $x^2+y^2+(z-a)^2\leqslant a^2, x^2+y^2\leqslant z^2$；

(3) Ω 由 $z=\sqrt{x^2+y^2}$ 与 $z=1$ 围成；

(4) Ω: $a^2\leqslant x^2+y^2+z^2\leqslant 4a^2, \sqrt{x^2+z^2}\leqslant y, a>0$.

4. 计算下列三重积分：

(1) $\iiint\limits_{\Omega} x\,\mathrm{d}x\mathrm{d}y\mathrm{d}z$，$\Omega$ 为三个坐标面及平面 $x+2y+z=1$ 所围成的区域.

(2) $\iiint\limits_{\Omega} \dfrac{\mathrm{d}V}{(1+x+y+z)^3}$，$\Omega$ 是由平面 $x=0, y=0, z=0$ 以及 $x+y+z=1$ 所围成的四面体.

(3) $\iiint\limits_{\Omega}(x+y+z)\mathrm{d}V$，$\Omega$: $x\geqslant 0, y\geqslant 0, z\geqslant 0, x^2+y^2+z^2\leqslant a^2$.

(4) $\iiint\limits_{\Omega} z\mathrm{d}V$，$\Omega$ 由曲面 $z=x^2+y^2$ 及平面 $z=1, z=2$ 围成.

5. 利用柱坐标系计算下列三重积分：

(1) $\iiint\limits_{\Omega}(x^2+y^2+z)\mathrm{d}V$，$\Omega$ 由曲面 $x^2+y^2=2z$ 与平面 $z=4$ 围成.

(2) $\iiint\limits_{\Omega}(x^2+y^2)^2\mathrm{d}V$，$\Omega$ 由曲面 $z=x^2+y^2$，平面 $z=4$ 及 $z=16$ 围成.

(3) $\iiint\limits_{\Omega} z\mathrm{d}V$，$\Omega$ 由曲面 $z=\sqrt{2-x^2-y^2}$ 及 $z=x^2+y^2$ 围成.

(4) $\iiint\limits_{\Omega}(\sqrt{x^2+y^2})^3\mathrm{d}V$，$\Omega$ 由 $x^2+y^2=9, x^2+y^2=16, z^2=x^2+y^2, z\geqslant 0$ 围成.

6. 利用球坐标系计算下列三重积分：

(1) $\iiint\limits_{\Omega}(x^2+y^2+z^2)\mathrm{d}V$，$\Omega: x^2+y^2+z^2\leqslant 1$.

(2) $\iiint\limits_{\Omega}(x+y+z)\mathrm{d}V$，$\Omega: x^2+y^2+z^2\leqslant R^2$.

(3) $\iiint\limits_{\Omega}\sqrt{x^2+y^2+z^2}\mathrm{d}V$，$\Omega$ 由曲面 $z=\sqrt{x^2+y^2}$ 及平面 $z=1$ 围成.

(B)

1. 计算下列三重积分：

(1) $\iiint\limits_{\Omega}z\mathrm{d}V$，$\Omega: x^2+y^2+(z-a)^2\leqslant a^2, x^2+y^2\leqslant z^2$.

(2) $\iiint\limits_{\Omega}|\sqrt{x^2+y^2+z^2}-1|\mathrm{d}V$，$\Omega$ 由曲面 $z=\sqrt{x^2+y^2}$ 及平面 $z=1$ 围成.

(3) $\iiint\limits_{\Omega}(x+y+z)\mathrm{d}V$，$\Omega: \dfrac{x^2}{a^2}+\dfrac{y^2}{b^2}+\dfrac{z^2}{c^2}\leqslant 1$.

2. 设 Ω 为球体 $x^2+y^2+z^2\leqslant 1$，求证：$\iiint\limits_{\Omega}f(z)\mathrm{d}x\mathrm{d}y\mathrm{d}z=\pi\int_{-1}^{1}f(z)(1-z^2)\mathrm{d}z$.

答案与提示

(A)

1. (1) $\int_0^1\mathrm{d}x\int_0^{1-x}\mathrm{d}y\int_0^{1-x-y}f(x,y,z)\mathrm{d}z$；　(2) $\int_{-R}^{R}\mathrm{d}x\int_{-\sqrt{R^2-x^2}}^{\sqrt{R^2-x^2}}\mathrm{d}y\int_{\sqrt{x^2+y^2}}^{R}f(x,y,z)\mathrm{d}z$；

(3) $\int_2^4\mathrm{d}z\int_{-\sqrt{z}}^{\sqrt{z}}\mathrm{d}x\int_{-\sqrt{z-x^2}}^{\sqrt{z-x^2}}f(x,y,z)\mathrm{d}y$；

(4) $\int_0^{R/2}\mathrm{d}z\int_{-\sqrt{2Rz-z^2}}^{\sqrt{2Rz-z^2}}\mathrm{d}y\int_{-\sqrt{y^2-(2Rz-z^2)}}^{\sqrt{y^2-(2Rz-z^2)}}f(x,y,z)\mathrm{d}x+\int_{R/2}^{R}\mathrm{d}z\int_{-\sqrt{R^2-z^2}}^{\sqrt{R^2-z^2}}\mathrm{d}y\int_{-\sqrt{y^2-(R^2-z^2)}}^{\sqrt{y^2-(R^2-z^2)}}f(x,y,z)\mathrm{d}x$.

2. (1) $\int_0^4\mathrm{d}z\int_0^{2\pi}\mathrm{d}\theta\int_0^{\sqrt{2z}}f(r\cos\theta,r\sin\theta,z)r\mathrm{d}r=\int_0^{2\pi}\mathrm{d}\theta\int_0^{\sqrt{8}}\mathrm{d}r\int_{\frac{r^2}{2}}^{4}f(r\cos\theta,r\sin\theta,z)\cdot r\mathrm{d}z$；

(2) $\int_0^{2\pi}\mathrm{d}z\int_0^1\mathrm{d}r\int_{r^2}^{\sqrt{2-r^2}}f(r\cos\theta,r\sin\theta,z)\cdot r\mathrm{d}z$；

(3) $\int_2^8\mathrm{d}z\int_0^{2\pi}\mathrm{d}\theta\int_0^{\sqrt{2z}}f(r\cos\theta,r\sin\theta,z)\cdot r\mathrm{d}r=\int_0^{2\pi}\mathrm{d}\theta\int_0^2\mathrm{d}r\int_2^8 f(r\cos\theta,r\sin\theta,z)\cdot r\mathrm{d}z$

$+\int_0^{2\pi}\mathrm{d}\theta\int_2^4\mathrm{d}r\int_{\frac{r^2}{2}}^{8}f(r\cos\theta,r\sin\theta,z)\cdot r\mathrm{d}z$；

(4) $\int_0^{2\pi}\mathrm{d}\theta\int_0^{\frac{1}{\sqrt{2}}}\mathrm{d}r\int_r^{\sqrt{1-r^2}}f(r\cos\theta,r\sin\theta,z)r\mathrm{d}z$.

3. (1) $\int_0^{2\pi}\mathrm{d}\theta\int_0^{\pi/2}\mathrm{d}\varphi\int_0^{2R\cos\varphi}F(\rho,\theta,\varphi)\rho^2\sin\varphi\mathrm{d}\rho$；　(2) $\int_0^{2\pi}\mathrm{d}\theta\int_0^{\pi/4}\mathrm{d}\varphi\int_0^{2a\cos\varphi}F(\rho,\theta,\varphi)\rho^2\sin\varphi\mathrm{d}\rho$；

(3) $\int_0^{2\pi}\mathrm{d}\theta\int_0^{\pi/4}\mathrm{d}\varphi\int_0^{\frac{1}{\cos\varphi}}F(\rho,\theta,\varphi)\rho^2\sin\varphi\,\mathrm{d}\rho$；　(4) $\int_0^{2\pi}\mathrm{d}\theta\int_0^{\pi/4}\mathrm{d}\varphi\int_a^{2a}F(\rho,\theta,\varphi)\rho^2\sin\varphi\mathrm{d}\rho$，

其中 $F(\rho,\theta,\varphi)\equiv f(\rho\sin\varphi\cos\theta,\rho\sin\varphi\sin\theta,\rho\cos\varphi)$.

4. (1) $\frac{1}{48}$；(2) $\frac{1}{2}\ln2-\frac{5}{16}$；(3) $\frac{3\pi}{16}a^4$；(4) $\frac{7\pi}{3}$.

5. (1) $\frac{256}{3}\pi$；(2) 5440π；(3) $\frac{7\pi}{12}$；(4) $\frac{3367}{3}\pi$.

6. (1) $\frac{4\pi}{5}$；(2) 0；(3) $\frac{\pi}{6}(2\sqrt{2}-1)$.

(B)

1. (1) $\frac{7}{6}\pi a^4$；(2) $\frac{\pi}{6}(\sqrt{2}-1)$；(3) 0.

2. 利用柱坐标将左端积分化为三次积分.

8.5 重积分的应用

8.5.1 体积

以曲面 $z=f(x,y)((x,y)\in D)$ 为顶的曲顶柱体的体积等于

$$V=\iint_D f(x,y)\mathrm{d}x\mathrm{d}y. \tag{8.5.1}$$

空间区域 Ω 的体积用以下公式计算：

$$V=\iiint_\Omega \mathrm{d}x\mathrm{d}y\mathrm{d}z. \tag{8.5.2}$$

例 8.5.1 求由两个底圆半径相等的直交圆柱面所围成的立体的体积.

解 设圆柱面的半径为 R，且这两个圆柱面的方程分别为

$$x^2+z^2=R^2,\quad x^2+y^2=R^2.$$

利用所求立体关于坐标面的对称性，只要算出它在第一卦限部分(见图 8.36)的体积 V_1，然后乘以 8 就行了.

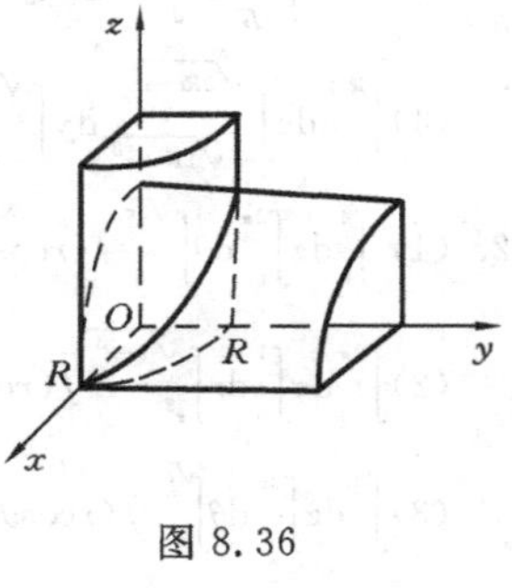

图 8.36

所求立体在第一卦限的部分，可以看成是一个曲顶柱体，它的顶是柱面 $z=\sqrt{R^2-x^2}$，它的底是 Oxy 平面上的四分之一圆域 D：$0\leqslant y\leqslant\sqrt{R^2-x^2}$ 与 $0\leqslant x\leqslant R$(见图 8.37). 因此，由公式(8.5.1)，有

$$V_1=\iint_D\sqrt{R^2-x^2}\mathrm{d}x\mathrm{d}y=\int_0^R\mathrm{d}x\int_0^{\sqrt{R^2-x^2}}\sqrt{R^2-x^2}\mathrm{d}y=\int_0^R(R^2-x^2)\mathrm{d}x=\frac{2}{3}R^3.$$

于是所求立体的体积为 $$V=8V_1=\frac{16}{3}R^3.$$ □

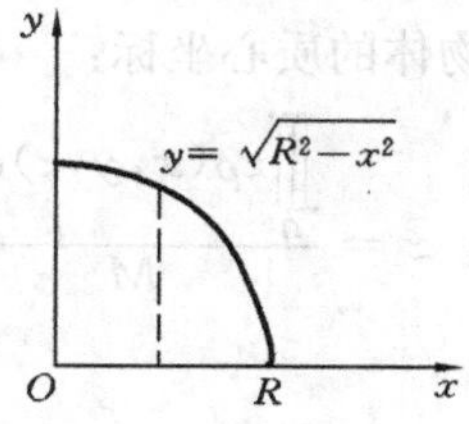

图 8.37

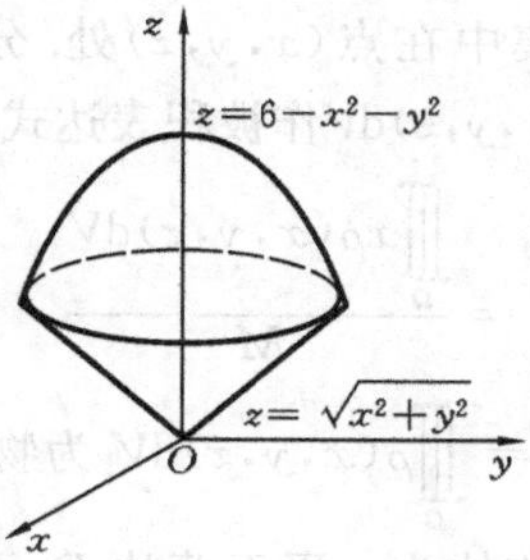

图 8.38

例 8.5.2　求由曲面 $z=6-x^2-y^2$ 和 $z=\sqrt{x^2+y^2}$ 所围成的立体的体积.

解　画出题目所给立体 Ω 的图形(见图 8.38). 两曲面的交线的柱坐标方程为 $r=2$. 因此,在柱坐标系下,Ω 可表示为

$$0\leqslant\theta\leqslant2\pi,\quad 0\leqslant r\leqslant 2,\quad r\leqslant z\leqslant 6-r^2.$$

于是,Ω 的体积为

$$V=\int_0^{2\pi}\mathrm{d}\theta\int_0^2 r\mathrm{d}r\int_r^{6-r^2}\mathrm{d}z=2\pi\int_0^2(6r-r^3-r^2)\mathrm{d}r$$

$$=2\pi\left(3r^2-\frac{1}{4}r^4-\frac{1}{3}r^3\right)\Big|_0^2=\frac{32\pi}{3}.$$ □

8.5.2　物体的质心

在力学中,已给出质点组的质心、转动惯量、引力等概念. 质点组的质点是离散地分布的,如果要从离散的质点组过渡到连续体,那么求连续体的质心、转动惯量、引力等量时,就必须借助重积分的工具才能算出来.

设有一质点组,每个质点的位置为$(x_i,y_i,z_i)(i=1,2,\cdots,n)$,质量为 $m_i(i=1,2,\cdots,n)$,则质点组的质心坐标$(\overline{x},\overline{y},\overline{z})$为

$$\overline{x}=\frac{\sum\limits_{i=1}^n m_ix_i}{\sum\limits_{i=1}^n m_i},\quad \overline{y}=\frac{\sum\limits_{i=1}^n m_iy_i}{\sum\limits_{i=1}^n m_i},\quad \overline{z}=\frac{\sum\limits_{i=1}^n m_iz_i}{\sum\limits_{i=1}^n m_i},$$

其中 $M=\sum\limits_{i=1}^n m_i$ 是质点组的总质量.

设有一物体,占有 $\mathbf{R}^3$ 中的闭区域 Ω,在点(x,y,z)的密度为$\rho(x,y,z)$,并设函数 $\rho(x,y,z)$在 Ω 上连续. 求该物体的质心坐标.

在闭区域 Ω 上任取一个直径很小的闭区域 $\mathrm{d}V$,并且 $\mathrm{d}V$ 也表示该小闭区域的体积. 在这个小闭区域上任取一点(x,y,z). 由于 $\mathrm{d}V$ 的直径很小,且 $\rho(x,y,z)$在 Ω 上连续,所以物体中对应于 $\mathrm{d}V$ 的部分的质量近似等于 $\rho(x,y,z)\mathrm{d}V$,并且这部分质量可近似

地看作集中在点(x,y,z)处. 分别以微元$x\rho(x,y,z)\mathrm{d}V$、$y\rho(x,y,z)\mathrm{d}V$、$z\rho(x,y,z)\mathrm{d}V$以及$\rho(x,y,z)\mathrm{d}V$作被积表达式,在Ω上积分,就可得到物体的质心坐标:

$$\bar{x}=\frac{\iiint\limits_{\Omega}x\rho(x,y,z)\mathrm{d}V}{M},\quad \bar{y}=\frac{\iiint\limits_{\Omega}y\rho(x,y,z)\mathrm{d}V}{M},\quad \bar{z}=\frac{\iiint\limits_{\Omega}z\rho(x,y,z)\mathrm{d}V}{M},$$

其中$M=\iiint\limits_{\Omega}\rho(x,y,z)\mathrm{d}V$为物体的总质量.

若物体为一平面薄片D,面密度为$\rho(x,y)$,则其质心坐标为

$$\bar{x}=\frac{1}{M}\iint\limits_{D}x\rho(x,y)\mathrm{d}\sigma,\quad \bar{y}=\frac{1}{M}\iint\limits_{D}y\rho(x,y)\mathrm{d}\sigma,$$

其中$M=\iint\limits_{D}\rho(x,y)\mathrm{d}\sigma$为该平面薄片的质量.

例 8.5.3 一均匀物体由曲面$z=z^2+y^2$及$z=1$围成,求该物体的质心.

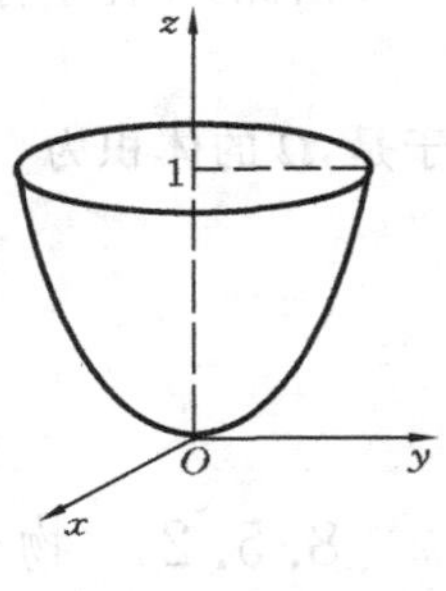

图 8.39

解 该物体所占空间区域Ω可用柱坐标表示为:$0\leqslant\theta\leqslant 2\pi,0\leqslant r\leqslant 1,r^2\leqslant z\leqslant 1$(见图 8.39). 不妨设物体的密度$\rho=1$. 由对称性知,物体的质心坐标$(\bar{x},\bar{y},\bar{z})$中的$\bar{x}=0,\bar{y}=0$,而

$$\bar{z}=\frac{\iiint\limits_{\Omega}z\,\mathrm{d}V}{\iiint\limits_{\Omega}\mathrm{d}V}=\frac{\int_0^{2\pi}\mathrm{d}\theta\int_0^1\mathrm{d}r\int_{r^2}^1 zr\,\mathrm{d}z}{\int_0^{2\pi}\mathrm{d}\theta\int_0^1\mathrm{d}r\int_{r^2}^1 r\mathrm{d}z}=\frac{2\pi\int_0^1\frac{1}{2}(r-r^5)\mathrm{d}r}{2\pi\int_0^1(r-r^3)\mathrm{d}r}=\frac{2}{3}.$$

故物体的质心坐标为$\left(0,0,\frac{2}{3}\right)$. □

8.5.3 转动惯量

设有n个质点的质点组,其质量为$m_i(i=1,2,\cdots,n)$,所在位置为$(x_i,y_i,z_i)(i=1,2,\cdots,n)$,则由力学知,此质点组关于$x$、$y$、$z$轴的转动惯量分别为

$$I_x=\sum_{i=1}^{n}(y_i^2+z_i^2)m_i,\quad I_y=\sum_{i=1}^{n}(x_i^2+z_i^2)m_i,\quad I_z=\sum_{i=1}^{n}(x_i^2+y_i^2)m_i.$$

类似于对质心的处理方法,现在把质点组的转动惯量过渡到连续体的情形. 设物体占有空间区域Ω,密度函数$\rho(x,y,z)$在Ω上连续,则物体绕x、y、z轴的转动惯量分别为

$$I_x=\iiint\limits_{\Omega}(y^2+z^2)\rho(x,y,z)\mathrm{d}V,$$

$$I_y=\iiint\limits_{\Omega}(z^2+x^2)\rho(x,y,z)\mathrm{d}V,$$

$$I_z = \iiint_{\Omega} (x^2 + y^2)\rho(x,y,z)\mathrm{d}V.$$

若物体为一平面薄片 D，密度为 $\rho(x,y)$，则该薄片对于 x、y 轴的转动惯量分别为

$$I_x = \iint_D y^2 \rho(x,y)\mathrm{d}\sigma, \quad I_y = \iint_D x^2 \rho(x,y)\mathrm{d}\sigma.$$

例 8.5.4 求半径为 a 的均匀半圆薄片对于其直径的转动惯量.

解 不妨设薄片的密度为常数 ρ_0. 如图 8.40 所示建立坐标系，则薄片所占有的闭区域 D 可表示为

$$x^2 + y^2 \leqslant a^2, \quad y \geqslant 0.$$

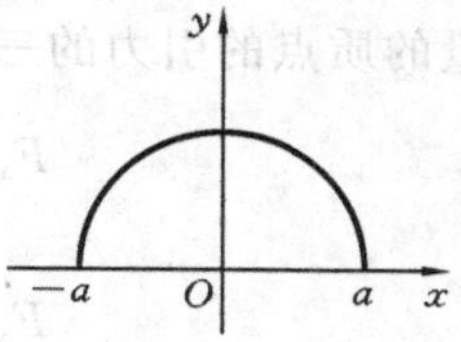

图 8.40

于是，半圆薄片对 x 轴(即直径边)的转动惯量为

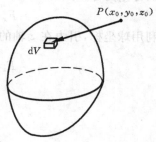

$$I_x = \iint_D \rho_0 y^2 \mathrm{d}\sigma = \rho_0 \iint_D r^3 \sin^2\theta \mathrm{d}r\mathrm{d}\theta = \rho_0 \int_0^{\pi} \mathrm{d}\theta \int_0^a r^3 \sin^2\theta \mathrm{d}r$$

$$= \rho_0 \cdot \frac{a^4}{4}\int_0^{\pi} \sin^2\theta \mathrm{d}\theta = \frac{1}{4}\rho_0 a^4 \cdot \frac{\pi}{2} = \frac{1}{4}Ma^2,$$

其中 $M = \frac{1}{2}\pi a^2 \rho_0$ 为半圆薄片的质量. □

8.5.4 引力

设有一物体占有空间区域 Ω，密度为 $\rho(x,y,z)$，且 $\rho(x,y,z)$ 在 Ω 上连续. 在 Ω 之外点 $P(x_0,y_0,z_0)$ 处放一单位质量的质点，求物体对该质点的引力.

我们用微元法进行分析. 在 Ω 内取出有代表性的一小块体积微元 $\mathrm{d}V$，在 $\mathrm{d}V$ 内任取一点 (x,y,z). 体积微元 $\mathrm{d}V$ 的质量

$$\mathrm{d}M = \rho(x,y,z)\mathrm{d}V.$$

令 $$\boldsymbol{r} = (x - x_0)\boldsymbol{i} + (y - y_0)\boldsymbol{j} + (z - z_0)\boldsymbol{k},$$

向量 $\boldsymbol{r}$ 由 P 点指向 $\mathrm{d}V$(见图 8.41)，把体积微元 $\mathrm{d}V$ 近似地看作一点. 根据万有引力定律知，微元 $\mathrm{d}V$ 对质点的引力为

$$\mathrm{d}\boldsymbol{F} = k\frac{\rho(x,y,z)\mathrm{d}V}{r^3}\boldsymbol{r},$$

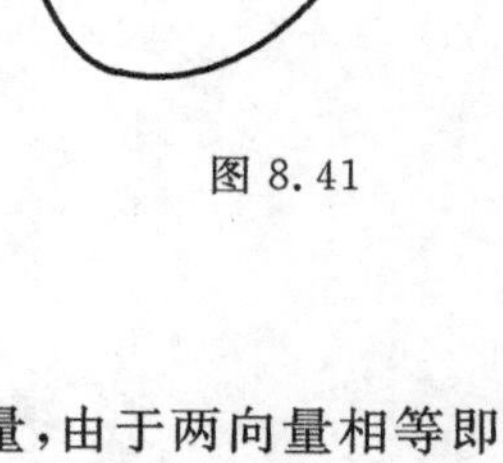

图 8.41

其中 $r = |\boldsymbol{r}|$，k 为比例常数. 于是物体 Ω 对质点 P 的引力为

$$\boldsymbol{F} = \iiint_{\Omega} \frac{k\rho(x,y,z)\boldsymbol{r}}{r^3}\mathrm{d}V.$$

这里被积函数是一个向量函数，积分所得结果也是一个向量，由于两向量相等即其对应分量相等，所以向量 $\boldsymbol{F}$ 在 x、y、z 轴上的分量分别为

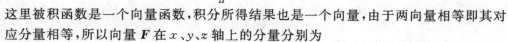

$$F_x = k\iiint_{\Omega} \frac{\rho(x,y,z)(x - x_0)}{r^3}\mathrm{d}V,$$

$$F_y = k\iiint\limits_{\Omega} \frac{\rho(x,y,z)(y-y_0)}{r^3}\mathrm{d}V,$$

$$F_z = k\iiint\limits_{\Omega} \frac{\rho(x,y,z)(z-z_0)}{r^3}\mathrm{d}V,$$

其中 $r=\sqrt{(x-x_0)^2+(y-y_0)^2+(z-z_0)^2}$, F_x、F_y、F_z 表示向量 $\boldsymbol{F}$ 的三个分量.

若物体为一平面薄片 D,且位于 Oxy 平面上.则它对点 $P(x_0,y_0,z_0)$ 处单位质量的质点的引力的三个分量为

$$F_x = k\iint\limits_{D} \frac{\rho(x,y)(x-x_0)}{[(x-x_0)^2+(y-y_0)^2+z_0^2]^{3/2}}\mathrm{d}\sigma,$$

$$F_y = k\iint\limits_{D} \frac{\rho(x,y)(y-y_0)}{[(x-x_0)^2+(y-y_0)^2+z_0^2]^{3/2}}\mathrm{d}\sigma,$$

$$F_z = -k\iint\limits_{D} \frac{\rho(x,y)z_0}{[(x-x_0)^2+(y-y_0)^2+z_0^2]^{3/2}}\mathrm{d}\sigma.$$

例 8.5.5 设有一均匀的球顶锥体,球心在原点,半径为 R,锥体的顶点在原点,轴为 z 轴,锥面与 z 轴交角为 $\alpha\left(0<\alpha\leqslant\frac{\pi}{2}\right)$(见图 8.42).求此球顶锥体对于在其顶点的一单位质量的质点的引力.

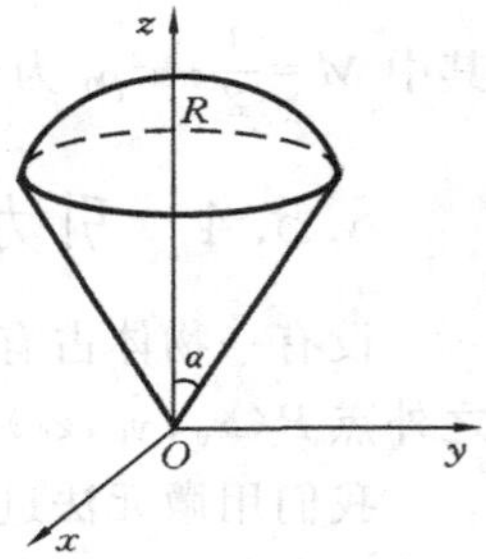

图 8.42

解 不妨设密度 $\rho=1$.由对称性知,引力在 x 轴和 y 轴上的分量为零,即

$$F_x = F_y = 0.$$

利用球坐标,引力在 z 轴的分量为

$$\begin{aligned} F_z &= k\iiint\limits_{\Omega} \frac{z}{\sqrt{(x^2+y^2+z^2)^3}}\mathrm{d}x\mathrm{d}y\mathrm{d}z \\ &= k\int_0^{2\pi}\mathrm{d}\theta\int_0^{\alpha}\mathrm{d}\varphi\int_0^R \frac{r\cos\varphi}{r^3}\cdot r^2\sin\varphi\mathrm{d}r \\ &= k\int_0^{2\pi}\mathrm{d}\theta\int_0^{\alpha}\cos\varphi\sin\varphi\,\mathrm{d}\varphi\int_0^R\mathrm{d}r = k\pi R\sin^2\alpha. \end{aligned}$$ □

习　题　8.5

(A)

1. 求由下列曲面所围立体的体积:

(1) 由 $x=0,y=0,x=1,y=1$ 所围成的柱体被平面 $z=0$ 及 $2x+3y+z=6$ 截得的立体;

(2) $z=x^2+y^2, y=x^2, y=1, z=0$;

(3) $z=\sqrt{x^2+y^2}$与$z=x^2+y^2$；

(4) $x^2+y^2+z^2=2az(a>0)$及$x^2+y^2=z^2$(含有z轴的部分)；

(5) $x^2+y^2+z^2=1,x^2+y^2+z^2=2z,z=\sqrt{x^2+y^2}$所围成立体位于锥面$z=\sqrt{x^2+y^2}$内那部分.

2. 求下列平面图形的质心(设$\rho\equiv1$)：

(1) 抛物线$\sqrt{x}+\sqrt{y}=\sqrt{a}$与两坐标轴所围部分；

(2) 椭圆$\dfrac{x^2}{a^2}+\dfrac{y^2}{b^2}\leqslant1$在第一象限部分.

3. 求区域$\Omega:a^2\leqslant x^2+y^2+z^2\leqslant b^2$与$x\geqslant0$的质心($\rho\equiv1$).

4. 求球体$x^2+y^2+z^2\leqslant2az$的质心，这里假设球体内各点处的体密度等于该点到坐标原点的距离的平方.

5. 设均匀平面薄片所占区域D由抛物线$y^2=\dfrac{9}{2}x$与直线$x=2$围成，求转动惯量I_x和I_y.

6. 设球在动点$P(x,y,z)$的密度与该点到球心距离成正比. 求质量为m的非均匀球体$x^2+y^2+z^2\leqslant R^2$对于其直径的转动惯量.

(B)

1. 求下列各曲面所围立体的体积：

(1) $z=xy,x+y+z=1$及坐标平面$y=0,x=0$；

(2) $z=x^2+2y^2$与$z=6-2x^2-y^2$.

2. 求位于两圆$r=2\sin\theta$和$r=4\sin\theta$之间的均匀薄片的质心.

3. 证明：由$x=a,x=b,y=f(x)$及x轴所围的平面图形绕x轴旋转一周所成的旋转体对x轴的转动惯量为$I_x=\dfrac{\pi}{2}\displaystyle\int_a^b[f(x)]^4\mathrm{d}x$，其中正值函数$f(x)\in C[a,b]$，立体的密度$\rho\equiv1$.

4. 求面密度为常量，半径为R的均匀圆形薄片$x^2+y^2\leqslant R^2,z=0$，对位于z轴上点$M(0,0,a)(a>0)$处单位质量的质点的引力.

5. 设有一顶角为90°、高为1的正圆锥体，密度为1，求此正圆锥体与位于圆锥顶点质量为1的质点之间的引力.

答案与提示

(A)

1. (1) $\dfrac{7}{2}$； (2) $\dfrac{88}{105}$； (3) $\dfrac{\pi}{6}$； (4) πa^3； (5) $\dfrac{\pi}{3}(1+\sqrt{2})$.

2. (1) $\left(\dfrac{a}{5},\dfrac{a}{5}\right)$； (2) $\left(\dfrac{4a}{3\pi},\dfrac{4b}{3\pi}\right)$.

3. $\left(\dfrac{3}{8}\dfrac{(a+b)(a^2+b^2)}{a^2+ab+b^2},0,0\right)$.

4. $\left(0,0,\dfrac{5a}{4}\right)$.

5. $I_x=\dfrac{72}{5},I_y=\dfrac{96}{7}$.

6. $\frac{4}{9}mR^2$.

(B)

1. (1) $2\ln 2-\frac{5}{4}$; (2) 6π.

2. $\left(0,\frac{7}{3}\right)$.

4. $\boldsymbol{F}=\left\{0,0,2k\pi a\left(\frac{1}{\sqrt{R^2+a^2}}-\frac{1}{a}\right)\right\}$.

5. $F_x=F_y=0,F_z=2\left(1-\frac{1}{\sqrt{2}}\right)k\pi,k>0$ 为引力常数.

总习题(8)

1. 填空题:

(1) 积分 $\int_0^2 \mathrm{d}x\int_x^2 \mathrm{e}^{-y^2}\mathrm{d}y$ 的值等于______.

(2) 交换积分的顺序,则 $\int_1^{\mathrm{e}}\mathrm{d}x\int_0^{\ln x} f(x,y)\mathrm{d}y=$______.

(3) 交换积分的顺序,则 $\int_0^1\mathrm{d}y\int_{-y}^{\sqrt{2y-y^2}} f(x,y)\mathrm{d}x=$______.

(4) 由 Oxy 平面及曲面 $z=x^2+y^2,x^2+y^2=4$ 所围成立体的体积 $V=$______.

2. 选择题(只有一个答案是正确的):

(1) 设 D 是 Oxy 平面上以 $(1,1),(-1,1)$ 和 $(-1,-1)$ 为顶点的三角形区域,D_1 为第一象限的部分,则 $\iint\limits_D(xy+\cos x\sin y)\mathrm{d}x\mathrm{d}y$ 等于(　　).

(A) $2\iint\limits_{D_1}\cos x\sin y\mathrm{d}x\mathrm{d}y$　　(B) $2\iint\limits_{D_1}xy\mathrm{d}x\mathrm{d}y$

(C) $4\iint\limits_{D_1}(xy+\cos x\sin y)\mathrm{d}x\mathrm{d}y$　　(D) 0

(2) 设有空间区域 $\Omega_1:x^2+y^2+z^2\leqslant R^2,z\geqslant 0$;$\Omega_2:x^2+y^2+z^2\leqslant R^2,x\geqslant 0,y\geqslant 0,z\geqslant 0$. 则(　　).

(A) $\iiint\limits_{\Omega_1}x\mathrm{d}V=4\iiint\limits_{\Omega_2}x\mathrm{d}V$　　(B) $\iiint\limits_{\Omega_1}y\mathrm{d}V=4\iiint\limits_{\Omega_2}y\mathrm{d}V$

(C) $\iiint\limits_{\Omega_1}z\mathrm{d}V=4\iiint\limits_{\Omega_2}z\mathrm{d}V$　　(D) $\iiint\limits_{\Omega_1}xyz\mathrm{d}V=4\iiint\limits_{\Omega_2}xyz\mathrm{d}V$

(3) 设 $f(x,y)$ 是有界闭区域 $D:x^2+y^2\leqslant a^2$ 上的连续函数,则当 $a\to 0$ 时,$\frac{1}{\pi a^2}\iint\limits_D f(x,y)\mathrm{d}x\mathrm{d}y$ 的极限(　　).

(A) 不存在　　(B) 等于 $f(0,0)$

(C) 等于 $f(1,1)$ (D) 等于 $f(1,0)$

(4) 设区域 $D:0\leqslant y\leqslant x,0\leqslant x\leqslant \pi$，则二重积分 $\iint\limits_D \sqrt{1-\sin^2 x}\mathrm{d}x\mathrm{d}y=(\quad)$.

(A) 0 (B) $\dfrac{\pi}{2}$ (C) 2 (D) π

3. 设 $\Omega:x^2+y^2+z^2\leqslant a^2$；$\Omega_1:x^2+y^2+z^2\leqslant a^2,z\geqslant 0$；$\Omega_2:x^2+y^2+z^2\leqslant a^2,x\geqslant 0,y\geqslant 0,z\geqslant 0$. 问下列等式是否成立，请说明理由.

(1) $\iiint\limits_{\Omega} x\mathrm{d}V=0,\iiint\limits_{\Omega} z\mathrm{d}V=0$；

(2) $\iiint\limits_{\Omega_1} x\mathrm{d}V=4\iiint\limits_{\Omega_2} x\mathrm{d}V,\iiint\limits_{\Omega_1} z\mathrm{d}V=4\iiint\limits_{\Omega_2} z\mathrm{d}V$；

(3) $\iiint\limits_{\Omega_1} xy\mathrm{d}V=\iiint\limits_{\Omega_1} yz\mathrm{d}V=\iiint\limits_{\Omega_1} zx\mathrm{d}V=0$.

4. 求 $I=\iint\limits_D \dfrac{x}{x^2+y^2}\mathrm{d}x\mathrm{d}y$，其中 D 由曲线 $y=\dfrac{x^2}{2}$ 与直线 $y=x$ 围成.

5. 计算 $\int_1^2\mathrm{d}x\int_{\sqrt{x}}^{x}\sin\dfrac{\pi x}{2y}\mathrm{d}y+\int_2^4\mathrm{d}x\int_{\sqrt{x}}^{2}\sin\dfrac{\pi x}{2y}\mathrm{d}y$.

6. 求 $I=\iint\limits_D \dfrac{1-x^2-y^2}{1+x^2+y^2}\mathrm{d}x\mathrm{d}y$，其中 D 是区域 $x^2+y^2\leqslant 1,x\geqslant 0,y\geqslant 0$.

7. 设 D 是曲线 $\sqrt{\dfrac{x}{a}}+\sqrt{\dfrac{y}{b}}=1$ 与 x 轴、y 轴所围成的区域，$a>0,b>0$. 计算 $I=\iint\limits_D y\mathrm{d}x\mathrm{d}y$.

8. 求 $I=\iint\limits_D (x+y)\mathrm{d}x\mathrm{d}y$，其中 $D:x^2+y^2\leqslant x+y+1$.

9. 设 Ω 由 $y=\sqrt{x},y=0,z=0,x+z=\dfrac{\pi}{2}$ 围成，计算三重积分 $I=\iiint\limits_{\Omega}\dfrac{y\sin x}{x}\mathrm{d}x\mathrm{d}y\mathrm{d}z$.

10. 将三次积分 $I=\int_0^1\mathrm{d}y\int_{-\sqrt{y-y^2}}^{\sqrt{y-y^2}}\mathrm{d}x\int_0^{\sqrt{3(x^2+y^2)}} f(\sqrt{x^2+y^2+z^2})\mathrm{d}z$ 变换为柱坐标及球坐标形式.

11. 计算 $I=\iiint\limits_{\Omega}(x^2+y^2)\mathrm{d}V$，其中 Ω 为由平面曲线 $\begin{cases}y^2=2z,\\x=0\end{cases}$ 绕 z 轴旋转一周形成的曲面与平面 $z=8$ 所围成的区域.

12. 求 $I=\iiint\limits_{\Omega}(x+z)\mathrm{e}^{-(x^2+y^2+z^2)}\mathrm{d}V$，其中 $\Omega:\begin{cases}1\leqslant x^2+y^2+z^2\leqslant 4,\\x\geqslant 0,y\geqslant 0,z\geqslant 0.\end{cases}$

13. 求由曲面 $x^2+y^2=az$，柱面 $x^2+y^2=ay(a>0)$ 以及平面 $z=0$ 所围的立体体积.

14. 已知两个球的半径分别为 a 和 $b(a>b)$，且小球的球心在大球的球面上，试求小球在大球内的那一部分的体积.

15. 求以下各均匀物体（密度 $\rho=1$）对原点的转动惯量 I_0：

(1) 圆盘 $(x-a)^2+y^2\leqslant a^2$； (2) 球体 $x^2+y^2+(z-a)^2\leqslant a^2$.

16. 在半径为 a 的均匀半球体的大圆上接一个半径与球的半径相等，材料相同的均匀圆柱体，为使拼接后的立体质心位于球心上，该圆柱体的高应为多少？

17. 设 $f(x)\in C[0,+\infty)$，且满足方程 $f(t)=\mathrm{e}^{4\pi t^2}+\iint\limits_{x^2+y^2\leqslant 4t^2} f\left(\dfrac{1}{2}\sqrt{x^2+y^2}\right)\mathrm{d}x\mathrm{d}y$，求 $f(t)$.

18. 设 $f(x)\in C[0,1]$，求证：$\int_0^1 dx\int_x^1 f(x)f(y)dy=\frac{1}{2}\left[\int_0^1 f(x)dx\right]^2$.

19. 设 $f(x)\in C[0,1]$，求证：$\int_0^1 dx\int_x^1 dy\int_x^y f(x)f(y)f(z)dz=\frac{1}{3!}\left[\int_0^1 f(x)dx\right]^3$.

答案与提示

1. (1) $\frac{1}{2}(1-e^{-4})$； (2) $\int_0^1 dy\int_{e^y}^{e} f(x,y)dx$；

(3) $\int_{-1}^0 dx\int_{-x}^1 f(x,y)dy+\int_0^1 dx\int_{1-\sqrt{1-x^2}}^1 f(x,y)dy$； (4) 8π.

2. (1) (A)； (2) (C)； (3) (B)； (4) (D).

3. (1) 两个等式均成立； (2) 第一个等式错，第二个等式对； (3) 等式成立.

4. $\ln 2$.

5. $\frac{4}{\pi^3}(2+\pi)$.

6. $\frac{\pi}{2}\ln 2-\frac{\pi}{4}$.

7. $\frac{ab^2}{30}$.

8. $\frac{3\pi}{2}$.

9. $\frac{\pi}{4}-\frac{1}{2}$.

10. $I=\int_0^\pi d\theta\int_0^{\sin\theta} r dr\int_0^{\sqrt{3}r} f(\sqrt{r^2+z^2})dz=\int_0^\pi d\theta\int_{\pi/6}^{\pi/2}\sin\varphi d\varphi\int_0^{\frac{\sin\theta}{\sin\varphi}}\rho^2 f(\rho)d\rho$.

11. $\frac{1024\pi}{3}$.

12. $\frac{\pi}{4e^4}(2e^3-5)$.

13. $\frac{3\pi}{32}a^3$.

14. $\left(\frac{2}{3}-\frac{b}{4a}\right)\pi b^3$.

15. (1) $I_0=\frac{3}{2}\pi a^4\rho$； (2) $\frac{32}{15}\pi a^5\rho$.

16. $\frac{\sqrt{2}}{2}a$.

17. $f(t)=(1+4\pi t^2)e^{4\pi t^2}$.

第 9 章　曲线积分与曲面积分

在前面的章节中，我们利用定积分、重积分的工具解决了一类求面积、体积、不均匀物体的质量等问题.在实际中还有许多新的问题，例如，求不均匀的曲线形或曲面形物体的质量，求质点沿曲线移动时变力所作的功，以及流体流过一曲面的流量等.这些问题的解决需要进一步推广积分的概念.为此目的，我们将在本章中引进两类曲线积分及两类曲面积分的概念，并给出它们的计算方法.

在许多实际问题中，常常需要研究物理量在空间区域的分布及其随时间变化的规律.如在天气预报工作中，需要知道温度、气压、气流速度等在空间区域中的分布，及其随时间变化的规律；对引力场的规律的研究，则可使人们有可能确定行星和人造卫星的轨道.所谓"场"，就是指某种物理量在某个空间区域中的分布.

物理量一般可分为两类：一类是数量，如温度、压力、密度等，它们在某空间区域中的分布就称为温度场、压力场、密度场，这些场统称为**数量场**.给定一个数量场就相当于给定了一个四元函数

$$u = u(x,y,z,t).$$

另一类物理量是向量，如速度、引力、电场强度等，它们在某空间区域中的分布称为速度场、引力场、电场等，这些场统称为**向量场**.给定一个向量场就相当于给定了一个四元向量值函数

$$\boldsymbol{F} = \boldsymbol{F}(x,y,z,t) = P(x,y,z,t)\boldsymbol{i} + Q(x,y,z,t)\boldsymbol{j} + R(x,y,z,t)\boldsymbol{k}.$$

若场明显地依赖于时间 t，且随时间的变化而变化，这种场称为**不稳定场**；若场不依赖于时间 t，不随时间而变化，这种场称为**稳定场**.我们仅限于讨论稳定场.本章将给出场论的三个基本公式：格林公式、高斯公式和斯托克斯公式.最后我们还采用较直观的方法引进外积和外微分的概念，将上述三个公式纳入一个统一的形式之中，以达到拓宽视野的目的.

9.1　第一类曲线积分

考虑一个实际问题：设有一曲线形的物体占有空间的一条曲线 C(见图 9.1)，其线密度为 $\rho(x,y,z)$，$(x,y,z)\in C$，并设 ρ 是连续函数.求这个不均匀曲线形物体的质量(下面为方便起见，我们就说求曲线 C 的质量).

先采用微元法进行分析.在曲线 C 上点 (x,y,z) 处取一段微元 ds(见图 9.1)，并近似地认为这一小段 ds 上的质量分布是均匀的.那么这段微元的质量是 $\rho(x,y,z)ds$.

然后将这些无穷小的质量沿曲线 C 累加(即积分),便得到整条曲线 C 的质量:

$$m=\int_C \rho(x,y,z)\mathrm{d}s, \tag{9.1.1}$$

这种形式的积分称为第一类曲线积分.由于 $\mathrm{d}s$ 在这里是弧长的微分,故亦称为对弧长的曲线积分.

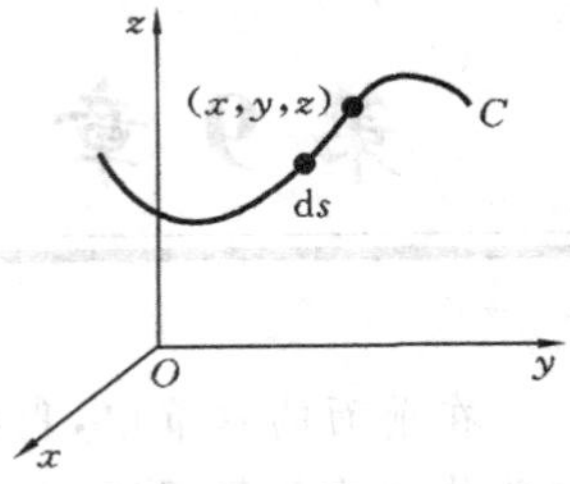

图 9.1

假设曲线 C 的参数表示为

$$\boldsymbol{r}(t)=x(t)\boldsymbol{i}+y(t)\boldsymbol{j}+z(t)\boldsymbol{k},\quad \alpha\leqslant t\leqslant\beta. \tag{9.1.2}$$

其中 $x(t)$、$y(t)$、$z(t)$ 连续可微,且 $x'^2(t)+y'^2(t)+z'^2(t)\neq 0$.那么弧长微分的表达式为

$$\mathrm{d}s=\sqrt{x'^2(t)+y'^2(t)+z'^2(t)}\,\mathrm{d}t.$$

于是由式(9.1.1)的启发,我们可以有

$$\int_C \rho(x,y,z)\mathrm{d}s=\int_\alpha^\beta \rho(x(t),y(t),z(t))\sqrt{x'^2(t)+y'^2(t)+z'^2(t)}\,\mathrm{d}t,$$

右端是一个定积分.由此便可引进下列概念.

定义 9.1.1　设有光滑曲线 C,其方程为(9.1.2),$f(x,y,z)$ 是定义在 C 上的连续函数,则定义

$$\int_C f(x,y,z)\mathrm{d}s=\int_\alpha^\beta f(x(t),y(t),z(t))\sqrt{x'^2(t)+y'^2(t)+z'^2(t)}\,\mathrm{d}t, \tag{9.1.3}$$

称左端是函数 $f(x,y,z)$ 在曲线 C 上的**第一类曲线积分**,它是用右端的一种特定形式的定积分来定义的,又称为对弧长的曲线积分.

可以证明,上述定义与曲线的参数方程的表示无关,因而定义是合理的.

由定义以及定积分的性质,不难推知第一类曲线积分有以下的基本性质.

(1) **线性性质**:设 f 和 g 在曲线 C 上的第一类曲线积分都存在,k_1、k_2 是两个常数,则 k_1f+k_2g 在曲线 C 上的第一类曲线积分也存在,并且

$$\int_C (k_1f+k_2g)\mathrm{d}s=k_1\int_C f\mathrm{d}s+k_2\int_C g\mathrm{d}s.$$

(2) **可加性**:设函数 f 在曲线 C 上的第一类曲线积分存在,而 C 可以划分成两段 C_1 和 C_2,则 f 在 C_1 和 C_2 上的第一类曲线积分都存在;反之,若 f 在 C_1 和 C_2 上的第一类曲线积分都存在,则 f 在 C 上的第一类曲线积分存在.在这种情形下并且有

$$\int_C f\mathrm{d}s=\int_{C_1} f\mathrm{d}s+\int_{C_2} f\mathrm{d}s.$$

例 9.1.1　求螺旋线 $C:\boldsymbol{r}(t)=a\cos t\boldsymbol{i}+a\sin t\boldsymbol{j}+bt\boldsymbol{k}$,$0\leqslant t\leqslant 2\pi$($a>0$,$b>0$)的质量.已知其线密度为 $\rho(x,y,z)=x^2+y^2+z^2$.

解　所求质量为　　$m=\int_C(x^2+y^2+z^2)\mathrm{d}s$,

C 的弧长的微分为　　$\mathrm{d}s=\sqrt{x'^2(t)+y'^2(t)+z'^2(t)}\,\mathrm{d}t=\sqrt{a^2+b^2}\,\mathrm{d}t$.

因此　　$m=\int_0^{2\pi}(a^2\cos^2t+a^2\sin^2t+b^2t^2)\sqrt{a^2+b^2}\,\mathrm{d}t$

$$=\sqrt{a^2+b^2}\int_0^{2\pi}(a^2+b^2t^2)\mathrm{d}t=\sqrt{a^2+b^2}\left(2\pi a^2+\frac{8}{3}\pi^3b^3\right).$$ □

若 L 是光滑的平面曲线,它的方程为

$$\boldsymbol{r}(t)=x(t)\boldsymbol{i}+y(t)\boldsymbol{j},\quad \alpha\leqslant t\leqslant\beta,$$

其中 $x'^2(t)+y'^2(t)\neq0$,则有类似于式(9.1.3)的公式成立:

$$\int_L f(x,y)\mathrm{d}s=\int_\alpha^\beta f(x(t),y(t))\sqrt{x'^2(t)+y'^2(t)}\,\mathrm{d}t. \tag{9.1.4}$$

若平面曲线 L 的方程为直角坐标方程

$$y=y(x),\quad a\leqslant x\leqslant b,$$

则可令 x 为参数,由式(9.1.4)即得

$$\int_L f(x,y)\mathrm{d}s=\int_a^b f(x,y(x))\sqrt{1+y'^2(x)}\,\mathrm{d}x. \tag{9.1.5}$$

例 9.1.2　计算曲线积分 $\int_L(x^2+y^2)\mathrm{d}s$,其中 L 为曲线 $x=a(\cos t+t\sin t)$, $y=a(\sin t-t\cos t)$, $0\leqslant t\leqslant2\pi$ $(a>0)$.

解　弧长微分为 $\mathrm{d}s=\sqrt{a^2t^2\cos^2t+a^2t^2\sin^2t}\,\mathrm{d}t=at\,\mathrm{d}t$.

由公式(9.1.4),有

$$\int_L(x^2+y^2)\mathrm{d}s=\int_0^{2\pi}[a^2(\cos t+t\sin t)^2+a^2(\sin t-t\cos t)^2]at\,\mathrm{d}t$$

$$=\int_0^{2\pi}a^3t(1+t^2)\mathrm{d}t=2\pi^2a^3(1+2\pi^2).$$ □

例 9.1.3　求一均匀半圆周(设密度 $\rho=1$)对位于圆心的单位质点的引力.

解　将坐标原点置于圆心,设圆的半径为 a,并且该半圆周是上半圆周(见图 9.2).设所求引力为

$$\boldsymbol{F}=F_x\boldsymbol{i}+F_y\boldsymbol{j}.$$

由对称性知 $F_x=0$.下面我们利用微元法求 F_y,在圆周上点 (x,y) 处取一微元 $\mathrm{d}s$,其质量为 $\rho\mathrm{d}s$.把这个微元近似地看作一个点,它对位于圆心处的单位质点的引力的大小是

$$k\frac{\rho\mathrm{d}s}{a^2}=k\frac{\mathrm{d}s}{a^2},\quad k\text{ 为比例常数}.$$

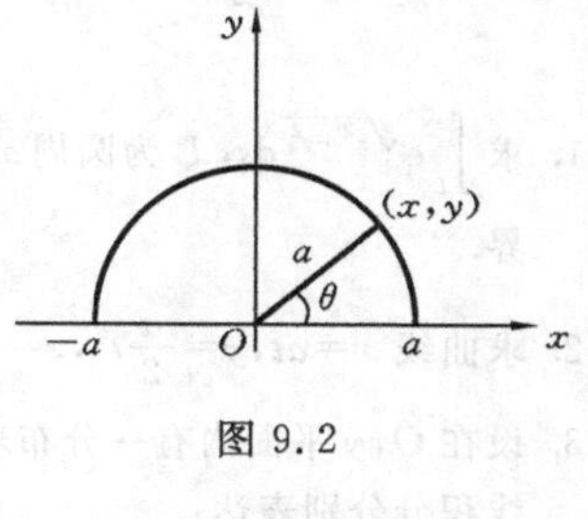

图 9.2

引力的方向是向量 $x\boldsymbol{i}+y\boldsymbol{j}$ 的方向,其单位向量是 $\boldsymbol{e}_r=\frac{1}{a}(x\boldsymbol{i}+y\boldsymbol{j})$.于是该引力为

$$k\frac{\mathrm{d}s}{a^2}\boldsymbol{e}_r=k\frac{\mathrm{d}s}{a^3}(x\boldsymbol{i}+y\boldsymbol{j}).$$

将它沿半圆周 C 累加起来,便得到

$$F_y=\int_C k\,\frac{y}{a^3}\mathrm{d}s.$$

半圆周 C 的方程是 $y=\sqrt{a^2-x^2}\,(-a\leqslant x\leqslant a)$,其弧长微分是

$$\mathrm{d}s=\sqrt{1+\left(\frac{-x}{\sqrt{a^2-x^2}}\right)^2}\,\mathrm{d}x=\frac{a}{\sqrt{a^2-x^2}}\mathrm{d}x.$$

利用公式(9.1.5),得

$$F_y=k\int_{-a}^{a}\frac{\sqrt{a^2-x^2}}{a^3}\,\frac{a}{\sqrt{a^2-x^2}}\mathrm{d}x=\frac{k}{a^2}\int_{-a}^{a}\mathrm{d}x=\frac{2k}{a}.$$ □

习　题　9.1

(A)

1. 回答下列问题:
   (1) 如何运用微元法求曲线的质量?
   (2) 第一类曲线积分怎样定义?
2. 计算下列曲线积分:
   (1) $\int_L xy\,\mathrm{d}s$, 其中 L 是曲线 $x=t,y=\frac{t^2}{2},0\leqslant t\leqslant 1$.
   (2) $\int_L (x+y)\,\mathrm{d}s$, 其中 L 是以点(0,0),(1,0),(1,1)为顶点的三角形的边界.
   (3) $\int_C (x+y)\,\mathrm{d}s$,其中 C 是以 a 为半径、圆心在原点的右半圆周.
   (4) $\int_C \sqrt{x^2+y^2}\,\mathrm{d}s$, C 为圆周 $x^2+y^2=ax$.
3. 计算曲线积分 $\int_C y\,\mathrm{d}s$ 与 $\int_C |y|\,\mathrm{d}s$, 其中 C 是右半圆周 $x^2+y^2=a^2,x\geqslant 0,a>0$.
4. 计算曲线积分 $\int_L x^2\,\mathrm{d}s$,其中 L 是球面 $x^2+y^2+z^2=a^2$ 与平面 $x+y+z=0$ 的交线.

(B)

1. 求 $\int_L \mathrm{e}^{\sqrt{x^2+y^2}}\,\mathrm{d}s$, L 为圆周 $x^2+y^2=a^2$,直线 $y=x$ 及 x 轴在第一象限内所围成的扇形的整个边界.
2. 求曲线 $x=at,y=\frac{a}{2}t^2,z=\frac{a}{3}t^3\,(0\leqslant t\leqslant 1)$ 的质量,其密度函数 $\rho=\sqrt{\frac{2y}{a}}$.
3. 设在 Oxy 平面内有一分布着质量的曲线 L,在点 (x,y) 处它的线密度为 $\rho(x,y)$,试用第一类曲线积分分别表达:
   (1) 曲线 L 对 x 轴、对 y 轴的转动惯量 I_x、I_y;
   (2) 曲线 L 的重心坐标 $\bar{x},\bar{y}$.
4. 求半径为 a、中心角为 2φ 的均匀圆弧(密度 $\rho=1$)的质心.

答案与提示

(A)

2. (1) $\frac{1}{15}(1+\sqrt{2})$；　(2) $2+\sqrt{2}$；　(3) $2a^2$；　(4) $2a^2$.

3. $0,2a^2$.

4. $\frac{2}{3}\pi a^3$.

(B)

1. $e^a(2+\frac{\pi a}{4})-2$.

2. $\frac{a}{8}\left(3\sqrt{3}-1+\frac{3}{2}\ln\frac{3+2\sqrt{3}}{3}\right)$.

3. (1) $I_x=\int_L y^2\rho(x,y)\mathrm{d}s, I_y=\int_L x^2\rho(x,y)\mathrm{d}s$；　(2) $\overline{x}=\frac{\int_L x\rho(x,y)\mathrm{d}s}{\int_L \rho(x,y)\mathrm{d}s}, \overline{y}=\frac{\int_L y\rho(x,y)\mathrm{d}s}{\int_L \rho(x,y)\mathrm{d}s}$.

4. $\left(\frac{a\sin\varphi}{\varphi},0\right)$.

9.2　第二类曲线积分

9.2.1　第二类曲线积分的概念和性质

我们还是从一个实际问题开始.设 $D\subset\mathbf{R}^2$ 是一个开区域，$\boldsymbol{F}$ 是定义于 D 内的一个力场，即

$$\boldsymbol{F}(x,y)=P(x,y)\boldsymbol{i}+Q(x,y)\boldsymbol{j},\quad (x,y)\in D.$$

假设函数 P、Q 在 D 上连续，从而 $\boldsymbol{F}$ 是连续的.设有一质点在力 $\boldsymbol{F}$ 的作用下，从 D 内某 A 点出发，沿着 D 内一条光滑曲线 L 运动到点 B. 求变力 $\boldsymbol{F}$ 对该质点所作的功.

在第 4 章中，我们曾经应用定积分求出了变力沿直线对质点作的功，那里的公式显然不能搬到这里来，但是解决问题的微元法仍然是可以采用的.为此，我们在曲线 L 上点 (x,y) 处取一微元 $\mathrm{d}s$（弧长微分），并由此作出一个向量 $\mathrm{d}\boldsymbol{s}$，它的模长为 $\mathrm{d}s$，它的方向与曲线 L 在点 (x,y) 处的切向量相同，并和从 A 到 B 的方向一致（见图 9.3）.设单位切向量是 $\boldsymbol{e}_T$，则

$$\mathrm{d}\boldsymbol{s}=\boldsymbol{e}_T\mathrm{d}s.$$

若质点在力 $\boldsymbol{F}$ 的作用下位移是 $\mathrm{d}\boldsymbol{s}$，我们近似地把微元 $\mathrm{d}\boldsymbol{s}$ 看作直线段，则 $\boldsymbol{F}$ 对此质点所作的功是

$$\boldsymbol{F}\cdot\mathrm{d}\boldsymbol{s}=\boldsymbol{F}\cdot\boldsymbol{e}_T\mathrm{d}s.$$

将它沿曲线 L 从 A 点到 B 点累加起来，便得到所求的功为

$$W=\int_L \boldsymbol{F}\cdot \mathrm{d}\boldsymbol{s}=\int_L \boldsymbol{F}\cdot \boldsymbol{e}_T \mathrm{d}s.$$

称积分 $\int_L \boldsymbol{F}\cdot \mathrm{d}\boldsymbol{s}$ 为第二类曲线积分.

现在我们给出一般的定义.

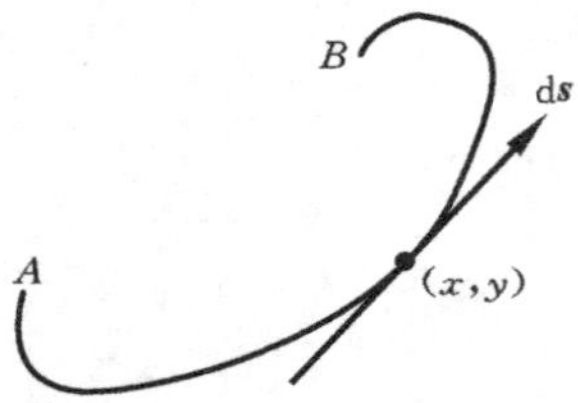

图 9.3

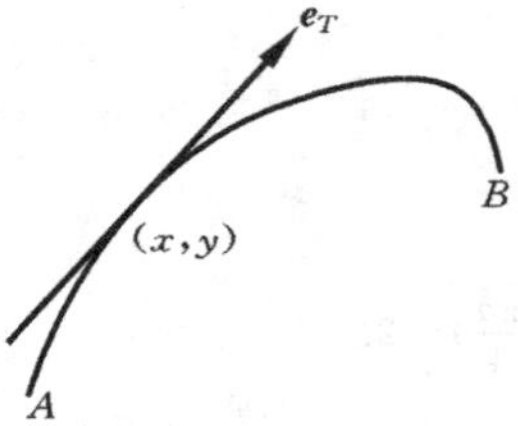

图 9.4

定义 9.2.1 设 L 是一条光滑的平面曲线,起点是 A,终点是 B. 这意味着我们规定了曲线 L 上的单位切向量 $\boldsymbol{e}_T$,其方向与曲线上从 A 点到 B 点的方向一致(见图 9.4),又设 $\boldsymbol{F}(x,y)$ 是一个连续的向量值函数. 定义 $\boldsymbol{F}$ 在有向曲线 L 上的**第二类曲线积分** $\int_L \boldsymbol{F}\cdot \mathrm{d}\boldsymbol{s}$ 是

$$\int_L \boldsymbol{F}\cdot \mathrm{d}\boldsymbol{s}=\int_L \boldsymbol{F}\cdot \boldsymbol{e}_T \mathrm{d}s,$$

它是用右端的一个已知的第一类曲线积分来定义的.

由定义可直接推得下列性质.

(1) **线性性质**:设 $\boldsymbol{F}$、$\boldsymbol{G}$ 是两个连续的向量值函数,k_1,k_2 是两个常数,曲线 L 如前所述,并给定了方向,则

$$\int_L (k_1\boldsymbol{F}+k_2\boldsymbol{G})\cdot \mathrm{d}\boldsymbol{s}=k_1\int_L \boldsymbol{F}\cdot \mathrm{d}\boldsymbol{s}+k_2\int_L \boldsymbol{G}\cdot \mathrm{d}\boldsymbol{s}.$$

(2) **可加性**: 设 $\boldsymbol{F}$ 是连续的向量值函数,曲线 L 如前所述. 又设 L 可划分成两段 L_1 和 L_2,并且 L_1 和 L_2 的方向都与 L 的方向一致,则

$$\int_L \boldsymbol{F}\cdot \mathrm{d}\boldsymbol{s}=\int_{L_1} \boldsymbol{F}\cdot \mathrm{d}\boldsymbol{s}+\int_{L_2} \boldsymbol{F}\cdot \mathrm{d}\boldsymbol{s}.$$

(3) 设 $\boldsymbol{F}$ 是连续的向量值函数,L 如前所述. 又设 L^- 是 L 的反向曲线(即 L^- 与 L 的方向恰好相反). 则

$$\int_L \boldsymbol{F}\cdot \mathrm{d}\boldsymbol{s}=-\int_{L^-} \boldsymbol{F}\cdot \mathrm{d}\boldsymbol{s}.$$

性质(3)表明第二类曲线积分是有方向性的,它是区别于第一类曲线积分的重要特征. 第二类曲线积分的有向性与作功的概念是一致的,如果质点由曲线 L 上的 A 点移动到 B 点时,力 $\boldsymbol{F}$ 作了功,则质点由 B 点沿原路移动到 A 点时,质点就要克服力 $\boldsymbol{F}$ 作功,即力 $\boldsymbol{F}$ 作了负功.

9.2.2 第二类曲线积分的计算

设平面光滑曲线 L 的方程是

$$\boldsymbol{r}(t)=x(t)\boldsymbol{i}+y(t)\boldsymbol{j}\quad(\alpha\leqslant t\leqslant\beta).$$

设参数 $t=\alpha$ 对应于 L 的起点 A，参数 $t=\beta$ 对应于终点 B，并假设参数增大的方向与曲线的方向一致，则切向量

$$\boldsymbol{T}=\boldsymbol{r}'(t)=\{x'(t),y'(t)\}$$

与曲线 L 的方向一致，单位切向量为

$$\boldsymbol{e}_T=\frac{1}{\sqrt{x'^2(t)+y'^2(t)}}\{x'(t),y'(t)\}.$$

设
$$\boldsymbol{F}(x,y)=P(x,y)\boldsymbol{i}+Q(x,y)\boldsymbol{j},$$

其中 P、Q 是连续函数，注意到曲线 L 上的弧长微分是

$$\mathrm{d}s=\sqrt{x'^2(t)+y'^2(t)}\,\mathrm{d}t,$$

因此得

$$\int_L\boldsymbol{F}\cdot\mathrm{d}\boldsymbol{s}=\int_L\boldsymbol{F}\cdot\boldsymbol{e}_T\mathrm{d}s=\int_\alpha^\beta[P(x(t),y(t))x'(t)+Q(x(t),y(t))y'(t)]\mathrm{d}t.\tag{9.2.1}$$

若参数 $t=\alpha$ 对应于终点 B，$t=\beta$ 对应于起点 A，这时参数增大的方向与指定曲线的方向恰好相反，为此考虑反向曲线 $L^-=\overset{\frown}{BA}$. 对于曲线 L^- 来说，参数增大的方向与曲线的方向一致，因此由上面的讨论知

$$\int_{L^-}\boldsymbol{F}\cdot\mathrm{d}\boldsymbol{s}=\int_{L^-}\boldsymbol{F}\cdot\boldsymbol{e}_T\mathrm{d}s=\int_\alpha^\beta[P(x(t),y(t))x'(t)+Q(x(t),y(t))y'(t)]\mathrm{d}t,$$

由第二类曲线积分的有向性及定积分的性质，即得

$$\begin{aligned}\int_L\boldsymbol{F}\cdot\mathrm{d}\boldsymbol{s}&=\int_L\boldsymbol{F}\cdot\boldsymbol{e}_T\mathrm{d}s\\&=\int_\beta^\alpha[P(x(t),y(t))x'(t)+Q(x(t),y(t))y'(t)]\mathrm{d}t.\end{aligned}\tag{9.2.2}$$

由此可知，把第二类曲线积分化为定积分计算时，把与起点对应的参数作为下限，与终点对应的参数作为上限.

如果 C 是一条光滑的空间曲线，其方程为

$$\boldsymbol{r}(t)=x(t)\boldsymbol{i}+y(t)\boldsymbol{j}+z(t)\boldsymbol{k}\qquad(\alpha\leqslant t\leqslant\beta),$$

并设 $t=\alpha$ 对应于 C 的起点，$t=\beta$ 对应于 C 的终点，又设 $\boldsymbol{F}$ 是连续的向量值函数，即

$$\boldsymbol{F}(x,y,z)=P(x,y,z)\boldsymbol{i}+Q(x,y,z)\boldsymbol{j}+R(x,y,z)\boldsymbol{k}.$$

则可类似地定义 $\boldsymbol{F}$ 在 C 上的第二类曲线积分，并有计算公式：

$$\int_C \boldsymbol{F}\cdot \mathrm{d}\boldsymbol{s} = \int_C \boldsymbol{F}\cdot \boldsymbol{e}_T \mathrm{d}s$$

$$= \int_\alpha^\beta [P^*(t)x'(t) + Q^*(t)y'(t) + R^*(t)z'(t)]\mathrm{d}t, \quad (9.2.3)$$

其中

$$P^*(t) = P(x(t),y(t),z(t)),$$

$$Q^*(t) = Q(x(t),y(t),z(t)),$$

$$R^*(t) = R(x(t),y(t),z(t)).$$

9.2.3　第二类曲线积分的几个等价形式

设平面光滑曲线 L 的单位切向量为

$$\boldsymbol{e}_T = \{\cos\alpha,\cos\beta\},$$

又设

$$\boldsymbol{F}(x,y) = P(x,y)\boldsymbol{i} + Q(x,y)\boldsymbol{j},$$

则

$$\int_L \boldsymbol{F}\cdot \boldsymbol{e}_T \mathrm{d}s = \int_L (P\cos\alpha + Q\cos\beta)\mathrm{d}s.$$

又因为弧长微分 $\mathrm{d}s$ 与 $\mathrm{d}x$、$\mathrm{d}y$ 有关系式(见图 9.5)

$$\frac{\mathrm{d}x}{\mathrm{d}s} = \cos\alpha,\quad \frac{\mathrm{d}y}{\mathrm{d}s} = \cos\beta$$

所以上述积分又可写成

$$\int_L \boldsymbol{F}\cdot \boldsymbol{e}_T \mathrm{d}s = \int_L P\mathrm{d}x + Q\mathrm{d}y.$$

于是得到了第二类曲线积分的四个等价形式:

$$\int_L \boldsymbol{F}\cdot \mathrm{d}\boldsymbol{s},\quad \int_L \boldsymbol{F}\cdot \boldsymbol{e}_T \mathrm{d}s,\quad \int_L (P\cos\alpha + Q\cos\beta)\mathrm{d}s,\quad \int_L P\mathrm{d}x + Q\mathrm{d}y.$$

对空间曲线的情形也有类似的等价形式,此处不再列举. 由第四种等价形式,第二类曲线积分又称为**对坐标的曲线积分**.

下面给出几个计算的例子.

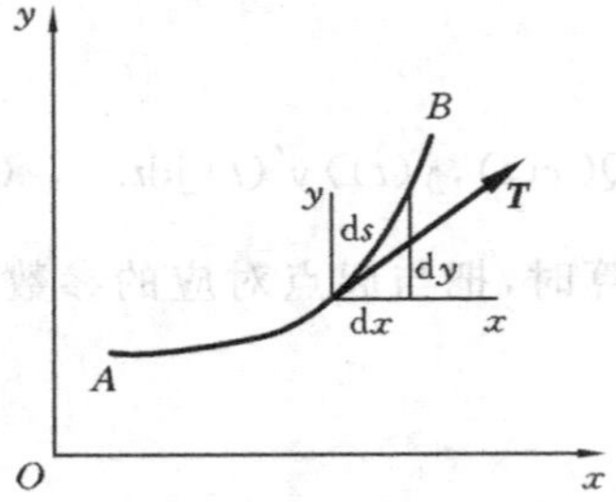

图 9.5

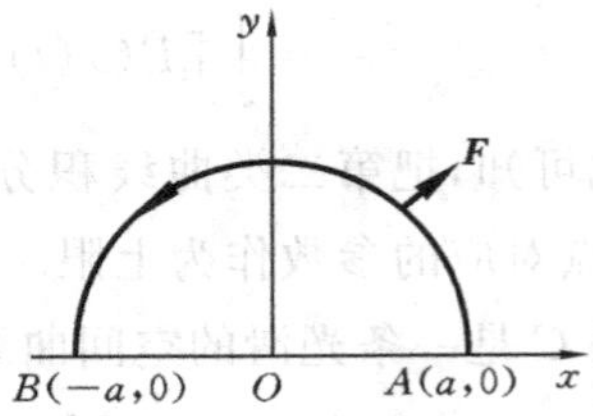

图 9.6

例 9.2.1　计算曲线积分 $\int_L x\mathrm{d}x + y\mathrm{d}y$,其中 $L: x^2 + y^2 = a^2, y \geqslant 0$,起点为 $A(a,0)$,终点为 $B(-a,0)$(见图 9.6).

解　取 L 的参数方程：

$$x = a\cos t,\quad y = a\sin t\quad (0 \leqslant t \leqslant \pi).$$

其中 $t=0$ 对应于起点 A，$t=\pi$ 对应于终点 B. 由公式(9.2.1)得

$$\int_L x\,\mathrm{d}x + y\,\mathrm{d}y = \int_0^{\pi} [a\cos t \cdot (-a\sin t) + a\sin t \cdot a\cos t]\,\mathrm{d}t = 0$$

(请读者试着给这题一个物理解释). □

由于第二类曲线积分有下面的等价形式：

$$\int_L \boldsymbol{F} \cdot \mathrm{d}\boldsymbol{s} = \int_L P(x,y)\,\mathrm{d}x + Q(x,y)\,\mathrm{d}y,$$

它的计算公式又是

$$\int_L \boldsymbol{F} \cdot \mathrm{d}\boldsymbol{s} = \int_L P(x,y)\,\mathrm{d}x + Q(x,y)\,\mathrm{d}y$$

$$= \int_{\alpha}^{\beta} [P(x(t),y(t))x'(t) + Q(x(t),y(t))y'(t)]\,\mathrm{d}t.$$

因此能够很容易地记住将第二类曲线积分化为定积分计算的方法：被积函数 P、Q 中的 x、y 用曲线的参数方程 $x=x(t)$，$y=y(t)$ 代入，$\mathrm{d}x$、$\mathrm{d}y$ 用 $x'(t)\mathrm{d}t$、$y'(t)\mathrm{d}t$ 代入，然后把与起点对应的参数作下限，与终点对应的参数作上限即成.

例 9.2.2　计算曲线积分

$$I = \int_L (x^2 + y^2)\,\mathrm{d}x + (x^2 - y^2)\,\mathrm{d}y,$$

其中 L 为：(1) 折线 OAB；(2) 直线段 OB(见图 9.7).

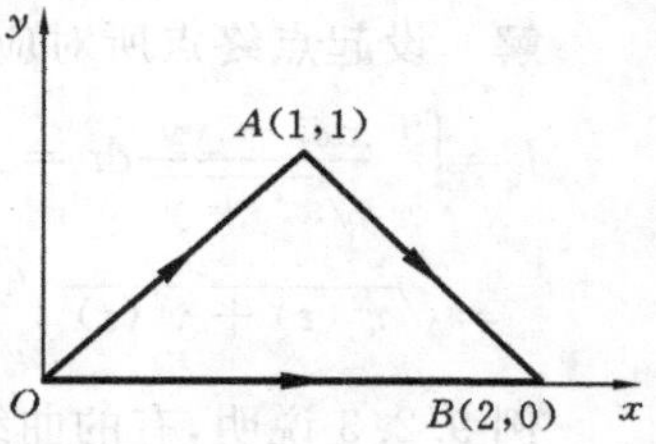

图 9.7

解　(1) 由于折线 OAB 可分成 OA 与 AB 两段，故

$$I = \int_{OA} (x^2 + y^2)\,\mathrm{d}x + (x^2 - y^2)\,\mathrm{d}y$$

$$+ \int_{AB} (x^2 + y^2)\,\mathrm{d}x + (x^2 - y^2)\,\mathrm{d}y.$$

令 x 作参数，则直线段 OA 的方程为

$$x = x,\quad y = x\quad (0 \leqslant x \leqslant 1),$$

起点对应于 $x=0$，终点对应于 $x=1$，所以

$$\int_{OA} (x^2 + y^2)\,\mathrm{d}x + (x^2 - y^2)\,\mathrm{d}y = \int_0^1 [(x^2 + x^2) \cdot 1 + (x^2 - x^2) \cdot 1]\,\mathrm{d}x$$

$$= \int_0^1 2x^2\,\mathrm{d}x = \frac{2}{3}.$$

直线段 AB 的方程为

$$x = x,\quad y = -x + 2\quad (1 \leqslant x \leqslant 2),$$

起点对应于 $x=1$，终点对应于 $x=2$，所以

$$\int_{AB}(x^2+y^2)\mathrm{d}x+(x^2-y^2)\mathrm{d}y$$
$$=\int_1^2\{[x^2+(-x+2)^2]+[x^2-(-x+2)^2]\cdot(-1)\}\mathrm{d}x$$
$$=\int_1^2 2(-x+2)^2\mathrm{d}x=\frac{2}{3}.$$

因此 $I=\frac{4}{3}$.

(2) 直线段 OB 的参数方程为

$$x=x,\quad y=0\quad(0\leqslant x\leqslant 2).$$

所以 $\int_{OB}(x^2+y^2)\mathrm{d}x+(x^2-y^2)\mathrm{d}y=\int_0^2[x^2+(x^2-0^2)\cdot 0]\mathrm{d}x=\frac{8}{3}.$ □

我们看到,上题中的曲线积分的值不仅与积分路径的起点及终点有关,还与路径本身有关.尽管有相同的起点及终点,但当路径不同时,积分值可以不相等.

例 9.2.3 计算曲线积分 $I=\int_L\frac{x\mathrm{d}x+y\mathrm{d}y}{\sqrt{x^2+y^2}}$,其中 L 是半平面 $x>0$ 内的光滑曲线 $\boldsymbol{r}(t)=x(t)\boldsymbol{i}+y(t)\boldsymbol{j}$,起点终点分别为(1,0),(6,8).

解 设起点终点所对应的参数值分别为 t_0 和 t_1,于是 I 化为下面的定积分:

$$I=\int_{t_0}^{t_1}\frac{xx'+yy'}{\sqrt{x^2+y^2}}\mathrm{d}t=\frac{1}{2}\int_{t_0}^{t_1}\frac{[x^2(t)+y^2(t)]'}{\sqrt{x^2(t)+y^2(t)}}\mathrm{d}t=\int_{t_0}^{t_1}\left(\sqrt{x^2(t)+y^2(t)}\right)'\mathrm{d}t$$
$$=\sqrt{x^2(t)+y^2(t)}\,\Big|_{t_0}^{t_1}=\sqrt{6^2+8^2}-\sqrt{1^2+0^2}=9.$$ □

例 9.2.3 说明,有的曲线积分与路径的起点及终点有关,而与如何连接起点及终点的路径本身无关.

例 9.2.4 计算曲线积分 $I=\int_C x^3\mathrm{d}x+y^3\mathrm{d}y+z^3\mathrm{d}z$,其中 C 是从点 $A(3,2,1)$ 到点 $B(0,0,0)$ 的直线段 AB.

解 直线段 AB 的方程是 $$\frac{x}{3}=\frac{y}{2}=\frac{z}{1},$$

化为参数方程:$\boldsymbol{r}(t)=3t\boldsymbol{i}+2t\boldsymbol{j}+t\boldsymbol{k}$,其中 t 从 1 变到 0.于是

$$I=\int_1^0[(3t)^3\cdot 3+(2t)^3\cdot 2+t^3]\mathrm{d}t=98\int_1^0 t^3\mathrm{d}t=-\frac{49}{2}.$$ □

例 9.2.5 设有一质量为 m 的质点受重力作用在空间沿某光滑曲线弧 $\overset{\frown}{AB}$ 移动,求重力所作的功.

解 取一空间直角坐标系,z 轴铅直向上,则重力在坐标轴上的投影分别为

$$P(x,y,z)=0,\quad Q(x,y,z)=0,\quad R(x,y,z)=-mg,$$

其中 g 为重力加速度.设 A、B 点的坐标分别为 (x_1,y_1,z_1),(x_2,y_2,z_2)(见图 9.8),

则质点从 A 点移动到 B 点时重力所作的功为

$$W=\int_{\widehat{AB}}P\mathrm{d}x+Q\mathrm{d}y+R\mathrm{d}z=-\int_{z_1}^{z_2}mg\,\mathrm{d}z=-mg(z_2-z_1).$$

我们看到，功 W 的值只与高度有关，而与 A 到 B 的具体路径无关. □

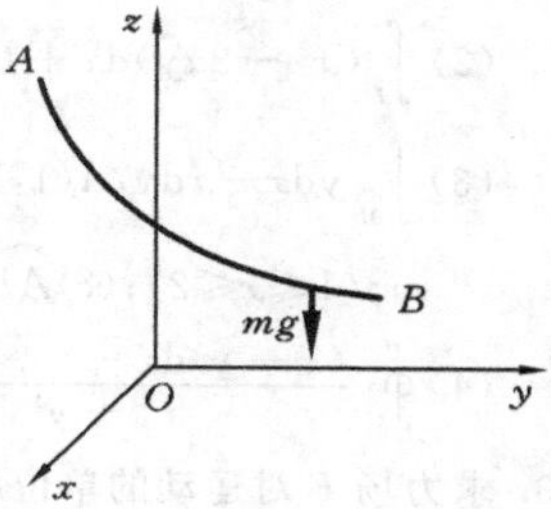

图 9.8

当第二类曲线积分的路径为平面光滑闭曲线时，起点与终点重合，只能具体指明曲线的方向是两个可能方向中的哪一个方向. 只要方向不变，计算闭路曲线积分时，可取闭路上任一点作为起点，曲线积分的值与起点无关. 我们规定逆时针方向为平面闭路的正向. 以后当不特别声明闭路的方向时，总认为积分是沿闭路正向来取的.

例 9.2.6　计算曲线积分 $\oint_C(x+y)\mathrm{d}x+(x-y)\mathrm{d}y$，其中 C 为依逆时针方向通过的椭圆 $\dfrac{x^2}{a^2}+\dfrac{y^2}{b^2}=1$.

解　利用椭圆的参数方程

$$x=a\cos t,\quad y=b\sin t\quad(0\leqslant t\leqslant 2\pi),$$

则有 $\oint_C(x+y)\mathrm{d}x+(x-y)\mathrm{d}y$

$$=\int_0^{2\pi}[(a\cos t+b\sin t)(-a\sin t)+(a\cos t-b\sin t)b\cos t]\mathrm{d}t$$

$$=\int_0^{2\pi}\left(ab\cos 2t-\frac{a^2+b^2}{2}\sin 2t\right)\mathrm{d}t=0.$$ □

注意，上题中的积分符号 $\oint_C$ 表示闭路 C 上的积分.

习　题　9.2

(A)

1. 回答下列问题：

(1) 质点在变力 F 作用下沿曲线 L 移动，变力 F 所作的功如何表示？

(2) 第二类曲线积分的定义是怎样的？

(3) 第二类曲线积分有几个等价形式？

(4) 第二类曲线积分的计算公式是怎样的？

2. 计算下列第二类曲线积分：

(1) $\int_{OA}x\mathrm{d}y+y\mathrm{d}x$，其中 O 为坐标原点，A 点的坐标为(1,2). 并设：(a) OA 为直线段；(b) OA 为抛物线 $y=2x^2$；(c) OA 为由 Ox 轴上的线段 OB 和平行于 Oy 轴的线段 BA 所组成的折线；

(2) $\int_L (x^2-2xy)\mathrm{d}x+(y^2-2xy)\mathrm{d}y$，$L$ 是抛物线 $y^2=x$ 上从点 $(1,-1)$ 到 $(1,1)$ 的一段弧；

(3) $\int_{\widehat{AB}} y\mathrm{d}x-x\mathrm{d}y$，$A(1,1)$，$B(2,4)$，方向从 A 到 B：(a) $\widehat{AB}$ 为直线段 $\overline{AB}$；(b) $\widehat{AB}$ 为抛物线段 $y=x^2(1\leqslant x\leqslant 2)$；(c) $\widehat{AB}$ 为折线段 $\overline{AC}+\overline{CB}$，其中 $C(2,1)$，方向从 A 到 C，再从 C 到 B；

(4) $\oint_C \dfrac{(x+y)\mathrm{d}x-(x-y)\mathrm{d}y}{x^2+y^2}$，其中 C 是依逆时针方向通过的圆周 $x^2+y^2=a^2$.

3. 求力场 $\boldsymbol{F}$ 对运动的单位质点所作的功，此质点沿曲线 C 从 A 点运动到 B 点：

(1) $\boldsymbol{F}=(x-2xy^2)\boldsymbol{i}+(y-2x^2y)\boldsymbol{j}$，$C$ 为平面曲线 $y=x^2$，$A(0,0)$，$B(1,1)$；

(2) $\boldsymbol{F}=(x+y)\boldsymbol{i}+xy\boldsymbol{j}$，$C$ 为平面曲线 $y=1-|1-x|$，$A(0,0)$，$B(2,0)$；

(3) $\boldsymbol{F}=(x-y)\boldsymbol{i}+(y-z)\boldsymbol{j}+(z-x)\boldsymbol{k}$，$C$ 为空间曲线 $\boldsymbol{r}(t)=t\boldsymbol{i}+t^2\boldsymbol{j}+t^3\boldsymbol{k}$，$A(0,0,0)$，$B(1,1,1)$；

(4) $\boldsymbol{F}=y^2\boldsymbol{i}+z^2\boldsymbol{j}+x^2\boldsymbol{k}$，$C$ 为曲线 $\boldsymbol{r}(t)=a\cos t\boldsymbol{i}+b\sin t\boldsymbol{j}+ct\boldsymbol{k}$($a$、$b$、$c$ 为正数)，$A(a,0,0)$，$B(a,0,2\pi c)$.

4. 求 $I=\oint_C |y|\mathrm{d}x+|x|\mathrm{d}y$，其中 C 为以点 $A(1,0)$，$B(0,1)$ 及 $C(-1,0)$ 为顶点的三角形的边界曲线，取逆时针方向.

(B)

1. 设 C 是一条简单的光滑闭曲线，取逆时针方向为正向，其参数方程为 $x=x(s)$，$y=y(s)$，s 为弧长.

(1) 若记 C 上的单位切向量为 $\boldsymbol{e}_T=\dfrac{\mathrm{d}x}{\mathrm{d}s}\boldsymbol{i}+\dfrac{\mathrm{d}y}{\mathrm{d}s}\boldsymbol{j}$，则 C 上的单位(外)法向量为 $\boldsymbol{e}_n=\dfrac{\mathrm{d}y}{\mathrm{d}s}\boldsymbol{i}-\dfrac{\mathrm{d}x}{\mathrm{d}s}\boldsymbol{j}$；

(2) 若 $u(x,y)$ 是可微函数，试将对弧长的曲线积分 $\oint_C \dfrac{\partial u}{\partial n}\mathrm{d}s$ 化为对坐标的曲线积分.

2. 设有稳定的流体运动(即流速不随时间改变的)，流体层充分薄，可看成一个平面问题，每点处的流速可表为向量 $\boldsymbol{v}(x,y)=P(x,y)\boldsymbol{i}+Q(x,y)\boldsymbol{j}$. 平面上给定曲线 C，并给定了单位法向量的指向.

(1) 用微元法证明：单位时间内流出曲线 C 的流量微元为

$$\mathrm{d}q(x,y)=[P(x,y)\cos(\boldsymbol{e}_n,x)+Q(x,y)\cos(\boldsymbol{e}_n,y)]\mathrm{d}s;$$

(2) 用微元法证明：单位时间内从区域 D (D 为 C 所围区域)内渗出来或漏下去的流量微元为

$$\mathrm{d}q^*(x,y)=\left[\frac{\partial P(x,y)}{\partial x}+\frac{\partial Q(x,y)}{\partial y}\right]\mathrm{d}x\mathrm{d}y;$$

(3) 证明：流体通过 C 的流量为

$$\oint_C [P\cos(\boldsymbol{e}_n,x)+Q\cos(\boldsymbol{e}_n,y)]\mathrm{d}s=\iint_D\left(\frac{\partial P}{\partial x}+\frac{\partial Q}{\partial y}\right)\mathrm{d}x\mathrm{d}y.$$

答案与提示

(A)

2. (1) (a) 2，(b) 2，(c) 2； (2) $-\dfrac{14}{15}$； (3) (a) -2，(b) $-\dfrac{7}{3}$，(c) -5； (4) -2π.

3. (1) 0； (2) $\dfrac{8}{3}$； (3) $\dfrac{1}{60}$； (4) $4\pi bc^2+\pi a^2c$.

4. -1.

(B)

1. (2) $\oint_C \frac{\partial u}{\partial n}\mathrm{d}s = \oint_C -\frac{\partial u}{\partial y}\mathrm{d}x + \frac{\partial u}{\partial x}\mathrm{d}y.$

9.3　第一类曲面积分

9.3.1　曲面面积

本节要讨论展布在曲面上的积分的问题,为此,先弄清楚曲面的面积怎样计算.

设给定空间曲面 S,它的方程是

$$z = f(x,y),$$

其中 $(x,y)\in D$,而 D 是曲面 S 在 Oxy 平面上的投影区域. 又设偏导数 $f_x(x,y)$ 和 $f_y(x,y)$ 在 D 上连续.

我们用切平面近似代替曲面的办法来求曲面的面积. 为此,将 D 划分成 n 个小区域:$D_1,D_2,\cdots,D_n$,在 D_i 上任取一点 $(x_i,y_i)\in D_i(i=1,2,\cdots,n)$,相应地曲面 S 也可划分成 n 小块:$S_1,S_2,\cdots,S_n$,并且每个 S_i 上有一点 $M_i(x_i,y_i,z_i)$,$z_i=f(x_i,y_i)(i=1,2,\cdots,n)$. 过 M_i 点作曲面 S 的切平面 π_i,在 M_i 点的法向量为

$$\boldsymbol{n}_i = \{-p_i,-q_i,1\},$$

其中 $p_i=f_x(x_i,y_i)$,$q_i=f_y(x_i,y_i)$. 以 D_i 的边界为准线,作母线平行于 z 轴的柱面,介于该柱面内的平面 π_i 的一部分,记作 σ_i,显然 σ_i 在 Oxy 平面上的投影为 D_i(见图 9.9). 由于 D_i 的面积(仍记为 D_i)存在,所以 σ_i 的面积(仍记为 σ_i)也存在,它不仅与 D_i 有关,也与它们所在的平面的法向量夹角有关:

$$D_i = \sigma_i\cos(\boldsymbol{n}_i,z)$$

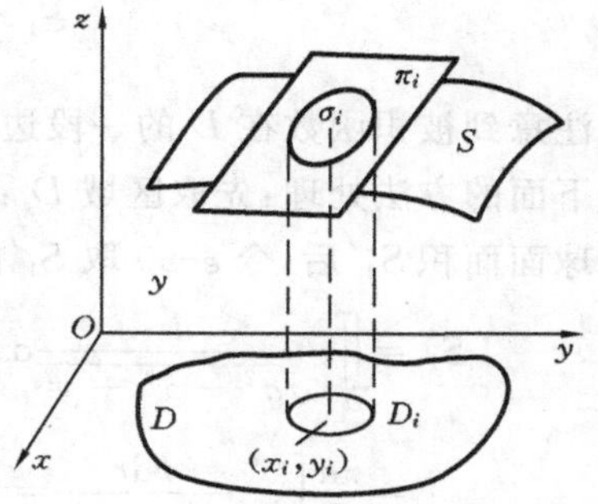

图 9.9

当 σ_i 为平行四边形时,通过两向量的叉积,容易得出该公式成立,一般情形看成平行四边形和的极限. 因为

$$\cos(\boldsymbol{n}_i,z) = \frac{1}{\sqrt{1+p_i^2+q_i^2}},$$

所以

$$\sigma_i = \sqrt{1+p_i^2+q_i^2}\cdot D_i.$$

于是定义光滑曲面 S 的面积为

$$S = \lim_{\lambda\to 0}\sum_{i=1}^{n}\sigma_i = \lim_{\lambda\to 0}\sum_{i=1}^{n}\sqrt{1+p_i^2+q_i^2}\cdot D_i = \iint_D \sqrt{1+p^2+q^2}\,\mathrm{d}x\mathrm{d}y,$$

其中 $p=f_x(x,y)$,$q=f_y(x,y)$,λ 的含义见第 8 章 8.1 节. 于是,曲面 S 的面积可表示为一个二重积分:

$$S=\iint_D \sqrt{1+p^2+q^2}\,\mathrm{d}x\mathrm{d}y, \tag{9.3.1}$$

其中 $\mathrm{d}S=\sqrt{1+p^2+q^2}\,\mathrm{d}x\mathrm{d}y$ 称为曲面的面积微元.

例 9.3.1 求球面 $x^2+y^2+z^2=a^2$ 的面积.

解 由对称性,只需求出位于第一卦限的那部分球的表面积 S_1(见图 9.10),整个球面的面积即为

$$S=8S_1.$$

在第一卦限中球面的方程为

$$z=\sqrt{a^2-x^2-y^2},$$

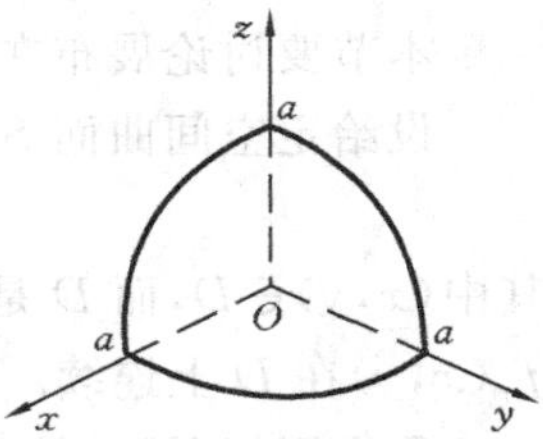

图 9.10

它在 Oxy 平面的投影区域为 D:$x^2+y^2\leqslant a^2$,$x\geqslant 0$,$y\geqslant 0$,由

$$p=\frac{\partial z}{\partial x}=\frac{-x}{\sqrt{a^2-x^2-y^2}},\quad q=\frac{\partial z}{\partial y}=\frac{-y}{\sqrt{a^2-x^2-y^2}},$$

得 $$\sqrt{1+p^2+q^2}=\frac{a}{\sqrt{a^2-x^2-y^2}},$$

所以

$$S_1=\iint_D \frac{a}{\sqrt{a^2-x^2-y^2}}\mathrm{d}x\mathrm{d}y.$$

注意到被积函数在 D 的一段边界曲线 $x^2+y^2=a^2(x\geqslant 0,y\geqslant 0)$ 上不连续,因此采用下面的方法处理:先取区域 D_ε:$x^2+y^2\leqslant(a-\varepsilon)^2$,其中 $0<\varepsilon<a$,算出对应于 D_ε 上的球面面积 $S_1{}'$ 后,令 $\varepsilon\to 0$ 取 $S_1{}'$ 的极限,就得到所求的面积 S_1.

$$S_1'=\iint_{D_\varepsilon}\frac{a}{\sqrt{a^2-x^2-y^2}}\mathrm{d}x\mathrm{d}y=\iint_{D_\varepsilon}\frac{ar}{\sqrt{a^2-r^2}}\mathrm{d}r\mathrm{d}\theta=a\int_0^{\pi/2}\mathrm{d}\theta\int_0^{a-\varepsilon}\frac{r\mathrm{d}r}{\sqrt{a^2-r^2}}$$

$$=\frac{\pi a}{2}\int_0^{a-\varepsilon}\frac{r\mathrm{d}r}{\sqrt{a^2-r^2}}=\frac{\pi a}{2}\left(a-\sqrt{a^2-(a-\varepsilon)^2}\right),$$

于是 $$S_1=\lim_{\varepsilon\to 0}S_1'=\lim_{\varepsilon\to 0}\frac{\pi a}{2}\left(a-\sqrt{a^2-(a-\varepsilon)^2}\right)=\frac{\pi a^2}{2},$$

由此得 $$S=8S_1=4\pi a^2.$$ □

9.3.2 第一类曲面积分的概念和性质

假设今后的讨论中所涉及的曲面都是光滑的,即曲面上各点处都存在切平面,且当点在曲面上连续变动时,切平面也连续变动. 又假定曲面的边界曲线是分段光滑的曲线. 今后不再重复说明.

我们现在要研究第一类曲面积分的概念,其引进的方式与第一类曲线积分十分

相似. 如果把本章 9.1 节中所研究的质量问题再拿到这里来,而把曲线 C 换为光滑曲面 S,线密度改为面密度,弧长微元 $\mathrm{d}s$ 换成曲面面积微元 $\mathrm{d}S$,曲线上的点改为曲面上的点 (x,y,z),那么,当面密度函数 $\rho(x,y,z)$ 连续时,曲面 S 的质量便可表示为

$$M=\iint_S \rho(x,y,z)\mathrm{d}S.$$

这就是第一类曲面积分.

如果曲面的方程是

$$z=z(x,y),\quad (x,y)\in D,$$

D 是 Oxy 平面上的区域,那么

$$\mathrm{d}S=\sqrt{1+p^2+q^2}\,\mathrm{d}x\mathrm{d}y,$$

其中 $p=\dfrac{\partial z}{\partial x}, q=\dfrac{\partial z}{\partial y}$,于是

$$M=\iint_S \rho(x,y,z)\mathrm{d}S=\iint_D \rho(x,y,z(x,y))\sqrt{1+p^2+q^2}\,\mathrm{d}x\mathrm{d}y.$$

这表明左端的第一类曲面积分就是右端的二重积分.

现在抽象出第一类曲面积分的概念.

定义 9.3.1　设 S 是一个光滑曲面,它的方程是

$$z=z(x,y),\quad (x,y)\in D,$$

D 是 Oxy 平面上的区域. 设 $f(x,y,z)$ 是 S 上的连续函数. 则定义 $f(x,y,z)$ 在 S 上的**第一类曲面积分** $\iint_S f(x,y,z)\mathrm{d}S$ 是

$$\iint_S f(x,y,z)\mathrm{d}S=\iint_D f(x,y,z(x,y))\sqrt{1+p^2+q^2}\,\mathrm{d}x\mathrm{d}y.$$

即第一类曲面积分是用右端的一个二重积分来定义的.

可以证明(此处略去)上述定义与曲面方程的表示无关.

第一类曲面积分有以下两个基本性质.

(1) **线性性质**:设 f 和 g 在光滑曲面 S 上的第一类曲面积分存在,k_1、k_2 是两个常数,则 k_1f+k_2g 在 S 上的第一类曲面积分也存在,并且

$$\iint_S (k_1f+k_2g)\mathrm{d}S=k_1\iint_S f\mathrm{d}S+k_2\iint_S g\mathrm{d}S.$$

(2) **可加性**:设函数 f 在光滑曲面 S 上的第一类曲面积分存在,S 可以划分为两个光滑曲面 S_1 和 S_2,则 f 在 S_1 和 S_2 上的第一类曲面积分都存在. 反之,若 f 在 S_1 和 S_2 上的第一类曲面积分都存在,则 f 在 S 上的第一类曲面积分也存在,在这种情形下有

$$\iint_S f\mathrm{d}S=\iint_{S_1} f\mathrm{d}S+\iint_{S_2} f\mathrm{d}S.$$

当 S 为一封闭曲面时,习惯上把 $f(x,y,z)$ 在 S 上的第一类曲面积分记作

$$\oiint_S f(x,y,z)\mathrm{d}S.$$

9.3.3 第一类曲面积分的计算

下面通过具体的例子来说明第一类曲面积分的计算.

例 9.3.2 计算曲面积分 $I=\oiint_S (x^2+y^2+z^2)\mathrm{d}S$,其中 S 是球面:$x^2+y^2+z^2=a^2$.

解 由被积函数与曲面的对称性知,所求积分等于半球面 S_1 上的积分的两倍,其中

$$S_1:\ z=\sqrt{a^2-x^2-y^2}.$$

由 $$p=\frac{\partial z}{\partial x}=\frac{-x}{\sqrt{a^2-x^2-y^2}},\quad q=\frac{\partial z}{\partial y}=\frac{-y}{\sqrt{a^2-x^2-y^2}},$$

得 $$\mathrm{d}S=\sqrt{1+p^2+q^2}\mathrm{d}x\mathrm{d}y=\frac{a}{\sqrt{a^2-x^2-y^2}}\mathrm{d}x\mathrm{d}y.$$

而 S_1 在 Oxy 平面上的投影区域 D 为 $x^2+y^2\leqslant a^2$. 于是有

$$\begin{aligned}I&=2\iint_{S_1}(x^2+y^2+z^2)\mathrm{d}S=2\iint_D(x^2+y^2+a^2-x^2-y^2)\frac{a}{\sqrt{a^2-x^2-y^2}}\mathrm{d}x\mathrm{d}y\\&=2a^3\iint_D\frac{\mathrm{d}x\mathrm{d}y}{\sqrt{a^2-x^2-y^2}}=2a^3\int_0^{2\pi}\mathrm{d}\theta\int_0^a\frac{r\mathrm{d}r}{\sqrt{a^2-r^2}}\\&=-2\pi a^3\int_0^a\frac{\mathrm{d}(a^2-r^2)}{\sqrt{a^2-r^2}}=-2\pi a^3(2\sqrt{a^2-r^2})\Big|_0^a=4\pi a^4.\end{aligned}$$

本例若利用曲面的方程式先将被积函数化简,其结果立即可得,即

$$I=\iint_S(x^2+y^2+z^2)\mathrm{d}S=a^2\iint_S\mathrm{d}S=a^2\cdot4\pi a^2=4\pi a^4.$$ □

例 9.3.3 设曲面 S 的方程为 $z=9-x^2-y^2(z\geqslant0)$,计算曲面积分

$$I=\iint_S\frac{2x^2+2y^2+z}{\sqrt{4x^2+4y^2+1}}\mathrm{d}S.$$

解 先算出

$$\sqrt{1+p^2+q^2}=\sqrt{1+4x^2+4y^2},$$

再由计算公式,得

$$I=\iint_S\frac{2x^2+2y^2+z}{\sqrt{4x^2+4y^2+1}}\mathrm{d}S$$

$$=\iint\limits_D \frac{2x^2+2y^2+(9-x^2-y^2)}{\sqrt{4x^2+4y^2+1}}\sqrt{4x^2+4y^2+1}\mathrm{d}x\mathrm{d}y$$

$$=\iint\limits_D (9+x^2+y^2)\mathrm{d}x\mathrm{d}y,$$

其中 D 为 S 在 Oxy 平面上的投影区域：$x^2+y^2\leqslant 9$，因此，

$$I=\int_0^{2\pi}\mathrm{d}\theta\int_0^3(9+r^2)r\mathrm{d}r=2\pi\int_0^3(9r+r^3)\mathrm{d}r=\frac{243\pi}{2}.$$ □

例 9.3.4　求密度 $\rho\equiv 1$ 的均匀球壳 $x^2+y^2+z^2=a^2(z\geqslant 0)$ 对于 Oz 轴的转动惯量.

解　转动惯量为

$$I_z=\iint\limits_S(x^2+y^2)\mathrm{d}S=\iint\limits_{x^2+y^2\leqslant a^2}(x^2+y^2)\frac{a}{\sqrt{a^2-x^2-y^2}}\mathrm{d}x\mathrm{d}y$$

$$=a\int_0^{2\pi}\mathrm{d}\theta\int_0^a\frac{r^3}{\sqrt{a^2-r^2}}\mathrm{d}r=2\pi a^4\int_0^{\pi/2}\sin^3\theta\mathrm{d}\theta=\frac{4}{3}\pi a^4.$$ □

习　题　9.3

(A)

1. 回答下列问题：

(1) 光滑曲面 S 的面积怎样定义和计算？

(2) 第一类曲面积分是怎样定义的？

2. 计算下列第一类曲面积分：

(1) $\oiint\limits_S(x^2+y^2+z^2)\mathrm{d}S$，$S$ 是 $x=0$，$y=0$ 及 $x^2+y^2+z^2=a^2(x\geqslant 0,y\geqslant 0)$ 所围成的闭曲面；

(2) $\oiint\limits_S(x^2+y^2)\mathrm{d}S$，$S$ 为立体 $\sqrt{x^2+y^2}\leqslant z\leqslant 1$ 的边界曲面；

(3) $\iint\limits_S\sqrt{x^2+y^2}\mathrm{d}S$，$S$ 是锥面 $z=\sqrt{x^2+y^2}$ 被平面 $z=h(h>0)$ 所截部分；

(4) $\iint\limits_S(x+y+z)\mathrm{d}S$，$S$ 为上半球面 $x^2+y^2+z^2=a^2$，$z\geqslant 0$；

(5) $\iint\limits_S z\mathrm{d}S$，$S$ 为曲面 $z=\frac{1}{2}(x^2+y^2)$ 被平面 $z=2$ 所截下的有限部分；

(6) $\iint\limits_S y\mathrm{d}S$，$S$ 是平面 $x+y+z=4$ 被圆柱面 $x^2+y^2=1$ 截出的有限部分.

3. 求曲面 $z=\sqrt{x^2+y^2}$ 夹在两曲面 $x^2+y^2=y$，$x^2+y^2=2y$ 之间的那部分的面积.

(B)

1. 求球面 $x^2+y^2+z^2=a^2$ 被柱面 $x^2+y^2=ax$ 截下部分的面积.
2. 求抛物面 $z=2-(x^2+y^2)$ 的质量(在 Oxy 平面上方的部分)，其密度为 $\rho(x,y,z)=x^2+y^2$.
3. 求均匀曲面 $z=\sqrt{a^2-x^2-y^2}$ 的质心的坐标.

答案与提示

(A)

2. (1) $\frac{3\pi}{2}a^4$； (2) $\frac{\pi}{2}(1+\sqrt{2})$； (3) $\frac{2\sqrt{2}}{3}\pi h^3$； (4) πa^3； (5) $\frac{2\pi}{15}(25\sqrt{5}+1)$； (6) 0.

3. $\frac{3\sqrt{2}}{4}\pi$.

(B)

1. $2a^2(\pi-2)$.

2. $\frac{149}{30}\pi$.

3. $\left(0,0,\frac{a}{2}\right)$.

□

9.4 第二类曲面积分

9.4.1 第二类曲面积分的概念

本节要讨论的第二类曲面积分，是一种有方向性的积分. 曲面的定向比曲线的定向要复杂得多. 在日常生活中，我们所见到的曲面总可以分清它的两侧. 例如一张纸，我们可以谈它的上侧与下侧、前侧与后侧、左侧与右侧等. 一个纸盒子，我们可以谈它的内侧与外侧. 也就是说，一个曲面总可以分出它的两侧. 对于有两侧的曲面，若用颜料来涂这个曲面，我们可以使曲面的一侧涂上一种颜色，曲面的另一侧涂上另一种颜色，而这两种颜色永远不会碰头. 这种能够分出两侧的曲面，称之为**双侧曲面**. 以后我们总假定所考虑的曲面是双侧的. 至于单侧曲面，以及如何严格地定义双侧曲面及单侧曲面，这里就不作深入的讨论了.

对于曲面的两个侧，怎样具体地加以刻画呢？设光滑曲面 S 的方程是

$$z=z(x,y),$$

函数 $z(x,y)$ 在区域 D 上有连续偏导数. 由第 7 章 7.9.2 小节知曲面 S 的法向量为

$$\boldsymbol{n}=\pm\{-z_x,-z_y,1\}.$$

若要表示曲面的上侧，这时法向量应向上，即它的第三个分量应大于零(见图 9.11)，所以取“+”号得到的法向量

$$\boldsymbol{n}=\{-z_x,-z_y,1\}$$

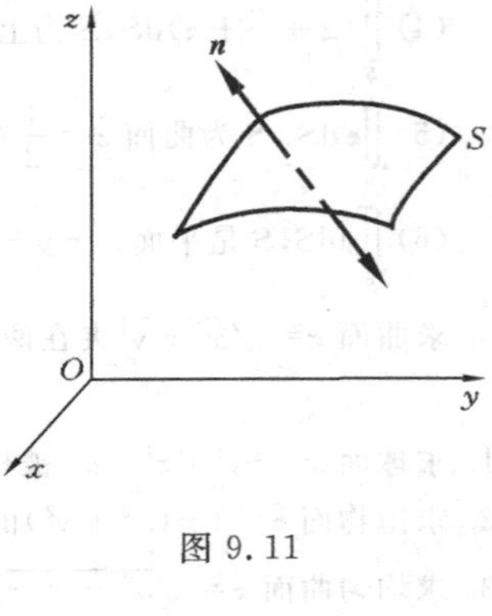

图 9.11

即表示曲面 S 的上侧；若要表示曲面的下侧，这时法向量应向下，即第三个分量应小于零，所以取“$-$”号得到的法向量

$$\boldsymbol{n}=\{z_x,z_y,-1\}$$

即表示曲面的下侧.

现在我们考虑一个实际问题：设空间区域 Ω 内布满某种流体，其流速为 $\boldsymbol{v}(x,y,z)$. 又设 S 是 Ω 内的一个光滑曲面，求单位时间内流体通过曲面 S 的流量. 下面分几步研究这个问题.

(1) 设流速 $\boldsymbol{v}$ 是常向量，S 是一个平面，并设平面 S 的法向量 $\boldsymbol{n}$ 的方向与流速 $\boldsymbol{v}$ 的方向一致(见图 9.12). 这时，单位时间内通过 S 的流量 Φ 是 $\Phi=|\boldsymbol{v}|A$， A 是平面 S 的面积.

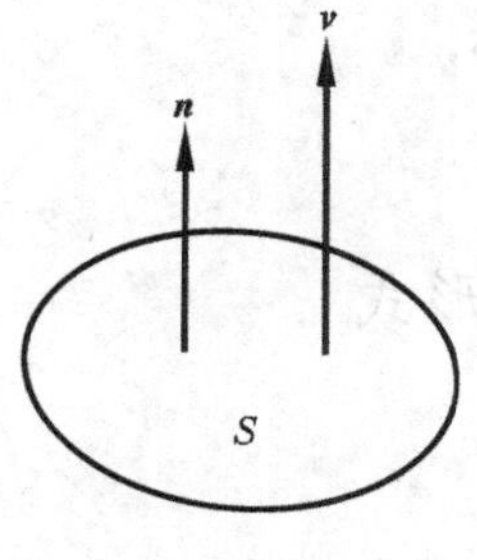

图 9.12

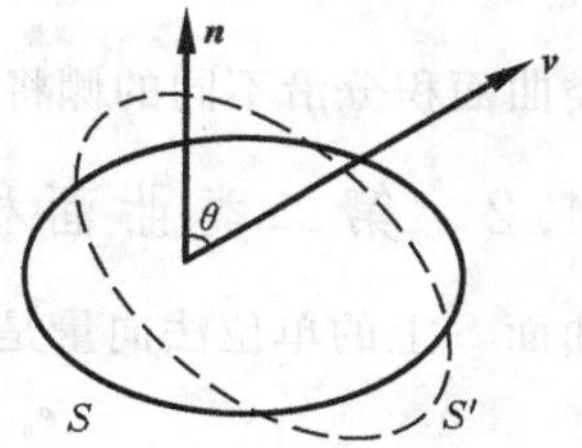

图 9.13

(2) 设平面 S 的法向量 $\boldsymbol{n}$ 与常向量 $\boldsymbol{v}$ 的方向不一致，其夹角 $\theta\neq0$，则在单位时间内通过 S 的流量，等于通过 S' 的流量(见图 9.13)，S' 是 S 在流速方向上的投影. 换句话说，在单位时间内通过 S 的流量，等于以 S 为底，以 $|\boldsymbol{v}|$ 为斜高的斜柱体体积，即流量 Φ 是

$$\Phi=|\boldsymbol{v}|A\cos\theta=|\boldsymbol{v}|A\cos(\boldsymbol{v},\boldsymbol{n}).$$

设 $\boldsymbol{e}_n$ 表示平面 S 的单位法向量，作向量

$$\boldsymbol{S}=A\boldsymbol{e}_n,$$

则流量 Φ 可表为　$\Phi=|\boldsymbol{v}|A\cos(\boldsymbol{v},\boldsymbol{e}_n)=\boldsymbol{v}\cdot\boldsymbol{S}=\boldsymbol{v}\cdot\boldsymbol{e}_nA.$

(3) 最后设 $\boldsymbol{v}$ 不是常向量，$\boldsymbol{v}=\boldsymbol{v}(x,y,z)$，$S$ 也不是平面，而是 $\mathbf{R}^3$ 内的一个光滑曲面. 在 S 上点 (x,y,z) 处取一面积元素 $\mathrm{d}S$，作一向量

$$\mathrm{d}\boldsymbol{S}=|\mathrm{d}S|\,\boldsymbol{e}_n=\mathrm{d}S\boldsymbol{e}_n$$

其中 $\boldsymbol{e}_n$ 是曲面 S 在点 (x,y,z) 处的单位法向量. 则单位时间内通过 $\mathrm{d}S$ 的流量 $\mathrm{d}\Phi$ 为

$$\mathrm{d}\Phi=\boldsymbol{v}(x,y,z)\cdot\mathrm{d}\boldsymbol{S}=\boldsymbol{v}(x,y,z)\cdot\boldsymbol{e}_n\mathrm{d}S,$$

将这些流量沿 S 累加(积分)起来，便得到所求的流量

$$\Phi=\iint_S\boldsymbol{v}(x,y,z)\cdot\mathrm{d}\boldsymbol{S}=\iint_S\boldsymbol{v}(x,y,z)\cdot\boldsymbol{e}_n\mathrm{d}S$$

这就是一个第二类曲面积分.

下面给出一般的定义.

定义 9.4.1 设有光滑曲面 S,预先指定了曲面的侧,也就是预先给定了曲面 S 上的单位法向量 $\boldsymbol{e}_n$,又设 $\boldsymbol{f}(x,y,z)$是一个向量值连续函数:

$$\boldsymbol{f}(x,y,z) = P(x,y,z)\boldsymbol{i} + Q(x,y,z)\boldsymbol{j} + R(x,y,z)\boldsymbol{k}.$$

则定义 $\boldsymbol{f}$ 在曲面 S 上的**第二类曲面积分** $\iint\limits_S \boldsymbol{f}\cdot \mathrm{d}\boldsymbol{S}$ 为

$$\iint\limits_S \boldsymbol{f}\cdot \mathrm{d}\boldsymbol{S} = \iint\limits_S \boldsymbol{f}\cdot \boldsymbol{e}_n \mathrm{d}S, \tag{9.4.1}$$

它是用右端的一个第一类曲面积分来定义的.

由定义直接推得下列性质:

$$\iint\limits_{S_{\text{某侧}}} \boldsymbol{f}\cdot \mathrm{d}\boldsymbol{S} = -\iint\limits_{S_{\text{另一侧}}} \boldsymbol{f}\cdot \mathrm{d}\boldsymbol{S},$$

即第二类曲面积分沿不同的侧将改变符号.

9.4.2 第二类曲面积分的几个等价形式

设曲面 S 上的单位法向量是

$$\boldsymbol{e}_n = \{\cos\alpha, \cos\beta, \cos\gamma\},$$

则由式(9.4.1)可得

$$\iint\limits_S \boldsymbol{f}\cdot \mathrm{d}\boldsymbol{S} = \iint\limits_S (P\cos\alpha + Q\cos\beta + R\cos\gamma)\mathrm{d}S. \tag{9.4.2}$$

与第二类曲线积分

$$\int_L P\,\mathrm{d}x + Q\mathrm{d}y = \int_L (P\cos\alpha + Q\cos\beta)\mathrm{d}s$$

比较,我们还要引入第二类曲面积分的另一种记号. 由本章 9.3 节知道,如果在曲面 S 上取一微元 $\mathrm{d}S$,并把它近似地看作平面,则 $\mathrm{d}S$ 在 Oxy 平面上投影的面积为 $\cos\gamma\mathrm{d}S$. 类似地,$\mathrm{d}S$ 在 Oyz 平面、Ozx 平面上投影的面积为 $\cos\alpha\mathrm{d}S$,$\cos\beta\mathrm{d}S$. 现在投影面积是带正负号的:若单位法向量 $\boldsymbol{e}_n$ 与 z 轴正向的夹角小于$\frac{\pi}{2}$,即 $\gamma<\frac{\pi}{2}$,则有 $\cos\gamma\mathrm{d}S>0$;若法向量 $\boldsymbol{e}_n$ 与 z 轴正向的夹角大于$\frac{\pi}{2}$,即 $\gamma>\frac{\pi}{2}$,则有 $\cos\gamma\mathrm{d}S<0$. 这种投影称为有向投影. 我们用 $\mathrm{d}y\mathrm{d}z$、$\mathrm{d}z\mathrm{d}x$、$\mathrm{d}x\mathrm{d}y$ 分别表示 $\mathrm{d}S$ 在 Oyz 平面、Ozx 平面、Oxy 平面上有向投影的面积微元,即

$$\mathrm{d}y\mathrm{d}z = \cos\alpha\mathrm{d}S,\quad \mathrm{d}z\mathrm{d}x = \cos\beta\mathrm{d}S,\quad \mathrm{d}x\mathrm{d}y = \cos\gamma\mathrm{d}S,$$

则第二类曲面积分也常写成下列形式:

$$\iint\limits_S \boldsymbol{f}\cdot \mathrm{d}\boldsymbol{S} = \iint\limits_S P\,\mathrm{d}y\mathrm{d}z + Q\mathrm{d}z\mathrm{d}x + R\mathrm{d}x\mathrm{d}y. \tag{9.4.3}$$

这样我们便给出了第二类曲面积分的四个等价形式：

$$\iint_S \boldsymbol{f}\cdot \mathrm{d}\boldsymbol{S},\quad \iint_S \boldsymbol{f}\cdot \boldsymbol{e}_n \mathrm{d}S,$$

$$\iint_S (P\cos\alpha + Q\cos\beta + R\cos\gamma)\mathrm{d}S,$$

$$\iint_S P\mathrm{d}y\mathrm{d}z + Q\mathrm{d}z\mathrm{d}x + R\mathrm{d}x\mathrm{d}y.$$

9.4.3 第二类曲面积分的计算

由于我们是利用第一类曲面积分来定义第二类曲面积分的，所以，会计算第一类曲面积分也就会计算第二类曲面积分.

设给定曲面 S 的方程是

$$z = z(x,y),\quad (x,y)\in D,$$

函数 $z(x,y)$ 在 D 上有连续偏导数. 我们知道，S 上点 (x,y,z) 处的法向量是

$$\boldsymbol{n} = \pm\{-z_x, -z_y, 1\},$$

$\boldsymbol{n}$ 的方向余弦是

$$\cos\alpha = \frac{-z_x}{\pm\sqrt{1+z_x^2+z_y^2}},\quad \cos\beta = \frac{-z_y}{\pm\sqrt{1+z_x^2+z_y^2}},\quad \cos\gamma = \frac{1}{\pm\sqrt{1+z_x^2+z_y^2}}.$$

又

$$\mathrm{d}S = \sqrt{1+z_x^2+z_y^2}\,\mathrm{d}x\mathrm{d}y,$$

故得

$$\begin{aligned}\iint_S (P\cos\alpha + Q\cos\beta + R\cos\gamma)\mathrm{d}S &= \pm\iint_D [P(x,y,z(x,y))\cdot(-z_x) + Q(x,y,z(x,y))\cdot(-z_y)\\ &\quad + R(x,y,z(x,y))\cdot 1]\mathrm{d}x\mathrm{d}y.\end{aligned}\tag{9.4.4}$$

若指定曲面的侧为上侧，则公式前取“+”号；若指定曲面的侧为下侧，则公式前取“−”号. 根据这个公式，求第二类曲面积分时，不必算法向量的方向余弦，只要求出法向量 $\boldsymbol{n}=\pm\{-z_x,-z_y,1\}$，且上侧取正号，下侧取负号. 然后把积分

$$\iint_S (P\cos\alpha + Q\cos\beta + R\cos\gamma)\mathrm{d}S$$

中的 $\cos\alpha$、$\cos\beta$、$\cos\gamma$ 换成 $\boldsymbol{n}$ 的分量，$\mathrm{d}S$ 换成 $\mathrm{d}x\mathrm{d}y$ 即可.

例 9.4.1 计算曲面积分

$$I = \iint_S x^2\mathrm{d}y\mathrm{d}z + y^2\mathrm{d}z\mathrm{d}x + z^2\mathrm{d}x\mathrm{d}y,$$

其中 S 为如图 9.14 所示的三角形 ABC，方向向上.

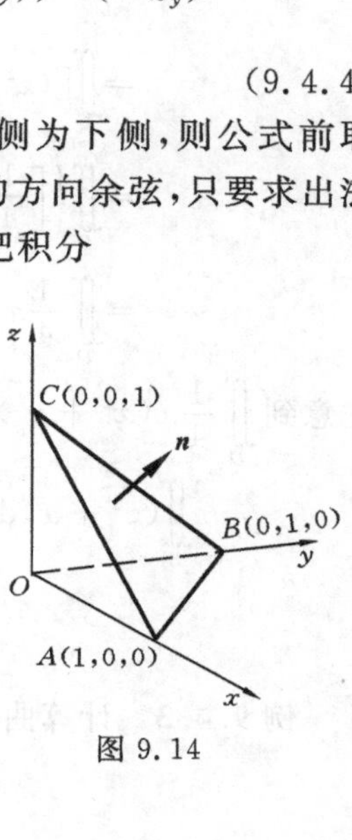

图 9.14

解 首先写出曲面 S 的方程：

$$x+y+z=1 \quad 或 \quad z=1-x-y.$$

S 在 Oxy 平面上的投影区域 D 为

$$D: x+y\leqslant 1,\quad x\geqslant 0, y\geqslant 0.$$

其次求出曲面 S 的上侧法向量

$$\boldsymbol{n}=\{-z_x, -z_y, 1\}=\{1,1,1\}.$$

最后利用公式,得

$$I=\iint_S x^2\mathrm{d}y\mathrm{d}z+y^2\mathrm{d}z\mathrm{d}x+z^2\mathrm{d}x\mathrm{d}y=\iint_S(x^2\cos\alpha+y^2\cos\beta+z^2\cos\gamma)\mathrm{d}S$$

$$=\iint_D[x^2\cdot 1+y^2\cdot 1+(1-x-y)^2\cdot 1]\mathrm{d}x\mathrm{d}y$$

$$=\int_0^1\mathrm{d}x\int_0^{1-x}(1+2x^2+2y^2+2xy-2x-2y)\mathrm{d}y=\frac{1}{4}. \quad \square$$

例 9.4.2 计算曲面积分 $\iint_S(z^2+x)\mathrm{d}y\mathrm{d}z-z\mathrm{d}x\mathrm{d}y$,其中 S 是旋转抛物面 $z=\frac{1}{2}(x^2+y^2)$ 介于平面 $z=0$ 及 $z=2$ 之间的部分的下侧(见图 9.15).

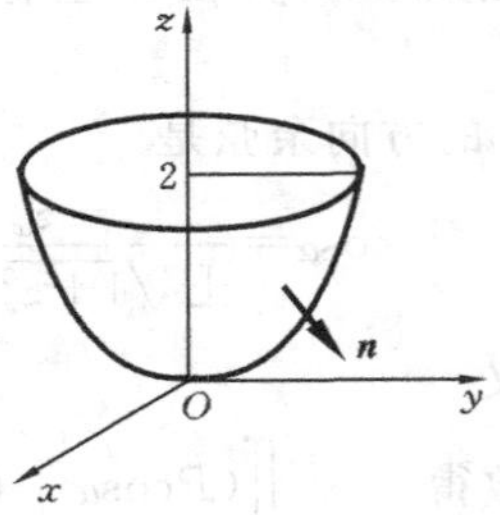

图 9.15

解 由 $z_x=x, z_y=y$ 得 S 的法向量

$$\boldsymbol{n}=\{x, y, -1\},$$

S 在 Oxy 平面的投影区域为

$$D:\ x^2+y^2\leqslant 2^2.$$

于是有

$$\iint_S(z^2+x)\mathrm{d}y\mathrm{d}z-z\mathrm{d}x\mathrm{d}y$$

$$=\iint_S[(z^2+x)\cos\alpha-z\cos\gamma]\mathrm{d}S$$

$$=\iint_D\left\{\left[\frac{1}{4}(x^2+y^2)^2+x\right]x-\frac{1}{2}(x^2+y^2)(-1)\right\}\mathrm{d}x\mathrm{d}y$$

$$=\iint_D\frac{1}{4}x(x^2+y^2)^2\mathrm{d}x\mathrm{d}y+\iint_D\left[x^2+\frac{1}{2}(x^2+y^2)\right]\mathrm{d}x\mathrm{d}y.$$

注意到 $\iint_D\frac{1}{4}x(x^2+y^2)^2\mathrm{d}x\mathrm{d}y=0$,故

$$\iint_S(z^2+x)\mathrm{d}y\mathrm{d}z-z\mathrm{d}x\mathrm{d}y=\iint_D\left[x^2+\frac{1}{2}(x^2+y^2)\right]\mathrm{d}x\mathrm{d}y$$

$$=\int_0^{2\pi}\mathrm{d}\theta\int_0^2\left(r^2\cos^2\theta+\frac{1}{2}r^2\right)r\mathrm{d}r=8\pi. \quad \square$$

例 9.4.3 计算曲面积分 $I=\iint_S x\mathrm{d}y\mathrm{d}z+y\mathrm{d}z\mathrm{d}x+z\mathrm{d}x\mathrm{d}y$,其中 S 是柱面 x^2+y^2

$=1$ 被平面 $z=0$ 及 $z=3$ 所截得的在第一卦限内的部分的前侧(见图 9.16).

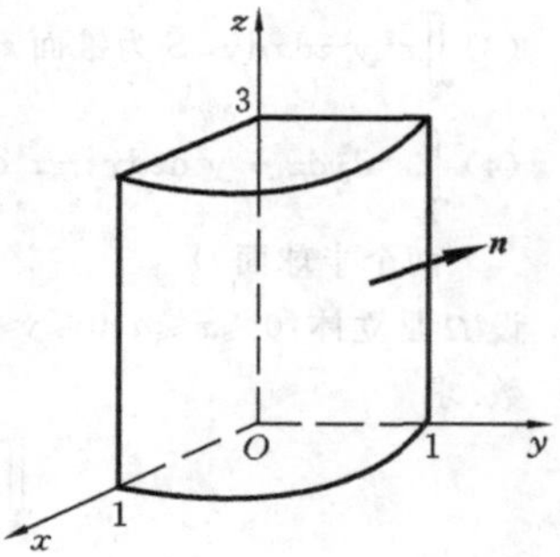

图 9.16

解　我们将积分拆成三项分别计算.

因曲面 S 在 Oxy 平面上的投影为一弧段,其面积为零,故 $\iint_S z\,\mathrm{d}x\mathrm{d}y=0$.

S 在 Oyz 平面上的投影区域为

$$D_{yz}: 0\leqslant y\leqslant 1,\quad 0\leqslant z\leqslant 3,$$

S 的方程可写成 $x=x(y,z)=\sqrt{1-y^2}$,其指定侧(前侧)的法向量与 x 轴正向的夹角小于 $\frac{\pi}{2}$,所以

$$\iint_S x\,\mathrm{d}y\mathrm{d}z=\iint_{D_{yz}}\sqrt{1-y^2}\,\mathrm{d}y\mathrm{d}z=\int_0^3\mathrm{d}z\int_0^1\sqrt{1-y^2}\,\mathrm{d}y$$

$$=3\left(\frac{y}{2}\sqrt{1-y^2}+\frac{1}{2}\arcsin y\right)\Big|_0^1=\frac{3\pi}{4}.$$

S 在 Ozx 平面上的投影区域为

$$D_{zx}: 0\leqslant z\leqslant 3,\quad 0\leqslant x\leqslant 1,$$

S 的方程写成 $y=y(z,x)=\sqrt{1-x^2}$,其指定侧的法向量与 y 轴正向的夹角小于 $\frac{\pi}{2}$,所以

$$\iint_S y\,\mathrm{d}z\mathrm{d}x=\iint_{D_{zx}}\sqrt{1-x^2}\,\mathrm{d}z\mathrm{d}x=\frac{3\pi}{4}.$$

最后得

$$I=\frac{3\pi}{4}+\frac{3\pi}{4}=\frac{3\pi}{2}.$$ □

习　题　9.4

(A)

1. 回答下列问题:

(1) 曲面的方程为 $z=z(x,y)$ 时,曲面的上侧与下侧如何通过法向量来表示?

(2) 第二类曲面积分的概念是如何引进的?

(3) 第二类曲面积分有哪四种等价形式?

2. 计算下列第二类曲面积分:

(1) $\iint_S x\,\mathrm{d}y\mathrm{d}z+y\,\mathrm{d}z\mathrm{d}x+z\,\mathrm{d}x\mathrm{d}y$,$S$ 为曲面 $z=x^2+y^2$ 在第一卦限中,$0\leqslant z\leqslant 1$ 之间部分的上侧;

(2) $\iint_S \frac{z^2}{x^2+y^2}\mathrm{d}x\mathrm{d}y$,$S$ 为上半球面 $z=\sqrt{2ax-x^2-y^2}\,(a>0)$ 在圆柱面 $x^2+y^2=a^2$ 的外面部分的上侧;

(3) $\iint\limits_S x^2y^2z\mathrm{d}x\mathrm{d}y$，$S$ 为锥面 $z=\sqrt{x^2+y^2}(0\leqslant z\leqslant R)$ 的下侧；

(4) $\iint\limits_S x^2\mathrm{d}y\mathrm{d}z+y^2\mathrm{d}z\mathrm{d}x+z^2\mathrm{d}x\mathrm{d}y$，$S$ 是球面 $x^2+y^2+z^2=R^2(R>0)$ 的内侧.（提示：将球面分成两个半球面.）

3. 设 Ω 是立体：$0\leqslant x\leqslant a,0\leqslant y\leqslant b,0\leqslant z\leqslant c$，$S$ 为 Ω 的外表面的外侧，$f(x),g(y),h(z)$ 为连续函数.求

$$\iint\limits_S f(x)\mathrm{d}y\mathrm{d}z+g(y)\mathrm{d}z\mathrm{d}x+h(z)\mathrm{d}x\mathrm{d}y.$$

(B)

1. 计算曲面积分 $I=\iint\limits_S xz\mathrm{d}x\mathrm{d}y+xy\mathrm{d}y\mathrm{d}z+yz\mathrm{d}z\mathrm{d}x$，其中 S 是平面 $x=0,y=0,z=0,x+y+z=1$ 所围成的空间区域的整个边界曲面的外侧.

2. 计算曲面积分 $I=\iint\limits_S(y-z)\mathrm{d}y\mathrm{d}z+(z-x)\mathrm{d}z\mathrm{d}x+(x-y)\mathrm{d}x\mathrm{d}y$，$S$ 为锥面 $x^2+y^2=z^2(0\leqslant z\leqslant h)$ 的外表面.

3. 计算曲面积分 $I=\oiint\limits_S\dfrac{x\mathrm{d}y\mathrm{d}z+y\mathrm{d}z\mathrm{d}x+z\mathrm{d}x\mathrm{d}y}{(x^2+y^2+z^2)^{3/2}}$，其中 S 是球面 $x^2+y^2+z^2=a^2$ 的外侧表面.

答案与提示

(A)

2. (1) $-\dfrac{\pi}{8}$； (2) $(\pi-\dfrac{3\sqrt{3}}{2})a^2$； (3) $-\dfrac{\pi}{28}R^7$； (4) 0.

3. $abc\left[\dfrac{f(a)-f(0)}{a}+\dfrac{g(b)-g(0)}{b}+\dfrac{h(c)-h(0)}{c}\right]$.

(B)

1. $\dfrac{1}{8}$.

2. 0.

3. 4π.

9.5 格林公式及其应用

9.5.1 平面闭曲线的定向

我们在本章 9.2 节中曾经规定，平面上简单闭曲线沿逆时针方向为正向.现在我们进一步讨论平面闭曲线的定向问题.

设平面上有一条简单闭曲线（简称闭路）C：

$$\boldsymbol{r}(t)=x(t)\boldsymbol{i}+y(t)\boldsymbol{j},\quad t\in[a,b],\quad \boldsymbol{r}(a)=\boldsymbol{r}(b).$$

闭路 C 将平面 $\mathbf{R}^2$ 分成两个不相交的区域，而 C 是它们的公共边界. 这两个区域中有一个是有界的，称为内部区域；另一个是无界的，称为外部区域.

若闭路 C 位于 Oxy 平面上，一人按 z 轴的正向站立，沿闭路环行. 如果 C 围成的有界区域（内部区域）总位于人的左边，此时 C 的方向定义为**正向**（见图 9.17(a)）；反之为**负向**（见图 9.17(b)）. 正向的闭路 C，记为 C^+，负向的闭路 C 记为 C^-.

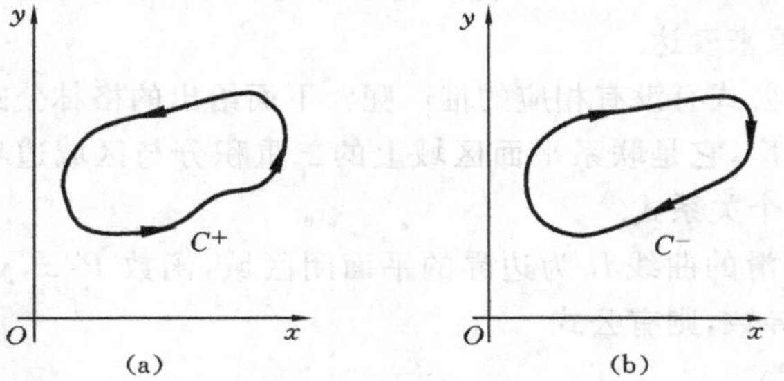

图 9.17

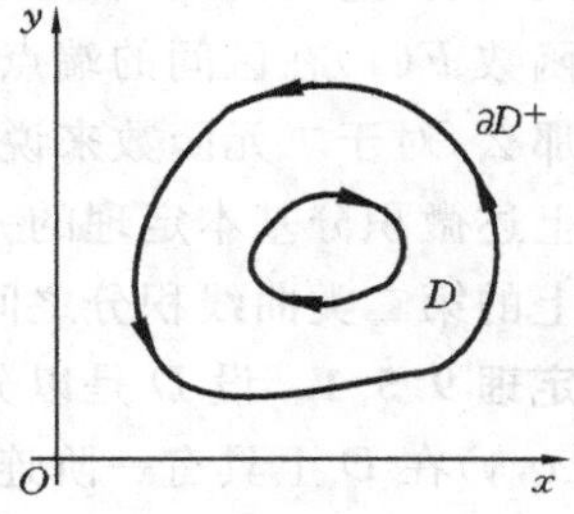

图 9.18

如果 Oxy 平面上的开区域 D 由一条或有限条封闭曲线所围成，一人按 z 轴正向站立，沿 D 的边界行进，如果 D 位于左边，则此时各条边界曲线方向定义为区域 D 的**边界的正向**，记为 ∂D^+（见图 9.18）.

平面的开区域可分为两大类：一类是单连通区域，另一类是非单连通区域. 如果在开区域 D 内任取一闭路，而闭路所围成的内部区域总是整个包含在 D 内，则称 D 为**单连通区域**（见图 9.19）. 显然，单连通区域不能包含有"洞"（包括"点洞"在内）.

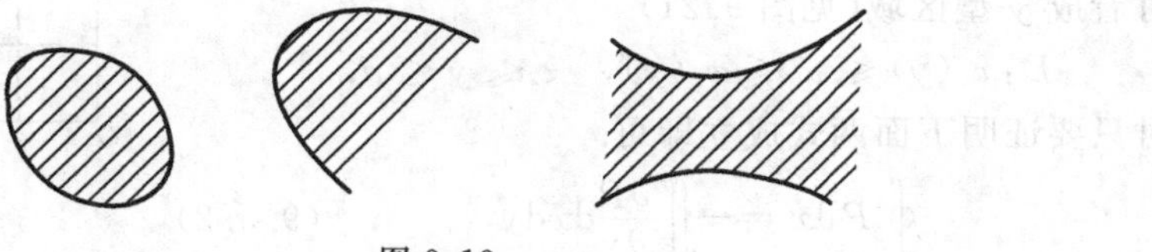

图 9.19

图 9.20 所示区域都是非单连通区域（又称**复连通区域**）.

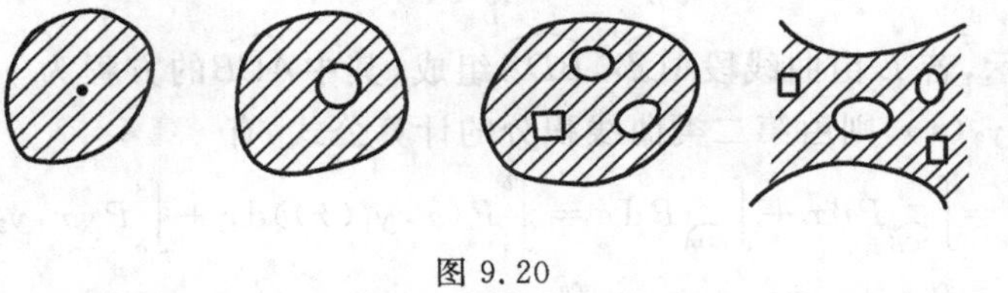

图 9.20

常见的有界单连通区域 D 由唯一的闭路 C 围成，此时 $\partial D^+ = C^+$（见图 9.17(a)）.

9.5.2 格林公式

在一元微积分学中，微积分学基本定理，即牛顿-莱布尼兹公式

$$\int_a^b f(x)\mathrm{d}x = F(b) - F(a)$$

告诉我们:变化率的定积分等于变化的总量,即上述公式可写成

$$\int_a^b F'(t)\mathrm{d}t = F(b) - F(a).$$

从形式上看,这个公式表示函数 $f(x)=F'(x)$ 在区间 $[a,b]$ 上的定积分,可以通过它的原函数 $F(x)$ 在区间的端点处的值来表达.

那么,对于二元函数来说,这个公式有没有相应的推广呢?下面给出的格林公式就是上述微积分基本定理的一个推广,它是联系平面区域上的二重积分与区域边界曲线上的第二类曲线积分之间的一个关系式.

定理 9.5.1 设 D 是以分段光滑的曲线 L 为边界的平面闭区域,函数 $P(x,y)$ 和 $Q(x,y)$ 在 D 上具有一阶连续偏导数,则有公式

$$\iint_D \left(\frac{\partial Q}{\partial x} - \frac{\partial P}{\partial y}\right)\mathrm{d}x\mathrm{d}y = \oint_L P\mathrm{d}x + Q\mathrm{d}y, \tag{9.5.1}$$

其中 L 是 D 的取正向的边界曲线.

公式(9.5.1)称为**格林(Green)公式**.

证 分两种情形讨论.

情形1 D 是单连通区域.

先假定区域 D 既可看成 x-型区域

$$D: y_1(x) \leqslant y \leqslant y_2(x),\quad a \leqslant x \leqslant b;$$

又可看成 y-型区域(见图 9.21)

$$D: x_1(y) \leqslant x \leqslant x_2(y),\quad c \leqslant y \leqslant d.$$

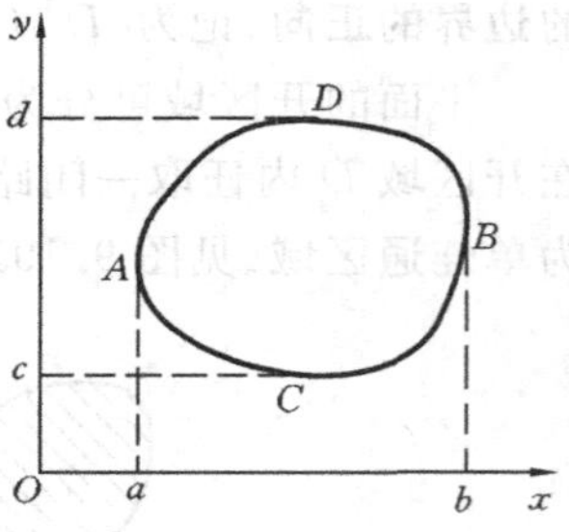

图 9.21

这时只要证明下面两式成立即可.

$$\oint_L P\mathrm{d}x = -\iint_D \frac{\partial P}{\partial y}\mathrm{d}x\mathrm{d}y, \tag{9.5.2}$$

$$\oint_L Q\mathrm{d}y = \iint_D \frac{\partial Q}{\partial x}\mathrm{d}x\mathrm{d}y. \tag{9.5.3}$$

如图 9.21 所示,若 L 由曲线段 $\overset{\frown}{ACB}$, $\overset{\frown}{BDA}$ 组成,其中 $\overset{\frown}{ACB}$ 的方程为 $y=y_1(x)$, $\overset{\frown}{BDA}$ 的方程为 $y=y_2(x)$,则由第二类曲线积分的计算公式,有

$$\oint_L P\mathrm{d}x = \int_{\overset{\frown}{ACB}} P\mathrm{d}x + \int_{\overset{\frown}{BDA}} P\mathrm{d}x = \int_a^b P(x,y_1(x))\mathrm{d}x + \int_b^a P(x,y_2(x))\mathrm{d}x$$

$$= \int_a^b P(x,y_1(x))\mathrm{d}x - \int_a^b P(x,y_2(x))\mathrm{d}x.$$

另一方面,由二重积分化为二次积分的公式有

$$\iint_D \frac{\partial P}{\partial y}\mathrm{d}x\mathrm{d}y = \int_a^b \mathrm{d}x \int_{y_1(x)}^{y_2(x)} \frac{\partial P}{\partial y}\mathrm{d}y = \int_a^b P(x,y)\Big|_{y_1(x)}^{y_2(x)}\mathrm{d}x$$

$$=\int_a^b[P(x,y_2(x))-P(x,y_1(x))]\mathrm{d}x.$$

比较重积分与曲线积分的结果，即得

$$\oint_L P\mathrm{d}x=-\iint_D\frac{\partial P}{\partial y}\mathrm{d}x\mathrm{d}y.$$

又因 L 由曲线 $x=x_1(y)$ 与 $x=x_2(y)(c\leqslant y\leqslant d)$ 组成，同理可证

$$\oint_L Q\mathrm{d}y=\iint_D\frac{\partial Q}{\partial x}\mathrm{d}x\mathrm{d}y.$$

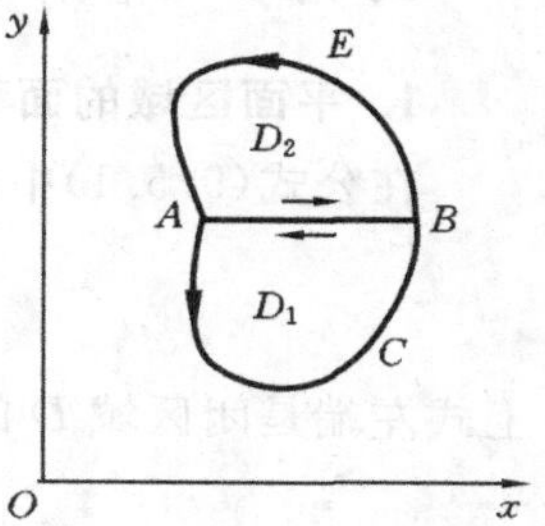

图 9.22

将所证得的(9.5.2)、(9.5.3)两式相加，即得

$$\oint_L P\mathrm{d}x+Q\mathrm{d}y=\iint_D\left(\frac{\partial Q}{\partial x}-\frac{\partial P}{\partial y}\right)\mathrm{d}x\mathrm{d}y.$$

如果 D 不是 x-型区域，也不是 y-型区域，那么我们可以用辅助曲线将 D 划分成若干个 x-型区域或 y-型区域. 例如，像图 9.22 中的区域 D，可用直线段 AB 把 D 划分为两个区域 D_1、D_2，而 D_1、D_2 是上述的特殊区域，因此公式(9.5.1)对 D_1、D_2 成立，有

$$\iint_{D_1}\left(\frac{\partial Q}{\partial x}-\frac{\partial P}{\partial y}\right)\mathrm{d}x\mathrm{d}y=\int_{ACBA}P\mathrm{d}x+Q\mathrm{d}y=\int_{ACB}P\mathrm{d}x+Q\mathrm{d}y+\int_{BA}P\mathrm{d}x+Q\mathrm{d}y,$$

$$\iint_{D_2}\left(\frac{\partial Q}{\partial x}-\frac{\partial P}{\partial y}\right)\mathrm{d}x\mathrm{d}y=\int_{BEAB}P\mathrm{d}x+Q\mathrm{d}y=\int_{BEA}P\mathrm{d}x+Q\mathrm{d}y+\int_{AB}P\mathrm{d}x+Q\mathrm{d}y.$$

注意到辅助线 AB 上的两个曲线积分方向相反，因此将上面两式相加时，这两个曲线积分正好相互抵消. 因此得

$$\iint_{D_1}\left(\frac{\partial Q}{\partial x}-\frac{\partial P}{\partial y}\right)\mathrm{d}x\mathrm{d}y+\iint_{D_2}\left(\frac{\partial Q}{\partial x}-\frac{\partial P}{\partial y}\right)\mathrm{d}x\mathrm{d}y=\int_{ACB}P\mathrm{d}x+Q\mathrm{d}y+\int_{BEA}P\mathrm{d}x+Q\mathrm{d}y,$$

即

$$\iint_D\left(\frac{\partial Q}{\partial x}-\frac{\partial P}{\partial y}\right)\mathrm{d}x\mathrm{d}y=\oint_L P\mathrm{d}x+Q\mathrm{d}y.$$

情形 2　D 是复连通区域.

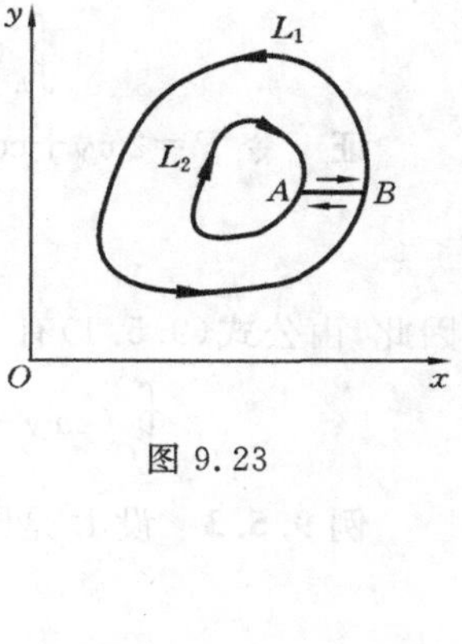

图 9.23

假设 D 是如图 9.23 所示的复连通区域，其边界曲线由 L_1 与 L_2 组成，记 $L=L_1+L_2$. 按照前面所规定的闭曲线定向规则，L_1 应取逆时针方向，而 L_2 应取顺时针方向.

这时作一辅助线 AB，A 点在 L_2 上，B 点在 L_1 上，把 AB 看作边界，则区域 D 就成为一个单连通区域了，因此格林公式成立：

$$\iint_D\left(\frac{\partial Q}{\partial x}-\frac{\partial P}{\partial y}\right)\mathrm{d}x\mathrm{d}y=\int_{AB}P\mathrm{d}x+Q\mathrm{d}y+\int_{L_1}P\mathrm{d}x+Q\mathrm{d}y$$

$$+\int_{BA}P\mathrm{d}x+Q\mathrm{d}y+\int_{L_2}P\mathrm{d}x+Q\mathrm{d}y$$

$$=\int_{L_1}P\mathrm{d}x+Q\mathrm{d}y+\int_{L_2}P\mathrm{d}x+Q\mathrm{d}y=\int_{L}P\mathrm{d}x+Q\mathrm{d}y.$$

所以对于复连通区域 D,格林公式也成立.定理全部证毕. □

9.5.3 格林公式的应用

1. 平面区域的面积表为曲线积分

在公式(9.5.1)中取 $P=-y,Q=x$,即得

$$2\iint_D \mathrm{d}x\mathrm{d}y=\oint_L x\mathrm{d}y-y\mathrm{d}x,$$

上式左端是闭区域 D 的面积 A 的 2 倍,故有

$$A=\frac{1}{2}\oint_L x\mathrm{d}y-y\mathrm{d}x. \tag{9.5.4}$$

例 9.5.1 计算椭圆 $L:\dfrac{x^2}{a^2}+\dfrac{y^2}{b^2}=1$ 所围的面积 A.

解 椭圆的参数方程为

$$\begin{cases}x=a\cos t,\\ y=b\sin t\end{cases}\quad (0\leqslant t\leqslant 2\pi),$$

参数 t 由 0 变到 2π 时,L 的方向为逆时针方向,由公式(9.5.4),得

$$A=\frac{1}{2}\oint_L -y\mathrm{d}x+x\mathrm{d}y$$

$$=\frac{1}{2}\int_0^{2\pi}[(-b\sin t)(-a\sin t)+(a\cos t)(b\cos t)]\mathrm{d}t$$

$$=\frac{ab}{2}\int_0^{2\pi}(\sin^2 t+\cos^2 t)\mathrm{d}t=\pi ab.$$ □

2. 利用格林公式计算曲线积分

例 9.5.2 设 L 是任意一条分段光滑的闭曲线,证明

$$\oint_L(2xy+\cos x)\mathrm{d}x+(x^2+\sin y)\mathrm{d}y=0.$$

证 令 $P=2xy+\cos x,Q=x^2+\sin y$,则

$$\frac{\partial Q}{\partial x}-\frac{\partial P}{\partial y}=2x-2x=0,$$

因此,由公式(9.5.1)有

$$\oint_L(2xy+\cos x)\mathrm{d}x+(x^2+\sin y)\mathrm{d}y=\iint_D 0\mathrm{d}x\mathrm{d}y=0.$$ □

例 9.5.3 设 L 是圆周 $x^2+y^2=a^2$,取逆时针方向,计算曲线积分

$$I=\oint_L\frac{-y\mathrm{d}x+x\mathrm{d}y}{x^2+y^2}.$$

解　令　　$P(x,y)=-\dfrac{y}{x^2+y^2},\quad Q(x,y)=\dfrac{x}{x^2+y^2}.$

则因函数 P、Q 在原点不连续而不能应用格林公式(9.5.1). 但我们可以利用曲线 L 的方程将被积函数化简为

$$\oint_L\frac{-y\mathrm{d}x+x\mathrm{d}y}{x^2+y^2}=\frac{1}{a^2}\oint_L-y\mathrm{d}x+x\mathrm{d}y.$$

然后再令　　$P(x,y)=-y,\quad Q(x,y)=x,$

在区域 $D:x^2+y^2\leqslant a^2$ 上应用格林公式(9.5.1)(或应用面积公式(9.5.4)),得

$$I=\frac{1}{a^2}\oint_L-y\mathrm{d}x+x\mathrm{d}y=\frac{1}{a^2}\iint_D 2\mathrm{d}x\mathrm{d}y=\frac{1}{a^2}\cdot 2\pi a^2=2\pi.$$ □

例 9.5.4　计算曲线积分 $I=\oint_L\dfrac{-y\mathrm{d}x+x\mathrm{d}y}{x^2+y^2}$,其中 L 是椭圆:$\dfrac{x^2}{a^2}+\dfrac{y^2}{b^2}=1$,取逆时针方向.

解　此题可利用椭圆的参数方程直接计算,但比较麻烦. 我们试用格林公式来计算. 令

$$P(x,y)=\frac{-y}{x^2+y^2},\quad Q(x,y)=\frac{x}{x^2+y^2},$$

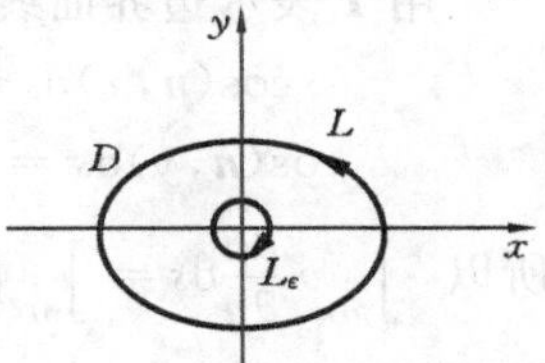

图 9.24

则 P、Q 在原点不连续,不满足格林公式的条件. 这时我们可以采取下面的办法来处理:在椭圆 L 所围的区域内,作一个以原点为中心、以充分小的正数 ε 为半径的小圆周 L_ε:$x^2+y^2=\varepsilon^2$,使 L_ε 完全含于 L 所围区域的内部(见图 9.24). L_ε 取顺时针方向. 用 D 表示 L 与 L_ε 间的区域,则 P、Q 在 D 上连续可微,可以用格林公式,于是有

$$\begin{aligned}\int_L\frac{-y\mathrm{d}x+x\mathrm{d}y}{x^2+y^2}+\int_{L_\varepsilon}\frac{-y\mathrm{d}x+x\mathrm{d}y}{x^2+y^2}&=\iint_D\left[\frac{\partial}{\partial x}\left(\frac{x}{x^2+y^2}\right)-\frac{\partial}{\partial y}\left(\frac{-y}{x^2+y^2}\right)\right]\mathrm{d}x\mathrm{d}y\\&=\iint_D\left[\frac{y^2-x^2}{(x^2+y^2)^2}-\frac{y^2-x^2}{(x^2+y^2)^2}\right]\mathrm{d}x\mathrm{d}y=0.\end{aligned}$$

因此　$I=\oint_L\dfrac{-y\mathrm{d}x+x\mathrm{d}y}{x^2+y^2}=-\oint_{L_\varepsilon}\dfrac{-y\mathrm{d}x+x\mathrm{d}y}{x^2+y^2}=\oint_{L_\varepsilon^-}\dfrac{-y\mathrm{d}x+x\mathrm{d}y}{x^2+y^2}.$

曲线 L_ε^- 为逆时针方向,由例 9.5.3 知,其积分值等于 2π. 所以,最后得

$$I=\oint_L\frac{-y\mathrm{d}x+x\mathrm{d}y}{x^2+y^2}=2\pi.$$ □

由此例可见,我们可以利用格林公式将一个曲线积分化为另一个简单的曲线积分. 在上例中,只要闭路所围区域包含原点,方向为逆时针方向,积分值总是等于 2π;若闭路所围区域不包含原点,则积分值必为零.

最后再举一个例子以结束本节.

例 9.5.5 设函数 u,v 具有二阶连续偏导数,记 $\Delta u=\dfrac{\partial^2 u}{\partial x^2}+\dfrac{\partial^2 u}{\partial y^2}$. 证明:

(1) $\iint\limits_D v\Delta u\mathrm{d}x\mathrm{d}y=-\iint\limits_D\left(\dfrac{\partial u}{\partial x}\dfrac{\partial v}{\partial x}+\dfrac{\partial u}{\partial y}\dfrac{\partial v}{\partial y}\right)\mathrm{d}x\mathrm{d}y+\int_{\partial D}v\dfrac{\partial u}{\partial n}\mathrm{d}s$, 其中曲线 ∂D 围成有界区域 D, ∂D 关于 D 是正向的, $\dfrac{\partial u}{\partial n}$ 是函数 u 关于 ∂D 的外法向量 $\boldsymbol{n}$ 的方向导数;

(2) $\iint\limits_D \Delta u\mathrm{d}x\mathrm{d}y=\int_{\partial D}\dfrac{\partial u}{\partial n}\mathrm{d}s$;

(3) $\iint\limits_D (u\Delta v-v\Delta u)\mathrm{d}x\mathrm{d}y=\int_{\partial D}\left(u\dfrac{\partial v}{\partial n}-v\dfrac{\partial u}{\partial n}\right)\mathrm{d}s$.

证 (1) 由方向导数的公式知,

$$\frac{\partial u}{\partial n}=\frac{\partial u}{\partial x}\cos(\boldsymbol{n},x)+\frac{\partial u}{\partial y}\cos(\boldsymbol{n},y),$$

所以
$$\int_{\partial D}v\frac{\partial u}{\partial n}\mathrm{d}s=\int_{\partial D}v\left[\frac{\partial u}{\partial x}\cos(\boldsymbol{n},x)+\frac{\partial u}{\partial y}\cos(\boldsymbol{n},y)\right]\mathrm{d}s.$$

用 $\boldsymbol{T}$ 表示边界曲线 ∂D 的切向量,其方向与 ∂D 的方向一致(见图 9.25). 由于

$$\cos(\boldsymbol{n},x)\mathrm{d}s=\cos(\boldsymbol{T},y)\mathrm{d}s=\mathrm{d}y,$$
$$\cos(\boldsymbol{n},y)\mathrm{d}s=-\cos(\boldsymbol{T},x)\mathrm{d}s=-\mathrm{d}x,$$

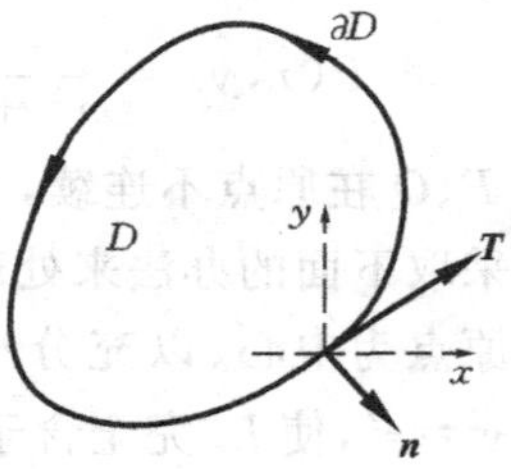

图 9.25

所以 $\displaystyle\int_{\partial D}v\frac{\partial u}{\partial n}\mathrm{d}s=\int_{\partial D}\left(-v\frac{\partial u}{\partial y}\right)\mathrm{d}x+\left(v\frac{\partial u}{\partial x}\right)\mathrm{d}y.$

由格林公式,有

$$\begin{aligned}\int_{\partial D}v\frac{\partial u}{\partial n}\mathrm{d}s&=\iint\limits_D\left[\frac{\partial}{\partial x}\left(v\frac{\partial u}{\partial x}\right)-\frac{\partial}{\partial y}\left(-v\frac{\partial u}{\partial y}\right)\right]\mathrm{d}x\mathrm{d}y\\&=\iint\limits_D v\Delta u\mathrm{d}x\mathrm{d}y+\iint\limits_D\left(\frac{\partial u}{\partial x}\frac{\partial v}{\partial x}+\frac{\partial u}{\partial y}\frac{\partial v}{\partial y}\right)\mathrm{d}x\mathrm{d}y.\end{aligned}$$

(2) 在(1)中令 $v=1$ 即得.

(3) 对 $\iint\limits_D v\Delta u\mathrm{d}x\mathrm{d}y$ 和 $\iint\limits_D u\Delta v\mathrm{d}x\mathrm{d}y$ 应用(1)的结果,然后相减即得. □

习 题 9.5

(A)

1. 回答下列问题:

(1) 什么叫单连通区域? 它的边界曲线的正向、负向如何规定?

(2) 什么叫复连通区域? 其边界曲线的正向又是怎样规定的?

(3) 格林公式成立的条件是什么?

2. 试利用格林公式计算下列曲线积分：

(1) $\oint_C \boldsymbol{F}\cdot \mathrm{d}\boldsymbol{s}$，其中 $\boldsymbol{F}=2xy\boldsymbol{i}+(x^2+8y^3)\boldsymbol{j}$，$C$ 为圆周 $x^2+y^2=a^2$，取正向；

(2) $\oint_L \boldsymbol{F}\cdot \mathrm{d}\boldsymbol{s}$，其中 $\boldsymbol{F}=(x-y)\boldsymbol{i}+(y-x)\boldsymbol{j}$，$L$ 是椭圆 $\dfrac{x^2}{a^2}+\dfrac{y^2}{b^2}=1$，取负向；

(3) $\oint_L (yx^3+\mathrm{e}^y)\mathrm{d}x+(xy^3+x\mathrm{e}^y-2y)\mathrm{d}y$，其中 L 是椭圆 $\dfrac{x^2}{a^2}+\dfrac{y^2}{b^2}=1$，取正向；

(4) $\int_L x^2y\mathrm{d}x+xy^2\mathrm{d}y$，$L$：$|x|+|y|=1$，取正向.

3. 利用曲线积分，求下列曲线所围成的图形的面积：

(1) 星形线 $x=a\cos^3 t, y=a\sin^3 t(0\leqslant t\leqslant 2\pi)$；

(2) 双纽线 $r^2=a^2\cos 2\varphi$.

4. 计算曲线积分 $\int_L (x+y)^2\mathrm{d}x-(x^2+y^2\sin y)\mathrm{d}y$，其中 L 是抛物线 $y=x^2$ 上从点 $(-1,1)$ 到点 $(1,1)$ 的那一段.

5. 求 $I=\int_{\widehat{ABO}} (x^2-\mathrm{e}^x\cos y)\mathrm{d}x+(\mathrm{e}^x\sin y+3x)\mathrm{d}y$，其中 $\widehat{ABO}$ 是从点 $A(0,2)$ 沿右半圆周 $x=\sqrt{1-(y-1)^2}$ 到点 $O(0,0)$ 的弧段.

(B)

1. 计算曲线积分 $I=\oint_C \dfrac{-y\mathrm{d}x+x\mathrm{d}y}{4x^2+y^2}$，其中 C 是以点 $(1,0)$ 为圆心、以 R 为半径的圆周 $(R\neq 1)$，取逆时针方向.

2. 设 C 为不经过原点的简单封闭曲线，取逆时针方向，试计算曲线积分 $I=\oint_C \dfrac{x\mathrm{d}y-y\mathrm{d}x}{x^2+y^2}$.

3. 试利用格林公式证明：$\iint\limits_D \boldsymbol{\nabla}\cdot(\boldsymbol{\nabla} f)\mathrm{d}\sigma=\oint_C\left(\dfrac{\partial f}{\partial x}\mathrm{d}y-\dfrac{\partial f}{\partial y}\mathrm{d}x\right)$，其中 C 是平面闭区域 D 的正向边界曲线，f 在 D 上具有连续的偏导数.

答案与提示

(A)

2. (1) 0；　(2) 0；　(3) 0　；(4) 0.

3. (1) $\dfrac{3}{8}\pi a^2$；　(2) a^2.

4. $\dfrac{16}{15}$.

5. $\cos 2-1-\dfrac{3\pi}{2}$.

(B)

1. $R<1$ 时，$I=0$；$R>1$ 时，$I=\pi$.

2. 若 C 所围区域不包含原点，则 $I=0$；若 C 所围区域包含原点，则 $I=2\pi$.

9.6 保守场与势函数

让我们再次回到一元函数的微积分基本定理上来. 我们知道,若在$[a,b]$上给定函数 $f(x)$,且存在一函数 $F(x)$,使得

$$F'(x) = f(x).$$

则称 $F(x)$为 $f(x)$的原函数,这时有牛顿-莱布尼兹公式成立:

$$\int_a^b f(x)\mathrm{d}x = F(x)\Big|_a^b = F(b) - F(a).$$

这就告诉我们,如果知道原函数,则对求 $f(x)$的积分来说是非常方便的. 那么,在曲线积分的情形,是否也有类似的结果呢? 本节将就这一问题展开讨论.

9.6.1 保守场与势函数的概念

先考虑一个电学中的问题. 设在空间直角坐标系的原点处,放置一电量为 q 的电荷,则在周围空间产生一静电场,静电场在每一点的电场强度,按定义即为该点单位正电荷所受到的力. 据库仑定律可求出点电荷产生的静电场在每点的电场强度

$$\boldsymbol{E} = \frac{q}{4\pi\varepsilon}\frac{\boldsymbol{r}}{r^3},$$

其中 ε 为介电常数,$\boldsymbol{r}=x\boldsymbol{i}+y\boldsymbol{j}+z\boldsymbol{k}$,$r=|\boldsymbol{r}|$.

电场强度 $\boldsymbol{E}$ 是一个向量场,容易验证,它是由数量场

$$u = \frac{q}{4\pi\varepsilon}\cdot\frac{1}{r} \quad (\text{其中 } r = \sqrt{x^2+y^2+z^2})$$

产生的负梯度场,即

$$\boldsymbol{E} = -\operatorname{grad}u = -\nabla u.$$

这个例子表明,有的向量场恰好是某个数量场的梯度场(或负梯度场). 但并不是任意给定一个向量场 $\boldsymbol{F}$,都存在一数量场 u,使向量场恰好是数量场 u 的梯度场(或负梯度场). 因此,我们把向量场分为两类,一类向量场,都存在一个数量场,使向量场恰好是数量场的梯度场,这类向量场应该期望有较好的性质;另一类向量场是不存在一数量场,使它恰好是数量场的梯度场. 我们主要讨论前一类向量场.

定义 9.6.1(势函数) 设在空间某一区域中给定向量场 $\boldsymbol{F}(x,y,z)$,若在该区域上存在一数量场 $u(x,y,z)$使得

$$\boldsymbol{F} = \operatorname{grad}u (= \nabla u),$$

则称向量场 $\boldsymbol{F}$ 为**保守场**,称函数 u 为向量场 $\boldsymbol{F}$ 的**势函数**(或**位函数**).

这一定义与物理学中的保守场、势函数的定义略有差别,那里要求存在一函数 u,使得

$$\boldsymbol{F} = -\operatorname{grad} u,$$

则称 $\boldsymbol{F}$ 为保守场，u 为势函数. 物理学中势函数的定义多了一个负号"—"，主要是从物理意义考虑. 从数学角度来看，这个差别无关紧要.

由梯度的定义可以推知，若 u 是 $\boldsymbol{F}$ 的势函数，则对任意常数 C，$u+C$ 也是 $\boldsymbol{F}$ 的势函数；反之，若 u、v 都是 $\boldsymbol{F}$ 的势函数，即

$$\mathrm{grad}u = \boldsymbol{F}, \quad \mathrm{grad}v = \boldsymbol{F},$$

则

$$\mathrm{grad}(u-v)=\mathbf{0},$$

从而 $u-v$ 必为常数，即 $u-v=C$，或

$$u = v + C.$$

所以，若相差一常数项可以不计，保守场 $\boldsymbol{F}$ 的势函数是唯一的.

9.6.2 保守场的性质

我们知道，第二类曲线积分不仅与曲线的起点和终点有关，而且也与所沿的路径有关. 对同一个起点和同一个终点，沿不同的路径所得到的第二类曲线积分的值一般是不相同的. 然而，保守场却具有一个非常好的性质，那就是保守场 $\boldsymbol{F}$ 的第二类曲线积分只与起点和终点有关，而与所沿的路径无关. 这个性质是有物理背景的：质点在保守场中移动时，力场所作的功与质点所走过的路径无关，而只与质点运动的起点及终点有关.

为了证明保守场的这个有趣的性质，我们先给出一个概念.

定义 9.6.2 设在平面区域 D 中给定向量场 $\boldsymbol{F}(x,y)$，A、B 为 D 内任意给定的两点. 如果对于 D 内任意两条以 A 为起点、以 B 为终点的曲线 L_1 和 L_2（见图 9.26），总有

$$\int_{L_1} \boldsymbol{F} \cdot \mathrm{d}\boldsymbol{s} = \int_{L_2} \boldsymbol{F} \cdot \mathrm{d}\boldsymbol{s},$$

则称**向量场 $\boldsymbol{F}$ 的曲线积分与路径无关**.

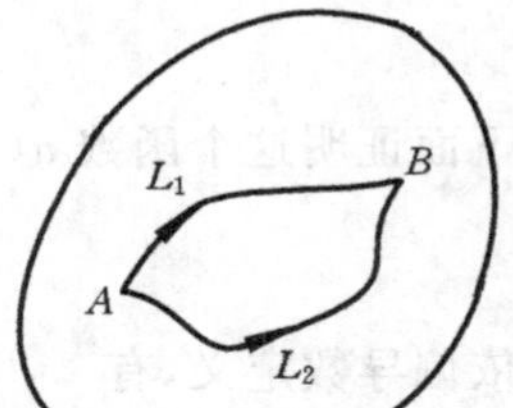

图 9.26

定理 9.6.1 设 D 是平面区域（不要求是单连通的），在 D 上给定连续的向量场 $\boldsymbol{F}(x,y)=P(x,y)\boldsymbol{i}+Q(x,y)\boldsymbol{j}$，则 $\boldsymbol{F}$ 是保守场的充分必要条件是 $\boldsymbol{F}$ 的曲线积分与路径无关.

证 必要性：设 $\boldsymbol{F}$ 是保守场，由保守场定义，存在一函数 $u=u(x,y)$，使得

$$\mathrm{grad}u = \boldsymbol{F},$$

即

$$\frac{\partial u}{\partial x} = P(x,y), \quad \frac{\partial u}{\partial y} = Q(x,y).$$

在 D 内任取起点 $A(x_0,y_0)$，终点 $B(x_1,y_1)$，以及任意一条连接 A、B 的曲线 L，我们要证明 $\boldsymbol{F}$ 沿 L 的积分只依赖于 A、B，而与 L 无关.

设 L 的方程为

$$\begin{cases} x = x(t), \\ y = y(t) \end{cases} \quad (\alpha \leqslant t \leqslant \beta),$$

参数 $t=\alpha$ 对应于起点 A，$t=\beta$ 对应于终点 B，即 $x_0=x(\alpha)$，$y_0=y(\alpha)$；$x_1=x(\beta)$，$y_1=y(\beta)$. 由第二类曲线积分的计算公式，有

$$\begin{aligned}\int_L \boldsymbol{F}\cdot \mathrm{d}\boldsymbol{s} &= \int_L P\mathrm{d}x + Q\mathrm{d}y = \int_L \frac{\partial u}{\partial x}\mathrm{d}x + \frac{\partial u}{\partial y}\mathrm{d}y \\ &= \int_\alpha^\beta [u_x(x(t),y(t))x'(t) + u_y(x(t),y(t))y'(t)]\mathrm{d}t \\ &= \int_\alpha^\beta \frac{\mathrm{d}u(x(t),y(t))}{\mathrm{d}t}\mathrm{d}t = u(x(t),y(t))\Big|_\alpha^\beta \\ &= u(x(\beta),y(\beta)) - u(x(\alpha),y(\alpha)) = u(x_1,y_1) - u(x_0,y_0).\end{aligned}$$

这表明 $\boldsymbol{F}$ 的曲线积分确实只与 A、B 两点有关，而与所沿的路径 L 无关. 必要性得证.

充分性：假设向量场 $\boldsymbol{F}$ 的曲线积分与路径无关，要证明 $\boldsymbol{F}$ 是保守场，按定义，要找出一个函数 $u=u(x,y)$，使得 $\mathrm{grad}u=\boldsymbol{F}$.

由于 $\boldsymbol{F}$ 的曲线积分与路径无关，我们可以在 D 内任意选定一个起点 $A(x_0,y_0)$，而终点 $B(x,y)$ 为 D 内任意一点，则曲线积分

$$\int_{\widehat{AB}} P(\xi,\eta)\mathrm{d}\xi + Q(\xi,\eta)\mathrm{d}\eta$$

的值由 $B(x,y)$ 点唯一地确定，因此这个曲线积分的值是 B 点的坐标 x、y 的函数，记作

$$u(x,y) = \int_{(x_0,y_0)}^{(x,y)} P(\xi,\eta)\mathrm{d}\xi + Q(\xi,\eta)\mathrm{d}\eta. \tag{9.6.1}$$

下面证明这个函数 $u(x,y)$ 的梯度等于 $\boldsymbol{F}$，即要证明

$$\frac{\partial u}{\partial x} = P(x,y), \quad \frac{\partial u}{\partial y} = Q(x,y).$$

依偏导数定义，有

$$\frac{\partial u}{\partial x} = \lim_{\Delta x\to 0}\frac{u(x+\Delta x,y) - u(x,y)}{\Delta x},$$

由式(9.6.1)，得

$$u(x+\Delta x,y) = \int_{(x_0,y_0)}^{(x+\Delta x,y)} P(\xi,\eta)\mathrm{d}\xi + Q(\xi,\eta)\mathrm{d}\eta.$$

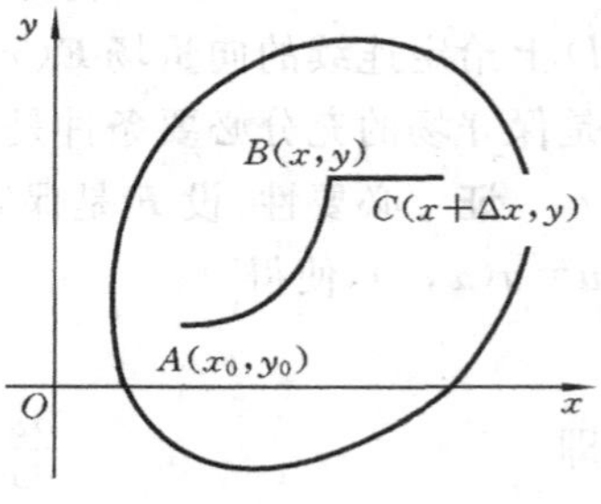

图 9.27

因为这里的曲线积分与路径无关，故我们可以如图 9.27所示那样，将积分路径取为 $AB+BC$，其中 C 的坐标为 $(x+\Delta x,y)$，且 BC 平行于 x 轴，于是有

$$u(x+\Delta x,y) - u(x,y) = \int_A^B P\mathrm{d}\xi + Q\mathrm{d}\eta + \int_B^C P\mathrm{d}\xi + Q\mathrm{d}\eta - \int_A^B P\mathrm{d}\xi + Q\mathrm{d}\eta$$

$$=\int_B^C P\,\mathrm{d}\xi+Q\mathrm{d}\eta.$$

直线段 BC 的参数方程为

$$\begin{cases}\xi=t,\\ \eta=y\end{cases}\quad (x\leqslant t\leqslant x+\Delta x).$$

据第二类曲线积分的计算公式,得

$$u(x+\Delta x,y)-u(x,y)=\int_x^{x+\Delta x}P(t,y)\mathrm{d}t.$$

应用积分中值定理,存在 $x^*\in[x,x+\Delta x]$,使得

$$u(x+\Delta x,y)-u(x,y)=P(x^*,y)\cdot\Delta x,$$

于是有

$$\frac{u(x+\Delta x,y)-u(x,y)}{\Delta x}=P(x^*,y).$$

令 $\Delta x\to 0$,则 $x^*\to x$,由 $P(x,y)$ 的连续性,得

$$\frac{\partial u}{\partial x}=\lim_{\Delta x\to 0}\frac{u(x+\Delta x,y)-u(x,y)}{\Delta x}=P(x,y).$$

同理可证 $\frac{\partial u}{\partial y}=Q(x,y)$. 充分性证毕. □

由定理 9.6.1 的必要性的证明,并注意到 $\mathrm{grad}u=\boldsymbol{F}$ 与 $\mathrm{d}u=P\mathrm{d}x+Q\mathrm{d}y$ 的等价性,有

$$\int_{\widehat{AB}}P\mathrm{d}x+Q\mathrm{d}y=\int_{\widehat{AB}}\mathrm{d}u=u\Big|_A^B,$$

这个公式正是一元函数的牛顿-莱布尼兹公式(微积分基本定理)的推广. 利用这公式我们可以得到某些曲线积分的简便算法:如果积分的被积表达式 $P\mathrm{d}x+Q\mathrm{d}y$ 是某个函数 u 的全微分,则曲线积分的值等于函数 u 在终点的值减去 u 在起点的值. 势函数就相当于一元函数中的原函数.

例 9.6.1 计算曲线积分 $\int_{AB}x\mathrm{d}x+y\mathrm{d}y$,其中 AB 为连接点 $A(1,1)$ 和 $B(4,3)$ 的直线段(见图 9.28).

解

$$\int_{AB}x\mathrm{d}x+y\mathrm{d}y=\int_{AB}\frac{1}{2}\mathrm{d}(x^2+y^2)=\frac{1}{2}(x^2+y^2)\Big|_A^B$$

$$=\frac{1}{2}(16+9)-\frac{1}{2}(1+1)$$

$$=\frac{23}{2}.$$ □

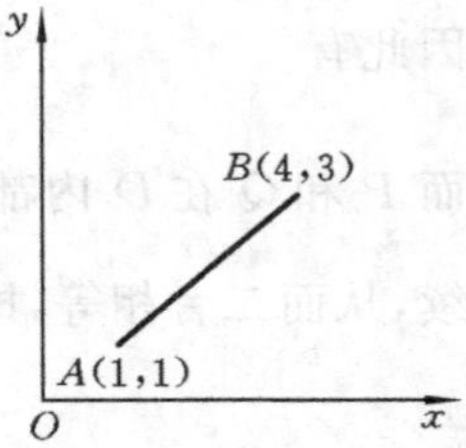

图 9.28

9.6.3 保守场的判别法

对于给定向量场 $\boldsymbol{F}=P\boldsymbol{i}+Q\boldsymbol{j}$,如何判别它是否为保守场呢? 下面给出判别的条件.

定理 9.6.2　设 D 是平面单连通区域，函数 P 和 Q 在 D 上连续且有连续偏导数，则下列命题等价：

(1) 对于 D 内任意一条闭曲线 C，向量场 $\boldsymbol{F}=P\boldsymbol{i}+Q\boldsymbol{j}$ 沿 C 的曲线积分为零，即

$$\oint_C \boldsymbol{F}\cdot d\boldsymbol{s}=\oint_C P\,dx+Q\,dy=0;$$

(2) $\boldsymbol{F}$ 的曲线积分与路径无关；

(3) $\boldsymbol{F}$ 是保守场，即存在函数 $u(x,y)$，使得

$$\mathrm{grad}u=\boldsymbol{F}$$

或者，等价地，

$$du=P\,dx+Q\,dy;$$

(4) 在 D 内处处有 $\frac{\partial Q}{\partial x}=\frac{\partial P}{\partial y}$.

证　先证(1)⇒(2). 在 D 内任意取两点 A 和 B，任意作两条连接 A 与 B 的路径 L_1 和 L_2(见图 9.29)，令 C 表示由 L_1 与 L_2^- 组成的闭路. 由条件(1)，有

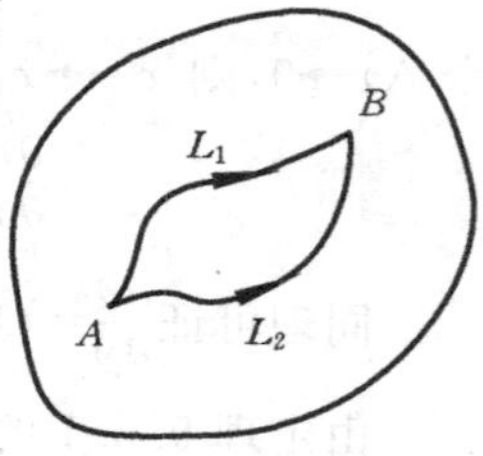

图 9.29

$$\int_{L_1+L_2^-}\boldsymbol{F}\cdot d\boldsymbol{s}=0,$$

即

$$\int_{L_1}\boldsymbol{F}\cdot d\boldsymbol{s}+\int_{L_2^-}\boldsymbol{F}\cdot d\boldsymbol{s}=0.$$

也就是

$$\int_{L_1}\boldsymbol{F}\cdot d\boldsymbol{s}=\int_{L_2}\boldsymbol{F}\cdot d\boldsymbol{s}$$

因此，$\boldsymbol{F}$ 的曲线积分与路径无关.

(2)⇒(3). 由定理 9.6.1 的充分性所保证.

再证(3)⇒(4). 由条件(3)知，存在函数 $u(x,y)$，使得

$$P=\frac{\partial u}{\partial x},\quad Q=\frac{\partial u}{\partial y},$$

因此有

$$\frac{\partial^2 u}{\partial y\partial x}=\frac{\partial P}{\partial y},\quad \frac{\partial^2 u}{\partial x\partial y}=\frac{\partial Q}{\partial x}.$$

而 P 和 Q 在 D 内都有连续的偏导数，亦即两个混合偏导数 $\frac{\partial^2 u}{\partial y\partial x}$ 和 $\frac{\partial^2 u}{\partial x\partial y}$ 都在 D 内连续，从而二者相等，即在 D 内成立

$$\frac{\partial Q}{\partial x}=\frac{\partial P}{\partial y}.$$

最后证(4)⇒(1). 由(4)，在 D 内有 $\frac{\partial Q}{\partial x}=\frac{\partial P}{\partial y}$. 设 C 为 D 内任一闭路，而 C 所围区域记为 D_1，D_1 完全含于 D 内. 由格林公式，有

$$\oint_C P\,dx+Q\,dy=\iint_{D_1}\left(\frac{\partial Q}{\partial x}-\frac{\partial P}{\partial y}\right)dx\,dy=0.$$

定理全部证毕. □

例 9.6.2　设 $\boldsymbol{F}(x,y)=y\cos x\boldsymbol{i}+\sin x\boldsymbol{j}$，试问 $\boldsymbol{F}$ 是否是保守场.

解　令 $P=y\cos x, Q=\sin x$，则

$$\frac{\partial P}{\partial y}=\cos x=\frac{\partial Q}{\partial x},$$

由定理 9.6.2 知，$\boldsymbol{F}$ 是保守场. □

例 9.6.3　设有一变力 $\boldsymbol{F}=(x+y^2)\boldsymbol{i}+(2xy-8)\boldsymbol{j}$，这变力确定了一个力场. 证明：当质点在此力场内移动时，场力所作的功与路径无关.

证　设 $P=x+y^2, Q=2xy-8$，则

$$\frac{\partial P}{\partial y}=2y=\frac{\partial Q}{\partial x},$$

由定理 9.6.2 知，变力 $\boldsymbol{F}$ 所作的功，即曲线积分

$$\int_L \boldsymbol{F}\cdot \mathrm{d}\boldsymbol{s}=\int_L (x+y^2)\mathrm{d}x+(2xy-8)\mathrm{d}y$$

与路径无关，而只与运动的起点及终点有关. □

由以上两例可见，只要所讨论的区域是单连通的，那么判别平面保守场是很容易的，只要验证两个偏导数是否相等就可以了.

9.6.4　全微分方程及势函数的求法

如果一阶微分方程写成

$$P(x,y)\mathrm{d}x+Q(x,y)\mathrm{d}y=0 \tag{9.6.2}$$

形式后，其左端恰好是某一个函数 $u=u(x,y)$ 的全微分：

$$\mathrm{d}u(x,y)=P(x,y)\mathrm{d}x+Q(x,y)\mathrm{d}y$$

则称方程(9.6.2)为**全微分方程**，其中

$$\frac{\partial u}{\partial x}=P(x,y),\quad \frac{\partial u}{\partial y}=Q(x,y).$$

而方程(9.6.2)就是

$$\mathrm{d}u(x,y)=0. \tag{9.6.3}$$

如果函数 $y(x)$ 是方程(9.6.2)的解，则有

$$\mathrm{d}u(x,y(x))\equiv 0,$$

因此有

$$u(x,y(x))=C\quad (C\text{ 是常数}). \tag{9.6.4}$$

反之，如果有某个函数 $y(x)$ 使式(9.6.4)成为恒等式，那么，微分所得之恒等式，就得到 $\mathrm{d}u(x,y(x))=0$. 所以，

$$u(x,y)=C$$

是原方程(9.6.2)的隐式通解.

由上一段的定理 9.6.2 知道，当函数 $P(x,y)$ 和 $Q(x,y)$ 在平面单连通区域 D 内有连续的偏导数时，方程(9.6.2)成为全微分方程的充分必要条件是

$$\frac{\partial P}{\partial y}=\frac{\partial Q}{\partial x} \tag{9.6.5}$$

在 D 内处处成立. 或者等价地说,向量场 $\boldsymbol{F}=P\boldsymbol{i}+Q\boldsymbol{j}$ 存在势函数 $u(x,y)$,满足 $\mathrm{grad}u=\boldsymbol{F}$,即$\frac{\partial u}{\partial x}=P,\frac{\partial u}{\partial y}=Q$.

那么,怎样求出这个势函数呢? 或者等价地说,怎样解全微分方程(9.6.2)呢? 我们回忆前面定理 9.6.1 的充分性的证明,在那里我们证明了,对于保守场 $\boldsymbol{F}=P\boldsymbol{i}+Q\boldsymbol{j}$,其势函数可取为

$$u(x,y)=\int_{(x_0,y_0)}^{(x,y)}P(x,y)\mathrm{d}x+Q(x,y)\mathrm{d}y \tag{9.6.6}$$

(为方便计,我们仍用 x、y 表示积分变量). 上式右端是一个以 (x_0,y_0) 为起点、(x,y) 为终点的曲线积分. 由于积分与路径无关,所以我们可以取一条简捷的路径(见图 9.30(a)或(b))而得到 $u(x,y)$ 的表达式. 若沿图 9.30(a)中的路径,则由第二类曲线积分的计算公式得

$$u(x,y)=\int_{x_0}^{x}P(x,y_0)\mathrm{d}x+\int_{y_0}^{y}Q(x,y)\mathrm{d}y; \tag{9.6.7}$$

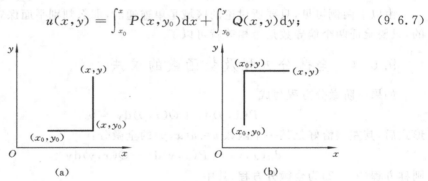

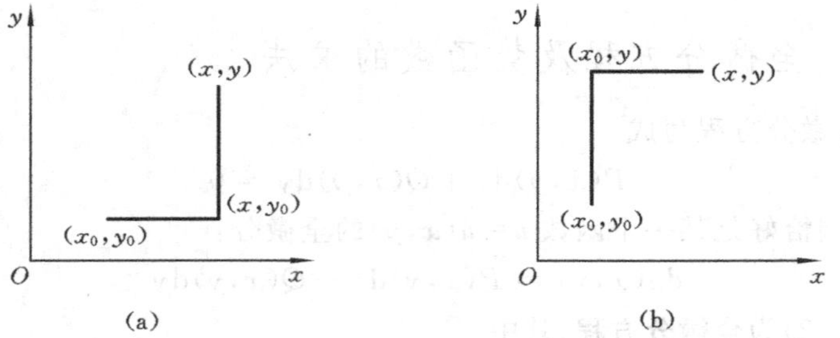

图 9.30

若沿图 9.30(b)中的路径,则得

$$u(x,y)=\int_{y_0}^{y}Q(x_0,y)\mathrm{d}y+\int_{x_0}^{x}P(x,y)\mathrm{d}x. \tag{9.6.8}$$

例 9.6.4 求解微分方程

$$(x+y+1)\mathrm{d}x+(x-y^2+3)\mathrm{d}y=0.$$

解 令 $P=x+y+1,Q=x-y^2+3$,则

$$\frac{\partial P}{\partial y}=1=\frac{\partial Q}{\partial x},$$

因此所给方程是一个全微分方程,取 (x_0,y_0) 为坐标原点,由公式(9.6.8),得

$$u(x,y)=\int_0^y(-y^2+3)\mathrm{d}y+\int_0^x(x+y+1)\mathrm{d}x$$

$$=-\frac{y^3}{3}+3y+\frac{x^2}{2}+xy+x,$$

因此，所求通解为 $\dfrac{x^2}{2}+xy+x-\dfrac{y^3}{3}+3y=C.$ □

还有一种求势函数的方法——待定函数法. 假设在单连通区域 D 上给定向量场 $\boldsymbol{F}=P\boldsymbol{i}+Q\boldsymbol{j}$，满足条件

$$\frac{\partial P}{\partial y}=\frac{\partial Q}{\partial x}.$$

则由定理 9.6.2 知，$\boldsymbol{F}$ 是保守场，因此存在势函数 $u(x,y)$，使得

$$\frac{\partial u}{\partial x}=P,\quad \frac{\partial u}{\partial y}=Q.$$

下面我们固定 y，而对等式 $\dfrac{\partial u}{\partial x}=P$ 两端关于 x 求不定积分，得

$$u(x,y)=\int P(x,y)\mathrm{d}x+\varphi(y). \tag{9.6.9}$$

由于计算积分 $\int P(x,y)\mathrm{d}x$ 时，y 看作常数，所以积分常数与 y 有关，记为 $\varphi(y)$. 为了确定函数 $\varphi(y)$，将式(9.6.9)对 y 求导得

$$\frac{\partial u}{\partial y}=\frac{\partial}{\partial y}\left(\int P(x,y)\mathrm{d}x\right)+\varphi'(y).$$

由 $\dfrac{\partial u}{\partial y}=Q$，可得

$$Q=\frac{\partial}{\partial y}\left(\int P(x,y)\mathrm{d}x\right)+\varphi'(y). \tag{9.6.10}$$

由式(9.6.10)确定出 $\varphi(y)$，代回式(9.6.9)即得到所要求的势函数 $u(x,y)$.

例 9.6.5　求势函数 $u(x,y)$，使得

$$\mathrm{d}u=(x+2y)\mathrm{d}x+(2x+y)\mathrm{d}y.$$

解　令 $P=x+2y$，$Q=2x+y$，则由 $\dfrac{\partial u}{\partial x}=P=x+2y$，得

$$u(x,y)=\frac{x^2}{2}+2xy+\varphi(y),$$

上式两端对 y 求导，得 $\dfrac{\partial u}{\partial y}=2x+\varphi'(y).$

而 $\dfrac{\partial u}{\partial y}=Q=2x+y$，故有 $2x+y=2x+\varphi'(y)$，

即 $\varphi'(y)=y.$

上式两端对 y 积分，得

$$\varphi(y)=\frac{y^2}{2}+C\quad (C\text{ 为任意常数}).$$

最后得势函数 $u(x,y)=\dfrac{x^2}{2}+2xy+\dfrac{y^2}{2}+C.$ □

有时,方程

$$P(x,y)\mathrm{d}x+Q(x,y)\mathrm{d}y=0 \tag{9.6.11}$$

的左端不是全微分,但可以选配一个函数 $\mu(x,y)$,使方程(9.6.11)乘以 $\mu(x,y)$后,成为全微分方程:

$$\mathrm{d}u=\mu P\mathrm{d}x+\mu Q\mathrm{d}y.$$

这样的函数称为**积分因子**.一般情况下,积分因子不容易求出来的.但在某些简单的情形下,可用视察法得到.

例 9.6.6 设有微分方程

$$x\mathrm{d}x+y\mathrm{d}y+(x^2+y^2)x^2\mathrm{d}x=0. \tag{9.6.12}$$

乘以因子 $\mu=\dfrac{1}{x^2+y^2}$之后,左端便化为全微分.即有

$$\frac{x\mathrm{d}x+y\mathrm{d}y}{x^2+y^2}+x^2\mathrm{d}x=0.$$

积分之,得

$$\frac{1}{2}\ln(x^2+y^2)+\frac{x^3}{3}=\ln C_1,$$

将上式乘以 2,整理得方程(9.6.12)的通解为

$$(x^2+y^2)\mathrm{e}^{\frac{2}{3}x^3}=C.$$

□

习 题 9.6

(A)

1. 回答下列问题:

 (1) 什么叫保守场?什么叫势函数?

 (2) 保守场的重要性质是什么?

 (3) 如何判别一个向量场是否是保守场?

 (4) 什么叫全微分方程?

 (5) 怎样求势函数?

2. 判别下列向量场是不是保守场,或对什么区域来说是保守场:

 (1) $\boldsymbol{F}=\varphi(x)\boldsymbol{i}+\psi(y)\boldsymbol{j}$,其中 φ 与 ψ 是可微函数; (2) $\boldsymbol{F}=\dfrac{1}{r^3}(x\boldsymbol{i}+y\boldsymbol{j})$,$r=\sqrt{x^2+y^2}$;

 (3) $\boldsymbol{F}=f(x+y)(\boldsymbol{i}+\boldsymbol{j})$,其中 $f(u)$连续; (4) $\boldsymbol{F}=\dfrac{1}{x^2+y^2}(y\boldsymbol{i}-x\boldsymbol{j})$.

3. 求势函数 $u(x,y)$,使得

 (1) $\mathrm{d}u=2xy\mathrm{d}x+x^2\mathrm{d}y$; (2) $\mathrm{d}u=(3x^2-3y^2+4)\mathrm{d}x-6xy\mathrm{d}y$;

 (3) $\mathrm{d}u=(2x\cos y+y^2\cos x)\mathrm{d}x+(2y\sin x-x^2\sin y)\mathrm{d}y$;

 (4) $\mathrm{d}u=(\mathrm{e}^x\sin y+2xy^2)\mathrm{d}x+(\mathrm{e}^x\cos y+2x^2y)\mathrm{d}y$.

4. 验证被积函数为全微分,并计算下列曲线积分:

 (1) $\displaystyle\int_{(-1,2)}^{(2,3)}x\mathrm{d}y+y\mathrm{d}x$; (2) $\displaystyle\int_{(0,0)}^{(1,1)}(x-y)(\mathrm{d}x-\mathrm{d}y)$;

(3) $\int_{(2,1)}^{(1,2)} \frac{y\mathrm{d}x - x\mathrm{d}y}{x^2}$，沿不和 y 轴相交的路径；

(4) $\int_{(1,0)}^{(6,8)} \frac{x\mathrm{d}x + y\mathrm{d}y}{\sqrt{x^2+y^2}}$，沿不通过坐标原点的路径.

5. 判别下列方程中哪些是全微分方程，并求全微分方程的通解：

(1) $(x^2-y)\mathrm{d}x - x\mathrm{d}y = 0$；　(2) $(x\cos y + \cos x)y' - y\sin x + \sin y = 0$；

(3) $(x^2+y^2)\mathrm{d}x + xy\mathrm{d}y = 0$；　(4) $(1+\mathrm{e}^{2y})\mathrm{d}x + 2x\mathrm{e}^{2y}\mathrm{d}y = 0$.

6. 设有平面力场 $\boldsymbol{F}(x,y) = (2xy^3 - y^2\cos x)\boldsymbol{i} + (1 - 2y\sin x + 3x^2y^2)\boldsymbol{j}$，求一质点沿曲线 L：$2x = \pi y^2$ 从点 $O(0,0)$ 运动到点 $A(\frac{\pi}{2},1)$ 时，变力 $\boldsymbol{F}$ 所作的功.

(B)

1. 设 L 是从点 $A(-a,0)$ 经上半椭圆 $\frac{x^2}{a^2} + \frac{y^2}{b^2} = 1(y \geqslant 0)$ 到点 $B(a,0)$ 的弧段，计算曲线积分

$$I = \int_L \frac{x-y}{x^2+y^2}\mathrm{d}x + \frac{x+y}{x^2+y^2}\mathrm{d}y.$$

2. 设 $f(x)$ 在 $(-\infty,+\infty)$ 内有连续导数，L 是从点 $A(3,\frac{2}{3})$ 到点 $B(1,2)$ 的直线段，计算曲线积分

$$I = \int_L \frac{1+y^2 f(xy)}{y}\mathrm{d}x + \frac{x}{y^2}[y^2 f(xy) - 1]\mathrm{d}y.$$

3. 设 $\boldsymbol{F}(x,y) = xy^2\boldsymbol{i} + yf(x)\boldsymbol{j}$ 为保守场，其中 $f(x)$ 具有连续导数，且 $f(0)=0$. 计算曲线积分 I 的值：

$$I = \int_{(0,0)}^{(1,1)} \boldsymbol{F} \cdot \mathrm{d}\boldsymbol{s}$$

4. 证明：若 $f(u)$ 为连续函数，C 为分段光滑的简单闭曲线，则 $\oint_C f(x^2+y^2)(x\mathrm{d}x + y\mathrm{d}y) = 0$.

答案与提示

(A)

2. (1)、(2)、(3)、(4) 均为保守场.

3. (1) $u(x,y) = x^2y + C$；　(2) $u(x,y) = x^3 - 3xy^2 + 4x + C$；

(3) $u(x,y) = x^2\cos y + y^2\sin x + C$；　(4) $u(x,y) = \mathrm{e}^x\sin y + x^2y^2 + C$.

4. (1) 8；　(2) 0；　(3) $-\frac{3}{2}$；　(4) 9.

5. (1) 是全微分方程，通解：$xy - \frac{x^3}{3} = C$；　(2) 是全微分方程，通解：$y\cos x + x\sin y = C$；

(3) 不是全微分方程；　(4) 是全微分方程，通解：$x(1+\mathrm{e}^{2y}) = C$.

6. $\frac{\pi^2}{4}$.

(B)

1. $-\pi$.

2. -4.

3. $\frac{1}{2}$.

4. 证明被积表达式是某个函数的全微分.

9.7 散度和高斯公式

9.7.1 向量场的散度

我们考察图 9.31 和图 9.32 所示的水流的速度场. 图 9.31 表明水流从原点喷出,即原点是一个**源**. 图 9.32 则表明水流从原点注入,即原点是一个洞,如水流入下水道的情形. 这时我们说原点是一个**汇**.

设 Ω 是 $\mathbf{R}^3$ 中的一个开区域,其边界曲面为 S. 若向量场 $\boldsymbol{F}(x,y,z)$ 表示定义在 Ω 上的一个稳定流速场,则 $\boldsymbol{F}$ 沿闭曲面 S 外侧的曲面积分 $\oint\!\!\!\oint_S \boldsymbol{F}\cdot \mathrm{d}\boldsymbol{S}$ 可表示流体流出区域 Ω 的净速率(即单位时间内通过曲面 S 的流量). 如果流体在 Ω 内部没有源或汇,那么通过 S 的净流量为零. 如果在 Ω 内有源或汇,我们来研究在这样的点处,流体产生或消失的速率.

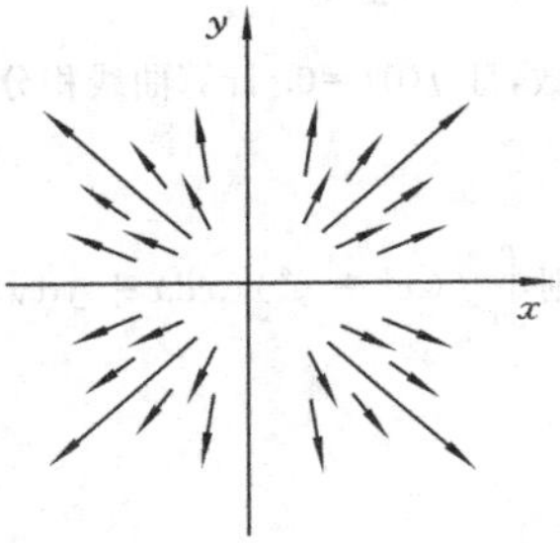

图 9.31

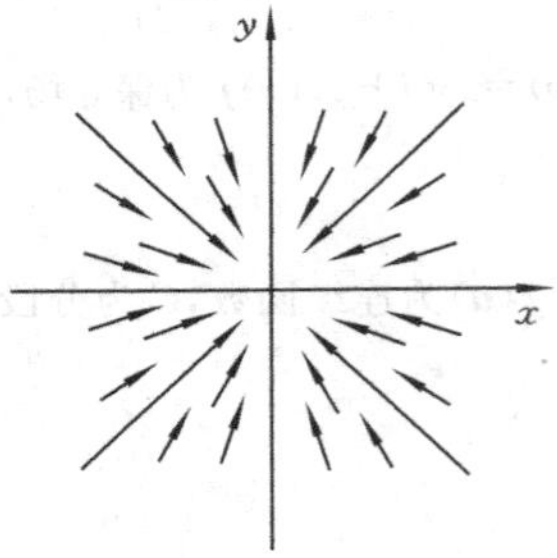

图 9.32

设 $M_0\in\Omega$,任取一包含点 M_0 的区域 V,Σ 表示 V 的边界曲面外侧,$V\subset\Omega$,且 V 也用来表示其体积. 令 $\boldsymbol{e}_n$ 表示 Σ 的单位外法向量. 如果极限

$$\lim_{V\to M_0}\frac{\oint\!\!\!\oint_{\Sigma}\boldsymbol{F}\cdot\boldsymbol{e}_n\mathrm{d}S}{V}$$

存在,且它与 V 的选取无关,则称此极限为向量场 $\boldsymbol{F}$ 在 M_0 点的**散度**,记作

$$\mathrm{div}\boldsymbol{F}(M_0)=\lim_{V\to M_0}\frac{\oint\!\!\!\oint_{\Sigma}\boldsymbol{F}\cdot\boldsymbol{e}_n\mathrm{d}S}{V}. \tag{9.7.1}$$

若 $\boldsymbol{F}$ 表示流速,则散度表示在某一点处,单位时间内通过单位体积流体的流量. 若向量场表示流体流入某点,则散度为负;若表示流出某点,则散度为正. 使散度 $\mathrm{div}\boldsymbol{F}>0$ 的点称为**源**,使 $\mathrm{div}\boldsymbol{F}<0$ 的点称为**汇**. 若散度 $\mathrm{div}\boldsymbol{F}(M_0)=0$,则说在 M_0 点**无**

源,而当 $\mathrm{div}\boldsymbol{F}\equiv 0$ 时,称向量场 $\boldsymbol{F}$ 为**无源场**.

9.7.2　散度的计算

设有向量场 $\boldsymbol{F}=P(x,y,z)\boldsymbol{i}+Q(x,y,z)\boldsymbol{j}+R(x,y,z)\boldsymbol{k}$,其中 P、Q、R 有连续的偏导数,则散度在直角坐标系中的计算公式为

$$\mathrm{div}\boldsymbol{F}=\frac{\partial P}{\partial x}+\frac{\partial Q}{\partial y}+\frac{\partial R}{\partial z}. \tag{9.7.2}$$

下面我们来推导这个公式. 为了求 $\boldsymbol{F}$ 在点 $M(x,y,z)$ 处的散度,我们取一个以 M 为一顶点,边长为 $\mathrm{d}x,\mathrm{d}y,\mathrm{d}z$ 的微元(见图 9.33). 这个长方体微元的边界面平行于坐标面,边界面 Σ 由六个平面组成,我们称之为上、下、左、右、前、后六个面.

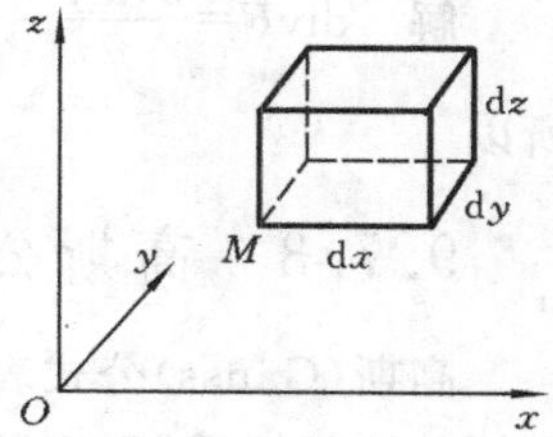

图 9.33

由于左面的外法向为 $-\boldsymbol{i}$,所以流出左面的流量为

$$\boldsymbol{F}\cdot(-\boldsymbol{i})\mathrm{d}y\mathrm{d}z=-P(x,y,z)\mathrm{d}y\mathrm{d}z;$$

由于右面的外法向为 $\boldsymbol{i}$,所以流出右面的流量为

$$\boldsymbol{F}\cdot\boldsymbol{i}\mathrm{d}y\mathrm{d}z=P(x+\mathrm{d}x,y,z)\mathrm{d}y\mathrm{d}z,$$

由局部线性化,有

$$P(x+\mathrm{d}x,y,z)\approx P(x,y,z)+\frac{\partial P}{\partial x}\mathrm{d}x.$$

因此,通过左、右两面的总流量为

$$\begin{aligned}&-P(x,y,z)\mathrm{d}y\mathrm{d}z+P(x+\mathrm{d}x,y,z)\mathrm{d}y\mathrm{d}z\\ \approx&-P(x,y,z)\mathrm{d}y\mathrm{d}z+P(x,y,z)\mathrm{d}y\mathrm{d}z+\frac{\partial P}{\partial x}\mathrm{d}x\mathrm{d}y\mathrm{d}z\\ =&\frac{\partial P}{\partial x}\mathrm{d}x\mathrm{d}y\mathrm{d}z.\end{aligned}$$

类似地,通过前、后两面,以及通过上、下两面的总流量分别可近似地表示为

$$\frac{\partial Q}{\partial y}\mathrm{d}x\mathrm{d}y\mathrm{d}z \quad 和 \quad \frac{\partial R}{\partial z}\mathrm{d}x\mathrm{d}y\mathrm{d}z.$$

从而通过整个边界曲面 Σ 的总流量可近似地表示为

$$\left(\frac{\partial P}{\partial x}+\frac{\partial Q}{\partial y}+\frac{\partial R}{\partial z}\right)\mathrm{d}x\mathrm{d}y\mathrm{d}z.$$

因为长方体微元的体积为 $\mathrm{d}x\mathrm{d}y\mathrm{d}z$,所以

$$\mathrm{div}\boldsymbol{F}(x,y,z)=\lim_{体积\to 0}\frac{通过\,\Sigma\,的流量}{\Sigma\,所围区域的体积}=\frac{\partial P}{\partial x}+\frac{\partial Q}{\partial y}+\frac{\partial R}{\partial z}.$$

公式(9.7.2)获证.

利用算符向量

$$\nabla = \frac{\partial}{\partial x}\boldsymbol{i} + \frac{\partial}{\partial y}\boldsymbol{j} + \frac{\partial}{\partial z}\boldsymbol{k},$$

散度可记为

$$\mathrm{div}\boldsymbol{F} = \nabla \cdot \boldsymbol{F} = \frac{\partial P}{\partial x} + \frac{\partial Q}{\partial y} + \frac{\partial R}{\partial z}.$$

例 9.7.1 求向量场 $\boldsymbol{F}(x,y,z)=xy^2\boldsymbol{i}+ye^z\boldsymbol{j}+x\ln(1+z^2)\boldsymbol{k}$ 在点 $P(1,1,0)$ 的散度.

解 $\mathrm{div}\boldsymbol{F}=\dfrac{\partial(xy^2)}{\partial x}+\dfrac{\partial(ye^z)}{\partial y}+\dfrac{\partial[x\ln(1+z^2)]}{\partial z}=y^2+e^z+\dfrac{2xz}{1+z^2}$,

所以

$$\mathrm{div}\boldsymbol{F}(P) = 2.$$ □

9.7.3 高斯公式

高斯(Gauss)公式表述的是流量与散度之间的关系.我们知道,散度刻画的是向量场的局部性质,而流量刻画的是向量场的整体性质.散度与流量之间,正如微分与积分之间一样存在着密切的关系.

设空间任意点(x,y,z)处的流体速度为

$$\boldsymbol{v} = P(x,y,z)\boldsymbol{i} + Q(x,y,z)\boldsymbol{j} + R(x,y,z)\boldsymbol{k},$$

流体是不可压缩的,即密度 μ 为常数,不妨设 $\mu=1$.有一光滑闭曲面 Σ 围成区域 V,取单位外法向量 $\boldsymbol{e}_n=\{\cos\alpha,\cos\beta,\cos\gamma\}$,则单位时间内通过 Σ 流出的流体质量即流量为

$$\begin{aligned}\Phi &= \oint\!\!\!\oint_{\Sigma} \boldsymbol{v}\cdot\boldsymbol{e}_n \mathrm{d}S = \oint\!\!\!\oint_{\Sigma}(P\cos\alpha + Q\cos\beta + R\cos\gamma)\mathrm{d}S \\ &= \oint\!\!\!\oint_{\Sigma} P\mathrm{d}y\mathrm{d}z + Q\mathrm{d}z\mathrm{d}x + R\mathrm{d}x\mathrm{d}y.\end{aligned}$$

另一方面,在 V 内任取一微元 $\mathrm{d}V$,它包含点(x,y,z),从 $\mathrm{d}V$ 流出的流量为

$$\mathrm{d}\Phi = \left(\frac{\partial P}{\partial x} + \frac{\partial Q}{\partial y} + \frac{\partial R}{\partial z}\right)\mathrm{d}V,$$

因此整个区域 V 流出的流量为

$$\Phi = \iiint_V \left(\frac{\partial P}{\partial x} + \frac{\partial Q}{\partial y} + \frac{\partial R}{\partial z}\right)\mathrm{d}x\mathrm{d}y\mathrm{d}z.$$

根据质量守恒定律,有

$$\iiint_V \left(\frac{\partial P}{\partial x} + \frac{\partial Q}{\partial y} + \frac{\partial R}{\partial z}\right)\mathrm{d}x\mathrm{d}y\mathrm{d}z = \oint\!\!\!\oint_{\Sigma}(P\cos\alpha + Q\cos\beta + R\cos\gamma)\mathrm{d}S.$$

这个公式具有一般意义,称之为**高斯公式**.

下面给出这个公式的数学上的证明.

定理 9.7.1(散度定理) 设 V 是 $\mathbf{R}^3$ 内的一个有界闭区域,其边界 Σ 由光滑曲面

或分片光滑曲面组成，方向取外侧. 又设函数 P、Q、R 在 V 上有一阶连续偏导数，则下列高斯公式成立：

$$\iiint\limits_V \left(\frac{\partial P}{\partial x}+\frac{\partial Q}{\partial y}+\frac{\partial R}{\partial z}\right)\mathrm{d}x\mathrm{d}y\mathrm{d}z=\oint\!\!\!\!\oint\limits_\Sigma (P\cos\alpha+Q\cos\beta+R\cos\gamma)\mathrm{d}S, \quad (9.7.3)$$

其中 $\cos\alpha$、$\cos\beta$、$\cos\gamma$ 为 Σ 上单位外法向量 $\boldsymbol{e}_n$ 的方向余弦. 上述公式还可写成

$$\iiint\limits_V \left(\frac{\partial P}{\partial x}+\frac{\partial Q}{\partial y}+\frac{\partial R}{\partial z}\right)\mathrm{d}x\mathrm{d}y\mathrm{d}z=\oint\!\!\!\!\oint\limits_\Sigma P\mathrm{d}y\mathrm{d}z+Q\mathrm{d}z\mathrm{d}x+R\mathrm{d}x\mathrm{d}y. \quad (9.7.4)$$

证　我们只对特殊区域证明. 设区域 V 既可看成由上、下两个曲面围成，又可看成由左、右两个曲面围成，还可看成由前、后两个曲面围成，即

$$\begin{aligned}V&=\{(x,y,z)\mid z_1(x,y)\leqslant z\leqslant z_2(x,y),(x,y)\in D_{xy}\}\\&=\{(x,y,z)\mid y_1(z,x)\leqslant y\leqslant y_2(z,x),(z,x)\in D_{zx}\}\\&=\{(x,y,z)\mid x_1(y,z)\leqslant x\leqslant x_2(y,z),(y,z)\in D_{yz}\},\end{aligned}$$

其中 D_{xy}、D_{zx}、D_{yz} 分别是 Oxy 平面、Ozx 平面、Oyz 平面上的区域. 这时，平行于坐标轴的直线与边界 Σ 的交点至多为两个(见图 9.34).

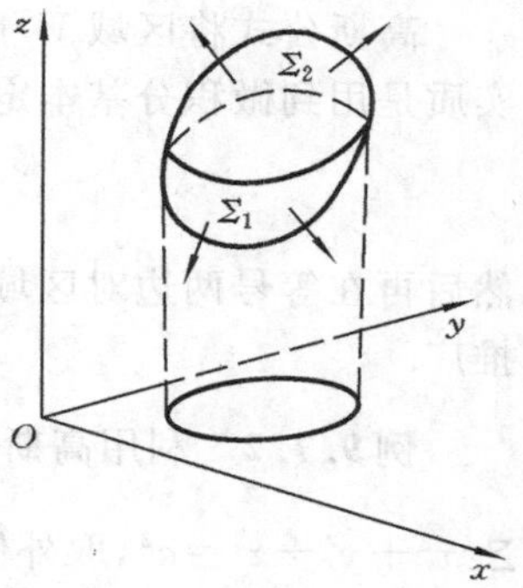

图 9.34

将 Σ 分成上半曲面 Σ_2 和下半曲面 Σ_1，则

$$\begin{aligned}\iiint\limits_V \frac{\partial R}{\partial z}\mathrm{d}x\mathrm{d}y\mathrm{d}z&=\iint\limits_{D_{xy}}\mathrm{d}x\mathrm{d}y\int_{z_1(x,y)}^{z_2(x,y)}\frac{\partial R}{\partial z}\mathrm{d}z\\&=\iint\limits_{D_{xy}}[R(x,y,z_2(x,y))-R(x,y,z_1(x,y))]\mathrm{d}x\mathrm{d}y.\end{aligned}$$

由第二类曲面积分的计算公式，并注意到在 Σ_2 的上侧法向量为

$$\boldsymbol{n}=\left\{-\frac{\partial z_2}{\partial x},-\frac{\partial z_2}{\partial y},1\right\},$$

在 Σ_1 的下侧法向量为 $$\boldsymbol{n}=\left\{\frac{\partial z_1}{\partial x},\frac{\partial z_1}{\partial y},-1\right\},$$

可得

$$\begin{aligned}\oint\!\!\!\!\oint\limits_\Sigma R(x,y,z)\cos\gamma\mathrm{d}S&=\iint\limits_{\Sigma_1}R(x,y,z)\cos\gamma\mathrm{d}S+\iint\limits_{\Sigma_2}R(x,y,z)\cos\gamma\mathrm{d}S\\&=-\iint\limits_{D_{xy}}R(x,y,z_1(x,y))\mathrm{d}x\mathrm{d}y+\iint\limits_{D_{xy}}R(x,y,z_2(x,y))\mathrm{d}x\mathrm{d}y.\end{aligned}$$

比较三重积分和曲面积分的计算结果，即得

$$\iiint\limits_V \frac{\partial R}{\partial z}\mathrm{d}x\mathrm{d}y\mathrm{d}z=\oint\!\!\!\!\oint\limits_\Sigma R\cos\gamma\mathrm{d}S.$$

同理可证 $\displaystyle\iiint\limits_V \frac{\partial P}{\partial x}\mathrm{d}x\mathrm{d}y\mathrm{d}z=\oint\!\!\!\!\oint\limits_\Sigma P\cos\alpha\mathrm{d}S$，$\displaystyle\iiint\limits_V \frac{\partial Q}{\partial y}\mathrm{d}x\mathrm{d}y\mathrm{d}z=\oint\!\!\!\!\oint\limits_\Sigma Q\cos\beta\mathrm{d}S$.

三式相加即得高斯公式.

如果平行于坐标轴的直线与边界曲面 Σ 的交点不止两个，或区域 V 内有“洞”，可以仿照格林公式的证明那样处理. □

若令 $\boldsymbol{F}=P\boldsymbol{i}+Q\boldsymbol{j}+R\boldsymbol{k}$，$\boldsymbol{e}_n$ 表示区域 V 的边界曲面 Σ 的单位外法向量，则高斯公式有如下的**向量形式**：

$$\iiint_V \operatorname{div}\boldsymbol{F}\mathrm{d}V=\oiint_\Sigma \boldsymbol{F}\cdot\boldsymbol{e}_n\mathrm{d}S. \tag{9.7.5}$$

高斯公式将区域 V 上的三重积分与 V 的边界 Σ 上的曲面积分联系起来，证明的实质是用到微积分基本定理：

$$\int_{z_1(x,y)}^{z_2(x,y)}\frac{\partial R}{\partial z}\mathrm{d}z=R\Big|_{z_1(x,y)}^{z_2(x,y)},$$

然后再在等号两边对区域 D_{xy} 取重积分. 所以高斯公式可看作是微积分基本定理的推广.

例 9.7.2 利用高斯公式计算曲面积分 $I=\oiint_\Sigma x^3\mathrm{d}y\mathrm{d}z+y^3\mathrm{d}z\mathrm{d}x+z^3\mathrm{d}x\mathrm{d}y$，其中 $\Sigma: x^2+y^2+z^2=a^2$，取外侧.

解 由高斯公式，得

$$I=\oiint_\Sigma x^3\mathrm{d}y\mathrm{d}z+y^3\mathrm{d}z\mathrm{d}x+z^3\mathrm{d}x\mathrm{d}y=\iiint_{x^2+y^2+z^2\leqslant a^2}3(x^2+y^2+z^2)\mathrm{d}x\mathrm{d}y\mathrm{d}z$$

$$=3\int_0^{2\pi}\mathrm{d}\theta\int_0^{\pi}\mathrm{d}\varphi\int_0^a\rho^2\cdot\rho^2\sin\varphi\,\mathrm{d}\rho=\frac{3}{5}a^5\int_0^{2\pi}\mathrm{d}\theta\int_0^{\pi}\sin\varphi\,\mathrm{d}\varphi=\frac{12}{5}\pi a^5.$$ □

例 9.7.3 设函数 u、v 是空间有界闭区域 Ω 上的函数，具有二阶连续偏导数，Ω 的边界记为 Σ. 则有**格林第一公式**

$$\iint_\Sigma v\frac{\partial u}{\partial n}\mathrm{d}S=\iiint_\Omega \nabla v\cdot\nabla u\mathrm{d}x\mathrm{d}y\mathrm{d}z+\iiint_\Omega v\Delta u\mathrm{d}x\mathrm{d}y\mathrm{d}z,$$

其中 $\boldsymbol{e}_n$ 是 Σ 的单位外法向量.

证 由方向导数公式，有

$$\frac{\partial u}{\partial n}=\frac{\partial u}{\partial x}\cos\alpha+\frac{\partial u}{\partial y}\cos\beta+\frac{\partial u}{\partial z}\cos\gamma=\nabla u\cdot\boldsymbol{e}_n\quad(\boldsymbol{e}_n\text{ 为单位外法向量}),$$

所以由高斯公式得

$$\iint_\Sigma v\frac{\partial u}{\partial n}\mathrm{d}S=\iint_\Sigma v\nabla u\cdot\boldsymbol{e}_n\mathrm{d}S=\iiint_\Omega\nabla\cdot(v\nabla u)\mathrm{d}x\mathrm{d}y\mathrm{d}z.$$

由 ∇ 的定义，容易算得

$$\nabla\cdot(v\nabla u)=\frac{\partial}{\partial x}\left(v\frac{\partial u}{\partial x}\right)+\frac{\partial}{\partial y}\left(v\frac{\partial u}{\partial y}\right)+\frac{\partial}{\partial z}\left(v\frac{\partial u}{\partial z}\right)$$

$$=\frac{\partial v}{\partial x}\frac{\partial u}{\partial x}+\frac{\partial v}{\partial y}\frac{\partial u}{\partial y}+\frac{\partial v}{\partial z}\frac{\partial u}{\partial z}+v\left(\frac{\partial^2 u}{\partial x^2}+\frac{\partial^2 u}{\partial y^2}+\frac{\partial^2 u}{\partial z^2}\right)$$

$$= \nabla v \cdot \nabla u + v\Delta u,$$

因此得
$$\iint\limits_{\Sigma} v\frac{\partial u}{\partial n}\mathrm{d}S = \iiint\limits_{\Omega} \nabla v \cdot \nabla u\mathrm{d}x\mathrm{d}y\mathrm{d}z + \iiint\limits_{\Omega} v\Delta u\mathrm{d}x\mathrm{d}y\mathrm{d}z.$$

这个公式是定积分分部积分公式的推广，在实际问题中非常有用. □

习　题　9.7

(A)

1. 回答下列问题：

(1) 向量场的散度怎样定义？

(2) 在直角坐标系下，散度的计算公式是怎样的？

(3) 高斯公式成立有些什么条件？

2. 证明：

(1) $\mathrm{div}(\boldsymbol{F}+\boldsymbol{G})=\mathrm{div}\boldsymbol{F}+\mathrm{div}\boldsymbol{G}$；　(2) $\mathrm{div}(u\boldsymbol{C})=\boldsymbol{C}\cdot\mathrm{grad}u$ ($\boldsymbol{C}$ 为常向量).

3. 计算：

(1) $\mathrm{div}(u\mathrm{grad}u)$；　(2) $\mathrm{div}\boldsymbol{r}$，其中 $\boldsymbol{r}=x\boldsymbol{i}+y\boldsymbol{j}+z\boldsymbol{k}$.

4. 利用高斯公式计算下列曲面积分：

(1) $\oiint\limits_{S} x\mathrm{d}y\mathrm{d}z+y\mathrm{d}z\mathrm{d}x+z\mathrm{d}x\mathrm{d}y$，其中 S 是介于平面 $z=0$ 与 $z=3$ 之间的圆柱体 $x^2+y^2\leqslant 9$ 的整个表面的外侧.

(2) $\oiint\limits_{S}(x-y^2+z^2)\mathrm{d}y\mathrm{d}z+(y-z^2+x^2)\mathrm{d}z\mathrm{d}x+(z-x^2+y^2)\mathrm{d}x\mathrm{d}y$，其中 S 是球面 $(x-a)^2+(y-b)^2+(z-c)^2=R^2$ 的外侧.

(3) $\oiint\limits_{S} yz\mathrm{d}y\mathrm{d}z+zx\mathrm{d}z\mathrm{d}x+xy\mathrm{d}x\mathrm{d}y$，其中 S 是空间区域 $\Omega=\{(x,y,z)\,|\,|x|\leqslant 1,|y|\leqslant 1,|z|\leqslant 1\}$ 的边界面的外侧.

(4) $\oiint\limits_{S}\dfrac{x\mathrm{d}y\mathrm{d}z+y\mathrm{d}z\mathrm{d}x+z\mathrm{d}x\mathrm{d}y}{\sqrt{x^2+y^2+z^2}}$，其中 S 为球面 $x^2+y^2+z^2=a^2$ 的外侧.

5. 求向量 $\boldsymbol{r}=x\boldsymbol{i}+y\boldsymbol{i}+z\boldsymbol{k}$ 的流量：

(1) 通过圆锥形 $x^2+y^2\leqslant z^2\,(0\leqslant z\leqslant h)$ 的侧表面；

(2) 通过此圆锥形的底.

6. 求向量 $\boldsymbol{A}=yz\boldsymbol{i}+zx\boldsymbol{j}+xy\boldsymbol{k}$ 的流量：

(1) 通过圆柱 $x^2+y^2\leqslant a^2$，$0\leqslant z\leqslant h$ 的全表面；

(2) 通过此圆柱的侧表面.

(B)

1. 计算曲面积分 $\iint\limits_{S}(x^2\cos\alpha+y^2\cos\beta+z^2\cos\gamma)\mathrm{d}S$，其中 S 为圆锥面 $x^2+y^2=z^2$ 介于平面 $z=0$ 及 $z=h\,(h>0)$ 之间的部分的下侧，$\cos\alpha$、$\cos\beta$、$\cos\gamma$ 是 S 在点 (x,y,z) 处的法向量的方向余弦.

2. 求向径 $\boldsymbol{r}$ 穿过曲面 S：$z=1-\sqrt{x^2+y^2}\,(0\leqslant z\leqslant 1)$ 的流量.

答案与提示

(A)

3. (1) $\mathrm{grad}u\cdot\mathrm{grad}v+u\Delta v$；(2) 3.

4. (1) 81π；(2) $4\pi R^3$；(3) 0；(4) $4\pi a^2$.

5. (1) 0；(2) πh^3.

6. (1) 0；(2) 0.

(B)

1. $-\dfrac{\pi h^4}{2}$.

2. π.

9.8 旋度与斯托克斯公式

9.8.1 向量场的旋度

上节所引进的散度概念，可以刻划流体在某点是注入还是喷出. 本节将引进旋度的概念用以描述向量场中的旋转现象.

设给定流速场 $\boldsymbol{F}(x,y,z)$，$(x,y,z)\in\Omega$，而 Ω 是 $\mathbf{R}^3$ 中的一个有界开区域. 设 L 为 Ω 内一条有向的分段光滑的封闭曲线. 在 L 上任一点处的流速 $\boldsymbol{F}$，可以分解为切向分速 $\boldsymbol{F}_t$ 及法向分速 $\boldsymbol{F}_n$，考虑流体质点是否有沿 L 运动的倾向，只需考察切向分速 $\boldsymbol{F}_t$(见图 9.35). 令 $\mathrm{d}\boldsymbol{l}$ 表示方向与 $\boldsymbol{F}_t$ 的方向相同、大小等于弧长 $\mathrm{d}l$ 的一个向量. 如果 $\boldsymbol{F}_t$ 能够使

$$\boldsymbol{F}\cdot\mathrm{d}\boldsymbol{l}=|\boldsymbol{F}|\cos(\boldsymbol{F},\mathrm{d}\boldsymbol{l})\mathrm{d}l>0$$

则表明流体质点有沿曲线正向运动的倾向；若上述量小于零，则表明流体质点有沿曲线负向运动的倾向，由此我们引进下面的概念.

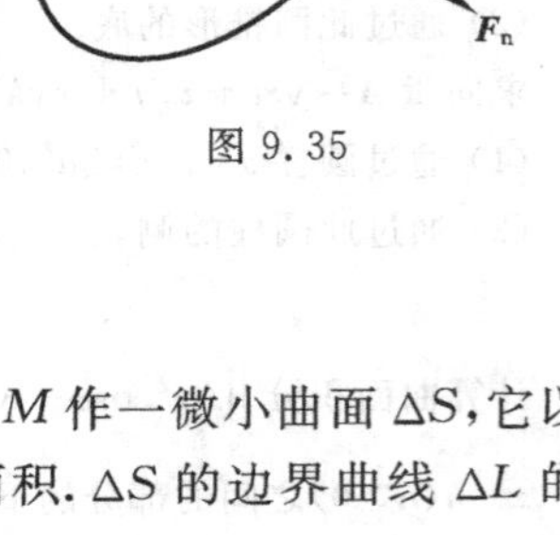

图 9.35

定义 9.8.1　设 $\boldsymbol{F}(x,y,z)$是有界开区域 Ω 内的一个向量场，L 是 Ω 内一条分段光滑的有向闭曲线. 称曲线积分

$$\Gamma=\oint_L\boldsymbol{F}\cdot\mathrm{d}\boldsymbol{l}$$

为向量场 $\boldsymbol{F}$ 按所取正方向沿曲线 L 的**环量**.

设 M 为 Ω 内一点，在点 M 处取定一个方向 $\boldsymbol{n}$，并过点 M 作一微小曲面 ΔS，它以 $\boldsymbol{n}$ 为其在点 M 的法向量. 对于这个曲面，亦用 ΔS 表示其面积. ΔS 的边界曲线 ΔL 的正向与 $\boldsymbol{n}$ 构成右手系(见图 9.36).

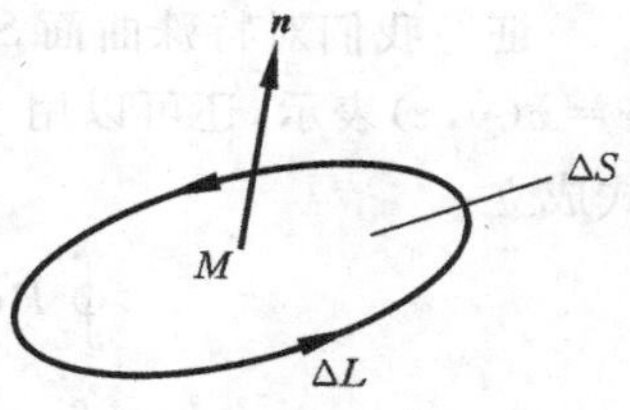

图 9.36

定义 9.8.2　M、ΔS、ΔL 如上所述. 如果向量场 $\boldsymbol{F}$ 沿 ΔL 的环量与面积 ΔS 之比

$$\frac{\oint_{\Delta L} \boldsymbol{F} \cdot \mathrm{d}\boldsymbol{l}}{\Delta S}$$

当 ΔS 缩为点 M 时极限存在，它与 ΔS 的选取无关，则称此极限为向量场 $\boldsymbol{F}$ 在点 M 绕 $\boldsymbol{n}$ 方向的**方向旋量**（或**环量面密度**），记作

$$h(M) = \lim_{\Delta S \to M} \frac{\oint_{\Delta L} \boldsymbol{F} \cdot \mathrm{d}\boldsymbol{l}}{\Delta S}.$$

我们看到，方向旋量是一个与方向有关的概念. 正如在数量场中的方向导数与方向有关一样. 在数量场中，我们引进了梯度向量，在给定点处，梯度的方向给出了最大方向导数的方向，其模正是最大方向导数的数值. 现在我们希望也能找到这样一种向量，它与方向旋量的关系，正如梯度与方向导数之间的关系一样. 由此再引进下列概念.

定义 9.8.3　向量场 $\boldsymbol{F}$ 在点 M 的**旋度**是一个向量，它的方向是使方向旋量达到最大的那个方向，它的大小等于绕该方向的方向旋量.

向量场 $\boldsymbol{F}$ 在点 M 的旋度记作 $\mathrm{rot}\boldsymbol{F}(M)$.

由旋度的定义可知，旋度最能刻划向量场在点 M 附近的旋转特性. 关于旋度的计算公式，我们将在稍后给出.

9.8.2　斯托克斯公式

在上一节给出的高斯公式，揭示了曲面积分与三重积分的关系，现在我们来研究曲面积分与曲线积分之间的关系.

定理 9.8.1（斯托克斯定理）　设函数 $P(x,y,z)$、$Q(x,y,z)$ 和 $R(x,y,z)$ 在包含光滑的有向曲面 S 的区域上具有连续偏导数，S 的边界曲线为 L，L 的方向与 S 的法线方向构成右手系，则有**斯托克斯公式**（Stokes）成立：

$$\oint_L P\mathrm{d}x + Q\mathrm{d}y + R\mathrm{d}z = \iint_S \Big[\left(\frac{\partial R}{\partial y} - \frac{\partial Q}{\partial z}\right)\cos\alpha + \left(\frac{\partial P}{\partial z} - \frac{\partial R}{\partial x}\right)\cos\beta + \left(\frac{\partial Q}{\partial x} - \frac{\partial P}{\partial y}\right)\cos\gamma\Big]\mathrm{d}S. \tag{9.8.1}$$

上述公式又可写成

$$\oint_L P\mathrm{d}x + Q\mathrm{d}y + R\mathrm{d}z = \iint_S \left(\frac{\partial R}{\partial y} - \frac{\partial Q}{\partial z}\right)\mathrm{d}y\mathrm{d}z + \left(\frac{\partial P}{\partial z} - \frac{\partial R}{\partial x}\right)\mathrm{d}z\mathrm{d}x + \left(\frac{\partial Q}{\partial x} - \frac{\partial P}{\partial y}\right)\mathrm{d}x\mathrm{d}y. \tag{9.8.2}$$

证　我们对特殊曲面 S 给出证明. 设曲面 S 既可以用 $z=z(x,y)$ 表示,又可以用 $x=x(y,z)$ 表示,还可以用 $y=y(x,z)$ 表示. 要证式(9.8.1)成立,只要证下列三个公式成立:

$$\oint_L P\mathrm{d}x=\iint_S \frac{\partial P}{\partial z}\cos\beta \mathrm{d}S-\iint_S \frac{\partial P}{\partial y}\cos\gamma \mathrm{d}S,$$

$$\oint_L Q\mathrm{d}y=\iint_S \frac{\partial Q}{\partial x}\cos\gamma \mathrm{d}S-\iint_S \frac{\partial Q}{\partial z}\cos\alpha \mathrm{d}S,$$

$$\oint_L R\mathrm{d}z=\iint_S \frac{\partial R}{\partial y}\cos\alpha \mathrm{d}S-\iint_S \frac{\partial R}{\partial x}\cos\beta \mathrm{d}S.$$

我们以第三个公式为例加以证明. 设曲面 S 的方程为 $z=z(x,y)$,取上侧,S 在 Oxy 平面上的投影区域为 D_{xy},曲线 L 在 Oxy 平面上的投影曲线为 C,其方向如图 9.37 所示. 又设曲线 C 的参数方程为

$$\begin{cases} x=x(t), \\ y=y(t) \end{cases} \quad (\alpha\leqslant t\leqslant\beta),$$

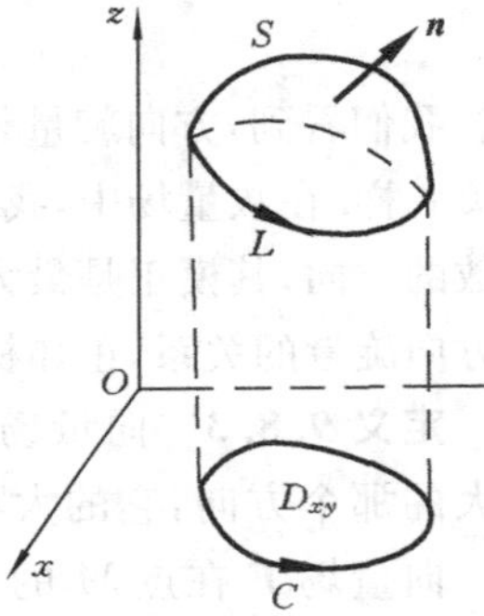

图 9.37

当 t 自 α 增至 β 时,对应曲线 C 的正向,则 L 的参数方程为

$$\begin{cases} x=x(t), \\ y=y(t), \\ z=z(x(t),y(t)), \end{cases}$$

并且当 t 自 α 增至 β 时,对应 L 的正向.

由第二类曲线积分的计算公式,有

$$\oint_L R\mathrm{d}z=\int_\alpha^\beta R(x(t),y(t),z(x(t),y(t)))\left[\frac{\partial z}{\partial x}x'(t)+\frac{\partial z}{\partial y}y'(t)\right]\mathrm{d}t.$$

上式右端的定积分也可看作曲线 C 上的曲线积分计算公式,因而得

$$\oint_L R\mathrm{d}z=\oint_C R(x,y,z(x,y))\frac{\partial z}{\partial x}\mathrm{d}x+R(x,y,z(x,y))\frac{\partial z}{\partial y}\mathrm{d}y.$$

再应用格林公式,得

$$\oint_L R\mathrm{d}z=\iint_{D_{xy}}\left[\left(\frac{\partial R}{\partial x}+\frac{\partial R}{\partial z}\frac{\partial z}{\partial x}\right)\frac{\partial z}{\partial y}+R\frac{\partial^2 z}{\partial x\partial y}-\left(\frac{\partial R}{\partial y}+\frac{\partial R}{\partial z}\frac{\partial z}{\partial y}\right)\frac{\partial z}{\partial x}-R\frac{\partial^2 z}{\partial x\partial y}\right]\mathrm{d}x\mathrm{d}y$$

$$=\iint_{D_{xy}}\frac{\partial R}{\partial x}\frac{\partial z}{\partial y}\mathrm{d}x\mathrm{d}y-\iint_{D_{xy}}\frac{\partial R}{\partial y}\frac{\partial z}{\partial x}\mathrm{d}x\mathrm{d}y.$$

另一方面,曲面 S 的法向量为

$$\boldsymbol{n}=\left\{-\frac{\partial z}{\partial x},-\frac{\partial z}{\partial y},1\right\},$$

根据第二类曲面积分的计算公式,有

$$\iint_S \frac{\partial R}{\partial y}\cos\alpha \mathrm{d}S - \iint_S \frac{\partial R}{\partial x}\cos\beta \mathrm{d}S = \iint_{D_{xy}} \frac{\partial R}{\partial y}\left(-\frac{\partial z}{\partial x}\right)\mathrm{d}x\mathrm{d}y - \iint_{D_{xy}} \frac{\partial R}{\partial x}\left(-\frac{\partial z}{\partial y}\right)\mathrm{d}x\mathrm{d}y$$

$$= \iint_{D_{xy}} \frac{\partial R}{\partial x}\frac{\partial z}{\partial y}\mathrm{d}x\mathrm{d}y - \iint_{D_{xy}} \frac{\partial R}{\partial y}\frac{\partial z}{\partial x}\mathrm{d}x\mathrm{d}y.$$

比较曲线积分与曲面积分计算的结果，即得

$$\oint_L R\,\mathrm{d}z = \iint_S \frac{\partial R}{\partial y}\cos\alpha \mathrm{d}S - \iint_S \frac{\partial R}{\partial x}\cos\beta \mathrm{d}S.$$

同理可证其余两个公式成立，所以斯托克斯公式成立. □

为了便于记忆，我们利用行列式符号将斯托克斯公式写成如下形式：

$$\oint_L P\,\mathrm{d}x + Q\mathrm{d}y + R\mathrm{d}z = \iint_S \begin{vmatrix} \cos\alpha & \cos\beta & \cos\gamma \\ \dfrac{\partial}{\partial x} & \dfrac{\partial}{\partial y} & \dfrac{\partial}{\partial z} \\ P & Q & R \end{vmatrix} \mathrm{d}S = \iint_S \begin{vmatrix} \mathrm{d}y\mathrm{d}z & \mathrm{d}z\mathrm{d}x & \mathrm{d}x\mathrm{d}y \\ \dfrac{\partial}{\partial x} & \dfrac{\partial}{\partial y} & \dfrac{\partial}{\partial z} \\ P & Q & R \end{vmatrix}.$$

可以利用斯托克斯公式来计算曲线积分.

例 9.8.1 利用斯托克斯公式计算曲线积分 $\oint_L y\,\mathrm{d}x + z\mathrm{d}y + x\mathrm{d}z$，其中 L 为圆周 $\begin{cases} x^2+y^2+z^2=a^2, \\ x+y+z=0, \end{cases}$ 若从 x 轴的正向看去，这圆周取逆时针方向.

解 依题意，平面 $x+y+z=0$ 的法线方向是向上的，其法线的方向余弦为

$$\cos\alpha = \cos\beta = \cos\gamma = \frac{1}{\sqrt{3}}.$$

在公式(9.8.1)中取 $P=y, Q=z, R=x$，则有

$$\oint_L y\,\mathrm{d}x + z\mathrm{d}y + x\mathrm{d}z = -\iint_S (\cos\alpha + \cos\beta + \cos\gamma)\mathrm{d}S,$$

其中 S 是 L 所围的圆盘，它在平面 $x+y+z=0$ 上，因此 S 的面积是 πa^2，于是得

$$\oint_L y\,\mathrm{d}x + z\mathrm{d}y + x\mathrm{d}z = -\pi a^2(\cos\alpha + \cos\beta + \cos\gamma)$$

$$= -\pi a^2\left(\frac{1}{\sqrt{3}} + \frac{1}{\sqrt{3}} + \frac{1}{\sqrt{3}}\right) = -\sqrt{3}\pi a^2.$$ □

9.8.3 旋度的计算

为了推导旋度的计算公式，我们首先给出关于曲面积分的一个性质，它类似于一元函数的积分中值定理：

设函数 $f(x,y,z)$ 在曲面 S 上连续，则在 S 上至少存在一点 M^*，使得

$$\iint_S f(x,y,z)\mathrm{d}S = f(M^*) \times (S\text{ 的面积}).$$

设在空间有界开区域 Ω 内给定一个向量场

$$\boldsymbol{F}(x,y,z)=P(x,y,z)\boldsymbol{i}+Q(x,y,z)\boldsymbol{j}+R(x,y,z)\boldsymbol{k},$$

在 Ω 中任取 M 点，并取定方向 $\boldsymbol{n}$，再过 M 点作一微小曲面 ΔS，它以 $\boldsymbol{n}$ 为其法向量，ΔS 的边界为 ΔL，ΔL 的正方向与 $\boldsymbol{n}$ 构成右手系(见图 9.36). 由斯托克斯公式知，$\boldsymbol{F}$ 沿 ΔL 的环量为

$$\begin{aligned}\Delta\Gamma&=\oint_{\Delta L}\boldsymbol{F}\cdot\mathrm{d}\boldsymbol{l}=\oint_{\Delta L}P\mathrm{d}x+Q\mathrm{d}y+R\mathrm{d}z\\&=\iint_{\Delta S}[(R_y-Q_z)\cos(\boldsymbol{n},x)+(P_z-R_x)\cos(\boldsymbol{n},y)+(Q_x-P_y)\cos(\boldsymbol{n},z)]\mathrm{d}S.\end{aligned}$$

由上述曲面积分的性质知，在 ΔS 上存在一点 M^*，使得

$$\Delta\Gamma=[(R_y-Q_z)\cos(\boldsymbol{n},x)+(P_z-R_x)\cos(\boldsymbol{n},y)+(Q_x-P_y)\cos(\boldsymbol{n},z)]\Big|_{M^*}\Delta S.$$

显然，当 ΔS 缩为点 M 时，$M^*\to M$，因此 $\boldsymbol{F}$ 在点 M 绕 $\boldsymbol{n}$ 方向的方向旋量为

$$h(M)=\lim_{\Delta S\to M}\frac{\Delta\Gamma}{\Delta S}=(R_y-Q_z)\cos\alpha+(P_z-R_x)\cos\beta+(Q_x-P_y)\cos\gamma,$$

其中 $\cos\alpha$、$\cos\beta$、$\cos\gamma$ 是在点 $M\boldsymbol{n}$ 的方向余弦. 于是得到了方向旋量在直角坐标系下的计算公式：

$$h(M)=\left(\frac{\partial R}{\partial y}-\frac{\partial Q}{\partial z}\right)\cos\alpha+\left(\frac{\partial P}{\partial z}-\frac{\partial R}{\partial x}\right)\cos\beta+\left(\frac{\partial Q}{\partial x}-\frac{\partial P}{\partial y}\right)\cos\gamma. \tag{9.8.3}$$

取向量

$$\boldsymbol{A}=\left(\frac{\partial R}{\partial y}-\frac{\partial Q}{\partial z}\right)\boldsymbol{i}+\left(\frac{\partial P}{\partial z}-\frac{\partial R}{\partial x}\right)\boldsymbol{j}+\left(\frac{\partial Q}{\partial x}-\frac{\partial P}{\partial y}\right)\boldsymbol{k},$$

则式(9.8.3)可以写成

$$h(M)=\boldsymbol{A}\cdot\boldsymbol{e}_n=|\boldsymbol{A}|\cos(\boldsymbol{A},\boldsymbol{e}_n) \tag{9.8.4}$$

(这里 $\boldsymbol{e}_n$ 为单位法向量). 由式(9.8.4)可知，在给定点处，$\boldsymbol{A}$ 在任一方向 $\boldsymbol{e}_n$ 上的投影，就给出该方向上的方向旋量，因而 $\boldsymbol{A}$ 的方向为方向旋量最大的方向，其模即为最大方向旋量的数值. 这正是定义9.8.3中所给出的**旋度**向量. 因此，我们便得到了在直角坐标系下，向量场 $\boldsymbol{F}$ 在点 M 的旋度的计算公式：

$$\mathrm{rot}\boldsymbol{F}(M)=\boldsymbol{A}=\left(\frac{\partial R}{\partial y}-\frac{\partial Q}{\partial z}\right)\boldsymbol{i}+\left(\frac{\partial P}{\partial z}-\frac{\partial R}{\partial x}\right)\boldsymbol{j}+\left(\frac{\partial Q}{\partial x}-\frac{\partial P}{\partial y}\right)\boldsymbol{k}. \tag{9.8.5}$$

或

$$\mathrm{rot}\boldsymbol{F}(M)=\begin{vmatrix}\boldsymbol{i}&\boldsymbol{j}&\boldsymbol{k}\\\frac{\partial}{\partial x}&\frac{\partial}{\partial y}&\frac{\partial}{\partial z}\\P&Q&R\end{vmatrix}. \tag{9.8.6}$$

由此还可以得到斯托克斯公式的向量形式：

$$\oint_L\boldsymbol{F}\cdot\mathrm{d}\boldsymbol{l}=\iint_S\mathrm{rot}\boldsymbol{F}\cdot\boldsymbol{e}_n\mathrm{d}S \tag{9.8.7}$$

若 $\mathrm{rot}\boldsymbol{F}\equiv\boldsymbol{0}$，则称向量场 $\boldsymbol{F}$ 为**无旋场**.

例 9.8.2　由点电荷 q 在真空中产生的静电场，已知电场强度

$$\boldsymbol{E}=\frac{q}{r^3}(x\boldsymbol{i}+y\boldsymbol{j}+z\boldsymbol{k}),\quad r=(x^2+y^2+z^2)^{1/2}.$$

求 rot$\boldsymbol{E}$.

解

$$\mathrm{rot}\boldsymbol{E}=\begin{vmatrix}\boldsymbol{i} & \boldsymbol{j} & \boldsymbol{k}\\ \dfrac{\partial}{\partial x} & \dfrac{\partial}{\partial y} & \dfrac{\partial}{\partial z}\\ \dfrac{qx}{r^3} & \dfrac{qy}{r^3} & \dfrac{qz}{r^3}\end{vmatrix}$$

$$=\left[\frac{\partial}{\partial y}\left(\frac{qz}{r^3}\right)-\frac{\partial}{\partial z}\left(\frac{qy}{r^3}\right)\right]\boldsymbol{i}+\left[\frac{\partial}{\partial z}\left(\frac{qx}{r^3}\right)-\frac{\partial}{\partial x}\left(\frac{qz}{r^3}\right)\right]\boldsymbol{j}+\left[\frac{\partial}{\partial x}\left(\frac{qy}{r^3}\right)-\frac{\partial}{\partial y}\left(\frac{qx}{r^3}\right)\right]\boldsymbol{k},$$

因为

$$\frac{\partial}{\partial y}\left(\frac{qz}{r^3}\right)=-\frac{3qyz}{r^5},\quad \frac{\partial}{\partial z}\left(\frac{qy}{r^3}\right)=-\frac{3qyz}{r^5},$$

所以 $\boldsymbol{i}$ 前面的系数是 0. 同理，$\boldsymbol{j}$ 和 $\boldsymbol{k}$ 前面的系数也都是 0，因此

$$\mathrm{rot}\boldsymbol{E}=\boldsymbol{0}.$$ □

习　题　9.8

(A)

1. 回答下列问题：

(1) 什么叫方向旋量？

(2) 向量场的旋度是怎样定义的？

(3) 斯托克斯公式成立需要什么条件？

2. 利用斯托克斯公式计算下列曲线积分：

(1) $\oint_L z\mathrm{d}x+x\mathrm{d}y+y\mathrm{d}z$，其中 L 为平面 $x+y+z=1$ 被三个坐标面所截成的三角形的整个边界，它的正向与这个三角形上侧的法向量之间符合右手规则；

(2) $\oint_L (y-z)\mathrm{d}x+(z-x)\mathrm{d}y+(x-y)\mathrm{d}z$，$L$ 为柱面 $x^2+y^2=a^2$ 和平面 $\frac{x}{a}+\frac{z}{b}=1(a>0,b>0)$ 的交线，即 L 是一椭圆边界，从 x 轴正向看去，椭圆按逆时针方向.

3. 求下列向量场的旋度：

(1) $\boldsymbol{F}=2xy\boldsymbol{i}+\mathrm{e}^z\sin y\boldsymbol{j}+(x^2+y^2+z^2)\boldsymbol{k}$；

(2) $\boldsymbol{F}=\mathrm{grad}u$，其中 $u=u(x,y,z)$ 是具有二阶连续偏导数的函数.

(B)

1. 利用斯托克斯公式计算下列曲线积分：

(1) $\oint_L yz\mathrm{d}x+3zx\mathrm{d}y-xy\mathrm{d}z$，$L$ 是曲线 $\begin{cases}x^2+y^2=4y,\\ 3y-z+1=0,\end{cases}$ 从 z 轴正向看去，L 是沿逆时针方向.

(2) $\oint_L y\mathrm{d}x+z\mathrm{d}y+x\mathrm{d}z$，$L$ 是球面 $x^2+y^2+z^2=R^2$ 与平面 $x+z=R$ 的交线，方向由点 $(R,0,0)$

出发,先经过 $x>0, y>0$ 部分,再经 $x>0, y<0$ 部分回到出发点.

2. 证明 $\mathrm{rot}(\boldsymbol{F}+\boldsymbol{G})=\mathrm{rot}\boldsymbol{F}+\mathrm{rot}\boldsymbol{G}$.

答案与提示

(A)

2. (1) $\frac{3}{2}$; (2) $-2\pi a(a+b)$.

3. (1) $(2y-\mathrm{e}^z\sin y)\boldsymbol{i}-2x\boldsymbol{j}-2x\boldsymbol{k}$; (2) 0.

(B)

1. (1) 8π; (2) $-\frac{\sqrt{2}}{2}\pi R^2$.

9.9 梯度算子

在第 7 章 7.5.2 小节中,我们曾引进了**梯度算子**

$$\nabla=\frac{\partial}{\partial x}\boldsymbol{i}+\frac{\partial}{\partial y}\boldsymbol{j}+\frac{\partial}{\partial z}\boldsymbol{k}, \tag{9.9.1}$$

它既是一个微分运算符号,又要被当作一个向量来对待. 通常又称∇ 为**哈米尔顿(Hamilton)算子**,它在物理中有着广泛的应用. 本节将简要地介绍梯度算子的运算规则及某些应用.

9.9.1 梯度算子的运算规则

首先指出,算子∇是一个具有向量性质及微分性质这双重性质的算子,在运算中要加以注意.

梯度算子的运算规则有以下三条:

(1) $\nabla u=(\frac{\partial}{\partial x}\boldsymbol{i}+\frac{\partial}{\partial y}\boldsymbol{j}+\frac{\partial}{\partial z}\boldsymbol{k})u=\frac{\partial u}{\partial x}\boldsymbol{i}+\frac{\partial u}{\partial y}\boldsymbol{j}+\frac{\partial u}{\partial z}\boldsymbol{k}$.

(2) $\nabla\cdot\boldsymbol{A}=(\frac{\partial}{\partial x}\boldsymbol{i}+\frac{\partial}{\partial y}\boldsymbol{j}+\frac{\partial}{\partial z}\boldsymbol{k})\cdot(A_1\boldsymbol{i}+A_2\boldsymbol{j}+A_3\boldsymbol{k})=\frac{\partial A_1}{\partial x}+\frac{\partial A_2}{\partial y}+\frac{\partial A_3}{\partial z}$.

(3) $\nabla\times\boldsymbol{A}=\begin{vmatrix}\boldsymbol{i} & \boldsymbol{j} & \boldsymbol{k}\\ \frac{\partial}{\partial x} & \frac{\partial}{\partial y} & \frac{\partial}{\partial z}\\ A_1 & A_2 & A_3\end{vmatrix}=(\frac{\partial A_3}{\partial y}-\frac{\partial A_2}{\partial z})\boldsymbol{i}+(\frac{\partial A_1}{\partial z}-\frac{\partial A_3}{\partial x})\boldsymbol{j}+(\frac{\partial A_2}{\partial x}-\frac{\partial A_1}{\partial y})\boldsymbol{k}$.

由以上规则很容易推知,场论中的梯度、散度、旋度可用算子∇表示如下:

$$\mathrm{grad}u=\nabla u,\qquad \mathrm{div}\boldsymbol{A}=\nabla\cdot\boldsymbol{A},\qquad \mathrm{rot}\boldsymbol{A}=\nabla\times\boldsymbol{A}.$$

9.9.2 几个基本公式

现在我们给出梯度算子运算的几个基本公式,从这些基本公式出发,不难推得物理场中的一些常用恒等式.

(1) 梯度算子的线性性质:对任意的数量场 u、v 及向量场 $\boldsymbol{A}$、$\boldsymbol{B}$,有

$$\nabla(u+v)=\nabla u+\nabla v, \tag{9.9.2}$$

$$\nabla\cdot(\boldsymbol{A}+\boldsymbol{B})=\nabla\cdot\boldsymbol{A}+\nabla\cdot\boldsymbol{B}, \tag{9.9.3}$$

$$\nabla\times(\boldsymbol{A}+\boldsymbol{B})=\nabla\times\boldsymbol{A}+\nabla\times\boldsymbol{B}, \tag{9.9.4}$$

(2) 对于常量 C 和常向量 $\boldsymbol{C}$,有

$$\nabla C=\boldsymbol{0},\quad \nabla\cdot\boldsymbol{C}=0,\quad \nabla\times\boldsymbol{C}=\boldsymbol{0}. \tag{9.9.5}$$

(3) 当算子 ∇ 作用于两个函数之积时,算子 ∇ 应该先作用于第一个因子,而把第二个因子看成不变(因而它可以提到符号 ∇ 之前);然后再作用于第二个因子,而把第一个因子看成不变,再把这两个结果加起来.即

$$\nabla(uv)=v\nabla u+u\nabla v, \tag{9.9.6}$$

$$\nabla\cdot(u\boldsymbol{A})=\nabla u\cdot\boldsymbol{A}+u\nabla\cdot\boldsymbol{A}, \tag{9.9.7}$$

$$\nabla\times(u\boldsymbol{A})=\nabla u\times\boldsymbol{A}+u\nabla\times\boldsymbol{A}. \tag{9.9.8}$$

我们注意到,当算子 ∇ 作用在一个数量场或向量场时,其方式仅有如下三种:

$$\nabla u,\qquad \nabla\cdot\boldsymbol{A},\qquad \nabla\times\boldsymbol{A}.$$

即在"∇"后面必为数量场,在"$\nabla\cdot$"及"$\nabla\times$"后面必为向量场.其他如 $\nabla\boldsymbol{A}$,$\nabla\cdot u$,$\nabla\times u$ 等均无意义.

下面再列几个常用公式,其中 $\boldsymbol{r}=x\boldsymbol{i}+y\boldsymbol{j}+z\boldsymbol{k}$,$r=|\boldsymbol{r}|$.

$$\nabla r=\frac{1}{r}\boldsymbol{r},\quad \nabla\cdot\boldsymbol{r}=3,\quad \nabla\times\boldsymbol{r}=\boldsymbol{0},\quad \nabla f(u)=f'(u)\nabla u,$$

$$\nabla f(r)=\frac{f'(r)}{r}\boldsymbol{r},\quad \nabla\times[f(r)\boldsymbol{r}]=\boldsymbol{0},\quad \nabla\times\left[\frac{1}{r^3}\boldsymbol{r}\right]=\boldsymbol{0}.$$

9.9.3 例子

为了说明算子 ∇ 的一些计算方法,我们举几个例子.

例 9.9.1 证明 $\nabla(uv)=v\nabla u+u\nabla v$.

证

$$\begin{aligned}\nabla(uv)&=\left(\frac{\partial}{\partial x}\boldsymbol{i}+\frac{\partial}{\partial y}\boldsymbol{j}+\frac{\partial}{\partial z}\boldsymbol{k}\right)(uv)=\frac{\partial(uv)}{\partial x}\boldsymbol{i}+\frac{\partial(uv)}{\partial y}\boldsymbol{j}+\frac{\partial(uv)}{\partial z}\boldsymbol{k}\\&=\left(u\frac{\partial v}{\partial x}+v\frac{\partial u}{\partial x}\right)\boldsymbol{i}+\left(u\frac{\partial v}{\partial y}+v\frac{\partial u}{\partial y}\right)\boldsymbol{j}+\left(u\frac{\partial v}{\partial z}+v\frac{\partial u}{\partial z}\right)\boldsymbol{k}\\&=v\left(\frac{\partial u}{\partial x}\boldsymbol{i}+\frac{\partial u}{\partial y}\boldsymbol{j}+\frac{\partial u}{\partial z}\boldsymbol{k}\right)+u\left(\frac{\partial v}{\partial x}\boldsymbol{i}+\frac{\partial v}{\partial y}\boldsymbol{j}+\frac{\partial v}{\partial z}\boldsymbol{k}\right)\\&=v\nabla u+u\nabla v.\end{aligned}$$

□

例 9.9.2 证明 $\nabla\cdot(u\boldsymbol{A})=\nabla u\cdot\boldsymbol{A}+u\nabla\cdot\boldsymbol{A}$.

证 设 $\boldsymbol{A}=A_1\boldsymbol{i}+A_2\boldsymbol{j}+A_3\boldsymbol{k}$,则

$$\nabla\cdot(u\boldsymbol{A})=\left(\frac{\partial}{\partial x}\boldsymbol{i}+\frac{\partial}{\partial y}\boldsymbol{j}+\frac{\partial}{\partial z}\boldsymbol{k}\right)\cdot(uA_1\boldsymbol{i}+uA_2\boldsymbol{j}+uA_3\boldsymbol{k})$$

$$=\frac{\partial(uA_1)}{\partial x}+\frac{\partial(uA_2)}{\partial y}+\frac{\partial(uA_3)}{\partial z}$$

$$=A_1\frac{\partial u}{\partial x}+A_2\frac{\partial u}{\partial y}+A_3\frac{\partial u}{\partial z}+u\left(\frac{\partial A_1}{\partial x}+\frac{\partial A_2}{\partial y}+\frac{\partial A_3}{\partial z}\right)$$

$$=\nabla u\cdot\boldsymbol{A}+u\nabla\cdot\boldsymbol{A}.$$ □

从例 9.9.1 及例 9.9.2 的证明中可以看到,对于微分算子$\frac{\partial}{\partial x},\frac{\partial}{\partial y},\frac{\partial}{\partial z}$,我们运用了乘积的微分法则,即当它们作用于两个函数的乘积时,每次只对其中一个因子运算,而把另一个因子看作常数.由此推知,由$\frac{\partial}{\partial x},\frac{\partial}{\partial y},\frac{\partial}{\partial z}$等微分算子构成的$\nabla$算子,自然也服从乘积的微分法则.于是,例 9.9.1 和例 9.9.2 可以用下面的简化方法予以证明.

为方便起见,我们把运算中暂时看作常数的量赋于下标 c,待运算结束后再除去.

$$\nabla(uv)=v_c\nabla u+u_c\nabla v=v\nabla u+u\nabla v.$$

$$\nabla\cdot(u\boldsymbol{A})=\nabla\cdot(u_c\boldsymbol{A})+\nabla\cdot(u\boldsymbol{A}_c)$$

$$=u_c\nabla\cdot\boldsymbol{A}+\nabla u\cdot\boldsymbol{A}_c=u\nabla\cdot\boldsymbol{A}+\nabla u\cdot\boldsymbol{A}.$$

在这里,我们使用了公式

$$\nabla\cdot(C\boldsymbol{A})=C\nabla\cdot\boldsymbol{A}\quad(C\text{ 为常数})\tag{9.9.9}$$

$$\nabla\cdot(u\boldsymbol{C})=\nabla u\cdot\boldsymbol{C}\quad(\boldsymbol{C}\text{ 为常向量})\tag{9.9.10}$$

其证明留作习题.

例 9.9.3 证明 $\nabla\cdot(\boldsymbol{A}\times\boldsymbol{B})=\boldsymbol{B}\cdot(\nabla\times\boldsymbol{A})-\boldsymbol{A}\cdot(\nabla\times\boldsymbol{B})$.

证 根据∇算子的微分性质,按乘积的微分法则,有

$$\nabla\cdot(\boldsymbol{A}\times\boldsymbol{B})=\nabla\cdot(\boldsymbol{A}_c\times\boldsymbol{B})+\nabla\cdot(\boldsymbol{A}\times\boldsymbol{B}_c).\tag{9.9.11}$$

再根据∇算子的向量性质,把上式右端两项都看作三个向量的混合积,然后根据三个向量在其混合积中位置的轮换性:

$$\boldsymbol{a}\cdot(\boldsymbol{b}\times\boldsymbol{c})=\boldsymbol{c}\cdot(\boldsymbol{a}\times\boldsymbol{b})=\boldsymbol{b}\cdot(\boldsymbol{c}\times\boldsymbol{a}),$$

将式(9.9.11)右端两项中的常向量都轮换到∇的前面,同时使得变向量都留在∇的后面,于是可得

$$\nabla\cdot(\boldsymbol{A}\times\boldsymbol{B})=\nabla\cdot(\boldsymbol{A}_c\times\boldsymbol{B})+\nabla\cdot(\boldsymbol{A}\times\boldsymbol{B}_c)=\nabla\cdot(\boldsymbol{A}\times\boldsymbol{B}_c)-\nabla\cdot(\boldsymbol{B}\times\boldsymbol{A}_c)$$

$$=\boldsymbol{B}_c\cdot(\nabla\times\boldsymbol{A})-\boldsymbol{A}_c\cdot(\nabla\times\boldsymbol{B})=\boldsymbol{B}\cdot(\nabla\times\boldsymbol{A})-\boldsymbol{A}\cdot(\nabla\times\boldsymbol{B}).$$ □

习 题 9.9

1. 证明公式(9.9.9)及(9.9.10).

2. 证明$\nabla\cdot\nabla u=\Delta u$,其中 u 是数量场,Δ 为**拉普拉斯算子**(有时也记 $\Delta=\nabla^2$).

3. 由直接计算验证,f 的梯度的旋度是 $\mathbf{0}$,即$\nabla\times(\nabla f)=\mathbf{0}$.

4. 由直接计算验证，向量场 $\boldsymbol{A}=A_1\boldsymbol{i}+A_2\boldsymbol{j}+A_3\boldsymbol{k}$ 的旋度的散度为 0，即 $\nabla\cdot(\nabla\times\boldsymbol{A})=0$.

5. 设 $\boldsymbol{F}=P\boldsymbol{i}+Q\boldsymbol{j}+R\boldsymbol{k}$，$\boldsymbol{G}=L\boldsymbol{i}+M\boldsymbol{j}+N\boldsymbol{k}$，证明 $\operatorname{div}(\boldsymbol{F}\times\boldsymbol{G})=\boldsymbol{G}\cdot\operatorname{rot}\boldsymbol{F}-\boldsymbol{F}\cdot\operatorname{rot}\boldsymbol{G}$.

*9.10　向量的外积与外微分形式

本节将介绍有关**向量的外积**和**外微分形式**两个概念，主要介绍其基本思想，以及怎样运用这些概念将所学过的各类积分、场论基本公式统一起来. 在这里我们只作简要的介绍，而不过分注重逻辑上的严格性. 通过所介绍的这些思想，读者能用统一的观点把所学过的各种积分予以总结，从而更好地理解和掌握它们.

9.10.1　向量的外积

我们知道，一个向量 $\boldsymbol{a}$ 表示一有向线段，向量基 $\boldsymbol{i}$、$\boldsymbol{j}$、$\boldsymbol{k}$ 也可以说是有向线段基. 任何一个空间向量 $\boldsymbol{a}$，总可以通过有向线段基表示为

$$\boldsymbol{a}=a_1\boldsymbol{i}+a_2\boldsymbol{j}+a_3\boldsymbol{k},$$

而向量 $\boldsymbol{a}$ 的长度为　$|\boldsymbol{a}|=\sqrt{a_1^2+a_2^2+a_3^2}$.

那么，对于有向面积，是否也存在着彼此正交的单位基呢？由向量的叉积（见第 6 章 6.2.3 小节）可知，由向量 $\boldsymbol{a}$ 与 $\boldsymbol{b}$ 所决定的有向平行四边形面积可以用叉积 $\boldsymbol{a}\times\boldsymbol{b}$ 表示. 若

$$\boldsymbol{a}=a_1\boldsymbol{i}+a_2\boldsymbol{j}+a_3\boldsymbol{k},\quad \boldsymbol{b}=b_1\boldsymbol{i}+b_2\boldsymbol{j}+b_3\boldsymbol{k},$$

则

$$\boldsymbol{a}\times\boldsymbol{b}=\begin{vmatrix}\boldsymbol{i}&\boldsymbol{j}&\boldsymbol{k}\\a_1&a_2&a_3\\b_1&b_2&b_3\end{vmatrix}=\begin{vmatrix}a_2&a_3\\b_2&b_3\end{vmatrix}\boldsymbol{i}+\begin{vmatrix}a_3&a_1\\b_3&b_1\end{vmatrix}\boldsymbol{j}+\begin{vmatrix}a_1&a_2\\b_1&b_2\end{vmatrix}\boldsymbol{k}$$

$$=\begin{vmatrix}a_2&a_3\\b_2&b_3\end{vmatrix}\boldsymbol{j}\times\boldsymbol{k}+\begin{vmatrix}a_3&a_1\\b_3&b_1\end{vmatrix}\boldsymbol{k}\times\boldsymbol{i}+\begin{vmatrix}a_1&a_2\\b_1&b_2\end{vmatrix}\boldsymbol{i}\times\boldsymbol{j}.$$

这样就把空间中的有向面积，通过两两正交的有向面积基 $\boldsymbol{i}\times\boldsymbol{j}$、$\boldsymbol{j}\times\boldsymbol{k}$、$\boldsymbol{k}\times\boldsymbol{i}$ 表示出来.

这种用向量运算来表示有向面积的方法无法推广到高维空间中去，为此，我们引进向量的一种新运算——向量的外积.

用符号 ∧ 表示外积运算，它是三维空间中向量的叉积运算的推广，记作

$$\boldsymbol{a}\wedge\boldsymbol{b}.$$

我们定义 ∧ 满足下列运算法则：

(1) $\lambda(\boldsymbol{a}\wedge\boldsymbol{b})=\lambda\boldsymbol{a}\wedge\boldsymbol{b}$（$\lambda$ 为实数）；

(2) $\boldsymbol{a}\wedge\boldsymbol{b}+\boldsymbol{a}\wedge\boldsymbol{c}=\boldsymbol{a}\wedge(\boldsymbol{b}+\boldsymbol{c})$；

(3) $\boldsymbol{a}\wedge\boldsymbol{b}=-\boldsymbol{b}\wedge\boldsymbol{a}$（反交换律），由此推出 $\boldsymbol{a}\wedge\boldsymbol{a}=\boldsymbol{0}$.

此外还要求外积运算满足**结合律**：

(4) $\boldsymbol{a}\wedge(\boldsymbol{b}\wedge\boldsymbol{c})=(\boldsymbol{a}\wedge\boldsymbol{b})\wedge\boldsymbol{c}=\boldsymbol{a}\wedge\boldsymbol{b}\wedge\boldsymbol{c}$.

这条规则保证 $\boldsymbol{a}\wedge\boldsymbol{b}\wedge\boldsymbol{c}$ 有唯一确定的意义. 由(4)不难推得

$$\boldsymbol{a}\wedge\boldsymbol{a}\wedge\boldsymbol{c}=(\boldsymbol{a}\wedge\boldsymbol{a})\wedge\boldsymbol{c}=\boldsymbol{0}\wedge\boldsymbol{c}=\boldsymbol{0},$$

$$\boldsymbol{b}\wedge\boldsymbol{a}\wedge\boldsymbol{c}=(\boldsymbol{b}\wedge\boldsymbol{a})\wedge\boldsymbol{c}=-(\boldsymbol{a}\wedge\boldsymbol{b})\wedge\boldsymbol{c}=-\boldsymbol{a}\wedge\boldsymbol{b}\wedge\boldsymbol{c}.$$

例 9.10.1 设 $\boldsymbol{e}_1$、$\boldsymbol{e}_2$、$\boldsymbol{e}_3$ 是 $\mathbf{R}^3$ 中的一组两两正交的单位向量,称之为 $\mathbf{R}^3$ 中的一组**正交基**. 又设两个向量

$$\boldsymbol{a}=a_1\boldsymbol{e}_1+a_2\boldsymbol{e}_2+a_3\boldsymbol{e}_3,\quad \boldsymbol{b}=b_1\boldsymbol{e}_1+b_2\boldsymbol{e}_2+b_3\boldsymbol{e}_3.$$

则由外积运算的法则,有

$$\begin{aligned}\boldsymbol{a}\wedge\boldsymbol{b}&=(a_1\boldsymbol{e}_1+a_2\boldsymbol{e}_2+a_3\boldsymbol{e}_3)\wedge(b_1\boldsymbol{e}_1+b_2\boldsymbol{e}_2+b_3\boldsymbol{e}_3)\\&=a_1b_2\boldsymbol{e}_1\wedge\boldsymbol{e}_2+a_1b_3\boldsymbol{e}_1\wedge\boldsymbol{e}_3+a_2b_1\boldsymbol{e}_2\wedge\boldsymbol{e}_1\\&\quad+a_2b_3\boldsymbol{e}_2\wedge\boldsymbol{e}_3+a_3b_1\boldsymbol{e}_3\wedge\boldsymbol{e}_1+a_3b_2\boldsymbol{e}_3\wedge\boldsymbol{e}_2\\&=(a_1b_2-a_2b_1)\boldsymbol{e}_1\wedge\boldsymbol{e}_2+(a_2b_3-a_3b_2)\boldsymbol{e}_2\wedge\boldsymbol{e}_3+(a_3b_1-a_1b_3)\boldsymbol{e}_3\wedge\boldsymbol{e}_1.\end{aligned}$$

由面积基的正交性可推知,由向量 $\boldsymbol{a}$、$\boldsymbol{b}$ 所确定的面积 $|\boldsymbol{a}\wedge\boldsymbol{b}|$ 为

$$|\boldsymbol{a}\wedge\boldsymbol{b}|=\sqrt{\begin{vmatrix}a_1&a_2\\b_1&b_2\end{vmatrix}^2+\begin{vmatrix}a_2&a_3\\b_2&b_3\end{vmatrix}^2+\begin{vmatrix}a_3&a_1\\b_3&b_1\end{vmatrix}^2}.$$

显然,这里的结果与前面用向量叉积运算的结果是一样的.

在上例中若再加上一个向量 $\boldsymbol{c}=c_1\boldsymbol{e}_1+c_2\boldsymbol{e}_2+c_3\boldsymbol{e}_3$,则可以算得

$$\begin{aligned}\boldsymbol{a}\wedge\boldsymbol{b}\wedge\boldsymbol{c}&=(\boldsymbol{a}\wedge\boldsymbol{b})\wedge\boldsymbol{c}\\&=c_3\begin{vmatrix}a_1&a_2\\b_1&b_2\end{vmatrix}\boldsymbol{e}_1\wedge\boldsymbol{e}_2\wedge\boldsymbol{e}_3+c_1\begin{vmatrix}a_2&a_3\\b_2&b_3\end{vmatrix}\boldsymbol{e}_2\wedge\boldsymbol{e}_3\wedge\boldsymbol{e}_1\\&\quad+c_2\begin{vmatrix}a_3&a_1\\b_3&b_1\end{vmatrix}\boldsymbol{e}_3\wedge\boldsymbol{e}_1\wedge\boldsymbol{e}_2\\&=\left(c_3\begin{vmatrix}a_1&a_2\\b_1&b_2\end{vmatrix}+c_1\begin{vmatrix}a_2&a_3\\b_2&b_3\end{vmatrix}+c_2\begin{vmatrix}a_3&a_1\\b_3&b_1\end{vmatrix}\right)\boldsymbol{e}_1\wedge\boldsymbol{e}_2\wedge\boldsymbol{e}_3\\&=\begin{vmatrix}a_1&a_2&a_3\\b_1&b_2&b_3\\c_1&c_2&c_3\end{vmatrix}\boldsymbol{e}_1\wedge\boldsymbol{e}_2\wedge\boldsymbol{e}_3.\end{aligned}$$

称 $\boldsymbol{e}_1\wedge\boldsymbol{e}_2\wedge\boldsymbol{e}_3$ 为**有向体积基**. 由向量 $\boldsymbol{a}$、$\boldsymbol{b}$、$\boldsymbol{c}$ 所确定的平行六面体的体积为

$$|\boldsymbol{a}\wedge\boldsymbol{b}\wedge\boldsymbol{c}|=\left\|\begin{matrix}a_1&a_2&a_3\\b_1&b_2&b_3\\c_1&c_2&c_3\end{matrix}\right\|,$$

上面的记号表示对行列式取绝对值.

由此可见,向量外积运算是一种很简单的运算. 注意,向量的叉积运算结果仍然是一个向量,而向量的外积运算结果是一个新的量,在三维空间中,$\boldsymbol{a}\wedge\boldsymbol{b}$表示由 $\boldsymbol{a}$、$\boldsymbol{b}$ 决定的有向面积,而 $\boldsymbol{a}\wedge\boldsymbol{b}\wedge\boldsymbol{c}$ 则表示由 $\boldsymbol{a}$、$\boldsymbol{b}$、$\boldsymbol{c}$ 决定的有向体积. 因此,利用向量的外积运算,我们可以解决任何维空间中求面积、体积等问题.

9.10.2　外微分形式及外微分

现在我们利用向量的外积概念引进外微分形式及外微分运算. 为简单起见，只在 $\mathbf{R}^3$ 中讨论.

设函数 $f(x,y,z)$，$P(x,y,z)$，$Q(x,y,z)$，$R(x,y,z)$ 在空间区域 Ω 上连续，且有一阶连续偏导数. 分别称

$\omega_0=f$ 是 0 **阶外微分形式**，或 0-**形式**；

$\omega_1=P\mathrm{d}x+Q\mathrm{d}y+R\mathrm{d}z$ 是 1 **阶外微分形式**，或 1-**形式**；

$\omega_2=P\mathrm{d}y\wedge\mathrm{d}z+Q\mathrm{d}z\wedge\mathrm{d}x+R\mathrm{d}x\wedge\mathrm{d}y$ 是 2 **阶外微分形式**，或 2-**形式**；

$\omega_3=f\mathrm{d}x\wedge\mathrm{d}y\wedge\mathrm{d}z$ 是 3 **阶外微分形式**，或 3-**形式**.

其中 $\mathrm{d}x,\mathrm{d}y,\mathrm{d}z$ 分别是 x 轴，y 轴，z 轴上的有向线段微元；$\mathrm{d}y\wedge\mathrm{d}z$，$\mathrm{d}z\wedge\mathrm{d}x$，$\mathrm{d}x\wedge\mathrm{d}y$ 分别是 Oyz 平面，Ozx 平面，Oxy 平面上的有向面积微元；而 $\mathrm{d}x\wedge\mathrm{d}y\wedge\mathrm{d}z$ 则是空间有向体积微元.

对以上各阶外微分形式，我们定义**外微分运算** d 如下：

$$\mathrm{d}\omega_0=\frac{\partial f}{\partial x}\mathrm{d}x+\frac{\partial f}{\partial y}\mathrm{d}y+\frac{\partial f}{\partial z}\mathrm{d}z.$$

显然 $\mathrm{d}\omega_0$ 是 1 阶外微分形式，且 $\mathrm{d}\omega_0$ 就是 f 的全微分 $\mathrm{d}f$. 下面定义

$$\mathrm{d}\omega_1=\mathrm{d}P\wedge\mathrm{d}x+\mathrm{d}Q\wedge\mathrm{d}y+\mathrm{d}R\wedge\mathrm{d}z.$$

根据向量的外积运算及 0-形式的外微分定义，得

$$\begin{aligned}\mathrm{d}\omega_1&=\left(\frac{\partial P}{\partial x}\mathrm{d}x+\frac{\partial P}{\partial y}\mathrm{d}y+\frac{\partial P}{\partial z}\mathrm{d}z\right)\wedge\mathrm{d}x+\left(\frac{\partial Q}{\partial x}\mathrm{d}x+\frac{\partial Q}{\partial y}\mathrm{d}y+\frac{\partial Q}{\partial z}\mathrm{d}z\right)\wedge\mathrm{d}y\\&\quad+\left(\frac{\partial R}{\partial x}\mathrm{d}x+\frac{\partial R}{\partial y}\mathrm{d}y+\frac{\partial R}{\partial z}\mathrm{d}z\right)\wedge\mathrm{d}z\\&=\left(\frac{\partial R}{\partial y}-\frac{\partial Q}{\partial z}\right)\mathrm{d}y\wedge\mathrm{d}z+\left(\frac{\partial P}{\partial z}-\frac{\partial R}{\partial x}\right)\mathrm{d}z\wedge\mathrm{d}x+\left(\frac{\partial Q}{\partial x}-\frac{\partial P}{\partial y}\right)\mathrm{d}x\wedge\mathrm{d}y\\&=\begin{vmatrix}\mathrm{d}y\wedge\mathrm{d}z&\mathrm{d}z\wedge\mathrm{d}x&\mathrm{d}x\wedge\mathrm{d}y\\\dfrac{\partial}{\partial x}&\dfrac{\partial}{\partial y}&\dfrac{\partial}{\partial z}\\P&Q&R\end{vmatrix},\end{aligned}$$

因此，$\mathrm{d}\omega_1$ 是 2 阶外微分形式.

再定义

$$\mathrm{d}\omega_2=\mathrm{d}P\wedge\mathrm{d}y\wedge\mathrm{d}z+\mathrm{d}Q\wedge\mathrm{d}z\wedge\mathrm{d}x+\mathrm{d}R\wedge\mathrm{d}x\wedge\mathrm{d}y,$$

则得

$$\begin{aligned}\mathrm{d}\omega_2=&\left(\frac{\partial P}{\partial x}\mathrm{d}x+\frac{\partial P}{\partial y}\mathrm{d}y+\frac{\partial P}{\partial z}\mathrm{d}z\right)\wedge\mathrm{d}y\wedge\mathrm{d}z\\&+\left(\frac{\partial Q}{\partial x}\mathrm{d}x+\frac{\partial Q}{\partial y}\mathrm{d}y+\frac{\partial Q}{\partial z}\mathrm{d}z\right)\wedge\mathrm{d}z\wedge\mathrm{d}x\end{aligned}$$

$$+\left(\frac{\partial R}{\partial x}\mathrm{d}x+\frac{\partial R}{\partial y}\mathrm{d}y+\frac{\partial R}{\partial z}\mathrm{d}z\right)\wedge \mathrm{d}x\wedge \mathrm{d}y$$

$$=\left(\frac{\partial P}{\partial x}+\frac{\partial Q}{\partial y}+\frac{\partial R}{\partial z}\right)\mathrm{d}x\wedge \mathrm{d}y\wedge \mathrm{d}z,$$

因此,$\mathrm{d}\omega_2$ 是 3 阶外微分形式.

最后定义

$$\mathrm{d}\omega_3=\mathrm{d}f\wedge \mathrm{d}x\wedge \mathrm{d}y\wedge \mathrm{d}z=0,$$

因此,$\mathrm{d}\omega_3$ 是零.

现在我们来考察一下外微分形式的外微分的物理意义.先看 0 阶外微分形式 $\omega_0=f$,其外微分为

$$\mathrm{d}\omega_0=\frac{\partial f}{\partial x}\mathrm{d}x+\frac{\partial f}{\partial y}\mathrm{d}y+\frac{\partial f}{\partial z}\mathrm{d}z,$$

而函数 f 的梯度是

$$\mathrm{grad}f=\frac{\partial f}{\partial x}\boldsymbol{i}+\frac{\partial f}{\partial y}\boldsymbol{j}+\frac{\partial f}{\partial z}\boldsymbol{k},$$

因此,物理量梯度与 0 阶外微分形式的外微分相当.

再看 1 阶外微分形式 $\omega_1=P\mathrm{d}x+Q\mathrm{d}y+R\mathrm{d}z$,其外微分为

$$\mathrm{d}\omega_1=\begin{vmatrix}\mathrm{d}y\wedge \mathrm{d}z & \mathrm{d}z\wedge \mathrm{d}x & \mathrm{d}x\wedge \mathrm{d}y\\ \dfrac{\partial}{\partial x} & \dfrac{\partial}{\partial y} & \dfrac{\partial}{\partial z}\\ P & Q & R\end{vmatrix}.$$

而向量场 $\boldsymbol{F}=P\boldsymbol{i}+Q\boldsymbol{j}+R\boldsymbol{k}$ 的旋度是

$$\mathrm{rot}\boldsymbol{F}=\begin{vmatrix}\boldsymbol{i} & \boldsymbol{j} & \boldsymbol{k}\\ \dfrac{\partial}{\partial x} & \dfrac{\partial}{\partial y} & \dfrac{\partial}{\partial z}\\ P & Q & R\end{vmatrix},$$

因此,物理量旋度与 1 阶外微分形式的外微分相当.

对于 2 阶外微分形式 $\omega_2=P\mathrm{d}y\wedge\mathrm{d}z+Q\mathrm{d}z\wedge\mathrm{d}x+R\mathrm{d}x\wedge\mathrm{d}y$,其外微分为

$$\mathrm{d}\omega_2=\left(\frac{\partial P}{\partial x}+\frac{\partial Q}{\partial y}+\frac{\partial R}{\partial z}\right)\mathrm{d}x\wedge \mathrm{d}y\wedge \mathrm{d}z,$$

而向量场 $\boldsymbol{F}=P\boldsymbol{i}+Q\boldsymbol{j}+R\boldsymbol{k}$ 的散度是

$$\mathrm{div}\boldsymbol{F}=\frac{\partial P}{\partial x}+\frac{\partial Q}{\partial y}+\frac{\partial R}{\partial z},$$

因此,物理量散度与 2 阶外微分形式的外微分相当.

由于 $\mathbf{R}^3$ 中 3 阶外微分形式的外微分为零,所以物理中也没有与之对应的量.

9.10.3 场论基本公式的统一形式

首先回忆一元函数的**微积分基本定理**:设函数 f 在 $D=[a,b]$上连续,F 是 f 的

一个原函数，即 $F'=f$，则有牛顿-莱布尼兹公式

$$\int_a^b f(x)\mathrm{d}x = F(x)\Big|_a^b = F(b)-F(a).$$

我们把上述公式写成

$$\int_D \mathrm{d}F = F(b)-F(a).$$

由于右端仅与边界点 a、b 有关，记$\partial D=\{a,b\}$，则上式又可写成

$$\int_D \mathrm{d}F = \int_{\partial D} F. \tag{9.10.1}$$

再来看格林公式. 设 $\mathbf{R}^2$ 中的坐标是 x、y，设有 1 阶外微分形式

$$\omega = P\mathrm{d}x + Q\mathrm{d}y,$$

其中 $P(x,y)$、$Q(x,y)$在某个平面区域内有一阶连续偏导数，则外微分

$$\begin{aligned}\mathrm{d}\omega &= \mathrm{d}P \wedge \mathrm{d}x + \mathrm{d}Q \wedge \mathrm{d}y \\ &= \left(\frac{\partial P}{\partial x}\mathrm{d}x + \frac{\partial P}{\partial y}\mathrm{d}y\right)\wedge \mathrm{d}x + \left(\frac{\partial Q}{\partial x}\mathrm{d}x + \frac{\partial Q}{\partial y}\mathrm{d}y\right)\wedge \mathrm{d}y \\ &= \frac{\partial P}{\partial x}\mathrm{d}x \wedge \mathrm{d}x + \frac{\partial P}{\partial y}\mathrm{d}y \wedge \mathrm{d}x + \frac{\partial Q}{\partial x}\mathrm{d}x \wedge \mathrm{d}y + \frac{\partial Q}{\partial y}\mathrm{d}y \wedge \mathrm{d}y \\ &= \left(\frac{\partial Q}{\partial x} - \frac{\partial P}{\partial y}\right)\mathrm{d}x\mathrm{d}y.\end{aligned}$$

于是格林公式 $\iint\limits_D \left(\frac{\partial Q}{\partial x} - \frac{\partial P}{\partial y}\right)\mathrm{d}x\mathrm{d}y = \int_{\partial D} P\mathrm{d}x + Q\mathrm{d}y$

可以写成

$$\int_D \mathrm{d}\omega = \int_{\partial D}\omega. \tag{9.10.2}$$

对于 $\mathbf{R}^3$ 中的 2 阶外微分形式

$$\omega = P\mathrm{d}y \wedge \mathrm{d}z + Q\mathrm{d}z \wedge \mathrm{d}x + R\mathrm{d}x \wedge \mathrm{d}y.$$

根据前面的运算，有

$$\mathrm{d}\omega = \left(\frac{\partial P}{\partial x} + \frac{\partial Q}{\partial y} + \frac{\partial R}{\partial z}\right)\mathrm{d}x \wedge \mathrm{d}y \wedge \mathrm{d}z.$$

因此，高斯公式

$$\iiint\limits_D \left(\frac{\partial P}{\partial x} + \frac{\partial Q}{\partial y} + \frac{\partial R}{\partial z}\right)\mathrm{d}x\mathrm{d}y\mathrm{d}z = \iint\limits_{\partial D} P\mathrm{d}y\mathrm{d}z + Q\mathrm{d}z\mathrm{d}x + R\mathrm{d}x\mathrm{d}y$$

便可写成

$$\int_D \mathrm{d}\omega = \int_{\partial D}\omega. \tag{9.10.3}$$

最后，由于 $\mathbf{R}^3$ 中的 1 阶外微分形式

$$\omega = P\mathrm{d}x + Q\mathrm{d}y + R\mathrm{d}z$$

的外微分为

$$d\omega=\begin{vmatrix} dy\wedge dz & dz\wedge dx & dx\wedge dy \\ \dfrac{\partial}{\partial x} & \dfrac{\partial}{\partial y} & \dfrac{\partial}{\partial z} \\ P & Q & R \end{vmatrix}.$$

因此,斯托克斯公式

$$\iint_D \begin{vmatrix} dydz & dzdx & dxdy \\ \dfrac{\partial}{\partial x} & \dfrac{\partial}{\partial y} & \dfrac{\partial}{\partial z} \\ P & Q & R \end{vmatrix} = \int_{\partial D} P\,dx + Q\,dy + R\,dz$$

也可写为形式

$$\int_D d\omega = \int_{\partial D}\omega. \tag{9.10.4}$$

尽管在公式(9.10.1)~(9.10.4)中,D、∂D、ω 及 $d\omega$ 的具体含义各不相同,但它们的形式非常一致.我们可以把它们统一成一句话:k 阶外微分形式 ω 在 k 维区域上的积分,等于 $k+1$ 阶外微分形式 $d\omega$ 在 k 维区域所围的 $k+1$ 维区域上的积分.

我们将统一形式的公式

$$\int_D d\omega = \int_{\partial D}\omega$$

也称作斯托克斯公式.

特别应该指出的是,斯托克斯公式揭露了高维空间中微分与积分是如何成为一对矛盾的.这对矛盾的一方是外微分形式 $d\omega$,另一方则为线、面、体积分;外微分运算与积分起了相互抵消的作用.因此,在高维空间中,斯托克斯公式就是相应的微积分基本定理.

习　题　9.10

1. 回答下列问题:
   (1) 向量的外积是怎样定义的?
   (2) 三维空间 $\mathbf{R}^3$ 中外微分形式有哪几种?
2. 计算下列外积:
   (1) $(ydy+zdz)\wedge(y^2dx-3ydy+3zdz)$;　(2) $(7dx+8dy)\wedge(6dx+7dy)$;
   (3) $(5dx\wedge dy+7dx\wedge dz)\wedge(dx+2dy+3dz)$.
3. 计算下列外微分:
   (1) $d(\sin y dx-\cos x dy)$;　(2) $d(x^2ydx+y^2xdy)$;　(3) $d(2ydx\wedge dy-xzdx\wedge dz)$.

答案与提示

2. (1) $-y^3dx\wedge dy+6yzdy\wedge dz+zy^2dx\wedge dz$;　(2) $dx\wedge dy$;　(3) $dx\wedge dy\wedge dz$.

3. (1) $(\sin x-\cos y)\mathrm{d}x\wedge\mathrm{d}y$；　(2) $(y^2-x^2)\mathrm{d}x\wedge\mathrm{d}y$；　(3) 0.

总习题 (9)

1. 填空题：

(1) 设平面曲线 L 为下半圆周 $y=-\sqrt{1-x^2}$，则曲线积分 $\int_L(x^2+y^2)\mathrm{d}s=$ ______.

(2) 设 L 是由点 $O(0,0)$ 经过点 $A(1,0)$ 到点 $B(0,1)$ 的折线，则曲线积分 $\int_L(x+y)\mathrm{d}s=$ ______.

(3) 设 L 是由原点 O 沿抛物线 $y=x^2$ 到点 $A(1,1)$，再由点 A 沿直线 $y=x$ 到原点的封闭曲线，则曲线积分 $\oint_L\arctan\frac{y}{x}\mathrm{d}y-\mathrm{d}x=$ ______.

(4) 设 L 是由点 $A(2,-2)$ 到点 $B(-2,2)$ 的直线段，则 $\int_L\cos y\mathrm{d}x-\sin x\mathrm{d}y=$ ______.

(5) 设 L 为摆线 $x=a(t-\sin t)$，$y=a(1-\cos t)(0\leqslant t\leqslant 2\pi)$，$a>0$. 则 $\int_L y\mathrm{d}s=$ ______.

2. 填空题：

(1) 向量场 $\boldsymbol{A}=x^2yz\boldsymbol{i}+xy^2z\boldsymbol{j}+xyz^2\boldsymbol{k}$ 在点 $M(1,3,2)$ 处的散度 $\mathrm{div}\boldsymbol{A}\,|_M=$ ______.

(2) 向量场 $\boldsymbol{A}=(2z-3y)\boldsymbol{i}+(3x-z)\boldsymbol{j}+(y-2x)\boldsymbol{k}$ 的旋度 $\mathrm{rot}\boldsymbol{A}=$ ______.

(3) 设数量场 $u=\ln\sqrt{x^2+y^2+z^2}$，则 $\mathrm{div}(\mathrm{grad}\,u)=$ ______.

(4) 设 S 是圆锥面 $z=\sqrt{x^2+y^2}$ 与平面 $z=2$ 所围成的封闭曲面的外侧，则向量场 $\boldsymbol{F}=x\boldsymbol{i}+y\boldsymbol{j}+z\boldsymbol{k}$ 通过曲面 $\boldsymbol{S}$ 的流量 $\Phi=$ ______.

3. 计算曲线积分 $\int_L xy\mathrm{d}x+(y-x)\mathrm{d}y$，其中 L 是连接自点 $O(0,0)$ 到点 $A(1,1)$ 的曲线段：

(1) L：$y=x$；　(2) L：$y=x^2$；　(3) L：$y=\sqrt{x}$；　(4) L 为折线 OBA，点 $B=(1,0)$.

4. 求心形线 $r=a(1-\cos\varphi)$ 的质心（密度 $\rho=1$）.

5. 在 $A(1,0)$ 和 $B(0,1)$ 处各有一单位质量的质点，$\overset{\frown}{OCD}$ 是以 A 点为中心，通过原点的上半圆弧. 试求一质量为 m 的质点 P 沿 $\overset{\frown}{OCD}$ 由 O 点运动到 D 点时，A、B 处的质点对质点 P 的引力所作的功.

6. 在一质点沿螺旋线 C：$x=a\cos t$，$y=a\sin t$，$z=bt$（常数 $a>0$，$b>0$）从点 $A(a,0,0)$ 移动到点 $B(a,0,2b\pi)$ 的过程中，有一变力 $\boldsymbol{F}$ 作用着，$\boldsymbol{F}$ 的方向始终指向原点而大小和作用点与原点间的距离成正比，比例系数为 $k>0$. 求力 $\boldsymbol{F}$ 对质点所作的功.

7. 在变力 $\boldsymbol{F}=yz\boldsymbol{i}+zx\boldsymbol{j}+xy\boldsymbol{k}$ 的作用下，质点由原点沿直线运动到椭球面 $\frac{x^2}{a^2}+\frac{y^2}{b^2}+\frac{z^2}{c^2}=1$ 上第一卦限的点 $M(\xi,\eta,\zeta)$. 问当 ξ,η,ζ 取何值时，力 $\boldsymbol{F}$ 所作的功 W 最大？并求出 W 的最大值.

8. 设 Σ 为曲面 $x^2+y^2+z^2=2ax(a>0)$，计算曲面积分 $I=\oiint_\Sigma(x^2+y^2+z^2)\mathrm{d}S$.

9. 设 Σ 为平面 $y+z=5$ 被柱面 $x^2+y^2=25$ 所截得的部分，求 $I=\iint_\Sigma(x+y+z)\mathrm{d}S$.

10. 计算 $I=\iint_\Sigma|xyz|\,\mathrm{d}S$，其中 Σ 为曲面 $z=x^2+y^2$ 被平面 $z=1$ 截下的部分.

11. 计算 $I=\iint\limits_{\Sigma}\frac{x\mathrm{d}y\mathrm{d}z+z^2\mathrm{d}x\mathrm{d}y}{x^2+y^2+z^2}$,其中 Σ 是由曲面 $x^2+y^2=R^2$ 及两平面 $z=R,z=-R(R>0)$ 所围成立体表面的外侧.

12. 下面的论断是否正确？正确的要说明理由,错误的则给出反例.

(1) $\int_C \boldsymbol{F}\cdot\mathrm{d}\boldsymbol{s}$ 是一个向量；

(2) 若 A,B 是曲线 C 的起点和终点,则有 $\int_C \boldsymbol{F}\cdot\mathrm{d}\boldsymbol{s}=\boldsymbol{F}(B)-\boldsymbol{F}(A)$；

(3) 若向量场 $\boldsymbol{F}$ 在单位圆周 $x^2+y^2=1$ 上的曲线积分等于 0,则 $\boldsymbol{F}$ 必为一个梯度场；

(4) 分片光滑的封闭曲面 S 所包围的体积必等于 $V=\frac{1}{3}\oiint\limits_{S}(x\cos\alpha+y\cos\beta+z\cos\gamma)\mathrm{d}S$,其中 $\cos\alpha,\cos\beta,\cos\gamma$ 为曲面 S 的外法线的方向余弦.

13. 利用格林公式计算下列曲线积分：

(1) $\oint_L xy^2\mathrm{d}y-x^2y\mathrm{d}x$,$L$:$\frac{x^2}{a^2}+\frac{y^2}{b^2}=1$,逆时针方向；

(2) $\oint_L(\mathrm{e}^y\sin x\mathrm{d}x+\mathrm{e}^{-x}\sin y\mathrm{d}y)$,$L$ 是区域 D:$a\leqslant x\leqslant b,c\leqslant y\leqslant d$ 的边界,取逆时针方向.

14. 设函数 $P(x,y),Q(x,y)$ 及 $R(x,y)$ 在平面开区域 D 上有一阶连续偏导数,C 是 D 的边界曲线,分段光滑.求证：

$$\iint\limits_{D}\left(P\frac{\partial R}{\partial x}+Q\frac{\partial R}{\partial y}\right)\mathrm{d}x\mathrm{d}y=\oint_C PR\mathrm{d}y-QR\mathrm{d}x-\iint\limits_{D}R\left(\frac{\partial P}{\partial x}+\frac{\partial Q}{\partial y}\right)\mathrm{d}x\mathrm{d}y.$$

15. 已知 $\varphi(\pi)=1$,试确定 $\varphi(x)$,使曲线积分 $I=\int_A^B[\sin x-\varphi(x)]\frac{y}{x}\mathrm{d}x+\varphi(x)\mathrm{d}y$ 与路径无关,并求当 A、B 两点分别为 $(1,0)$、(π,π) 时积分 I 的值.

16. 给定 $\mathrm{d}u=\frac{(x+2y)\mathrm{d}x+y\mathrm{d}y}{(x+y)^2}$,试验证势函数 u 的存在性,并求出 u.

17. 设 C 为光滑的闭曲线,$\boldsymbol{a}$ 为任一固定的单位向量.求证：$\oint_C\cos(\boldsymbol{a},\boldsymbol{n})\mathrm{d}s=0$,其中 $\boldsymbol{n}$ 为曲线 C 的单位外法向量.

18. 证明：若 Σ 为封闭的简单曲面,$\boldsymbol{n}$ 为 Σ 的外法向量,$\boldsymbol{\tau}$ 为任何固定的方向,则有

$$\oiint\limits_{\Sigma}\cos(\boldsymbol{n},\boldsymbol{\tau})\mathrm{d}S=0.$$

19. 设 Σ 是锥面 $z=\sqrt{x^2+y^2}$ 被平面 $z=0$ 及 $z=1$ 所截部分的下侧,计算曲面积分

$$I=\iint\limits_{\Sigma}x\mathrm{d}y\mathrm{d}z+y\mathrm{d}z\mathrm{d}x+(z^2-2z)\mathrm{d}x\mathrm{d}y.$$

20. 计算曲面积分 $\iint\limits_{S}(8y+1)x\mathrm{d}y\mathrm{d}z+2(1-y^2)\mathrm{d}z\mathrm{d}x-4yz\mathrm{d}x\mathrm{d}y$,其中 S 是由曲线 $\begin{cases}z=\sqrt{y-1},\\x=0\end{cases}(1\leqslant y\leqslant 3)$ 绕 y 轴旋转一周所成的曲面,其法向量与 y 轴正向的夹角恒大于 $\frac{\pi}{2}$.

21. 设有界闭区域 Ω 由光滑曲面 S 所围成,函数 $u(x,y,z)$ 在 Ω 及 S 上有二阶连续偏导数,$\boldsymbol{n}$ 为 S 的单位外法向量.证明以下公式成立：

$$\iint_S \frac{\partial u}{\partial n}\mathrm{d}S = \iiint_\Omega \Delta u \mathrm{d}x\mathrm{d}y\mathrm{d}z.$$

22. 设 Σ 是空间有界闭区域 Ω 的整个边界曲面，函数 $u(x,y,z)$ 和 $v(x,y,z)$ 是定义在 Ω 上的具有二阶连续偏导数的函数，$\frac{\partial u}{\partial n}$、$\frac{\partial v}{\partial n}$ 分别表示 u、v 沿 Σ 的外法线方向的方向导数. 证明下面的**格林第二公式**：

$$\iiint_\Omega (u\Delta v - v\Delta u)\mathrm{d}x\mathrm{d}y\mathrm{d}z = \oiint_\Sigma \left(u\frac{\partial v}{\partial n} - v\frac{\partial u}{\partial n}\right)\mathrm{d}S.$$

23. 计算曲线积分 $I=\oint_C (z-y)\mathrm{d}x+(x-z)\mathrm{d}y+(x-y)\mathrm{d}z$，其中 C 是曲线 $\begin{cases} x^2+y^2=1, \\ x-y+z=2, \end{cases}$ 从 z 轴正向往 z 轴负向看 C 的方向是顺时针的.

24. 计算 $I=\oiint_\Sigma yz\mathrm{d}x\mathrm{d}y+zx\mathrm{d}y\mathrm{d}z+xy\mathrm{d}z\mathrm{d}x$，其中 Σ 是圆柱面 $x^2+y^2=R^2(x\geqslant 0, y\geqslant 0)$，平面 $x+2y=R$，$z=H$，$z=0$ 和 $x=0$ 所构成的闭曲面的外侧.

答案与提示

1. (1) π； (2) $\frac{1}{2}+\sqrt{2}$； (3) $\frac{\pi}{4}-1$； (4) $-2\sin 2$； (5) $\frac{32}{3}a^2$.

2. (1) 36； (2) $2\boldsymbol{i}+4\boldsymbol{j}+6\boldsymbol{k}$； (3) $\frac{1}{x^2+y^2+z^2}$； (4) 8π.

3. (1) $\frac{1}{3}$； (2) $\frac{1}{12}$； (3) $\frac{17}{30}$； (4) $-\frac{1}{2}$.

4. $(-\frac{4a}{5},0)$.

5. $km(\frac{1}{\sqrt{5}}-1)$，k 为引力常数.

6. $-2k\pi^2 b^2$.

7. 当 $\xi=\frac{a}{\sqrt{3}}$，$\eta=\frac{b}{\sqrt{3}}$，$\zeta=\frac{c}{\sqrt{3}}$ 时，所作的功最大，其最大值为 $\frac{\sqrt{3}}{9}abc$.

8. $8\pi a^4$.

9. $125\sqrt{2}\pi$.

10. $\frac{125\sqrt{5}-1}{420}$.

11. $\frac{1}{2}\pi^2 R$.

12. (1) 错； (2) 错； (3) 错； (4) 对.

13. (1) $\frac{1}{4}ab\pi(a^2+b^2)$； (2) $(\mathrm{e}^c-\mathrm{e}^d)(\cos a-\cos b)+(\mathrm{e}^{-b}-\mathrm{e}^{-a})(\cos c-\cos d)$.

14. 利用格林公式.

15. $\varphi(x)=\frac{1}{x}(\pi-1-\cos x)$，$I=\pi$.

16. $u(x,y)=\ln|x+y|+\dfrac{x}{x+y}+C$.

17. 注意到 $\cos(\boldsymbol{a},\boldsymbol{n})\mathrm{d}s=\cos(\boldsymbol{a},x)\mathrm{d}y-\sin(\boldsymbol{a},x)\mathrm{d}x$,并利用格林公式.

18. 利用高斯公式.

19. $\dfrac{3\pi}{2}$.

20. 34π.

23. -2π.

24. $\dfrac{13}{24}HR^3+\dfrac{\pi-1}{8}H^2R^2$.

第10章 无穷级数

无穷级数是表示函数及进行数值计算的一个重要工具，在理论上及实际问题中都有广泛的应用. 本章的主要内容是数项级数、幂级数和傅里叶级数.

首先介绍数项级数的一些基本概念，如级数的收敛与发散，收敛级数的基本性质，以及各种数项级数收敛与发散的判别法，为后面进一步研究函数项级数，特别是幂级数、傅里叶级数作准备. 接着将讨论函数项级数，它的一般项不是常数，而是一个函数. 我们主要讨论两类函数项级数——幂级数和傅里叶级数. 这是在许多实际问题及理论中经常遇到的级数. 本章将研究这两类级数的收敛性质及应用.

10.1 数项级数的收敛与发散

10.1.1 基本概念

给定数列$\{a_n\}$，要想研究它们的"无穷和"

$$a_1 + a_2 + \cdots + a_n + \cdots,$$

这不是一件很简单的事情，因为无穷多个数的和至今还根本没有定义过. 我们所能定义的是"部分和"：

$$S_n = a_1 + a_2 + \cdots + a_n.$$

例如，我们所熟知的等比数列的前n项和：

$$1 + x + x^2 + \cdots + x^{n-1} = \frac{1-x^n}{1-x} \quad (x \neq 1).$$

当$|x|<1$时，$x^n \to 0(n\to\infty)$，因此，数列

$$S_n = \frac{1-x^n}{1-x}$$

在$n\to\infty$时，极限为$\frac{1}{1-x}$. 把这种关系写成具有启发意义的无穷和的形式：

$$1 + x + x^2 + \cdots + x^n + \cdots = \frac{1}{1-x}, \quad |x|<1.$$

任何一种无穷和的意义都可以同样规定. 下面给出正式的定义.

定义 10.1.1 无穷多个数之和

$$a_1 + a_2 + \cdots + a_n + \cdots \tag{10.1.1}$$

称为**无穷级数**或**数项级数**,简记为 $\sum_{n=1}^{\infty}a_n$,其中 a_n 称为级数(10.1.1)的**一般项**.对于级数(10.1.1),作和

$$S_n = a_1 + a_2 + \cdots + a_n \quad (n = 1,2,\cdots),$$

称之为**部分和**.

(1) 若 $\lim\limits_{n\to\infty}S_n = S$(有限值),则称数项级数(10.1.1)**收敛**,且其和为 S,记作

$$\sum_{n=1}^{\infty}a_n = S,$$

称

$$r_n = S - S_n = a_{n+1} + a_{n+2} + \cdots$$

为级数(10.1.1)的**余项**;

(2) 若 $\{S_n\}$ 的极限 $\lim\limits_{n\to\infty}S_n$ 不存在或极限为 $+\infty$ 或 $-\infty$,则称级数(10.1.1)**发散**,特别在后两种情形,称级数(10.1.1)发散到 $+\infty$ 或 $-\infty$,记作

$$\sum_{n=1}^{\infty}a_n = +\infty \quad 或 \quad \sum_{n=1}^{\infty}a_n = -\infty.$$

例 10.1.1 几何级数(或等比级数)

$$a + aq + \cdots + aq^{n-1} + \cdots = \sum_{n=1}^{\infty}aq^{n-1} \quad (a \neq 0). \tag{10.1.2}$$

它的前 n 项部分和为

$$S_n(q) = a\frac{1-q^n}{1-q} \quad (q \neq 1).$$

当 $|q|<1$ 时, $$\lim_{n\to\infty}S_n(q) = \lim_{n\to\infty}a\frac{1-q^n}{1-q} = \frac{a}{1-q},$$

因此级数(10.1.2)的和为

$$\sum_{n=1}^{\infty}aq^{n-1} = \frac{a}{1-q}.$$

也就是说,当 $|q|<1$ 时,几何级数(10.1.2)收敛于 $\frac{a}{1-q}$.

当 $|q|>1$ 时, $$\lim_{n\to\infty}S_n(q) = \lim_{n\to\infty}a\frac{1-q^n}{1-q} = \infty.$$

当 $q=1$ 时, $$\lim_{n\to\infty}S_n(q) = \lim_{n\to\infty}\underbrace{(a + a + \cdots + a)}_{n个}$$

$$= \lim_{n\to\infty}na = \begin{cases} +\infty & (a>0), \\ -\infty & (a<0). \end{cases}$$

当 $q=-1$ 时, $$S_n(q) = \begin{cases} a & (n 为奇数), \\ 0 & (n 为偶数). \end{cases}$$

所以 $\lim\limits_{n\to\infty}S_n(-1)$ 不存在.

综上所述,当$|q|\geqslant 1$时,几何级数(10.1.2)发散. □

例 10.1.2 证明级数

$$\frac{1}{1\cdot 2}+\frac{1}{2\cdot 3}+\cdots+\frac{1}{n(n+1)}+\cdots \tag{10.1.3}$$

收敛,并求其和.

证 级数(10.1.3)的部分和为

$$S_n=\frac{1}{1\cdot 2}+\frac{1}{2\cdot 3}+\cdots+\frac{1}{n(n+1)}$$
$$=\left(\frac{1}{1}-\frac{1}{2}\right)+\left(\frac{1}{2}-\frac{1}{3}\right)+\cdots+\left(\frac{1}{n}-\frac{1}{n+1}\right)=1-\frac{1}{n+1}.$$

故

$$\lim_{n\to\infty}S_n=1,$$

即级数(10.1.3)收敛,其和为1. □

例 10.1.3 证明级数 $\sum\limits_{n=1}^{\infty}\ln\left(1+\frac{1}{n}\right)$ 发散.

证 部分和

$$S_n=\sum_{k=1}^{n}\ln\left(1+\frac{1}{k}\right)=\sum_{k=1}^{n}[\ln(k+1)-\ln k]$$
$$=\ln(n+1)-\ln 1=\ln(n+1)\to\infty\quad(n\to\infty),$$

因此该级数发散. □

我们看到,若给定一个数项级数 $\sum\limits_{n=1}^{\infty}a_n$,就可以得到一个部分和序列$\{S_n\}$:

$$S_1=a_1,\quad S_2=a_1+a_2,\quad\cdots\quad,\quad S_n=a_1+a_2+\cdots+a_n=\sum_{k=1}^{n}a_k,\quad\cdots$$

另一方面,若给定一个数列$\{S_n\}$,构造

$$a_1=S_1,\quad a_2=S_2-S_1,\quad\cdots\quad,\quad a_n=S_n-S_{n-1}\quad(n=2,3,\cdots),$$

则以 a_n 为一般项的级数 $\sum\limits_{n=1}^{\infty}a_n$ 的部分和序列正是上面预先给定的数列$\{S_n\}$.因此,有关数列极限的一些结果都可以搬到对应的级数 $\sum\limits_{n=1}^{\infty}a_n$ 上来.反之亦然.下面根据数列极限的柯西准则(见第2章2.2节定理2.2.4),给出判别数项级数是否收敛的柯西准则.

定理 10.1.1(柯西准则) 级数 $\sum\limits_{n=1}^{\infty}a_n$ 收敛的充分必要条件是:$\forall\varepsilon>0$,$\exists N$,$\forall m,n>N$,$m>n$,有

$$|a_{n+1}+a_{n+2}+\cdots+a_m|<\varepsilon. \tag{10.1.4}$$

证 必要性.设级数 $\sum\limits_{n=1}^{\infty}a_n$ 收敛,则其部分和序列$\{S_n\}$有极限.根据数列极限存

在的柯西准则，$\forall \varepsilon>0, \exists N, \forall m,n>N$，有

$$|S_m - S_n| < \varepsilon. \tag{10.1.5}$$

不妨设 $m>n$，则有

$$|(a_1+a_2+\cdots+a_m)-(a_1+a_2+\cdots+a_n)|<\varepsilon,$$

由此得到式(10.1.4).

充分性. 设条件(10.1.4)成立，则式(10.1.5)成立，根据数列极限存在的柯西准则知，极限 $\lim\limits_{n\to\infty}S_n$ 存在，故级数 $\sum\limits_{n=1}^{\infty}a_n$ 收敛. □

例 10.1.4 证明级数 $\sum\limits_{n=1}^{\infty}\frac{1}{n^2}$ 收敛.

证 对于任意的自然数 $m>n$，有

$$\begin{aligned}
&\left|\frac{1}{(n+1)^2}+\frac{1}{(n+2)^2}+\cdots+\frac{1}{m^2}\right| \\
\leqslant{}& \frac{1}{n(n+1)}+\frac{1}{(n+1)(n+2)}+\cdots+\frac{1}{(m-1)m} \\
\leqslant{}& \left(\frac{1}{n}-\frac{1}{n+1}\right)+\left(\frac{1}{n+1}-\frac{1}{n+2}\right)+\cdots+\left(\frac{1}{m-1}-\frac{1}{m}\right) \\
={}& \frac{1}{n}-\frac{1}{m}<\frac{1}{n}.
\end{aligned}$$

因此，$\forall \varepsilon>0$，取 $N=\left[\frac{1}{\varepsilon}\right]$，则当 $m,n>N$ 时，就有

$$\left|\frac{1}{(n+1)^2}+\frac{1}{(n+2)^2}+\cdots+\frac{1}{m^2}\right|<\varepsilon.$$

由柯西准则知，级数 $\sum\limits_{n=1}^{\infty}\frac{1}{n^2}$ 收敛. □

另外，由第 2 章 2.5 节例 2.5.4 知，**调和级数**

$$1+\frac{1}{2}+\frac{1}{3}+\cdots+\frac{1}{n}+\cdots=\sum_{n=1}^{\infty}\frac{1}{n}$$

是发散的.

10.1.2 收敛级数的基本性质

性质 1 若级数 $\sum\limits_{n=1}^{\infty}a_n$ 与 $\sum\limits_{n=1}^{\infty}b_n$ 都收敛，且其和分别为 s 和 σ，则对于任意的常数 k_1 和 k_2，级数 $\sum\limits_{n=1}^{\infty}(k_1a_n+k_2b_n)$ 也收敛，且其和为 $k_1s+k_2\sigma$.

证明是容易的，请读者自己完成.

性质 2(级数收敛的必要条件) 若级数 $\sum_{n=1}^{\infty} a_n$ 收敛,则

$$\lim_{n\to\infty} a_n = 0.$$

证 设 $\sum_{n=1}^{\infty} a_n = S$,即 $S_n = \sum_{k=1}^{n} a_k \to S(n \to \infty)$,于是

$$\lim_{n\to\infty} a_n = \lim_{n\to\infty}(S_n - S_{n-1}) = \lim_{n\to\infty} S_n - \lim_{n\to\infty} S_{n-1} = 0.$$ □

性质 3 改变(或略去)级数的有限多项,不会影响它的收敛与发散的性质(即改变前后的两级数同为收敛或同为发散).

证 设有级数 $\sum_{n=1}^{\infty} a_n$. 现任意改变其前 l 项(l 为任意固定的正整数),得到级数

$$\sum_{n=1}^{\infty} b_n = c_1 + c_2 + \cdots + c_l + a_{l+1} + \cdots + a_n + \cdots, \tag{10.1.6}$$

这个级数的前 n 项部分和为

$$\sigma_n = c_1 + c_2 + \cdots + c_l + a_{l+1} + \cdots + a_n = c_1 + c_2 + \cdots + c_l + S_n - S_l,$$

其中 $S_n = \sum_{k=1}^{n} a_k$,设 $S_n \to S(n \to \infty)$,则可得

$$\lim_{n\to\infty} \sigma_n = c_1 + c_2 + \cdots + c_l + S - S_l,$$

这表明级数(10.1.6)也收敛. 反之,若级数(10.1.6)收敛,则推知级数 $\sum_{n=1}^{\infty} a_n$ 亦收敛. □

性质 4 若级数 $\sum_{n=1}^{\infty} a_n$ 收敛到 S,则将其项任意地结合后(不改变其次序)得到的级数

$$(a_1 + a_2 + \cdots + a_{i_1}) + (a_{i_1+1} + \cdots + a_{i_2}) + \cdots + (a_{i_n+1} + \cdots + a_{i_{n+1}}) + \cdots \tag{10.1.7}$$

仍收敛且其和仍为 S.

证 设 $S_n = \sum_{k=1}^{n} a_k$,已知 $\lim_{n\to\infty} S_n = S$. 设级数(10.1.7)的部分和为 P_n. 则有

$$P_1 = a_1 + a_2 + \cdots + a_{i_1} = S_{i_1},$$

$$P_2 = (a_1 + a_2 + \cdots + a_{i_1}) + (a_{i_1+1} + \cdots + a_{i_2}) = S_{i_2},$$

$$\vdots$$

$$P_n = (a_1 + a_2 + \cdots + a_{i_1}) + (a_{i_1+1} + \cdots + a_{i_2}) + \cdots + (a_{i_{n-1}+1} + \cdots + a_{i_n}) = S_{i_n}.$$

由此可见,数列 $\{P_n\}$ 实际上就是数列 $\{S_n\}$ 的一个子列,因此

$$\lim_{n\to\infty} P_n = S.$$ □

注意,这个命题的逆命题不成立.例如,级数

$$(1-1)+(1-1)+\cdots$$

收敛于零,但去掉括号后的级数

$$1-1+1-1+\cdots$$

却是发散的.

根据性质 4 可得如下的推论:

推论 10.1.1 如果加括号之后的级数发散,则原级数也发散.

习 题 10.1

(A)

1. 回答下列问题:

(1) 数项级数的部分和是什么?

(2) 数项级数的收敛与发散怎样定义?

(3) 若级数为 $\sum_{n=1}^{\infty} a_n$,则其部分和 $S_n = \sum_{k=1}^{n} a_k (n=1,2,\cdots)$ 是一个数列,反过来,你能用 S_n 把原级数表示出来吗?

(4) 一般项 $a_n \to 0 (n\to\infty)$ 是不是级数 $\sum_{n=1}^{\infty} a_n$ 收敛的充分条件?若不是,你能举一个例子说明吗?

2. 求下列级数的和:

(1) $\sum_{n=1}^{\infty} \frac{1}{4n^2-1}$;　　(2) $\sum_{n=1}^{\infty} \frac{1}{(3n-2)(3n+1)}$.

3. 证明级数 $\left(\frac{1}{2}+\frac{1}{3}\right)+\left(\frac{1}{2^2}+\frac{1}{3^2}\right)+\cdots+\left(\frac{1}{2^n}+\frac{1}{3^n}\right)+\cdots$ 收敛,并求其和.

4. 证明:若 $\sum_{n=1}^{\infty} a_n$ 收敛,但 $\sum_{n=1}^{\infty} b_n$ 发散,则 $\sum_{n=1}^{\infty} (a_n+b_n)$ 发散.

5. 如果 $\sum_{n=1}^{\infty} a_n$ 与 $\sum_{n=1}^{\infty} b_n$ 都发散,试问 $\sum_{n=1}^{\infty} (a_n+b_n)$ 一定发散吗?如果这里的 a_n、$b_n (n=1,2,\cdots)$ 都是非负数,则能得出什么结论?

(B)

1. 求下列级数的和:

(1) $\sum_{n=1}^{\infty} \frac{(-1)^{n-1}}{n(n+2)}$;　　(2) $\sum_{n=1}^{\infty} \arctan\frac{1}{2n^2}$.

2. 利用柯西准则判别下列级数的收敛性:

(1) $\frac{\sin x}{2}+\frac{\sin 2x}{2^2}+\cdots+\frac{\sin nx}{2^n}+\cdots$;　　(2) $1+\frac{1}{2}-\frac{1}{3}+\frac{1}{4}+\frac{1}{5}-\frac{1}{6}+\cdots$.

答案与提示

(A)

2. (1) $\frac{1}{2}$；　(2) $\frac{1}{3}$.
3. $\frac{3}{2}$.

(B)

1. (1) $\frac{1}{4}$；　(2) $\frac{\pi}{4}$.
2. (1) 收敛；　(2) 发散.

10.2　正项级数

对于给定的一个级数 $\sum_{n=1}^{\infty} a_n$，要想求出它的部分和 S_n 的表达式，一般来说是不容易的，有时甚至就求不出来. 因此，根据收敛的定义来判断一个级数是否收敛，除在少数场合外，往往是很困难的. 因此需要有些简单易行的判定收敛或发散的方法. 本节先讨论一类较简单然而也是很有用的一类级数，即正项级数. 给定一个级数 $\sum_{n=1}^{\infty} a_n$，若 $a_n \geqslant 0(n=1,2,\cdots)$，则称这样的级数为**正项级数**.

10.2.1　有界性准则

设给定级数 $\sum_{n=1}^{\infty} a_n$，且 $a_n \geqslant 0(n=1,2,\cdots)$，则这个级数的部分和序列 $S_n = \sum_{k=1}^{n} a_k (n=1,2,\cdots)$ 显然是单调增加的. 根据单调有界收敛定理(第 2 章 2.5 节定理 2.5.1)，有

$$\{S_n\} \text{ 收敛} \Leftrightarrow \{S_n\} \text{ 有上界}.$$

由此便可得到判别正项级数是否收敛的一个如下准则.

定理 10.2.1(有界性准则)　正项级数 $\sum_{n=1}^{\infty} a_n$ 收敛的充分必要条件是它的部分和序列 $\{S_n\}$ 有上界.

显然，若 $\{S_n\}$ 无上界，则有 $\lim\limits_{n\to\infty} S_n = +\infty$，因此 $\sum_{n=1}^{\infty} a_n = +\infty$.

例 10.2.1　证明级数 $\sum_{n=1}^{\infty} \frac{1}{n^2+n+1}$ 收敛.

证 显然,我们有
$$\frac{1}{n^2+n+1}\leqslant\frac{1}{n^2+n}\leqslant\frac{1}{n^2},$$
因此
$$\sum_{k=1}^{n}\frac{1}{k^2+k+1}\leqslant\sum_{k=1}^{n}\frac{1}{k^2}.$$
由例 10.1.4 知,级数 $\sum_{n=1}^{\infty}\frac{1}{n^2}$ 收敛,由定理 10.2.1 可推出级数 $\sum_{k=1}^{n}\frac{1}{k^2}$ 有界,从而级数 $\sum_{k=1}^{n}\frac{1}{k^2+k+1}$ 也有界. 再利用定理 10.2.1 即知级数 $\sum_{n=1}^{\infty}\frac{1}{n^2+n+1}$ 收敛. □

要想确定一个正项级数的部分和序列是否有界,也并不是一件简单可行的事. 因此,上述准则的本身也许并不实用. 然而,这个准则却是本节要介绍的几个判别法的理论基础.

10.2.2 比较判别法

定理 10.2.2(比较判别法) 设 $\sum_{n=1}^{\infty}a_n$ 与 $\sum_{n=1}^{\infty}b_n$ 是两个正项级数,且对每个 n,有 $a_n\leqslant b_n$,则

(1) 当 $\sum_{n=1}^{\infty}b_n$ 收敛时,$\sum_{n=1}^{\infty}a_n$ 也收敛;

(2) 当 $\sum_{n=1}^{\infty}a_n$ 发散时,$\sum_{n=1}^{\infty}b_n$ 也发散.

证 设 $S_n=\sum_{k=1}^{n}a_k$,$P_n=\sum_{k=1}^{n}b_k$,则由假设知,对每一个 n 有
$$0\leqslant S_n\leqslant P_n,$$
当 $\sum_{n=1}^{\infty}b_n$ 收敛时,$\{P_n\}$ 是有界数列,从而 $\{S_n\}$ 是有界的. 根据有界性准则,级数 $\sum_{n=1}^{\infty}a_n$ 收敛. 结论(1)得证.

再证结论(2). 用反证法. 假设 $\sum_{n=1}^{\infty}a_n$ 发散,而 $\sum_{n=1}^{\infty}b_n$ 收敛. 则由结论(1)知 $\sum_{n=1}^{\infty}a_n$ 也收敛,这就产生了矛盾. 所以结论(2)成立. □

利用定理 10.2.2,我们可以分析那些看起来似乎很复杂,而其复杂性大部分又是无关紧要的级数.

例 10.2.2 判定级数 $\sum_{n=1}^{\infty}\frac{3+\sin^3(n+1)}{2^n+n}$ 的收敛性.

解 因为
$$0<\frac{3+\sin^3(n+1)}{2^n+n}<\frac{4}{2^n},$$

而级数
$$\sum_{n=1}^{\infty}\frac{4}{2^n}=4\sum_{n=1}^{\infty}\frac{1}{2^n}$$
是收敛的几何级数，因此原级数收敛. □

例 10.2.3 判定级数$\sum\limits_{n=1}^{\infty}\frac{1}{\sqrt{n(n+1)}}$的收敛性.

解 因为
$$\frac{1}{\sqrt{n(n+1)}}>\frac{1}{n+1}\geqslant\frac{1}{2n},$$
而$\sum\limits_{n=1}^{\infty}\frac{1}{2n}$发散，因此原级数发散. □

从上面的例子可以看到，比较判别法的使用就是将所考虑的级数与一个已知敛散性的级数作比较. 在例 10.2.2 中我们用到几何级数 $\sum\limits_{n=1}^{\infty}\frac{1}{2^n}$ 的收敛性，在例 10.2.3 中则用到了调和级数$\sum\limits_{n=1}^{\infty}\frac{1}{n}$的发散性. 下面我们将推广一下，考虑以一般的几何级数$\sum\limits_{n=1}^{\infty}aq^{n-1}$ 及p-级数$\sum\limits_{n=1}^{\infty}\frac{1}{n^p}$为标准级数并进行比较，就可以导出一些很方便的判别级数敛散性的方法. 对于几何级数$\sum\limits_{n=1}^{\infty}aq^{n-1}$，我们已经知道，它在 $|q|<1$ 时收敛，在 $|q|\geqslant 1$ 时发散. 现在来研究 p-级数$\sum\limits_{n=1}^{\infty}\frac{1}{n^p}$的敛散性.

例 10.2.4 设 $p>0$ 为常数，则 p-级数
$$\sum_{n=1}^{\infty}\frac{1}{n^p}=1+\frac{1}{2^p}+\frac{1}{3^p}+\cdots+\frac{1}{n^p}+\cdots \tag{10.2.1}$$
当 $p>1$ 时收敛，当 $p\leqslant 1$ 时发散.

证 当 $p\leqslant 1$时，有
$$\frac{1}{n^p}\geqslant\frac{1}{n}\quad(\forall\, n\geqslant 1),$$
而级数$\sum\limits_{n=1}^{\infty}\frac{1}{n}$ 发散，据比较判别法可知，级数(10.2.1)发散.

设 $p>1$，因为当 $n-1\leqslant x\leqslant n$ 时，有$\frac{1}{n^p}\leqslant\frac{1}{x^p}$，所以
$$\frac{1}{n^p}=\int_{n-1}^{n}\frac{1}{n^p}\mathrm{d}x\leqslant\int_{n-1}^{n}\frac{1}{x^p}\mathrm{d}x=\frac{1}{p-1}\left[\frac{1}{(n-1)^{p-1}}-\frac{1}{n^{p-1}}\right]\quad(n=2,3,\cdots).$$

考虑级数
$$\sum_{n=2}^{\infty}\left[\frac{1}{(n-1)^{p-1}}-\frac{1}{n^{p-1}}\right],\tag{10.2.2}$$
级数(10.2.2)的部分和
$$S_n=\left(1-\frac{1}{2^{p-1}}\right)+\left(\frac{1}{2^{p-1}}-\frac{1}{3^{p-1}}\right)+\cdots+\left[\frac{1}{n^{p-1}}-\frac{1}{(n+1)^{p-1}}\right]=1-\frac{1}{(n+1)^{p-1}}.$$

由于
$$\lim_{n\to\infty}S_n=\lim_{n\to\infty}\left[1-\frac{1}{(n+1)^{p-1}}\right]=1,$$
故级数(10.2.2)收敛. 于是由比较判别法知,级数(10.2.1)在 $p>1$ 时收敛. □

为了应用上的方便,下面给出比较判别法的极限形式.

定理 10.2.3(比较判别法的极限形式) 设有正项级数
$$\sum_{n=1}^{\infty}a_n \tag{10.2.3}$$
与
$$\sum_{n=1}^{\infty}b_n, \tag{10.2.4}$$
它们满足条件
$$\lim_{n\to\infty}\frac{a_n}{b_n}=l,\quad b_n>0, \tag{10.2.5}$$
则

(1) 当 $0<l<+\infty$ 时,级数(10.2.3)与级数(10.2.4)同时收敛或同时发散;

(2) 当 $l=0$ 时,由级数(10.2.4)收敛可以推出级数(10.2.3)收敛;

(3) 当 $l=+\infty$ 时,由级数(10.2.4)发散可以推出级数(10.2.3)发散.

证 (1) 设 $0<l<+\infty$,对于 $\varepsilon=\dfrac{l}{2}>0$,由条件(10.2.5)知,$\exists N$,使当 $n>N$ 时,有不等式
$$l-\frac{l}{2}<\frac{a_n}{b_n}<l+\frac{l}{2},$$
或
$$\frac{l}{2}<\frac{a_n}{b_n}<\frac{3}{2}l,$$
即
$$\frac{1}{2}lb_n<a_n<\frac{3}{2}lb_n.$$
由此,根据比较判别法知,级数(10.2.3)与级数(10.2.4)同时收敛或同时发散.

(2) 设 $l=0$. 则 $\exists N$,当 $n>N$ 时,有
$$\frac{a_n}{b_n}<1,\quad 即\quad a_n<b_n.$$
由此,根据比较判别法,由级数(10.2.4)收敛可以推出级数(10.2.3)收敛.

(3) 设 $l=+\infty$. 则 $\exists N$,当 $n>N$ 时,有
$$\frac{a_n}{b_n}>1,\quad 即\quad a_n>b_n.$$
再次利用比较判别法知,由级数(10.2.4)发散可以推出级数(10.2.3)也发散. □

在具体应用中,我们往往将定理 10.2.3 中的级数 $\sum\limits_{n=1}^{\infty}b_n$ 取为几何级数或 p-级数,研究其一般项之比的极限即可. 有时也可直接研究 a_n 趋于零的阶.

例 10.2.5 讨论级数 $\sum_{n=1}^{\infty}\frac{1}{\sqrt{n^3+1}}$ 的敛散性.

解 因为
$$\lim_{n\to\infty}\frac{\frac{1}{\sqrt{n^3+1}}}{\frac{1}{n^{3/2}}}=\lim_{n\to\infty}\frac{n^{3/2}}{\sqrt{n^3+1}}=1,$$
这里 $p=\frac{3}{2}>1, l=1$. 由于级数 $\sum_{n=1}^{\infty}\frac{1}{n^{3/2}}$ 收敛,根据定理 10.2.3 知级数 $\sum_{n=1}^{\infty}\frac{1}{\sqrt{n^3+1}}$ 收敛. □

例 10.2.6 讨论级数 $\sum_{n=1}^{\infty}\ln(1+\frac{1}{n^2})$ 的敛散性.

解 利用函数 $\ln(1+x)$ 在 $x=0$ 处的泰勒公式,有
$$a_n=\ln(1+\frac{1}{n^2})=\frac{1}{n^2}+o(\frac{1}{n^2})\ (n\to\infty).$$
故
$$\lim_{n\to\infty}\frac{a_n}{\frac{1}{n^2}}=1.$$
据定理 10.2.3 及 p-级数在 $p=2$ 时的收敛性知,所考虑的级数收敛. □

例 10.2.7 讨论级数 $\sum_{n=1}^{\infty}\sin\frac{1}{n}$ 的敛散性.

解 因 $0<\frac{1}{n}<\frac{\pi}{2}$,故 $\sin\frac{1}{n}>0$,这个级数是正项级数. 又因为
$$\sin\frac{1}{n}\sim\frac{1}{n}\quad(n\to\infty),$$
即
$$\lim_{n\to\infty}\frac{\sin\frac{1}{n}}{\frac{1}{n}}=1,$$
而 $\sum_{n=1}^{\infty}\frac{1}{n}$ 发散,所以 $\sum_{n=1}^{\infty}\sin\frac{1}{n}$ 也发散. □

10.2.3 比值判别法和根值判别法

现在我们选取几何级数 $\sum_{n=1}^{\infty}r^n$ 作为比较的标准,导出两个重要的收敛性判别法.

定理 10.2.4(达朗贝尔比值判别法) 设 $\sum_{n=1}^{\infty}a_n$ 是正项级数,且 $\forall n, a_n>0$. 又设
$$\lim_{n\to\infty}\frac{a_{n+1}}{a_n}=r\quad(0\leqslant r\leqslant+\infty).\tag{10.2.6}$$

则当 $r<1$ 时 $\sum\limits_{n=1}^{\infty}a_n$ 收敛;当 $r>1$ 时 $\sum\limits_{n=1}^{\infty}a_n$ 发散.

证 首先设 $r<1$. 任意选取一个数 q,使得 $r<q<1$. 由于 $\lim\limits_{n\to\infty}\frac{a_{n+1}}{a_n}=r<q$,故由极限的性质知,存在正整数 N,当 $n\geqslant N$ 时有不等式

$$\frac{a_{n+1}}{a_n}<q.$$

因此有 $a_{N+1}<a_Nq,\ a_{N+2}<a_{N+1}q<a_Nq^2,\ a_{N+3}<a_{N+2}q<a_Nq^3,\ \cdots.$

由于等比级数(公比 $q<1$) $a_Nq+a_Nq^2+a_Nq^3+\cdots$

是收敛,因而级数 $a_{N+1}+a_{N+2}+a_{N+3}+\cdots$

收敛,从而级数 $\sum\limits_{n=1}^{\infty}a_n$ 也收敛.

其次设 $r>1$. 这时,不论 r 是大于 1 的实数,还是 $r=+\infty$,只要 n 足够大,例如说从 $n=N$ 开始,$\frac{a_{n+1}}{a_n}$就大于 1,用前面类似的方法可以推出

$$\frac{a_{n+1}}{a_N}>1\quad(n>N).$$

从而有 $a_n>a_N>0\ (n>N).$

这里 a_N 是一个正的定数,故 a_n 不可能趋于零. 由级数收敛的必要条件(本章 10.1.2 小节)知,$\sum\limits_{n=1}^{\infty}a_n$ 发散. □

注意,当 $r=1$ 时,达朗贝尔比值判别法失效.

例 10.2.8 研究级数 $\sum\limits_{n=1}^{\infty}\frac{1}{n!}$ 的收敛性.

解 令 $a_n=\frac{1}{n!}$,则有

$$\frac{a_{n+1}}{a_n}=\frac{\frac{1}{(n+1)!}}{\frac{1}{n!}}=\frac{n!}{(n+1)!}=\frac{1}{n+1},$$

因此 $$\lim_{n\to\infty}\frac{a_{n+1}}{a_n}=0<1.$$

根据达朗贝尔比值判别法,级数 $\sum\limits_{n=1}^{\infty}\frac{1}{n!}$ 收敛. □

对于给定的正数 a,我们可以用类似的方法证明级数 $\sum\limits_{n=1}^{\infty}\frac{a^n}{n!}$ 收敛,并由此推出其一般项趋于零,即

$$\lim_{n\to\infty}\frac{a^n}{n!}=0.$$

特别，对于级数 $\sum_{n=1}^{\infty}na^n$，则有

$$\lim_{n\to\infty}\frac{(n+1)a^{n+1}}{na^n}=\lim_{n\to\infty}a\cdot\frac{n+1}{n}=a,$$

因此，当 $0\leqslant a<1$ 时，级数 $\sum_{n=1}^{\infty}na^n$ 收敛，从而有

$$\lim_{n\to\infty}na^n=0$$

（这个结果对 $-1<a\leqslant 0$ 也成立）. 这是我们利用比值判别法作为媒介，通过级数理论而得到某些数列的极限.

例 10.2.9 考察下列级数的敛散性：

(1) $\sum_{n=1}^{\infty}\frac{x^n}{n}\quad(x>0)$； (2) $\sum_{n=1}^{\infty}\frac{x^n}{n^2}\quad(x>0)$.

解 (1) 由于 $\frac{a_{n+1}}{a_n}=\frac{x^{n+1}}{n+1}\Big/\frac{x^n}{n}=x\cdot\frac{n}{n+1}$，

因此，对于任意给定的 $x>0$，有

$$\lim_{n\to\infty}\frac{a_{n+1}}{a_n}=x.$$

由比值判别法知，当 $0<x<1$ 时，级数收敛；当 $x>1$ 时，级数发散. 当 $x=1$ 时，比值判别法失效，但这时级数是调和级数 $\sum_{n=1}^{\infty}\frac{1}{n}$，它是发散的.

(2) $$\frac{a_{n+1}}{a_n}=\frac{x^{n+1}}{(n+1)^2}\Big/\frac{x^n}{n^2}=x\left(\frac{n}{n+1}\right)^2\to x\ (n\to\infty),$$

可见当 $0<x<1$ 时级数收敛；当 $x>1$ 时级数发散. 而当 $x=1$ 时，比值判别法失效. 但此时级数为 $\sum_{n=1}^{\infty}\frac{1}{n^2}$，它是收敛的. □

下面我们介绍柯西根值判别法.

定理 10.2.5(柯西根值判别法) 设 $\sum_{n=1}^{\infty}a_n$ 是正项级数，且

$$\lim_{n\to\infty}\sqrt[n]{a_n}=\rho\quad(0\leqslant\rho\leqslant+\infty).$$

则当 $\rho<1$ 时，$\sum_{n=1}^{\infty}a_n$ 收敛；当 $\rho>1$ 时，$\sum_{n=1}^{\infty}a_n$ 发散.

证 首先设 $\rho<1$，任意取定一个数 q，使 $\rho<q<1$. 则由 $\lim_{n\to\infty}\sqrt[n]{a_n}=\rho$ 知，$\exists N$，当 $n>N$ 时有

$$\sqrt[n]{a_n}<q,$$

即
$$a_n < q^n \quad (n > N).$$
因为几何级数 $\sum_{n=1}^{\infty} q^n (0 < q < 1)$ 是收敛的,由比较判别法知,级数 $\sum_{n=1}^{\infty} a_n$ 收敛.

其次设 $1<\rho\leqslant+\infty$. 这时,必 $\exists N$,当 $n>N$ 时,有
$$\sqrt[n]{a_n} > 1,$$
所以 a_n 不可能趋于零,这不符合级数收敛的必要条件,因此 $\sum_{n=1}^{\infty} a_n$ 发散. □

注意,当 $\rho=1$ 时,柯西根值判别法失效.

例 10.2.10 判别级数 $\sum_{n=2}^{\infty} \frac{1}{(\ln n)^n}$ 的敛散性.

解 令 $a_n=\frac{1}{(\ln n)^n}$,则有
$$\lim_{n\to\infty} \sqrt[n]{a_n} = \lim_{n\to\infty} \frac{1}{\ln n} = 0 < 1,$$
由柯西根值判别法知,原级数收敛. □

例 10.2.11 讨论级数 $\sum_{n=1}^{\infty} 2^n x^{2n} (x \geqslant 0)$ 的收敛性.

解 容易看出 $\sqrt[n]{2^n x^{2n}} = 2x^2 \to 2x^2 (n \to \infty).$

由柯西根值判别法知,当 $2x^2<1$,即 $0\leqslant x<\frac{1}{\sqrt{2}}$时,原级数收敛;当 $2x^2>1$,即 $x>\frac{1}{\sqrt{2}}$时,原级数发散. 当 $2x^2=1$,即 $x=\frac{1}{\sqrt{2}}$时,级数的一般项为 $2^n\left(\frac{1}{\sqrt{2}}\right)^{2n}=1$,不趋于零,因此原级数发散. □

10.2.4 积分判别法

定理 10.2.6(积分判别法) 设函数 $f(x)$在$[N,+\infty)$上非负且单调减少,其中 N 是某个自然数,令 $a_n=f(n)$,则级数 $\sum_{n=1}^{\infty} a_n$ 与反常积分$\int_N^{+\infty} f(x)\mathrm{d}x$ 同时敛散.

证 因为 $f(x)$在$[N,+\infty)$上单调减少,故有
$$\int_k^{k+1} f(x)\mathrm{d}x \leqslant a_k \leqslant \int_{k-1}^{k} f(x)\mathrm{d}x \quad (k \geqslant N+1)$$
(见图 10.1). 在上式中依次取 $k=N+1,N+2,\cdots,n$ 后相加可得
$$\int_{N+1}^{n+1} f(x)\mathrm{d}x \leqslant \sum_{k=N+1}^{n} a_k \leqslant \int_N^n f(x)\mathrm{d}x.$$

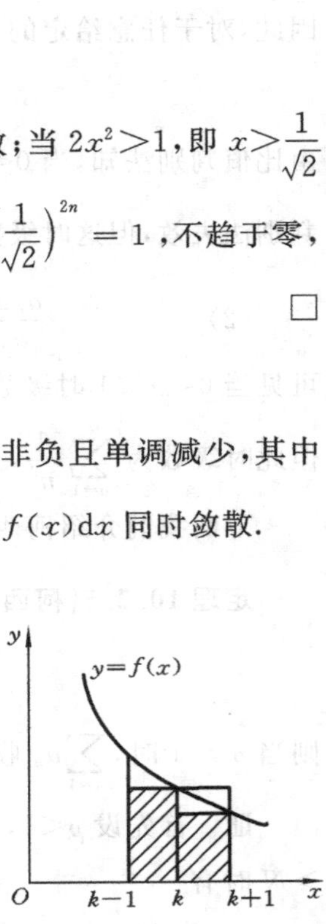

图 10.1

因为 $a_k\geqslant0$, $f(x)\geqslant0$,故级数 $\sum_{k=1}^{\infty} a_k$ 与积分$\int_N^{+\infty} f(x)\mathrm{d}x$

或者收敛或者取值$+\infty$. 于是上式当$n\to\infty$时变成

$$\int_{N+1}^{+\infty} f(x)\mathrm{d}x \leqslant \sum_{k=N+1}^{\infty} a_k \leqslant \int_{N}^{+\infty} f(x)\mathrm{d}x.$$

由此可见，$\sum\limits_{k=1}^{\infty} a_k$ 收敛 $\Leftrightarrow \int_{N}^{+\infty} f(x)\mathrm{d}x$ 收敛. □

例 10.2.12 讨论级数 $\sum\limits_{n=2}^{\infty} \dfrac{1}{n\ln^q n}(q>0)$ 的敛散性.

解 令 $f(x)=\dfrac{1}{x\ln^q x}$,则 $f(x)$在$[2,+\infty)$上非负且单调减少. 由

$$\int_{2}^{+\infty} \frac{\mathrm{d}x}{x\ln^q x} = \int_{2}^{+\infty} \frac{\mathrm{d}\ln x}{\ln^q x} = \int_{\ln 2}^{+\infty} \frac{\mathrm{d}t}{t^q} \quad (t=\ln x).$$

可见,上述积分当$q>1$时收敛,当$q\leqslant 1$时发散. 由积分判别法知,级数 $\sum\limits_{n=2}^{\infty} \dfrac{1}{n\ln^q n}$ 也在$q>1$时收敛,在$q\leqslant 1$时发散. □

习 题 10.2

(A)

1. 回答下列问题：

(1) 什么叫正项级数？它的部分和序列有何特点？

(2) 正项级数收敛的充要条件是什么？

(3) p-级数 $\sum\limits_{n=1}^{\infty} \dfrac{1}{n^p}$ 在什么条件下收敛?在什么条件下发散？

(4) 设 $a_n \leqslant b_n(n=1,2,\cdots)$,如果$\sum\limits_{n=1}^{\infty} b_n$ 收敛,能否断言$\sum\limits_{n=1}^{\infty} a_n$ 也收敛?试举例说明.

2. 用比较判别法讨论下列级数的敛散性：

(1) $\sum\limits_{n=1}^{\infty} \dfrac{1}{n^2+3}$； (2) $\sum\limits_{n=1}^{\infty} \dfrac{\sin^2 n}{n^2}$； (3) $\sum\limits_{n=1}^{\infty} \dfrac{n+2}{(n+1)\sqrt{n}}$； (4) $\sum\limits_{n=1}^{\infty} \dfrac{1}{n2^n}$.

3. 用比较判别法的极限形式讨论下列级数的敛散性：

(1) $\sum\limits_{n=1}^{\infty} \dfrac{5n+1}{(n+2)n^2}$； (2) $\sum\limits_{n=1}^{\infty} \dfrac{2^n+n}{3^n}$； (3) $\sum\limits_{n=1}^{\infty} \sin\dfrac{\pi}{2^n}$；

(4) $\sum\limits_{n=1}^{\infty} \dfrac{(1+\frac{1}{n})^n}{n^2}$； (5) $\sum\limits_{n=1}^{\infty} \dfrac{1}{1+a^n}(a>0)$； (6) $\sum\limits_{n=1}^{\infty} \dfrac{1}{n\sqrt[n]{n}}$.

4. 用比值判别法判别下列级数的敛散性：

(1) $\sum\limits_{n=1}^{\infty} np^n(0<p<1)$； (2) $\sum\limits_{n=1}^{\infty} \dfrac{x^n}{n!}(x>0)$； (3) $\sum\limits_{n=1}^{\infty} \dfrac{n^2}{n!}$；

(4) $\sum\limits_{n=1}^{\infty} \dfrac{n!}{n^n}$； (5) $\sum\limits_{n=1}^{\infty} \dfrac{2^n n!}{n^n}$； (6) $\sum\limits_{n=1}^{\infty} \dfrac{3^n n!}{n^n}$.

5. 用根值判别法判别下列级数的敛散性：

(1) $\sum_{n=1}^{\infty}\frac{1}{n^n}$；　(2) $\sum_{n=1}^{\infty}\frac{2^n}{(n+1)^n}$；　(3) $\sum_{n=1}^{\infty}\frac{5^n}{n^{n+1}}$；　(4) $\sum_{n=1}^{\infty}\frac{n^2}{\left(n+\frac{1}{n}\right)^n}$.

(B)

1. 用所学过的判别法判别下列级数的敛散性：

(1) $\sum_{n=1}^{\infty}n\left(\frac{3}{4}\right)^n$；　(2) $\sum_{n=1}^{\infty}\frac{1+\cos n}{n^2}$；　(3) $\sum_{n=2}^{\infty}\frac{1}{(\ln n)^k}$；　(4) $\sum_{n=2}^{\infty}\frac{1}{n(\ln n)^2}$；

(5) $\sum_{n=1}^{\infty}\frac{(n!)^2}{2n^2}$；　(6) $\sum_{n=1}^{\infty}\sqrt{\frac{n+1}{n}}$；　(7) $\sum_{n=1}^{\infty}\frac{1}{n^{\ln n}}$；　(8) $\sum_{n=2}^{\infty}\frac{1}{(\ln n)^{\ln n}}$；

(9) $\sum_{n=1}^{\infty}\frac{a^n}{1+a^{2n}}$，$a$ 为非负常数．　(10) $\sum_{n=1}^{\infty}\left(\frac{b}{a_n}\right)^n$，其中 $a_n\to a(n\to\infty)$，a_n,b,a 均为正数．

2. 利用泰勒公式估计下列级数 $\sum_{n=1}^{\infty}a_n$ 中无穷小量 a_n 的阶，从而判别级数的敛散性：

(1) $\sum_{n=1}^{\infty}2^n\sin\frac{\pi}{3^n}$；　(2) $\sum_{n=1}^{\infty}(\sqrt{n+1}-\sqrt[4]{n^2+n+1})$.

3. 若正项级数 $\sum_{n=1}^{\infty}a_n$ 收敛，证明 $\sum_{n=1}^{\infty}a_n^2$ 也收敛；但反之不然，举例说明．

4. 设级数 $\sum_{n=1}^{\infty}a_n^2$ 与 $\sum_{n=1}^{\infty}b_n^2$ 都收敛，证明 $\sum_{n=1}^{\infty}|a_nb_n|$，$\sum_{n=1}^{\infty}(a_n+b_n)^2$ 也收敛．

5. 设正数序列 $\{x_n\}$ 单调上升且有界，证明级数 $\sum_{n=1}^{\infty}\left(1-\frac{x_n}{x_{n+1}}\right)$ 收敛．

6. 若正项级数 $\sum_{n=1}^{\infty}a_n$ 收敛，证明正项级数 $\sum_{n=1}^{\infty}\frac{\sqrt{a_n}}{n}$ 也收敛．

答案与提示

(A)

2. (1) 收敛；　(2) 收敛；　(3) 发散；　(4) 收敛.

3. (1) 收敛；　(2) 收敛；　(3) 收敛；　(4) 收敛；　(5) $a>1$ 时收敛，$0<a\leqslant 1$ 时发散；
(6) 发散.

4. (1) 收敛；　(2) 收敛；　(3) 收敛；　(4) 收敛；　(5) 收敛；　(6) 发散.

5. (1) 收敛；　(2) 收敛；　(3) 收敛；　(4) 收敛.

(B)

1. (1) 收敛；　(2) 收敛；　(3) 发散；　(4) 收敛；　(5) 发散；　(6) 发散；　(7) 收敛；
(8) 收敛；　(9) $|a|\neq 1$ 时收敛，$|a|=1$ 时发散；　(10) $b<a$ 时收敛，$b>a$ 时发散，$b=a$ 时不能判定.

2. (1) 收敛；　(2) 发散.

10.3 任意项级数

本节讨论一般的数项级数,即级数 $\sum_{n=1}^{\infty} a_n$ 中有无穷多项取正值,同时又有无穷多项取负值的情形.

10.3.1 交错级数收敛判别法

设 $a_n>0(n=1,2,\cdots)$,考虑级数

$$\sum_{n=1}^{\infty}(-1)^{n-1}a_n = a_1 - a_2 + a_3 - a_4 + \cdots, \tag{10.3.1}$$

这种级数称为**交错级数**. 对于这类级数,我们给出一个非常简单的判别法,即莱布尼兹判别法.

定理 10.3.1(莱布尼兹判别法) 设交错级数(10.3.1)满足条件

(1) $a_n \geqslant a_{n+1}, n=1,2,\cdots$;

(2) $\lim\limits_{n\to\infty} a_n = 0$.

则此级数收敛,且对于余项 $r_n = \sum_{k=n+1}^{\infty}(-1)^{k-1}a_k$,有估计式

$$|r_n| = \left|\sum_{k=n+1}^{\infty}(-1)^{k-1}a_k\right| \leqslant a_{n+1}. \tag{10.3.2}$$

证 考虑部分和 $S_n = \sum_{k=1}^{n}(-1)^{k-1}a_k$. 则有

$$S_{2n+2} - S_{2n} = a_{2n+1} - a_{2n+2} > 0,$$
$$S_{2n+1} - S_{2n-1} = a_{2n+1} - a_{2n} < 0,$$
$$S_{2n+1} - S_{2n} = a_{2n+1} \to 0 \quad (n\to\infty).$$

这表明$\{S_{2n}\}$单调增加,且易证它有上界 S';$\{S_{2n-1}\}$单调减少,它有下界 S''. 因此存在极限

$$\lim_{n\to\infty} S_{2n} = S', \quad \lim_{n\to\infty} S_{2n-1} = S''.$$

又 $$S' - S'' = \lim_{n\to\infty} S_{2n} - \lim_{n\to\infty} S_{2n-1} = \lim_{n\to\infty}(S_{2n} - S_{2n-1}) = \lim_{n\to\infty}(-a_{2n}) = 0.$$

即 $S'=S''$. 记 $S=S'=S''$. 根据第 2 章习题 2.5(B)第 3 题,有

$$\lim_{n\to\infty} S_n = \sum_{n=1}^{\infty}(-1)^{n-1}a_n = S.$$

再由单调数列极限的性质可知

$$S_{2n} < S < S_{2n+1} < S_{2n-1}.$$

于是 $$0 < S - S_{2n} < S_{2n+1} - S_{2n} = a_{2n+1},$$

$$0 < S_{2n-1} - S < S_{2n-1} - S_{2n} = a_{2n},$$

即得

$$0 < (-1)^n(S - S_n) < a_{n+1},$$

由此得

$$|r_n| = \left|\sum_{k=n+1}^{\infty}(-1)^{k-1}a_k\right| < a_{n+1}.$$

□

我们称满足定理 10.3.1 中条件(1)及(2)的交错级数(10.3.1)为**莱布尼兹型级数**. 从定理的证明可以看出,莱布尼兹型级数的和不超过它的第一项 a_1.

例 10.3.1 证明级数

$$\sum_{n=1}^{\infty}(-1)^{n-1}\frac{1}{n} = 1 - \frac{1}{2} + \frac{1}{3} - \cdots + (-1)^{n-1}\frac{1}{n} + \cdots \tag{10.3.3}$$

收敛并估计其余项.

证 级数(10.3.3)是交错级数,且 $a_n = \frac{1}{n}(n=1,2,\cdots)$单调减少趋于零. 根据莱布尼兹判别法,它收敛,且其余项的估计式为

$$|r_n| = \left|\sum_{k=n+1}^{\infty}(-1)^{k-1}a_k\right| \leqslant \frac{1}{n+1}.$$

□

例 10.3.2 级数

$$\frac{3}{1!} - \frac{3^2}{2!} + \frac{3^3}{3!} - \frac{3^4}{4!} + \frac{3^5}{5!} - \cdots + (-1)^{n-1}\frac{3^n}{n!} + \cdots \tag{10.3.4}$$

收敛还是发散?

解 容易验证,当 $n \geqslant 3$ 时,

$$\frac{3^{n+1}}{(n+1)!} = \frac{3}{n+1}\cdot\frac{3^n}{n!} < \frac{3^n}{n!},$$

即 $a_n = \frac{3^n}{n!}(n=2,3,\cdots)$是单调减少的. 又因为

$$0 < \frac{3^n}{n!} = \frac{3}{1}\cdot\frac{3}{2}\cdot\frac{3}{3}\cdot\cdots\cdot\frac{3}{n} \leqslant \frac{27}{n}$$

及 $\lim\limits_{n\to\infty}\frac{27}{n} = 0$,由极限的夹逼性定理知,

$$\lim_{n\to\infty}\frac{3^n}{n!} = 0.$$

根据莱布尼兹判别法,级数(10.3.4)收敛,并且它的和不超过

$$\frac{3}{1!} - \frac{3^2}{2!} + \frac{3^3}{3!} = 3.$$

□

10.3.2 绝对收敛与条件收敛

级数 $\sum\limits_{n=1}^{\infty}(-1)^{n-1}\frac{1}{n^2}$ 与 $\sum\limits_{n=1}^{\infty}(-1)^{n-1}\frac{1}{n}$ 都是莱布尼兹型级数,因此都收敛. 但是,

将它们的各项都取绝对值后所得的级数，前者收敛而后者发散：

$$\sum_{n=1}^{\infty}\left|(-1)^{n-1}\frac{1}{n^2}\right|=\sum_{n=1}^{\infty}\frac{1}{n^2}<+\infty,$$

$$\sum_{n=1}^{\infty}\left|(-1)^{n-1}\frac{1}{n}\right|=\sum_{n=1}^{\infty}\frac{1}{n}=+\infty.$$

在后面我们将会看到，由于收敛性的这种差别，使这两个级数有许多根本性的差异．于是，我们引进下列概念．

定义 10.3.1　若 $\sum\limits_{n=1}^{\infty}|a_n|$ 收敛，则称 $\sum\limits_{n=1}^{\infty}a_n$ **绝对收敛**；若 $\sum\limits_{n=1}^{\infty}|a_n|$ 发散，但 $\sum\limits_{n=1}^{\infty}a_n$ 收敛，则称 $\sum\limits_{n=1}^{\infty}a_n$ **条件收敛**．

由此可知，级数 $\sum\limits_{n=1}^{\infty}(-1)^{n-1}\frac{1}{n^2}$ 绝对收敛，而级数 $\sum\limits_{n=1}^{\infty}(-1)^{n-1}\frac{1}{n}$ 条件收敛．

定理 10.3.2　绝对收敛级数必收敛．

证　设 $\sum\limits_{n=1}^{\infty}|a_n|$ 收敛．根据柯西收敛准则（见本章 10.1.1 小节定理 10.1.1），$\forall\varepsilon>0$，$\exists N$，当 $m>n>N$ 时，有

$$|a_{n+1}|+|a_{n+2}|+\cdots+|a_m|<\varepsilon.$$

由此可得　$$|a_{n+1}+a_{n+2}+\cdots+a_m|\leqslant|a_{n+1}|+|a_{n+2}|+\cdots+|a_m|<\varepsilon.$$

因此再由柯西准则知，级数 $\sum\limits_{n=1}^{\infty}a_n$ 本身收敛．□

由这个定理易知级数 $\sum\limits_{n=1}^{\infty}\frac{\cos n}{n^2}$，$\sum\limits_{n=1}^{\infty}\frac{\sin n}{2^n}$ 都是收敛的．

但是，应当注意，定理 10.3.2 的逆定理不成立，即从 $\sum\limits_{n=1}^{\infty}a_n$ 收敛，不能断言 $\sum\limits_{n=1}^{\infty}|a_n|$ 也收敛．例如级数 $\sum\limits_{n=1}^{\infty}(-1)^{n-1}\frac{1}{n}$ 就是这样的例子．

例 10.3.3　讨论 $\sum\limits_{n=1}^{\infty}(-1)^{n-1}\frac{1}{n^p}(p>0)$ 的绝对收敛性与条件收敛性．

解　我们知道，级数

$$\sum_{n=1}^{\infty}\left|(-1)^{n-1}\frac{1}{n^p}\right|=\sum_{n=1}^{\infty}\frac{1}{n^p}$$

当 $p>1$ 时收敛，当 $p\leqslant 1$ 时发散．因此，原级数当 $p>1$ 时绝对收敛．

当 $p\leqslant 1$ 时，由于 $\left\{\frac{1}{n^p}\right\}$ 单调减少趋于零，根据莱布尼兹判别法，交错级数 $\sum\limits_{n=1}^{\infty}(-1)^{n-1}\frac{1}{n^p}$ 是收敛的，所以当 $p\leqslant 1$ 时原级数条件收敛．□

10.3.3 绝对收敛级数的性质

下面给出关于绝对收敛级数的两个性质.

定理 10.3.3 绝对收敛级数在任意重排后,仍然绝对收敛且和不变.

证 先考虑正项级数 $\sum_{n=1}^{\infty} a_n$ 的情形.设

$$S=\sum_{n=1}^{\infty} a_n,\quad S_n=\sum_{k=1}^{n} a_k,$$

并设级数 $\sum_{n=1}^{\infty} a_n'$ 是重排后所构成的级数,其部分和记为 $S_n'=\sum_{k=1}^{n} a_k'$.

任意固定 n,取 m 足够大,使 $a_1',a_2',\cdots,a_n'$ 各项都出现在 $S_m=a_1+a_2+\cdots+a_m$ 中,于是得

$$S_n'\leqslant S_m\leqslant S.$$

这说明部分和序列 $\{S_n'\}$ 有上界.而因 $\sum_{n=1}^{\infty} a_n$ 是正项级数,故 $\{S_n'\}$ 是单调增加的.根据单调有界收敛定理(第 2 章 2.5 节定理 2.5.1),有

$$\lim_{n\to\infty} S_n'=S'\leqslant S.$$

另一方面,如果把原来的级数 $\sum_{n=1}^{\infty} a_n$ 看成是级数 $\sum_{n=1}^{\infty} a_n'$ 重排后所构成的级数,就应当有

$$S\leqslant S'.$$

因此必定有

$$S=S'.$$

现在设 $\sum_{n=1}^{\infty} a_n$ 是一般的绝对收敛级数.令

$$b_n=\frac{1}{2}(a_n+|a_n|)\quad(n=1,2,\cdots),$$

显然 $b_n\geqslant 0$ 且 $b_n\leqslant|a_n|$.而 $\sum_{n=1}^{\infty}|a_n|$ 收敛,故由正项级数的比较判别法知,级数 $\sum_{n=1}^{\infty} b_n$ 收敛,从而级数 $\sum_{n=1}^{\infty} 2b_n$ 也收敛.于是由 $a_n=2b_n-|a_n|$ 可得

$$\sum_{n=1}^{\infty} a_n=\sum_{n=1}^{\infty}(2b_n-|a_n|)=\sum_{n=1}^{\infty} 2b_n-\sum_{n=1}^{\infty}|a_n|.$$

若级数 $\sum_{n=1}^{\infty} a_n$ 重排项位置后的级数为 $\sum_{n=1}^{\infty} a_n'$,则相应地 $\sum_{n=1}^{\infty} b_n$ 重排变为 $\sum_{n=1}^{\infty} b_n'$,而 $\sum_{n=1}^{\infty}|a_n|$ 改变为 $\sum_{n=1}^{\infty}|a_n'|$.由前面对正项级数证得的结论知

$$\sum_{n=1}^{\infty} b_n = \sum_{n=1}^{\infty} b_n', \quad \sum_{n=1}^{\infty} | a_n' | = \sum_{n=1}^{\infty} | a_n |.$$

所以
$$\sum_{n=1}^{\infty} a_n' = \sum_{n=1}^{\infty} 2b_n' - \sum_{n=1}^{\infty} | a_n' | = \sum_{n=1}^{\infty} 2b_n - \sum_{n=1}^{\infty} | a_n | = \sum_{n=1}^{\infty} a_n.$$

定理证毕． □

现在我们讨论级数的乘法运算．

设有收敛级数

$$\sum_{n=1}^{\infty} a_n = A, \quad \sum_{n=1}^{\infty} b_n = B.$$

先按有限和的乘法规则，作出两级数各项所有可能的乘积 $a_i b_k$，将它们排成无穷矩阵：

$$\begin{array}{cccccc}
a_1b_1 & a_1b_2 & a_1b_3 & \cdots & a_1b_n & \cdots \\
a_2b_1 & a_2b_2 & a_2b_3 & \cdots & a_2b_n & \cdots \\
\vdots & \vdots & \vdots & & \vdots & \vdots \\
a_nb_1 & a_nb_2 & a_nb_3 & \cdots & a_nb_n & \cdots \\
\vdots & \vdots & \vdots & & \vdots & \vdots
\end{array}$$

这些乘积可按各种顺序求和而得到级数，最常见的是**对角线法**和**正方形法**：

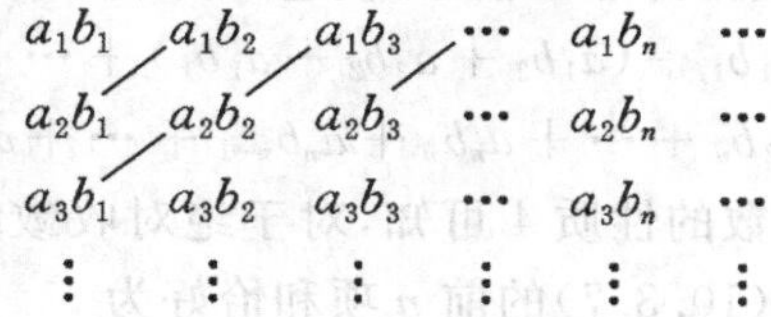

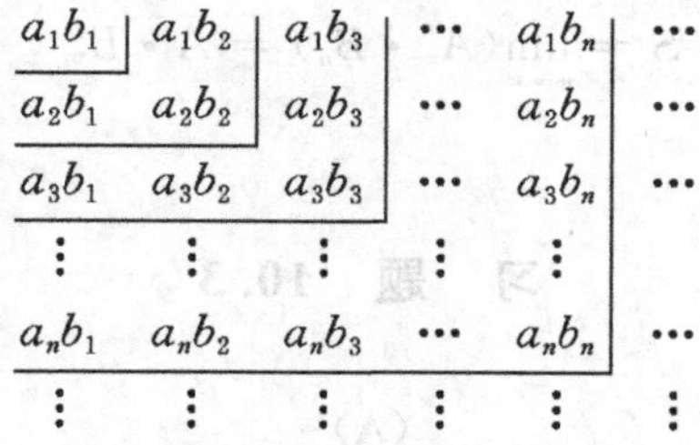

将上面排列好的数列用加号连起来，就组成一个无穷级数，称按对角线法排列所组成的级数

$$a_1b_1 + (a_1b_2 + a_2b_1) + \cdots + (a_1b_n + a_2b_{n-1} + \cdots + a_nb_1) + \cdots$$

为两级数 $\sum_{n=1}^{\infty} a_n$ 与 $\sum_{n=1}^{\infty} b_n$ 的**柯西乘积**．

定理 10.3.4(绝对收敛级数的乘法) 设级数 $\sum_{n=1}^{\infty} a_n$ 与 $\sum_{n=1}^{\infty} b_n$ 都绝对收敛，其和分

别为 A 和 B,则它们的柯西乘积

$$a_1b_1+(a_1b_2+a_2b_1)+\cdots+(a_1b_n+a_2b_{n-1}+\cdots+a_nb_1)+\cdots \quad (10.3.5)$$

也是绝对收敛的,且其和为 $A\cdot B$.

证 考虑把级数(10.3.5)去掉括号后所成的级数

$$a_1b_1+a_1b_2+\cdots+a_1b_n+\cdots \quad (10.3.6)$$

由级数的性质(本章 10.1.2 小节性质 4)及比较判别法知,若级数(10.3.6)绝对收敛且其和为 S,则级数(10.3.5)也绝对收敛且其和为 S. 因此,只要证明级数(10.3.6)绝对收敛且其和为 $S=A\cdot B$ 即可.

(i) 先证级数(10.3.6)绝对收敛.

令 S_m 表示级数(10.3.6)的前 m 项分别取绝对值后所作成的和,又设

$$\sum_{n=1}^{\infty}|a_n|=A^*,\quad \sum_{n=1}^{\infty}|b_n|=B^*,$$

则显然有

$$S_m\leqslant(|a_1|+|a_2|+\cdots+|a_m|)\cdot(|b_1|+|b_2|+\cdots+|b_m|)\leqslant A^*\cdot B^*.$$

因此单调增加的数列 S_m 有上界,从而收敛,所以级数(10.3.6)绝对收敛.

(ii) 再证级数(10.3.6)的和为 $S=A\cdot B$.

将级数(10.3.6)的项重排并加上括号,使它成为按正方形法排列所组成的级数:

$$a_1b_1+(a_1b_2+a_2b_2+a_2b_1)+\cdots$$
$$+(a_1b_n+a_2b_n+\cdots+a_nb_n+a_nb_{n-1}+\cdots+a_nb_1)+\cdots \quad (10.3.7)$$

根据定理 10.3.3 及收敛级数的性质 4 可知,对于绝对收敛级数(10.3.6)来说,这样做法不会改变其和. 而级数(10.3.7)的前 n 项和恰好为

$$(a_1+a_2+\cdots+a_n)\cdot(b_1+b_2+\cdots+b_n)=A_n\cdot B_n,$$

故有

$$S=\lim_{n\to\infty}(A_n\cdot B_n)=A\cdot B.$$

定理证毕. □

习 题 10.3

(A)

1. 回答下列问题:

(1) 什么叫交错级数? 什么叫莱布尼兹型级数?

(2) 什么是级数的绝对收敛性和条件收敛性?

(3) 两级数的乘积是怎样定义的? 在什么条件下两级数的乘积级数必定收敛?

2. 对下列是非题,对的给出证明,错的举出反例:

(1) 若 $a_n>0$,则 $a_1-a_1+a_2-a_2+a_3-a_3+\cdots$收敛;

(2) 若$\sum\limits_{n=1}^{\infty}a_n$ 收敛,则$\sum\limits_{n=1}^{\infty}(-1)^na_n$ 也收敛;

(3) 若$\sum_{n=1}^{\infty}a_n^2$收敛，则$\sum_{n=1}^{\infty}a_n^3$绝对收敛；

(4) 若$\sum_{n=1}^{\infty}a_n$收敛，则$\sum_{n=1}^{\infty}a_n^2$收敛；

(5) 若$\sum_{n=1}^{\infty}a_n$不收敛，则$\sum_{n=1}^{\infty}a_n$不绝对收敛；

(6) 绝对收敛级数也是条件收敛的．

(7) 若$\sum_{n=1}^{\infty}a_n$不是条件收敛的，则$\sum_{n=1}^{\infty}a_n$发散；

(8) 若$\sum_{n=1}^{\infty}a_n$收敛，且$\lim\limits_{n\to\infty}\frac{b_n}{a_n}=1$，则$\sum_{n=1}^{\infty}b_n$也收敛．

3. 讨论下列级数的敛散性(包括绝对收敛、条件收敛、发散)：

(1) $\sum_{n=1}^{\infty}(-1)^{n-1}\frac{1}{\sqrt{n}}$； (2) $\sum_{n=1}^{\infty}(-1)^{n-1}\frac{1}{3^n}$； (3) $\sum_{n=1}^{\infty}(-1)^{n-1}\frac{1}{n(n+1)}$；

(4) $\sum_{n=1}^{\infty}(-1)^{n-1}\frac{n}{2n-1}$； (5) $\sum_{n=2}^{\infty}(-1)^{n}\frac{1}{\ln n}$； (6) $\sum_{n=1}^{\infty}(-1)^{n-1}\frac{\ln n}{\sqrt{n}}$.

4. 证明：若级数$\sum_{n=1}^{\infty}a_n$及$\sum_{n=1}^{\infty}b_n$皆收敛，且$a_n\leqslant c_n\leqslant b_n(n=1,2,\cdots)$．则$\sum_{n=1}^{\infty}c_n$也收敛．若$\sum_{n=1}^{\infty}a_n$与$\sum_{n=1}^{\infty}b_n$皆发散，试问级数$\sum_{n=1}^{\infty}c_n$的收敛性如何？

5. 已知$\sum_{n=1}^{\infty}a_n^2$与$\sum_{n=1}^{\infty}b_n^2$皆收敛，证明级数$\sum_{n=1}^{\infty}a_nb_n$绝对收敛．

6. 设常数$k>0$，讨论级数$\sum_{n=1}^{\infty}(-1)^n\frac{k+n}{n^2}$的敛散性(包括绝对收敛与条件收敛)．

(B)

1. 设$\lim\limits_{n\to\infty}n^pu_n=A$，证明：

(1) 当$p>1$时，$\sum_{n=1}^{\infty}u_n$绝对收敛；

(2) 当$p=1$，且$A\neq 0$时，$\sum_{n=1}^{\infty}u_n$发散；

(3) 问当$p=1$且$A=0$时，$\sum_{n=1}^{\infty}u_n$能否收敛？

2. 试利用比较判别法证明定理10.3.2.

答案与提示

(A)

2. (1) 错； (2) 错； (3) 对； (4) 错； (5) 对； (6) 错； (7) 错； (8) 错.

3. (1) 条件收敛； (2) 绝对收敛； (3) 绝对收敛； (4) 发散； (5) 条件收敛；
(6) 条件收敛.

6. 条件收敛.

10.4 函数项级数的基本概念

10.4.1 函数列和函数项级数

设对于任意给定的自然数 n，$f_n(x)$是定义在区间 I 上的一个函数. 对于任意给定的 $x\in I$，当 $n=1,2,\cdots$时，$\{f_n(x)\}$就是一个数列. 这时我们称$\{f_n(x)\}$是定义在区间 I 上的一个**函数列**.

如果对于每一个 $x\in I$，数列$\{f_n(x)\}$都收敛，则可由

$$\lim_{n\to\infty}f_n(x)=f(x)$$

确定一个在 I 上的函数. 这时我们说，函数列$\{f_n(x)\}$**在 I 上点态收敛到** $f(x)$，简称**收敛到**$f(x)$，并称 $f(x)$为$\{f_n(x)\}$在 I 上的**极限函数**.

若无穷级数

$$\sum_{n=1}^{\infty}u_n(x)=u_1(x)+u_2(x)+\cdots+u_n(x)+\cdots,$$

其中每一项 $u_1(x),u_2(x),\cdots,u_n(x),\cdots$都是定义在区间 I 上的函数，则称这个级数为**函数项级数**.

如果对每一个 $x\in I$，部分和序列

$$S_n(x)=\sum_{k=1}^{n}u_k(x)\quad(n=1,2,\cdots)$$

都收敛，且

$$\lim_{n\to\infty}S_n(x)=S(x).$$

则称函数项级数 $\sum\limits_{n=1}^{\infty}u_n(x)$ 在 I 上(点态)收敛，其**和函数**为 $S(x)$，记作

$$\sum_{n=1}^{\infty}u_n(x)=\lim_{n\to\infty}S_n(x)=S(x).$$

10.4.2 收敛域

凡使级数$\sum\limits_{n=1}^{\infty}u_n(x)$收敛的点 x 称为级数的**收敛点**，使$\sum\limits_{n=1}^{\infty}u_n(x)$发散的点 x 称为级数的**发散点**. 所有收敛点组成的集合称为级数的**收敛域**，所有发散点组成的集合称为级数的**发散域**. 显然，级数的收敛域就是级数的和函数的定义域.

对于给定的 x_0，$\sum\limits_{n=1}^{\infty}u_n(x_0)$就是一个数项级数，因此函数项级数的敛散性就归结为相应的数项级数的敛散性.

例 10.4.1 设有函数列 $f_n(x)=x^n$，$x\in[0,1]$，$n=1,2,\cdots$. 则当 $x=1$ 时，

$$\lim_{n\to\infty} f_n(x) = \lim_{n\to\infty} f_n(1) = 1;$$

当 $0\leqslant x<1$ 时，
$$\lim_{n\to\infty} f_n(x) = \lim_{n\to\infty} x^n = 0.$$

因此，函数列 $\{f_n(x)\}$ 在 $[0,1]$ 上(点态)收敛，其极限函数为

$$f(x) = \begin{cases} 0, & 0\leqslant x<1, \\ 1, & x=1. \end{cases}$$

□

例 10.4.2 几何级数

$$\sum_{n=0}^{\infty} x^n = 1+x+x^2+\cdots+x^n+\cdots$$

的收敛域是 $|x|<1$，发散域是 $|x|\geqslant 1$. 当 $|x|<1$ 时，其和函数为

$$\sum_{n=0}^{\infty} x^n = \frac{1}{1-x}.$$

□

10.4.3 几个基本问题

下面考虑函数项级数的和函数的分析性质，由于函数项级数 $\sum_{n=1}^{\infty} u_n(x)$ 的收敛性归结为其部分和序列 $S_n(x) = \sum_{k=1}^{n} u_k(x)(n=1,2,\cdots)$ 的收敛性，所以我们现在专门来探讨和函数 $S(x)$ 与部分和序列函数 $S_n(x)$ 在分析性质上是否一致的问题.

让我们先考察几个具体例子.

例 10.4.3 设 $f_n(x)=x^n$，$0\leqslant x\leqslant 1$，则每个 $f_n(x)$ 都是 $[0,1]$ 上的连续函数. 但是其极限函数

$$f(x) = \lim_{n\to\infty} f_n(x) = \begin{cases} 0, & 0\leqslant x<1, \\ 1, & x=1 \end{cases}$$

是不连续的.

这个例子说明：连续函数组成的函数列可能收敛于不连续的函数. □

例 10.4.4 设 $f_n(x)=nx(1-x^2)^n$，$0\leqslant x\leqslant 1$，则

$$f(x) = \lim_{n\to\infty} f_n(x) = 0, \quad 0\leqslant x\leqslant 1,$$

且 $\int_0^1 f(x)\mathrm{d}x = 0$. 但是

$$\lim_{n\to\infty}\int_0^1 f_n(x)\mathrm{d}x = \lim_{n\to\infty}\int_0^1 nx(1-x^2)^n\mathrm{d}x = \frac{1}{2} \neq \int_0^1 f(x)\mathrm{d}x.$$

这个例子说明，连续函数组成的函数列收敛于一个连续函数时，亦有

$$\lim_{n\to\infty}\int_0^1 f_n(x)\mathrm{d}x \neq \int_0^1 \lim_{n\to\infty} f_n(x)\mathrm{d}x,$$

即是说，极限号不能移入积分号下. □

例 10.4.5 设 $f_n(x)=\mathrm{e}^{-n^2x^2}$，$0\leqslant x\leqslant 1$，则 $f_n(x)$ 是处处可微的：

$$f_n'(x)=-2n^2x\mathrm{e}^{-n^2x^2},\quad x\in[0,1],$$

且
$$\lim_{n\to\infty}f_n'(x)=0,\quad x\in[0,1].$$

但是
$$\lim_{n\to\infty}f_n(x)=\lim_{n\to\infty}\mathrm{e}^{-n^2x^2}=f(x)=\begin{cases}0, & 0<x\leqslant 1,\\ 1, & x=0.\end{cases}$$

因此，极限函数 $f(x)$ 在 $x=0$ 处不可导．

这个例子说明，尽管函数列中的每个函数都可导，且导函数序列收敛，但该函数列的极限函数却不可导． □

以上几个例子表明，即使函数列中的每一项 $f_n(x)$ 都具有良好的分析性质，但其点态收敛的极限函数 $f(x)$ 未必能保持这些性质. 因此，关于函数列及函数项级数就产生了以下几个基本问题：

设
$$\lim_{n\to\infty}f_n(x)=f(x),x\in[a,b],$$

(1) 若 $f_n(x)\in C[a,b](n=1,2,\cdots)$，则在什么条件下，$f(x)\in C[a,b]$，即 $\forall x_0\in[a,b]$，有

$$\lim_{x\to x_0}f(x)=f(x_0)$$

即
$$\lim_{x\to x_0}\lim_{n\to\infty}f_n(x)=\lim_{n\to\infty}\lim_{x\to x_0}f_n(x).$$

(2) 若 $f_n(x)(n=1,2,\cdots)$ 在 $[a,b]$ 上可积，则在什么条件下，极限函数 $f(x)$ 也可积，且

$$\lim_{n\to\infty}\int_a^b f_n(x)\mathrm{d}x=\int_a^b f(x)\mathrm{d}x=\int_a^b\lim_{n\to\infty}f_n(x)\mathrm{d}x.$$

(3) 若 $f_n(x)(n=1,2,\cdots)$ 在 $[a,b]$ 上可导，则在什么条件下，极限函数 $f(x)$ 也可导，且

$$\lim_{n\to\infty}f_n'(x)=f'(x)=(\lim_{n\to\infty}f_n(x))'.$$

对于函数项级数也有类似的问题．

设 $S(x)=\sum\limits_{n=1}^{\infty}u_n(x),x\in[a,b]$，

(1) 若 $u_n(x)\in C[a,b]$，则在什么条件下 $S(x)\in C[a,b]$，即

$$\lim_{x\to x_0}S(x)=S(x_0),$$

也就是在什么条件下可以逐项取极限：

$$\lim_{x\to x_0}\sum_{n=1}^{\infty}u_n(x)=\sum_{n=1}^{\infty}\lim_{x\to x_0}u_n(x)=\sum_{n=1}^{\infty}u_n(x_0).$$

(2) 若 $u_n(x)$ 在 $[a,b]$ 上可积，则在什么条件下，和函数 $S(x)$ 也可积，且可以逐项积分：

$$\int_a^b S(x)\mathrm{d}x = \int_a^b \sum_{n=1}^{\infty} u_n(x)\mathrm{d}x = \sum_{n=1}^{\infty}\int_a^b u_n(x)\mathrm{d}x.$$

(3) 若 $u_n(x)$ 在 $[a,b]$ 上可导，则在什么条件下，和函数 $S(x)$ 也可导，且可以逐项求导数：

$$S'(x) = \left(\sum_{n=1}^{\infty} u_n(x)\right)' = \sum_{n=1}^{\infty} u_n'(x).$$

以上的问题属于两种极限过程是否可以交换的问题.

10.4.4 一致收敛的概念

为了解决上面提出的几个基本问题，我们要引进一个新的概念——一致收敛. 为此，我们先叙述级数 $\sum_{n=1}^{\infty} u_n(x)$ 在区间 I 上点态收敛的精确定义.

设有函数项级数 $\sum_{n=1}^{\infty} u_n(x), x \in I$. 设 $S_n(x) = \sum_{k=1}^{n} u_k(x)$，$S(x)$ 是定义在 I 上的已知函数.

对于每一个 $x \in I$，如果 $\forall \varepsilon > 0$，$\exists N$，使得当 $n > N$ 时，都有

$$|S_n(x) - S(x)| < \varepsilon,$$

则称级数 $\sum_{n=1}^{\infty} u_n(x)$ 在 I 上**点态收敛**到 $S(x)$，记作

$$\sum_{n=1}^{\infty} u_n(x) = S(x), \quad x \in I.$$

在这里，一般来说 N 不仅与 ε 有关，而且也与 x 有关. 我们把这个正整数记为 $N(x,\varepsilon)$.

如果对于某个函数项级数能够找到这样一个正整数 N，它只依赖于 ε 而不依赖于 x，也就是对区间 I 上所有的点都适合的共同的 $N(\varepsilon)$，那么这个级数的收敛性就不同于一般的点态收敛性. 这就是下面给出的一致收敛的定义.

定义 10.4.1 设函数列 $\{f_n(x)\}$ 在区间 I 上有一极限函数 $f(x)$. 如果 $\forall \varepsilon > 0$，$\exists N = N(\varepsilon)$，使当 $n > N$ 时，$\forall x \in I$ 都有

$$|f_n(x) - f(x)| < \varepsilon$$

成立，则称 $\{f_n(x)\}$ 在 I 上**一致收敛**于 $f(x)$，或称 $f(x)$ 为 $\{f_n(x)\}$ 在 I 上的**一致极限**. 记作

$$f_n(x) \overset{I}{\rightrightarrows} f(x).$$

定义 10.4.2 若级数 $\sum_{n=1}^{\infty} u_n(x)$ 的部分和序列

$$S_n(x) = \sum_{k=1}^{n} u_k(x) \quad (n = 1, 2, \cdots)$$

在 I 上一致收敛到 $S(x)$,则称级数 $\sum\limits_{n=1}^{\infty}u_n(x)$ 在 I 上**一致收敛**到 $S(x)$. 即 $\forall\varepsilon>0$, $\exists N=N(\varepsilon)$,当 $n>N$ 时,$\forall x\in I$ 都有

$$\left|\sum_{k=1}^{n}u_k(x)-S(x)\right|<\varepsilon$$

成立,则称 $\sum\limits_{n=1}^{\infty}u_n(x)$ 在 I 上一致收敛到 $S(x)$.

显然,一致收敛性蕴含点态收敛性,但反之不然.

一致收敛的几何解释如下:如图 10.2 所示,将曲线 $y=S(x)$ 向上和向下移动距离 ε,就得到一条宽为 2ε 的曲边带形区域,上边界为曲线 $y=S(x)+\varepsilon$,下边界为曲线 $y=S(x)-\varepsilon$. 当 $n>N$ 时,曲线 $y=S_n(x)$ 都将落在这个曲边带形区域之内.

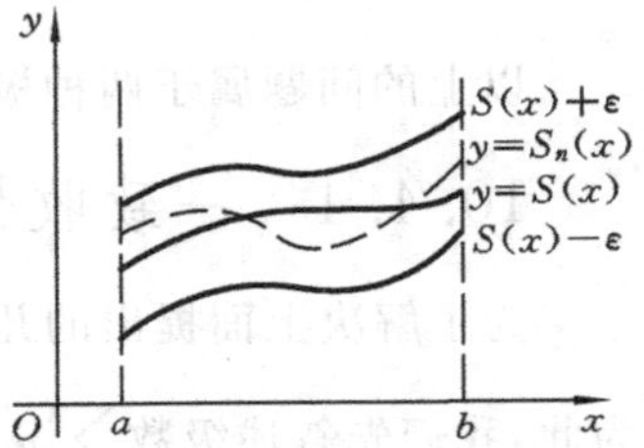

图 10.2

下面介绍判别一个级数在某个区间上是否一致收敛的一个方便的判别法.

定理 10.4.1(维尔斯特拉斯(Weierstrass)M-判别法) 设级数 $\sum\limits_{n=1}^{\infty}u_n(x)$ 的一般项 $u_n(x)$ 在某区间 I 上满足

$$|u_n(x)|\leqslant M_n\quad(x\in I,n=1,2,\cdots),\tag{10.4.1}$$

且数项级数 $\sum\limits_{n=1}^{\infty}M_n$ 收敛,则级数 $\sum\limits_{n=1}^{\infty}u_n(x)$ 在区间 I 上一致收敛.

证 由不等式(10.4.1)及比较判别法知,对于每一个 $x\in I$,级数 $\sum\limits_{n=1}^{\infty}|u_n(x)|$ 收敛,从而级数 $\sum\limits_{n=1}^{\infty}u_n(x)$ 收敛. 设 $\sum\limits_{n=1}^{\infty}u_n(x)=S(x),x\in I$. 另外,$\forall x\in I$,我们有

$$|S(x)-[u_1(x)+u_2(x)+\cdots+u_n(x)]|=\left|\sum_{k=n+1}^{\infty}u_k(x)\right|\leqslant\sum_{k=n+1}^{\infty}|u_k(x)|\leqslant\sum_{k=n+1}^{\infty}M_k.$$

因为 $\sum\limits_{n=1}^{\infty}M_n$ 收敛,不妨设 $\sum\limits_{n=1}^{\infty}M_n=A$. 则 $\forall\varepsilon>0,\exists N=N(\varepsilon)$,当 $n>N$ 时,有

$$\left|\sum_{k=1}^{n}M_k-A\right|=\left|\sum_{k=n+1}^{\infty}M_k\right|<\varepsilon.$$

由此推出当 $n>N$ 时,$\forall x\in I$ 都有

$$|S(x)-[u_1(x)+u_2(x)+\cdots+u_n(x)]|=\left|S(x)-\sum_{k=1}^{n}u_k(x)\right|<\varepsilon.$$

因为 N 仅与 ε 有关而与 x 无关,所以就证明了级数 $\sum\limits_{n=1}^{\infty}u_n(x)$ 在 I 上是一致收敛的.

□

上述维尔斯特拉斯 M-判别法又称为**优级数判别法**. 使用这个判别法时,可将给

定的函数项级数$\sum\limits_{n=1}^{\infty}u_n(x)$的各项绝对值$|u_n(x)|$在$I$上适当放大,放大到与$x$无关:$|u_n(x)|\leqslant M_n$. 如果得到的数项级数$\sum\limits_{n=1}^{\infty}M_n$收敛,即可判断级数$\sum\limits_{n=1}^{\infty}u_n(x)$在$I$上一致收敛.

例 10.4.6 证明级数$\sum\limits_{n=1}^{\infty}\dfrac{x^n}{n^2}$在区间$[-1,1]$上一致收敛.

证 对每一个$x\in[-1,1]$,有

$$\left|\frac{x^n}{n^2}\right|\leqslant\frac{1}{n^2}\quad(n=1,2,\cdots),$$

而$\sum\limits_{n=1}^{\infty}\dfrac{1}{n^2}$收敛,由定理10.4.1知,$\sum\limits_{n=1}^{\infty}\dfrac{x^n}{n^2}$在$[-1,1]$上一致收敛. □

10.4.5 一致收敛级数的性质

现在我们回过来研究前面所提出的三个基本问题. 我们将看到,只要加上一致收敛的条件,则问题的回答都是肯定的.

定理 10.4.2(和函数的连续性) 设级数$\sum\limits_{n=1}^{\infty}u_n(x)$在区间$I$上一致收敛于$S(x)$,且每项$u_n(x)$都在$I$上连续,则和函数$S(x)$也在$I$上连续.

证 我们证明$S(x)$在I上的任一点x_0处连续. 令$S_n(x)=\sum\limits_{k=1}^{n}u_k(x)$. 由于级数在$I$上一致收敛,故对$\forall\varepsilon>0$,$\exists N=N(\varepsilon)$,使得

$$|S(x)-S_N(x)|<\frac{\varepsilon}{3}\quad(\forall x\in I).$$

由于$u_n(x)(n=1,2,\cdots)$在I上连续,故$S_N(x)$也在I上连续. 因此对于上述ε,$\exists\delta>0$,当$x\in I$,$|x-x_0|<\delta$时,有

$$|S_N(x)-S_N(x_0)|<\frac{\varepsilon}{3}.$$

于是,当$|x-x_0|<\delta$时,就有

$$\begin{aligned}|S(x)-S(x_0)|&\leqslant|S(x)-S_N(x)|+|S_N(x)-S_N(x_0)|+|S_N(x_0)-S(x_0)|\\&<\frac{\varepsilon}{3}+\frac{\varepsilon}{3}+\frac{\varepsilon}{3}=\varepsilon.\end{aligned}$$

这就证明了$S(x)$在x_0点连续. □

定理 10.4.3(积分极限定理) 设级数$\sum\limits_{n=1}^{\infty}u_n(x)$在区间$[a,b]$上一致收敛于$S(x)$,且每项$u_n(x)$都在$[a,b]$上连续,则

$$\int_a^b \left(\sum_{n=1}^{\infty} u_n(x)\right) \mathrm{d}x = \sum_{n=1}^{\infty} \int_a^b u_n(x) \mathrm{d}x. \tag{10.4.2}$$

证 由定理 10.4.2 知,$S(x)$ 是$[a,b]$上的连续函数,因而是可积的．由假设,$\sum_{n=1}^{\infty} u_n(x)$ 是一致收敛的,故 $\forall \varepsilon > 0, \exists N$,当 $n > N$ 时,$\forall x \in [a,b]$ 有

$$|S_n(x) - S(x)| < \frac{\varepsilon}{b-a}$$

成立. 于是,当 $n>N$ 时,有

$$\left|\int_a^b S_n(x)\mathrm{d}x - \int_a^b S(x)\mathrm{d}x\right| \leqslant \int_a^b |S_n(x) - S(x)| \mathrm{d}x < \varepsilon,$$

所以
$$\int_a^b S(x)\mathrm{d}x = \lim_{n\to\infty}\int_a^b S_n(x)\mathrm{d}x = \sum_{n=1}^{\infty}\int_a^b u_n(x)\mathrm{d}x.$$ □

定理 10.4.4(逐项求导定理) 设级数 $\sum_{n=1}^{\infty} u_n(x)$ 满足下列三个条件:

(1) 在区间$[a,b]$上收敛于 $S(x)$;

(2) $u_n(x)(n=1,2,\cdots)$在$[a,b]$上有连续的导函数;

(3) 由导函数构成的级数 $\sum_{n=1}^{\infty} u_n'(x)$ 在$[a,b]$上一致收敛.

则和函数 $S(x)$在$[a,b]$上有连续的导数,且可逐项求导:

$$S'(x) = \left(\sum_{n=1}^{\infty} u_n(x)\right)' = \sum_{n=1}^{\infty} u_n'(x), \quad x \in [a,b]$$

证 由条件(2)、(3)知,级数 $\sum_{n=1}^{\infty} u_n'(x)$ 满足定理 10.4.2 的条件. 若记 $\sigma(x) = \sum_{n=1}^{\infty} u_n'(x)$,则 $\sigma(x)$ 在区间$[a,b]$上连续．下面证明 $S'(x) = \sigma(x)$ 在$[a,b]$上成立．由定理 10.4.3 知,$\forall x \in [a,b]$,有

$$\int_a^x \sigma(t)\mathrm{d}t = \sum_{n=1}^{\infty}\int_a^x u_n'(t)\mathrm{d}t = \sum_{n=1}^{\infty}[u_n(x) - u_n(a)] = S(x) - S(a).$$

由 $\sigma(x)$的连续性,在上式两端求导,即得

$$S'(x) = \sigma(x).$$

证毕． □

习　题　10.4

(A)

1. 回答下列问题:

(1) 级数 $\sum_{n=1}^{\infty} u_n(x)$ 在 I 上点态收敛于 $S(x)$ 是什么意思？

(2) 什么叫级数 $\sum_{n=1}^{\infty} u_n(x)$ 的收敛域和发散域？

(3) 函数列 $\{f_n(x)\}$ 在 I 上一致收敛于 $f(x)$ 的定义是怎样的？

(4) 级数 $\sum_{n=1}^{\infty} u_n(x)$ 在 I 上一致收敛于 $S(x)$ 的定义是怎样的？

(5) 一致收敛性与点态收敛性有什么不同？

2. 试利用维尔斯特拉斯 M-判别法证明下列级数在指定区间上的一致收敛性：

(1) $\sum_{n=1}^{\infty} \frac{\cos nx}{2^n}, -\infty < x < +\infty$； (2) $\sum_{n=1}^{\infty} \frac{\sin nx}{n^2}, -\infty < x < +\infty$；

(3) $\sum_{n=1}^{\infty} \frac{x^n}{n^{3/2}}, x \in [-1,1]$； (4) $\sum_{n=1}^{\infty} \frac{(-1)^n(1-e^{-nx})}{n^2+x^2}, 0 \leqslant x < +\infty$.

3. 按定义讨论下列级数在指定区间上的一致收敛性：

(1) $\sum_{n=1}^{\infty} (-1)^{n-1} \frac{x^2}{(1+x^2)^n}, -\infty < x < +\infty$；

(2) $\sum_{n=1}^{\infty} (1-x)x^n, 0 < x < 1$.

(B)

1. 证明级数 $\sum_{n=1}^{\infty} x^2 e^{-nx}$ 在$[0,+\infty)$上一致收敛.

2. 证明 $f_n(x) = \frac{nx}{1+n^2x^2}(n=1,2,\cdots)$在$[0,+\infty)$上逐点收敛于 0，但不一致收敛.

答案与提示

(A)

2. (1) 利用 $\left|\frac{\cos nx}{2^n}\right| \leqslant \frac{1}{2^n}$； (2) 利用 $\left|\frac{\sin nx}{n^2}\right| \leqslant \frac{1}{n^2}$；

(3) 利用 $\left|\frac{x^n}{n^{3/2}}\right| < \frac{1}{n^{3/2}}$； (4) 利用 $\left|\frac{(-1)^n(1-e^{-nx})}{n^2+x^2}\right| \leqslant \frac{1}{n^2}$.

3. (1) 利用莱布尼兹定理中的余项估计，$|r_n(x)| < \frac{1}{n}$. (2) 该级数不一致收敛.

(B)

1. 和函数 $S(x) = \frac{x^2}{e^x - 1}$，估计 $|S_n(x) - S(x)|$.

2. 注意到 $\forall n, \left|f_n\left(\frac{1}{n}\right)\right| = \frac{1}{2}$.

10.5 幂级数及其收敛性

本节研究一种特殊的函数项级数——幂级数. 称形如

$$\sum_{n=0}^{\infty} a_n (x - x_0)^n \tag{10.5.1}$$

的级数为**幂级数**，其中 x_0 是任意给定的实数，$a_n(n=0,1,2,\cdots)$ 称为幂级数的系数. 幂级数在理论及实际上都有重要的应用.

当我们令 $X=x-x_0$ 时，则由级数(10.5.1)得到

$$\sum_{n=0}^{\infty} a_n X^n. \tag{10.5.2}$$

显然，研究级数(10.5.1)的性质可以转化为研究级数(10.5.2)的性质. 下面我们就来研究形如(10.5.2)的幂级数的收敛性.

10.5.1 幂级数的收敛半径与收敛区间

怎样确定一个幂级数的收敛域？让我们先看几个例子.

例 10.5.1 幂级数 $\sum\limits_{n=0}^{\infty} \dfrac{x^n}{n!}$ 在整个数轴上处处收敛.

证 任意给定 $x \neq 0$，则有

$$\lim_{n\to\infty} \left| \frac{x^{n+1}}{(n+1)!} \Big/ \frac{x^n}{n!} \right| = \lim_{n\to\infty} \frac{|x|}{n+1} = 0.$$

故当 $x\neq 0$ 时级数绝对收敛，当 $x=0$ 时显然也绝对收敛. □

例 10.5.2 级数 $\sum\limits_{n=0}^{\infty} r^n x^n (r>0)$ 的收敛域为开区间 $\left(-\dfrac{1}{r}, \dfrac{1}{r}\right)$.

证 当 $x=0$ 时，级数显然绝对收敛. 当 $x\neq 0$ 时，由

$$\lim_{n\to\infty} \left| \frac{r^{n+1} x^{n+1}}{r^n x^n} \right| = |rx|$$

及比值判别法知，当 $|rx|<1$，即 $|x|<\dfrac{1}{r}$ 时级数绝对收敛，而当 $|rx|>1$，即 $|x|>\dfrac{1}{r}$ 时级数发散；当 $|x|=\dfrac{1}{r}$ 时，级数为 $\sum\limits_{n=1}^{\infty} r^n \cdot \dfrac{1}{r^n}$ 或 $\sum\limits_{n=1}^{\infty} r^n \cdot \dfrac{(-1)^n}{r^n}$，显然发散. 所以级数 $\sum\limits_{n=1}^{\infty} r^n x^n$ 的收敛域为开区间 $\left(-\dfrac{1}{r}, \dfrac{1}{r}\right)$. □

例 10.5.3 幂级数 $\sum\limits_{n=1}^{\infty} n!x^n$ 只在 $x=0$ 处收敛，而在其他任何点处发散，因此其收敛域为单点集 $\{0\}$. □

上面的例子代表了幂级数收敛范围的三种可能：

(1) 在整个数轴 $(-\infty,+\infty)$ 上收敛；

(2) 收敛范围是某个关于原点对称的有限区间 $(-R,R)$（或者再加上端点）；

(3) 只在 $x=0$ 点收敛.

下面的定理将证明，幂级数 $\sum_{n=0}^{\infty}a_nx^n$ 的收敛域就是包含原点 $x=0$ 在内的一个对称区间（开的闭的、或半开半闭的），这个区间可以是 $(-\infty,+\infty)$，也可以退缩为 $x=0$ 一个点.

定理 10.5.1（阿贝尔第一定理） 如果级数 $\sum_{n=0}^{\infty}a_nx^n$ 在 $\xi\neq 0$ 处收敛，则 $\forall x:|x|<|\xi|$，$\sum_{n=0}^{\infty}a_nx^n$ 都绝对收敛．如果在 $\eta\neq 0$ 处 $\sum_{n=0}^{\infty}a_nx^n$ 发散，则 $\forall x:|x|>|\eta|$，$\sum_{n=0}^{\infty}a_nx^n$ 都发散.

证 (1) 设 $\sum_{n=0}^{\infty}a_nx^n$ 在 $x=\xi$ 处收敛．因 $\xi\neq 0$，故可写

$$|a_nx^n|=|a_n\xi^n|\cdot\left|\frac{x}{\xi}\right|^n.$$

由级数收敛的必要条件知，级数 $\sum_{n=0}^{\infty}a_n\xi^n$ 的一般项 $a_n\xi^n\to 0(n\to\infty)$．又根据收敛数列必有界知，存在正数 c，使得

$$|a_n\xi^n|\leqslant c\quad(n=1,2,\cdots).$$

于是可推得
$$|a_nx^n|\leqslant c\left|\frac{x}{\xi}\right|^n.$$

对于给定的 x，因 $|x|<|\xi|$，故 $\left|\frac{x}{\xi}\right|<1$，从而级数 $\sum_{n=0}^{\infty}c\left|\frac{x}{\xi}\right|^n$ 收敛．于是由比较判别法知，级数 $\sum_{n=0}^{\infty}|a_nx^n|$ 收敛，即 $\sum_{n=0}^{\infty}a_nx^n$ 绝对收敛.

(2) 设 $\sum_{n=0}^{\infty}a_nx^n$ 在 $x=\eta$ 处发散．我们用反证法证明这部分的结论．如果存在 x_0：$|x_0|>|\eta|$，使得级数 $\sum_{n=0}^{\infty}a_nx_0^n$ 收敛．于是根据第(1)部分的结论，$\sum_{n=0}^{\infty}a_nx^n$ 就应当在 η 点绝对收敛，这与假设矛盾. □

现在我们用直观的语言来叙述定理 10.5.1：若 $\sum_{n=0}^{\infty}a_nx^n$ 在点 $\xi\neq 0$ 收敛，那么它在离原点比 ξ 近的任何点 x 处都绝对收敛（见图 10.3）．另一方面，若 $\sum_{n=0}^{\infty}a_nx^n$ 在点 $\eta\neq 0$ 处发散，那么它在离原点比 $|\eta|$ 远的任何点 x 也发散（见图 10.3）.

定理 10.5.1 表明，使得 $\sum_{n=0}^{\infty}a_nx^n$ 收敛的那些点 x 组成的集合是一段完整的线段，中间没有空隙，这线段包含原点 $x=0$．如果 c 点在这个收敛点集里面，那么整个

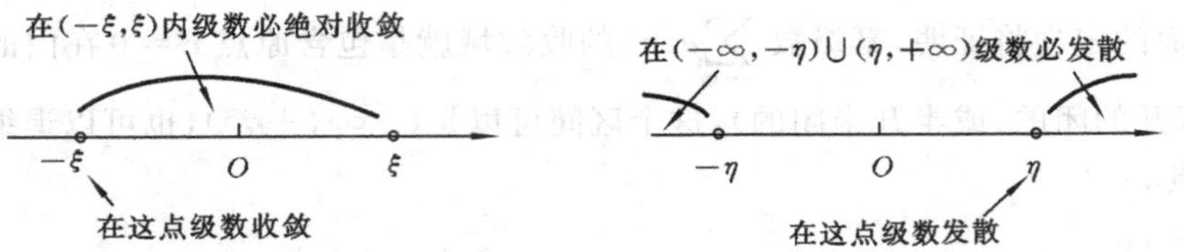

图 10.3

开区间$(-|c|,|c|)$也在其中.

于是,正如例 10.5.3 后面的说明所指,幂级数收敛范围只有前面所说的三种可能性.在第(2)种可能的情形,即如果存在一个数R,使得当$|x|<R$时,$\sum_{n=0}^{\infty}a_nx^n$收敛,而当$|x|>R$时,$\sum_{n=0}^{\infty}a_nx^n$发散,则称$R$为幂级数$\sum_{n=0}^{\infty}a_nx^n$的**收敛半径**.在第(1)种可能的情形,即当$\sum_{n=0}^{\infty}a_nx^n$对一切$x$都收敛时,称收敛半径为无穷大,即$R=\infty$.在第(3)种可能的情形,级数仅在$x=0$点收敛,则称收敛半径为0,即$R=0$.这样我们就可以得到下面的结论.

定理 10.5.2 设幂级数$\sum_{n=0}^{\infty}a_nx^n$在某些点$x\neq 0$收敛,但不在整个数轴收敛.则必存在一个正数$R$,使这幂级数在区间$(-R,R)$内部收敛,而在$|x|>R$处发散.

这时,我们说幂级数$\sum_{n=0}^{\infty}a_nx^n$具有收敛半径$R$.综上所述(1)、(2)、(3)三种情形,可以得出结论:**任何一个幂级数$\sum_{n=0}^{\infty}a_nx^n$必有一个收敛半径$R$,这里$0\leqslant R\leqslant+\infty$.**

若幂级数的收敛半径为R,则称$(-R,R)$为幂级数的**收敛区间**.至于在区间的端点,情况可以是各种各样的:有的收敛,有的发散.因此,幂级数的**收敛域**为

$$\text{收敛域}=(-R,R)\cup\{\text{收敛的端点}\}.$$

10.5.2 收敛半径的求法

利用数项级数的达朗贝尔比值判别法和柯西根值判别法,可以得到求幂级数收敛半径的两种方法.

定理 10.5.3 设给定幂级数$\sum_{n=0}^{\infty}a_nx^n$,$a_n\neq 0$.又设

$$\lim_{n\to\infty}\left|\frac{a_{n+1}}{a_n}\right|=\rho.$$

则该幂级数的收敛半径

$$R=\begin{cases}\dfrac{1}{\rho}, & \rho\neq 0,\\ +\infty, & \rho=0,\\ 0, & \rho=+\infty.\end{cases}$$

证 当 $x=0$ 时，$\sum_{n=0}^{\infty}a_nx^n=a_0$，故只考虑 $x\neq 0$ 的情形.

(i) 若 $\rho\neq 0$，则对任何 $x\neq 0$，有

$$\lim_{n\to\infty}\left|\frac{a_{n+1}x^{n+1}}{a_nx^n}\right|=\lim_{n\to\infty}\left|\frac{a_{n+1}x}{a_n}\right|=|x|\cdot\lim_{n\to\infty}\left|\frac{a_{n+1}}{a_n}\right|=|x|\cdot\rho.$$

根据比值判别法，当 $|x|\rho<1$ 时，即

$$|x|<\frac{1}{\rho}\text{ 时，}\sum_{n=0}^{\infty}|a_nx^n|\text{ 收敛，从而}\sum_{n=0}^{\infty}a_nx^n\text{ 绝对收敛；}$$

当 $|x|\rho>1$ 时，即

$$|x|>\frac{1}{\rho}\text{ 时，}\quad\sum_{n=0}^{\infty}a_nx^n\text{ 发散，}$$

收敛半径 $R=\dfrac{1}{\rho}$.

(ii) 若 $\rho=0$，则对任何 $x\neq 0$，有

$$\lim_{n\to\infty}\left|\frac{a_{n+1}x^{n+1}}{a_nx^n}\right|=\lim_{n\to\infty}\left|\frac{a_{n+1}x}{a_n}\right|=|x|\cdot\lim_{n\to\infty}\left|\frac{a_{n+1}}{a_n}\right|=|x|\cdot 0=0<1,$$

可见 $\sum_{n=0}^{\infty}a_nx^n$ 对任何 x 绝对收敛，于是收敛半径 $R=+\infty$.

(iii) 若 $\rho=+\infty$，则对任何 $x\neq 0$，有

$$\lim_{n\to\infty}\left|\frac{a_{n+1}x^{n+1}}{a_nx^n}\right|=\lim_{n\to\infty}\left|\frac{a_{n+1}x}{a_n}\right|=|x|\cdot\lim_{n\to\infty}\left|\frac{a_{n+1}}{a_n}\right|=+\infty>1,$$

所以 $\sum_{n=0}^{\infty}a_nx^n$ 对任何 $x\neq 0$ 发散，这时收敛半径 $R=0$. □

定理 10.5.4 设幂级数 $\sum_{n=0}^{\infty}a_nx^n$ 的系数满足

$$\lim_{n\to\infty}\sqrt[n]{|a_n|}=\rho.$$

则该幂级数的收敛半径

$$R=\begin{cases}\dfrac{1}{\rho}, & \rho\neq 0,\\ +\infty, & \rho=0,\\ 0, & \rho=+\infty.\end{cases}$$

这个定理的证明与定理 10.5.3 的证明相仿，只是要利用根值判别法. 我们留给读者自证.

例 10.5.4 求幂级数 $\sum_{n=1}^{\infty}\frac{x^n}{n}$ 的收敛半径和收敛域.

解
$$\lim_{n\to\infty}\frac{a_{n+1}}{a_n}=\lim_{n\to\infty}\frac{1/(n+1)}{1/n}=\lim_{n\to\infty}\frac{n}{n+1}=1.$$
故收敛半径 $R=1$,收敛区间为$(-1,1)$.

再考察端点处的情形. 当 $x=1$ 时,级数为调和级数 $\sum_{n=1}^{\infty}\frac{1}{n}$,故级数发散. 当 $x=-1$ 时,级数为莱布尼兹型级数 $\sum_{n=1}^{\infty}\frac{(-1)^n}{n}$,故级数收敛. 因此,$\sum_{n=1}^{\infty}\frac{x^n}{n}$ 的收敛域为左闭右开区间$[-1,1)$. □

例 10.5.5 求幂级数 $\sum_{n=1}^{\infty}(-1)^{n-1}\frac{(x-1)^n}{n}$ 的收敛域.

解 作坐标平移:$y=x-1$,则级数变为
$$\sum_{n=1}^{\infty}(-1)^{n-1}\frac{y^n}{n}=y-\frac{y^2}{2}+\frac{y^3}{3}-\cdots$$
对于这个幂级数来说,
$$\lim_{n\to\infty}\left|\frac{a_{n+1}}{a_n}\right|=\lim_{n\to\infty}\frac{n}{n+1}=1,$$
故收敛半径 $R=1$,即对 y 的幂级数的收敛区间为 $-1<y<1$. 此外,当 $y=1$ 时级数收敛,当 $y=-1$ 时级数发散. 因此,y 的幂级数的收敛域为 $-1<y\leqslant 1$,从而原级数的收敛域为 $0<x\leqslant 2$. □

例 10.5.6 求幂级数 $\sum_{n=1}^{\infty}\frac{x^n}{n2^n}$ 的收敛域.

解 由于
$$\lim_{n\to\infty}\sqrt[n]{a_n}=\lim_{n\to\infty}\sqrt[n]{\frac{1}{n2^n}}=\lim_{n\to\infty}\frac{1}{2\sqrt[n]{n}}=\frac{1}{2},$$
所以收敛半径 $R=2$. 容易验证,当 $x=2$ 时,级数为调和级数 $\sum_{n=1}^{\infty}\frac{1}{n}$,故级数发散;当 $x=-2$ 时,级数为莱布尼兹型级数 $\sum_{n=1}^{\infty}\frac{(-1)^n}{n}$,故级数收敛. 因此级数的收敛域为$[-2,2)$. □

例 10.5.7 求幂级数 $\sum_{n=1}^{\infty}\frac{x^{2n}}{n^2}$ 的收敛域.

解 级数 $\sum_{n=1}^{\infty}\frac{x^{2n}}{n^2}=x^2+\frac{x^4}{4}+\frac{x^6}{9}+\cdots$,其系数 $a_1=0,a_2=1,a_3=0,a_4=\frac{1}{4}$, $a_5=0,a_6=\frac{1}{9},\cdots$,一般地,$a_{2k-1}=0,a_{2k}\neq 0$. 因此,根本谈不上数列 $\left\{\frac{a_{k+1}}{a_k}\right\}$ 的极限.

但是,我们可以把级数写成

$$\sum_{n=1}^{\infty}\frac{x^{2n}}{n^2}=(x^2)+\frac{(x^2)^2}{4}+\frac{(x^2)^3}{9}+\cdots \tag{10.5.3}$$

于是对于这里的 x^2 的幂级数(10.5.3)来说,

$$a_1=1,\quad a_2=\frac{1}{4},\quad a_3=\frac{1}{9},\quad\cdots,\quad a_n=\frac{1}{n^2},\quad\cdots$$

并且
$$\lim_{n\to\infty}\frac{a_{n+1}}{a_n}=\lim_{n\to\infty}\frac{n^2}{(n+1)^2}=1,$$

因此,幂级数(10.5.3)的收敛半径是 $R=1$,即当 $|x^2|=|x|^2<1$ 时原级数收敛;当 $|x^2|=|x|^2>1$ 时原级数发散.由此可得级数 $\sum\limits_{n=1}^{\infty}\frac{x^{2n}}{n^2}$ 的收敛半径为 $R=1$.

此外,不难验明原级数在 $x=\pm1$ 时均收敛,因而其收敛域为闭区间 $[-1,1]$. □

例 10.5.8 设幂级数 $\sum\limits_{n=1}^{\infty}a_n(x-1)^n$ 在 $x=-1$ 处收敛,试问此级数在 $x_0=2$ 处的敛散性如何?

解 因为 $|x_0-1|=|2-1|=1<|(-1)-1|=2$,又已知幂级数在 $x=-1$ 处收敛,所以由阿贝尔第一定理知,此级数在 $x_0=2$ 处绝对收敛. □

10.5.3 幂级数的性质

本段讨论幂级数的一致收敛性,幂级数在其收敛区间内和函数的连续性、可微性与可积性等.

定理 10.5.5(阿贝尔第二定理) 设幂级数

$$\sum_{n=0}^{\infty}a_nx^n=a_0+a_1x+\cdots+a_nx^n+\cdots \tag{10.5.4}$$

的收敛半径为 $R>0$,则 $\forall r\in(0,R)$,级数(10.5.4)在闭区间 $[-r,r]$ 上一致收敛(称级数(10.5.4)在 $(-R,R)$ 中**内闭一致收敛**).

证 我们知道,级数(10.5.4)在 $(-R,R)$ 内任一点绝对收敛,$r\in(0,R)$,所以数项级数 $\sum\limits_{n=0}^{\infty}|a_n|r^n$ 是收敛的.又因为当 $x\in[-r,r]$ 时,有

$$|a_nx^n|\leqslant|a_n|r^n,$$

据优级数判别法(本章 10.4.4 小节定理 10.4.1)知,$\sum\limits_{n=0}^{\infty}a_nx^n$ 在 $[-r,r]$ 上一致收敛.

□

幂级数的这一性质保证了它的和函数不仅在收敛区间内是连续的,而且具有任意阶导数.

定理 10.5.6 设幂级数(10.5.4)的收敛半径为 R,则其和函数 $S(x)$ 在 $(-R,R)$

内连续.

证 任取 $x_0 \in (-R,R)$,即 $|x_0|<R$,在数 $|x_0|$ 与 R 之间任取一数 r,则 $|x_0| \in [-r,r] \subset (-R,R)$. 据定理 10.5.4,级数(10.5.4)在 $[-r,r]$ 上一致收敛,因而和函数 $S(x)$ 在 x_0 处连续(见本章 10.4.5 小节定理 10.4.2). 由于 x_0 是 $(-R,R)$ 中的任意一点,故和函数 $S(x)$ 在 $(-R,R)$ 中连续. □

在这里我们不加证明地给出一个**结论**:若幂级数(10.5.4)在 $x=R_0$ 处收敛,则它的和函数 $S(x)$ 在区间 $[0,R_0]$ 上连续.

定理 10.5.7 设幂级数(10.5.4)的收敛半径为 R,则其和函数 $S(x)$ 在 $(-R,R)$ 内可导,其导函数可通过逐项求导得到

$$S'(x) = \sum_{n=1}^{\infty} n a_n x^{n-1}, \tag{10.5.5}$$

并且逐项求导后的幂级数的收敛半径仍为 R.

证 先证级数 $\sum\limits_{n=1}^{\infty} n a_n x^{n-1}$ 在 $(-R,R)$ 内收敛. 为此,任取 $x_0 \in (-R,R)$,再取定 r,使得 $|x_0| < r < R$. 记 $q = \dfrac{|x_0|}{r} < 1$,则

$$|n a_n x^{n-1}| = n \left|\frac{x_0}{r}\right|^{n-1} \cdot \frac{1}{r} \cdot |a_n r^n| = n q^{n-1} \cdot \frac{1}{r} |a_n| r^n,$$

由比值判别法容易验明级数 $\sum\limits_{n=1}^{\infty} n q^{n-1}$ 是收敛的,故其一般项趋于零,即

$$n q^{n-1} \to 0 \quad (n \to \infty),$$

从而数列 $\{n q^{n-1}\}$ 有界,即存在常数 $M>0$,使得

$$n q^{n-1} \cdot \frac{1}{r} \leqslant M \quad (n = 1,2,\cdots).$$

又 $0<r<R$,级数 $\sum\limits_{n=1}^{\infty} |a_n| r^n$ 收敛. 于是,由比较判别法即知级数 $\sum\limits_{n=1}^{\infty} n a_n x^{n-1}$ 收敛.

根据定理 10.5.5 知,幂级数 $\sum\limits_{n=1}^{\infty} n a_n x^{n-1}$ 在 $(-R,R)$ 中内闭一致收敛. 于是,对于幂级数(10.5.4)来说,本章 10.4.5 小节定理 10.4.4 的三个条件都满足,因而等式(10.5.5)在 $[-r,r]$ 中成立,其中 r 是满足 $0<r<R$ 的任一数. 由于 r 可以接近 R,所以等式(10.5.5)在 $(-R,R)$ 中成立.

反复应用上面所证得的结论,即可推知级数(10.5.4)的和函数 $S(x)$ 在 $(-R,R)$ 中有任意阶导数:

$$S^{(k)}(x) = \sum_{n=k}^{\infty} n(n-1)\cdots(n-k+1) a_n x^{n-k} \quad (k = 1,2,\cdots), \tag{10.5.6}$$

且其收敛半径仍为 R. □

上面证明中最后得出的结论,揭示了幂级数和多项式的相似之处.

定理 10.5.8 设幂级数(10.5.4)的收敛半径为 R,$S(x)$是它的和函数.则 $\forall x\in(-R,R)$,都有

$$\int_0^x S(t)\mathrm{d}t=\sum_{n=0}^{\infty}\int_0^x a_n t^n\mathrm{d}t=\sum_{n=0}^{\infty}\frac{a_n}{n+1}x^{n+1}, \tag{10.5.7}$$

且上式右端幂级数的收敛半径仍为 R.

证 不妨设 $x>0$,由于级数(10.5.4)在$[0,x]$上一致收敛,故由本章10.4.5小节定理10.4.3知,此级数在$[0,x]$上可逐项积分,因此有

$$\int_0^x\left(\sum_{n=0}^{\infty}a_n t^n\right)\mathrm{d}t=\sum_{n=0}^{\infty}\int_0^x a_n t^n\mathrm{d}t=\sum_{n=0}^{\infty}\frac{a_n}{n+1}x^{n+1},$$

这正是式(10.5.7).上式右端逐项求导后得到级数(10.5.4),据定理10.5.7,它们有相同的收敛半径 R. □

定理10.5.7和定理10.5.8告诉我们,在任何幂级数收敛区间的内部,对它逐项微分或逐项积分永远是可行的.下面我们利用这些性质求某些幂级数的和函数.

例 10.5.9 求幂级数 $\sum\limits_{n=1}^{\infty}\frac{x^n}{n}$ 的和函数.

解 令 $S(x)=\sum\limits_{n=1}^{\infty}\frac{x^n}{n}$,显然其收敛域为区间$[-1,1)$,$\forall x\in(-1,1)$,有

$$S'(x)=\sum_{n=1}^{\infty}\left(\frac{x^n}{n}\right)'=\sum_{n=1}^{\infty}x^{n-1}=\frac{1}{1-x},$$

所以 $$S(x)=\int_0^x S'(t)\mathrm{d}t=\int_0^x\frac{1}{1-t}\mathrm{d}t=-\ln(1-x)\quad(-1\leqslant x<1).$$ □

例 10.5.10 求幂级数 $\sum\limits_{n=0}^{\infty}(n+1)x^n$ 的和函数.

解 令 $S(x)=\sum\limits_{n=0}^{\infty}(n+1)x^n$,容易证明,这个级数的收敛域为区间$(-1,1)$,$\forall x\in(-1,1)$,因为

$$\int_0^x S(t)\mathrm{d}t=\sum_{n=0}^{\infty}\int_0^x(n+1)t^n\mathrm{d}t=\sum_{n=0}^{\infty}x^{n+1}=\frac{x}{1-x},$$

所以 $$S(x)=\left(\frac{x}{1-x}\right)'=\frac{1}{(1-x)^2},\quad -1<x<1.$$ □

从上面两例可见,为了求给定幂级数的和函数,我们通过逐项微分或逐项积分的办法,把问题转化为一个较易求和的级数(如几何级数 $\sum\limits_{n=1}^{\infty}x^{n-1}$)的问题.这是常用的方法,请读者注意掌握它.

例 10.5.11　证明 $\dfrac{\pi}{4}=1-\dfrac{1}{3}+\dfrac{1}{5}-\dfrac{1}{7}+\cdots$.

证　问题是求级数

$$1-\frac{1}{3}+\frac{1}{5}-\frac{1}{7}+\cdots=\sum_{n=0}^{\infty}\frac{(-1)^n}{2n+1}$$

的和，这个和又可看成是幂级数

$$\sum_{n=0}^{\infty}(-1)^n\frac{x^{2n+1}}{2n+1}=x-\frac{x^3}{3}+\frac{x^5}{5}-\frac{x^7}{7}+\cdots$$

的和函数 $S(x)$ 在 $x=1$ 点的值. 首先求出这个幂级数的收敛域为区间 $(-1,1]$. $\forall x\in(-1,1)$，有

$$S(x)=\sum_{n=0}^{\infty}(-1)^n\frac{x^{2n+1}}{2n+1}=\sum_{n=0}^{\infty}(-1)^n\int_0^x t^{2n}\mathrm{d}t=\int_0^x\Big(\sum_{n=0}^{\infty}(-1)^n t^{2n}\Big)\mathrm{d}t,$$

而

$$\sum_{n=0}^{\infty}(-1)^n t^{2n}=\sum_{n=0}^{\infty}(-1)^n(t^2)^n=\frac{1}{1+t^2},\quad |t|<1,$$

故

$$S(x)=\int_0^x\frac{\mathrm{d}t}{1+t^2}=\arctan t\Big|_0^x=\arctan x.$$

最后得

$$1-\frac{1}{3}+\frac{1}{5}-\frac{1}{7}+\cdots=S(1)=\arctan 1=\frac{\pi}{4}.$$

□

在这一节的末尾，我们简单介绍幂级数的运算性质.

设有幂级数

$$\sum_{n=0}^{\infty}a_nx^n=a_0+a_1x+\cdots+a_nx^n+\cdots$$

$$\sum_{n=0}^{\infty}b_nx^n=b_0+b_1x+\cdots+b_nx^n+\cdots$$

它们的收敛区间分别为 $(-R,R)$ 和 $(-R',R')$.

加法

$$\sum_{n=0}^{\infty}a_nx^n+\sum_{n=0}^{\infty}b_nx^n=\sum_{n=0}^{\infty}(a_n+b_n)x^n,\tag{10.5.8}$$

减法

$$\sum_{n=0}^{\infty}a_nx^n-\sum_{n=0}^{\infty}b_nx^n=\sum_{n=0}^{\infty}(a_n-b_n)x^n,\tag{10.5.9}$$

根据收敛级数的基本性质 1(本章 10.1 节)，(10.5.8)、(10.5.9)两式在 $(-R,R)$ 与 $(-R',R')$ 两个区间中较小的一个区间内成立.

乘法　两个幂级数的柯西乘积(见本章 10.3 节)为

$$\Big(\sum_{n=0}^{\infty}a_nx^n\Big)\Big(\sum_{n=0}^{\infty}b_nx^n\Big)=a_0b_0+(a_0b_1+a_1b_0)x+(a_0b_2+a_1b_1+a_2b_0)x^2+\cdots$$
$$+(a_0b_n+a_1b_{n-1}+\cdots+a_nb_0)x^n+\cdots$$

可以证明，上式在 $(-R,R)$ 与 $(-R',R')$ 中较小的一个区间内成立.

除法 $$\frac{\sum\limits_{n=0}^{\infty}a_nx^n}{\sum\limits_{n=0}^{\infty}b_nx^n}=c_0+c_1x+c_2x^2+\cdots+c_nx^n+\cdots$$

这里假设 $b_0\neq 0$，系数 $c_0,c_1,c_2,\cdots,c_n,\cdots$ 可如下确定：将 $\sum\limits_{n=0}^{\infty}b_nx^n$ 与 $\sum\limits_{n=0}^{\infty}c_nx^n$ 相乘，并令乘积中各项的系数分别等于级数 $\sum\limits_{n=0}^{\infty}a_nx^n$ 中同次幂的系数，即得

$$a_0=b_0c_0,\ a_1=b_1c_0+b_0c_1,\ a_2=b_2c_0+b_1c_1+b_0c_2,\cdots,$$

由这些方程可以依次求出 $c_0,c_1,c_2,\cdots,c_n,\cdots$.

相除后所得的幂级数 $\sum\limits_{n=0}^{\infty}c_nx^n$ 的收敛区间可能比原来的两级数的收敛区间小得多. 例如，级数 $\sum\limits_{n=0}^{\infty}a_nx^n=1$ 与 $\sum\limits_{n=0}^{\infty}b_nx^n=1-x$ 在 $(-\infty,+\infty)$ 上收敛，但

$$\frac{\sum\limits_{n=0}^{\infty}a_nx^n}{\sum\limits_{n=0}^{\infty}b_nx^n}=\frac{1}{1-x}=1+x+x^2+\cdots+x^n+\cdots$$

仅在区间 $(-1,1)$ 内收敛.

习 题 10.5

(A)

1. 回答下列问题：
   (1) 什么是幂级数的收敛半径和收敛域？
   (2) 幂级数的收敛域有何特点？
   (3) 什么叫做幂级数在其收敛区间中的内闭一致收敛性？
   (4) 幂级数在其收敛区间内，和函数有哪些重要性质？
2. 求下列幂级数的收敛半径和收敛域：
   (1) $\sum\limits_{n=1}^{\infty}nx^n$；　(2) $\sum\limits_{n=0}^{\infty}\frac{x^n}{n!}$；　(3) $\sum\limits_{n=1}^{\infty}\frac{x^n}{\sqrt{n}}$；
   (4) $\sum\limits_{n=1}^{\infty}\frac{(x-3)^n}{n3^n}$；　(5) $\sum\limits_{n=0}^{\infty}\frac{2n^2+1}{n^2-5}x^n$；　(6) $\sum\limits_{n=1}^{\infty}\frac{2^nx^n}{n!}$；
   (7) $\sum\limits_{n=0}^{\infty}\frac{(x-4)^n}{2n+1}$；　(8) $\sum\limits_{n=0}^{\infty}\frac{(x+3)^n}{5^n}$；　(9) $\sum\limits_{n=2}^{\infty}\frac{(x-5)^n}{n\ln n}$；
   (10) $\sum\limits_{n=0}^{\infty}n\left(\frac{x-3}{2}\right)^n$；　(11) $\sum\limits_{n=1}^{\infty}\left(1+\frac{1}{n}\right)^{-n^2}x^n$；
   (12) $\sum\limits_{n=1}^{\infty}(-1)^n\frac{1\cdot 3\cdot\cdots\cdot(2n-1)}{1\cdot 2\cdot\cdots\cdot n}x^{2n}$.

3. 求下列幂级数的收敛域及和函数：

(1) $\sum_{n=1}^{\infty}\frac{x^{n-1}}{n2^n}$；　(2) $\sum_{n=1}^{\infty}n(n+1)x^n$；　(3) $\sum_{n=0}^{\infty}(2n+1)x^n$；

(4) $\sum_{n=1}^{\infty}\frac{n}{n+1}x^n$；　(5) $\sum_{n=1}^{\infty}nx^{2n}$；　(6) $\sum_{n=0}^{\infty}\frac{x^{4n+1}}{4n+1}$.

4. 求下列级数的和：

(1) $\sum_{n=1}^{\infty}(-1)^n\frac{n(n+1)}{2^n}$；　(2) $\sum_{n=1}^{\infty}\frac{2n-1}{2^n}$；

(3) $\sum_{n=0}^{\infty}\frac{1}{(4n+1)(4n+3)}$；　(4) $\sum_{n=0}^{\infty}(-1)^n\frac{n^2-n+1}{2^n}$.

5. 若 $\sum_{n=0}^{\infty}a_nx^n$ 的收敛半径为 3，$\sum_{n=0}^{\infty}b_nx^n$ 的收敛半径为 5，试问 $\sum_{n=0}^{\infty}(a_n+b_n)x^n$ 的收敛半径是多少？

(B)

1. 求下列函数项级数的收敛域：

(1) $\sum_{n=1}^{\infty}\frac{3^n}{n!x^n}$；　(2) $\sum_{n=1}^{\infty}\frac{1}{n}\left(\frac{x-1}{x}\right)^n$；　(3) $\sum_{n=0}^{\infty}\frac{n!}{x^n}$；　(4) $\sum_{n=1}^{\infty}(-1)^n\frac{(\ln x)^n}{n}$.

2. (1) 如果幂级数 $\sum_{n=1}^{\infty}a_nx^n$ 在 $x=3$ 处发散，那么它在哪些 x 处必然发散？

(2) 如果幂级数 $\sum_{n=0}^{\infty}a_n(x+5)^n$ 在 $x=-2$ 处发散，那么它在哪些 x 处必然发散？

3. 如果幂级数 $\sum_{n=0}^{\infty}a_n(x-3)^n$ 在 $x=7$ 处收敛，那么它在 x 的什么值处必然收敛？

4. 如果正项级数 $\sum_{n=0}^{\infty}a_n$ 收敛，证明 $f(x)=\sum_{n=0}^{\infty}a_nx^n$ 在 $(-1,1)$ 上连续.

答案与提示

(A)

2. (1) $(-1,1)$；　(2) $(-\infty,+\infty)$；　(3) $[-1,1)$；　(4) $[0,6)$；　(5) $(-1,1)$；
(6) $(-\infty,+\infty)$；　(7) $[3,5)$；　(8) $(-8,2)$；　(9) $[4,6)$；　(10) $(1,5)$；
(11) $(-e,e)$；　(12) $\left[-\frac{1}{\sqrt{2}},\frac{1}{\sqrt{2}}\right]$.

3. (1) $S(x)=\begin{cases}-\frac{1}{x}\ln\left(1-\frac{x}{2}\right), & -2\leqslant x<0,0<x<2,\\ 1/2, & x=0,\end{cases}$ 收敛域为 $[-2,2)$；

(2) $S(x)=\frac{2x}{(1-x)^3}$，收敛域为 $(-1,1)$；

(3) $S(x)=\frac{1+x}{(1-x)^2}$，收敛域为 $(-1,1)$；

(4) $S(x)=\frac{1}{1-x}+\frac{1}{x}\ln(1-x)$，$|x|<1,x\neq0$；$S(0)=0$，收敛域为 $(-1,1)$；

(5) $S(x)=\frac{x^2}{(1-x^2)^2}$，收敛域为$(-1,1)$；

(6) $S(x)=\frac{1}{4}\ln\frac{1+x}{1-x}+\frac{1}{2}\arctan x$，收敛域$(-1,1)$.

4. (1) $-\frac{8}{27}$； (2) 3； (3) $\frac{\pi}{8}$； (4) $\frac{22}{27}$.

5. $R=3$.

(B)

1. (1) $(-\infty,0)\cup(0,+\infty)$； (2) $[\frac{1}{2},+\infty)$； (3) 处处发散； (4) $(\frac{1}{e},e]$.

2. (1) 当$|x|>3$或$x=3$时级数发散； (2) 当$x<-8$或$x\geqslant-2$时级数发散.

3. 当$-1<x\leqslant 7$时级数收敛.

10.6 泰勒级数

幂级数的一个重要应用是用它表示函数.本节将研究如何将一个给定的函数展开成幂级数.

10.6.1 基本定理

设函数$f(x)$在点x_0的某个邻域内有到$(n+1)$阶的导数，则在该邻域内$f(x)$的n阶泰勒公式

$$f(x)=f(x_0)+f'(x_0)(x-x_0)+\frac{1}{2!}f''(x_0)(x-x_0)^2+\cdots+\frac{1}{n!}f^{(n)}(x_0)(x-x_0)^n+R_n(x) \tag{10.6.1}$$

成立，其中$R_n(x)$为拉格朗日型余项：

$$R_n(x)=\frac{f^{(n+1)}(\xi)}{(n+1)!}(x-x_0)^{n+1}.$$

ξ是介于x与x_0之间的某个值(见第3章3.5节).这样，在该邻域内$f(x)$可以用n阶泰勒多项式

$$P_n(x)=f(x_0)+f'(x_0)(x-x_0)+\frac{1}{2!}f''(x_0)(x-x_0)^2+\cdots+\frac{1}{n!}f^{(n)}(x_0)(x-x_0)^n \tag{10.6.2}$$

来逼近，其误差为余项的绝对值$|R_n(x)|$.自然会提出这样一个问题：如果项数越来越大而趋向无穷时，多项式(10.6.2)是不是会变成幂级数

$$f(x_0)+f'(x_0)(x-x_0)+\frac{1}{2!}f''(x_0)(x-x_0)^2+\cdots$$

$$+\frac{1}{n!}f^{(n)}(x_0)(x-x_0)^n+\cdots, \tag{10.6.3}$$

称幂级数(10.6.3)为**泰勒级数**.此外,这个级数是否收敛?如果收敛,那么它是否一定收敛于 $f(x)$?下面的定理将回答这些问题.

定理 10.6.1　设函数 $f(x)$ 在区间 (x_0-R,x_0+R) 上有任意阶导数,则 $f(x)$ 在 (x_0-R,x_0+R) 上可展开为泰勒级数的充分必要条件是,$\forall x\in(x_0-R,x_0+R)$,有

$$\lim_{n\to\infty}R_n(x)=0.$$

证　必要性.设 $f(x)$ 在 (x_0-R,x_0+R) 内能展开为泰勒级数,即 $\forall x\in(x_0-R,x_0+R)$,有

$$f(x)=f(x_0)+f'(x_0)(x-x_0)+\frac{1}{2!}f''(x_0)(x-x_0)^2$$

$$+\cdots+\frac{1}{n!}f^{(n)}(x_0)(x-x_0)^n+\cdots \tag{10.6.4}$$

令 $S_{n+1}(x)$ 表示 $f(x)$ 在 x_0 点的 n 阶泰勒多项式(也是泰勒级数(10.6.3)的前 $(n+1)$ 项之和),则 $f(x)$ 的 n 阶泰勒公式(10.6.1)可写成

$$f(x)=S_{n+1}(x)+R_n(x).$$

根据式(10.6.4),有

$$\lim_{n\to\infty}S_{n+1}(x)=f(x).$$

因此　$$\lim_{n\to\infty}R_n(x)=\lim_{n\to\infty}[f(x)-S_{n+1}(x)]=f(x)-f(x)=0.$$

充分性.假设 $\forall x\in(x_0-R,x_0+R)$,有 $\lim\limits_{n\to\infty}R_n(x)=0$.则由

$$S_{n+1}(x)=f(x)-R_n(x),$$

可得　$$\lim_{n\to\infty}S_{n+1}(x)=\lim_{n\to\infty}[f(x)-R_n(x)]=f(x),$$

这表明 $f(x)$ 的泰勒级数(10.6.3)在 (x_0-R,x_0+R) 内收敛,且收敛于 $f(x)$.定理证毕.　□

根据这个定理,可以得到一个便于应用的充分条件.

定理 10.6.2　若存在常数 M,使得 $\forall x\in(x_0-R,x_0+R)$ 及一切自然数 n,都有

$$|f^{(n)}(x)|\leqslant M,$$

则 $f(x)$ 能在 (x_0-R,x_0+R) 内展开为泰勒级数.

证　只需证在定理的条件下,有

$$\lim_{n\to\infty}R_n(x)=0,\quad x\in(x_0-R,x_0+R).$$

为此,估计余项

$$|R_n(x)|=\left|\frac{f^{(n+1)}(\xi)}{(n+1)!}(x-x_0)^{n+1}\right|\leqslant\frac{M}{(n+1)!}|x-x_0|^{n+1}\leqslant\frac{MR^{n+1}}{(n+1)!}$$

由于级数 $\sum\limits_{n=1}^{\infty}\frac{R^n}{n!}$ 收敛,故 $\lim\limits_{n\to\infty}\frac{R^{n+1}}{(n+1)!}=0$,从而

$$\lim_{n\to\infty}R_n(x)=0,\quad x\in(x_0-R,x_0+R).$$ □

10.6.2 几个基本初等函数的泰勒级数

函数展开为泰勒级数的步骤如下.

(1) 求出 $f(x)$的各阶导数 $f^{(n)}(x),n=1,2,\cdots$(如果它们都存在);

(2) 求出 $f(x)$及其各阶导数在 $x=x_0$ 的值:

$$f(x_0),f'(x_0),f''(x_0),\cdots,f^{(n)}(x_0),\cdots;$$

(3) 写出泰勒级数

$$f(x_0)+f'(x_0)(x-x_0)+\frac{f''(x_0)}{2!}(x-x_0)^2+\cdots+\frac{f^{(n)}(x_0)}{n!}(x-x_0)^n+\cdots,$$

并求出其收敛半径 R;

(4) 考察当 $x\in(x_0-R,x_0+R)$时,余项 $R_n(x)$的极限

$$\lim_{n\to\infty}R_n(x)=\lim_{n\to\infty}\frac{f^{(n+1)}(\xi)}{(n+1)!}(x-x_0)^{n+1}\quad(\xi\text{介于}x\text{与}x_0\text{之间})$$

是否为零.如果为零,则 $f(x)$能在区间(x_0-R,x_0+R)内展开为泰勒级数

$$f(x)=f(x_0)+f'(x_0)(x-x_0)+\frac{f''(x_0)}{2!}(x-x_0)^2+\cdots$$

$$+\frac{f^{(n)}(x_0)}{n!}(x-x_0)^n+\cdots$$

当 $x_0=0$ 时,得到的级数又称为**麦克劳林级数**:

$$f(x)=f(0)+f'(0)x+\frac{f''(0)}{2!}x^2+\cdots+\frac{f^{(n)}(0)}{n!}x^n+\cdots$$

下面我们将求出函数 $e^x,\sin x,\cos x,\ln(1+x),(1+x)^\alpha$ 的麦克劳林级数.

(1) 指数函数 e^x

由于 $f^{(n)}(x)=e^x(n=1,2,\cdots)$,故有

$f^{(n)}(0)=1(n=0,1,2,\cdots)$,其中 $f^{(0)}(0)=f(0)$.于是得到级数

$$\sum_{n=0}^{\infty}\frac{x^n}{n!}=1+x+\frac{x^2}{2!}+\cdots+\frac{x^n}{n!}+\cdots,$$

其收敛半径 $R=+\infty$.

任取正数 R,当$|x|<R$ 时,对一切自然数 n 都有

$$|(e^x)^{(n)}|=e^x<e^R,$$

据定理 10.6.2 知,等式

$$e^x=\sum_{n=0}^{\infty}\frac{x^n}{n!}=1+x+\frac{x^2}{2!}+\cdots+\frac{x^n}{n!}+\cdots\tag{10.6.5}$$

在$(-R,R)$中成立.由于 R 是任意的,故式(10.6.5)在整个数轴$(-\infty,+\infty)$上成立.

(2) 正弦函数 $\sin x$ 和余弦函数 $\cos x$

因为 $(\sin x)^{(n)}\mid_{x=0}=\sin\left(x+\frac{n\pi}{2}\right)\Big|_{x=0}=\sin\frac{n\pi}{2}=\begin{cases}0, & n=2k,\\ (-1)^k, & n=2k+1.\end{cases}$

又因为
$$|(\sin x)^{(n)}|=|\sin(x+\frac{n\pi}{2})|\leqslant 1$$
对一切 x 及一切自然数 n 成立，根据定理 10.6.2，有

$$\begin{aligned}\sin x&=\sum_{n=0}^{\infty}\frac{(-1)^n}{(2n+1)!}x^{2n+1}\\&=x-\frac{x^3}{3!}+\frac{x^5}{5!}-\cdots+\frac{(-1)^n}{(2n+1)!}x^{2n+1}+\cdots\quad(-\infty<x<+\infty).\end{aligned}\tag{10.6.6}$$

用同样的方法可得

$$\begin{aligned}\cos x&=\sum_{n=0}^{\infty}\frac{(-1)^n}{(2n)!}x^{2n}\\&=1-\frac{x^2}{2!}+\frac{x^4}{4!}-\cdots+\frac{(-1)^n}{(2n)!}x^{2n}+\cdots\quad(-\infty<x<+\infty).\end{aligned}\tag{10.6.7}$$

(3) 对数函数 $\ln(1+x)$

我们用间接的方法得到 $\ln(1+x)$ 的展开式.

记 $f(x)=\ln(1+x)$，则

$$f'(x)=\frac{1}{1+x},$$

而 $\frac{1}{1+x}$ 是收敛的几何级数 $\sum_{n=0}^{\infty}(-1)^nx^n(-1<x<1)$ 的和函数，即

$$\frac{1}{1+x}=1-x+x^2-x^3+\cdots+(-1)^nx^n+\cdots\ (-1<x<1),$$

将上式从 0 到 x 逐项积分，得

$$\ln(1+x)=x-\frac{x^2}{2}+\frac{x^3}{3}-\cdots+\frac{(-1)^n}{n+1}x^{n+1}+\cdots\quad(-1<x\leqslant 1).\tag{10.6.8}$$

等式(10.6.8)在 $x=1$ 处也成立，是因为当 $x=1$ 时，等式(10.6.8)右端的级数是收敛的，而 $\ln(1+x)$ 在 $x=1$ 处有定义且连续.

(4) 函数 $f(x)=(1+x)^\alpha$（α 为任意常数）

$f(x)$ 的各阶导数为

$$f^{(n)}(x)=\alpha(\alpha-1)(\alpha-2)\cdots(\alpha-n+1)(1-x)^{\alpha-n}\quad(n=1,2,\cdots),$$

所以
$$f(0)=1,\quad f'(0)=\alpha,\quad f''(0)=\alpha(\alpha-1),\quad\cdots$$
$$f^{(n)}(0)=\alpha(\alpha-1)(\alpha-2)\cdots(\alpha-n+1),\ \cdots$$

于是得级数

$$1+\alpha x+\frac{\alpha(\alpha-1)}{2!}x^2+\cdots+\frac{\alpha(\alpha-1)\cdots(\alpha-n+1)}{n!}x^n+\cdots$$

由于这个级数相邻两项系数之比的绝对值

$$\left|\frac{a_{n+1}}{a_n}\right|=\left|\frac{\alpha-n}{n+1}\right|\to 1\quad(n\to\infty),$$

因此,对任意的常数 α,这个级数在开区间$(-1,1)$内收敛.下面证明在$(-1,1)$内,这个级数收敛到$(1+x)^\alpha$.

设这个级数在区间$(-1,1)$内收敛到函数 $F(x)$:

$$F(x)=1+\alpha x+\frac{\alpha(\alpha-1)}{2!}x^2+\cdots+\frac{\alpha(\alpha-1)\cdots(\alpha-n+1)}{n!}x^n+\cdots$$

要证明 $F(x)=(1+x)^\alpha\ (-1<x<1)$.

将级数逐项求导,得

$$F'(x)=\alpha+\alpha(\alpha-1)x+\cdots+\frac{\alpha(\alpha-1)\cdots(\alpha-n+1)}{(n-1)!}x^{n-1}+\cdots,$$

两边各乘以$(1+x)$,并把含有 x^n 的两项合并起来$(n=1,2,\cdots)$.根据恒等式

$$\frac{(\alpha-1)\cdots(\alpha-n+1)}{(n-1)!}+\frac{(\alpha-1)\cdots(\alpha-n)}{n!}=\frac{\alpha(\alpha-1)\cdots(\alpha-n+1)}{n!}\quad(n=1,2,\cdots)$$

有 $$(1+x)F'(x)=\alpha\left[1+\alpha x+\frac{\alpha(\alpha-1)}{2!}x^2\cdots+\frac{\alpha(\alpha-1)\cdots(\alpha-n+1)}{n!}x^n+\cdots\right]=\alpha F(x)\quad(-1<x<1).$$

现在令
$$\varphi(x)=\frac{F(x)}{(1+x)^\alpha},$$

于是 $\varphi(0)=F(0)=1$,且

$$\varphi'(x)=\frac{(1+x)^\alpha F'(x)-\alpha(1+x)^{\alpha-1}F(x)}{(1+x)^{2\alpha}}=\frac{(1+x)^{\alpha-1}[(1+x)F'(x)-\alpha F(x)]}{(1+x)^{2\alpha}}=0$$

所以 $\varphi(x)=C$(常数).而 $\varphi(0)=1$,故 $\varphi(x)=1$,即

$$F(x)=(1+x)^\alpha\quad(-1<x<1).$$

因此在开区间$(-1,1)$内有展开式

$$(1+x)^\alpha=1+\alpha x+\frac{\alpha(\alpha-1)}{2!}x^2+\cdots+\frac{\alpha(\alpha-1)\cdots(\alpha-n+1)}{n!}x^n+\cdots\quad(-1<x<1).\qquad(10.6.9)$$

在区间端点处,展开式是否成立要根据 α 的值而定.

公式(10.6.9)称为**二项展开式**.特别当 α 为正整数时,级数就是 x 的 α 次多项

式,这就是代数学中的二项式定理.

上面关于 $\frac{1}{1-x}$, e^x, $\sin x$, $\cos x$, $\ln(1+x)$ 及 $(1+x)^\alpha$ 的幂级数展开式,今后可以直接引用.

10.6.3 应用基本展开式的例子

例 10.6.1 将 $\arctan x$ 展开成 x 的幂级数.

解 我们使用间接法展开. 在 $\frac{1}{1+x}$ 的展开式

$$\frac{1}{1+x}=1-x+x^2-x^3+\cdots+(-1)^n x^n+\cdots \quad (-1<x<1) \tag{10.6.10}$$

中,用 x^2 替代 x,得

$$\frac{1}{1+x^2}=1-x^2+x^4-\cdots+(-1)^n x^{2n}+\cdots \quad (-1<x<1). \tag{10.6.11}$$

对式(10.6.11)两端从 0 到 x 积分,即得

$$\arctan x=x-\frac{x^3}{3}+\frac{x^5}{5}-\cdots+\frac{(-1)^n}{(2n+1)}x^{2n+1}+\cdots \quad (-1\leqslant x\leqslant 1). \tag{10.6.12}$$

级数(10.6.12)在 $x=\pm 1$ 处的收敛性,可由交错级数的莱布尼兹判别法推出. □

例 10.6.2 求 $\arcsin x$ 的麦克劳林级数展开式.

解 $\arcsin x=\int_0^x \frac{\mathrm{d}t}{\sqrt{1-t^2}}$,而由式(10.6.9)知,

$$\frac{1}{\sqrt{1-t^2}}=1+\frac{t^2}{2}+\frac{1\cdot 3}{2\cdot 4}t^4+\frac{1\cdot 3\cdot 5}{2\cdot 4\cdot 6}t^6+\cdots+\frac{1\cdot 3\cdot\cdots\cdot(2n-1)}{2\cdot 4\cdot\cdots\cdot(2n)}t^{2n}+\cdots \quad (-1<t<1), \tag{10.6.13}$$

对式(10.6.13)两端从 0 到 x 积分,即得

$$\arcsin x=x+\frac{1}{2}\cdot\frac{x^3}{3}+\frac{1\cdot 3}{2\cdot 4}\cdot\frac{x^5}{5}+\frac{1\cdot 3\cdot 5}{2\cdot 4\cdot 6}\cdot\frac{x^7}{7}+\cdots+\frac{1\cdot 3\cdot\cdots\cdot(2n-1)}{2\cdot 4\cdot\cdots\cdot(2n)}\cdot\frac{x^{2n+1}}{2n+1}+\cdots \quad (-1<x<1). \tag{10.6.14}$$

此外,利用 $\arccos x=\frac{\pi}{2}-\arcsin x$, $\operatorname{arccot} x=\frac{\pi}{2}-\arctan x$,就可以得到 $\arccos x$ 与 $\operatorname{arccot} x$ 的展开式.

下面再给出将函数在 $x=x_0$ 展成幂级数的两个例子.

例 10.6.3 将 $\ln x$ 展开成 $(x-2)$ 的幂级数.

解 将 $\ln x$ 写成
$$\ln x=\ln[2+(x-2)]=\ln\left[2\left(1+\frac{x-2}{2}\right)\right]$$
$$=\ln 2+\ln\left(1+\frac{x-2}{2}\right).\qquad(10.6.15)$$

令 $y=\dfrac{x-2}{2}$,则由式(10.6.8)可得

$$\ln\left(1+\frac{x-2}{2}\right)=\ln(1+y)$$
$$=y-\frac{y^2}{2}+\frac{y^3}{3}-\cdots+\frac{(-1)^{n-1}}{n}y^n+\cdots\quad(-1<y\leqslant 1)$$
$$=\frac{x-2}{2}-\frac{1}{2}\cdot\frac{(x-2)^2}{2^2}+\frac{1}{3}\cdot\frac{(x-2)^3}{2^3}-\cdots$$
$$+\frac{(-1)^{n-1}}{n}\cdot\frac{(x-2)^n}{2^n}+\cdots\quad(0<x\leqslant 4).$$

将上式代入式(10.6.15)中,得

$$\ln x=\ln 2+\frac{x-2}{2}-\frac{1}{2}\cdot\frac{(x-2)^2}{2^2}+\frac{1}{3}\cdot\frac{(x-2)^3}{2^3}-\cdots$$
$$+\frac{(-1)^{n-1}}{n}\cdot\frac{(x-2)^n}{2^n}+\cdots\quad(0<x\leqslant 4).$$
□

例 10.6.4 将 $\sin x$ 展开成 $\left(x-\dfrac{\pi}{4}\right)$ 的幂级数.

解 先将 $\sin x$ 写成

$$\sin x=\sin\left[\frac{\pi}{4}+\left(x-\frac{\pi}{4}\right)\right]=\sin\frac{\pi}{4}\cos\left(x-\frac{\pi}{4}\right)+\cos\frac{\pi}{4}\sin\left(x-\frac{\pi}{4}\right)$$
$$=\frac{1}{\sqrt{2}}\left[\cos\left(x-\frac{\pi}{4}\right)+\sin\left(x-\frac{\pi}{4}\right)\right],$$

根据基本展开式(10.6.6)和式(10.6.7),有

$$\sin\left(x-\frac{\pi}{4}\right)=\left(x-\frac{\pi}{4}\right)-\frac{1}{3!}\left(x-\frac{\pi}{4}\right)^3+\frac{1}{5!}\left(x-\frac{\pi}{4}\right)^5-\cdots$$
$$(-\infty<x<+\infty),$$

$$\cos\left(x-\frac{\pi}{4}\right)=1-\frac{1}{2!}\left(x-\frac{\pi}{4}\right)^2+\frac{1}{4!}\left(x-\frac{\pi}{4}\right)^4-\cdots$$
$$(-\infty<x<+\infty),$$

所以 $\sin x=\dfrac{1}{\sqrt{2}}\left[1+\left(x-\dfrac{\pi}{4}\right)-\dfrac{1}{2!}\left(x-\dfrac{\pi}{4}\right)^2-\dfrac{1}{3!}\left(x-\dfrac{\pi}{4}\right)^3+\cdots\right]$

$$(-\infty<x<+\infty).$$
□

10.6.4　微分方程的幂级数解法

若一个微分方程的解可以展成幂级数,就可以用幂级数方法求解.

例 10.6.5　求解微分方程

$$(1-x^2)y''=-2y. \tag{10.6.16}$$

解　首先,假定式(10.6.16)的解可以展成幂级数

$$y=\sum_{n=0}^{\infty}a_nx^n, \tag{10.6.17}$$

其中系数 $a_0,a_1,a_2,\cdots$ 待定.将式(10.6.17)逐项微分两次,得

$$y''=\sum_{n=2}^{\infty}n(n-1)a_nx^{n-2}, \tag{10.6.18}$$

将式(10.6.18)和式(10.6.17)代入式(10.6.16)得

$$(1-x^2)\sum_{n=2}^{\infty}n(n-1)a_nx^{n-2}=-2\sum_{n=0}^{\infty}a_nx^n,$$

即
$$\sum_{n=0}^{\infty}(n+1)(n+2)a_{n+2}x^n-\sum_{n=0}^{\infty}n(n-1)a_nx^n=-2\sum_{n=0}^{\infty}a_nx^n,$$

即
$$\sum_{n=0}^{\infty}[(n+1)(n+2)a_{n+2}-n(n-1)a_n]x^n=-2\sum_{n=0}^{\infty}a_nx^n,$$

由幂级数展开的唯一性,得

$$(n+1)(n+2)a_{n+2}-n(n-1)a_n=-2a_n,$$

$$a_{n+2}=\frac{n^2-n-2}{(n+2)(n+1)}a_n=\frac{n-2}{n+2}a_n.$$

这是一个递推公式,当任意给定 a_0 时,就可以确定 $a_2,a_4,a_6,\cdots$,任意给定 a_1 时,就可以确定 $a_3,a_5,a_7,\cdots$.这样便可以进一步求得

$$a_2=-a_0,\quad a_4=a_6=a_8=\cdots=0;$$

$$a_3=-\frac{a_1}{3},\quad a_5=\frac{1}{5}\cdot\frac{(-1)}{3}a_1,\cdots,$$

$$a_{2n+1}=\frac{2n-3}{2n+1}a_{2n-1}=\frac{2n-3}{2n+1}\cdot\frac{2n-5}{2n-1}\cdot\frac{2n-7}{2n-3}\cdot\cdots\cdot\frac{3}{7}\cdot\frac{1}{5}\cdot\frac{(-1)}{3}a_1$$

$$=\frac{(-1)}{(2n+1)(2n-1)}a_1.$$

因此
$$y=a_0(1-x^2)-a_1\sum_{n=0}^{\infty}\frac{1}{(2n+1)(2n-1)}x^{2n+1}. \tag{10.6.19}$$

上面是在假定式(10.6.16)的解可以展成幂级数的前提下求得式(10.6.19)的,因此它只是微分方程(10.6.16)的形式解.只有证明了式(10.6.19)存在收敛区间,上述的计算步骤才是合理的,式(10.6.19)才是式(10.6.16)的幂级数解.

利用达朗贝尔比值判别法可以证明,级数(10.6.19)在 $|x|<1$ 时是收敛的.因此,当 $|x|<1$ 时,式(10.6.19)是式(10.6.16)的解,其中 a_0,a_1 可以是任意常数.　□

习 题 10.6

(A)

1. 回答下列问题：

(1) 函数 $f(x)$能在区间(x_0-R,x_0+R)中展开为幂级数的充分必要条件是什么？

(2) 如果函数 $f(x)$在区间(x_0-R,x_0+R)中有任意阶导数，$f(x)$是否能在这区间上展开幂级数？

2. 将下列函数展开成 x 的幂级数，并指出展开式成立的范围：

(1) $f(x)=\dfrac{1}{1+x+x^2}$； (2) $f(x)=\sin^2 x$；

(3) $f(x)=\dfrac{x}{\sqrt{1+x^2}}$； (4) $f(x)=\int_0^x \mathrm{e}^{-t^2}\mathrm{d}t$.

3. 将下列函数在指定点展开成幂级数，并指出展开式成立的范围：

(1) $f(x)=\dfrac{1}{x^2+4x+3}, x=1$； (2) $f(x)=\dfrac{2x+1}{x^2+x-2}, x=2$；

(3) $f(x)=\ln\dfrac{1}{2+2x+x^2}, x=-1$； (4) $f(x)=\cos x, x=-\dfrac{\pi}{3}$.

(B)

1. 将函数$\dfrac{\mathrm{d}}{\mathrm{d}x}\left(\dfrac{\mathrm{e}^x-1}{x}\right)$展开成 x 的幂级数，并证明$\sum\limits_{n=1}^{\infty}\dfrac{n}{(n+1)!}=1$.

2. 利用逐项求导和逐项积分的方法，将函数 $f(x)=\arctan\dfrac{4+x^2}{4-x^2}$ 展开成 x 的幂级数.

3. 求下列微分方程的幂级数解：

(1) $y''=xy$； (2) $xy''+y'+xy=0$.

答案与提示

(A)

2. (1) $\dfrac{1}{1+x+x^2}=1+x^3+x^6+\cdots+x^{3n}+\cdots-(x+x^4+x^7+\cdots+x^{3n+1}+\cdots), |x|<1$；

(2) $\sin^2 x=\sum\limits_{n=1}^{\infty}(-1)^{n-1}\dfrac{(2x)^{2n}}{2(2n)!}, -\infty<x<+\infty$；

(3) $\dfrac{x}{\sqrt{1+x^2}}=x+\sum\limits_{n=1}^{\infty}(-1)^n\dfrac{2(2n)!}{(n!)^2}\left(\dfrac{x}{2}\right)^{2n+1}, |x|\leqslant 1$；

(4) $\int_0^x \mathrm{e}^{-t^2}\mathrm{d}t=\sum\limits_{n=0}^{\infty}\dfrac{(-1)^n x^{2n+1}}{(2n+1)n!}, -\infty<x<+\infty$.

3. (1) $\dfrac{1}{x^2+4x+3}=\sum\limits_{n=0}^{\infty}(-1)^n\left(\dfrac{1}{2^{n+2}}-\dfrac{1}{2^{2n+3}}\right)(x-1)^n \quad (-1<x<3)$；

(2) $\frac{2x+1}{x^2+x-2}=\sum_{n=0}^{\infty}(-1)^n(1+\frac{1}{4^{n-1}})(x-2)^n \quad (1<x<3)$;

(3) $\ln\frac{1}{2+2x+x^2}=\sum_{n=1}^{\infty}(-1)^n\frac{(x+1)^{2n}}{n} \quad (-2\leqslant x\leqslant 0)$;

(4) $\cos x=\frac{1}{2}\sum_{n=0}^{\infty}(-1)^n\left[\frac{1}{(2n)!}(x+\frac{\pi}{3})^{2n}+\frac{\sqrt{3}}{(2n+1)!}(x+\frac{\pi}{3})^{2n+1}\right] \quad (-\infty<x<+\infty)$.

(B)

1. $\frac{\mathrm{d}}{\mathrm{d}x}\left(\frac{e^x-1}{x}\right)=\sum_{n=1}^{\infty}\frac{n}{(n+1)!}x^{n-1}\ (-\infty<x<+\infty),\ \sum_{n=1}^{\infty}\frac{n}{(n+1)!}=1$.

2. $\arctan\frac{4+x^2}{4-x^2}=\frac{\pi}{4}+\sum_{n=0}^{\infty}(-1)^n\frac{x^{4n+2}}{(2n+1)4^{2n+1}}\ (|x|\leqslant 2)$.

3. (1) $y=a_0\left(1+\frac{x^3}{3!}+\frac{4x^6}{6!}+\frac{4\cdot 7x^9}{9!}+\cdots+\frac{4\cdot 7\cdot\cdots\cdot(3k-2)x^{3k}}{(3k)!}\right)$

$+a_1\left(x+\frac{2x^4}{4!}+\frac{2\cdot 5x^7}{7!}+\cdots+\frac{2\cdot 5\cdot\cdots\cdot(3k-1)x^{3k+1}}{(3k+1)!}\right) \quad (-\infty<x<+\infty)$;

(2) $y=a_0\left(1-\frac{x^2}{2^2}+\frac{x^4}{(2\cdot 4)^2}-\frac{x^6}{(2\cdot 4\cdot 6)^2}+\cdots+(-1)^k\frac{x^{2k}}{(2\cdot 4\cdot\cdots\cdot(2k))^2}+\cdots\right)$

$(-\infty<x<+\infty)$.

10.7 周期函数的傅里叶级数

前几节论述了用幂级数表示函数的问题.可以看到,幂级数保留了多项式的许多良好的性质.用幂级数表示函数,在微分运算、积分运算及数值计算等方面都有许多方便之处.但是,用幂级数表示函数也有其局限性,那就是对被表示的函数要求比较苛刻,例如,要求在某点附近具有任意阶导数.如果某函数在某一区间上有间断点,甚至只是在这区间有某阶导数不存在的点,那么,这个函数就肯定不能在整个区间用一个幂级数表示.

但是,在很多理论或实际问题中所遇到的函数,往往是不可导的,有时甚至还是不连续的,如周期性的方形脉冲函数,锯齿形波函数等.那么,就得设法寻求其他较合适的函数项级数来表示此类函数.从本节开始,将讨论如何用三角函数所构成的级数来表示函数的问题,或说如何将函数展开成傅里叶级数的问题.

三角级数是指形如

$$\frac{a_0}{2}+\sum_{n=1}^{\infty}(a_n\cos n\omega x+b_n\sin n\omega x) \tag{10.7.1}$$

的级数,这是一种特殊类型的函数项级数,其中 $a_0,a_n,b_n\ (n=1,2,\cdots)$ 为常数,称为三角级数(10.7.1)的**系数**.ω 也是常数,称为**圆频率**,第一项写作$\frac{a_0}{2}$是为了今后应用的方便.若用 x 代替 ωx,则得到

$$\frac{a_0}{2}+\sum_{n=1}^{\infty}(a_n\cos nx+b_n\sin nx). \tag{10.7.2}$$

下面将研究用这类级数来表示实轴上的周期为 2π 的函数的问题.

10.7.1 基本三角函数系

首先引进两个函数 $f(x)$ 和 $g(x)$ 在区间上正交的概念. 仿照第 6 章 6.2 节中引进两个 n 维向量 $\boldsymbol{a}=\{a_1,a_2,\cdots,a_n\}$ 和 $\boldsymbol{b}=\{b_1,b_2,\cdots,b_n\}$ 的点积的概念

$$\boldsymbol{a}\cdot\boldsymbol{b}=\sum_{i=1}^{n}a_ib_i,$$

对 $C[-\pi,\pi]$ 中的两个函数 $f(x)$ 和 $g(x)$，定义它们的**内积**为

$$(f(x),g(x))=\int_{-\pi}^{\pi}f(x)g(x)\mathrm{d}x. \tag{10.7.3}$$

在 $\mathbf{R}^n$ 中，$\boldsymbol{a}$ 与 $\boldsymbol{b}$ 正交是指 $\boldsymbol{a}\cdot\boldsymbol{b}=0$. 于是，所谓 $f(x)$ 与 $g(x)$ 在 $[-\pi,\pi]$ 上**正交**即指

$$(f(x),g(x))=0.$$

仍仿照 $\mathbf{R}^n$ 中的作法，将 $f(x)$ 和 $g(x)$ 看作向量，则可定义其长度(又称为范数)为

$$\|f(x)\|=\sqrt{(f(x),f(x))}=\left(\int_{-\pi}^{\pi}f^2(x)\mathrm{d}x\right)^{1/2}.$$

现在来考察下面的**基本三角函数系**：

$$1,\ \cos x,\ \sin x,\ \cos 2x,\ \sin 2x,\ \cdots,\ \cos nx,\ \sin nx,\ \cdots \tag{10.7.4}$$

其中每一个函数都以 2π 为周期. 利用三角函数的积化和差公式，不难验证下列事实：对于任意的非负整数 m、n，有

$$\int_{-\pi}^{\pi}\sin mx\sin nx\,\mathrm{d}x=\begin{cases}0, & m\neq n, m=n=0,\\ \pi, & m=n\neq 0;\end{cases}$$

$$\int_{-\pi}^{\pi}\cos mx\cos nx\,\mathrm{d}x=\begin{cases}0, & m\neq n,\\ \pi, & m=n\neq 0,\\ 2\pi, & m=n=0;\end{cases}$$

$$\int_{-\pi}^{\pi}\sin mx\cos nx\,\mathrm{d}x=0.$$

上述性质表明三角函数系(10.7.4)在 $[-\pi,\pi]$ 上两两正交，因此，称三角函数系(10.7.4)是一**正交系**. 由式(10.7.4)可导出另一正交系：

$$\frac{1}{\sqrt{2\pi}},\frac{1}{\sqrt{\pi}}\cos x,\frac{1}{\sqrt{\pi}}\sin x,\frac{1}{\sqrt{\pi}}\cos 2x,\frac{1}{\sqrt{\pi}}\sin 2x,\cdots,\frac{1}{\sqrt{\pi}}\cos nx,\frac{1}{\sqrt{\pi}}\sin nx,\cdots \tag{10.7.5}$$

于是此三角函数系中，每个函数的长度都为 1，即

$$\int_{-\pi}^{\pi}\left(\frac{1}{\sqrt{2\pi}}\right)^2\mathrm{d}x=1,$$

$$\int_{-\pi}^{\pi}\left(\frac{1}{\sqrt{\pi}}\cos nx\right)^2 dx = 1,$$

$$\int_{-\pi}^{\pi}\left(\frac{1}{\sqrt{\pi}}\sin nx\right)^2 dx = 1 \quad (n = 1,2,\cdots).$$

因此称三角函数系(10.7.5)为**标准正交系**.

我们看到,标准正交系(10.7.5)很像欧氏空间 $\mathbf{R}^n$ 中单位坐标向量所构成的一组基 $\boldsymbol{e}_1,\boldsymbol{e}_2,\cdots,\boldsymbol{e}_n$,这组基中的每个向量长度都为 1,每两个不同的向量都互相正交. 对于 $\mathbf{R}^n$ 中的任一向量 $\boldsymbol{a}$,都能用这组基表示为

$$\boldsymbol{a}=a_1\boldsymbol{e}_1+a_2\boldsymbol{e}_2+\cdots+a_n\boldsymbol{e}_n,$$

其中 $a_1,a_2,\cdots,a_n$ 就是 $\boldsymbol{a}$ 的坐标. 现在要讨论的问题是:函数 $f(x)$ 满足什么条件时可以通过标准正交系(10.7.5)表示? 或者说 $f(x)$ 能按函数系(10.7.5)展开成一个三角级数? 展开式中的系数怎样计算?

10.7.2 傅里叶系数

假设函数 $f(x)$ 有周期 2π,且在$[-\pi,\pi]$上可积. 又假设 $f(x)$ 可以展开成一个三角级数

$$f(x) = \frac{a_0}{2} + \sum_{k=1}^{\infty}(a_k\cos kx + b_k\sin kx), \tag{10.7.6}$$

且这级数在$[-\pi,\pi]$上一致收敛. 则可以利用三角函数系的正交性求出全部系数.

为此,在式(10.7.6)两端逐项积分. 利用三角函数系的正交性,得

$$\begin{aligned}\int_{-\pi}^{\pi} f(x)dx &= \int_{-\pi}^{\pi}\frac{a_0}{2}dx + \sum_{k=1}^{\infty}\left(a_k\int_{-\pi}^{\pi}\cos kx\,dx + b_k\int_{-\pi}^{\pi}\sin kx\,dx\right)\\ &= \frac{a_0}{2}\int_{-\pi}^{\pi}dx = \pi a_0,\end{aligned}$$

即

$$a_0 = \frac{1}{\pi}\int_{-\pi}^{\pi}f(x)dx.$$

在式(10.7.6)两端同乘 $\cos nx$ 后,逐项积分,得

$$\begin{aligned}\int_{-\pi}^{\pi}f(x)\cos nx\,dx &= \int_{-\pi}^{\pi}\frac{a_0}{2}\cos nx\,dx + a_n\int_{-\pi}^{\pi}\cos^2 nx\,dx\\ &\quad + \sum_{\substack{k=1\\k\neq n}}^{\infty}a_k\int_{-\pi}^{\pi}\cos kx\cos nx\,dx + \sum_{k=1}^{\infty}b_k\int_{-\pi}^{\pi}\sin kx\cos nx\,dx,\end{aligned}$$

由三角函数系的正交性,得

$$\int_{-\pi}^{\pi}f(x)\cos nx\,dx = \pi a_n,$$

即

$$a_n = \frac{1}{\pi}\int_{-\pi}^{\pi}f(x)\cos nx\,dx \quad (n = 1,2,\cdots).$$

当 $n=0$ 时，它也包含了 a_0 的公式.

类似地，在式(10.7.6)两端同乘 $\sin nx$ 后，逐项积分，得

$$\int_{-\pi}^{\pi} f(x)\sin nx\,\mathrm{d}x = \pi b_n,$$

即

$$b_n = \frac{1}{\pi}\int_{-\pi}^{\pi} f(x)\sin nx\,\mathrm{d}x \quad (n=1,2,\cdots).$$

由上面的讨论可知，给定一个周期为 2π 的函数 $f(x)$，只要它在$[-\pi,\pi]$上可积，就对应着一个三角级数：

$$f(x) \sim \frac{a_0}{2} + \sum_{n=1}^{\infty}(a_n\cos nx + b_n\sin nx) \quad (-\pi \leqslant x \leqslant \pi), \tag{10.7.7}$$

其中

$$a_n = \frac{1}{\pi}\int_{-\pi}^{\pi} f(x)\cos nx\,\mathrm{d}x \quad (n=0,1,2,\cdots), \tag{10.7.8}$$

$$b_n = \frac{1}{\pi}\int_{-\pi}^{\pi} f(x)\sin nx\,\mathrm{d}x \quad (n=1,2,\cdots). \tag{10.7.9}$$

这里级数式(10.7.7)可以收敛也可以不收敛. 即使收敛，现在也还不知道是否一定收敛到 $f(x)$. 因此在级数(10.7.7)中用记号"～"，而不是用等号"＝"来表示. 称级数(10.7.7)为 $f(x)$的**傅里叶(Fourier)级数**，由式(10.7.8)和式(10.7.9)确定的数列 $a_0, a_n, b_n, n=1,2,\cdots$，称为 $f(x)$的**傅里叶系数**.

10.7.3 收敛定理

下面给出一个收敛定理(不加证明)，它能回答在什么条件下级数(10.7.7)收敛的问题. 在叙述这个定理之前，先引进一个概念.

定义 10.7.1 若 $f(x)$在区间$[a,b]$上只有有限个单调区间，则称 $f(x)$在区间$[a,b]$上**逐段单调**.

定理 10.7.1(狄利克雷收敛定理) 设 $f(x)$是以 2π 为周期的函数，若它满足：

(1) 在一个周期内连续或只有有限个第一类间断点；

(2) 在一个周期内逐段单调.

则 $f(x)$的傅里叶级数收敛，并且当 x 是$f(x)$的连续点时，级数收敛于 $f(x)$；当 x 是 $f(x)$的第一类间断点时，级数收敛于$\frac{1}{2}[f(x^-)+f(x^+)]$.

由上述收敛定理可见，函数展开成傅里叶级数的条件比展开成幂级数的条件低得多.

10.7.4 例子

例 10.7.1 设 $f(x)$是以 2π 为周期的函数，它在$[-\pi,\pi)$上的表达式是 $f(x)=x$. 将 $f(x)$展开成傅里叶级数.

解 所给函数满足收敛定理的条件,它在 $x=(2k+1)\pi(k=0,\pm1,\pm2,\cdots)$ 处不连续,在其他点处连续,故由收敛定理知 $f(x)$ 的傅里叶级数收敛,且当 $x\neq(2k+1)\pi$ 时,级数收敛于 $f(x)$,当 $x=(2k+1)\pi$ 时,级数收敛于 $\frac{1}{2}[f(-\pi^+)+f(\pi^-)]=\frac{-\pi+\pi}{2}=0$.

傅里叶系数计算如下:

$$a_0=\frac{1}{\pi}\int_{-\pi}^{\pi}x\mathrm{d}x=0,$$

$$a_n=\frac{1}{\pi}\int_{-\pi}^{\pi}x\cos nx\,\mathrm{d}x=0\quad(n=1,2,\cdots),$$

$$b_n=\frac{1}{\pi}\int_{-\pi}^{\pi}x\sin nx\,\mathrm{d}x=\frac{1}{\pi}\left(-\frac{x}{n}\cos nx\Big|_{-\pi}^{\pi}+\frac{1}{n}\int_{-\pi}^{\pi}\cos nx\,\mathrm{d}x\right)$$

$$=-\frac{1}{n\pi}[\pi\cos n\pi-(-\pi\cos(-n\pi))]=-\frac{2}{n}\cos n\pi$$

$$=(-1)^{n+1}\frac{2}{n}\quad(n=1,2,\cdots).$$

于是得到 $f(x)$ 的傅里叶级数展开式

$$f(x)=2\sum_{n=1}^{\infty}(-1)^{n+1}\frac{\sin nx}{n}$$

$$(-\infty<x<+\infty,x\neq(2k+1)\pi,k=0,\pm1,\pm2,\cdots)$$

和函数的图像(见图 10.4).在上述等式中令 $x=\frac{\pi}{2}$,得到

$$\frac{\pi}{4}=1-\frac{1}{3}+\frac{1}{5}-\frac{1}{7}+\cdots+\frac{(-1)^n}{2n+1}+\cdots\tag{10.7.10}$$

这是在本章例 10.5.11 中曾经得到过的结果. □

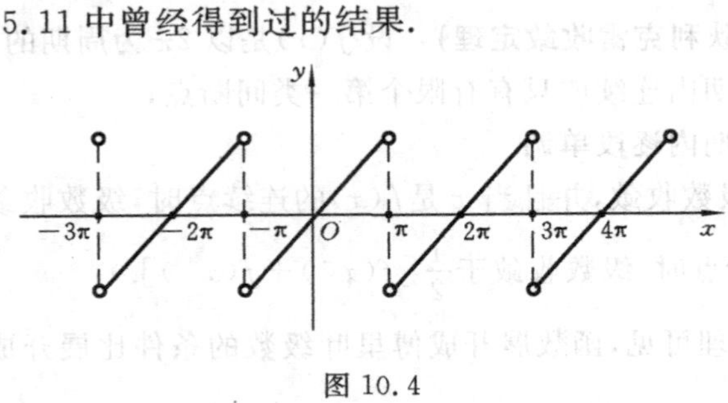

图 10.4

例 10.7.2 求周期为 2π 的函数 $f(x)=x^2(0<x<2\pi)$(见图 10.5)的傅里叶级数.

解 $a_0=\frac{1}{\pi}\int_0^{2\pi}x^2\mathrm{d}x=\frac{1}{\pi}\left(\frac{x^3}{3}\right)\Big|_0^{2\pi}=\frac{8\pi^2}{3}$,

$$a_n=\frac{1}{\pi}\int_0^{2\pi}x^2\cos nx\,dx=-\frac{2}{n\pi}\int_0^{2\pi}x\sin nx\,dx$$

$$=\frac{2}{n^2\pi}(x\cos nx)\Big|_0^{2\pi}-\frac{2}{n^2\pi}\int_0^{2\pi}\cos nx\,dx$$

$$=\frac{4}{n^2},$$

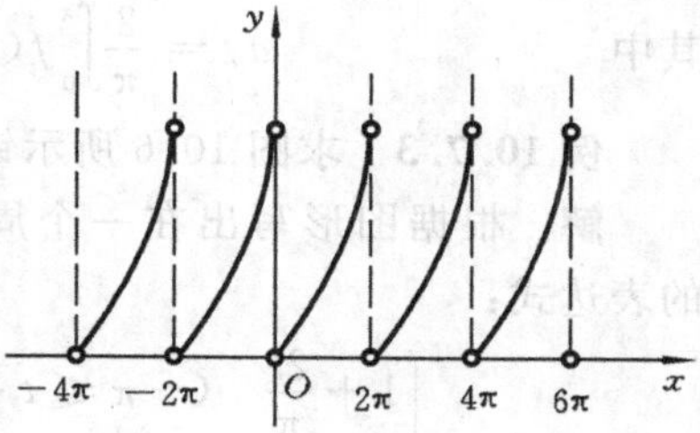

图 10.5

$$b_n=\frac{1}{\pi}\int_0^{2\pi}x^2\sin nx\,dx$$

$$=-\frac{1}{n\pi}(x^2\cos nx)\Big|_0^{2\pi}+\frac{2}{n\pi}\int_0^{2\pi}x\cos nx\,dx$$

$$=-\frac{4\pi}{n}-\frac{2}{n^2\pi}\int_0^{2\pi}\sin nx\,dx=-\frac{4\pi}{n}.$$

所给函数 $f(x)$ 在 $x=2k\pi(k=0,\pm1,\pm2,\cdots)$ 处不连续，在其他点处连续，满足收敛定理的条件，因此 $f(x)$ 的傅里叶级数收敛，其展开式为

$$f(x)=x^2=\frac{4\pi^2}{3}+4\sum_{n=1}^{\infty}\frac{\cos nx}{n^2}-4\pi\sum_{n=1}^{\infty}\frac{\sin nx}{n}$$

$$(-\infty<x<+\infty,x\neq 2k\pi,k=0,\pm1,\pm2,\cdots),$$

在间断点 $x=2k\pi$ 处，级数收敛于

$$\frac{1}{2}[f(0^+)+f(2\pi^-)]=\frac{0+4\pi^2}{2}=2\pi^2.$$ □

10.7.5 正弦级数和余弦级数

由奇偶函数的性质立即可推知奇偶函数的傅里叶系数有以下特点.

(1) 若周期为 2π 的可积函数是奇函数，则 $f(x)\cos nx$ 也是奇函数，从而

$$a_n=\frac{1}{\pi}\int_{-\pi}^{\pi}f(x)\cos nx\,dx=0\quad(n=0,1,2,\cdots),$$

因此 $f(x)$ 的傅里叶级数只含正弦项，即为**正弦级数**

$$f(x)\sim\sum_{n=1}^{\infty}b_n\sin nx,$$

其中

$$b_n=\frac{2}{\pi}\int_0^{\pi}f(x)\sin nx\,dx\quad(n=1,2,\cdots).\tag{10.7.11}$$

(2) 若周期为 2π 的可积函数是偶函数，则 $f(x)\sin nx$ 是奇函数，从而

$$b_n=\frac{1}{\pi}\int_{-\pi}^{\pi}f(x)\sin nx\,dx=0\quad(n=1,2,\cdots),$$

因此 $f(x)$ 的傅里叶级数只含余弦项，即为**余弦级数**

$$f(x)\sim\frac{a_0}{2}+\sum_{n=1}^{\infty}a_n\cos nx,$$

其中
$$a_n = \frac{2}{\pi}\int_0^{\pi} f(x)\cos nx\,\mathrm{d}x \quad (n = 0,1,2,\cdots). \tag{10.7.12}$$

例 10.7.3　求图 10.6 所示锯齿波的傅里叶级数.

解　根据图形写出在一个周期内函数的表达式:

$$f(t) = \begin{cases} 1+\dfrac{2t}{\pi} & (-\pi \leqslant t < 0), \\ 1-\dfrac{2t}{\pi} & (0 \leqslant t < \pi). \end{cases}$$

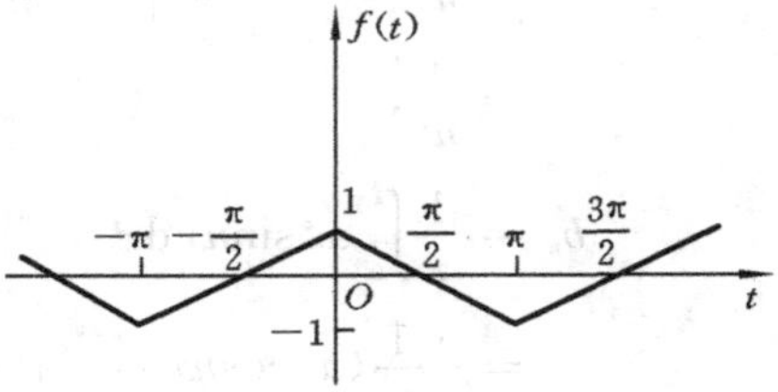

图 10.6

它是偶函数,故

$$b_n = \frac{1}{\pi}\int_{-\pi}^{\pi} f(t)\sin nt\,\mathrm{d}t = 0 \quad (n = 1,2,\cdots),$$

$$\begin{aligned} a_n &= \frac{2}{\pi}\int_0^{\pi} f(t)\cos nt\,\mathrm{d}t = \frac{2}{\pi}\int_0^{\pi}(1-\frac{2t}{\pi})\cos nt\,\mathrm{d}t = -\frac{4}{n\pi^2}\int_0^{\pi} t\mathrm{d}\sin nt \\ &= \frac{4}{n\pi^2}\int_0^{\pi}\sin nt\,\mathrm{d}t = -\frac{4}{n^2\pi^2}\cos nt\Big|_0^{\pi} = \frac{4}{n^2\pi^2}[1-(-1)^n] \\ &= \begin{cases} \dfrac{8}{n^2\pi^2}\ (n\text{ 为奇数}), \\ 0\ (n\text{ 为偶数}), \end{cases} \quad n = 1,2,\cdots, \end{aligned}$$

$$a_0 = \frac{2}{\pi}\int_0^{\pi} f(t)\mathrm{d}t = \frac{2}{\pi}\int_0^{\pi}(1-\frac{2t}{\pi})\mathrm{d}t = \frac{2}{\pi}(t-\frac{t^2}{\pi})\Big|_0^{\pi} = 0.$$

由于 $f(t)$ 在 $(-\infty,+\infty)$ 上连续,根据收敛定理,它有下列的余弦级数展开式:

$$f(t) = \frac{8}{\pi^2}\sum_{n=0}^{\infty}\frac{1}{(2n+1)^2}\cos(2n+1)t \quad (-\infty < t < +\infty). \qquad \square$$

例 10.7.4　将周期为 2π 的函数 $f(x)$ 展开成傅里叶级数,其中

$$f(x) = \sin\frac{x}{2} \quad (-\pi < x \leqslant \pi).$$

解　因 $f(x) = \sin\dfrac{x}{2}$ 是奇函数,故 $a_n=0, n=0,1,2,\cdots$,而

$$b_n = \frac{2}{\pi}\int_0^{\pi}\sin\frac{x}{2}\sin nx\,\mathrm{d}x = \frac{1}{\pi}\int_0^{\pi}[\cos(n-\frac{1}{2})x-\cos(n+\frac{1}{2})x]\mathrm{d}x$$

$$= \frac{2\sin\frac{\pi}{2}}{\pi}\cdot\frac{(-1)^{n+1}n}{n^2-(\frac{1}{2})^2} = \frac{2}{\pi}\cdot\frac{(-1)^{n+1}n}{n^2-\frac{1}{4}}.$$

$f(x)$ 满足收敛定理的条件,它可展开成下列正弦级数:

$$f(x) = \frac{2}{\pi}\sum_{n=1}^{\infty}\frac{(-1)^{n+1}n}{n^2-\frac{1}{4}}\sin nx$$

$$(-\infty < x < +\infty, x \neq (2k+1)\pi, k = 0, \pm 1, \pm 2, \cdots)$$

在间断点 $x=(2k+1)\pi$ 处，级数收敛于

$$\frac{1}{2}[f(-\pi^+) + f(\pi^-)] = \frac{-1+1}{2} = 0. \qquad \square$$

习　题　10.7

(A)

1. 回答下列问题：

(1) 三角函数系的正交性是指什么？

(2) 收敛定理的条件有哪些？

(3) 周期为 2π 的函数 $f(x)$ 的傅里叶级数是否一定收敛？如果收敛，是否一定收敛到自身，即收敛到 $f(x)$？

(4) 奇函数和偶函数的傅里叶系数有什么特点？

2. 试将下列以 2π 为周期的函数 $f(x)$ 展开成傅里叶级数：

(1) $f(x) = \begin{cases} -\pi, & -\pi \leqslant x < 0, \\ x, & 0 \leqslant x < \pi. \end{cases}$　　(2) $f(x) = \begin{cases} -1, & -\pi \leqslant x < 0, \\ 1, & 0 \leqslant x < \pi. \end{cases}$

(3) $f(x) = |\sin x|, -\pi \leqslant x < \pi.$　　(4) $f(x) = \begin{cases} e^{ax}, & -\pi \leqslant x < 0, \\ 0, & 0 \leqslant x < \pi. \end{cases}$

(5) $f(x)=\dfrac{\pi-x}{2}, 0<x<2\pi.$　　(6) $f(x)=2\sin\dfrac{x}{3}, -\pi\leqslant x\leqslant\pi.$

3. 设 $f(x)$ 是以 2π 为周期的函数，它在 $[-\pi,\pi]$ 上的表达式是 $f(x)=\begin{cases} x+1, & -\pi\leqslant x<0, \\ x^2, & 0\leqslant x<\pi. \end{cases}$ 若它的傅里叶级数的和函数为 $S(x)$，试问 $S(-\pi)$、$S(0)$ 和 $S(\pi)$ 的值各为多少？

(B)

1. 设 φ 和 ψ 都是周期为 2π 的函数.

(1) 若函数 $\varphi(-x)=\psi(x), -\pi\leqslant x<\pi$，问 $\varphi(x)$ 和 $\psi(x)$ 的傅里叶系数 a_n、b_n 与 α_n、β_n $(n=0,1,2,\cdots)$ 之间有何关系？

(2) 若函数 $\varphi(-x)=-\psi(x), -\pi\leqslant x<\pi$，问 $\varphi(x)$ 和 $\psi(x)$ 的傅里叶系数 a_n、b_n 与 α_n、β_n $(n=0,1,2,\cdots)$ 之间有何关系？

2. 设 $f(x)$ 是以 2π 为周期的函数. 证明：

(1) 若函数 $f(x-\pi)=f(x)$，则 $f(x)$ 的傅里叶系数满足 $a_{2k+1}=0, b_{2k+1}=0 (k=0,1,2,\cdots)$；

(2) 若函数 $f(x-\pi)=-f(x)$，则 $f(x)$ 的傅里叶系数满足 $a_0=0, a_{2k}=0, b_{2k}=0 (k=1,2,\cdots)$.

答案与提示

(A)

2. (1) $f(x)=-\dfrac{\pi}{4}-\displaystyle\sum_{n=1}^{\infty}\left\{\frac{2}{\pi(2n-1)^2}\cos(2n-1)x-\frac{1}{n}[1-2(-1)^n]\sin nx\right\}(-\infty<x<+\infty,$

$x\neq k\pi,k=0,\pm1,\pm2,\cdots$),当 $x=2k\pi(k=0,\pm1,\pm2,\cdots)$ 时,级数收敛于 $-\frac{\pi}{2}$,当 $x=(2k+1)\pi(k=0,\pm1,\pm2,\cdots)$ 时,级数收敛于 π;

(2) $f(x)=\frac{4}{\pi}\sum_{n=1}^{\infty}\frac{1}{2n-1}\sin(2n-1)x\quad(-\infty<x<+\infty,x\neq0,\pm\pi,\pm2\pi,\cdots)$. 在 $x=k\pi(k=0,\pm1,\pm2,\cdots)$ 处级数收敛于 0;

(3) $f(x)=\frac{2}{\pi}-\frac{4}{\pi}\sum_{n=1}^{\infty}\frac{1}{4n^2-1}\cos2nx\quad(-\infty<x<+\infty)$;

(4) $f(x)=\frac{1}{2a\pi}(1-e^{a\pi})+\frac{a}{\pi}\sum_{n=1}^{\infty}\frac{1-(-1)^n}{a^2+n^2}\cos nx+\frac{1}{\pi}\sum_{n=1}^{\infty}\frac{n[(-1)^n-1]}{a^2+n^2}\sin nx\quad(-\infty<x<+\infty,x\neq k\pi,k=0,\pm1,\pm2,\cdots)$. 当 $x=2k\pi$ 时,级数收敛于 $\frac{1}{2}$,当 $x=(2k+1)\pi$ 时,级数收敛于 $\frac{1}{2}e^{-a\pi}$,其中 $k=0,\pm1,\pm2,\cdots$;

(5) $\frac{\pi-x}{2}=\sum_{n=1}^{\infty}\frac{\sin nx}{n}(0<x<2\pi)$;

(6) $2\sin\frac{x}{3}=\frac{18\sqrt{3}}{\pi}\sum_{n=1}^{\infty}(-1)^{n+1}\frac{n}{9n^2-1}\sin nx\quad(-\pi<x<\pi)$;当 $x=\pm\pi$ 时,级数收敛于 0.

3. $S(\pm\pi)=1-\pi+\pi^2,S(0)=\frac{1}{2}$.

(B)

1. (1) $a_n=\alpha_n(n=0,1,2,\cdots),b_n=-\beta_n(n=1,2,\cdots)$;
(2) $a_n=-\alpha_n(n=0,1,2,\cdots),b_n=\beta_n(n=1,2,\cdots)$.

10.8 任意区间上的傅里叶级数

为了使理论应用的范围更广,还需要考虑定义在任意区间上的非周期函数的傅里叶级数.

10.8.1 区间$[-\pi,\pi]$上的傅里叶级数

有时函数 $f(x)$ 只在区间$[-\pi,\pi]$上有定义,并且满足收敛定理的条件,那么我们可以对 $f(x)$ 作**周期延拓**.具体做法是:引进一个辅助函数 $F(x)$,它在$(-\pi,\pi)$内与 $f(x)$ 相同,即

$$F(x)=f(x),\quad x\in(-\pi,\pi).$$

然后令

$$F(-\pi)=F(\pi)=f(\pi).$$

并将函数 $F(x)$ 按周期性规律扩展到整个实轴,使之以 2π 为周期.

对这样作成的周期为 2π 的函数 $F(x)$,可利用收敛定理将其展开成傅里叶级数.最后限制 x 在$(-\pi,\pi)$内,此时 $F(x)=f(x)$,这样便得到 $f(x)$ 的傅里叶级数.根据收敛定理,这级数在区间端点 $x=\pm\pi$ 处收敛于 $\frac{1}{2}[f(-\pi^+)+f(\pi^-)]$.

例 10.8.1 证明 $f(x)=x^2$ 在闭区间 $[-\pi,\pi]$ 上有傅里叶级数展开式

$$x^2=\frac{\pi^2}{3}+4\sum_{n=1}^{\infty}\frac{(-1)^n}{n^2}\cos nx,\ -\pi\leqslant x\leqslant\pi. \tag{10.8.1}$$

证 由于 $f(x)=x^2$ 是 $[-\pi,\pi]$ 上的偶函数，故

$$b_n=\frac{1}{\pi}\int_{-\pi}^{\pi}x^2\sin nx\,dx=0\quad(n=1,2,\cdots),$$

$$a_0=\frac{1}{\pi}\int_{-\pi}^{\pi}x^2\,dx=\frac{2\pi^2}{3},$$

$$a_n=\frac{1}{\pi}\int_{-\pi}^{\pi}x^2\cos nx\,dx=\frac{2}{\pi}\int_0^{\pi}x^2\cos nx\,dx$$

$$=\frac{2}{n\pi}\int_0^{\pi}x^2\,d(\sin nx)=-\frac{4}{n\pi}\int_0^{\pi}x\sin nx\,dx$$

$$=\frac{4}{n^2\pi}\int_0^{\pi}x\,d(\cos nx)=\frac{4\pi}{n^2\pi}\cos n\pi=(-1)^n\frac{4}{n^2}\ (n=1,2,\cdots).$$

由收敛定理知，式(10.8.1)在 $(-\pi,\pi)$ 内成立.

将 $f(x)=x^2,x\in[-\pi,\pi]$ 以 2π 为周期延拓到整个数轴上时，函数在 $x=\pm\pi$ 处仍保持连续性(见图 10.7)，因此在 $x=\pm\pi$ 处，式(10.8.1)也成立. □

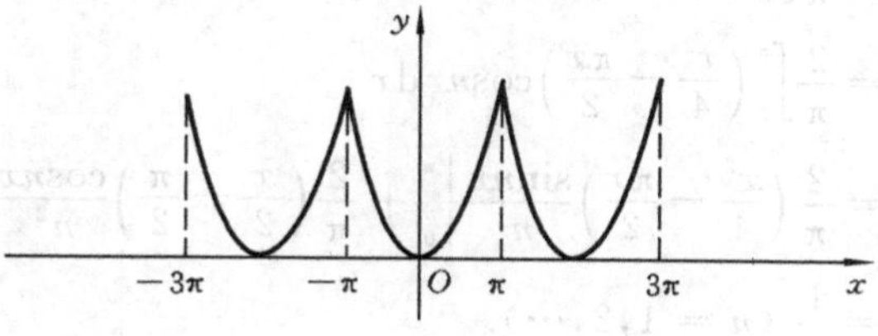

图 10.7

特别地，在公式(10.8.1)中，令 $x=\pi$，就得到

$$\frac{\pi^2}{6}=1+\frac{1}{2^2}+\frac{1}{3^2}+\cdots+\frac{1}{n^2}+\cdots; \tag{10.8.2}$$

令 $x=0$，就得到

$$\frac{\pi^2}{12}=1-\frac{1}{2^2}+\frac{1}{3^2}-\cdots+\frac{(-1)^n}{n^2}+\cdots; \tag{10.8.3}$$

将式(10.8.2)与式(10.8.3)相加后除以 2，即得

$$\frac{\pi^2}{8}=1+\frac{1}{3^2}+\frac{1}{5^2}+\cdots+\frac{1}{(2n-1)^2}+\cdots; \tag{10.8.4}$$

将式(10.8.2)与式(10.8.3)相减后除以 2，即得

$$\frac{\pi^2}{24}=\frac{1}{2^2}+\frac{1}{4^2}+\cdots+\frac{1}{(2n)^2}+\cdots. \tag{10.8.5}$$

在有些问题中，往往只在区间 $[0,\pi]$ 上给出函数 $f(x)$. 要想考虑 $[-\pi,\pi]$ 上 $f(x)$

的傅里叶级数,就必须扩充 $f(x)$在$(-\pi,0)$上的定义.当然,如果没有特殊要求,只要保证函数的可积性,这种延拓完全是任意的.不过,为了方便,常常将 $f(x)$延拓成$[-\pi,\pi]$上的奇函数或偶函数,从而得到 $f(x)$的正弦级数或余弦级数.这类问题在实际应用中是常见的,如在研究某些波动问题、热传导问题、扩散问题时,就往往要求将定义在$[0,\pi]$上的函数 $f(x)$展开成正弦级数或余弦级数.下面给出具体的做法.

设 $f(x)$定义在区间$[0,\pi]$上,且满足收敛定理的条件.首先在开区间$(-\pi,0)$内补充 $f(x)$的定义,得到定义在$(-\pi,0]$上的函数 $F(x)$,使它在$(-\pi,\pi)$上成为奇函数或偶函数.在奇函数的情形,若 $f(0)\neq 0$,则规定 $F(0)=0$.按这种办法扩充函数定义域的过程称为**奇延拓或偶延拓**.然后再将奇延拓(或偶延拓)后的函数展开成傅里叶级数,则这个级数必定是正弦级数(或余弦级数).最后再限制 $x\in(0,\pi]$,这时 $F(x)=f(x)$,于是便得到了 $f(x)$的正弦级数(或余弦级数)展开式.

例 10.8.2 将函数 $f(x)=\dfrac{x^2}{4}-\dfrac{\pi x}{2}$ 在$[0,\pi]$上分别展开成余弦级数和正弦级数.

解 (1) 对 $f(x)$作偶延拓,由公式(10.7.12),得

$$a_0=\frac{2}{\pi}\int_0^\pi\left(\frac{x^2}{4}-\frac{\pi x}{2}\right)\mathrm{d}x=-\frac{\pi^2}{3},$$

$$\begin{aligned}a_n&=\frac{2}{\pi}\int_0^\pi\left(\frac{x^2}{4}-\frac{\pi x}{2}\right)\cos nx\,\mathrm{d}x\\&=\frac{2}{\pi}\left(\frac{x^2}{4}-\frac{\pi x}{2}\right)\frac{\sin nx}{n}\bigg|_0^\pi+\frac{2}{\pi}\left(\frac{x}{2}-\frac{\pi}{2}\right)\frac{\cos nx}{n^2}\bigg|_0^\pi\\&=\frac{1}{n^2}\ (n=1,2,\cdots).\end{aligned}$$

因此,由收敛定理,有

$$\frac{x^2}{4}-\frac{\pi x}{2}=-\frac{\pi^2}{6}+\sum_{n=1}^\infty\frac{\cos nx}{n^2},\quad 0\leqslant x\leqslant\pi.$$

(2) 对 $f(x)$作奇延拓,由公式(10.7.11),得

$$\begin{aligned}b_n&=\frac{2}{\pi}\int_0^\pi\left(\frac{x^2}{4}-\frac{\pi x}{2}\right)\sin nx\,\mathrm{d}x\\&=\frac{2}{\pi}\left(\frac{x^2}{4}-\frac{\pi x}{2}\right)\frac{(-\cos nx)}{n}\bigg|_0^\pi+\frac{1}{n\pi}\int_0^\pi(x-\pi)\cos nx\,\mathrm{d}x\\&=\frac{(-1)^n\pi}{2n}+\frac{1}{n^2\pi}(x-\pi)\sin nx\bigg|_0^\pi-\frac{1}{n^2\pi}\int_0^\pi\sin nx\,\mathrm{d}x\\&=\frac{(-1)^n\pi}{2n}+\frac{\cos nx}{n^3\pi}\bigg|_0^\pi\\&=\frac{(-1)^n\pi}{2n}+\frac{1}{n^3\pi}[(-1)^n-1](n=1,2,\cdots).\end{aligned}$$

因此得

$$\frac{x^2}{4}-\frac{\pi x}{2}=\sum_{n=1}^{\infty}\left[\frac{(-1)^n\pi}{2n}+\frac{1}{n^3\pi}((-1)^n-1)\right]\sin nx,\quad 0\leqslant x<\pi.$$ □

10.8.2　区间$[-l,l]$上的傅里叶级数

设在区间$[-l,l]$上给定可积函数$f(x)$，其中l是任何正数.作变量代换

$$y=\frac{\pi x}{l}\quad 或\quad x=\frac{ly}{\pi},$$

则作为y的函数

$$F(y)=f\left(\frac{ly}{\pi}\right)$$

就是区间$[-\pi,\pi]$上的可积函数.于是前面的全部理论都可用到函数$F(y)$上.我们将其归纳如下.

(1) 设$f(x)$是周期为$2l$的周期函数，满足收敛定理的条件，则$f(x)$的傅里叶级数展开式为

$$f(x)=\frac{a_0}{2}+\sum_{n=1}^{\infty}\left(a_n\cos\frac{n\pi x}{l}+b_n\sin\frac{n\pi x}{l}\right)\tag{10.8.6}$$

(在$f(x)$的间断点x_0处，式(10.8.6)中的级数收敛于$\frac{1}{2}[f(x_0^-)+f(x_0^+)]$)，其中

$$a_n=\frac{1}{l}\int_{-l}^{l}f(x)\cos\frac{n\pi x}{l}\mathrm{d}x\quad (n=0,1,2,\cdots),\tag{10.8.7}$$

$$b_n=\frac{1}{l}\int_{-l}^{l}f(x)\sin\frac{n\pi x}{l}\mathrm{d}x\quad (n=1,2,\cdots).\tag{10.8.8}$$

(证明留给读者).

(2) 若$f(x)$是$[-l,l]$上的偶函数，则

$$a_0=\frac{2}{l}\int_0^l f(x)\mathrm{d}x,$$

$$a_n=\frac{2}{l}\int_0^l f(x)\cos\frac{n\pi x}{l}\mathrm{d}x\quad (n=1,2,\cdots),\tag{10.8.9}$$

$$b_n=0\quad (n=1,2,\cdots).$$

若$f(x)$是$[-l,l]$上的奇函数，则

$$a_n=0\quad (n=0,1,2,\cdots),$$

$$b_n=\frac{2}{l}\int_0^l f(x)\sin\frac{n\pi x}{l}\mathrm{d}x\quad (n=1,2,\cdots).\tag{10.8.10}$$

(3) 如果$f(x)$只在$[0,l]$上给出，则可以进行奇延拓或偶延拓，使$f(x)$在$[-l,l]$上的傅里叶级数只含正弦项或余弦项.

例 10.8.3　将函数$f(x)=2+|x|\ (-1\leqslant x\leqslant 1)$展开成以2为周期的傅里叶级数.

解　因 $f(x)$ 是偶函数，故 $b_n=0(n=1,2\cdots)$.

$$a_0=2\int_0^1(2+x)\mathrm{d}x=5,$$

$$a_n=2\int_0^1(2+x)\cos n\pi x\mathrm{d}x=2\int_0^1 x\cos n\pi x\mathrm{d}x$$

$$=\frac{2(\cos n\pi-1)}{n^2\pi^2}\quad(n=1,2,\cdots).$$

因 $f(x)$ 满足收敛定理的条件，故

$$2+|x|=\frac{5}{2}+\sum_{n=1}^{\infty}\frac{2(\cos n\pi-1)}{n^2\pi^2}\cos n\pi x$$

$$=\frac{5}{2}-\frac{4}{\pi^2}\sum_{k=0}^{\infty}\frac{\cos(2k+1)\pi x}{(2k+1)^2}\quad(-1\leqslant x\leqslant 1).$$ □

例 10.8.4　将函数

$$f(x)=\begin{cases}\dfrac{x}{2} & (0<x\leqslant 2),\\ 2-\dfrac{x}{2} & (2<x<4)\end{cases}$$

在(0,4)上展开成余弦级数.

解　先将 $f(x)$ 作偶延拓，使它成为(−4,4)上的偶函数，再以 $2l=4$ 为周期作周期延拓，得到定义在(−∞,+∞)上的函数，延拓后的函数(仍记为 $f(x)$)的最小正周期为4. 显然 $f(x)$ 满足收敛定理的条件. 按公式(10.8.9)得

$$a_0=\frac{2}{2}\int_0^2 f(x)\mathrm{d}x=\int_0^2\frac{x}{2}\mathrm{d}x=1,$$

$$a_n=\frac{2}{2}\int_0^2 f(x)\cos\frac{n\pi x}{2}\mathrm{d}x=\int_0^2\frac{x}{2}\cos\frac{n\pi x}{2}\mathrm{d}x=\begin{cases}0 & (n=2k),\\ \dfrac{-4}{(2k-1)^2\pi^2} & (n=2k-1).\end{cases}$$

所以 $f(x)$ 在(0,4)上的余弦级数展开式为

$$f(x)=\frac{1}{2}-\frac{4}{\pi^2}\sum_{n=1}^{\infty}\frac{1}{(2n-1)^2}\cos\frac{(2n-1)\pi x}{2}\quad(0<x<4).$$ □

例 10.8.5　将函数 $f(x)=x(0\leqslant x\leqslant\pi)$ 按 π 为周期进行延拓后，写出其傅里叶级数展开式.

解　要将函数 $f(x)=x(0\leqslant x\leqslant\pi)$ 以 π 为周期进行延拓，可以看成延拓后函数 $F(x)$ 确定在 $\left[-\frac{\pi}{2},\frac{\pi}{2}\right]$ 上，再以 π 为周期延拓而得到. 于是它的傅里叶系数为

$$a_0=\frac{2}{\pi}\int_{-\frac{\pi}{2}}^{\frac{\pi}{2}}F(x)\mathrm{d}x=\frac{2}{\pi}\int_0^{\pi}f(x)\mathrm{d}x=\frac{2}{\pi}\int_0^{\pi}x\mathrm{d}x=\pi,$$

$$a_n=\frac{2}{\pi}\int_{-\frac{\pi}{2}}^{\frac{\pi}{2}}F(x)\cos\frac{2n\pi x}{\pi}\mathrm{d}x=\frac{2}{\pi}\int_0^{\pi}x\cos 2nx\mathrm{d}x$$

$$= \frac{1}{n\pi}\left[x\sin 2nx \Big|_0^{\pi} - \int_0^{\pi}\sin 2nx\,dx \right] = 0,$$

$$b_n = \frac{2}{\pi}\int_{-\frac{\pi}{2}}^{\frac{\pi}{2}} F(x)\sin\frac{n\pi x}{\pi}dx = \frac{2}{\pi}\int_0^{\pi} x\sin 2nx\,dx$$

$$= \frac{-1}{n\pi}\left[x\cos 2nx \Big|_0^{\pi} + \int_0^{\pi}\cos 2nx\,dx \right] = -\frac{1}{n}.$$

根据收敛定理,有

$$x = \frac{\pi}{2} - \sum_{n=1}^{\infty}\frac{\sin 2nx}{n} \quad (0 < x < \pi).$$

在区间端点 $x=0$ 和 $x=\pi$ 处,级数收敛到(见图10.8)

$$\frac{1}{2}[f(0^+) + f(\pi^-)] = \frac{\pi}{2}. \qquad \square$$

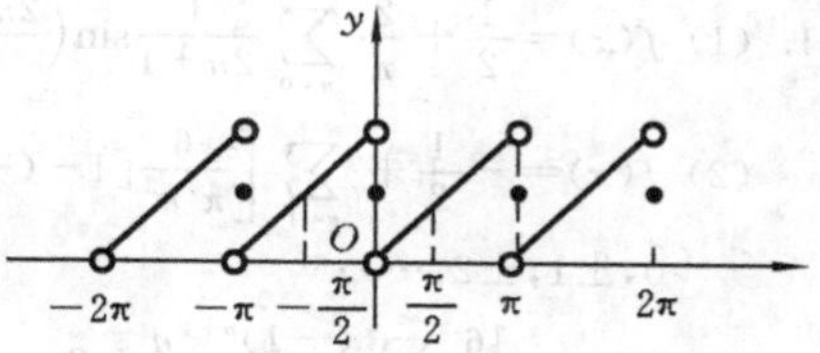

图 10.8

习　题　10.8

(A)

1. 试将下列周期函数展开成傅里叶级数,函数在一个周期内的表达式为

(1) $f(x) = \begin{cases} 0, -2 \leqslant x < 0, \\ 1, 0 \leqslant x < 2. \end{cases}$　　(2) $f(x) = \begin{cases} 2x+1, -3 \leqslant x < 0, \\ 1, 0 \leqslant x < 3. \end{cases}$

(3) $f(x) = x\cos x, -\frac{\pi}{2} \leqslant x \leqslant \frac{\pi}{2}$;　　(4) $f(x) = \begin{cases} 2-x, 0 \leqslant x \leqslant 4, \\ x-6, 4 < x \leqslant 8. \end{cases}$

2. 将 $f(x)=\frac{x^2}{2}(0\leqslant x\leqslant\pi)$展开成正弦级数.

3. 证明:当 $0<x<\pi$ 时,有 $\sin x+\frac{1}{3}\sin 3x+\frac{1}{5}\sin 5x+\cdots=\frac{\pi}{4}$.

4. 将 $f(x)=x-1(0\leqslant x\leqslant 2)$展开成周期为 4 的余弦级数.

5. 试将 $f(x)=\frac{\pi-x}{2}(0\leqslant x\leqslant\pi)$展开成正弦级数.

6. 将 $f(x)=x$ 在$[0,\pi]$上分别展开成余弦级数和正弦级数.

7. 将函数 $f(x)=\begin{cases} \sin x, & 0\leqslant x\leqslant\frac{\pi}{2}, \\ 0, & \frac{\pi}{2}<x\leqslant\pi \end{cases}$ 展开成余弦级数.

8. 将 $f(x)=x(1<x<3)$展开成傅里叶级数,并用它证明等式$\sum\limits_{n=1}^{\infty}\frac{(-1)^{n-1}}{2n-1}=\frac{\pi}{4}$.

(B)

1. 证明在$[0,\pi]$上下式成立:

(1) $x(\pi-x)=\frac{\pi^2}{6}-\sum\limits_{n=1}^{\infty}\frac{\cos 2nx}{n^2}$;　　(2) $x(\pi-x)=\frac{8}{\pi}\sum\limits_{n=1}^{\infty}\frac{\sin(2n-1)x}{(2n-1)^3}$.

并利用以上结果证明

(1) $\sum_{n=1}^{\infty}\frac{(-1)^{n-1}}{n^2}=\frac{\pi^2}{12}$；　　(2) $\sum_{n=1}^{\infty}\frac{(-1)^{n-1}}{(2n-1)^3}=\frac{\pi^3}{32}$.

答案与提示

(A)

1. (1) $f(x)=\frac{1}{2}+\frac{2}{\pi}\sum_{n=0}^{\infty}\frac{1}{2n+1}\sin\left(\frac{2n+1}{2}\pi x\right)(-2\leqslant x\leqslant 2, x\neq 0)$，当 $x=0$ 时，级数收敛于 $\frac{1}{2}$；

(2) $f(x)=-\frac{1}{2}+\sum_{n=1}^{\infty}\left[\frac{6}{\pi^2 n^2}[1-(-1)^n]\cos\frac{n\pi x}{3}+(-1)^{n+1}\frac{6}{\pi n}\sin\frac{n\pi x}{3}\right]$　$(x\neq 3(2k+1), k=0,\pm 1,\pm 2,\cdots)$；

(3) $f(x)=\frac{16}{\pi}\sum_{n=1}^{\infty}\frac{(-1)^{n+1}n}{(4n^2-1)^2}\sin 2nx$　$\left(-\frac{\pi}{2}<x<\frac{\pi}{2}\right)$；

(4) $f(x)=\frac{16}{\pi^2}\sum_{n=1}^{\infty}\frac{1}{(2n-1)^2}\cos\frac{(2n-1)\pi x}{4}$　$(0\leqslant x\leqslant 8)$.

2. $f(x)=\pi\sum_{n=1}^{\infty}\frac{(-1)^{n+1}}{n}\sin nx-\frac{4}{\pi}\sum_{n=1}^{\infty}\frac{\sin(2n-1)x}{(2n-1)^3}(0\leqslant x<\pi)$，当 $x=\pi$ 时，级数收敛于 0.

3. 将 $f(x)=\frac{\pi}{4}$ 在 $(0,\pi)$ 内展开成正弦级数.

4. $f(x)=-\frac{8}{\pi^2}\sum_{n=0}^{\infty}\frac{1}{(2n+1)^2}\cos\left(\frac{2n+1}{2}\pi x\right)$　$(0<x<2)$.

5. $f(x)=\sum_{n=1}^{\infty}\frac{\sin nx}{n}(0<x\leqslant\pi)$，当 $x=0$ 时级数收敛于 0.

6. $x=2\sum_{n=1}^{\infty}(-1)^{n+1}\frac{\sin nx}{n}(0\leqslant x\leqslant\pi)$；　$x=\frac{\pi}{2}-\frac{4}{\pi}\sum_{n=1}^{\infty}\frac{\cos(2n-1)x}{(2n-1)^2}(0\leqslant x\leqslant\pi)$.

7. $f(x)=\frac{1}{\pi}+\frac{1}{\pi}\cos x-\frac{4}{\pi}\sum_{n=1}^{\infty}\frac{1}{4n^2-1}\cos 2nx$　$\left(0\leqslant x<\pi, x\neq\frac{\pi}{2}\right)$，

当 $x=\frac{\pi}{2}$ 时，级数收敛于 $\frac{1}{2}$.

8. $x=2+\frac{2}{\pi}\sum_{n=1}^{\infty}\frac{(-1)^{n+1}}{n}\sin n\pi x$　$(1<x<3)$.

10.9　傅里叶级数的复数形式

在电工学中，通常把形如

$$x=c\mathrm{e}^{\mathrm{i}\omega t}\tag{10.9.1}$$

的量叫做**复谐振动**. 这里的复数

$$c=r\mathrm{e}^{\mathrm{i}\theta}$$

称为**复振幅**，而实数 ω 称为**圆频率**. 根据欧拉公式

$$\cos t=\frac{\mathrm{e}^{\mathrm{i}t}+\mathrm{e}^{-\mathrm{i}t}}{2},\qquad \sin t=\frac{\mathrm{e}^{\mathrm{i}t}-\mathrm{e}^{-\mathrm{i}t}}{2\mathrm{i}}$$

复谐振动(10.9.1)可以写成

$$x = c\mathrm{e}^{\mathrm{i}\omega t} = r[\cos(\omega t + \theta) + \mathrm{i}\sin(\omega t + \theta)].$$

由此可见,式(10.9.1)的实部或虚部就是通常的谐振动,而复振幅的模$|c| = r$就是通常的振幅,复振幅的幅角就是通常的初相.在交流电路和频谱分析中,常常需要计算频率相同但振幅与初相不同的若干量的叠加.这时采用复数形式的傅里叶级数就比采用三角级数方便.

周期函数的傅里叶级数展开,意味着把复杂的振动分解为谐振动分量之和.下面设法把各谐振动分量写成复谐振动的形式.

设周期为$2l$的周期函数$f(x)$的傅里叶级数为

$$\frac{a_0}{2} + \sum_{n=1}^{\infty}\left(a_n\cos\frac{n\pi x}{l} + b_n\sin\frac{n\pi x}{l}\right), \tag{10.9.2}$$

其中

$$\begin{cases} a_n = \dfrac{1}{l}\displaystyle\int_{-l}^{l} f(x)\cos\frac{n\pi x}{l}\mathrm{d}x \quad (n = 0,1,2,\cdots), \\ b_n = \dfrac{1}{l}\displaystyle\int_{-l}^{l} f(x)\sin\frac{n\pi x}{l}\mathrm{d}x \quad (n = 1,2,\cdots), \end{cases} \tag{10.9.3}$$

利用欧拉公式,级数(10.9.2)可化为

$$\begin{aligned} &\frac{a_0}{2} + \sum_{n=1}^{\infty}\left[\frac{a_n}{2}\left(\mathrm{e}^{\mathrm{i}\frac{n\pi x}{l}} + \mathrm{e}^{-\mathrm{i}\frac{n\pi x}{l}}\right) - \frac{\mathrm{i}b_n}{2}\left(\mathrm{e}^{\mathrm{i}\frac{n\pi x}{l}} - \mathrm{e}^{-\mathrm{i}\frac{n\pi x}{l}}\right)\right] \\ &= \frac{a_0}{2} + \sum_{n=1}^{\infty}\left[\frac{a_n - \mathrm{i}b_n}{2}\mathrm{e}^{\mathrm{i}\frac{n\pi x}{l}} + \frac{a_n + \mathrm{i}b_n}{2}\mathrm{e}^{-\mathrm{i}\frac{n\pi x}{l}}\right]. \end{aligned} \tag{10.9.4}$$

记 $\dfrac{a_0}{2} = c_0,\quad \dfrac{a_n - \mathrm{i}b_n}{2} = c_n,\quad \dfrac{a_n + \mathrm{i}b_n}{2} = c_{-n} \quad (n = 1,2,\cdots),$ (10.9.5)

则式(10.9.4)就写成

$$c_0 + \sum_{n=1}^{\infty}\left(c_n\mathrm{e}^{\mathrm{i}\frac{n\pi x}{l}} + c_{-n}\mathrm{e}^{-\mathrm{i}\frac{n\pi x}{l}}\right) = \sum_{n=-\infty}^{\infty} c_n\mathrm{e}^{\mathrm{i}\frac{n\pi x}{l}},$$

因此$f(x)$的傅里叶级数的复数形式就是

$$f(x) \sim \sum_{n=-\infty}^{\infty} c_n\mathrm{e}^{\mathrm{i}\frac{n\pi x}{l}}. \tag{10.9.6}$$

其中系数c_0, c_n, c_{-n}可由(10.9.3)、(10.9.5)两式推得:

$$\begin{cases} c_0 = \dfrac{a_0}{2} = \dfrac{1}{2l}\displaystyle\int_{-l}^{l} f(x)\mathrm{d}x, \\ c_n = \dfrac{a_n - \mathrm{i}b_n}{2} = \dfrac{1}{2l}\displaystyle\int_{-l}^{l} f(x)\mathrm{e}^{-\mathrm{i}\frac{n\pi x}{l}}\mathrm{d}x \quad (n = 1,2,\cdots), \\ c_{-n} = \dfrac{a_n + \mathrm{i}b_n}{2} = \dfrac{1}{2l}\displaystyle\int_{-l}^{l} f(x)\mathrm{e}^{\mathrm{i}\frac{n\pi x}{l}}\mathrm{d}x \quad (n = 1,2,\cdots), \end{cases} \tag{10.9.7}$$

通常称式(10.9.7)为**傅里叶系数的复数形式**.

由上可知,傅里叶级数的复数形式的形状比较简单,运算也较为方便,并且傅里

叶系数 c_n 及 c_{-n} 直接地反映了第 n 次谐波

$$a_n\cos\frac{n\pi x}{l}+b_n\sin\frac{n\pi x}{l}$$

的振幅的大小.事实上,其振幅为 $A_n=\sqrt{a_n^2+b_n^2}$,

在复数形式中 $$|c_n|=|c_{-n}|=\frac{1}{2}\sqrt{a_n^2+b_n^2}=\frac{1}{2}A_n,$$

这正好是 n 次谐波振幅的一半.

例 10.9.1 把宽度为 2τ,周期为 $2l(l>\tau)$,高度为 E 的矩形波展开为复数形式的傅里叶级数(见图 10.9).

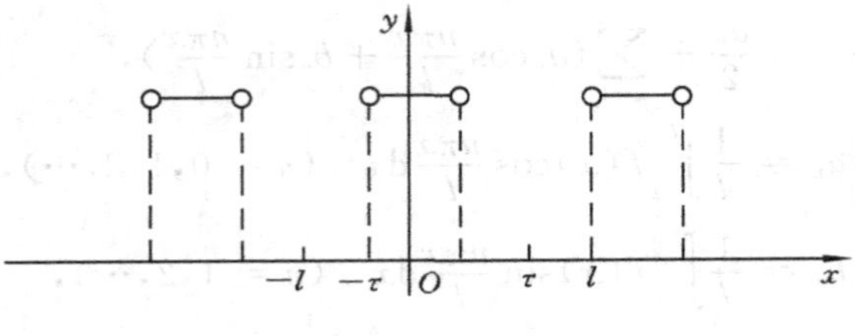

图 10.9

解 首先写出矩形波函数在一个周期内的表达式:

$$f(x)=\begin{cases}0 & (-l\leqslant x\leqslant-\tau),\\ E & (-\tau<x<\tau),\\ 0 & (\tau\leqslant x<l).\end{cases}$$

其次,计算其傅里叶系数

$$c_0=\frac{1}{2l}\int_{-l}^{l}f(x)\,\mathrm{d}x=\frac{1}{2l}\int_{-\tau}^{\tau}E\,\mathrm{d}x=\frac{E\tau}{l},$$

$$c_n=\frac{1}{2l}\int_{-l}^{l}f(x)\mathrm{e}^{-\mathrm{i}\frac{n\pi x}{l}}\mathrm{d}x=\frac{1}{2l}\int_{-\tau}^{\tau}E\mathrm{e}^{-\mathrm{i}\frac{n\pi x}{l}}\mathrm{d}x$$

$$=\frac{E}{n\pi}\frac{1}{2\mathrm{i}}(\mathrm{e}^{\mathrm{i}\frac{n\pi\tau}{l}}-\mathrm{e}^{-\mathrm{i}\frac{n\pi\tau}{l}})=\frac{E}{n\pi}\sin\frac{n\pi\tau}{l}\quad(n=1,2,\cdots).$$

由于 $f(x)$ 是逐段连续和逐段单调的函数,满足收敛定理的条件,因此有

$$f(x)=\frac{E\tau}{l}+\sum_{\substack{n=-\infty\\ n\neq0}}^{\infty}\frac{E}{n\pi}\left(\sin\frac{n\pi\tau}{l}\right)\mathrm{e}^{\mathrm{i}\frac{n\pi x}{l}}\quad(-l\leqslant x\leqslant l,x\neq-\tau,\tau).\tag{10.9.8}$$

当 $x=-\tau$ 及 $x=\tau$ 时,上述级数收敛于 $\dfrac{E}{2}$. □

习　题　10.9

1. 在例 10.9.1 所得到的式(10.9.8)中,取 $\tau=\dfrac{l}{3}$,试将复数形式的傅里叶级数(10.9.8)的实数形

式写出来.

2. 设 $f(x)$ 是周期为 2 的周期函数,它在 $[-1,1]$ 上的表达式为 $f(x)=x$. 试将 $f(x)$ 展开为复数形式的傅里叶级数.

答案与提示

1. $f(x)=\dfrac{E}{3}+\sum\limits_{\substack{n=-\infty\\n\neq0}}^{\infty}\dfrac{2E}{n\pi}\sin\dfrac{n\pi}{3}\cos\dfrac{n\pi x}{l}\quad\left(-l\leqslant x\leqslant l,x\neq-\dfrac{l}{3},\dfrac{l}{3}\right)$.

2. $f(x)=\sum\limits_{\substack{n=-\infty\\n\neq0}}^{\infty}(-1)^n\dfrac{\mathrm{i}}{n\pi}\mathrm{e}^{\mathrm{i}n\pi x}\quad(x\neq2k+1,k=0,\pm1,\pm2,\cdots)$.

总 习 题 (10)

1. 填空题:

(1) 级数 $\sum\limits_{n=0}^{\infty}\dfrac{(\ln3)^n}{2^n}$ 的和为______.

(2) 若级数 $\sum\limits_{n=1}^{\infty}u_n$ 收敛于 A,则级数 $\sum\limits_{n=1}^{\infty}(u_n+u_{n+1})$ 收敛于______.

(3) 若级数 $\sum\limits_{n=1}^{\infty}a_n$ 的部分和序列为 $S_n=\dfrac{2n}{n+1}$,则 $a_n=$______, $\sum\limits_{n=1}^{\infty}a_n=$______.

(4) 若级数 $\sum\limits_{n=1}^{\infty}\dfrac{(-1)^n+a}{n}$ 收敛,则 a 的取值范围为______.

(5) 级数 $\sum\limits_{n=2}^{\infty}\dfrac{(-1)^n\ln n}{n^p}$ 在 p ______时收敛.

2. 填空题:

(1) 设有级数 $\sum\limits_{n=0}^{\infty}a_n\left(\dfrac{x+1}{2}\right)^n$,若 $\lim\limits_{n\to\infty}\left|\dfrac{a_n}{a_{n+1}}\right|=\dfrac{1}{3}$,则该级数的收敛半径等于______.

(2) 设幂级数 $\sum\limits_{n=0}^{\infty}a_nx^n$ 的收敛半径为 3,则幂级数 $\sum\limits_{n=1}^{\infty}na_n(x-1)^{n+1}$ 的收敛区间为______.

(3) 设 $f(x)$ 是周期为 2 的周期函数,它在区间 $(-1,1]$ 上的表达式为

$$f(x)=\begin{cases}2, & -1<x\leqslant0,\\ x^3, & 0<x\leqslant1\end{cases}$$

则 $f(x)$ 的傅里叶级数在 $x=1$ 处收敛于______.

(4) 设函数 $f(x)=\pi x+x^2(-\pi<x<\pi)$ 的傅里叶级数展开式为 $\dfrac{a_0}{2}+\sum\limits_{n=1}^{\infty}(a_n\cos nx+b_n\sin nx)$,则其中系数 b_3 的值为______.

(5) 幂级数 $\sum\limits_{n=1}^{\infty}\dfrac{(x-2)^n}{n4^n}$ 的收敛域为______.

3. 选择题(只有一个答案是正确的):

(1) 已知级数 $\sum\limits_{n=1}^{\infty}(-1)^{n-1}a_n=2$, $\sum\limits_{n=1}^{\infty}a_{2n-1}=5$,则级数 $\sum\limits_{n=1}^{\infty}a_n$ 等于( ).

(A) 3　　(B) 7　　(C) 8　　(D) 9

(2) 设 α 为常数,则级数 $\sum\limits_{n=1}^{\infty}\left[\frac{\sin(n\alpha)}{n^2}-\frac{1}{\sqrt{n}}\right]$(　　).

(A) 绝对收敛　　(B) 发散

(C) 条件收敛　　(D) 收敛性与 α 的取值有关

(3) 设 $0\leqslant a_n<\frac{1}{n}(n=1,2,\cdots)$,则下列级数中肯定收敛的是(　　).

(A) $\sum\limits_{n=1}^{\infty}a_n$　　(B) $\sum\limits_{n=1}^{\infty}(-1)^n a_n$　　(C) $\sum\limits_{n=1}^{\infty}\sqrt{a_n}$　　(D) $\sum\limits_{n=1}^{\infty}(-1)^n a_n^2$

(4) 下列各选项中正确的是(　　).

(A) 若 $\sum\limits_{n=1}^{\infty}a_n^2$ 和 $\sum\limits_{n=1}^{\infty}b_n^2$ 都收敛,则 $\sum\limits_{n=1}^{\infty}(a_n+b_n)^2$ 收敛

(B) 若 $\sum\limits_{n=1}^{\infty}|a_nb_n|$ 收敛,则 $\sum\limits_{n=1}^{\infty}a_n^2$ 与 $\sum\limits_{n=1}^{\infty}b_n^2$ 都收敛

(C) 若正项级数 $\sum\limits_{n=1}^{\infty}a_n$ 发散,则 $a_n>\frac{1}{n}$

(D) 若 $\sum\limits_{n=1}^{\infty}a_n$ 收敛,且 $a_n\geqslant b_n(n=1,2,\cdots)$,则 $\sum\limits_{n=1}^{\infty}b_n$ 也收敛

4. 选择题(只有一个答案是正确的):

(1) 设 $f(x)=x^2\ (0\leqslant x<1)$,而 $S(x)=\sum\limits_{n=1}^{\infty}b_n\sin n\pi x\ (-\infty<x<+\infty)$,其中 $b_n=2\int_0^1 f(x)\sin n\pi x\mathrm{d}x\ (n=1,2,\cdots)$. 则 $S(-\frac{1}{2})$等于(　　).

(A) $-\frac{1}{2}$　　(B) $-\frac{1}{4}$　　(C) $\frac{1}{4}$　　(D) $\frac{1}{2}$

(2) 设常数 $p>0$,则幂级数 $\sum\limits_{n=1}^{\infty}(-1)^{n-1}\frac{x^n}{n^p}$在其收敛区间的右端点处是(　　).

(A) 条件收敛的

(B) 绝对收敛的

(C) 当 $0<p\leqslant1$ 时为条件收敛,当 $p>1$ 时为绝对收敛

(D) 当 $0<p\leqslant1$ 时为绝对收敛,当 $p>1$ 时为条件收敛

(3) 幂级数 $\sum\limits_{n=1}^{\infty}\frac{\ln(n+1)}{n}x^n$ 的收敛域为(　　).

(A) $(-1,1)$　　(B) $[-1,1]$　　(C) $(-1,1]$　　(D) $[-1,1)$

(4) 幂级数 $\sum\limits_{n=0}^{\infty}\frac{3n+1}{n!}x^{3n}$的和函数为(　　).

(A) $x\mathrm{e}^{x^3}$　　(B) $(1+3x^3)\mathrm{e}^{x^3}$　　(C) $3x^3\mathrm{e}^{x^3}$　　(D) $(2+3x^3)\mathrm{e}^{x^3}$

5. 判定下列级数的敛散性、绝对收敛性与条件收敛性:

(1) $\sum\limits_{n=1}^{\infty}(-1)^n\left(1-\cos\frac{\alpha}{n}\right)$(常数 $\alpha>0$);　　(2) $\sum\limits_{n=1}^{\infty}\frac{n}{\mathrm{e}^n-1}$;

(3) $\sum\limits_{n=2}^{\infty}\frac{1}{\sqrt[n]{\ln n}}$;　　(4) $\sum\limits_{n=1}^{\infty}a^{\ln n}(a>0)$;

(5) $\sum_{n=1}^{\infty}\left(\sqrt[n]{a}-\sqrt{1+\frac{1}{n}}\right)(a>0)$； (6) $\sum_{n=1}^{\infty}\left[\frac{1}{n}-\ln\left(1+\frac{1}{n}\right)\right]$；

(7) $\sum_{n=1}^{\infty}(-1)^{n-1}\frac{1}{n-\ln n}$； (8) $\sum_{n=1}^{\infty}(-1)^n\int_n^{n+1}\frac{e^{-x}}{x}dx$；

(9) $\sum_{n=2}^{\infty}\frac{(-1)^n}{(-1)^n+\sqrt{n}}$； (10) $\sum_{n=2}^{\infty}\frac{1}{\ln(n!)}$.

6. 设 $a_n\neq 0(n=1,2,\cdots)$，且 $\lim\limits_{n\to\infty}a_n=l(\neq 0)$. 求证：级数 $\sum_{n=1}^{\infty}|a_{n+1}-a_n|$ 与 $\sum_{n=1}^{\infty}\left|\frac{1}{a_{n+1}}-\frac{1}{a_n}\right|$ 同敛散.

7. 利用泰勒公式估计无穷小量 a_n 的阶，从而判别下列级数的敛散性：

(1) $\sum_{n=1}^{\infty}\frac{1}{\ln(n+1)}\sin\frac{1}{n}$； (2) $\sum_{n=1}^{\infty}(\sqrt{n+a}-\sqrt[4]{n^2+n+b})$.

8. 设偶函数 $f(x)$ 的二阶导数 $f''(x)$ 在 $x=0$ 的一个邻域内连续，且 $f(0)=1,f''(0)=2$. 试证明级数 $\sum_{n=1}^{\infty}\left[f\left(\frac{1}{n}\right)-1\right]$ 绝对收敛.

9. 设 $f(x)$ 在点 $x=0$ 的某邻域内有二阶连续导数，且 $\lim\limits_{x\to 0}\frac{f(x)}{x}=0$，证明级数 $\sum_{n=1}^{\infty}f\left(\frac{1}{n}\right)$ 绝对收敛.

10. 设 $a_n>0$，级数 $\sum_{n=1}^{\infty}a_n$ 收敛，$b_n=1-\frac{\ln(1+a_n)}{a_n}$，证明级数 $\sum_{n=1}^{\infty}b_n$ 收敛.

11. 设数列 $\{na_n\}$ 收敛，且级数 $\sum_{n=1}^{\infty}n(a_n-a_{n-1})$ 收敛，证明级数 $\sum_{n=1}^{\infty}a_n$ 收敛.

12. 求下列幂级数的收敛域：

(1) $\sum_{n=1}^{\infty}\frac{x^n}{(n+1)^p}(p>0)$； (2) $\sum_{n=1}^{\infty}\frac{x^{2n}}{(2n-1)2n}$；

(3) $\sum_{n=0}^{\infty}\frac{\ln(n+1)}{n+1}x^{n+1}$； (4) $\sum_{n=1}^{\infty}\frac{x^n}{a^n+b^n}(a>0,b>0)$.

13. 求下列函数项级数的收敛域：

(1) $\sum_{n=1}^{\infty}\frac{x^n}{1+x^{2n}}$； (2) $\sum_{n=1}^{\infty}\frac{(n+x)^n}{n^{n+x}}$.

14. 求下列幂级数的和函数，并指出其收敛域：

(1) $\sum_{n=1}^{\infty}\frac{x^{n+1}}{n(n+1)}$； (2) $\sum_{n=1}^{\infty}\frac{2n+1}{n!}x^{2n}$.

15. 求下列级数的和：

(1) $\sum_{n=1}^{\infty}\frac{(-1)^{n-1}}{n(2n-1)}$； (2) $\sum_{n=1}^{\infty}\frac{(-1)^n n}{(2n+1)!}$.

16. 将下列函数展开成 x 的幂级数，并指出其收敛域：

(1) $\ln(a+x)(a>0)$； (2) $\frac{x^2+1}{(x^2-1)^2}$；

(3) $\frac{x}{\sqrt{1-2x}}$； (4) $\arctan\frac{1+x}{1-x}$.

17. 将下列函数在指定点展开成幂级数：

(1) $f(x)=\dfrac{1}{2x^2+x-3}, x_0=3$；　(2) $f(x)=(x-2)e^{-x}, x_0=1$；

(3) $f(x)=\dfrac{d}{dx}\left(\dfrac{e^x-e}{x-1}\right), x_0=1$.

18. 试将函数 $f(x)=10-x(5\leqslant x\leqslant 15)$ 展开成以 10 为周期的傅里叶级数.

19. 试利用$\dfrac{\pi-x}{2}$在$[0,\pi]$上的正弦级数,对于$-\pi\leqslant\alpha<0<\beta\leqslant\pi$,求极限:

$$\lim_{n\to\infty}\int_\alpha^\beta \frac{1}{\pi}\left[\frac{1}{2}+\sum_{k=1}^n \cos kx\right]dx.$$

20. 在区间(0,2)上将函数 $f(x)=\begin{cases}x, 0\leqslant x<1,\\ 2-x, 1\leqslant x\leqslant 2\end{cases}$ 展开成余弦级数.

21. 设 $S(x)=\sum\limits_{n=1}^{\infty} b_n\sin nx\ (-\pi<x<\pi)$,且$\dfrac{\pi-x}{2}=\sum\limits_{n=1}^{\infty} b_n\sin nx(0<x<\pi)$. 试求 b_n 及 $S(x)$.

22. 证明:在区间$[-\pi,\pi]$上等式 $\sum\limits_{n=1}^{\infty}\dfrac{(-1)^{n-1}}{n^2}\cos nx=\dfrac{\pi^2}{12}-\dfrac{x^2}{4}$ 成立,并求级数$\sum\limits_{n=1}^{\infty}\dfrac{(-1)^{n-1}}{n^2}$的和.

23. 证明:当 $0\leqslant x\leqslant\pi$ 时,有 $e^{2x}=\dfrac{e^{2\pi}-1}{2\pi}+\dfrac{4}{\pi}\sum\limits_{n=1}^{\infty}\dfrac{(-1)^n e^{2\pi}-1}{4+n^2}\cos nx$.

答案与提示

1. (1) $\dfrac{2}{2-\ln 3}$；　(2) $2A-u_1$；　(3) $a_n=\dfrac{2}{n(n+1)}$, $\sum\limits_{n=1}^{\infty}a_n=2$；　(4) $a=0$；　(5) $p>0$.

2. (1) $\dfrac{2}{3}$；　(2) $(-2,4)$；　(3) $\dfrac{3}{2}$；　(4) $\dfrac{2\pi}{3}$；　(5) $[-2,6)$.

3. (1) (C)；　(2) (B)；　(3) (D)；　(4) (A).

4. (1) (B)；　(2) (C)；　(3) (D)；　(4) (B).

5. (1) 绝对收敛；　(2) 收敛；　(3) 发散；　(4) $a\geqslant\dfrac{1}{e}$时发散,$a<\dfrac{1}{e}$时收敛；

(5) $a\neq\sqrt{e}$时发散,$a=\sqrt{e}$时收敛；　(6) 收敛；　(7) 条件收敛；　(8) 绝对收敛；

(9) 发散；　(10) 发散.

7. (1) 发散；　(2) $a=\dfrac{1}{2}$时收敛,$a\neq\dfrac{1}{2}$时发散.

8. 利用 $f\left(\dfrac{1}{n}\right)=1+\dfrac{1}{n^2}+o\left(\dfrac{1}{n^2}\right)$.

9. 注意 $f(0)=f'(0)=0, f\left(\dfrac{1}{n}\right)=\dfrac{1}{2}f''(0)\dfrac{1}{n^2}+o\left(\dfrac{1}{n^2}\right)$.

10. 注意 $b_n>0, b_n=\dfrac{1}{2}a_n+o(a_n)$.

11. 寻找两个级数的部分和之间的关系.

12. (1) $p>1$ 时为$[-1,1]$,$0<p\leqslant 1$ 时为$[-1,1)$；　(2) $[-1,1]$；

(3) $[-1,1)$；　(4) $a\geqslant b$ 时为$(-a,a)$,$a<b$ 时为$(-b,b)$.

13. (1) $(-\infty,-1)\cup(-1,1)\cup(1,+\infty)$；　(2) $(1,+\infty)$.

14. (1) $S(x)=(1-x)\ln(1-x)+x, x\in[-1,1), S(1)=1$；

(2) $S(x)=e^{x^2}(2x^2+1)-1, x\in(-\infty,+\infty)$.

15. (1) $\frac{\pi}{2}-\ln2$； (2) $\frac{1}{2}(\cos1-\sin1)$.

16. (1) $\ln(a+x)=\ln a+\sum\limits_{n=1}^{\infty}(-1)^{n-1}\frac{x^n}{na^n}, -a<x\leqslant a$；

(2) $\frac{x^2+1}{(x^2-1)^2}=\sum\limits_{n=1}^{\infty}(2n-1)x^{2n-2}, x\in(-1,1)$；

(3) $\frac{x}{\sqrt{1-2x}}=x+\sum\limits_{n=1}^{\infty}\frac{(2n-1)!!}{n!}x^{n+1}, x\in\left(-\frac{1}{2},\frac{1}{2}\right)$；

(4) $\arctan\frac{1+x}{1-x}=\frac{\pi}{4}+\sum\limits_{n=0}^{\infty}\frac{(-1)^n}{2n+1}x^{2n+1}, x\in[-1,1)$.

17. (1) $f(x)=\sum\limits_{n=0}^{\infty}(-1)^n\left[\frac{1}{5\cdot2^{n+1}}-\frac{1}{5}\left(\frac{2}{9}\right)^{n+1}\right](x-3)^n, 1<x<5$；

(2) $f(x)=-\frac{1}{e}+\sum\limits_{n=0}^{\infty}\frac{(-1)^n(n+2)}{e(n+1)!}(x-1)^{n+1}, x\in(-\infty,+\infty)$；

(3) $f(x)=e\sum\limits_{n=1}^{\infty}\frac{n-1}{n!}(x-1)^{n-2}, x\neq1$.

18. $f(x)=10\sum\limits_{n=1}^{\infty}\frac{(-1)^n}{n\pi}\sin\frac{n\pi x}{5}(5<x<15)$；在 $x=5,15$ 处级数收敛于 0.

19. 1.

20. $f(x)=\frac{1}{2}-\frac{4}{\pi^2}\sum\limits_{n=1}^{\infty}\frac{\cos(2n-1)\pi x}{(2n-1)^2}$.

21. $b_n=\frac{1}{n}(n=1,2,\cdots), S(x)=\begin{cases}-\frac{\pi+x}{2}, & -\pi<x<0,\\ 0, & x=0,\\ \frac{\pi-x}{2}, & 0<x<\pi.\end{cases}$

22. 提示：将 $f(x)=\frac{x^2}{4}$ 在 $[-\pi,\pi]$ 上展开成傅里叶级数.

23. 提示：将 $f(x)=e^{2x}, x\in[0,\pi]$ 作偶延拓，再展开成傅里叶级数.

第 11 章　含参变量的积分

在第 10 章中我们看到，无穷级数可以表示一个函数，因而它是构造新函数的一种重要工具. 本章介绍构造新函数的另一种工具——含参变量的积分.

其实，含参变量的积分在前面的章节中已经出现过，例如 Γ-函数 $\Gamma(p)=\int_0^{+\infty}e^{-x}x^{p-1}dx(p>0)$ 及 B-函数 $B(m,n)=\int_0^1 x^{m-1}(1-x)^{n-1}dx(m>0,n>0)$ 等，分别为含参变量 p 及 m、n 的反常积分.

本章将考察两种含参变量的积分. 一种是形如

$$I(x)=\int_\alpha^\beta f(x,y)dy \quad \text{或} \quad J(x)=\int_{\varphi(x)}^{\psi(x)} f(x,y)dy$$

的含参变量的常义积分；另一种是形如

$$K(x)=\int_\alpha^{+\infty} f(x,y)dy$$

的含参变量的反常积分. 主要问题是讨论它们对参变量的连续性、可微性和可积性.

此外，本章还将介绍反常积分的收敛性判别法.

11.1　含参变量的常义积分

本节讨论含参变量的常义积分的性质.

定理 11.1.1　设 $f(x,y)\in C(D)$，其中 $D=[a,b]\times[\alpha,\beta]$ 是一个闭区域，则

$$I(x)=\int_\alpha^\beta f(x,y)dy$$

是 $[a,b]$ 上的连续函数.

证　在 $[a,b]$ 上任取一点 x_0，我们证明 $I(x)$ 在 x_0 点连续. 注意

$$I(x)-I(x_0)=\int_\alpha^\beta [f(x,y)-f(x_0,y)]dy,$$

或

$$|I(x)-I(x_0)|\leqslant\int_\alpha^\beta |f(x,y)-f(x_0,y)|dy. \tag{11.1.1}$$

由于 $f(x,y)$ 在有界闭区域 D 上连续，故必一致连续，从而对任意的 $\varepsilon>0$，存在 $\delta=\delta(\varepsilon)>0$，对于 D 中的任意两点 (x_1,y_1)，(x_2,y_2)，只要

$$\sqrt{(x_1-x_2)^2+(y_1-y_2)^2}<\delta,$$

就有

$$|f(x_1,y_1)-f(x_2,y_2)|<\varepsilon.$$

由于点 (x,y) 与点 (x_0,y) 的距离等于 $|x-x_0|$，所以当 $|x-x_0|<\delta$ 时，便有

$$|f(x,y)-f(x_0,y)|<\varepsilon.$$

于是由式(11.1.1)可得

$$|I(x)-I(x_0)|<\varepsilon(\beta-\alpha).$$

这就证明了 $I(x)$ 在 x_0 处是连续的. 由于 x_0 是在 $[a,b]$ 中任取的点，故 $I(x)$ 在 $[a,b]$ 上连续.

□

注　$I(x)$ 在 x_0 处连续意味着

$$\lim_{x\to x_0} I(x)=I(x_0), \tag{11.1.2}$$

而

$$I(x_0)=\int_\alpha^\beta f(x_0,y)\mathrm{d}y=\int_\alpha^\beta \lim_{x\to x_0} f(x,y)\mathrm{d}y,$$

因此式(11.1.2)可以写成

$$\lim_{x\to x_0}\int_\alpha^\beta f(x,y)\mathrm{d}y=\int_\alpha^\beta \lim_{x\to x_0} f(x,y)\mathrm{d}y.$$

这就是说，在 $f(x,y)$ 连续的前提下，积分运算与极限运算可以交换顺序.

定理 11.1.2　设 $f(x,y)\in C(D)$，$\varphi(x),\psi(x)\in C[a,b]$，并有 $\alpha\leqslant\varphi(x)\leqslant\beta$，$\alpha\leqslant\psi(x)\leqslant\beta(x\in[a,b])$，则

$$J(x)=\int_{\varphi(x)}^{\psi(x)} f(x,y)\mathrm{d}y$$

是 $[a,b]$ 上的连续函数.

证　首先将 $J(x)$ 分解为如下形式：

$$J(x)=\int_\alpha^{\psi(x)} f(x,y)\mathrm{d}y-\int_\alpha^{\varphi(x)} f(x,y)\mathrm{d}y=J_1(x)-J_2(x),$$

$J_1(x)$ 和 $J_2(x)$ 分别是 $\int_\alpha^u f(x,y)\mathrm{d}y$ 与 $u=\psi(x)$ 或 $u=\varphi(x)$ 的复合函数. 由定理 11.1.1 及复合函数的连续性可知，$J_1(x),J_2(x)\in C[a,b]$，因此 $J(x)\in C[a,b]$.

□

定理 11.1.3(积分顺序的可交换性)　设 $f(x,y)\in C(D)$，则

$$\int_a^b I(x)\mathrm{d}x=\int_a^b\left[\int_\alpha^\beta f(x,y)\mathrm{d}y\right]\mathrm{d}x=\int_\alpha^\beta\left[\int_a^b f(x,y)\mathrm{d}x\right]\mathrm{d}y \tag{11.1.3}$$

证　由定理 11.1.1 可知，$I(x)$ 在 $[a,b]$ 上连续，因此积分

$$\int_a^b I(x)\mathrm{d}x=\int_a^b\left[\int_\alpha^\beta f(x,y)\mathrm{d}y\right]\mathrm{d}x$$

是存在的. 我们知道，当 $f(x,y)$ 在闭区域 $D=[a,b]\times[\alpha,\beta]$ 上连续时，两个二次积分 $\int_a^b\left[\int_\alpha^\beta f(x,y)\mathrm{d}y\right]\mathrm{d}x$ 与 $\int_\alpha^\beta\left[\int_a^b f(x,y)\mathrm{d}x\right]\mathrm{d}y$ 都等于二重积分 $\iint_D f(x,y)\mathrm{d}x\mathrm{d}y$，因而等式(11.1.3)成立.

□

定理 11.1.4(求导与积分的顺序可交换性)　设 $f(x,y)$ 及 $\dfrac{\partial f(x,y)}{\partial x}\in C(D)$，则 $I(x)$ 在 $[a,b]$ 上可微，且

$$I'(x)=\int_{\alpha}^{\beta}\frac{\partial f(x,y)}{\partial x}\mathrm{d}y. \tag{11.1.4}$$

证 令
$$\int_{\alpha}^{\beta}\frac{\partial f(x,y)}{\partial x}\mathrm{d}y=g(x)\quad(a\leqslant x\leqslant b),$$
在$[a,b]$中任取一点 z,则由定理 11.1.3 知,
$$\int_{a}^{z}g(x)\mathrm{d}x=\int_{a}^{z}\left[\int_{\alpha}^{\beta}\frac{\partial f(x,y)}{\partial x}\mathrm{d}y\right]\mathrm{d}x=\int_{\alpha}^{\beta}\left[\int_{a}^{z}\frac{\partial f(x,y)}{\partial x}\mathrm{d}x\right]\mathrm{d}y$$
$$=\int_{\alpha}^{\beta}[f(z,y)-f(a,y)]\mathrm{d}y=I(z)-I(a).$$
由定理 11.1.1 知,$g(x)$是$[a,b]$上的连续函数,上式对 z 求导即得
$$g(z)=I'(z),$$
此即所要证. □

定理 11.1.5 设 $f(x,y)$及$\frac{\partial f(x,y)}{\partial x}\in C(D)$,$\varphi(x)$与 $\psi(x)$在$[a,b]$上可微,且有 $\alpha\leqslant\varphi(x)\leqslant\beta,\alpha\leqslant\psi(x)\leqslant\beta(x\in[a,b])$,则
$$J(x)=\int_{\varphi(x)}^{\psi(x)}f(x,y)\mathrm{d}y$$
在$[a,b]$上可微,且有
$$J'(x)=\int_{\varphi(x)}^{\psi(x)}\frac{\partial f(x,y)}{\partial x}\mathrm{d}y+f(x,\psi(x))\psi'(x)-f(x,\varphi(x))\varphi'(x). \tag{11.1.5}$$

证 $J(x)$可视为由三元函数 $F(x,u,v)=\int_{v}^{u}f(x,y)\mathrm{d}y$ 与 $u=\psi(x),v=\varphi(x)$复合而成的函数. 由于 $f(x,y)$及$\frac{\partial f(x,y)}{\partial x}$在$D$ 上连续,故由定理 11.1.1 知,$F(x,u,v)$的偏导数
$$\frac{\partial F(x,u,v)}{\partial x}=\int_{v}^{u}\frac{\partial f(x,y)}{\partial x}\mathrm{d}y,$$
$$\frac{\partial F(x,u,v)}{\partial u}=f(x,\psi(x)),$$
$$\frac{\partial F(x,u,v)}{\partial v}=-f(x,\varphi(x))$$
是连续的. 于是由链式法则知,$J(x)$在$[a,b]$上可微,且有
$$J'(x)=\left[\frac{\partial F}{\partial x}+\frac{\partial F}{\partial u}\frac{\mathrm{d}u}{\mathrm{d}x}+\frac{\partial F}{\partial v}\frac{\mathrm{d}v}{\mathrm{d}x}\right]_{u=\psi(x),v=\varphi(x)}$$
$$=\int_{\varphi(x)}^{\psi(x)}\frac{\partial f(x,y)}{\partial x}\mathrm{d}y+f(x,\psi(x))\psi'(x)-f(x,\varphi(x))\varphi'(x).$$ □

例 11.1.1 求极限 $\lim\limits_{x\to 0}\int_{-1}^{1}\sqrt{x^2+y^2}\mathrm{d}y$.

解 因$\sqrt{x^2+y^2}$是连续函数,故由定理 11.1.1 知,

$$I(x)=\int_{-1}^{1}\sqrt{x^2+y^2}\,dy$$

是$(-\infty,+\infty)$上的连续函数，从而有

$$\lim_{x\to 0}I(x)=I(0)=\int_{-1}^{1}\sqrt{y^2}\,dy=2\int_0^1 y\,dy=1.\qquad\square$$

例 11.1.2　设 $F(x)=\int_x^{x^2}e^{-xy^2}\,dy$，求 $F'(x)$.

解　不难验证，定理 11.1.5 在这里可以使用，因此

$$F'(x)=\int_x^{x^2}\frac{\partial}{\partial x}(e^{-xy^2})\,dy+e^{-x(x^2)^2}\cdot 2x-e^{-x\cdot x^2}$$

$$=2xe^{-x^5}-e^{-x^3}-\int_x^{x^2}y^2e^{-xy^2}\,dy.\qquad\square$$

例 11.1.3　设 $0<a<b$，求 $I=\int_0^1\frac{x^b-x^a}{\ln x}\,dx$.

解　因$\frac{x^b-x^a}{\ln x}=\int_a^b x^y\,dy$，故有$I=\int_0^1\left[\int_a^b x^y\,dy\right]dx$. 由于 x^y 在 $0\leqslant x\leqslant 1,0<a\leqslant y\leqslant b$ 上连续，根据定理 11.1.3，交换积分次序得

$$I=\int_a^b dy\int_0^1 x^y\,dx=\int_a^b\frac{x^{y+1}}{y+1}\bigg|_{x=0}^{x=1}dy=\int_a^b\frac{dy}{y+1}=\ln\frac{b+1}{a+1}.\qquad\square$$

习　题　11.1

(A)

1. 求极限：

(1) $\lim\limits_{x\to 0}\int_0^2 y^2\cos(xy)\,dy$；　　(2) $\lim\limits_{\alpha\to 0}\int_\alpha^{1+\alpha}\frac{dx}{1+x^2+\alpha^2}$.

2. 求 $F'(x)$：

(1) $\int_{a+x}^{b+x}\frac{\sin(xy)}{y}\,dy$；　　(2) $\int_{\sin x}^{\cos x}e^{x\sqrt{1-y^2}}\,dy$.

3. 设 $F(x)=\int_0^x(x+y)f(y)\,dy$，其中 $f(x)$为可微函数. 求 $F''(x)$.

4. 设 $F(x)=\int_0^x f(t)(x-t)^{n-1}\,dt$，求 $F^{(n)}(x)$.

5. 积分 $\int_0^1 dx\int_0^1\frac{x^2-y^2}{(x^2+y^2)^2}\,dy$ 能否交换次序？为什么？

6. 设 $F(x)=\int_0^x\left[\int_{t^2}^{x^2}f(t,s)\,ds\right]dt$，求 $F'(x)$.

(B)

1. 设 $f(x)$为连续函数，$F(x)=\frac{1}{h^2}\int_0^h\left[\int_0^h f(x+\xi+\eta)\,d\eta\right]d\xi$，求 $F''(x)$.

2. 设 $f(x)\in C^{(2)}(-\infty,+\infty)$，$F(x)\in C^{(1)}(-\infty,+\infty)$，

$$u(x,t)=\frac{1}{2}[f(x+at)+f(x-at)]+\frac{1}{2a}\int_{x-at}^{x+at}F(y)\mathrm{d}y.$$

求证：当 $-\infty<x<+\infty$，$t\geqslant 0$ 时，$u(x,t)$，$\frac{\partial^2 u}{\partial t^2}$，$\frac{\partial^2 u}{\partial x^2}$ 连续且满足弦振动方程 $\frac{\partial^2 u}{\partial t^2}=a^2\frac{\partial^2 u}{\partial x^2}$ 以及初始条件 $u(x,0)=f(x)$，$\frac{\partial u(x,0)}{\partial t}=F(x)$.

3. 设 $f(x)$ 在区间 $[0,1]$ 上连续，求证：$\int_0^1\mathrm{d}x\int_x^1 f(x)f(y)\mathrm{d}y=\frac{1}{2}\left(\int_0^1 f(x)\mathrm{d}x\right)^2$.

答案与提示

(A)

1. (1) $\frac{8}{3}$；　(2) $\frac{\pi}{4}$.

2. (1) $\left(\frac{1}{x}+\frac{1}{b+x}\right)\sin x(b+x)-\left(\frac{1}{x}+\frac{1}{a+x}\right)\sin x(a+x)$；

(2) $\int_{\sin x}^{\cos x}\sqrt{1-y^2}\,\mathrm{e}^{x\sqrt{1-y^2}}\mathrm{d}y-\sin x\cdot\mathrm{e}^{x|\sin x|}-\cos x\cdot\mathrm{e}^{x|\cos x|}$.

3. $3f(x)+2xf'(x)$.

4. $(n-1)!\,f(x)$.

5. 不能.

6. $2\int_0^x xf(t,x^2)\mathrm{d}t$.

(B)

1. $\frac{1}{h^2}[f(x+2h)-2f(x+h)+f(x)]$.

3. 令 $F(u)=\int_0^u\mathrm{d}x\int_x^u f(x)f(y)\mathrm{d}y-\frac{1}{2}\left(\int_0^u f(x)\mathrm{d}x\right)^2$，证明 $F'(u)\equiv 0$，$u\in(0,1)$，再证明 $F(u)\equiv 0$，$u\in[0,1]$.

11.2　反常积分收敛性判别法

在第 10 章 10.2.4 中，利用反常积分给出了关于正项级数敛散性的积分判别法. 本节将给出一些判定反常积分收敛及发散的较简单的判别法，这无论是对级数的研究还是对反常积分的研究，都是十分有用的.

11.2.1　无穷积分收敛性判别法

考虑无穷积分 $\int_a^{+\infty}f(x)\mathrm{d}x$，其中 $f(x)$ 是 $[a,+\infty)$ 上的非负函数. 下面给出判别上述积分的收敛性的比较判别法，读者可注意它与正项级数收敛性的比较判别法的

相似之处.

定理 11.2.1(比较判别法)　设函数 $f(x)$和 $g(x)$在任何有限区间$[a,A]$上都可积,且

$$0 \leqslant f(x) \leqslant g(x), \quad \forall x \geqslant a, \tag{11.2.1}$$

则(1) 当$\int_a^{+\infty} g(x)\mathrm{d}x$ 收敛时,$\int_a^{+\infty} f(x)\mathrm{d}x$ 也收敛;

(2) 当$\int_a^{+\infty} f(x)\mathrm{d}x$ 发散时,$\int_a^{+\infty} g(x)\mathrm{d}x$ 也发散.

证　(1) 对于任意的实数 $A>a$,由条件(11.2.1)可得

$$\int_a^A f(x)\mathrm{d}x \leqslant \int_a^A g(x)\mathrm{d}x \leqslant \int_a^{+\infty} g(x)\mathrm{d}x. \tag{11.2.2}$$

因反常积分$\int_a^{+\infty} g(x)\mathrm{d}x$ 收敛,故式(11.2.2)表明函数 $F(A)=\int_a^A f(x)\mathrm{d}x$ 有上界. 又因 $f(x)$非负,故 $F(A)$是 A 的单调增加函数. 利用第 2 章习题 2.5(B)第 4 题的结论知,

$$\lim_{A\to+\infty} F(A) = \lim_{A\to+\infty}\int_a^A f(x)\mathrm{d}x$$

存在,即反常积分$\int_a^{+\infty} f(x)\mathrm{d}x$ 收敛.

(2) 显然是(1)的推论.　□

上述比较判别法的极限形式如下.

定理 11.2.2(比较判别法的极限形式)　设 $f(x)\geqslant 0, g(x)>0$,且 $\lim\limits_{x\to+\infty}\dfrac{f(x)}{g(x)}=c$. 则

(1) 当 $0<c<+\infty$时,$\int_a^{+\infty} f(x)\mathrm{d}x$ 与$\int_a^{+\infty} g(x)\mathrm{d}x$ 同时收敛或同时发散;

(2) 当 $c=0$ 且$\int_a^{+\infty} g(x)\mathrm{d}x$ 收敛时,$\int_a^{+\infty} f(x)\mathrm{d}x$ 也收敛;

(3) 当 $c=+\infty$,且$\int_a^{+\infty} g(x)\mathrm{d}x$ 发散时,$\int_a^{+\infty} f(x)\mathrm{d}x$ 也发散.

证明留给读者.

如果取 $g(x)=\dfrac{1}{x^p}$,则可利用反常积分$\int_1^{+\infty}\dfrac{\mathrm{d}x}{x^p}$ 的敛散性导出下述简便的判别法:

推论 11.2.1　设 $f(x)$是任何有限区间$[a,A]$上可积的正值函数,且

$$\lim_{x\to+\infty} x^p f(x) = \lambda. \tag{11.2.3}$$

(1) 若 $p>1, 0\leqslant\lambda<+\infty$,则$\int_a^{+\infty} f(x)\mathrm{d}x$ 收敛;

(2) 若 $p\leqslant 1, 0<\lambda\leqslant+\infty$,则$\int_a^{+\infty} f(x)\mathrm{d}x$ 发散.

反常积分 $\int_a^{+\infty} f(x)\mathrm{d}x$ **绝对收敛**是指 $\int_a^{+\infty} |f(x)|\mathrm{d}x$ 收敛. 可以证明,若 $\int_a^{+\infty} f(x)\mathrm{d}x$ 绝对收敛,则 $\int_a^{+\infty} f(x)\mathrm{d}x$ 必收敛. 若 $\int_a^{+\infty} f(x)\mathrm{d}x$ 收敛,但 $\int_a^{+\infty} |f(x)|\mathrm{d}x$ 发散,则称反常积分 $\int_a^{+\infty} f(x)\mathrm{d}x$ **条件收敛**.

例 11.2.1 证明概率积分 $\int_0^{+\infty} \mathrm{e}^{-x^2}\mathrm{d}x$ 收敛.

证 当 $x>1$ 时,$0<\mathrm{e}^{-x^2}<\mathrm{e}^{-x}$,而积分

$$\int_1^{+\infty} \mathrm{e}^{-x}\mathrm{d}x = -\mathrm{e}^{-x}\Big|_1^{+\infty} = \frac{1}{\mathrm{e}}$$

收敛. 根据定理 11.2.1 知,积分 $\int_1^{+\infty} \mathrm{e}^{-x^2}\mathrm{d}x$ 收敛,从而概率积分

$$\int_0^{+\infty} \mathrm{e}^{-x^2}\mathrm{d}x = \int_0^1 \mathrm{e}^{-x^2}\mathrm{d}x + \int_1^{+\infty} \mathrm{e}^{-x^2}\mathrm{d}x$$

也收敛. □

例 11.2.2 讨论无穷积分的敛散性:

(1) $\int_0^{+\infty} x^{\alpha}\mathrm{e}^{-x}\mathrm{d}x \quad (\alpha>0)$; (2) $\int_0^{+\infty} \frac{x^2}{\sqrt{x^5+1}}\mathrm{d}x$

解 (1) 由于 $\lim\limits_{x\to+\infty} x^2 \cdot x^{\alpha}\mathrm{e}^{-x} = \lim\limits_{x\to+\infty} \frac{x^{2+\alpha}}{\mathrm{e}^x} = 0$,

根据推论 11.2.1,$p=2$,$\lambda=0$,积分(1)收敛.

(2) 由于 $\lim\limits_{x\to+\infty} x^{1/2} \cdot \frac{x^2}{\sqrt{x^5+1}} = \lim\limits_{x\to+\infty} \frac{1}{\sqrt{x^{-5}+1}} = 1$,

这里 $p=\frac{1}{2}$,$\lambda=1$,由推论 11.2.1 知,积分(2)发散. □

例 11.2.3 证明反常积分 $\int_1^{+\infty} \frac{\cos x}{x\sqrt{1+x^2}}\mathrm{d}x$ 绝对收敛.

证 由于 $\left|\frac{\cos x}{x\sqrt{1+x^2}}\right| \leqslant \frac{1}{x^{3/2}} \ (x>1)$,而积分 $\int_1^{+\infty} \frac{\mathrm{d}x}{x^{3/2}}$ 收敛,故 $\int_1^{+\infty} \left|\frac{\cos x}{x\sqrt{1+x^2}}\right|\mathrm{d}x$ 收敛,亦即原积分绝对收敛. □

11.2.2 无界函数的反常积分收敛性判别法

对于无界函数的反常积分,其收敛性判别法及证明与无穷积分的情形相似. 这里只列举而不作详述.

定理 11.2.3(比较判别法) 设函数 $f(x)$和 $g(x)$定义于区间$(a,b]$,a 是它们的

奇点，且对任何 $\varepsilon>0$，它们都在区间 $[a+\varepsilon,b]$ 上可积. 如果在 $(a,b]$ 上恒有 $0\leqslant f(x)\leqslant g(x)$，则

(1) 当 $\int_a^b g(x)\mathrm{d}x$ 收敛时，$\int_a^b f(x)\mathrm{d}x$ 也收敛；

(2) 当 $\int_a^b f(x)\mathrm{d}x$ 发散时，$\int_a^b g(x)\mathrm{d}x$ 也发散.

如果取 $g(x)=\dfrac{1}{(x-a)^p}$，则上述定理的极限形式成为下面的推论.

推论 11.2.2　设正值函数 $f(x)$ 在 $(a,b]$ 的任何内闭区间上都是可积的，a 是 $f(x)$ 的奇点，且

$$\lim_{x\to a^+}(x-a)^p f(x)=\lambda.$$

(1) 若 $0<p<1$，$0\leqslant\lambda<+\infty$，则 $\int_a^b f(x)\mathrm{d}x$ 收敛；

(2) 若 $p\geqslant 1$，$0<\lambda\leqslant+\infty$，则 $\int_a^b f(x)\mathrm{d}x$ 发散.

例 11.2.4　判别下列反常积分的敛散性：

(1) $\int_0^1 \dfrac{\ln x}{\sqrt{x}}\mathrm{d}x$；　(2) $\int_1^2 \dfrac{\sqrt{x}}{\ln x}\mathrm{d}x$.

解　(1) 显然，$x=0$ 是被积函数的奇点，取 $p=\dfrac{3}{4}<1$，则

$$\lambda=\lim_{x\to 0^+}x^{3/4}\cdot\frac{\ln x}{\sqrt{x}}=\lim_{x\to 0^+}\frac{\ln x}{x^{-1/4}}=\lim_{x\to 0^+}(-4x^{1/4})=0.$$

由推论 11.2.2(1) 知，反常积分 (1) 收敛.

(2) $x=1$ 是被积函数的奇点，取 $p=1$，则

$$\lambda=\lim_{x\to 1^+}(x-1)\cdot\frac{\sqrt{x}}{\ln x}=\lim_{x\to 1^+}\sqrt{x}\cdot\lim_{x\to 1^+}\frac{x-1}{\ln x}=1.$$

由推论 11.2.2(2) 知，反常积分 (2) 发散. □

例 11.2.5　讨论 p 为何值时，欧拉(Euler)积分

$$\Gamma(p)=\int_0^{+\infty}\mathrm{e}^{-x}x^{p-1}\mathrm{d}x \tag{11.2.4}$$

收敛.

解　注意到积分 (11.2.4) 正是我们在第 4 章 4.6 节中介绍过的 Γ-函数，在那里我们曾指出，$p>0$ 时，积分 (11.2.4) 是收敛的. 现在就来证明这个结论.

在积分 (11.2.4) 中，$x=0$ 可能是奇点，且还有无穷积分需要考虑，故把原积分分解为以下两个积分：

$$\Gamma(p)=\int_0^{+\infty}\mathrm{e}^{-x}x^{p-1}\mathrm{d}x=\int_0^1\mathrm{e}^{-x}x^{p-1}\mathrm{d}x+\int_1^{+\infty}\mathrm{e}^{-x}x^{p-1}\mathrm{d}x.$$

由于
$$\lim_{x\to 0^+} x^{1-p}\cdot(e^{-x}x^{p-1}) = \lim_{x\to 0^+} e^{-x} = 1,$$
因此,当 $1-p<1$,即 $p>0$ 时,积分 $\int_0^1 e^{-x}x^{p-1}dx$ 收敛;当 $1-p\geqslant 1$,即 $p\leqslant 0$ 时,积分 $\int_0^1 e^{-x}x^{p-1}dx$ 发散. 此外,
$$\lim_{x\to+\infty} x^2(e^{-x}x^{p-1}) = \lim_{x\to+\infty}\frac{x^{p+1}}{e^x} = 0,$$
由推论 11.2.1 知,积分 $\int_1^{+\infty} e^{-x}x^{p-1}dx$ 收敛.

综上所述,当 $p>0$ 时,$\Gamma(p)$ 收敛;当 $p\leqslant 0$ 时,$\Gamma(p)$ 发散. □

习 题 11.2

(A)

1. 讨论下列无穷积分的敛散性:

(1) $\int_0^{+\infty}\frac{x^2}{x^4-x^2+1}dx$; (2) $\int_1^{+\infty}\frac{dx}{x\sqrt[3]{x^2+1}}$; (3) $\int_1^{+\infty}\frac{\arctan x}{x}dx$;

(4) $\int_1^{+\infty}\frac{\ln x}{x^\alpha}dx$; (5) $\int_0^{+\infty}\frac{dx}{\sqrt[3]{x^4+1}}$; (6) $\int_0^{+\infty}\frac{dx}{1+x|\sin x|}$.

2. 讨论下列无界函数反常积分的敛散性:

(1) $\int_0^1\frac{\ln x}{x^2+1}dx$; (2) $\int_0^2\frac{dx}{\ln x}$; (3) $\int_0^1\frac{\sin x}{x^2}dx$; (4) $\int_0^{\frac{1}{2}}\frac{\arcsin x}{\sqrt{x-x^2}}dx$.

3. 讨论下列反常积分的敛散性:

(1) $\int_0^{+\infty}\frac{x^{a-1}}{x+1}dx$; (2) $\int_1^{+\infty}\frac{dx}{x\sqrt{x^2-1}}$; (3) $\int_0^1\frac{\ln x}{1-x^2}dx$;

(4) $\int_0^1\frac{\ln x}{(1-x)^2}dx$; (5) $\int_0^1\frac{|\sin x|}{x^{3/2}}dx$; (6) $\int_0^{\pi/3}\frac{dx}{\sin^2 x\cos^2 x}$.

(B)

1. 讨论下列反常积分的敛散性:

(1) $\int_1^{+\infty}\frac{x\arctan x}{\sqrt[3]{x^4+1}}dx$; (2) $\int_0^1\frac{1-\cos x}{x^m}dx$; (3) $\int_0^{+\infty}\frac{x^m}{1+x^n}dx$, $(n\geqslant 0)$;

(4) $\int_0^{\pi/2}\frac{dx}{\sin^p x\cos^q x}$; (5) $\int_0^{+\infty}\frac{x\,dx}{1+x^2\sin^2 x}$; (6) $\int_0^{+\infty}\frac{\ln(1+x)}{x^n}dx$.

2. 证明:当 $m>0,n>0$ 时,反常积分 $B(m,n)=\int_0^1 x^{m-1}(1-x)^{n-1}dx$ (B-函数)收敛.

答案与提示

(A)

1. (1) 收敛; (2) 收敛; (3) 发散; (4) $\alpha>1$ 时收敛,$\alpha\leqslant 1$ 时发散; (5) 收敛; (6) 发散.

2. (1) 发散； (2) 发散； (3) 发散； (4) 收敛.

3. (1) $\alpha\geqslant 1$ 及 $\alpha\leqslant 0$ 时发散，$0<\alpha<1$ 时收敛； (2) 收敛； (3) 收敛； (4) 发散； (5) 收敛； (6) 发散.

(B)

1. (1) 发散； (2) $m<3$ 时收敛，$m\geqslant 3$ 时发散； (3) $m>-1$ 且 $n-m>1$ 时收敛； (4) $p<1$ 且 $q<1$ 时收敛； (5) 发散； (6) $1<n<2$ 时收敛.

11.3 含参变量的反常积分

现在来考察含参变量的反常积分

$$K(x)=\int_{a}^{+\infty} f(x,y)\mathrm{d}y,\quad x\in X,$$

其中 X 是有限区间或无穷区间. 如果对每一个 $x\in X$，上述积分都收敛，则称这个含参变量的反常积分在 X 上收敛，它确定了一个 x 的函数. 本节将给出有关这个函数的连续性、可微性与可积性的结论(不予证明).

11.3.1 一致收敛性

与函数列、函数项级数的情形类似，为了讨论极限过程的交换问题，需要引进一致收敛的概念.

定义 11.3.1 设含参变量的反常积分 $K(x)=\int_{a}^{+\infty} f(x,y)\mathrm{d}y$ 在 X 上收敛. 如果 $\forall\varepsilon>0$，存在 $A_0=A_0(\varepsilon)$，使当 $A>A_0$ 时，对一切 $x\in X$，成立

$$\left|\int_{A}^{+\infty} f(x,y)\mathrm{d}y\right|<\varepsilon,$$

则称 $\int_{a}^{+\infty} f(x,y)\mathrm{d}y$ 关于 $x\in X$ **一致收敛**.

下面给出含参变量反常积分的一致收敛判别法.

定理 11.3.1(维斯特拉斯(Weierstrass) M-判别法) 设积分 $\int_{a}^{+\infty} f(x,y)\mathrm{d}y$ 满足

(1) $|f(x,y)|\leqslant F(y)$，$a\leqslant y<+\infty$，$x\in X$；

(2) $\int_{a}^{+\infty} F(y)\mathrm{d}y$ 收敛.

则 $\int_{a}^{+\infty} f(x,y)\mathrm{d}y$ 关于 $x\in X$ 一致收敛.

证 由于积分 $\int_{a}^{+\infty} F(y)\mathrm{d}y=\int_{a}^{A} F(y)\mathrm{d}y+\int_{A}^{+\infty} F(y)\mathrm{d}y$ 收敛，所以 $\forall\varepsilon>0$，存在 $A_0=A_0(\varepsilon)$，使当 $A>A_0$ 时，有

$$\int_A^{+\infty} F(y)\mathrm{d}y < \varepsilon.$$

于是 $\forall x \in X$,有

$$\left|\int_A^{+\infty} f(x,y)\mathrm{d}y\right| \leqslant \int_A^{+\infty} |f(x,y)|\mathrm{d}y \leqslant \int_A^{+\infty} F(y)\mathrm{d}y < \varepsilon.$$

因此 $\int_a^{+\infty} f(x,y)\mathrm{d}y$ 在 X 上关于 x 一致收敛. □

例 11.3.1 积分 $\int_0^{+\infty} \frac{\cos(xy)}{1+y^2}\mathrm{d}y$ 在 $(-\infty,+\infty)$ 上一致收敛,这可由不等式

$$\left|\frac{\cos(xy)}{1+y^2}\right| \leqslant \frac{1}{1+y^2} \quad (-\infty < x < +\infty)$$

和积分 $\int_0^{+\infty} \frac{1}{1+y^2}\mathrm{d}y$ 的收敛性推得. □

11.3.2 含参变量反常积分的性质

在一致收敛的条件下,含参变量的无穷积分同样具有连续性、积分次序可交换性以及求导与求积分次序可交换性等性质. 下面仅介绍结果而不予证明.

定理 11.3.2(连续性定理) 设 $f(x,y)$ 在 $x\in[a,b]$, $y \geqslant \alpha$ 上连续,积分

$$K(x) = \int_\alpha^{+\infty} f(x,y)\mathrm{d}y$$

关于 $x\in[a,b]$ 一致收敛,则 $K(x)\in C[a,b]$.

定理 11.3.3(积分顺序交换定理) 设 $f(x,y)$ 在 $x\in[a,b]$, $y\geqslant\alpha$ 上连续,积分

$$K(x) = \int_\alpha^{+\infty} f(x,y)\mathrm{d}y$$

关于 $x\in[a,b]$ 一致收敛,则

$$\int_a^b \left[\int_\alpha^{+\infty} f(x,y)\mathrm{d}y\right]\mathrm{d}x = \int_\alpha^{+\infty}\left[\int_a^b f(x,y)\mathrm{d}x\right]\mathrm{d}y.$$

定理 11.3.4(积分号下求导数定理) 设 $f(x,y)$, $f_x(x,y)$ 在 $x\in[a,b]$, $y\geqslant\alpha$ 上连续,积分 $\int_\alpha^{+\infty} f(x,y)\mathrm{d}y$, $\int_\alpha^{+\infty} f_x(x,y)\mathrm{d}y$ 关于 $x\in[a,b]$ 一致收敛,则

$$K(x) = \int_\alpha^{+\infty} f(x,y)\mathrm{d}y$$

在 $[a,b]$ 上有连续的导数,且

$$K'(x) = \frac{\mathrm{d}}{\mathrm{d}x}\int_\alpha^{+\infty} f(x,y)\mathrm{d}y = \int_\alpha^{+\infty} \frac{\partial f(x,y)}{\partial x}\mathrm{d}y.$$

例 11.3.2 利用 $\frac{\mathrm{e}^{-ax}-\mathrm{e}^{-bx}}{x} = \int_a^b \mathrm{e}^{-xy}\mathrm{d}y$ 计算积分 $\int_0^{+\infty} \frac{\mathrm{e}^{-ax}-\mathrm{e}^{-bx}}{x}\mathrm{d}x$ $(a>0, b>0)$.

解 不妨设 $a<b$. 由所给等式可得

$$\int_0^{+\infty}\frac{e^{-ax}-e^{-bx}}{x}dx=\int_0^{+\infty}\left[\int_a^b e^{-xy}dy\right]dx=\int_a^b\left[\int_0^{+\infty}e^{-xy}dx\right]dy=\int_a^b\frac{1}{y}dy=\ln\frac{b}{a},$$

在这里,交换积分次序是合理的:

1° 函数 e^{-xy} 在区域 $x\geqslant 0, a\leqslant y\leqslant b$ 上连续;

2° 积分 $\int_0^{+\infty}e^{-xy}dx$ 关于 $y\in[a,b]$ 是一致收敛的.

事实上,当 $x\geqslant 0, a\leqslant y\leqslant b$ 时,有 $0<e^{-xy}\leqslant e^{-ax}$,而积分 $\int_0^{+\infty}e^{-ax}dx$ 收敛,故积分 $\int_0^{+\infty}e^{-xy}dx$ 对 $y\in[a,b]$ 是一致收敛的. □

习　题　11.3

(A)

1. 讨论下列积分在所给区间上的一致收敛性:

(1) $\int_0^{+\infty}\frac{\cos(xy)}{x^2+y^2}dx\quad(y\geqslant a>0)$;　　(2) $\int_1^{+\infty}x^y e^{-x}dx\quad(a\leqslant y\leqslant b)$.

2. 证明函数 $F(x)=\int_0^{+\infty}\frac{x}{x^2+y^2}dy$ 在不含 $x=0$ 的任何区间上是连续的.

(B)

1. 求函数 $F(x)=\int_0^{+\infty}\frac{e^{-xy}}{1+y^2}dy$ 的定义域.

2. 证明公式 $\int_0^{+\infty}\frac{f(ax)-f(bx)}{x}dx=f(0)\ln\frac{b}{a}\ (a>0,b>0)$,其中 $f(x)$ 为连续函数,且积分 $\int_A^{+\infty}\frac{f(x)}{x}dx$ 对任何 $A>0$ 均收敛.

答案与提示

(A)

1. (1) 一致收敛;　(2) 一致收敛.

(B)

1. $F(x)$ 的定义域为 $x\geqslant 0$.
2. 利用积分中值定理.

总 习 题 (11)

1. 求极限:

(1) $\lim\limits_{\alpha\to 0}\int_0^1\sqrt{1+\alpha^2-x^2}\,dx$;　　(2) $\lim\limits_{\alpha\to 0}\int_{-1}^1\sqrt{\alpha^2+x^2}\,dx$.

2. 设 $F(y)=\int_0^y f(x+y,x-y)\mathrm{d}x$，其中 f 有一阶连续偏导数，求 $F'(y)$.

3. 设 $f(x),g(x)$ 在任何有限区间 $[a,A]$ 上可积，又 $f^2(x),g^2(x)$ 在 $[a,+\infty)$ 上的积分收敛. 证明 $[f(x)+g(x)]^2$ 及 $|f(x)g(x)|$ 在 $[a,+\infty)$ 上的积分收敛.

4. 讨论下列反常积分的敛散性：

(1) $\int_1^{+\infty}\frac{\mathrm{d}x}{x^p\ln^q x}$；　　(2) $\int_0^{+\infty}\frac{\arctan\alpha x}{x^n}\mathrm{d}x\quad(\alpha>0)$.

5. 讨论下列含参变量的反常积分在所给区间上的一致收敛性：

(1) $\int_0^{+\infty}\mathrm{e}^{-xy}\sin y\mathrm{d}y\quad(0<a\leqslant x<+\infty)$；　　(2) $\int_{-\infty}^{+\infty}\mathrm{e}^{-(x-\alpha)^2}\mathrm{d}x\quad(a<\alpha<b)$.

6. (1) 试从 $\int_0^{+\infty}\mathrm{e}^{-y^2}\mathrm{d}y=\frac{\sqrt{\pi}}{2}$ 推出 $I(c)=\int_0^{+\infty}\mathrm{e}^{-y^2-c^2/y^2}\mathrm{d}y=\frac{\sqrt{\pi}}{2}\mathrm{e}^{-2c}$　(设 $c>0$).

(2) 利用积分号下求导数的定理，先导出 $\frac{\mathrm{d}I}{\mathrm{d}c}=-2c$，然后求得同一结果.

答案与提示

1. (1) $\frac{\pi}{4}$；　(2) 1.

2. $f(y,-y)+2\int_0^y f_u(u,v)\mathrm{d}x$，$u=x+y,v=x-y$.

3. 利用比较判别法.

4. (1) $p>1$ 且 $q<1$ 时收敛；　(2) $1<n<2$ 时收敛.

5. (1) 一致收敛；　(2) 一致收敛.

6. 利用换元法积分.

参考文献

[1] 方企勤.数学分析(第一册)[M].北京:高等教育出版社,1986.

[2] 沈燮昌.数学分析(第二册)[M].北京:高等教育出版社,1986.

[3] 廖可人,李正元.数学分析(第三册)[M].北京:高等教育出版社,1986.

[4] 林源渠等.数学分析习题集[M].北京:高等教育出版社,1986.

[5] 同济大学应用数学系.微积分(上册)[M].北京:高等教育出版社,1999.

[6] 同济大学应用数学系.微积分(下册)[M].北京:高等教育出版社,2000.

[7] 同济大学应用数学系.高等数学(上册、下册)[M].第5版.北京:高等教育出版社,2002.

[8] 欧阳光中,姚允龙.数学分析(上册、下册)[M].上海:复旦大学出版社,1993.

[9] Hallett D H, Gleason A M, et al. Calculus[M]. New York: John Wiley & Sons, Inc., 1994.

[10] McCallum W G, Hallett D H, Gleason A M, et al. Multivariable Calculus [M]. New York: John Wiley & Sons, Inc., 1996.

[11] Stein S K. Calculus and Analytic Geometry[M]. 4th ed. New York: McGraw-Hill Book Company, 1987.

[12] Braun M. Differential Equations and Their Applications[M]. 3rd ed. New York: Springer-Verlag, Inc., 1983.

[13] 李心灿主编.高等数学应用205例[M].北京:高等教育出版社,1997.